普通高等教育土木与交通类"十二五"规划教材

土木工程材料

主　编　霍洪媛　赵红玲
副主编　杨中正　刘焕强　苏丽娜
　　　　徐东升

内 容 提 要

本书根据全国高等学校土木工程专业指导委员会编制的《土木工程材料》教学大纲要求编写。全书共分12章，包括土木工程材料的基本性质、无机胶凝材料、水泥混凝土、新型混凝土、建筑砂浆、砌体材料、建筑钢材、沥青及沥青混合料、合成高分子材料、木材、建筑功能材料、土木工程材料试验等。主要介绍常用土木工程材料的基本组成、性能、技术要求及应用特点等内容，并配有习题及案例讲解。本书全部按现行国家及行业标准和规范编写。

本书可作为高等学校土木、交通、建筑、水利等相关专业教学用书，也可作为其他设计、施工、研究等相关人员学习参考。

图书在版编目（CIP）数据

土木工程材料/霍洪媛，赵红玲主编．—北京：中国水利水电出版社，2012.6（2021.2重印）
 普通高等教育土木与交通类"十二五"规划教材
 ISBN 978-7-5084-9886-7

Ⅰ.①土… Ⅱ.①霍…②赵… Ⅲ.①土木工程—建筑材料—高等学校—教材 Ⅳ.①TU5

中国版本图书馆CIP数据核字（2012）第127160号

书　名	普通高等教育土木与交通类"十二五"规划教材 **土木工程材料**
作　者	主编　霍洪媛　赵红玲
出版发行	中国水利水电出版社 （北京市海淀区玉渊潭南路1号D座　100038） 网址：www.waterpub.com.cn E-mail：sales@waterpub.com.cn 电话：（010）68367658（营销中心）
经　售	北京科水图书销售中心（零售） 电话：（010）88383994、63202643、68545874 全国各地新华书店和相关出版物销售网点
排　版	中国水利水电出版社微机排版中心
印　刷	北京市密东印刷有限公司
规　格	184mm×260mm　16开本　26.25印张　622千字
版　次	2012年6月第1版　2021年2月第4次印刷
印　数	8001—10000册
定　价	**58.00元**

凡购买我社图书，如有缺页、倒页、脱页的，本社营销中心负责调换

版权所有·侵权必究

编委会

主　编　霍洪媛　赵红玲
副主编　杨中正　刘焕强　苏丽娜　徐东升
参　编　王　静　张旭芳　严　亮

前 言

土木工程材料是高等学校土木、交通、建筑类本科专业课程中设置的专业基础课程。本书依据全国高等学校土木工程专业指导委员会编制的《土木工程材料》课程教学大纲编写。在编写上力求做到知识的连贯性、渐进性、合理性，以抓住学生学习的动力点，锻炼和提高学生获取知识的能力。在讲清讲透基本理论的基础上，强调教学内容的实用性，注重理论联系实际，并配以实际工程案例讲解。本书力求能反映土木工程材料领域新材料、新技术、新发展，介绍了目前常用的土木工程材料及发展中的相关材料和新技术，以利于开阔学生新思路。每章后面配有适量习题，便于学生自学。本书采用最新标准、规范和规程编写。

本书主要介绍了土木工程材料的基本性质、无机胶凝材料、混凝土、建筑砂浆、砌体材料、建筑钢材、沥青及沥青混合料、合成高分子材料、木材、绝热材料、吸声材料、装饰材料、复合材料、土木工程材料试验等内容。

本书由华北水利水电学院霍洪媛、洛阳理工学院赵红玲主编。各章编写分工如下：霍洪媛编写绪论、第1章；华北水利水电学院刘焕强编写第2章、第12章第9节；洛阳理工学院苏丽娜编写第3章；华北水利水电学院张旭芳编写第4章、第10章；华北水利水电学院严亮编写第5章、第6章、第9章第5、6节；廊坊师范学院建筑工程学院徐东升编写第7章、第9章第1～4节；赵红玲编写第8章；华北水利水电学院杨中正编写第11章、第12章第8节；华北水利水电学院王静编写第12章。全书由霍洪媛负责统稿、修编定稿。

本书在编写过程中，参考了近年来出版的相关教材和科研成果资料，在此表示诚挚的谢意！同时感谢中国水利水电出版社的编辑们为本书出版付出的辛勤劳动！感谢广大同仁们的大力支持和帮助！

由于我们的水平有限，书中难免有缺点和不妥之处，恳请广大读者批评指正。

编 者
2012年3月

目 录

前言

绪论 ·· 1
  0.1 土木工程材料的定义与分类 ·· 1
  0.2 土木工程材料在工程建设中的作用 ·· 2
  0.3 土木工程材料的发展 ·· 3
  0.4 土木工程材料的技术标准 ·· 4
  0.5 本课程的特点和学习方法 ·· 6
  思考与习题 ··· 6

第1章 土木工程材料的基本性质 ·· 7
  1.1 土木工程材料的组成、结构和构造 ·· 7
  1.2 土木工程材料的物理性质 ·· 11
  1.3 土木工程材料的力学性质 ·· 22
  1.4 土木工程材料的耐久性 ·· 28
  1.5 土木工程材料的装饰性 ·· 29
  1.6 土木工程材料的安全性 ·· 30
  工程实例与分析 ··· 32
  思考与习题 ··· 32

第2章 无机胶凝材料 ·· 34
  2.1 气硬性胶凝材料 ··· 34
  2.2 通用硅酸盐水泥 ··· 44
  2.3 其他品种水泥 ··· 58
  2.4 水泥的储运与验收 ··· 65
  工程实例与分析 ··· 67
  思考与习题 ··· 68

第3章 水泥混凝土 ·· 70
  3.1 混凝土的组成材料 ··· 71
  3.2 混凝土的主要技术性质 ·· 86
  3.3 混凝土的质量控制与强度评定 ··· 100
  3.4 普通水泥混凝土的配合比设计 ··· 106
  3.5 路面水泥混凝土 ··· 115
  工程实例与分析 ··· 123

思考与习题⋯⋯⋯⋯⋯⋯⋯⋯⋯⋯⋯⋯⋯⋯⋯⋯⋯⋯⋯⋯⋯⋯⋯⋯⋯⋯⋯⋯⋯⋯⋯⋯⋯⋯⋯⋯⋯⋯ 123

第 4 章　新型混凝土⋯⋯⋯⋯⋯⋯⋯⋯⋯⋯⋯⋯⋯⋯⋯⋯⋯⋯⋯⋯⋯⋯⋯⋯⋯⋯⋯⋯⋯⋯⋯ 125
　4.1　高强高性能混凝土⋯⋯⋯⋯⋯⋯⋯⋯⋯⋯⋯⋯⋯⋯⋯⋯⋯⋯⋯⋯⋯⋯⋯⋯⋯⋯⋯⋯ 125
　4.2　泵送混凝土⋯⋯⋯⋯⋯⋯⋯⋯⋯⋯⋯⋯⋯⋯⋯⋯⋯⋯⋯⋯⋯⋯⋯⋯⋯⋯⋯⋯⋯⋯⋯ 130
　4.3　商品混凝土⋯⋯⋯⋯⋯⋯⋯⋯⋯⋯⋯⋯⋯⋯⋯⋯⋯⋯⋯⋯⋯⋯⋯⋯⋯⋯⋯⋯⋯⋯⋯ 134
　4.4　轻混凝土⋯⋯⋯⋯⋯⋯⋯⋯⋯⋯⋯⋯⋯⋯⋯⋯⋯⋯⋯⋯⋯⋯⋯⋯⋯⋯⋯⋯⋯⋯⋯⋯ 136
　4.5　其他品种混凝土⋯⋯⋯⋯⋯⋯⋯⋯⋯⋯⋯⋯⋯⋯⋯⋯⋯⋯⋯⋯⋯⋯⋯⋯⋯⋯⋯⋯⋯ 142
　　工程实例与分析⋯⋯⋯⋯⋯⋯⋯⋯⋯⋯⋯⋯⋯⋯⋯⋯⋯⋯⋯⋯⋯⋯⋯⋯⋯⋯⋯⋯⋯⋯⋯ 152
　　思考与习题⋯⋯⋯⋯⋯⋯⋯⋯⋯⋯⋯⋯⋯⋯⋯⋯⋯⋯⋯⋯⋯⋯⋯⋯⋯⋯⋯⋯⋯⋯⋯⋯⋯ 153

第 5 章　建筑砂浆⋯⋯⋯⋯⋯⋯⋯⋯⋯⋯⋯⋯⋯⋯⋯⋯⋯⋯⋯⋯⋯⋯⋯⋯⋯⋯⋯⋯⋯⋯⋯⋯ 154
　5.1　砌筑砂浆⋯⋯⋯⋯⋯⋯⋯⋯⋯⋯⋯⋯⋯⋯⋯⋯⋯⋯⋯⋯⋯⋯⋯⋯⋯⋯⋯⋯⋯⋯⋯⋯ 154
　5.2　抹面砂浆⋯⋯⋯⋯⋯⋯⋯⋯⋯⋯⋯⋯⋯⋯⋯⋯⋯⋯⋯⋯⋯⋯⋯⋯⋯⋯⋯⋯⋯⋯⋯⋯ 161
　5.3　商品砂浆⋯⋯⋯⋯⋯⋯⋯⋯⋯⋯⋯⋯⋯⋯⋯⋯⋯⋯⋯⋯⋯⋯⋯⋯⋯⋯⋯⋯⋯⋯⋯⋯ 164
　5.4　其他种类砂浆⋯⋯⋯⋯⋯⋯⋯⋯⋯⋯⋯⋯⋯⋯⋯⋯⋯⋯⋯⋯⋯⋯⋯⋯⋯⋯⋯⋯⋯⋯ 168
　　工程实例与分析⋯⋯⋯⋯⋯⋯⋯⋯⋯⋯⋯⋯⋯⋯⋯⋯⋯⋯⋯⋯⋯⋯⋯⋯⋯⋯⋯⋯⋯⋯⋯ 169
　　思考与习题⋯⋯⋯⋯⋯⋯⋯⋯⋯⋯⋯⋯⋯⋯⋯⋯⋯⋯⋯⋯⋯⋯⋯⋯⋯⋯⋯⋯⋯⋯⋯⋯⋯ 169

第 6 章　砌体材料⋯⋯⋯⋯⋯⋯⋯⋯⋯⋯⋯⋯⋯⋯⋯⋯⋯⋯⋯⋯⋯⋯⋯⋯⋯⋯⋯⋯⋯⋯⋯⋯ 171
　6.1　砌墙砖⋯⋯⋯⋯⋯⋯⋯⋯⋯⋯⋯⋯⋯⋯⋯⋯⋯⋯⋯⋯⋯⋯⋯⋯⋯⋯⋯⋯⋯⋯⋯⋯⋯ 171
　6.2　砌块⋯⋯⋯⋯⋯⋯⋯⋯⋯⋯⋯⋯⋯⋯⋯⋯⋯⋯⋯⋯⋯⋯⋯⋯⋯⋯⋯⋯⋯⋯⋯⋯⋯⋯ 179
　6.3　砌筑石材⋯⋯⋯⋯⋯⋯⋯⋯⋯⋯⋯⋯⋯⋯⋯⋯⋯⋯⋯⋯⋯⋯⋯⋯⋯⋯⋯⋯⋯⋯⋯⋯ 184
　　工程实例与分析⋯⋯⋯⋯⋯⋯⋯⋯⋯⋯⋯⋯⋯⋯⋯⋯⋯⋯⋯⋯⋯⋯⋯⋯⋯⋯⋯⋯⋯⋯⋯ 192
　　思考与习题⋯⋯⋯⋯⋯⋯⋯⋯⋯⋯⋯⋯⋯⋯⋯⋯⋯⋯⋯⋯⋯⋯⋯⋯⋯⋯⋯⋯⋯⋯⋯⋯⋯ 192

第 7 章　建筑钢材⋯⋯⋯⋯⋯⋯⋯⋯⋯⋯⋯⋯⋯⋯⋯⋯⋯⋯⋯⋯⋯⋯⋯⋯⋯⋯⋯⋯⋯⋯⋯⋯ 194
　7.1　钢的冶炼与分类⋯⋯⋯⋯⋯⋯⋯⋯⋯⋯⋯⋯⋯⋯⋯⋯⋯⋯⋯⋯⋯⋯⋯⋯⋯⋯⋯⋯⋯ 194
　7.2　钢材的主要技术性质⋯⋯⋯⋯⋯⋯⋯⋯⋯⋯⋯⋯⋯⋯⋯⋯⋯⋯⋯⋯⋯⋯⋯⋯⋯⋯⋯ 195
　7.3　钢的组织和化学成分⋯⋯⋯⋯⋯⋯⋯⋯⋯⋯⋯⋯⋯⋯⋯⋯⋯⋯⋯⋯⋯⋯⋯⋯⋯⋯⋯ 199
　7.4　钢材的强化与加工⋯⋯⋯⋯⋯⋯⋯⋯⋯⋯⋯⋯⋯⋯⋯⋯⋯⋯⋯⋯⋯⋯⋯⋯⋯⋯⋯⋯ 202
　7.5　建筑钢材的技术标准与选用⋯⋯⋯⋯⋯⋯⋯⋯⋯⋯⋯⋯⋯⋯⋯⋯⋯⋯⋯⋯⋯⋯⋯⋯ 205
　7.6　建筑钢材的腐蚀与防护⋯⋯⋯⋯⋯⋯⋯⋯⋯⋯⋯⋯⋯⋯⋯⋯⋯⋯⋯⋯⋯⋯⋯⋯⋯⋯ 216
　　工程实例与分析⋯⋯⋯⋯⋯⋯⋯⋯⋯⋯⋯⋯⋯⋯⋯⋯⋯⋯⋯⋯⋯⋯⋯⋯⋯⋯⋯⋯⋯⋯⋯ 217
　　思考与习题⋯⋯⋯⋯⋯⋯⋯⋯⋯⋯⋯⋯⋯⋯⋯⋯⋯⋯⋯⋯⋯⋯⋯⋯⋯⋯⋯⋯⋯⋯⋯⋯⋯ 218

第 8 章　沥青及沥青混合料⋯⋯⋯⋯⋯⋯⋯⋯⋯⋯⋯⋯⋯⋯⋯⋯⋯⋯⋯⋯⋯⋯⋯⋯⋯⋯⋯⋯ 219
　8.1　石油沥青与煤沥青⋯⋯⋯⋯⋯⋯⋯⋯⋯⋯⋯⋯⋯⋯⋯⋯⋯⋯⋯⋯⋯⋯⋯⋯⋯⋯⋯⋯ 219
　8.2　改性沥青⋯⋯⋯⋯⋯⋯⋯⋯⋯⋯⋯⋯⋯⋯⋯⋯⋯⋯⋯⋯⋯⋯⋯⋯⋯⋯⋯⋯⋯⋯⋯⋯ 238
　8.3　沥青防水材料⋯⋯⋯⋯⋯⋯⋯⋯⋯⋯⋯⋯⋯⋯⋯⋯⋯⋯⋯⋯⋯⋯⋯⋯⋯⋯⋯⋯⋯⋯ 240
　8.4　沥青混合料⋯⋯⋯⋯⋯⋯⋯⋯⋯⋯⋯⋯⋯⋯⋯⋯⋯⋯⋯⋯⋯⋯⋯⋯⋯⋯⋯⋯⋯⋯⋯ 244
　　工程实例与分析⋯⋯⋯⋯⋯⋯⋯⋯⋯⋯⋯⋯⋯⋯⋯⋯⋯⋯⋯⋯⋯⋯⋯⋯⋯⋯⋯⋯⋯⋯⋯ 278

思考与习题 ··· 279

第9章　合成高分子材料 ··· 280
9.1　合成高分子材料基本知识 ··· 280
9.2　建筑塑料 ··· 283
9.3　建筑防水材料 ··· 287
9.4　建筑涂料与胶粘剂 ··· 292
9.5　合成橡胶与合成纤维 ··· 300
9.6　土工合成材料 ··· 304
　　工程实例与分析 ··· 307
　　思考与习题 ··· 307

第10章　木材 ··· 308
10.1　木材的分类与构造 ··· 308
10.2　木材的主要性质 ··· 310
10.3　木材的干燥、防腐与防火 ··· 316
10.4　木材的应用 ··· 318
　　工程实例与分析 ··· 320
　　思考与习题 ··· 321

第11章　建筑功能材料 ··· 322
11.1　绝热材料 ··· 322
11.2　吸声、隔音材料 ··· 327
11.3　装饰材料 ··· 337
11.4　复合材料 ··· 343
11.5　建筑功能材料的发展 ··· 345
　　工程实例与分析 ··· 347
　　思考与习题 ··· 347

第12章　土木工程材料试验 ··· 348
12.1　土木工程材料基本性质试验 ··· 348
12.2　水泥性能试验 ··· 350
12.3　混凝土骨料试验 ··· 366
12.4　水泥混凝土拌和物性能试验 ··· 374
12.5　水泥混凝土物理力学性能试验 ··· 379
12.6　建筑砂浆性能试验 ··· 386
12.7　钢筋力学与机械性能试验 ··· 390
12.8　石油沥青性能试验 ··· 397
12.9　沥青混合料试验 ··· 403

参考文献 ··· 411

绪 论

0.1 土木工程材料的定义与分类

土木工程材料是指用于土木工程中的各种材料及其制品，英文名称为 Materials in civil engineering，或者 Civil engineering materials。土木工程材料包括构成土木工程实体的材料（如砂石、水泥、石灰、混凝土、钢材、沥青、沥青混合料、装饰材料）、施工过程的辅助材料（如脚手架、模板）和建筑器材（如消防设备、给排水设备、网络通信设备）等。本课程中主要讲述构成土木工程实体（基础、地面、墙体、承重结构、屋面、路、桥梁、水坝等）结构物的这一类材料。也称为狭义上的土木工程材料。

土木工程材料种类繁多，为了方便研究和使用，常从不同的角度对土木工程材料进行分类。常用的分类主要有以下 3 种。

（1）根据材料来源，可分为天然材料和人工材料。

（2）根据材料的化学成分，可以分为无机材料、有机材料和复合材料三大类，如表 0.1 所示。

（3）根据材料在土木工程中的应用部位或使用性能，可分为结构材料、墙体材料和功能材料。

表 0.1 土木工程材料的分类

无机材料	金属材料	黑色金属	钢、铁及其合金
		有色金属	铝、铜等及其合金
	非金属材料	天然石材	砂石料及石材制品
		烧土制品	砖、瓦、玻璃等
		胶凝材料	石灰、石膏、水泥等
有机材料	植物材料		木材、竹材等
	沥青材料		石油沥青、煤沥青及沥青制品
	高分子材料		塑料、合成橡胶等
复合材料	非金属材料与非金属材料复合		水泥混凝土、砂浆等
	无机非金属材料与有机材料复合		玻璃纤维增强塑料、聚合物水泥混凝土、沥青混合料等
	金属材料与无机非金属材料复合		钢纤维增强混凝土等
	金属材料与有机材料复合		轻质金属夹芯板等

结构材料指主要用作承重结构的材料。如梁、板、柱、基础、框架及其他受力构件和结构等所用的材料都属于这一类。这类材料要有比较好的强度和耐久性。目前所用的结构材料主要有砖、石、水泥混凝土、钢材、钢筋混凝土和预应力钢筋混凝土等。根据我国国

情,现在和将来相当长的时期内,钢筋混凝土和预应力钢筋混凝土将是我国工程建设的主要结构材料。随着工业的发展,轻钢结构和铝合金结构将会逐渐发展。结构材料性能的优劣决定了工程结构的安全性与可靠度。

墙体材料是指建筑物中起围护、分隔作用的墙体所用的材料,有承重和非承重两类。目前,我国大量采用的墙体材料为砌墙砖、混凝土及加气混凝土砌块等。此外,还有混凝土墙板、石膏板、金属板材和复合墙板等新型墙体材料。新型墙体材料具有工业化生产水平高、施工速度快、绝热性能好、节省资源能源、保护耕地的特点。

功能材料是指担负某些建筑功能的非承重材料。如防水材料、防火材料、绝热材料、吸声和隔声材料、采光材料、装饰材料等。这些功能材料的选择与使用是否科学合理,往往决定了工程使用的适用性以及美观效果等。

此外,工程中还有一些其他的分类,如按照使用部位,分有建筑结构材料、桥梁结构材料、水工结构材料、路面结构材料、建筑墙体材料、表面装饰与防护材料、屋面或地下防水材料等。

0.2 土木工程材料在工程建设中的作用

1. 土木工程材料对工程造价的影响

土木工程材料是各项工程建设的重要物质基础,在工程建设过程中,材料的选择、使用与管理是否合理,对其工程成本的影响很大。一项工程中用于材料购买与加工的费用,通常占工程总造价的比例高达60%以上。在有些工程或工程的某些部位,在满足相同技术指标和质量要求的前提下,如何从品种繁多的材料中,选择质优价廉的材料,对降低工程造价具有重要意义。就是选择了相同的材料,使用方法不同,也可能产生不同的经济效果。因此,从工程技术经济及可持续发展的角度来看,正确选择和使用材料,在土木工程建设工作中对于创造良好的经济效益与社会效益都是十分重要的。

2. 土木工程材料对工程质量的影响

工程质量的优劣,通常与其采用材料的好坏以及材料使用的合理与否有直接的关系。要保证工程质量,就要从材料的选择、生产、运输、保管,到材料的出库、检测和使用,每个环节都严格按照国家相关标准,尤其是强制性标准进行科学管理。否则,任何环节的失误,都有可能导致工程质量事故。大量的事实表明,多数建筑物的病害和工程质量事故都与建筑材料有关,材料选择不当、质量不符合要求,建筑物的正常使用和耐久性就得不到保障。而许多重要的工程建设项目亦是建立在高质量的工程材料基础上,例如,青藏铁路工程采用的抗冻高性能混凝土,三峡大坝工程采用的低水化热高性能混凝土,2008年北京奥运会国家体育中心"鸟巢"工程采用的高强优质钢材。因此,从事土木工程建设,就必须准确熟练地掌握材料知识,正确地选择和使用土木工程材料。

3. 土木工程材料对工程技术的影响

土木工程材料和建筑、结构、施工一起构成建筑工程学科的主体,其中材料是基础。材料品种、质量及规格,直接影响着各项建筑工程的坚固、耐久、适用、美观和经济性,也是影响土木工程结构设计形式和施工方法的主要因素。工程中许多技术问题的突破,往往依赖于土木工程材料问题的解决；而新的土木工程材料的出现，又将促进结构设计形式及施工技术的革新。例如水泥和钢筋的出现，导致钢筋混凝土结构的产生；轻质材料和保温材料的出现对减轻建筑物的自重、提高建筑物的抗震能力、改善工作与居住环境条件等起到了十分有益的作用，并推动了节能建筑的发展；新型装饰材料的出现使得建筑物的造型及建筑物的内外装饰焕然一新，生气勃勃；混凝土减水剂、尤其是高效减水剂的问世与使用，使混凝土强度等级可以提高到C60～C80，甚至C100以上；混凝土的高强度化，推动了现代建筑向高层和大跨度方向发展；高效减水剂的推广应用，可使混凝土流动性大大提高，促进了泵送混凝土施工技术快速发展，近年来越来越多的土木工程材料在工程施工中发挥着越来越大的作用。建筑设计理论的进步和施工技术的革新不但受到建筑材料发展的制约，亦受到建筑材料发展的推动。大跨度预应力结构、薄壳结构、悬索结构、空间网架结构、节能型绿色环保建筑的出现无疑都是与新材料的产生密切相关的。因此，土木工程材料生产及其科学技术的迅速发展，对于工程技术的进步，具有重要的推动作用。

0.3　土木工程材料的发展

土木工程材料的发展是随着人类社会生产力和科学技术水平的提高而逐步发展的。其发展历经了从天然材料到人工材料，从手工业生产到工业化生产，从单一材料到复合材料几个阶段。

原始社会，人们只能简单使用一些天然材料如泥土、砂石和树木。火的使用，导致了砖、瓦和石灰等烧土制品的产生。在学会用黏土烧制砖瓦，用岩石烧制石灰、石膏后，土木工程材料由天然进入到人工生产阶段，并建成了保存至今的万里长城、赵州桥、古埃及金字塔等。在公元初，人类学会了使用水硬性胶凝材料，建造了罗马圣庙与庞贝城。进入18世纪、19世纪，工业革命兴起，促进了工商业和交通运输业的蓬勃发展，原有的土木工程材料已经不能满足社会的需要，在其他科学技术的推动下，土木工程材料进入了一个新的发展时期，钢铁、水泥和混凝土这些具有优良性能的无机材料相继问世，为现代的大规模工程建设奠定了基础。近代土木工程材料方面具有划时代意义的几个事件有：1824年英国人J. Aspdin获得了人工配料生产硅酸盐水泥的专利，开启了近现代的水泥混凝土时代；19世纪中叶出现的工业化炼钢技术，催生了钢结构技术，从而使结构物跨度从砖木结构时代的几十米增加到超过百米，并出现了钢筋混凝土结构；20世纪初出现的合成高分子材料至今已进入了人类社会的方方面面；1928年法国人E. Freys—sinet获得预应力钢筋混凝土的专利，开始了预应力钢筋混凝土的应用，弥补了钢筋混凝土结构抗裂性能、刚度和承载能力差的缺点。20世纪材料科学的另一个明显的进步，就是各种复合材料的出现和使用，大大地改善了材料的工程性能。例如纤维增强混凝土，提高了混凝土的抗拉强度和抗冲击韧性，改善了混凝土材料脆性大、容易开裂的缺点，使混凝土材料的适用范围得到扩大；聚合物混凝土制造的仿大理石台面，既有天然石材的质地和纹理，又具有良好的加工性。

进入21世纪，土木工程材料进一步向高性能化、多功能化、智能化、工业规模化、绿色化等方向发展。

（1）高性能化。从土木工程本身的发展来说，应发展高性能工程材料。其高性能包括轻质、高强、高耐久、高抗渗、高保温等性能。新型高性能土木工程材料，就材料类别而言，应发展改性无机材料，特别是高性能的复合材料最有发展前景。

（2）多功能化。新型土木工程材料应是具有多种功能或智能的材料。如墙体材料应向节能、隔热、高强发展；装饰材料应向装饰性、功能性、环保性、耐久性方向发展；防水材料应向耐候性、高弹性、环保性发展。例如：具有抗菌、防霉、防污、除臭功能的室内装饰材料；具有除臭、抗菌、防射线的镀膜调光节能功能的玻璃窗；具有空气净化功能的内墙材料及涂料等。

（3）智能化。所谓智能化材料，是指本身具有自我诊断和预告破坏、自我修复功能的材料。土木工程材料向智能化方向发展，是人类社会向智能化社会发展过程中降低成本的需要。例如作为最主要的工程材料的混凝土材料，研究和开发具有主动、自动地对结构进行自诊断、自调节、自修复、自恢复的智能混凝土已成为结构——功能一体化的发展趋势。国内外学者于20世纪80年代中后期提出了机敏材料与智能材料概念。机敏材料能够感受外界环境的变化，而智能材料要求材料体系集感知、驱动和信息处理于一体，形成类似于生物材料那样的具有智能属性的材料，具有自感知、自诊断、自修复等功能。1989年，美国的 D. D. L. Chuug 发现将一定形状、尺寸和掺量的短切碳纤维掺入到混凝土中，可以使混凝土具有自感知内部应力、应变和损伤程度的功能。将碳纤维应用于机场跑道、桥梁路面等工程中，利用混凝土的电热效应，可实现自动融雪和除冰功能。

（4）工业规模化。从土木工程材料使用方式的变化来看，为满足现代土木工程结构性能和施工技术的要求，材料的使用必然向着机械化与自动化的方向发展，材料的供应向着成品或半成品的方向延伸。例如，水泥混凝土等结构材料向着预制化和商品化的方向发展。此外，材料的加工、储运、使用以及施工操作的机械化、自动化水平也在不断提高，劳动强度逐渐下降。土木工程材料的生产要实现现代化、工业化，而且为了降低成本、控制质量、便于机械化施工，生产还要实现标准化、大型化、商品化等。

（5）绿色化。绿色建材又称生态建材、环保建材和健康建材，是指采用低能耗制造工艺和对环境无污染的生产技术，产品配制和生产过程中，不使用对人体和环境有害的污染物质，少用天然资源、大量使用工业或城市固体废弃物等，生产无毒、无污染、无放射性、环保和有利于人类健康的材料。绿色建材代表了21世纪土木工程材料的发展方向，是符合世界发展趋势和人类要求的土木工程材料，必然在未来的建材行业中占主导地位，成为今后土木工程材料发展的必然趋势。

0.4　土木工程材料的技术标准

为了保证土木工程材料的质量，保证现代化生产和科学管理，必须对材料产品的各项技术制定统一的执行标准。这些标准一般包括：产品规格、分类、技术要求、检验方法、验收规则、标志、运输和贮存注意事项等方面内容。土木工程材料的技术标准是产品质量的技术依据。对于生产企业，必须按照标准生产，控制其质量，同时它可促进企业改善管理，提高生产技术和生产效率。对于使用部门，则按照标准选用、设计、施工，并按标准验收产品。按标准合理地选用材料，从而使设计、施工也相应标准化。

1. 技术标准的分类

技术标准通常分为基础标准、产品标准和方法标准。

（1）基础标准。基础标准是指在一定范围内作为其他标准的基础，并普遍使用的具有广泛指导意义的标准，如《水泥命名定义和术语》（GB4131—1997）。

（2）产品标准。产品标准是衡量产品质量好坏的技术依据，如《通用硅酸盐水泥》（GB175—2007）。

（3）方法标准。方法标准是指以试验、检查、分析、抽样、统计、计算、测量等各种方法为对象制定的标准，如《水泥胶砂强度检验方法（ISO）》（GB17671—1999）。

2. 技术标准的等级

根据发布单位与适用范围，土木工程材料技术标准分为国家标准、行业标准（含协会标准）、地方标准和企业标准4级。

各级标准分别由相应的标准化管理部门批准并颁布，我国国家质量监督检验检疫总局是国家标准化管理的最高机关。国家标准和行业标准都是全国通用标准，分为强制性标准和推荐性标准；省、自治区、直辖市有关部门制定的工业产品的安全、卫生要求等地方标准在本行政区域内是强制性标准；企业生产的产品没有国家标准、行业标准和地方标准的，企业应制定相应的企业标准作为组织生产的依据。企业标准由企业组织制定，并报请有关主管部门审查备案。

3. 技术标准的代号与表示方法

各级标准都有自己的部门代号，与土木工程材料技术标准有关的部门代号有：GB——国家标准、GBJ——建筑工程国家标准、JG——建筑工业行业标准、JC——国家建材局标准、SL——水利部行业标准、SH——石油化学工业部行业标准、YB——冶金部行业标准、HG——化工部行业标准、ZB——国家级专业标准、CECS——中国工程建设标准化协会标准、DB——地方标准、QB——企业标准等。对于强制性国家标准，任何产品不得低于其规定的要求；推荐性国家标准也可执行其他标准的要求；地方标准或企业标准所制定的技术要求应高于国家标准，对于国家尚未制定标准的新产品企业标准要注意参照国外标准要求。

工程中还可能采用国际标准和其他先进国家的国外技术标准，例如 ISO——国际标准、ANS——美国国家标准、ASTM——美国材料与试验学会标准、JIS——日本工业标准、BS——英国标准、NF——法国标准、DIN——德国工业标准。我国是国际标准化协会成员国，当前我国各项技术标准都正在向国际标准靠拢，以便于科学技术的交流与提高。例如我国制定的《水泥胶砂强度检验方法（ISO）》（GB17671—1999），其主要内容与 ISO679 完全一致，其抗压强度检验结果与 ISO679：1989 等同。

技术标准按标准名称、部门代号、编号和批准年份的顺序书写，按要求执行的程度分为强制性标准和推荐性标准（在部门代号后加"/T"表示"推荐"）。例如我们常用的国家标准《通用硅酸盐水泥》（GB175—2007）。标准名称为通用硅酸盐水泥，部门代号为GB，编号为175，批准年份为2007年。

无论是国家标准还是部门行业标准，都是全国通用标准，属国家指令性技术文件，均必须严格遵照执行，尤其是强制性标准。在学习有关标准时应注意到黑体字标志的条文为强制性条文。另外还应注意，标准规范如有更新，则应以最新版本为准。

0.5 本课程的特点和学习方法

土木工程材料课程是土木工程类专业的一门技术基础课程，学习该课程的目的是使学生获得土木工程材料的基本理论、基本知识和实验检验技能，为后续的专业课程提供材料的基础知识，并为今后从事设计、施工、管理和科研工作能够合理选择和正确使用土木工程材料奠定基础。

土木工程材料种类繁多，课程内容繁杂，各章之间的联系较少；内容以叙述为主，名词、概念、专业术语、经验公式多；与工程实际联系紧密，有许多定性的描述或经验规律的总结。因而要学好本门课程，掌握良好的学习方法是至关重要的。在学习过程中，要注意了解事物的本质和内在联系，了解形成这些性质的内在原因和性质之间的相互关系。对于同一类属的材料，不但要学习它们的共性，更重要的是要了解它们各自的特性和具备这些特性的原因。学习中应以材料的技术性质、材料的性能特点及其在工程中的应用为重点，并注意材料的成分、结构构造、生产过程等对其性能的影响，掌握各项性能之间的联系。对于现场配制的材料（如水泥混凝土），应掌握其配合比设计的原理及方法。

要重视理论联系实际，培养综合应用知识的能力，重视实验课和习题作业。实验课是本课程的重要教学环节，通过实验可验证所学的基本理论，学会检验常用建筑材料的实验方法，掌握一定的实验技能，并能对试验结果进行正确的分析和判断，培养学生学习与分析能力及严谨的科学态度。

思 考 与 习 题

1. 何谓土木工程材料？土木工程材料如何分类？
2. 简述土木工程材料在工程建设中的作用。
3. 简述土木工程材料的发展趋势。

第1章 土木工程材料的基本性质

土木工程材料的性质通常是指其对环境作用的抵抗能力或在环境条件作用下的表现。例如：结构材料主要承受各种荷载作用；基础材料除承受建筑物或构筑物上部荷载作用外，还要承受地下水以及外界温度变化引起的冻融循环破坏作用；外部围护结构材料常常受到日光、雨水、风等大气因素的作用；这些就要求材料具有相应的力学性质和耐久性等。材料的性质与质量很大程度上决定了工程的性能与质量。

土木工程材料的性质，可分为基本性质和特殊性质两大部分。材料的基本性质是指土木工程中通常考虑的最基本的、共有的性质。归纳起来主要有物理性质、力学性质、耐久性质等。材料的特殊性质则是指材料本身的不同于别的材料的性质，是材料的具体使用特点的体现。本章仅就土木工程材料共有的基本性质进行讲解，对于各类材料的特殊性质将在有关章节进行叙述。

1.1 土木工程材料的组成、结构和构造

材料是由原子、分子或分子团以不同结合形式构成的物质。材料的组成或构成方式不同，其性质可能有很大的差别。材料的组成、结构和构造是影响材料性质的内因。只有了解材料的组成、结构及构造，才能更好地掌握材料的基本性质，更好地了解材料的各种性质及其变化规律。

1.1.1 材料的组成

材料的组成包括材料的化学组成、矿物组成和相组成。它不仅影响着材料的化学性质，而且也是决定材料物理力学性质和耐久性的最基本因素。

1.1.1.1 化学组成

化学组成是指构成材料的化学元素及化合物的种类及数量。无机非金属材料常用其组成的各氧化物或化合物的含量来表示；金属材料常用其组成的各化学元素的含量来表示；有机材料则常用其组成的各化合物含量来表示。当材料与自然环境或各类物质相接触时，它们之间必然按化学变化规律发生作用。例如石膏、石灰和石灰石的主要化学组成分别是 $CaSO_4$、CaO 和 $CaCO_3$，这些化学组成就决定了石膏、石灰易溶于水而耐水性差，而石灰石较稳定。木材主要由 C、H、O 形成的纤维素和木质素组成，故易于燃烧；石油沥青则由多种 C—H 化合物及其衍生物组成，故决定了其易于老化等。因此，化学成分（或组成）是材料性质的基础，它对材料的性质起着决定性作用。

1.1.1.2 矿物组成

矿物组成是指构成材料的矿物种类和数量。矿物是指具有一定化学成分和结构特征的稳定单质或化合物。无机非金属材料是由各种矿物组成的。材料的化学组成不同，其矿物

组成不同，其性质也不同。相同的化学组成，可组成不同的矿物。如硅酸盐水泥中，CaO 和 SiO_2 是其主要的化学成分，它们组成的主要矿物是硅酸三钙（C_3S）和硅酸二钙（C_2S），这两者的性质相差很大。某些土木工程材料如天然石材、无机胶凝材料等，其矿物组成是决定其材料性质的主要因素。

1.1.1.3 相组成

材料中结构相近、性质相同的均匀部分称为相。自然界中的物质可分为气相、液相、固相。即使是同种物质，在温度、压力等条件发生变化时常常会转变其存在状态，例如气相变为液相或固相。凡是由两相或两相以上物质组成的材料称为复合材料。例如，混凝土是由骨料颗粒（骨料相）分散在水泥浆基体（基相）中组成的两相复合材料。土木工程材料大多数可看作复合材料。如钢筋混凝土、沥青混凝土等。

复合材料的性质与材料的组成及界面特性有密切关系。所谓界面从广义来讲是指多相材料中相与相之间的分界面。在实际材料中，界面是一个薄弱区，它的成分及结构与相内的部分是不一样的，可将其作为"界面相"来处理。实际中，通过改变和控制材料的相组成和界面特性，可改善材料的技术性能。

1.1.2 材料的结构与构造

材料的性质除与材料组成有关外，还与其结构和构造有密切关系。材料的结构和构造泛指材料各组成部分之间的结合方式及其在空间排列分布的规律。因此，研究材料的结构和构造以及它们与性能的关系，无疑是材料科学的主要任务之一。通常，按材料的结构的尺度范围，材料的结构大体上可以分为宏观结构、亚微观结构和微观结构 3 个层次。

1.1.2.1 宏观结构

材料的宏观结构通常是指用肉眼或放大镜能够观察到的粗大组织，其尺寸在 10^{-3} m 级以上。

宏观结构不同的材料具有不同的特性。例如，玻璃与泡沫玻璃的组成相同，但宏观结构不同，前者为致密结构，后者为多孔结构，其性质截然不同，玻璃用作采光材料，泡沫玻璃用作绝热材料。

土木工程材料的宏观结构常见的结构形式有致密结构、多孔结构、微孔结构、堆聚结构、纤维结构、层状结构、散粒结构等。

1. 致密结构

致密结构是指在外观上和结构上都是致密而无孔隙存在（或孔隙极少）的结构。土木工程中常用的致密结构材料主要有钢材、玻璃、沥青、密实塑料、花岗岩、瓷器材料等。致密结构材料的性能主要取决于材料的组成与细观结构。

2. 多孔结构

多孔结构是指在材料中存在均匀分布的孤立的或适当连通的粗大孔隙，如加气混凝土、泡沫混凝土及泡沫塑料等。这种材料孔隙的多少、孔尺寸大小及分布均匀程度等结构状态，对其性质都具有影响。

3. 微孔结构

微孔结构是指在材料中存在均匀分布的微孔隙。某些材料在生产时，由于掺入可燃性物质或增加拌和用水量，在生产过程中水分蒸发或可燃性物质燃烧后都可形成微孔结构。如石膏制品、烧土制品等均为微孔结构。

4. 堆聚结构

堆聚结构是指材料内部以宏观颗粒间的相互黏结而形成的结构。这种材料的许多性质除了与其中各颗粒本身的性质有关外，还与颗粒间的接触程度、黏结性质等有关。土木工程中材料水泥混凝土、砂浆、沥青混凝土、炉渣砌块、陶粒砌块等均属此类。

5. 纤维结构

纤维结构是指材料内部组成具有方向性，沿轴线方向上各质点间的连接紧密，而相邻纤维间的横向连接疏松，从而表现为物理力学性质有明显的各向异性。如平行纤维方向与垂直纤维方向的强度与导热性就有明显的差异。土木工程中常用的纤维结构材料有木材、矿物棉及各种纤维制品等。

6. 层状结构

层状结构是指天然形成或人工黏结等方法将材料叠合成层状整体的结构。层状结构的材料获得了单一材料不能得到的性质，提高了材料的强度、硬度、保温及装饰等性能，如胶合板、纸面石膏板、层状填料塑料板及各种叠合复合材料等。

7. 散粒结构

散粒结构是指材料呈松散颗粒状结构，如沙子、卵石、碎石和珍珠岩等。

1.1.2.2 亚微观结构

亚微观结构又称细观结构，指用光学显微镜所能观察到的结构，其尺度介于微观和宏观之间，范围在 $10^{-3} \sim 10^{-6}$ m。亚微观结构主要研究材料内部的晶粒、颗粒等的大小和形态、晶界或界面的形态、孔隙与微裂纹的大小形状及分布。如天然岩石的矿物组织；金属材料的晶粒大小与金相组织；木材的纤维、导管、髓线等。

材料的亚微观结构对材料的性质影响很大。例如，钢材的晶粒尺寸越小，钢材的强度越高。又如混凝土中毛细孔的数量减少、孔径减小，将使混凝土的强度和抗渗性等提高。因此，对于土木工程材料而言，从亚微观结构层次上改善材料的性能，具有十分重要的意义。

1.1.2.3 微观结构

微观结构是指用电子显微镜、X射线衍射仪等手段来分析研究的材料的原子和分子层次上的结构，其尺寸范围为 $10^{-6} \sim 10^{-10}$ m。材料的许多物理、力学性质，如强度、硬度、熔点、导热性、导电性等，都是由材料内部的微观结构所决定的。

材料在微观结构层次上可分为晶体结构、玻璃体结构、胶体结构。

1. 晶体结构

（1）质点（离子、原子或分子）在空间上按特定的规则呈周期性排列所形成的结构称为晶体结构，晶体具有如下特点：

1）特定的几何外形，这是晶体内部质点按特定规则排列的外部表现，如图1.1.1所示。

2）各向异性，这是晶体的结构特征在性能上的反映。

3）固定的熔点和化学稳定性，这是由晶体键能和质点所处最低的能量状态所决定的。

4）结晶接触点和晶面是晶体破坏或变形的薄弱部分。

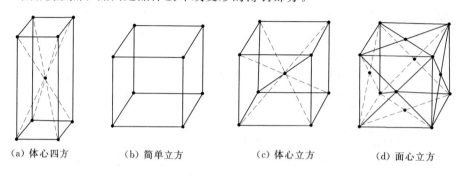

(a) 体心四方　　(b) 简单立方　　(c) 体心立方　　(d) 面心立方

图 1.1.1　晶体几何外形示意图

（2）根据组成晶体的质点及化学键的不同，晶体可分为：

1）原子晶体，中性原子以共价键而结合成的晶体，共价键的结合力最强，这类材料通常具有较高的强度和硬度，在一般使用环境条件下的稳定性较好，如金刚石、石英等。

2）离子晶体，正、负离子以离子键而结合成的晶体，离子键的结合力也强，土木工程材料中无机非金属材料多是以离子晶体为主构成的材料，如石灰岩等天然石材。

3）分子晶体，以分子间的范德华力即分子键结合而成的晶体，分子晶体结构材料中质点间的结合键（范德华分子键）最弱，只能在某些环境条件下才具有较可靠的物理力学性能，一般环境中其强度、硬度较低，温度敏感性强，密度较小，土木工程中常用的有机化合物、水性乳液、石蜡等具有分子晶体类材料的典型特征。

4）金属晶体，以金属阳离子为晶格，由自由电子与金属阳离子间的金属键结合而成的晶体，金属晶体类材料也具有较高的强度和硬度，有些还具有较好的韧性与可加工性，但在某些使用环境条件下的稳定性不及原子晶体材料，如耐高温性、耐腐蚀性等较差。土木工程中常用的金属晶体类材料有生铁、钢材、铝材、铜材等。

2. 玻璃体结构

玻璃体是高温熔融物，在急冷时，由于质点来不及按一定规律排列，而形成的内部质点无序排列的结构。玻璃体结构的材料没有固定的熔点和几何形状，且各向同性。由于内部质点未达到能量最低位置，内部大量的化学能未能释放出，因此，其化学稳定性差，易与其他物质发生化学反应，这一性质也称为材料的潜在化学活性。如粒化高炉矿渣、火山灰、粉煤灰等混合材料，都是经过高温急冷得到，含大量玻璃体，工程上利用它们活性高的特点，用于水泥和混凝土的生产，以改善水泥和混凝土的性能。

3. 胶体结构

物质以极微小的质点（粒径为 $10^{-7} \sim 10^{-9}$ m）分散在介质中形成的结构称为胶体。这些极小的质点作为介质中的分散相，称为胶粒。由于胶体质点很微小，体系中内表面积很大，因而表面能很大，有很强的吸附力，因而胶体具有较强的黏结力。乳胶漆是高分子树脂通过乳化剂分散在水中形成的涂料；硅酸盐水泥水化形成的水化产物中的凝胶将砂和石黏结成一个整体，形成水泥石。

在胶体结构中，根据分散相与分散介质的相对比例不同，胶体结构分为溶胶、溶凝胶、凝胶。胶粒较少，分散介质性质对胶体结构的强度及变形性质影响较大，这种胶体结构称为溶胶结构；若胶粒数量较多，胶粒在表面能的作用下发生凝聚作用，或者由于物理化学作用而使胶粒产生彼此相连，形成空间网络结构，从而使胶体结构的强度增大，变形性减小，形成固体状态或半固体状态，这种胶体结构称为凝胶结构；介于溶胶结构和凝胶结构之间的称为溶—凝胶结构。与晶体和玻璃体结构相比，胶体结构强度较低，变形较大。

1.1.2.4 构造

材料的构造是指具有特定性质的材料结构单元间的相互组合搭配情况。构造概念与结构概念相比，更强调了相同材料或不同材料间的搭配组合关系。如木材的宏观构造和微观构造，就是指具有相同材料结构单元——木纤维管状细胞按不同的形态和方式在宏观和微观层次上的组合搭配情况。它决定了木材的各向异性等一系列物理、力学性质。又如具有特定构造的节能墙板，就是具有不同性质的材料经特定组合搭配而成的一种复合材料。这种构造赋予了墙板良好的隔热保温、隔声吸声、防火抗震、坚固耐久等整体功能和综合性质。

1.2 土木工程材料的物理性质

1.2.1 材料的物理状态参数

1. 密度

密度是指材料在绝对密实状态下单位体积的质量，按式（1.2.1）计算：

$$\rho = \frac{m}{V} \tag{1.2.1}$$

式中　ρ——密度，g/cm^3；

　　　m——材料的质量（干燥至恒重），g；

　　　V——材料的绝对密实体积，cm^3。

密度的单位，我国建设工程中一般用 g/cm^3，偶尔用 kg/L，忽略不写时，隐含的单位为 g/cm^3，如水的密度为 1。

在常用的土木工程材料中，除钢材、玻璃、沥青等可近似认为不含孔隙外，绝大多数材料含有孔隙。含孔隙材料的密度测定，关键是测出绝对密实体积。测定含孔材料绝对密实体积的方法通常是将材料磨成细粉（粒径小于 0.20mm），干燥后用排液法（李氏瓶）测得的粉末体积即为绝对密实体积。材料磨得越细，内部孔隙消除得越完全，测得的体积也就越精确。对砖、石等材料常采用此种方法测定其密度。

材料的密度（ρ）仅与其微观结构和组成有关，而与其自然状态无关。

另外对于砂石，因其孔隙率很小，$V \approx V_0$，若不经磨细，直接用排水法测定的密度则称为视密度。即对于本身不绝对密实，而用排液法测得的密度称为视密度或视比重。

2. 表观密度

表观密度是指材料在自然状态下，单位体积所具有的质量。按式（1.2.2）计算：

$$\rho_0 = \frac{m}{V_0} \tag{1.2.2}$$

式中 ρ_0——材料的表观密度，kg/m³ 或 g/cm³；

m——材料的质量，kg 或 g；

V_0——材料的表观体积，m³ 或 cm³。

材料内部的孔隙，包括开口孔和闭口孔，这样一个整体材料的外观体积称为材料的表观体积。规则外形材料的表观体积，可通过量具量测计算得到，比如各种砌块、砖；不规则材料的表观体积用静水天平置换法（对有些材料表面应预先涂蜡，封闭开口，即孔隙—蜡封法）得到；按此计算得到的表观密度也称为体积密度。

土木工程中用的粉状材料，如水泥、粉煤灰、磨细生石灰粉等，其颗粒很小，与一般块体材料测定密度时所研碎磨细制作的试样粒径相近似，因而它们的表观密度，特别是干表观密度值与密度值可视为相等。

砂石类散粒材料，用排水法测得的体积，它实际上不包括材料内部的开口孔隙的体积和颗粒间隙体积，故称用排水法测得的材料的体积为近似表观体积，按式（1.2.2）计算得到的表观密度也称为视密度，又称颗粒表观密度。

根据材料所处含水状态或环境的不同，有干表观密度和湿表观密度之分。未注明含水情况常指气干状态。绝干状态下的表观密度称为干表观密度。

材料表观密度（ρ_0）的大小不仅与材料的微观结构和组成有关，还与其宏观结构特征及含水状况等有关。因此，材料在不同的环境状态下，表观密度的大小可能不同。

由于大多数材料或多或少含有一些孔隙，故一般材料的表观密度总是小于其密度。

3. 堆积密度

堆积密度是指粉状、粒状或纤维状材料在自然堆积状态下，单位体积所具有的质量，按式（1.2.3）计算：

$$\rho'_0 = \frac{m}{V'_0} \tag{1.2.3}$$

式中 ρ'_0——堆积密度，kg/m³ 或 g/cm³；

m——材料的质量，kg 或 g；

V'_0——材料的堆积体积，m³ 或 cm³。

散粒材料在自然堆积状态下的体积，是指既含颗粒内部的孔隙，又含颗粒之间空隙在内的总体积。散粒材料的堆积体积可用已标定容积的容器测得。砂子、石子的堆积密度即用此法求得。堆积密度与堆积状态有关，若以捣实体积计算时，则称紧密堆积密度。

材料的堆积密度不仅与材料的微观结构和组成有关，且与其颗粒的宏观结构、含水状态等亦有关，而且还与其颗粒间空隙或颗粒间被压实的程度等因素有关。

在土木工程中，计算材料用量、构件自重、配料计算及确定堆放空间时经常用到材料的密度、表观密度和堆积密度等数据。

常用土木工程材料的密度、表观密度、堆积密度和孔隙率见表1.2.1。

1.2 土木工程材料的物理性质

表 1.2.1　　常用土木工程材料的密度、表观密度、堆积密度及孔隙率

材料名称	密度 ρ (g/cm³)	表观密度 ρ_0 (kg/m³)	堆积密度 ρ'_0 (kg/m³)	孔隙率 P (%)
石灰岩	2.60	1800～2600	—	—
花岗岩	2.80	2500～2900	—	0.50～3.00
碎石	2.60	—	1400～1700	—
砂	2.60	—	1450～1650	—
黏土	2.50	—	1600～1800	—
普通黏土砖	2.50	1600～1800	—	20～40
黏土空心砖	2.50	1000～1400	—	—
水泥	2.80～3.20	—	1200～1300	—
普通混凝土	—	2100～2600	—	5～20
轻骨料混凝土	—	800～1900	—	—
木材	1.55	400～800	—	55～75
钢材	7.85	7850	—	0
泡沫塑料	—	20～50	—	—
沥青	约 1.0	约 1000	—	—

4. 材料的密实度与孔隙率

(1) 密实度。

密实度是指材料体积内被固体物质所充实的程度，也就是固体物质的体积占总体积的比例。以 D 表示，可按式 (1.2.4) 计算：

$$D = \frac{V}{V_0} \times 100\% \quad \text{或} \quad D = \frac{\rho_0}{\rho} \tag{1.2.4}$$

式中 ρ 和 ρ_0 均是材料干燥状态下。

密实度反映了材料的致密程度。含有孔隙的固体材料的密实度均小于 1。材料的很多性能如强度、吸水性、耐久性、导热性等均与其密实度有关。

(2) 孔隙率。

孔隙率是指材料孔隙体积占材料总体积的百分率。分为孔隙率（总孔隙率）、开口孔隙率和闭口孔隙率。

1) 孔隙率。孔隙率是指材料孔隙体积（包括不吸水的闭口孔隙，能吸水的开口孔隙）与材料总体积之比，以 P 表示，可按式 (1.2.5) 计算：

$$P = \frac{V_0 - V}{V_0} \times 100\% = \left(1 - \frac{V}{V_0}\right) \times 100\% = \left(1 - \frac{\rho_0}{\rho}\right) \times 100\% \tag{1.2.5}$$

孔隙率与密实度的关系为：

$$D + P = 1 \tag{1.2.6}$$

2) 开口孔隙率。材料开口孔隙的体积占材料在总体积的百分率，称为材料的开口孔隙率。

由于水可进入开口孔隙,工程中常将材料在饱和状态下所吸水的体积,为开口孔隙的体积(V_k),开口孔隙率(P_k)按式(1.2.7)计算:

$$P_k = \frac{V_k}{V_0} \times 100\% \tag{1.2.7}$$

开口孔隙对吸水、透水、吸声有利,对材料的抗渗、抗冻、耐久性不利。

3)闭口孔隙率。材料闭口孔隙的体积占材料总体积的百分率,称为材料的闭口孔隙率。闭口孔隙率(P_b)按式(1.2.8)计算:

$$P_b = \frac{V_b}{V_0} \times 100\% = P - P_k \tag{1.2.8}$$

微小而均匀的闭口孔隙可降低材料的导热系数,对改善材料的抗渗、抗冻有利。

孔隙率亦反映材料的致密程度。孔隙率大,则密实度小。

孔隙的大小、形状、分布、连通与否,称为孔隙特征。

除了孔隙率(P)以外,材料的孔隙特征也是影响材料性质的重要因素之一。通常在一般工程应用上,孔隙特征主要指孔尺寸大小、连通与否两个内容。孔隙与外界相连通的叫开口孔,与外界不相连通的叫闭口孔。连通孔隙不仅彼此贯通且与外界相通,而封闭孔隙则不仅彼此不连通且与外界相隔绝。孔隙按其尺寸大小又可分为粗大孔隙、毛细孔隙和凝胶孔。粗大孔隙易吸水,但不易保持;凝胶孔极细微,对材料的性能几乎没有影响;毛细孔吸水性最大。

4)孔隙对材料性质的影响。同一种材料其孔隙率越高,密实度越低,则材料的表观密度、堆积密度越小,强度、弹性模量越低,耐磨性、耐水性、抗渗性、抗冻性、耐腐蚀性及其他耐久性越差,而吸水性、吸湿性、保温性、吸声性越强。孔隙是开口还是闭口,对性质的影响也有差异。水和侵蚀介质容易进入开口孔隙,开口孔隙多的材料,其抗渗性、抗冻性、耐腐蚀性等性质下降更多,而其吸声性更好,吸湿性和吸水性更大,孔隙的尺寸越大,其影响也越大。适当增加材料中密闭孔隙的比例,可阻断连通孔隙,部分抵消冰冻的体积膨胀,在一定范围内提高其抗渗性、抗冻性。

由此可见,改变材料内部孔隙,是改善材料性能的重要手段。

几种常用土木工程材料的孔隙率见表1.2.1。

5. 材料的填充率与空隙率

(1)填充率。散状材料在其堆积体积中,被颗粒实体体积填充的程度称为填充率,常用 D' 表示。可用式(1.2.9)计算:

$$D' = \frac{V_0}{V'_0} \quad \text{或} \quad D' = \frac{\rho'_0}{\rho_0} \tag{1.2.9}$$

(2)空隙率。散粒材料堆积体积中,颗粒间空隙体积占堆积总体积的百分率称为空隙率,常用 P' 表示。可用式(1.2.10)计算:

$$P' = \frac{V'_0 - V_0}{V'_0} \quad \text{或} \quad P' = 1 - \frac{\rho'_0}{\rho_0} \tag{1.2.10}$$

填充率和空隙率是从两个不同侧面反映散粒材料的颗粒互相填充的疏密程度。即 $D' + P' = 1$。在配制混凝土时,砂、石的空隙率是作为控制混凝土中骨料级配与计算混凝土含砂率时的重要依据。可以通过压实或振实的方法获得较小的空隙率，以满足工程的需要。

1.2.2 材料与水有关的性质

1. 亲水性与憎水性

当材料与水接触时，如果水可以在材料表面铺展开，即材料表面可以被水所润湿，则称材料具有亲水性；这种材料称为亲水性材料。若水不能在材料的表面铺展开，即材料表面不能被水所润湿，则称材料具有憎水性；这种材料称为憎水性材料。当液滴与固体在空气中接触且达到平衡时，从固、液、气三相界面的交点处，沿着液滴表面作切线，此切线与材料和水接触面的夹角 θ 称为湿润角（或接触角）。材料的亲水（或憎水）程度可用润湿角 θ 来表示，如图 1.2.1、图 1.2.2 所示。

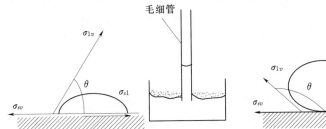
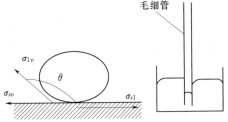

图 1.2.1　亲水材料的润湿与毛细现象　　图 1.2.2　憎水材料的润湿与毛细现象

显然，液体能否润湿固体与接触角 θ 大小有关。一般认为：当 $\theta \leqslant 90°$ 时，水分子之间的内聚力小于水分子与材料分子间的相互吸引力，此种材料称为亲水性材料；当 $\theta > 90°$ 时，水分子之间的内聚力大于水分子与材料分子间的吸引力，此种材料称为憎水性材料。润湿角越小，亲水性越强，憎水性越弱。这一概念可以推广到其他液体对固体的润湿情况，并分别称其为亲液性材料或憎液性材料。

含有毛细孔的材料，当孔壁表面具有亲水性时，由于毛细作用，会自动将水吸入孔隙内，如图 1.2.1 所示。当孔壁表面为憎水性时，则需施加一定压力才能使水进入孔隙内，如图 1.2.2 所示。因此，憎水性材料不仅可用作防水材料，而且还可以用于亲水性材料的表面处理，以降低其吸水性。

大多数土木工程材料，如石料、砖、混凝土、木材等都属于亲水性材料，表面易被水润湿，且能通过毛细管作用将水吸入材料的内部。

大部分有机材料属于憎水性材料，如沥青、石蜡、塑料、有机硅等，表面不能被水润湿，工程上多利用材料的憎水性来制造防水材料。

2. 吸湿性

材料在空气中吸收空气中水分的性质称为吸湿性。吸湿性的大小用含水率表示。

材料所含水的质量占材料干燥质量的百分数，称为材料的含水率，可按式（1.2.11）计算：

$$W_{含} = \frac{m_{含} - m_{干}}{m_{干}} \times 100\% \qquad (1.2.11)$$

式中 $W_{含}$——材料的含水率,%;

$m_{含}$——材料含水时的质量,g;

$m_{干}$——材料干燥至恒重时的质量,g。

材料的含水率大小,除与材料本身的特性有关外,还与周围环境的温度、湿度有关。气温越低、相对湿度越大,材料的含水率也就越大。

材料随着空气湿度的变化,既能在空气中吸收水分,又可向外界扩散水分,最终将使材料中的水分与周围空气的湿度达到平衡,这时材料的含水率,称为平衡含水率。平衡含水率并不是固定不变的,它随环境中的温度和湿度的变化而改变。当材料吸水达到饱和状态时的含水率即为饱和含水率。

材料含水后,不但可使材料的重量增加,而且会使材料的强度降低,导热性增大,耐久性降低,有时还会发生明显的体积膨胀。如木材的吸湿性特别明显,它能大量吸收水汽而增加质量,降低强度和改变尺寸。木门窗在潮湿的夏天不易开关,就是因为吸湿引起的。保温材料吸湿后将严重降低其保温隔热性能,因此保温材料表面应设置防潮层。由此可见,材料中含水对材料的性能往往是不利的。

3. 吸水性

材料在水中吸入水分的能力称为吸水性。材料的吸水性用吸水率表示。

材料的吸水率有质量吸水率和体积吸水率两种。

质量吸水率:材料所吸收水分的质量占材料干燥质量的百分数,按式(1.2.12)计算:

$$W_{质} = \frac{m_{湿} - m_{干}}{m_{干}} \times 100\% \tag{1.2.12}$$

式中 $W_{质}$——材料的质量吸水率,%;

$m_{湿}$——材料饱水后的质量,g;

$m_{干}$——材料烘干到恒重的质量,g。

体积吸水率:材料吸收水分的体积占材料自然体积的百分数,是材料体积内被水充实的程度。按式(1.2.13)计算:

$$W_{体} = \frac{V_{水}}{V_0} = \frac{m_{湿} - m_{干}}{V_0} \times \frac{1}{\rho_w} \times 100\% \tag{1.2.13}$$

式中 $W_{体}$——材料的体积吸水率,%;

$V_{水}$——材料在饱水时,水的体积,cm³;

V_0——干燥材料在自然状态下的体积,cm³;

ρ_w——水的密度,g/cm³,按 $\rho_w = 1$ 计。

质量吸水率与体积吸水率存在如下关系:

$$W_{体} = W_{质} \times \rho_0 \tag{1.2.14}$$

式中 ρ_0——材料在干燥状态下的表观密度,g/cm³。

材料的吸水性大小,不仅与材料的亲水性或憎水性有关,而且与孔隙率的大小及孔隙特征有关。水分通过材料的开口孔隙吸入,通过连通孔隙渗入其内部,通过润湿作用和毛细管作用等因素将水分存留住。一般孔隙率愈大,吸水性也愈强。封闭的孔隙,水分不易进入；粗大开口的孔隙，虽水分容易渗入，但也仅能润湿孔壁表面，不易在孔内存留。较多细微连通孔隙的材料，其吸水率较大。致密材料和仅有闭口孔隙的材料是不吸水的。

各种材料的吸水率相差很大，如花岗岩吸水率仅为0.1%～0.7%，混凝土的吸水率为2%～3%，黏土砖的吸水率为8%～20%。对于一些轻质材料，如加气混凝土、软木等，由于具有很多开口而微小的孔隙，所以它的质量吸水率往往超过100%，即湿质量为干质量的几倍，在这种情况下，最好用体积吸水率表示其吸水性。

材料吸水后，表观密度和导热性增大，强度降低，体积膨胀且易受冰冻破坏。因此，吸水率大对材料性质是不利的。

4. 耐水性

材料长期在饱和水作用下不破坏，其强度也不显著降低的性质称为材料的耐水性。材料的耐水性用软化系数表示。可按式（1.2.15）计算：

$$K_{软}=\frac{f_{饱}}{f_{干}} \tag{1.2.15}$$

式中　$K_{软}$——材料的软化系数；
　　　$f_{饱}$——材料在饱水状态下的抗压强度，MPa；
　　　$f_{干}$——材料在干燥状态下的抗压强度，MPa。

由式（1.2.15）可知，软化系数$K_{软}$的范围在0～1之间，$K_{软}$值的大小表明材料浸水后强度降低的程度。一般材料在水的作用下，其强度均有所下降。这是由于水分进入材料内部后，削弱了材料微粒间的结合力所致。如果材料中含有某些易于被软化或溶解的物质，这将更为严重。

在某些工程中，软化系数$K_{软}$的大小成为选择材料的重要依据。干燥环境下使用的材料可不考虑耐水性；一般次要结构物或受潮较轻的结构所用的材料$K_{软}$值应不低于0.75；受水浸泡或处于潮湿环境的重要结构物的材料，其$K_{软}$值应不低于0.85；特殊情况下，$K_{软}$值应当更高。工程中通常将$K_{软}>0.85$的材料看作耐水材料，可以用于水中或潮湿环境中的重要结构。

5. 抗渗性

材料抵抗压力水渗透的性质称为抗渗性（或不透水性），可用渗透系数K表示。

达西定律表明，在一定时间t内，透过材料试件的水量Q与试件的断面积A及水头差（液压）h成正比，与渗透距离（材料的厚度）成反比。

渗透系数以公式表示为：

$$K=\frac{Qd}{Ath} \tag{1.2.16}$$

式中　K——渗透系数，$mL/(cm^2 \cdot s)$；
　　　Q——透过材料试件的水量，mL；
　　　t——透水时间，s；
　　　A——透水面积，cm^2；
　　　h——静水压力水头，cm；
　　　d——试件厚度，cm。

渗透系数 K 的物理意义是一定时间内，在一定水压力作用下，单位厚度的材料，单位渗水面积上的渗水量。渗透系数反映了材料抵抗压力水渗透的性质。渗透系数越大，材料的抗渗性越差。

有些材料（如混凝土、砂浆等）的抗渗性也常用抗渗等级来表示。

$$P = 10H - 1 \tag{1.2.17}$$

式中 P——抗渗等级；

H——试件开始渗水时的水压力，MPa。

抗渗等级是指材料在标准试验方法下，用规定的试件进行透水试验，试件在透水前所能承受的最大水压力来确定的。用 PN 表示，N 表示试件所能承受的最大水压力的 10 倍，如 P4、P6、P8 分别表示材料能承受 0.4MPa、0.6MPa、0.8MPa 的水压而不透水。抗渗等级越高，材料的抗渗性越好。

材料的抗渗性与其孔隙多少和孔隙特征关系密切，开口并连通的孔隙是材料渗水的主要渠道。材料越密实、闭口孔越多、孔径越小，水越难渗透；孔隙率越大、孔径越大、开口并连通的孔隙越多的材料，其抗渗性越差。此外，材料的亲水性、裂缝缺陷等也是影响抗渗性的重要因素。工程上常采用降低孔隙率提高密实度、提高闭口孔隙比例、减少裂缝或进行憎水处理等方法来提高材料的抗渗性。

水的渗透会对材料的性质和使用带来不利的影响，尤其当材料处于压力水中时，材料的抗渗性是决定其工程使用寿命的重要因素。因此，对于地下建筑及水工构筑物，因常受到压力水的作用，故要求材料具有好的抗渗性；对于防水材料，则要求具有更高的抗渗性。

材料抵抗其他液体渗透的性质，也属于抗渗性。

6. 抗冻性

材料在饱水状态下，能经受多次冻结和融化（冻融循环）作用而不破坏，同时也不严重降低强度的性质称为抗冻性。材料的抗冻性常用抗冻等级表示。抗冻等级记为 Fn，其中 n 表示材料能承受的最大冻融循环次数。

土木工程中通常按规定的方法对材料的试件进行冻融循环试验。以试件质量损失不超过 5%、强度下降不超过 25% 时，所能承受的最大冻融循环次数来确定混凝土的抗冻等级，如 F25、F50、F100 等，分别表示此混凝土可承受 25 次、50 次、100 次的冻融循环而不破坏。

对于抗冻性要求高的混凝土可用快冻法来测定其抗冻性，确定抗冻等级。当混凝土相对动弹模量值下降至初始值的 60% 或质量损失率达 5% 时，即可认为试件已破坏，并以相应的冻融循环次数作为该混凝土的抗冻等级。

冰冻的破坏作用是由于当温度下降到负温时，材料内的水分会由表及里地冻结，内部水分不能外溢，水结冰后体积膨胀约 9%，产生强大的冻胀压力，使材料内毛细管壁胀裂，造成材料局部破坏，随着温度交替变化，冻结与融化循环反复，冰冻的破坏作用逐渐加剧，最终导致材料破坏。材料经多次冻融交替作用后，表面将出现剥落、裂纹，产生质量损失，强度也将会降低。冻融循环的次数越多，对材料的破坏作用越严重。

影响材料抗冻性的因素很多，主要有材料的孔隙率、孔隙特征、吸水率、降温速度、冻结温度、冻融循环频率等。一般说孔隙率小的材料抗冻性高；封闭孔隙含量多，抗冻性好。

抗冻等级要根据结构物的种类、使用条件及气候条件来决定，轻混凝土、砖、面砖等墙体材料一般要求抗冻等级为 F15、F25 或 F35。用于桥梁和道路的混凝土抗冻等级应为 F100、F150 或 F250，而水工混凝土要求可高达 F500。

抗冻性良好的材料，对于抵抗温度变化、干湿交替等破坏作用的性能也较强。因此，抗冻性也常作为考查材料耐久性的一个指标。处于温暖地区的土建结构物，虽无冰冻作用，为抵抗大气的作用，确保结构物的耐久性，有时对材料也提出一定的抗冻性要求。在路桥工程中，处于水位变化范围内的材料，在冬季时材料将反复受到冻融循环作用，此时材料的抗冻性将关系到结构物的耐久性。

1.2.3　材料与热的有关性质

在建筑物中，除需要满足强度及其他性能要求外，还需使室内维持一定的温度，为生产、工作和生活创造适宜的条件，同时能降低建筑物的使用能耗。因此，常要求土木工程材料要有一定的热工性质，以维持室内温度。常用材料的热工性质有导热性、热容量、比热容等。

1. 导热性

热量在材料中传导的性质称为导热性。它说明材料传递热量的一种能力。导热性可用导热系数 λ 表示，即

$$\lambda = \frac{Qd}{(t_1-t_2)AZ} \tag{1.2.18}$$

式中　　λ——导热系数，W/(m·K)；

　　　　Q——传导热量，J；

　　　　d——材料厚度，m；

　　　　(t_1-t_2)——材料两侧温度差，K；

　　　　A——材料传热面积，m^2；

　　　　Z——传热时间，s。

导热系数的物理意义是厚度为 1m 的材料，当其相对表面的温度差为 1K 时，1s 时间内通过 $1m^2$ 面积的热量。

各种土木工程材料的导热系数差别很大，如泡沫塑料 $\lambda = 0.03$ W/(m·K)，大理石 $\lambda = 3.30$ W/(m·K) 等。表 1.2.2 为几种典型材料的热工性质指标。土木工程中，一般把导热系数小于 0.23W/(m·K) 的材料称为绝热材料。

表 1.2.2　几种典型材料的热工性质指标

材　料	导热系数 [W/(m·K)]	比热容 [J/(g·K)]	材　料	导热系数 [W/(m·K)]	比热容 [J/(g·K)]
铜	370	0.38	松木（横纹）	0.15	1.63
钢	55	0.46	泡沫塑料	0.03	1.30
花岗岩	2.9	0.80	冰	2.20	2.05
普通混凝土	1.8	0.88	水	0.60	4.19
烧结普通砖	0.55	0.84	密闭空气	0.025	1.00

影响材料导热性的因素有材料的组成、结构及构造,同时还受湿度及温度的影响。一般无机材料比有机材料的导热系数大,结晶材料比非结晶材料的导热系数大。如结晶态的 SiO_2 的导热系数为 8.97W/(m·K),玻璃态的 SiO_2 的导热系数为 1.13W/(m·K)。材料的导热系数随温度的升高而增大;同一组成而质量小、气孔多的材料导热系数小;材料受潮后导热系数增大,饱水结冰后导热系数更大,材料气孔充水后导热系数由 0.025W/(m·K) 提高到 0.60W/(m·K),提高了 20 多倍;如水再结冰,冰的导热系数为 2.20W/(m·K),比气孔材料的导热系数提高 80 多倍。因此,绝热保温材料在施工和使用过程中,应注意防水、防潮。

通常所说的材料导热系数是指干燥状态下的导热系数。材料导热性是一个非常重要的热物理性质,在设计围护结构、窑炉设备时,都要正确地选用材料、以满足隔热与传热的要求。

2. 比热容及热容量

材料在受热时要吸收热量,在冷却时要放出热量,吸收或放出的热量按式 (1.2.19) 计算:

$$Q=cm(t_2-t_1) \tag{1.2.19}$$

式中 Q——材料吸收或放出的热量,J;
  c——材料的比热容,J/(g·K);
  m——材料的质量,g;
  (t_2-t_1)——材料受热或冷却前后的温度差,K。

比热容的物理意义:1g 材料温度升高或降低 1K 时所吸收或放出的热量。

材料的比热容大小与其组成和结构有关,无机材料的比热容比有机材料的比热容小;湿度对材料的比热容也有影响,因为水的比热值最大,当材料含水率高时,比热容则变大。通常所说材料的比热容是指其干燥状态下的比热值。

比热容 c 与材料质量 m 的乘积称为材料的热容量。

采用热容量大的材料作围护结构,对维持建筑物内部温度的相对稳定十分重要。夏季高温时,室内外温差较大,热容量较大的材料温度升高所吸收的热量就多,室内温度上升较慢;冬季采暖后,热容量大的材料吸收的热量较多,短时间停止采暖,室内温度下降缓慢。

材料的比热容和导热系数是建筑热工计算的重要依据。

3. 耐燃性

材料抵抗燃烧的性能,称为材料的耐燃性。土木工程材料按其燃烧性能分为 4 级,A 级——不燃性材料;B1 级——难燃性材料;B2 级——可燃性材料;B3 级——易燃性材料。

不燃性土木工程材料在空气中受到火烧或高温作用时不起火、不燃烧、不碳化。如花岗石、大理石、水泥制品、混凝土制品、玻璃、陶瓷、金属材料等。

难燃性木工程材料在空气中受到火烧或高温作用时难起火、难微烧、难碳化,当离开火源后,燃烧或微燃烧立即停止,如纸面石膏板、水泥刨花板、酚醛塑料等。

可燃性土木工程材料在空气中受到火烧或高温作用时立即起火或燃烧,且离开火源后仍继续燃烧或微烧，如木材、部分塑料制品等。

易燃性土木工程材料，在空气中受到火烧或高温作用时立即起火，并迅速燃烧，火焰传播速度很快，且离开火源后仍继续迅速燃烧，如部分未经阻燃处理的塑料、纤维织物等。

材料的耐燃性是影响建筑物防火和建筑结构耐火等级的一项重要因素。

4. 耐火性

土木工程材料抵抗高热或火的作用，保持其原有性质的能力称为建筑材料的耐火性。金属材料、玻璃等虽属于不燃烧材料，但在高温或火的作用下在短时间内就会变形、熔融，因而不具有耐火性。

各种材料都有一定的使用温度限制，例如，普通混凝土在燃烧过程中，从低温到高温将会发生以下变化：100～110℃时，混凝土细孔中的水成水蒸气，混凝土经受一次蒸养，强度提高；300℃左右时，水化硅酸钙脱水；540～570℃时，水化铝酸三钙脱水；560～590℃时，氢氧化钙脱水；900℃左右时，碳酸钙（石灰石）分解，到此混凝土基本完全破坏。因此，普通混凝土适用的温度范围通常小于 200～250℃。当温度超过 300℃以上，随着温度升高，混凝土抗压强度逐渐降低。

又比如，钢材在高温时强度降低。纯铁熔点为 1538℃，但由于钢材中含合金元素及有害杂质，900℃就开始熔化；在约 600℃时，钢材已变软，承载力大幅度降低；在约 300℃时，钢材强度和弹模开始显著下降，塑性开始增大，产生徐变；在约 250℃时，钢材抗拉强度提高，塑性和韧性变差；低于 150℃时，钢材性能变化不大。因此，钢材的最高允许温度为 250℃，钢筋混凝土中钢筋的最高允许温度为 500℃。

《建筑设计防火规范》（GB50016—2010）规定建筑材料或构件的耐火极限用时间来表示。是按规定方法，从材料受到火的作用时间起，直到材料失去支持能力、完整性被破坏或失去隔火作用的时间，以 h 计。构件的耐火极限不仅与材料有关，而且与结构厚度或截面最小尺寸有关。如同为钢筋混凝土柱，截面尺寸为 18cm×24cm 时的耐火极限为 1.2h，截面尺寸为 30cm×50cm 时的耐火极限为 4.7h；无保护层钢柱的耐火极限仅为 0.25h，因钢材在高温下软化，失去原有力学性能。而用普通黏土砖作保护层的钢柱，耐火极限可达 12h。可见，加大结构物厚度或断面尺寸，采用无机矿物质材料作保护层，不失为提高建筑物防火性的主要措施之一。

这里所说的耐火等级与高温窑中耐火材料的耐火性完全不同。耐火材料的耐火性是指材料抵抗熔化的性质，用耐火度来表示，即材料在不发生软化时所能抵抗的最高温度。耐火材料一般要求材料能长期抵抗高温或火的作用，具有一定的高温力学强度、高温体积稳定性、热震稳定性等。如砌筑窑炉、锅炉、烟道等的材料，必须具有一定的耐火性。

按耐火度高低可将材料分为以下 3 类：

(1) 耐火材料。耐火度不低于 1580℃的材料，如耐火砖中的硅砖、镁砖、铝砖和铬砖等。

(2) 难熔材料。耐火度为 1350～1580℃的材料，如难熔黏土砖、耐火混凝土等。

(3) 易熔材料。耐火度低于 1350℃，如普通黏土砖、玻璃等。

5. 温度变形

指材料在温度变化时产生的体积变化。多数材料在温度升高时体积膨胀，温度下降时体积收缩。温度变形在单向尺寸上的变化称为线膨胀或线收缩，一般用线膨胀系数来衡量。

线膨胀系数用"α"表示，可按式（1.2.20）计算：

$$\alpha = \frac{\Delta L}{(t_2 - t_1)L} \tag{1.2.20}$$

式中　α——材料在常温下的平均线膨胀系数，1/K；

　　　ΔL——材料的线膨胀或线收缩量，mm；

　　　$(t_2 - t_1)$——温度差，K；

　　　L——材料原长，mm。

材料的线膨胀系数一般都较小。但由于土木工程结构的尺寸较大，温度变形引起的结构体积变化仍是关系其安全与稳定的重要因素。工程上常用预留伸缩缝的办法来解决温度变形问题。

1.3　土木工程材料的力学性质

力学性质是指材料抵抗外力的能力及其在外力作用下的表现。通常以材料在外力作用下所表现的强度或变形特性来表示。材料在外力（荷载）作用下抵抗破坏的能力称为强度。外力作用于材料或多或少会引起材料的变形，随外力增大，变形也会相应的增加，直到破坏。材料对外力的抵抗能力大小取决于材料的组成、结构和构造。

1.3.1　材料的强度

1. 材料的理论强度

固体材料的强度取决于它的结构质点（原子、分子、离子）之间的相互作用力。以共价键或离子键结合的晶体，其结合力较强，材料的弹性模量也较高。以分子键结合的晶体，其结合力较弱，弹性模量也较低。

材料的理论强度一般比较高。材料的破坏主要是由于拉应力使结合键断裂而造成的，或者由剪切使原子间滑动而造成的。从理论上说，当两质点被压缩而不断接近时，将遇到非常强大的排斥力，阻止质点相互接近，因此，材料是不可能被压坏的。材料的受压破坏本质上是由压应力引起内部拉应力或剪应力造成的。

材料的理论抗拉强度可用式（1.3.1）表示：

$$f_t = \sqrt{\frac{E\gamma}{d}} \tag{1.3.1}$$

式中　f_t——材料的理论抗拉强度，Pa；

　　　E——材料的纵向弹性模量，Pa；

　　　γ——材料（固体）的单位表面能，J/m²；

　　　d——原子间的距离，m。

由式（1.3.1）可知，材料的弹性模量和表面能越大，原子间距离越小，其理论强度越高。材料的实际破坏强度远低于理论强度。这是由于实际材料中存在各种各样缺陷,如晶格的位错、杂质的混入、孔隙和微裂纹的存在等。当材料受力时,能引起晶格的滑移,且在微裂纹的尖端处引起应力集中,致使局部应力急剧增加,导致裂纹不断延伸、扩展直至相互贯通,最终导致材料的破坏。例如,钢的理论抗拉强度为 3×10^4 MPa,而普通碳素钢的实际抗拉强度只有 400MPa 左右,相差两个数量级;强度等级为 C30 的混凝土的理论抗拉强度近似值应为 3×10^3 MPa,而实际抗拉强度只有 3MPa 左右。因此,减少材料的内部缺陷,可以提高材料的实际承载力。对于人工结构材料,减少其内部缺陷,以提高材料的力学性能,在工程实际中很有价值。

2. 材料的强度

材料的静力强度,通常是以材料试件在静荷载作用下,达到破坏时的极限应力值来表示的,简称材料的强度。

材料受到外力作用下,内部将产生与外力方向相反、大小相等的内力,单位面积上的内力称为应力。当外力增加时,应力也随之增大,直到质点间的应力不能再承受时,材料即破坏,此时的极限应力即为材料的强度。

根据外力作用方式的不同,材料强度有抗压强度[图 1.3.1(a)]、抗拉强度[图 1.3.1(b)]、抗弯强度[图 1.3.1(c)]和抗剪强度[图 1.3.1(d)]等。

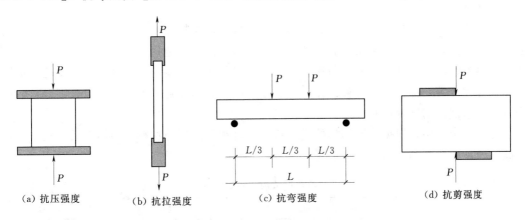

图 1.3.1 材料所受外力示意图

材料的抗压强度、抗拉强度、抗剪强度,可按式(1.3.2)计算:

$$f=\frac{P}{F} \tag{1.3.2}$$

式中　f——材料强度,MPa;
　　　P——材料破坏时的最大荷载,N;
　　　F——材料受力截面面积,mm²。

材料受弯时其应力分布比较复杂,强度计算公式也不一致。

在跨度的中点加一集中荷载时,对矩形截面的试件,其抗弯强度按式(1.3.3)计算:

$$f_{弯}=\frac{3PL}{2bh^2} \tag{1.3.3}$$

在跨度的三分点上加两个相等的集中荷载,此时其抗弯强度按式(1.3.4)计算:

$$f_{弯}=\frac{PL}{bh^2} \tag{1.3.4}$$

式中　$f_{弯}$——材料的抗弯强度,MPa;

　　　P——材料弯曲破坏时的最大荷载,N;

　　　L——两支点间的距离,mm;

　　　b、h——试件横截面的宽及高,mm。

影响材料强度的因素很多。各种不同化学组成的材料具有不同的强度值,如岩石、混凝土、砂浆、黏土砖等都具有较高的抗压强度,因此多用于建筑物的墙体和基础等受压部位。而木材的抗拉强度大于抗压强度,钢材的抗压强度和抗拉强度基本相等,而且都很高,因此木材多用于梁柱和屋架结构,钢材适用于各种受力构件。为了充分利用各种材料的力学特性,常常把几种材料复合制成复合材料,如钢筋混凝土就利用了钢筋抗拉强度高和混凝土抗压强度高的特点,组成一种复合材料用到结构物上。

同一种类的材料,其强度随孔隙率及宏观构造特征的不同有很大差异。一般讲,材料的孔隙率越大,强度越低,两者有近似直线关系;具有纤维状或层状构造的材料,在受力时表现为各向异性;同一方向承受不同类型的外力时,其强度也不同,如木材的顺纹方向的抗拉强度大于横纹方向的抗拉强度。

材料的强度通常是用破坏性试验来测定的。因此,材料强度值除与其组成、结构及构造等因素有关外,还与试验条件有密切关系。试验条件一般包括材料的形状、尺寸、表面状态、温度、湿度及试验时的加荷速度等因素。另外还有试验设备的准确性,试验人员操作的熟练程度等,都会引起各种误差,都可使试验结果不准确。因此,测定强度时,应严格遵守国家规定的标准试验方法。

在土木工程中,根据不同结构的受力特点,合理利用各种材料的力学性质,是十分重要的。几种常用结构材料的强度值见表1.3.1。

表 1.3.1　　　　　　　几种常用结构材料的强度　　　　　　　单位:MPa

材料种类	抗压强度	抗拉强度	抗弯强度
花岗岩	100～300	7～25	10～40
普通黏土砖	10～30	—	1.8～4.0
普通混凝土	10～60	1～6	1～10
松木(顺纹)	30～50	80～120	60～100
建筑钢材	240～1500	240～1500	240～1500

3. 强度等级

为便于生产和使用,土木工程材料常按其强度的大小划分成若干个等级,称为强度等级。如硅酸盐水泥按抗压强度和抗折强度分为 42.5,42.5R,52.5,52.5R,62.5,62.5R 6 个强度等级;混凝土按抗压强度有 C15,C20,C25,…,C60 等强度等级;对建筑钢材则按其抗拉强度划分等级。将土木工程材料划分为若干强度等级,对掌握材料的性质、合理选用材料、正确进行设计和施工以及控制工程质量都有重要的意义。

4. 比强度

单位体积质量材料所具有的强度,即材料的强度与其表观密度的比值称为比强度。比强度是衡量材料轻质高强特性的技术指标。玻璃钢和木材是轻质高强的材料,它们的比强度大于低碳钢,而低碳钢的比强度大于普通混凝土,普通混凝土是表观密度大而比强度相对较低的材料。随着高层建筑、大跨度结构的发展,要求材料不仅要有较高的强度,而且要尽量减轻其自重,即要求材料具有较高的比强度。轻质高强性能已经成为材料发展的一个重要方向。飞机上的一些合成材料是典型的轻质高强型材料,建筑材料也在向这个方向发展。比如铝合金的广泛应用,一些高强塑料代替钢材等。

几种土木工程结构材料的参考比强度值见表1.3.2。

表 1.3.2　　　　　　几种土木工程结构材料的参考比强度值

材料（受力状态）	强度（MPa）	表观密度（kg/m³）	比强度
玻璃钢（抗弯）	450	2000	0.225
低碳钢	420	7850	0.054
铝材	170	2700	0.063
铝合金	450	2800	0.160
花岗岩（抗压）	175	2550	0.069
石灰岩（抗压）	140	2500	0.056
松木（顺纹抗拉）	100	500	0.200
普通混凝土（抗压）	40	2400	0.017
烧结普通砖（抗压）	10	1700	0.006

1.3.2　材料的变形

1. 弹性变形与塑性变形

材料在外力作用下发生变形,当外力取消后,材料能够完全恢复原来形状和尺寸的性质称为弹性。这种可以完全恢复的变形称为弹性变形（或瞬时变形）,如图1.3.2所示。

弹性变形属可逆变形,其数值大小与外力成正比,其比例系数 E 称为弹性模量。材料在弹性变形范围内,弹性模量为常数,其值等于应力与应变之比,即:

$$E = \frac{\sigma}{\varepsilon} \quad (1.3.5)$$

弹性模量是衡量材料抵抗变形能力的一个指标。弹性模量越大,材料越不易变形,亦即刚度越好。弹性模量是结构设计的重要参数。

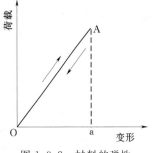

图 1.3.2　材料的弹性变形曲线

材料在外力作用下发生变形,当外力取消后,材料不能恢复原来的形状和尺寸,但并不产生裂缝的性质称为塑性。这种不能恢复的变形称为塑性变形（或永久变形）,如图1.3.3所示。

实际上,材料受力后所产生的变形是比较复杂的。某些材料在受力不大的条件下,表现出弹性性质,当外力达到一定值后,则失去其弹性而表现出塑性性质,建筑钢材就是这种材料。有的材料在外力作用下,弹性变形和塑性变形同时发生,如图1.3.4所示,当外力取消后,其弹性变形ab可以恢复,而塑性变形Ob则不能恢复,水泥混凝土受力后的变形就是这种情况。

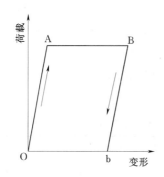
图1.3.3 材料的塑性变形曲线

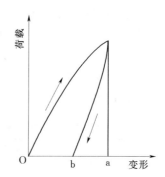
图1.3.4 弹塑性材料的变形曲线

2. 徐变与松弛

材料在长期不变的外力作用下,变形随着时间的延长而逐渐增加的现象,称为徐变。产生徐变的原因是由于非晶体物质部分的黏性流动或晶体物质的晶格位错运动及晶体的滑移所造成的。徐变属于塑性变形。晶体材料(如某些岩石)的徐变很小,而非晶体材料及合成高分子材料(如木材、塑料等)的徐变较大。材料的徐变与应力成正比,即作用的外力越大,则徐变越大。徐变过大将使材料趋于破坏。当应力不大时,材料在受力初期的徐变速度较快,后期逐步减慢,直至趋于稳定。当应力值达到或超过某一极限值,徐变的发展随时间的延长而增大,最后导致材料破坏。材料的徐变还与环境的温度和湿度有关,如混凝土、岩石等材料的徐变随着温度和湿度的增加而加大,金属材料在高温下的徐变特别显著。

材料在荷载作用下,若所产生的变形因受约束而不能发展时,则其应力将随时间延长而逐渐减小,这一现象称为应力松弛,简称松弛。产生应力松弛的原因,是由于随着荷载作用时间的延长,材料内部塑性变形逐渐增大,弹性变形逐渐减小(总变形不变)而造成的。材料所受应力水平越高,应力松弛越大,温度、湿度越大,应力松弛越大。一般材料的徐变越大,应力松弛也越大。

1.3.3 脆性与韧性

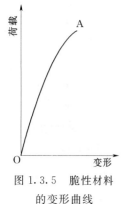
图1.3.5 脆性材料的变形曲线

材料在外力作用下,无明显塑性变形而发生突然破坏的性质,称为脆性。具有这种性质的材料称为脆性材料。脆性材料的变形曲线如图1.3.5所示。一般地说,脆性材料的抗压强度远远高于其抗拉强度,它对承受振动和冲击作用是极为不利的。土木工程材料中的砖、石、陶瓷、玻璃和铸铁等属于脆性材料。

在冲击、振动荷载作用下,材料能够吸收较大的能量,同时也能产生较大的变形而不破坏的性质称为韧性(冲击韧性)。具有这种性质的材料称为韧性材料。衡量材料韧性的指标常用材料的冲击韧性值，用材料受冲击破坏时单位断面所吸收的能量"a_k"表示。计算公式如下：

$$a_k = \frac{A_k}{A} \tag{1.3.6}$$

式中 a_k——材料的冲击韧性值，J/mm^2；

A_k——材料破坏时所吸收的能量，J；

A——材料受力截面积，mm^2。

对于韧性材料，在外力的作用下会产生明显的变形，并且变形随着外力的增加而增大，在材料完全破坏之前，外力产生的功被转化为变形能而被材料所吸收。材料在破坏前所产生的变形越大，所能承受的应力越大，其所吸收的能量就越多，材料的韧性就越强。

在土木工程中，用于道路、桥梁、轨道、吊车梁及其他受振动影响的结构，应选用韧性较好的材料。常用的韧性较好的材料如低碳钢、低合金钢、铝合金、塑料、橡胶、木材等。

1.3.4 硬度与耐磨性

1. 硬度

硬度是材料表面抵抗其他较硬物体刻划或压入的能力。土木工程中为保持建筑物的使用性能或外观，常要求材料具有一定的硬度。

测定硬度的方法很多，常用的有刻划法、回弹法和压入法。

刻划法常用于测定天然矿物的硬度。按滑石、石膏、方解石、萤石、磷灰石、正长石、石英、黄玉、刚玉、金刚石的硬度递增顺序分为 10 级。通过它们对材料的划痕来确定所测材料的硬度，称为莫氏硬度。

回弹法用于测定混凝土表面硬度，并可间接推算混凝土的抗压强度，也用于测定陶瓷、砖、砂浆、塑料、橡胶等材料的表面硬度和间接推算其强度。

压入法用于测定金属材料、塑料、橡胶等的硬度。是以一定的压力将一定规格的钢球或金刚石制成的尖端压入试样表面，根据压痕的面积或深度来测定其硬度。常用的压入法有布氏法、洛氏法和维氏法，相应的硬度称为布氏硬度（HB）、洛氏硬度（HR）和维氏硬度（HV）。

布氏硬度是利用直径为 D 的淬火钢球，以荷载 P 将其压入试件表面，经规定的持续时间后卸除荷载，以材料表面产生的球形凹痕单位面积上所受压力来表示硬度值。

洛氏硬度是用金刚石圆锥或淬火的钢球制成的压头压入材料表面，以压痕的深度计算求得硬度值。

维氏硬度以 120kg 以内的载荷和顶角为 136°的金刚石方形锥压入器压入材料表面，用材料压痕凹坑的表面积除以载荷值计算硬度值。

硬度大的材料耐磨性较强，但不易加工。所以，材料的硬度在一定程度上可以表明材料的耐磨性及加工难易程度。

2. 耐磨性

耐磨性是指材料表面抵抗磨损的能力。材料的耐磨性用磨损率或磨耗率表示，按式（1.3.7）计算：

$$B=\frac{m_1-m_2}{A} \tag{1.3.7}$$

式中 B——材料的磨损率，g/cm²；

m_1、m_2——试件被磨损前、后的质量，g；

A——试件受磨损的面积，cm²。

材料的耐磨性与材料的组成结构、构造、材料强度和硬度等因素有关。材料的结构致密、硬度较大、韧性较高时，其耐磨性越好。土木工程中如道路的路面、桥面、地面以及大坝溢流面等，经常受到车轮摩擦、水流及其挟带泥沙水流的冲击作用，从而遭受损失和破坏。其选择材料时，应考虑硬度和耐磨性。

1.3.5 疲劳极限

材料在受到外力的反复作用时，当应力超过某一限度时即会导致材料的破坏，这个限度叫做疲劳极限，又称疲劳强度。当应力小于疲劳极限时，材料或结构在荷载多次重复作用下不会发生破坏。材料的疲劳极限通过试验确定的，一般是在规定应力循环次数下，把它对应的极限应力作为疲劳极限。疲劳破坏与静力破坏不同，它不产生明显的塑性变形，破坏应力远低于强度。比如混凝土，通常规定应力循环次数为 $10^6 \sim 10^8$ 次，此时混凝土的抗压疲劳极限为抗压强度的 50%～60%。

1.4 土木工程材料的耐久性

材料的耐久性是指材料在长期使用过程中，抵抗环境的破坏作用，并保持原有性能不变质、不破坏的性质。材料的耐久性与结构物的使用年限直接相关，耐久性好，就可以延长结构物的使用寿命，减少维修费用。很多工程实际表明，造成结构物破坏的原因是多方面的，仅仅由强度不足引起的破坏事例并不多见，而耐久性不良往往是引起结构物破坏最主要的原因。尤其对于水利工程、海洋工程、地下工程等比较苛刻条件下的结构物，耐久性与强度同样重要甚至更重要。北京地区的很多立交桥，由于冻融循环和除冰盐腐蚀而破损严重；山东潍坊白浪河大桥，因位于盐渍地区而受盐、冻侵蚀，仅使用 8 年已成危桥。1970～1980 年日本沿海地带修建了大量的高架道路，由于长年处于海风、海潮侵蚀的环境下，建造后十几年时间桥墩等部位出现了大量的裂缝。

耐久性是材料的一项综合性质。由于环境的作用因素复杂，耐久性难以用一个参数来衡量。如抗冻性、抗风化性、抗老化性、耐化学腐蚀性等均属耐久性的范围。

环境因素对材料的破坏作用，可分为物理作用、化学作用和生物作用。

物理作用包括材料的干湿变化、温度变化、冻融变化及磨损等。这些作用可引起材料体积的收缩或膨胀，长时期或反复作用会使材料逐渐破坏。

化学作用包括酸、碱、盐等物质的水溶液及气体对材料产生的侵蚀作用；日光及紫外线等对材料的作用，使材料产生质的变化而破坏。

生物作用是指昆虫、菌类等对材料所产生的蛀蚀、腐朽等破坏作用。如木材及植物纤维的腐烂等。

土木工程材料中的砖、石、混凝土等矿物材料，大多数由于物理作用而破坏；金属材料主要由化学作用而引起腐蚀而破坏；木材、植物等天然材料，主要由生物作用而腐蚀、腐朽破坏；沥青及高分子材料，在阳光、空气、水和热的作用下会逐渐老化，使材料变脆、开裂而破坏。

影响材料耐久性的因素还包括材料本身的性质特点，主要有：材料的组成结构、强度、孔隙率、孔特征、表面状态等。当材料的组成和结构特点不能适应环境要求时便容易过早地产生破坏。

工程中改善材料耐久性的主要措施有：①根据使用环境选择材料的品种；②采取各种方法提高材料密实度，控制材料的孔隙率与孔特征；③改善材料的表面状态，增强抵抗环境作用的能力。比如提高材料本身对外界作用的抵抗性（提高材料的密实度，采取防腐措施等），也可用其他材料保护主体材料免受破坏（覆面、抹灰、刷涂料等）。

耐久性的测定，通常根据使用条件与要求，在实验室进行快速试验，对材料的耐久性进行判断。即在实验室模拟实际使用条件，进行有关的快速试验，根据试验结果对耐久性作出判定。

土木工程材料的耐久性与破坏因素的关系如表1.4.1所示。

表 1.4.1　　材料的耐久性与破坏因素的关系

破坏原因	破坏作用	破坏因素	评定指标	常用材料
渗透	物理	压力水	渗透系数、抗渗等级	混凝土、砂浆
冻融	物理	水、冻融作用	抗冻等级	混凝土、砖
磨损	物理	机械力、流水、泥沙	磨损率	混凝土、石材
热环境	物理、化学	冷热交替、晶型转变	＊	耐火砖
燃烧	物理、化学	高温、火焰	＊	防火板
碳化	化学	CO_2、H_2O	碳化深度	混凝土
化学侵蚀	化学	酸、碱、盐	＊	混凝土
老化	化学	阳光、空气、水、温度	＊	塑料、沥青
锈蚀	物理、化学	H_2O、O_2、Cl^-	电位锈蚀率	钢材
腐朽	生物	H_2O、O_2、菌类	＊	木材、棉、毛
虫蛀	生物	昆虫	＊	木材、棉、毛
碱—骨料反应	物理、化学	R_2O、H_2O、SiO_2	膨胀率	混凝土

注　＊表示可参考强度变化率、开裂情况、变形情况等进行评定。

1.5　土木工程材料的装饰性

随着经济的发展，人们对各类工程的要求不仅局限于实用方面，而且要求获得舒适和美的感受，达到一定的艺术效果。土木工程材料中目前发展最快的材料之一就是装饰材料。装饰材料应该与环境相协调，以最大限度地表现装饰材料的装饰效果。

装饰性是指材料用于建筑物内、外表面，主要起装饰作用的性质。只有把握住材料装饰性质的基本要求，才能取得理想的装饰效果。影响材料的装饰性的因素主要有以下几方面。

（1）颜色、光泽、透明性。

颜色是材料对光谱选择吸收的结果。不同的颜色给人以不同的感觉，如红色能使人兴奋，绿色能使人消除紧张和疲劳等，但材料颜色的表现不是材料本身所固有的，它与入射光光谱成分及人们对光的敏感程度有关。颜色选择恰当，符合人的心理需求，才能创造出美好的空间环境。

光泽是材料表面方向性反射光线的性质。材料表面越光滑，则光泽度越高。当为定向反射时，材料表面具有镜面特征，又称镜面反射。不同的光泽度，可改变材料表面的明暗程度，并可扩大视野或造成不同的虚实对比。

透明性是光线透过材料的性质。根据透明性，材料可分为透明体（可透光，透视）、半透明体（透光，但不透视）、不透明体（不透光，不透视）。利用不同的透明度可隔断或调整光线的明暗，造成特殊的光学效果，也可使物像清晰或朦胧。

（2）花纹图案、形状、尺寸。

在生产或加工材料时，利用不同的工艺将材料的表面做成各种不同的表面组织，如粗糙、平整、光滑、镜面、凹凸、麻点等；或将材料的表面制作成各种花纹图案（或拼镶成各种图案），如山水风景画、人物画、仿木花纹、陶瓷壁画、拼镶陶瓷锦砖等。

装饰材料的形状和尺寸对装饰效果有很大的影响，能给人带来空间尺寸的大小和使用上是否舒适的感觉。改变装饰材料的形状和尺寸，并配合花纹、颜色、光泽等可拼镶出各种线型和图案，从而获得不同的装饰效果，以满足不同建筑型体和线型的需要，最大限度地发挥材料的装饰性。

（3）质感。

质感是材料的表面组织结构、花纹图案、颜色、光泽、透明性等给人的一种综合感觉，如钢材、木材、陶瓷、玻璃等材料在人的感官中的软硬、粗犷、细腻、冷暖等感觉。组成相同的材料可以有不同的质感，如普通玻璃与压花玻璃、镜面花岗岩板材与剁斧石。相同的表面处理形式往往具有相同或类似的质感，但有时并不完全相同，如人造花岗岩、仿木纹制品，一般均没有天然的花岗岩和木材亲切、真实，而略显得单调呆板。

此外，在选用装饰材料时还要考虑材料的成本造价和多功能性。

1.6 土木工程材料的安全性

随着越来越多的有机、无机材料在工程中应用，除了带来方便、舒适、多功能的享受外，材料的安全问题也日益受到重视。材料的安全性是指材料在生产、使用过程中，是否会对人类和环境造成危害的性能，包括环境卫生安全和灾害安全。

1. 材料的环境卫生安全性

材料的环境卫生安全性是指材料在生产和使用过程中，是否对环境造成危害的性能。常用土木工程材料对环境卫生安全影响较大的危害主要有以下几个方面。

(1) 无机材料中释放的有害物质。

1) 氡。氡是一种天然放射性气体，无色无味，氡能够影响造血细胞和神经系统，严重时还会导致肿瘤的发生。有些无机材料（如新鲜的加气混凝土、砖、天然石材等）中常含有放射性铀系元素，它在衰竭过程中会不同程度地放出氡气（放射性元素有个衰竭期，超过衰竭期可放心使用，运用先进的技术，可以提前完成衰竭期）。房屋建筑的室内，由于空气流通速度较慢而易使氡浓度变大，往往超过最大允许浓度（即单位体积的放射活度为 $0.01\sim0.02$ WL），因此，材料对环境的氡污染已成为评定材料健康性能的主要指标之一。

2) 辐射。有些土木工程材料往往具有较强的放射性，其中，γ 射线会对人体健康造成很大的危害。因此，当材料中含有放射性物质时应禁止应用于人们常接触的建筑物中；对于房屋建筑工程，通常要求所用材料的辐射强度不得超过规定值。通常材料的放射性多与其取材地点有关。

3) 混凝土等现场配制材料中释放的有毒化学物质。现场配制材料在施工过程中以及以后的使用过程中，可能产生一系列的化学变化，有些变化可释放有害化学物质。如混凝土防冻剂成分中的硝铵、尿素在使用过程中就可产生氨气等有害物质，对人体器官及免疫系统都会产生一定的影响。另外，某些混凝土或抹灰材料中使用的早强剂、防冻剂，还会产生某些有毒的重铬酸盐、亚硝酸盐、硫氰酸盐及其他挥发性有毒气体等，在某些与人体健康关系密切的工程中应严禁使用。

4) 含有大量石棉等微细纤维的无机材料也会对人体有害。因为它们在生产或长期使用过程中，这些微细纤维飘散到空气中，很容易被人呼吸进入体内而引起石棉肺等疾病。因此，含有大量石棉纤维的某些材料已被限制使用；如果使用时，必须采取相应的预防措施。

(2) 木材加工制品中释放的有害物质。

土木工程中所采用的木材及其制品多进行各种化学加工处理，如黏接、防腐、装饰等。有些经过这些化学处理的木材制品可能会在使用过程中产生某些对人体或环境有危害的物质。如木材表面的防腐装饰涂层在施工初期可大量释放苯、醇、醛类等可挥发物质；建筑物使用中可继续释放氯乙烯、氯化氢、苯类、酚类等有害气体；某些涂料还含有铅、汞、锰、砷等有毒物质。这些有机物质经呼吸道吸入人体后会引起头疼、恶心，并可引起多种疾病。因此，对于某些人们常接触的工程，应注意各种木材加工制品中上述有害物质对环境的影响。

(3) 合成高分子材料释放的有害物质。

如有机土木工程材料在施工和使用过程中释放的甲醛、苯类及其他可挥发性有机物（VOC），人体摄入过量就会产生疾病，甚至影响生命。也有一些有机装饰材料在发生火灾的情况下，会放出有害气体。装饰涂料中所含镉化物、铬酸盐及其铝化物时，人体吸收过量会造成中毒，危及健康和生命。这些问题早已引起社会重视，国际、国内已有相关法规加以限制，以保障人类的健康安全。

2. 材料的灾害安全性

材料的灾害安全性是指在突发灾害情况下，材料是否对人造成危害的性能。包括火灾、防爆能力等。

工程实例与分析

【例1.1】 材料微观结构对材料性能的影响

工程概况：某工程采用水泥净浆为灌浆材料，为了达到较好的施工性能，配合比中要求加入硅粉，并对硅粉的化学组成和细度提出要求，施工单位施工时将硅粉误解为磨细石英粉，生产中加入的磨细石英粉的化学组成和细度均满足要求，但在实际使用中效果不好，水泥浆体成分不均。

分析：硅粉又称硅灰，是硅铁厂烟尘中回收的副产品，其化学组成为SiO_2，微观结构为表面光滑的玻璃体，能改善水泥净浆施工性能。而磨细石英粉的化学组成也为SiO_2，微观结构为晶体，表面粗糙，对水泥净浆的施工性能有副作用。硅粉和磨细石英粉虽然化学成分相同，细度也相同，但微观结构不同，导致材料的性能差异明显。

【例1.2】 韩国汉城大桥倒塌

工程概况：1994年10月21日韩国汉城汉江圣水大桥中段50m长的桥体像刀切一样坠入江中，造成多人死亡。该桥于1979年建成。

分析：事故原因调查团经5个多月的各种试验和研究，于次年4月2日提出了事故报告。事故原因主要有以下两方面：①承建单位没有按图纸施工，在施工中偷工减料，使用了疲劳性能很差的劣质钢材，这是事故的直接原因。②当时施工缩短工期及汉城市政当局在交通管理上疏漏也是大桥倒塌的主要原因。该桥设计负载限量为32t，建成后交通流量逐年增加，经常超负荷运行，倒塌时负载为43.2t。

思 考 与 习 题

1. 材料的密度、视密度、表观密度、堆积密度有何区别？如何测定？
2. 材料的孔隙率和空隙率的含义？如何测定？了解它们有何意义？
3. 材料的孔隙率、孔隙特征对材料的性质（如强度、保温、抗渗、抗冻、耐腐蚀、吸水性等）有何影响？
4. 材料的吸水性、耐水性、抗渗性和抗冻性各用什么指标表示？它们之间有何关系？
5. 亲水性材料与憎水性材料是怎样区分的？在使用上有何不同？
6. 影响材料导热性的因素有哪些？
7. 为什么新建房屋的墙体保暖性能差，尤其是在冬季？
8. 在有冲击、振动荷载的部位宜选用具有哪些特性的材料？为什么？
9. 影响材料强度测试结果的试验条件有哪些？
10. 什么是材料的耐久性？材料的耐久性应包括哪些内容？为什么对材料要有耐久性要求？
11. 已测得陶粒混凝土的导热系数$\lambda=0.35W/(m \cdot K)$，普通混凝土的$\lambda=1.40W/(m \cdot K)$，在传热面积、温差、传热时间均相同的情况下，问要使和厚200mm的陶粒混凝土墙所传导的热量相等，则普通混凝土墙的厚度应为多少？

12. 某岩石试样干燥时的重量为 250g，将该岩石试样放入水中，待岩石试样吸水饱和后，排开水的体积为 100cm³。将该岩石试样用湿布擦干表面后，再次投入水中，此时排开水的体积为 125cm³。试求该岩石的表观密度、吸水率及开口孔隙率。

第2章 无机胶凝材料

土木工程材料中,凡是在一定条件下,经过自身的一系列物理、化学作用,能由浆体变成坚硬的固体,并能将散粒或块状、片状材料黏结成整体的材料,统称为胶凝材料。

胶凝材料根据其化学组成分为有机胶凝材料和无机胶凝材料两大类。有机胶凝材料种类较多,在土木工程中常用的有沥青、各类胶乳剂等。无机胶凝材料在工程中常用的有各种水泥、石灰、石膏等。

无机胶凝材料根据其凝结硬化条件的不同,又分为气硬性胶凝材料和水硬性胶凝材料。

2.1 气硬性胶凝材料

只能在空气中凝结硬化、保持并发展其强度的无机胶凝材料,称为气硬性胶凝材料。常用的有石膏、石灰、水玻璃和菱苦土,本节将对它们的制备、组成、性质和应用予以介绍。

2.1.1 石膏

石膏是一种历史悠久的胶凝材料。对古老的金字塔进行的化学分析证明,那时所用的胶凝材料往往是锻烧石膏。石膏又是一种应用广泛的胶凝材料,除了在土木工程应用外,化工、机械行业中用于制作模具,在工艺美术行业中制作雕塑,在医药等行业中也有应用。

石膏是以硫酸钙为主要成分的气硬性胶凝材料。由于石膏胶凝材料及其制品具有许多良好的性能(如质轻、绝热、隔音、防火等),而且原料来源丰富,生产工艺简单,生产能耗较低,因而是一种理想的高效节能材料,在土木工程中应用广泛。

目前常用的石膏胶凝材料主要有建筑石膏、高强石膏和无水石膏水泥等。

1. 石膏胶凝材料的制备

自然界中存在的石膏原料有天然二水石膏($CaSO_4 \cdot 2H_2O$ 又称为软石膏,也称生石膏)矿石和天然无水石膏($CaSO_4$ 又称硬石膏)矿石,后者结晶紧密,质轻较硬,只能用于生产无水石膏水泥。而生产石膏胶凝材料的原料主要是天然二水石膏矿石。纯净的石膏矿石呈无色透明或白色的矿物,但天然石膏矿石常因含有各种杂质而呈灰色、褐色、黄色、红色、黑色等颜色。

除天然原料外,也可用一些含有 $CaSO_4 \cdot 2H_2O$ 或含有 $CaSO_4 \cdot 2H_2O$ 与 $CaSO_4$ 的混合物的化工副产品及废渣作为生产石膏的原料。常见的品种有生产磷酸时的废渣磷石膏和生产氢氟酸的废渣氟石膏,还有海水制盐的盐石膏等。

生产石膏胶凝材料的主要工序是破碎、加热与磨细,随着制备方法、加热方式和温度的不同,可生产出不同性质和质量的石膏胶凝材料。

(1) 将天然二水石膏在非密闭的窑炉中加热,当温度为 65~70℃ 时,$CaSO_4 \cdot 2H_2O$ 开始脱水,至 107~170℃ 时生成半水石膏 $CaSO_4 \cdot \frac{1}{2}H_2O$,其反应式为:

$$CaSO_4 \cdot 2H_2O \xrightarrow{107\sim170℃} CaSO_4 \cdot \frac{1}{2}H_2O + \frac{3}{2}H_2O$$

所生成的以 $CaSO_4 \cdot \frac{1}{2}H_2O$ 为主要成分的产品为 β 型半水石膏,也即建筑石膏。建筑石膏结晶较细,调制成一定的浆体时,需水量较大,因而硬化后强度低。

(2) 将天然二水石膏置于具有 0.13MPa、124℃ 过饱和蒸汽条件下蒸炼,或置于某些盐溶液中沸煮,则二水石膏脱水生成 α 型半水石膏。该石膏晶粒粗大,比表面积小,调制成一定稠度的浆体时,需水量少,硬化后强度高,故称高强石膏。

(3) 当加热温度为 170~200℃ 时,石膏脱水成为可溶性硬石膏,与水调和后仍能很快凝结硬化;当加热温度升高到 200~250℃,石膏中残留很少的水,其凝结硬化就非常缓慢。

(4) 当加热温度高于 400℃(通常为 400~750℃),石膏完全失去水分,成为不溶性硬石膏,失去凝结硬化能力,成为死烧石膏。但是如果掺入适量激发剂(如 5%硫酸钠或硫酸氢钠与 1%铁矾或铜矾的混合物,或 1%~5%石灰或石灰与少量半水石膏的混合物,或 10%~15%碱性粒化高炉矿渣等)混合磨细,即可制成无水石膏水泥,硬化后强度可达 5~30MPa,可用于制造石膏板或其他制品,也可用作室内抹灰。

(5) 当加热温度高于 800℃ 时,部分石膏分解出的氧化钙起催化作用,所得产品又重新具有凝结硬化性能,而且硬化后有较高的强度和耐磨性,抗水性较好。该产品称为高温煅烧石膏,也称为地板石膏,可用于制作地板材料。

2. 建筑石膏的凝结硬化

建筑石膏与适量的水混合,最初成为可塑性的浆体,但很快就失去塑性进而产生强度,并发展成为坚硬的固体,这种现象称为凝结硬化。发生这种现象的实质,是由于浆体内部经历了一系列的物理化学变化。

长期以来,对半水石膏的水化硬化机理做过大量研究工作。归纳起来,主要有两种理论:一种是结晶理论(或称溶解—析晶理论);另一种是胶体理论(或称局部化学反应理论)。结晶理论由法国学者雷·查德里提出,其得到了大多数学者的认同。

(1) 半水石膏加水后进行如下化学反应:

$$CaSO_4 \cdot \frac{1}{2}H_2O + \frac{3}{2}H_2O \longrightarrow CaSO_4 \cdot 2H_2O$$

半水石膏首先溶解形成不稳定的过饱和溶液。这是因为半水石膏在常温下(20℃)的溶解度较大,为 8.16g/L 左右,而这对于溶解度为 2.04g/L 左右的二水石膏来说,则处于过饱和溶液中,因此,二水石膏胶粒很快结晶析出。

(2) 二水石膏结晶,促使半水石膏继续溶解,继续水化,如此循环,直到半水石膏全部耗尽。

(3) 由于二水石膏粒子比半水石膏粒子小得多，其生成物总表面积大，所需吸附水量也多，加之水分的蒸发，浆体的稠度逐渐增大，颗粒之间的摩擦力和黏结力增加，因此浆体可塑性降低，表现为石膏的"凝结"。其后浆体继续变稠，逐渐凝聚成为晶体，晶体逐渐长大、共生和相互交错搭接形成结晶结构网，使之逐渐产生强度，并不断增长，直到完全干燥，晶体之间的摩擦力和黏结力不再增加，强度发展到最大值，石膏完全硬化。

建筑石膏凝结硬化示意图如图 2.1.1 所示。

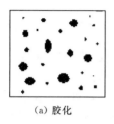 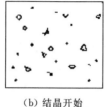 

(a) 胶化　　　　　　　(b) 结晶开始　　　　　　(c) 结晶交错

图 2.1.1　建筑石膏凝结硬化示意图

3. 建筑石膏的技术性质与等级

(1) 建筑石膏的技术性质。

1) 建筑石膏凝结硬化快，凝固时体积略有膨胀。建筑石膏的初凝和终凝时间都很短，加水 6min 后即开始凝结，终凝也不超过 30min，因此凝结硬化非常迅速。为便于施工，常掺入适量的缓凝剂以降低其凝结速度。常用缓凝剂主要有硼砂、纸浆废液、柠檬酸、骨胶、皮胶等。同时，建筑石膏在凝结硬化时具有微膨胀性（膨胀率约为 1%），这使得制品棱角饱满、轮廓清晰、纹理细致、尺寸精确，富有装饰性。

2) 制品孔隙率大，质量轻，保温性好，吸声性强。建筑石膏水化反应的理论需水量只占半水石膏质量的 18.6%，而在使用时为使浆体具有足够的流动性，通常加水量可达 60%～80%，多余水分蒸发后，使得制品硬化后的孔隙率达 50%～60%。这种多孔结构，使石膏制品具有表观密度小、质量轻、保温性好、吸声性强等优点。

3) 吸湿性强，耐水性、抗冻性差。建筑石膏硬化后具有很强的吸湿性，又由于前述具有的良好保温性和装饰性，因而可调节室内的温度和湿度，能创造一个舒适的"小环境"。但长期在潮湿条件下，其晶粒间的结合力被削弱，强度显著降低，遇水则晶体溶解而引起破坏；若吸水后结冰受冻，将因孔隙中水分结冰膨胀而破坏。故石膏制品的耐水性和抗冻性均较差，不宜用于室外及潮湿环境中。为提高其耐水性，可加入适量的水泥、矿渣等水硬性材料，也可加入密胺、聚乙烯醇等水溶性树脂，或沥青等有机乳液，以改善石膏制品的孔隙状态和孔壁的憎水性。

4) 防火性好。建筑石膏制品在遇到火灾时，二水石膏中的结晶水蒸发，吸收热量，并在表面形成蒸汽幕和脱水物隔热层，阻止火势蔓延，起到防火并保护主体结构作用。但建筑石膏制品不宜长期在 65℃ 以上的高温部位使用，以免二水石膏缓慢脱水分解而降低强度。

(2) 建筑石膏的等级。

建筑石膏为白色粉末，密度为 2.60～2.75g/cm³，堆积密度为 800～1000kg/m³。技术要求主要有强度、细度和凝结时间,并按 2h 强度分为 3.0、2.0、1.6 三个等级。其基本技术要求见表 2.1.1。

建筑石膏颗粒较细,易吸湿受潮,因此在运输及储存时应注意防潮,一般在正常运输和储存条件下,储存期为 3 个月。

表 2.1.1 建筑石膏等级标准 (GB9776—2008)

等级		3.0	2.0	1.6
2h 强度 (MPa)	抗折强度	≥3.0	≥2.0	≥1.6
	抗压强度	≥6.0	≥4.0	≥3.0
细度	20μm 方孔筛余 (%)	≤10.0		
凝结时间 (min)	初凝时间	≥3		
	终凝时间	≤30		

4. 建筑石膏的用途

根据建筑石膏及其制品的上述性能特点,其在建筑上的主要用途有两大方面:

(1) 用于室内抹灰及粉刷。

以建筑石膏为胶凝材料,加入水、砂拌和成石膏砂浆,用于室内抹灰。因其热容量大,吸湿性好,能够调节室内温湿度,给人以舒适感,而且经石膏抹灰后的墙面、顶棚还可直接涂刷涂料、粘贴壁纸,因而是一种较好的室内抹灰材料。石膏浆(可掺入部分石灰或外加剂)常用于室内抹面及粉刷,粉刷后的墙面光滑细腻,洁白美观。

(2) 制作石膏制品。

由于石膏制品质量轻,加工性能好,可锯、可钉、可刨,同时石膏凝结硬化快,制品可连续生产,工艺简单,能耗低,生产效率高,施工时制品拼装快,可加快施工进度等,所以石膏制品有着广泛的发展前途,是当前着重发展的新型轻质材料之一。目前我国生产的石膏制品主要有各类石膏板、石膏砌块、石膏角线、角花、线板以及雕塑艺术装饰制品等。

此外,建筑石膏还可用于一些建筑材料的原材料,如用于生产水泥及人造大理石等。

2.1.2 石灰

石灰是以氧化钙或氢氧化钙为主要成分的气硬性胶凝材料,是一种传统而又古老的建筑材料。由于石灰的原料(石灰石)分布很广,而且生产工艺简单,成本低廉,所以在土木工程建设中一直被大量使用。

1. 生石灰的生产

用于制备石灰的原料有石灰石、白垩、白云石和贝壳等,它们的主要成分都是碳酸钙,在低于烧结温度下煅烧所得到的块状物质即生石灰,其主要成分为氧化钙,反应式为:

$$CaCO_3 \xrightarrow{900\sim1100℃} CaO + CO_2 \uparrow$$

$CaCO_3$ 在 600℃ 左右已经开始分解,800~850℃ 时分解加快,通常把 898℃ 作为 $CaCO_3$ 的分解温度。温度提高,分解速度将进一步加快。生产中石灰石的煅烧温度一般控制在900～1100℃左右。

煅烧过程对石灰的质量有很大影响。煅烧温度过低或时间不足，会使生石灰中残留有未分解的石灰石，称为欠火石灰。欠火石灰中CaO含量低，降低了石灰的质量等级和石灰的利用率。若煅烧温度过高或时间过长，将产生过火石灰。由于过火石灰质地密实，其与水反应的速度极为缓慢，以致在使用之后才发生水化作用，产生膨胀而引起崩裂或隆起等现象。当温度正常，时间合理时，得到的石灰是多孔结构，内比表面积大，晶粒较小，这种石灰称正火石灰，它与水反应的能力较强。

石灰石中含有一定的碳酸镁，碳酸镁在煅烧时又分解成氧化镁，其反应式为：

$$MgCO_3 \xrightarrow{600\sim800℃} MgO + CO_2 \uparrow$$

因而生石灰中还含有次要成分氧化镁。生石灰根据氧化镁的含量不同分为钙质生石灰和镁质生石灰，其中氧化镁含量小于或等于5%的称为钙质生石灰，氧化镁含量大于5%的称为镁质生石灰。镁质石灰熟化较慢，但硬化后强度稍高。

石灰的另一来源是化学工业副产品。例如用水作用于碳化钙（即电石）制取乙炔时，所产生的电石渣，其主要成分是氢氧化钙，即消石灰，化学反应式为：

$$CaC_2 + 2H_2O = C_2H_2 \uparrow + Ca(OH)_2$$

2. 生石灰的熟化

工地上使用石灰时，通常将生石灰加水，使之消解为膏状或粉末状的消石灰——氢氧化钙，这个过程称为石灰的"消化"，又称"熟化"或"消解"，其反应式为：

$$CaO + H_2O \longrightarrow Ca(OH)_2 + 64.9kJ$$

经熟化后的石灰称为熟石灰。生石灰具有强烈的水化能力，水化时放出大量的热，同时体积膨胀1～2.5倍。一般煅烧良好、氧化钙含量高、杂质含量少的生石灰，不但熟化速度快，放热量大，而且熟化时体积膨胀也大。

为了消除过火石灰因结构密实，熟化很慢的特性而引起的工程质量问题，应使灰浆在储灰坑中储存14天以上，使石灰充分熟化，这一储存过程称为石灰的"陈伏"。陈伏期间，为防止石灰碳化，应在其表面保持一层水分。

3. 石灰的硬化

石灰用于抹面或砌筑时是一种可塑性的浆体，但随着时间的延续，它会在空气中逐渐硬化，这一变化是通过下面两个过程来完成的：一是结晶作用，即游离水分蒸发或被基底材料所吸收，氢氧化钙逐渐从饱和溶液中结晶，形成结晶结构网，使强度增加；二是碳化作用，即氢氧化钙与空气中的二氧化碳反应生产碳酸钙结晶，释放水分并被蒸发：

$$Ca(OH)_2 + CO_2 + nH_2O = CaCO_3 + (n+1)H_2O$$

新生成的碳酸钙晶体相互交叉连生或与氢氧化钙共生，构成紧密交织的结晶网，使硬化浆体的强度进一步提高。由于空气中的CO_2含量很低，而且表面形成碳化层后，CO_2又不易进入内部，内部水分的蒸发也受到阻碍，故自然状态下石灰的碳化干燥是很缓慢的。

经过长时间后的石灰硬化体表面为碳酸钙层，它会随着时间延长而厚度逐渐增加，里层是氢氧化钙晶体。

2.1 气硬性胶凝材料

4. 石灰的品种

根据成品加工方法不同建筑石灰分成五大类，即：

（1）块灰。由石灰石直接煅烧所得块状生石灰，主要成分为 CaO。

（2）消石灰粉。由生石灰加适量水消化所得的粉末，其主要成分为 $Ca(OH)_2$。

（3）石灰膏。由生石灰加 3～4 倍水消化而成的膏状可塑性浆体，主要成分为 $Ca(OH)_2$ 和 H_2O。

（4）石灰乳。由生石灰加大量水消化或石灰膏加水稀释而成的一种乳状液体，主要成分为 $Ca(OH)_2$ 和 H_2O。

（5）磨细生石灰。将块状生石灰破碎、磨细而成的细粉，主要成分为 CaO。它克服了传统石灰的熟化时间长、硬化慢、强度低等缺点，使用时不用提前消化，可直接加水使用，不仅提高了工效，而且节约场地，改善了施工环境，其熟化硬化速度可提高 30～50 倍，强度可提高约 2 倍。石灰利用率也得到一定提高。但成本高、易吸湿、不易储存。

5. 石灰的技术性质

（1）石灰的技术标准。

根据我国建材行业标准《建筑生石灰》（JC/T479—92）与《建筑生石灰粉》（JC/T480—92）的规定，按石灰中氧化镁的含量，将生石灰分为钙质生石灰和镁质生石灰两类，它们按技术指标又可分为优等品、一等品、合格品 3 个等级，其主要技术指标见表 2.1.2、表 2.1.3。根据《建筑消石灰粉》（JC/T481—92）的规定，消石灰粉分为钙质消石灰粉（MgO 含量小于 4%）、镁质消石灰粉（MgO 含量大于或等于 4% 而小于 24%）和白云石消石灰粉（MgO 含量大于或等于 24% 而小于 30%）3 类，并按技术指标也分为优等品、一等品、合格品三个等级，其主要技术指标见表 2.1.4。通常优等品、一等品适用于饰面层和中间涂层，合格品仅用于砌筑。

表 2.1.2　　　　　　　建筑生石灰技术指标（JC/T479—1992）

项　目	钙质生石灰			镁质生石灰		
	优等品	一等品	合格品	优等品	一等品	合格品
CaO+MgO 含量不小于（%）	90	85	80	85	80	75
CO_2 含量不大于（%）	5	7	9	6	8	10
未消化残渣含量（5mm 圆孔筛余）不大于（%）	5	10	15	5	10	15
产浆量不小于（L/kg）	2.8	2.3	2.0	2.8	2.3	2.0

表 2.1.3　　　　　　　建筑生石灰粉技术指标（JC/T480—1992）

项　目		钙质生石灰粉			镁质生石灰粉		
		优等品	一等品	合格品	优等品	一等品	合格品
CaO+MgO 含量不小于（%）		85	80	75	80	75	70
CO_2 含量不大于（%）		7	9	11	8	10	12
细度	0.90mm 筛的筛余不大于（%）	0.2	0.5	1.5	0.2	0.5	1.5
	0.125mm 筛的筛余不大于（%）	7.0	12.0	18.0	7.0	12.0	18.0

表 2.1.4　　　　　　建筑消石灰粉的技术指标 (JC/T481—1992)

项　目		钙质消石灰粉			镁质消石灰粉			白云石消石灰粉		
		优等品	一等品	合格品	优等品	一等品	合格品	优等品	一等品	合格品
CaO+MgO 含量不小于（%）		70	65	60	65	60	55	65	60	55
游离水（%）		0.4～2								
体积安定性		合格	合格	—	合格	合格	—	合格	合格	—
细度	0.90mm 筛筛余不大于（%）	0	0	0.5	0	0	0.5	0	0	0.5
	0.125mm 筛筛余不大于（%）	3	10	15	3	10	15	3	10	15

(2) 石灰的特性。

1) 消石灰具有良好的可塑性。生石灰熟化成石灰浆时，能形成颗粒极细（粒径约为 1μm）的呈胶体状态的氢氧化钙，表面吸附一层厚的水膜，流动性强、保水性好，因而具有良好的可塑性。在水泥砂浆中掺入石灰膏，可使其可塑性显著提高。

2) 生石灰吸湿性强，保水性好。生石灰具有多孔结构，吸湿能力很强，且具有较强的保持水分的能力，因此，是传统的干燥剂。但由于其易吸湿而变质，故运输和储存时应注意防潮。

3) 凝结硬化慢，强度低。石灰砂浆在空气中的碳化过程很缓慢，导致其硬化速度很慢，且熟化时的大量多余水分在硬化后蒸发，在石灰体内留下大量孔隙，所以硬化后的石灰体密实度小，强度也不高。通常 1∶3 石灰砂浆 28d 的抗压强度只有 0.2～0.5MPa。

4) 硬化时体积收缩大。石灰浆在硬化时，水分的大量蒸发和碳化作用使其体积大量收缩，易引起开裂。因此，除调制成石灰乳作薄层涂刷外，不宜单独使用。用于抹面时，常在石灰中掺入砂子、麻刀或纸筋等，以抵抗石灰收缩引起的开裂和增加其抗拉强度。

5) 耐水性差。石灰制品中的氢氧化钙晶体易溶于水，若长期受潮或被水浸泡，会使已硬化的石灰溃散。所以，石灰不宜在潮湿的环境中使用。

6. 石灰在土木工程中的应用

石灰在土木工程中的应用非常广泛，其主要用途有：

(1) 配制石灰砂浆和石灰乳。

用石灰膏和砂子（或麻刀、纸筋等）配制成石灰砂浆（或麻刀灰、纸筋灰）用于内墙、顶棚的抹面；将石灰膏、水泥和砂子配制成混合砂浆用于砌筑和抹面；将消石灰粉或熟化好的石灰膏加入大量水稀释成石灰乳用于内墙和顶棚的粉刷。

(2) 配制灰土和三合土。

将生石灰熟化成消石灰粉，再与土拌和即为灰土，灰土按石灰粉（或消石灰粉）∶黏土=1∶2～1∶4 的比例来配制；若再加入一定的砂石或炉渣等填料一起拌和则成为三合土，三合土按生石灰粉（或消石灰粉）∶黏土∶砂子（或碎石、炉渣）=1∶2∶3 的比例来配制。灰土和三合土的应用在我国已有数千年的历史，经夯实后广泛用作基础、地面或路面的垫层，其强度和耐水性比石灰或黏土都高得多。究其原因，主要是黏土颗粒表面的少量活性氧化硅、氧化铝与石灰起化学反应，生成了具有较高强度和耐水性的水化硅酸钙和水化铝酸钙等不溶于水的水化物。另外，石灰的加入改善了黏土的可塑性，在强力夯打之下大大提高了垫层的紧密度，从而也使其强度和耐水性得到进一步提高。

（3）制作硅酸盐制品。

以石灰和硅质材料（如粉煤灰、石英砂、炉渣等）为原料，加水拌和、经成型、蒸养或蒸压处理等工序而成的土木工程材料，统称为硅酸盐制品。将磨细生石灰与砂、粒化高炉矿渣、炉渣、粉煤灰等硅质材料混合成型，在一定条件下养护，可制得如灰砂砖、粉煤灰砖、砌块等各种墙体材料。

（4）制作碳化石灰板。

碳化石灰板是将磨细生石灰、纤维状填料（如玻璃纤维）或轻质骨料（如矿渣）搅拌成型，然后经人工碳化而成的一种轻质材料。为了提高碳化效果和减小表观密度，多制成空心板。一般孔洞率为34%～39%时，其表观密度约为700～800kg/m³，抗弯强度为3～5MPa，抗压强度5～15MPa，导热系数小于0.2W/(m·K)，能锯、能刨、能钉，适宜作非承重内隔墙板和天花板等。

（5）配制无熟料水泥。

将具有一定活性的硅质材料（如粒化高炉矿渣、粉煤灰、火山灰等）与石灰按适当比例混合磨细即可得具有水硬性的胶凝材料，如石灰矿渣水泥、石灰粉煤灰水泥、石灰火山灰水泥等。

（6）石灰还可以用来加固软土地基、制造静态破碎剂和膨胀剂等。

2.1.3 水玻璃

水玻璃俗称泡花碱，是由碱金属氧化物和二氧化硅结合而成的能溶解于水的一种硅酸盐材料。其化学通式为 $R_2O \cdot nSiO_2$，式中 R_2O 为碱金属氧化物，n 为 SiO_2 和 R_2O 的摩尔比值，称为水玻璃的模数。n 值越大，水玻璃的黏度越高，但水中的溶解能力下降。当 n 大于 3.0 时，只能溶于热水中，给使用带来麻烦。n 值越小，水玻璃的黏度越低，越易溶于水。土木工程中常用模数 n 为 2.6～2.8，既易溶于水又有较高的强度。我国生产的水玻璃模数一般在 2.4～3.3 之间。

水玻璃在水溶液中的含量常用密度（或称浓度）表示。土木工程中常用水玻璃的密度一般为 1.36～1.50g/cm³。密度越大，水玻璃含量越高，黏度越大。

根据碱金属氧化物的不同，水玻璃有许多品种，如硅酸钠水玻璃（$Na_2O \cdot nSiO_2$），硅酸钾水玻璃（$K_2O \cdot nSiO_2$），硅酸锂水玻璃（$Li_2O \cdot nSiO_2$），钠钾水玻璃（$K_2O \cdot Na_2O \cdot nSiO_2$）等。建筑工程中常用的是硅酸钠水玻璃，下面就以其为例介绍水玻璃的生产概况、硬化机理、性质和应用。

1. 水玻璃的生产

钠水玻璃的生产有湿法和干法两种。湿法生产时，是将石英砂和苛性钠溶液在蒸压锅（2～3 大气压）内用蒸汽加热，使其直接反应而成液体水玻璃；干法则是将石英砂和碳酸钠磨细拌匀，在熔炉内于 1300～1400℃ 的温度下熔化，按下式反应生成固体水玻璃：

$$Na_2CO_3 + nSiO_2 \longrightarrow Na_2O \cdot nSiO_2 + CO_2 \uparrow$$

硅酸钠水玻璃的模数一般在 1.5～3.5 之间。固体水玻璃的模数越大，则越难溶于水；n 为 1 时能溶解于常温的水中；n 加大，则须在热水中溶解；当 n 大于 3 时，要在 4 个大气压以上的蒸汽中才能溶解。因为水玻璃的模数是其中氧化硅与氧化钠的摩尔比，该值越大，则胶体组分氧化硅含量越高，胶体组分越多，黏结能力越强，耐热性与耐酸性也越高。

液体水玻璃因所含杂质不同，常呈青灰色或淡黄色，以无色透明的为最好。液体水玻璃可以与水按任意比例混合成不同浓度（或密度）的溶液，同一模数的水玻璃，其浓度越大，则密度越大，黏结力越强。当水玻璃的浓度太大或太小时，可用加热浓缩或加水稀释的办法来调整。

2. 水玻璃的硬化

液体水玻璃在空气中吸收二氧化碳，形成无定形硅酸凝胶，并逐渐干燥而硬化：

$$Na_2O \cdot nSiO_2 + CO_2 + mH_2O =\!=\!= Na_2CO_3 + nSiO_2 \cdot mH_2O$$

这一过程进行很慢，为加速硬化，可采取两种措施：一是加热，二是掺入促凝剂氟硅酸钠（Na_2SiF_6）。加入的氟硅酸钠与水玻璃发生如下反应，促使硅酸凝胶加速析出：

$$2(Na_2O \cdot nSiO_2) + Na_2SiF_6 + mH_2O =\!=\!= 6NaF + (2n+1)SiO_2 \cdot mH_2O$$

氟硅酸钠的适宜掺量为水玻璃质量的12%～15%，若掺量太少，不但硬化慢，强度低，而且未经反应的水玻璃易溶于水，从而使耐水性变差；若掺量太多，又会引起凝结过速，不但施工困难，而且渗透性大，强度也低，同时要注意氟硅酸钠有一定的毒性。

3. 水玻璃的性质

（1）水玻璃有良好的黏结能力，硬化后具有较高强度（如水玻璃胶泥的抗拉强度大于2.5MPa，水玻璃混凝土的抗压强度约在15～40MPa之间），而且硬化时析出的硅酸凝胶有堵塞毛细孔隙而提高材料密实度和防止水渗透的作用。

（2）水玻璃不燃烧，在高温下凝胶干燥得更加强烈，强度并不降低，甚至有所提高。

（3）硬化后的水玻璃，因其主要成分是硅胶，所以能抵抗大多数无机酸和有机酸的作用，从而使其具有良好的耐酸性，但不耐碱。

4. 水玻璃的用途

根据水玻璃的上述性能，钠水玻璃在土木工程中主要有以下用途：

（1）涂刷或浸渍材料。

将液体水玻璃直接涂刷在建筑物或构件的表面上，可提高其抗风化能力和耐久性。用浸渍法处理多孔材料时，可使材料的密实度、强度、抗渗性、耐水性均得到提高。如用液体水玻璃涂刷或浸渍黏土砖、硅酸盐制品、水泥混凝土等可提高材料的相关性能，但不能用以涂刷或浸渍石膏制品，因为硅酸钠与硫酸钙会起化学反应生成硫酸钠，在制品孔隙中结晶，体积膨胀而导致制品破坏。

（2）配制快凝堵漏防水剂。

以水玻璃为基料，加入2种、3种或4种矾可配制成防水剂。这种防水剂能急速凝结硬化，一般不超过1min。用于与水泥浆调和，堵塞漏洞、缝隙等局部抢修。

（3）加固地基。

将模数为2.5～3的液体水玻璃与氯化钙溶液交替压入地层，两种溶液发生化学反应：

$$Na_2O \cdot nSiO_2 + CaCl_2 + xH_2O \longrightarrow 2NaCl + nSiO_2 \cdot (x-1)H_2O + Ca(OH)_2$$

析出的硅酸胶体[$nSiO_2 \cdot (x-1)H_2O$]将土壤颗粒包裹并填实其空隙。同时，硅酸胶体为一种吸水膨胀的冻状凝胶，因吸收地下水而经常处于膨胀状态，从而阻止水分的渗透和使土壤固结。在上述两种因素的共同作用下,使地基的承载能力和不透水性都得到大大提高,用这种方法加固的砂土,抗压强度可达 3~6MPa。

(4) 配制耐热砂浆和耐热混凝土。

由于硬化后的水玻璃耐热性能好,能长期承受一定高温作用(极限使用温度 1200℃以下)而强度不降低,因而可用它与耐热骨料配制成耐热砂浆和耐热混凝土,用于耐热工程中。

(5) 配制耐酸砂浆和耐酸混凝土。

水玻璃硬化后具有很高的耐酸性,常与耐酸骨料一起配制成耐酸砂浆和耐酸混凝土,用于工程中。

2.1.4 菱苦土

1. 菱苦土的生产

菱苦土(又称氯氧镁水泥、镁氧水泥)是一种白色或浅黄色的粉末,其主要成分是氧化镁(MgO),是一种气硬性胶凝材料。由于该胶凝材料制成的产品易发生返卤、变形等,近十几年来,人们一直在不断对其进行改性,并取得了良好的效果。

菱苦土通常由含 $MgCO_3$ 为主的菱镁矿经煅烧、磨细而成。其煅烧时的反应式如下:

$$MgCO_3 \xrightarrow{600\sim800℃} MgO + CO_2 \uparrow$$

煅烧温度对菱苦土的质量有很大影响。煅烧温度过低时,$MgCO_3$ 分解不完全,易产生"生烧"而降低胶凝性;温度过高时,又会因为"过烧"使其颗粒变得坚硬,胶凝性也很差。理论煅烧温度一般为 600~800℃,但实际生产时,煅烧温度约为 800~850℃,煅烧适当的菱苦土,密度为 3.1~3.4g/cm³,堆积密度为 800~900kg/m³。另外,菱苦土的细度和 MgO 的含量对其质量也有较大影响,磨得越细,使用时强度越高;细度相同时,MgO 含量越高,质量越好。

2. 菱苦土的水化硬化

菱苦土与水拌和后迅速水化并放出大量的热,但其凝结硬化很慢,硬化后的产物疏松,胶凝性差,强度很低。因此,通常不能直接用水来拌和菱苦土,而是用 $MgCl_2$、$MgSO_4$、$FeCl_3$ 或 $FeSO_4$ 等盐类的水溶液来拌和。其中以用 $MgCl_2$ 溶液为最好,它不仅可大大加快菱苦土的硬化,而且硬化后的强度很高(可达 40~60MPa)。硬化后的主要产物为氯氧化镁水化物($xMgO \cdot yMgCl_2 \cdot zH_2O$)和氢氧化镁等。反应式为:

$$xMgO + yMgCl_2 \longrightarrow xMgO \cdot yMgCl_2 \cdot zH_2O$$
$$MgO + H_2O \longrightarrow Mg(OH)_2$$

它们呈针状结晶,彼此交错搭接,并相互连生、长大,形成致密的结构,使浆体凝结硬化。但其吸湿性大,耐水性差,遇水或吸湿后易产生变形,表面泛霜,强度大大降低。因此,菱苦土制品不宜用于潮湿环境。

为改善菱苦土制品的耐水性,可采用硫酸镁($MgSO_4 \cdot 7H_2O$)、硫酸亚铁($FeSO_4 \cdot H_2O$)溶液来拌和,但强度有所降低。也可掺入少量的磷酸盐或防水剂。此外,还可掺入一些活性混合材料,如粉煤灰等。

3. 菱苦土的应用

菱苦土与各种纤维的黏结良好,而且碱性较弱,对各种有机纤维的腐蚀性很小,因此，常以菱苦土为胶凝材料，以木屑、木丝、刨花为原料来生产各种板材，如木屑地板、木丝板、刨花板等。

建筑上常用的菱苦土木屑地面就是将菱苦土与木屑按适当的比例配合，用氯化镁溶液调拌铺设而成。为调节或改善其性能可从不同途径采取相应措施，如为提高地面强度和耐磨性，可掺加适量滑石粉、石英砂、碎石屑做成硬性地面；为提高耐水性，可掺入外加剂或活性混合材料；为使其具有不同色彩，可掺入一定的耐碱性矿物颜料。地面硬化干燥后，常用干性油涂刷，并用地板蜡打光。这种地面保温、防火、防爆（碰撞时不发火星）、有弹性、表面光洁不起尘，宜用于纺织车间、教室、办公室、住宅、影剧院等地面。

菱苦土木屑板、木丝板、刨花板可用作绝热和吸声材料，经饰面处理后，可用作吊顶板材、隔断板材，还可代替木材用作机械设备的包装材料等。

菱苦土运输和储存时须防潮、防水，且不可久存，储存期不宜超过3个月，以防其吸收空气中的水分成为$Mg(OH)_2$，再碳化为$MgCO_3$而丧失其胶凝能力。

2.2 通用硅酸盐水泥

2.2.1 硅酸盐水泥

既能在空气中硬化，又能更好地在水中硬化，保持并发展其强度的胶凝材料称为水硬性胶凝材料。

水泥呈粉末状，与水拌和后，通过一系列物理化学变化，由可塑性浆体变成坚硬的石状固体，并能将散粒状的材料胶结成为整体，而且其浆体不但能在空气中硬化，还能更好地在水中硬化，保持并继续增长其强度，因此，水泥是一种典型的水硬性胶凝材料。

水泥是一种生产、使用历史悠久的，且至今仍在广泛使用的重要的土木工程材料。早在1796年，就出现了用含有一定比例黏土成分的石灰石煅烧而成的"罗马水泥"。1824年，英国泥瓦工约瑟夫·阿斯普丁（Joseph Aspdin）首先取得了生产硅酸盐水泥的专利权。因为水泥凝结后的外观颜色与波特兰岛的石头相似，所以将产品命名为波特兰水泥，我国称为硅酸盐水泥。自水泥问世以来，就一直是土木工程材料中的主体材料，目前世界上水泥的品种已达200余种，其用途非常广泛，如建筑、交通、水利、电力、海港和国防工程中都离不开水泥。

水泥的品种很多，常按不同方式对其进行分类。根据国家标准《水泥的命名、定义和术语》（GB/T4131—1997）的规定，水泥分为三大类：用于一般土木工程的水泥称为通用水泥，有硅酸盐水泥、普通硅酸盐水泥、矿渣硅酸盐水泥、火山灰质硅酸盐水泥、粉煤灰硅酸盐水泥、复合硅酸盐水泥等；适用专门用途的水泥称为专用水泥，如道路水泥、砌筑水泥、油井水泥等；具有某种突出性能的水泥称为特种水泥，如抗硫酸盐水泥、膨胀型水泥、快硬硅酸盐水泥等。水泥按其主要水硬性物质种类又可分为：硅酸盐水泥、铝酸盐水泥、硫铝酸盐水泥、铁铝酸盐水泥及氟铝酸盐水泥等。水泥品种繁多，在我国水泥产量的90%仍属于以硅酸盐为主要水硬性物质的硅酸盐类水泥，其中又以硅酸盐水泥的组成最为简单，也是最为基本的水泥。因此，我们在讨论水泥的性质和应用时，常以硅酸盐水泥为基础。

2.2.1.1 硅酸盐水泥的生产及矿物组成

按国家标准《通用硅酸盐水泥》(GB175—2007) 规定,凡由硅酸盐水泥熟料、0~5%石灰石或粒化高炉矿渣、适量石膏磨细制成的水硬性胶凝材料,称为硅酸盐水泥。硅酸盐水泥分为两种类型,不掺加混合材料的为Ⅰ型硅酸盐水泥,代号为P·Ⅰ;掺加不超过水泥质量5%的石灰石或粒化高炉矿渣混合材料的为Ⅱ型硅酸盐水泥,代号为P·Ⅱ。

1. 硅酸盐水泥的生产

生产硅酸盐水泥的原料主要有石灰质原料和黏土质原料,常用的石灰质原料主要是石灰石,也可用白垩、石灰质凝灰岩等,主要提供水泥中 CaO;黏土质原料主要采用黏土或黄土,它主要提供 SiO_2、Al_2O_3、Fe_2O_3。若所选用的石灰质原料和黏土质原料按一定比例配合不能满足某些化学组成要求时,则要掺加相应的校正原料,如铁质校正原料铁砂粉、黄铁矿渣以补充 Fe_2O_3,硅质校正原料砂岩、粉砂岩等以补充 SiO_2。此外,为改善煅烧条件,常加入少量的矿化剂、晶种等。

硅酸盐水泥的生产就是将上述原料按适当的比例混合、磨细制成生料,生料均化后,送入窑中煅烧至部分熔融形成熟料,熟料与适量石膏共同磨细,即得到Ⅰ型硅酸盐水泥。若将熟料、石膏、不超过5%石灰石或粒化高炉矿渣共同磨细,即可得到Ⅱ型硅酸盐水泥。其生成工艺流程如图 2.2.1 所示。

图 2.2.1 硅酸盐水泥生产工艺流程图

2. 硅酸盐水泥熟料的组成

(1) 化学组成。硅酸盐水泥熟料是由含量在95%以上的 CaO、SiO_2、Al_2O_3、Fe_2O_3 等氧化物和5%以下的 MgO、SO_3、TiO_2、K_2O、Na_2O 等氧化物所组成。据统计,各主要氧化物含量的波动范围为 CaO 约 62%~67%、SiO_2 约 20%~24%、Al_2O_3 约 4%~7%、Fe_2O_3 约 2.5%~6%。

在水泥熟料中,CaO、SiO_2、Al_2O_3、Fe_2O_3 不是以单独的氧化物存在,而是以两种或两种以上的氧化物互相反应生成的多种矿物的集合体存在,它结晶比较细小(一般小于 $100\mu m$)。因此,水泥熟料是一种多矿物组成的、结晶细小的人造岩石。

(2) 矿物组成。由于硅酸盐水泥熟料是一个复杂体系,从化学组成中很难区分不同厂家及品种水泥的技术性质,故研究硅酸盐水泥一般从其矿物组成来进行研究。共有四种矿物:硅酸三钙 ($3CaO \cdot SiO_2$,简写为 C_3S),含量为 37%~60%;硅酸二钙 ($2CaO \cdot SiO_2$,简写为 C_2S),含量为 15%~37%;铝酸三钙 ($3CaO \cdot Al_2O_3$,简写为 C_3A),含量为 7%~15%;铁铝酸四钙 ($4CaO \cdot Al_2O_3 \cdot Fe_2O_3$,简写为 C_4AF),含量为 10%~18%。

由于水泥熟料中,硅酸三钙和硅酸二钙(即硅酸盐)总含量在70%以上,故以其生产的水泥称为硅酸盐水泥。除主要熟料矿物外,水泥中还含有少量游离氧化钙、游离氧化镁和一定的碱,但其总含量一般不超过水泥质量的10%。

2.2.1.2 硅酸盐水泥的水化及凝结硬化

1. 硅酸盐水泥的主要水化产物

硅酸盐水泥遇水后，其熟料矿物即与水发生水化反应，生成水化产物并放出一定的热量，各种矿物成分水化反应如下：

$$2(3CaO \cdot SiO_2) + 6H_2O = 3CaO \cdot 2SiO_2 \cdot 3H_2O + 3Ca(OH)_2$$

　　硅酸三钙　　　　　　　　水化硅酸钙　　　氢氧化钙

$$2(2CaO \cdot SiO_2) + 4H_2O = 3CaO \cdot 2SiO_2 \cdot 3H_2O + Ca(OH)_2$$

　　硅酸二钙　　　　　　　　水化硅酸钙　　　氢氧化钙

$$3CaO \cdot Al_2O_3 + 6H_2O = 3CaO \cdot Al_2O_3 \cdot 6H_2O$$

　　铝酸三钙　　　　　　　水化铝酸三钙

$$4CaO \cdot Al_2O_3 \cdot Fe_2O_3 + 7H_2O = 3CaO \cdot Al_2O_3 \cdot 6H_2O + CaO \cdot Fe_2O_3 \cdot H_2O$$

　　铁铝酸四钙　　　　　　　水化铝酸三钙　　　　　水化铁酸钙

在氢氧化钙饱和溶液中，水化铝酸三钙还能与氢氧化钙进一步反应，生成六方晶体的水化铝酸四钙：

$$CaO \cdot Al_2O_3 \cdot 6H_2O + Ca(OH)_2 + 6H_2O = 4CaO \cdot Al_2O_3 \cdot 13H_2O$$

　　　　　　　　　　　　　　　　　　　　　　　　　水化铝酸四钙

在石膏存在时，部分水化铝酸三钙会与石膏反应，生成高硫型水化硫铝酸钙：

$$3CaO \cdot Al_2O_3 \cdot 6H_2O + 3(CaSO_4 \cdot 2H_2O) + 19H_2O = 3CaO \cdot Al_2O_3 \cdot CaSO_4 \cdot 31H_2O$$

　　　　　　　　　　　　　　　　　　　　　　　　　　　　　　高硫型水化硫铝酸钙

从上述水化反应式可以看出，硅酸盐水泥水化后，生成的水化产物主要有水化硅酸钙和水化铁酸钙凝胶及氢氧化钙、水化铝酸钙和水化硫铝酸钙晶体等。水泥充分水化后，水化硅酸钙（C—S—H凝胶）约占70%，氢氧化钙约占20%。

2. 硅酸盐水泥熟料矿物的水化特性

硅酸盐水泥熟料中不同的矿物成分与水作用时，不仅水化物种类有所不同，而且水化特性也各不相同，它们对水泥凝结硬化速度、水化热及强度等的影响也各不相同。

铝酸三钙水化速度最快，水化热也最大，其主要作用是促进水泥早期强度的增长，而对水泥后期的强度贡献较小；硅酸三钙的水化较快，水化时放热量也较大，在凝结硬化的前四周内，是水泥石强度的主要贡献者；硅酸二钙水化反应的产物虽然与硅酸三钙基本相同，但它的水化反应速度很慢，水化放热量也少，对水泥石强度的贡献早期低、后期高；铁铝酸四钙水化的速度较快，水化时放热量也较大，对水泥的抗拉强度有利。

各种水泥熟料矿物水化时所表现的特性见表2.2.1。

表2.2.1　　　　　　　　各种矿物单独与水作用时的主要特性

矿物名称	硅酸三钙	硅酸二钙	铝酸三钙	铁铝酸四钙
凝结硬化速度	快	慢	最快	快
28d水化放热量	多	少	最多	中
强度贡献	高	早期低、后期高	低	低
耐化学侵蚀性	中	良	差	优

水泥是几种熟料矿物的混合物,改变熟料矿物成分间的比例时,水泥的性质即可发生相应的变化,从而生产出不同特性的水泥,如提高硅酸三钙的相对含量,可得到快硬早强水泥;降低铝酸三钙和硅酸三钙的含量,提高硅酸二钙的含量,可制得水化热低的水泥,如低热水泥等。

3. 硅酸盐水泥的凝结硬化

水泥加水拌和最初形成可塑性的浆体,然后逐渐变稠失去塑性但尚不具备强度的过程,称为水泥的"凝结"。随后开始产生强度并逐渐发展而形成坚硬的石状固体——水泥石,这一过程称为水泥的"硬化"。水泥的凝结和硬化是人为划分的,它实际上是一个连续而复杂的物理化学变化过程。凝结硬化过程如图 2.2.2 所示。

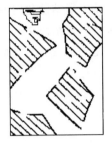
(a) 水泥颗粒分散于水中

(b) 水泥颗粒表面有水化产物出现

(c) 水化物长大连生(凝结)

(d) 产物进一步长大密实(硬化)

图 2.2.2 水泥凝结硬化过程示意图

首先当水和水泥颗粒接触时,水泥颗粒则发生水化反应,从而生成相应的水化物。随着水化物的增多和溶液浓度的增大,一部分水化物就呈胶体或晶体析出,并包在水泥颗粒的表面。在水化初期,水化物不多时,水泥浆尚具有可塑性。

随着时间的推移,水泥颗粒不断水化,水化产物不断增多,使包在水泥颗粒表面的水化物膜层增厚,并形成凝聚结构,使水泥浆开始失去可塑性,这就是水泥的初凝,但这时还不具有强度。再随着固态水化物不断增多,其结晶体和胶体相互贯穿形成的网状结构不断加强,固相颗粒间的空隙和毛细孔不断减小,结构逐渐紧密,使水泥浆体完全失去塑性,并开始产生强度,也就是水泥出现终凝。水泥进入硬化期后,水化速度逐渐减慢,水化物随时间增长而逐渐增加,并扩展到毛细孔中,使结构更趋致密,强度进一步提高。如此不断进行下去直到水泥颗粒完全水化,水泥石的强度才停止发展,从而达到最大值。

4. 影响水泥凝结硬化的主要因素

(1) 矿物组成。熟料各矿物单独与水作用后的特性是不同的,它们相对含量的变化,将导致不同的凝结硬化特性。比如当水泥中 C_3A 含量高时,水化速率快,但强度不高,而 C_2S 含量高时,水化速率慢,早期强度低,后期强度高。

(2) 细度。水泥颗粒越细,比表面积增加,与水反应的区域增多,水化速度加快,从而加速水泥的凝结、硬化,早期强度较高。

(3) 水灰比。水灰比是影响水泥石强度的关键因素之一,水泥水化的理论需要水量约占水泥质量的 23%,但实际使用时,用这样的水量拌制的水泥浆非常干涩,无法成型为密实的水泥石结构。理论上,在水灰比为 0.38 时,水泥可以完全水化,此时的水成为化学结合水或凝胶水,而无毛细孔水。在实际工程中,水灰比多为0.4~0.8,适当的毛细孔,可提供水分向水泥颗粒扩散的通道,可作为水泥凝胶增长时填充的空间,对水泥石结构以及硬化后强度有利。水灰比为0.38的水泥浆实际上要完全水化还是比较困难的,因为水分扩散受到限制,水泥无法完全水化。但随着水灰比的增加,自由水逐步增加,此时,在水泥水化过程中,水泥石中由于自由水的蒸发等形成的孔隙增加,造成水泥石的密实度降低,其强度也随之下降。

(4) 石膏。石膏影响铝酸盐水化产物凝聚结构形成的速率和结晶的速率与形状,未加石膏的水泥将很快形成凝聚结构,由于水化铝酸钙从过饱和溶液中很快结晶出来,使结构坚硬,导致水泥不正常急凝(即闪凝)。加入石膏后,在水泥颗粒上形成难溶于水的硫铝酸钙覆盖在未水化水泥颗粒表面,阻碍了水泥的进一步水化,从而延长了凝结硬化时间。

石膏的掺量必须严格控制,掺量太少时缓凝作用小;掺量过多时会因在水泥浆硬化后继续水化生成高硫型水化硫铝酸钙而导致水泥石产生体积膨胀,使硬化的水泥石开裂而破坏。其掺量原则是保证在凝结硬化前(约加水后24h内)全部耗尽。适宜的掺量主要取决于水泥中C_3A含量和石膏中SO_3的含量。国家标准规定SO_3不得超过3.5%,石膏掺量一般为水泥质量的3%~5%。

(5) 温度和湿度。对C_3S和C_2S来说,温度对水化反应速度的影响遵循一般的化学反应规律,温度升高,水化加速,特别是对C_2S来说,由于C_2S的水化速率低,所以温度对它的影响更大。C_3S在常温时水化就较快,放热也较多,所以温度影响较小。当温度降低时,水泥水化速率减慢,凝结硬化时间延长,尤其对早期强度影响很大。在0℃以下,水化会停止,强度不仅不增长,还会因为水泥浆体中的水分发生冻结膨胀,而使水泥石结构产生破坏,强度大大降低。

湿度是保证水泥水化的必备条件,因为在潮湿环境条件下,水泥浆内的水分不易蒸发,水泥的水化硬化得以充分进行。当环境温度十分干燥时,水泥中的水分将很快蒸发,以致水泥不能充分水化,硬化也将停止。

保持一定的温度和湿度使水泥石强度不断增长的措施,叫做养护。在较高温度下养护的水泥石,往往后期强度增长缓慢,甚至下降。

(6) 龄期。水泥加水拌和之日起至实测性能之日止,所经历的养护时间称为龄期。硅酸盐水泥早期强度增长较快,后期逐渐减慢。水泥加水后,起初3~7d强度发展快,大约4周后显著减慢。但是,只要维持适当的温度和湿度,水泥强度在几个月、几年,甚至几十年后还会持续增长。

2.2.1.3 硅酸盐水泥的技术性质

根据国家标准《通用硅酸盐水泥》(GB175—2007),硅酸盐水泥的技术性质主要有细度、凝结时间、体积安定性、强度等。

1. 细度(选择性指标)

细度是指水泥颗粒的粗细程度,它是影响水泥性能的重要指标。水泥颗粒粒径一般在7~200μm范围内,颗粒越细,与水反应的表面积越大,水化反应快而且较完全,早期强度和后期强度都较高。但在空气中硬化时收缩性较大,成本较高,在储运过程中也易受潮而降低活性。若水泥颗粒过粗则不利于水泥活性的发挥,一般认为水泥颗粒小于40μm

时，才具有较高活性，大于 90μm 后其活性就很小了。因此，为保证水泥具有一定的活性和具有一定的凝结硬化速度，须对水泥提出细度要求。

国家标准规定，水泥的细度可用筛析法和比表面积法检验。筛析法是采用孔径为 80μm 的方孔筛或 45μm 方孔筛对水泥试样进行筛析试验，用筛余百分率表示。比表面积法是根据一定量空气通过一定空隙率和厚度的水泥层时，所受阻力不同而引起流速的变化来测定水泥的比表面积（单位质量的水泥颗粒所具有的总表面积），以 m^2/kg 表示。国家标准规定，硅酸盐水泥的细度采用比表面积法检验，其比表面积应大于 $300m^2/kg$。

2. 标准稠度用水量

水泥的技术性质中有体积安定性和凝结时间，为了使其检验的结果有可比性，国家标准规定必须采用标准稠度的水泥净浆来测定。获得这一稠度时所需的水量称为标准稠度用水量，以水与水泥质量的比值来表示。影响标准稠度用水量的因素有熟料的矿物组成、水泥的细度、混合材料品种（如沸石粉需水性大）和数量等。

3. 凝结时间

水泥凝结时间是指水泥从开始加水拌和到失去流动性所需要的时间，分初凝时间和终凝时间。

初凝时间为水泥从开始加水拌和起至水泥浆开始失去可塑性所需要的时间；终凝时间是从水泥开始加水拌和起至水泥浆完全失去可塑性并开始产生强度所需的时间。水泥的凝结时间对施工有重要实际意义，其初凝时间不宜过早，以便在施工中有足够的时间完成混凝土或砂浆的搅拌、运输、浇捣和砌筑等操作；终凝时间不宜过迟，以使水泥能尽快硬化和产生强度，进而缩短施工工期。国家标准规定：硅酸盐水泥初凝时间不得早于 45min；终凝时间不得迟于 390min。

4. 体积安定性

水泥体积安定性是反映水泥浆体在硬化过程中或硬化后体积是否均匀变化的性能。安定性不良的水泥，在浆体硬化过程中或硬化后可能产生不均匀的体积膨胀，甚至引起开裂，进而影响和破坏工程质量，甚至引起严重工程事故。因而体积安定性不良的水泥应按不合格品处理，不能用于工程中。

造成水泥安定性不良的主要原因如下：

（1）熟料中游离氧化钙含量过多。游离氧化钙是熟料煅烧时，没有被吸收形成熟料矿物所形成的，这种过烧的氧化钙水化慢，而且水化生成 $Ca(OH)_2$ 时体积膨胀，给硬化的水泥石造成破坏。国家标准规定：用沸煮法检验水泥中游离氧化钙是否会引起安定性不良。

（2）熟料中游离氧化镁含量过多。熟料中游离氧化镁正常水化的速度更缓慢，且体积膨胀，同样会造成膨胀破坏。水泥中游离氧化镁是否会引起安定性不良，是用物理方法——压蒸法来检验，只有这样才能加速 MgO 的水化。国家标准规定：用化学分析法检验其含量是否超标。

（3）水泥中三氧化硫含量过多。SO_3 过多同样也会造成膨胀破坏。石膏带来的危害用物理检验方法需长期在常温水中才能确定安定性是否不良。同游离氧化镁一样，物理检验不便于快速检验。因此国家标准规定：用化学分析法检验水泥中 SO_3 含量是否超标。

国家标准规定，用沸煮法检验水泥的体积安定性。具体测试时可用饼法，也可用雷氏法。其通过观察水泥净浆经沸煮 3h 后所产生的变形或膨胀值来检验安定性。由于沸煮法只能对氧化钙熟化起加速作用，所以无论是饼法还是雷氏法，只能检测出游离氧化钙所引起的体积安定性不良。而游离氧化镁只有在压蒸下才加速熟化，石膏的危害则需在长期的常温水中才能发现，两者均不便于快速检验。因此，国家标准规定，水泥熟料中游离氧化镁含量不得超过 5.0%，若经压蒸检测安定性合格，可放宽到 6.0%；水泥中三氧化硫含量不得超过 3.5%。

5. 强度及强度等级

水泥的强度是水泥的重要力学性质，它与水泥的矿物组成、水灰比大小、水化龄期和环境温湿度等密切相关，同一水泥在不同条件下所测得的强度值不同。因此，为使试验结果具有可比性，水泥强度须按国家标准《通用硅酸盐水泥》(GB175—2007)和《水泥胶砂强度检验方法(ISO法)》(GB/T17671—1999)的规定来测量。根据测量结果，将硅酸盐水泥分为 42.5、42.5R、52.5、52.5R、62.5 和 62.5R 6 个强度等级，其中代号 R 表示早强型水泥。各强度等级硅酸盐水泥的各龄期强度不得低于表 2.2.2 中的数值。

表 2.2.2　　　　　　硅酸盐水泥的强度要求（GB175—2007）

品　种	强度等级	抗压强度（MPa）		抗折强度（MPa）	
		3d	28d	3d	28d
硅酸盐水泥	42.5	17.0	42.5	3.5	6.5
	42.5R	22.0	42.5	4.0	6.5
	52.5	23.0	52.5	4.0	7.0
	52.5R	27.0	52.5	5.0	7.0
	62.5	28.0	62.5	5.0	8.0
	62.5R	32.0	62.5	5.5	8.0

6. 烧失量和不溶物

烧失量是指水泥在一定灼烧温度和时间内，烧失的量占原质量的百分数。烧失量越大，说明水泥质量越差。国家标准规定，Ⅰ型硅酸盐水泥的烧失量不得大于 3.0%；Ⅱ型硅酸盐水泥的烧失量不得大于 3.5%。

不溶物是指经盐酸处理后的残渣，再以氢氧化钠溶液处理，经盐酸中和过滤后所得的残渣经高温灼烧所剩的物质。不溶物含量高对水泥质量有不良影响。Ⅰ型硅酸盐水泥中不溶物不得超过 0.75%；Ⅱ型硅酸盐水泥中不溶物不得超过 1.50%。

7. 水化热

水泥在水化过程中放出的热量称为水泥的水化热。水泥的水化放热量和放热速度主要决定于水泥的矿物组成和细度。若水泥中铝酸三钙和硅酸三钙的含量越高，颗粒越细，则水化热越大，放热速度也越快。这对一般工程的冬季施工是有利的，但对于大体积混凝土工程是有害的。因为在大体积混凝土工程中，水泥水化放出的热量积聚在内部不易散失，使内部温度上升到 60~70℃，内外温差所引起的温度应力，使混凝土产生裂缝。

8. 碱含量（选择性指标）

当骨料中含有活性二氧化硅、水泥的碱含量又较高时，则水泥会与骨料发生碱—骨料反应，在骨料表面生成复杂的碱—硅酸凝胶，凝胶吸水体积膨胀，从而导致混凝土开裂破坏。为抑制碱—骨料反应，水泥中的碱含量按 $Na_2O+0.658K_2O$ 计，不得大于 0.6%。

9. 密度及堆积密度

在计算组成混凝土的各项材料用量和储运水泥时，往往需要知道水泥的密度和堆积密度。硅酸盐水泥的密度一般在 $3.0\sim3.2g/cm^3$ 之间。堆积密度除与矿物组成及粉磨细度有关外，主要取决于水泥堆积的紧密程度，松堆状态为 $1000\sim1100kg/m^3$，紧密状态时可达 $1600kg/m^3$。在配制混凝土和砂浆时，水泥堆积密度可取 $1200\sim1300kg/m^3$。

2.2.1.4 水泥石的腐蚀与防止

硅酸盐水泥硬化后的水泥石，在正常使用条件下具有较好的耐久性。但在某些腐蚀性介质的作用下，水泥石的结构逐渐遭到破坏，强度下降以致溃裂，这种现象称为水泥石的腐蚀。

1. 水泥石腐蚀的主要类型

引起水泥石腐蚀的原因很多，作用甚为复杂，下面介绍几种典型介质的腐蚀作用。

（1）软水侵蚀（溶出性侵蚀）。

蒸馏水、工业冷凝水、天然的雨水、雪水以及含重碳酸盐很少的河水及湖水均属软水。当水泥长期与这些水相接触时，由于水的侵蚀作用，使水泥石中的氢氧化钙晶体不断溶出，并促使水泥石中其他产物分解，从而使水泥石结构遭到破坏。

在静水或无压水中，由于水泥石周围的水易为溶出的氢氧化钙饱和，使溶解作用中止，在此情况下，软水的侵蚀作用仅限于表层，影响不大。但若水泥石处在流动的或有压水中，则流出的氢氧化钙会不断流失，侵蚀作用不断深入内部，使水泥石孔隙增大，致使强度降低。

（2）盐类腐蚀。

1) 硫酸盐腐蚀。在海水、地下水以及某些工业废水中常含有钠、钾、铵等的硫酸盐，它们与水泥石中氢氧化钙反应生成硫酸钙，硫酸钙再与水泥石中的固态水化铝酸钙作用，生成比原体积增加 1.5 倍的高硫型水化硫铝酸钙，由于体积膨胀而使已经硬化的水泥石开裂、破坏。其反应式为：

$$4CaO \cdot Al_2O_3 \cdot 12H_2O + 3CaSO_4 + 20H_2O = 3CaO \cdot Al_2O_3 \cdot 3CaSO_4 \cdot 31H_2O + Ca(OH)_2$$

高硫型水化硫铝酸钙呈针状晶体，通常称为"水泥杆菌"。

另外，当水中硫酸盐浓度较高时，反应生成的硫酸钙晶体将在孔隙中沉积而直接导致水泥石膨胀破坏。

2) 镁盐腐蚀。在海水及地下水中常含有大量镁盐，主要是硫酸镁和氯化镁。它们与水泥石中的氢氧化钙发生如下的反应：

$$MgSO_4 + Ca(OH)_2 + 2H_2O = CaSO_4 \cdot 2H_2O + Mg(OH)_2$$
$$MgCl_2 + Ca(OH)_2 = CaCl_2 + Mg(OH)_2$$

生成的氢氧化镁松软而无凝胶能力，氯化钙和硫酸钙易溶于水，且硫酸钙还会进一步引起硫酸盐的膨胀破坏。因此，硫酸镁对水泥石起着镁盐和硫酸盐的双重腐蚀作用。

(3) 酸类腐蚀。

1) 碳酸腐蚀。工业污水、地下水常溶解有较多的二氧化碳，当水泥石与这些水接触时，水泥石中的氢氧化钙便首先与二氧化碳发生如下反应：

$$Ca(OH)_2 + CO_2 + H_2O \Longrightarrow CaCO_3 + 2H_2O$$

当水中所含的碳酸超过平衡浓度（溶液中的 pH＜7）时，则生成的碳酸钙将继续与含碳酸的水作用，变成易溶于水的碳酸氢钙 $Ca(HCO_3)_2$：

$$CaCO_3 + CO_2 + 2H_2O \longrightarrow Ca(HCO_3)_2$$

由于碳酸氢钙的溶失，以及水泥石中其他产物的分解，从而使水泥石遭到破坏。显然，只有当水中含有较多的碳酸，并超过平衡浓度时才会引起碳酸腐蚀。

2) 一般酸的腐蚀。工业废水，地下水中常含无机酸和有机酸；工业窑炉中的烟气中常含有二氧化硫，遇水后即生成亚硫酸。各种酸类对水泥石都有不同程度的腐蚀作用，它们与水泥石中的氢氧化钙作用后生成的化合物，或者易溶于水，或者体积膨胀而导致水泥石破坏。其中无机酸中的盐酸、氢氟酸、硫酸和有机酸中的醋酸、蚁酸及乳酸对水泥石腐蚀作用最快。

例如，盐酸与水泥石中的氢氧化钙作用：

$$2HCl + Ca(OH)_2 \Longrightarrow CaCl_2 + 2H_2O$$

水泥石中的氢氧化钙晶体因上述反应生成了易溶于水的氯化钙，从而导致破坏。硫酸与水泥石中的氢氧化钙作用：

$$H_2SO_4 + Ca(OH)_2 \Longrightarrow CaSO_4 \cdot 2H_2O$$

生成的二水石膏或者直接在水泥石孔隙中结晶产生膨胀破坏，或者再与水泥石中的水化铝酸钙作用，生成"水泥杆菌"而使其破坏。

(4) 强碱腐蚀。

碱类溶液如浓度不大时一般是无害的，但铝酸盐含量较高的硅酸盐水泥遇到强碱作用后也会破坏，如氢氧化钠可与水泥石未水化的铝酸盐作用，生成易溶的铝酸钠：

$$3CaO \cdot Al_2O_3 + 6NaOH \Longrightarrow 3Na_2O \cdot Al_2O_3 + 3Ca(OH)_2$$

当水泥石被氢氧化钠溶液浸透后又在空气中干燥时，氢氧化钠与空气中的二氧化碳作用生成碳酸钠：

$$2NaOH + CO_2 \Longrightarrow Na_2CO_3 + H_2O$$

碳酸钠在水泥石毛细孔中结晶沉积而使水泥石胀裂。

除上述腐蚀类型外，对水泥石有腐蚀作用的还有一些其他物质，如糖、氨盐、动物脂肪等。

2. 水泥石腐蚀的防止

水泥石的腐蚀是一个极为复杂的物理化学过程。水泥石在遭受腐蚀时，很少为单一的腐蚀作用，往往是几种腐蚀作用同时存在，相互影响。但产生水泥石腐蚀的基本原因可归纳为三点：一是水泥石中存在着易遭受腐蚀的两种组成成分氢氧化钙和水化铝酸钙；二是水泥石本身不密实而使侵蚀性介质易于进入其内部；三是外界因素的影响，如腐蚀介质的存在、环境温度、介质浓度的影响等。

针对以上腐蚀原因，可从下列途径采取相应措施以防止其腐蚀：

（1）根据侵蚀环境特点，合理选用水泥品种。例如：硫酸盐介质存在的环境宜选用铝酸三钙含量低于5%的抗硫酸盐水泥；有软水作用的环境可采用水化产物中氢氧化钙含量较少的水泥（如矿渣水泥等）。

（2）提高水泥石的密实度。水泥石中孔隙越多，腐蚀介质越易进入其内部，腐蚀作用也就越严重。因此提高水泥石的密实度是提高水泥防腐能力的一个重要途径。为此，在实际工程中，可针对不同情况，采取相应措施，如合理设计混凝土的配合比，尽可能采用低水灰比、掺入外加剂、选用最优施工方法等。此外，在混凝土或砂浆表面进行碳化或氟硅酸处理，使之生成难溶的碳酸钙外壳或氟化钙及硅胶薄膜，以提高表面的密实度，也可减少侵蚀性介质深入内部。

（3）加做保护层。当侵蚀作用较强时，可用耐腐蚀石料、陶瓷、玻璃、塑料、沥青等覆盖于水泥石的表面，避免腐蚀介质与水泥石直接接触。

2.2.1.5 硅酸盐水泥的特性与应用

1. 强度高

硅酸盐水泥具有凝结硬化快、早期强度高以及强度等级高的特性，因此可用于地上、地下和水中重要结构的高强及高性能混凝土工程中，也可用于有早强要求的混凝土工程中。

2. 抗冻性好

硅酸盐水泥水化放热量高，早期强度也高，因此可用于冬季施工及严寒地区遭受反复冻融的工程。

3. 抗碳化性能好

硅酸盐水泥水化后生成物中有20%～25%的$Ca(OH)_2$，因此水泥石中碱度不易降低，对钢筋有保护作用，故抗碳化性能好。

4. 水化热高

因为硅酸盐水泥的水化热高，所以不宜用于大体积混凝土工程。

5. 耐腐性差

由于硅酸盐水泥石中含有较多的易受腐蚀的氢氧化钙和水化铝酸钙，因此其耐腐蚀性能差，不宜用于水利工程、海水作用和矿物水作用的工程。

6. 不耐高温

当水泥石受热温度到250～300℃时，水泥石中的水化物开始脱水，水泥石收缩，强度开始下降；当温度达700～800℃时，强度降低更多，甚至破坏。水泥石中的氢氧化钙在547℃以上开始脱水分解成氧化钙，当氧化钙遇水，则因熟化而发生膨胀导致水泥石破坏。因此，硅酸盐水泥不宜用于有耐热要求的混凝土工程以及高温环境。

2.2.2 水泥混合材料

凡在硅酸盐水泥熟料中，掺入一定量的混合材料和适量石膏共同磨细而制成的水硬性胶凝材料，均属掺混合材料的硅酸盐水泥。按掺加混合材料的品种和数量不同，掺混合材料的硅酸盐水泥可分为：普通硅酸盐水泥、矿渣硅酸盐水泥、火山灰质硅酸盐水泥、粉煤灰硅酸盐水泥和复合硅酸盐水泥。

1. 水泥混合材的定义

在生产水泥时，为改善水泥性能，调节水泥强度等级而掺入水泥中的天然或人工的矿物材料，称为水泥混合材料。根据所加矿物材料的性质和作用不同，水泥混合材料通常分为活性混合材料和非活性混合材料两大类。

2. 活性混合材料

(1) 活性混合材料的主要类型。

经磨细后，在常温下，与石灰（或与石灰和石膏）一起加水后能生成具有胶凝性的水化产物，既能在空气中又能在水中硬化的混合材料称为活性混合材料。生产水泥常用的活性混合材料主要有：

a. 粒化高炉矿渣。

粒化高炉矿渣是将高炉冶炼生铁时所得以硅酸钙与铝酸钙为主要成分的熔融矿渣，经水淬急速冷却而成的松软颗粒，颗粒粒径一般为 0.5～5mm。其主要成分为 CaO、Al_2O_3、SiO_2，通常约占总量的 90% 以上，此外还有少量的氧化镁、氧化铁和一些硫化物等。矿渣的活性不仅取决于其活性成分活性 Al_2O_3 和活性 SiO_2 的含量，而且在很大程度上取决于内部结构。矿渣熔融体在淬冷成粒时，阻止了熔融体向结晶结构的转化而形成了玻璃体，储有较高的潜在化学能，从而使其具有较高的潜在活性。在有少量激发剂的情况下，其浆体就具有一定的水硬性。含氧化钙较高的碱性矿渣，本身就具有弱的水硬性。

b. 火山灰质混合材料。

火山喷发时，随同熔岩一起喷发的大量碎屑沉积在地面或水中而成的松软物质，称为火山灰。火山灰由于喷出后即遭急冷，因此形成了一定量的玻璃体，这些玻璃体成分使其具有活性，它的成分也主要是活性 SiO_2 和活性 Al_2O_3。火山灰质混合材料是泛指具有火山灰活性的天然或人工矿物材料，如天然的火山灰、凝灰岩、浮石、硅藻土、硅藻石、蛋白石等。属于人工的有烧黏土、煅烧的煤矸石、粉煤灰及硅灰等。

c. 粉煤灰。

粉煤灰是火力发电厂以煤做燃料，从其锅炉烟气中收集下来的灰渣，又称飞灰。其颗粒多呈玻璃态实心或空心的球形，表面光滑，粒径一般为 0.001～0.05mm。粉煤灰的成分主要是活性氧化硅和活性氧化铝，其次还含有少量氧化钙。根据其氧化钙含量不同，又有高钙粉煤灰和低钙煤灰之分。前者氧化钙含量一般高于 10%，本身就具有一定的水硬性。

(2) 活性混合材料的作用。

上述的活性混合材料，它们与水调和后，本身不会硬化或硬化极为缓慢，强度很低。但有石灰存在时，就会发生显著的水化，特别是在饱和的氢氧化钙溶液中水化更快，其水化反应一般认为是：

$$xCa(OH)_2 + SiO_2 + mH_2O \longrightarrow xCaO \cdot SiO_2 \cdot nH_2O$$

式中 x 值决定于混合材料的种类、石灰和活性氧化硅的比例、环境温度以及作用所延续的时间等，一般为 1 或稍大。n 值一般为 1～2.5。

同样，活性氧化铝与 $Ca(OH)_2$ 也能相互作用形成水化铝酸钙。当液相中有石膏存在时，水化铝酸钙将进一步与石膏反应生成水化硫铝酸钙。这些水化物既能在空气中硬化，又能在水中继续硬化，并具较高的强度。可以看出，氢氧化钙和石膏的存在使活性混合材料的潜在活性得以发挥，氢氧化钙和石膏起着激发水化、促进凝结硬化的作用，故称为激发剂。常用的激发剂有碱性激发剂和硫酸盐激发剂两类，一般用作碱性激发剂的是石灰和能水化析出氢氧化钙的硅酸盐水泥熟料；硫酸盐激发剂主要是二水石膏或半水石膏，而且其激发作用必须在有碱性激发剂的条件下才能充分发挥。

3. 非活性混合材料

非活性混合材料是指不具有潜在的水硬性，与水泥矿物组成也不起化学作用的混合材料。它们掺入到水泥中仅起减少水化热、降低强度等级和提高水泥产量的作用。常用的有磨细石灰石粉、磨细石英砂、磨细高炉矿渣等。

2.2.3 普通硅酸盐水泥

凡由硅酸盐水泥熟料、6%~20%混合材料、适量石膏磨细制成的水硬性胶凝材料，称为普通硅酸盐水泥，简称普通水泥，代号为P·O。

掺活性混合材料时，其最大掺量不得超过20%，其中允许用不超过水泥质量5%的窑灰或不超过水泥质量8%的非活性混合材料来代替。

普通硅酸盐水泥按照国家标准《通用硅酸盐水泥》（GB175—2007）的规定分为42.5、42.5R、52.5和52.5R四个强度等级，其各龄期强度不得低于表2.2.3中的数值；初凝时间不得早于45min，终凝时间不得迟于600min，比表面积不小于300m²/kg；安定性用沸煮法检验必须合格；氧化镁、三氧化硫、碱含量等均与硅酸盐水泥规定相同。

表2.2.3　　　　　普通硅酸盐水泥各龄期的强度要求（GB175—2007）

强度等级	抗压强度（MPa）		抗折强度（MPa）	
	3d	28d	3d	28d
42.5	17.0	42.5	3.5	6.5
42.5R	22.0	42.5	4.0	6.5
52.5	23.0	52.5	4.0	7.0
52.5R	27.0	52.5	5.0	7.0

普通水泥中所掺入混合材料较少，绝大部分仍为硅酸盐水泥熟料，其成分与硅酸盐水泥相近，因而其性能和应用与同强度等级的硅酸盐水泥也极为相近；但毕竟所掺混合材料稍多一些，因而与硅酸盐水泥相比，早期硬化速度稍慢，抗冻性与耐磨性能也略差。它被广泛用于各种混凝土或钢筋混凝土工程，是我国的主要水泥品种之一。

2.2.4 矿渣硅酸盐水泥

凡由硅酸盐水泥熟料和粒化高炉矿渣、适量石膏磨细制成的水硬性胶凝材料称为矿渣硅酸盐水泥，简称矿渣水泥，代号为P·S。分A、B两种类型。其中P·S·A型水泥中粒化高炉矿渣掺加量按质量百分比大于20%且不大于50%；B型水泥中粒化高炉矿渣掺加量按质量百分比大于50%且不大于70%。允许用石灰石、窑灰、火山灰质混合材料中的一种代替矿渣，但代替数量不得超过水泥质量的8%，替代后水泥中粒化高炉矿渣不得少于20%。

按照国家标准《通用硅酸盐水泥》（GB175—2007）规定，矿渣硅酸盐水泥分为32.5、32.5R、42.5、42.5R、52.5和52.5R六个强度等级，各强度等级水泥的各龄期强度不得低于表2.2.4中的数值；对细度、凝结时间及沸煮安定性的要求均与普通硅酸盐水泥相同，水泥熟料中游离氧化镁含量不得超过5.0%，若经压蒸检测安定性合格，允许放宽到6.0%；三氧化硫的含量不得超过4.0%。

表 2.2.4　　矿渣、火山灰、粉煤灰、复合硅酸盐水泥的强度要求（GB175—2007）

强度等级	抗压强度（MPa）		抗折强度（MPa）	
	3d	28d	3d	28d
32.5	10.0	32.5	2.5	5.5
32.5R	15.0	32.5	3.5	5.5
42.5	15.0	42.5	3.5	6.5
42.5R	19.0	42.5	4.0	6.5
52.5	21.0	52.5	4.0	7.0
52.5R	23.0	52.5	4.5	7.0

2.2.5　火山灰质硅酸盐水泥

凡由硅酸盐水泥熟料和火山灰质混合材料、适量石膏磨细制成的水硬性胶凝材料称为火山灰质硅酸盐水泥，简称火山灰水泥，代号为P·P，水泥中火山灰质混合材料掺加量按质量百分比大于20%且不大于40%。

按国家标准规定，火山灰水泥中三氧化硫的含量不得超过3.5%，其细度、凝结时间、强度、沸煮安定性和氧化镁含量的要求均与矿渣硅酸盐水泥相同。

2.2.6　粉煤灰硅酸盐水泥

凡由硅酸盐水泥熟料和粉煤灰混合材料、适量石膏磨细制成的水硬性胶凝材料称为粉煤灰硅酸盐水泥，简称粉煤灰水泥，代号为P·F，水泥中粉煤灰掺加量按质量百分比大于20%且不大于40%。按国家标准规定，粉煤灰硅酸盐水泥的细度、凝结时间、体积安定性和强度的要求与火山灰水泥完全相同。

2.2.7　复合硅酸盐水泥

凡由硅酸盐水泥熟料、两种或两种以上规定的混合材料、适量石膏磨细制成的水硬性胶凝材料，称为复合硅酸盐水泥，简称复合水泥，代号为P·C。水泥中混合材料总掺量按质量百分比计应大于20%且不大于50%。允许用不超过8%的窑灰代替部分混合材料。掺矿渣时，混合材料掺量不得与矿渣硅酸盐水泥重复。

按照国家标准规定，复合硅酸盐水泥分为32.5、32.5R、42.5、42.5R、52.5和52.5R六个强度等级，各强度等级水泥的各龄期强度不得低于表2.2.4中的数值。水泥熟料中氧化镁的含量不得超过5.0%，如经压蒸安定性试验合格，则熟料中氧化镁的含量允许放宽到6.0%，三氧化硫的含量不得超过3.5%，对细度、凝结时间及体积安定性的要求与普通水泥相同。

复合硅酸盐水泥由于在水泥熟料中掺入了两种或两种以上规定的混合材料，因此其特性主要取决于所掺混合材料的种类、掺量及相对比例，既与矿渣水泥、火山灰水泥、粉煤灰水泥有相似之处，又有其本身的特性，而且较单一混合材料的水泥具有更好的技术效果，故它也广泛适用于各种混凝土工程。

2.2.8 通用水泥特性

普通硅酸盐水泥由于掺加的混合材料较少，因此它的性质与硅酸盐水泥的性质基本上相同。

矿渣水泥、火山灰水泥、粉煤灰水泥与硅酸盐水泥或普通水泥的组成成分相比，都有一个共同点，即所掺入的混合材料较多，水泥中熟料相对较少，这就使得这3种水泥的性能之间有许多相近的地方，但与硅酸盐水泥或普通水泥的性能相比则有许多不同之处，具体来讲，这3种水泥相对于硅酸盐水泥有以下主要特点。

(1) 凝结硬化速度较慢。

早期强度较低，但后期强度增长较多，甚至可超过同强度等级的硅酸盐水泥。这是因为相对硅酸盐水泥，这3种水泥熟料矿物较少而活性混合材料较多，其水化反应是分两步进行的。首先是熟料矿物水化，此时所生成的水化产物与硅酸盐水泥基本相同。由于熟料较少，故此时参加水化和凝结硬化的成分较少，水化产物较少，凝结硬化较慢，强度较低；随后，熟料矿物水化生成的氢氧化钙和石膏分别作为混合材料的碱性激发剂和硫酸盐激发剂，与混合材料中的活性成分发生二次水化反应，从而在较短时间内有大量水化物产生，进而使其凝结硬化速度大大加快，强度增长较多。

(2) 水化放热速度慢，放热量少。

这也是因为熟料含量相对较少，其中所含水化热大、放热速度快的铝酸三钙、硅酸三钙含量较少的缘故。

(3) 对温度较为敏感。

温度低时硬化较慢，当温度达到70℃以上时，硬化速度大大加快，甚至可超过硅酸盐水泥的硬化速度。这是因为，温度升高加快了活性混合材料与熟料水化析出的氢氧化钙的化学反应。

(4) 抗侵蚀能力强。

由于熟料水化析出的氢氧化钙本身就少，再加上与活性混合材料作用时又消耗了大量的氢氧化钙，因此水泥石中所剩余的氢氧化钙就更少了，所以，这3种水泥抵抗软水、海水和硫酸盐腐蚀的能力较强，宜用于水工和海港工程。

(5) 抗冻性和抗碳化能力较差。

根据上述特点，这些水泥除适用于地面工程外，特别适宜用于地下和水中的一般混凝土和大体积混凝土结构以及蒸汽养护的混凝土构件，也适用于一般抗硫酸盐侵蚀的工程。

由于这3种水泥所掺混合材料的类型或数量的不同，这就使得它们在特性和应用上也各有其特点，从而可以满足不同的工程需要。矿渣水泥耐热性好，可用于耐热混凝土工程。但保水性较差，泌水性较大，干缩性较大；火山灰水泥使用在潮湿环境后，会吸收$Ca(OH)_2$而产生膨胀胶化作用使结构变得致密，因而有较高的密实度和抗渗性，适宜用于抗渗要求较高的工程，但耐磨性比矿渣水泥差，干燥收缩较大，在干热条件下会起粉，故不宜用于有抗冻、耐磨要求和干热环境的工程；粉煤灰水泥的干燥收缩小，抗裂性较好，其拌制的混凝土和易性较好。

硅酸盐水泥、普通水泥、矿渣水泥、火山灰水泥、粉煤灰水泥和复合水泥是土木工程中广泛使用的水泥品种，主要用来配制混凝土和砂浆，选用见表 2.2.5。

表 2.2.5 通用水泥的选用

		混凝土工程特点及所处环境条件	优先选用	可以选用	不宜选用
普通混凝土	1	在一般环境中的混凝土	普通硅酸盐水泥	矿渣水泥、火山灰水泥、粉煤灰水泥、复合水泥	
	2	在干燥环境中的混凝土	普通硅酸盐水泥	矿渣水泥	火山灰水泥、粉煤灰水泥
	3	在高湿环境中或长期处于水中的混凝土	矿渣水泥、火山灰水泥、粉煤灰水泥、复合水泥	普通硅酸盐水泥	
	4	厚大体积的混凝土	矿渣水泥、火山灰水泥、粉煤灰水泥、复合水泥		硅酸盐水泥
有特殊要求的混凝土	1	要求快硬、高强（＞C40）的混凝土	硅酸盐水泥	普通硅酸盐水泥	矿渣水泥、火山灰水泥、粉煤灰水泥、复合水泥
	2	严寒地区的露天混凝土，寒冷地区处于水位升降范围内的混凝土	普通硅酸盐水泥	矿渣水泥	火山灰水泥 粉煤灰水泥
	3	严寒地区处于水位升降范围内的混凝土	普通硅酸盐水泥		矿渣水泥、火山灰水泥、粉煤灰水泥、复合水泥
	4	有抗渗要求的混凝土	火山灰水泥		矿渣水泥
	5	有耐磨性要求的混凝土	硅酸盐水泥普通水泥	普通硅酸盐水泥	火山灰水泥、粉煤灰水泥
	6	受侵蚀介质作用的混凝土	矿渣水泥、火山灰水泥、粉煤灰水泥、复合水泥		硅酸盐水泥、普通硅酸盐水泥

2.3 其他品种水泥

在土木工程中，除大量使用通用水泥外，为满足一些工程的特殊需要，还需使用一些特性水泥和专用水泥，本节将就其中几个品种作些简介。

2.3.1 快硬水泥

1. 快硬硅酸盐水泥

凡以硅酸盐水泥熟料和适量石膏磨细制成的、以 3d 抗压强度表示强度等级的水硬性胶凝材料，称为快硬硅酸盐水泥，简称快硬水泥。

快硬硅酸盐水泥与硅酸盐水泥的生产方法基本相同，快硬的特性主要依靠合理设计矿物组成及控制生产工艺条件。通常采取以下 3 种主要措施：一是提高熟料中凝结硬化最快的两种成分的总含量，通常硅酸三钙为50%～60%，铝酸三钙为8%～14%，两者的总量不应小于60%～65%；二是增加石膏的掺量（达到8%），促使水泥快速硬化；三是提高水泥的粉磨细度，使其比表面积达到330～450m²/kg。

根据国家标准规定，水泥中三氧化硫含量不得超过4%，氧化镁含量不得超过5.0%，如经压蒸安定性试验合格，则允许放宽到6.0%，用80μm方孔筛的筛余不得超过10%，或45μm方孔筛的筛余不得超过30%，初凝时间不得早于45min，终凝时间不得迟于10h；按3d抗压抗折强度分为32.5、37.5和42.5 3个等级，各等级各龄期强度不低于表2.3.1中的相应数值。

表2.3.1　　　　　　　　快硬硅酸盐水泥各龄期强度要求

强度等级	抗压强度（MPa）			抗折强度（MPa）		
	1d	3d	28d①	1d	3d	28d①
32.5	15.0	32.5	52.5	3.5	5.0	7.2
37.5	17.0	37.5	57.5	4.0	6.0	7.6
42.5	19.0	42.5	62.5	4.5	6.4	8.0

① 供需双方参考指标。

快硬水泥凝结硬化快，早期强度增进较快，因而它适用于要求早期强度高的工程、紧急抢修工程、冬季施工工程以及制作混凝土或预应力钢筋混凝土预制构件。

由于快硬水泥颗粒较细，易受潮变质，故运输、储存时须特别注意防潮，且不宜久存，从出厂之日起超过一个月，则应重新检验，合格后方可使用。

2. 铝酸盐水泥

凡以铝酸钙为主、氧化铝含量大于50%的熟料磨制的水硬性胶凝材料，称为铝酸盐水泥，代号为CA。由于其主要原料为铝矾土，故又称矾土水泥，又由于熟料中氧化铝含量较高，也常称其为高铝水泥。

(1) 铝酸盐水泥的矿物组成。

铝酸盐水泥的主要矿物组成为铝酸一钙（$CaO \cdot Al_2O_3$，简称为CA）其含量约占70%，其次还含有其他铝酸盐，如二铝酸一钙（$CaO \cdot 2Al_2O_3$，简写为CA_2），七铝酸十二钙（$12CaO \cdot 7Al_2O_3$，简写为$C_{12}A_7$）和铝方柱石（$2CaO \cdot Al_2O_3 \cdot SiO_2$，简写为$C_2AS$），另外还含有少量的硅酸二钙（$C_2S$）。

(2) 铝酸盐水泥的水化与硬化。

由于铝酸一钙是铝酸盐水泥的主要矿物成分，因而铝酸一钙的水化过程基本代表了铝酸盐水泥的水化过程。而铝酸一钙的水化反应随温度的不同而不同。

当温度低于20℃时：

$$CaO \cdot Al_2O_3 + 10H_2O \longrightarrow CaO \cdot Al_2O_3 \cdot 10H_2O \text{（简写为} CAH_{10}\text{）}$$

当温度在20～30℃时：

$$2(CaO \cdot Al_2O_3) + 11H_2O \longrightarrow 2CaO \cdot Al_2O_3 \cdot 8H_2O + Al_2O_3 \cdot 3H_2O \text{（简写为} C_2AH_8\text{）}$$

当温度高于30℃时：

$$3(CaO \cdot Al_2O_3) + 12H_2O \longrightarrow 3CaO \cdot Al_2O_3 \cdot 6H_2O + 2(Al_2O_3 \cdot 3H_2O)（简写为 C_3AH_6）$$

水化产物 CAH_{10} 和 C_2AH_8 均为针状或板状结晶，能同时形成和共存，并互相结成坚固的结晶连生体，形成坚强的晶体骨架。析出的氢氧化铝凝胶难溶于水，填充于晶体骨架的空隙中，形成较为密实的水泥石结构，使水泥石具有较高强度。经过 5~7d 后，水化产物的增量就很少了，因此，水泥的早期强度增长得很快，后期强度增长不显著。水化产物 C_3AH_6 强度较低，以它为主要成分的水泥石强度也较低，因此铝酸盐水泥不宜在高于 30℃ 的条件下施工养护。

由 CAH_{10} 和 C_2AH_8 晶体所组成的水泥石的强度虽较高，但这两种晶体都是亚稳定的，它们会随着时间的推移而逐渐转化为比较稳定的 C_3AH_6，如：

$$3(CaO \cdot Al_2O_3 \cdot 10H_2O) \longrightarrow 3CaO \cdot Al_2O_3 \cdot 6H_2O + 2(Al_2O_3 \cdot 3H_2O) + 18H_2O$$

转化过程随温度升高而加速，转化的结果使水泥石内析出大量游离水，增大了孔隙体积，同时由于 C_3AH_6 晶体本身缺陷较多，强度较低，晶体间结合力比较差，从而使水泥石的长期强度呈现降低趋势。

CA_2 的水化反应与 CA 相似，但水化硬化较慢，后期强度较高，早期强度却较低，如含量过高，将影响水泥的快硬性能；$C_{12}A_7$ 的水化产物也是 C_2AH_8、水化硬化很快，含量超过 10% 时，会引起水泥快凝；C_2AS 水化反应极为微弱，可视为惰性矿物；少量的 C_2S 则生成水化硅酸钙凝胶。

（3）铝酸盐水泥的技术性质。

铝酸盐水泥根据其 Al_2O_3 含量不同分为 4 种类型：即 CA－50、CA－60、CA－70、CA－80，各类型水泥各龄期强度值不低于表 2.3.2 中的数值。各种水泥的比表面积不小于 $300m^2/kg$ 或在孔径为 $45\mu m$ 筛上的筛余不大于 20%；CA－50、CA－70、CA－80 的初凝时间不得早于 30min，终凝不得迟于 6h；CA－60 的初凝时间不得早于 60min，终凝时间不得迟于 18h。

表 2.3.2　　　　　　　　铝酸盐水泥胶砂强度（GB201—2000）

水泥类型	抗压强度（MPa）				抗折强度（MPa）			
	6h	1d	3d	28d	6h	1d	3d	28d
CA－50	20①	40	50	—	3.0①	5.5	6.5	—
CA－60	—	20	45	80	—	2.5	5.0	10.0
CA－70	—	30	40	—	—	5.0	6.0	—
CA－80	—	25	30	—	—	4.0	5.0	—

① 当用户需要时，生产厂应提供结果。

（4）铝酸盐水泥的特性及应用。

1）铝酸盐水泥早期强度增长较快，24h 即可达到其极限强度的 80% 左右，因此宜用于要求早期强度高的特殊工程和紧急抢修工程。

2）铝酸盐水泥水化热较大，而且集中在早期放出，一天内即可释放出总量 70%~80% 的热量，因此，适宜于寒冷地区的冬季施工工程，但不宜用于大体积混凝土工程。

3）铝酸盐水泥在高温时能产生固相反应，以烧结代替了水化结合，使得铝酸盐水泥在高温时仍然可得到较高强度。因此，可采用耐火的骨料和铝酸盐水泥配制成使用温度高达1300～1400℃的耐火混凝土。

4）铝酸盐水泥由于其主要组成为低钙铝酸盐，硅酸二钙含量极少，水化析出的氢氧化钙也很少，故其抗硫酸盐的侵蚀性能好，适用于有抗硫酸盐侵蚀要求的工程。

5）铝酸盐水泥由于随着时间的推移而发生晶体转化，其长期强度有降低的趋势，因此用于工程中，应按其最低稳定强度进行设计，同时在使用时，其最适宜的硬化温度为15℃左右，一般环境温度不得超过25℃，故配制的混凝土不能进行蒸汽养护，也不能在炎热季节进行施工。

6）铝酸盐水泥严禁与硅酸盐水泥、石灰等能析出$Ca(OH)_2$的胶凝材料混用，也不得与尚未硬化的硅酸盐水泥混凝土接触使用，否则不仅会使铝酸盐水泥出现瞬凝现象，而且由于生成碱性水化铝酸钙，使混凝土开裂、破坏。

3. **快硬硫铝酸盐水泥**

凡以适当成分的生料，经煅烧所得以无水硫铝酸钙和硅酸二钙为主要矿物成分的熟料，加入适量石膏和0～10%的石灰石磨细制成的早期强度高的水硬性胶凝材料，称为快硬硫铝酸盐水泥，也称早强硫铝酸盐水泥。

这种水泥熟料的主要矿物成分为无水硫铝酸钙$4CaO \cdot 3Al_2O_3 \cdot CaSO_4$和β型硅酸二钙（$\beta-C_2S$），两者之和不少于矿物总量的85%。无水硫铝酸钙水化快，能在水泥尚未失去塑性时就形成大量的钙矾石晶体，并迅速构成结晶骨架，而同时析出的氢氧化铝凝胶填塞于骨架的空隙中，从而使水泥获得较高的早期强度。同时$\beta-C_2S$活性较高，水化较快，也能较早地生成水化硅酸钙凝胶，并填充于钙矾石的晶体骨架中，使水泥石结构更加致密，强度进一步提高。另外，该水泥细度较大，从而也使其具有早强的特性。

根据《快硬硫铝酸盐水泥》（JC714—1996）规定，快硬硫铝酸盐水泥以3d抗压强度划分为425、525、625和725 4个标号，各龄期强度不得低于表2.3.3中规定的数值。初凝时间不早于25min，终凝时间不迟于3h，细度以比表面积计不得低于$350m^2/kg$。

表2.3.3　　　　　快硬硫铝酸盐水泥各龄期的强度要求

标号	抗压强度（MPa）			抗折强度（MPa）		
	1d	3d	28d	1d	3d	28d
425	34.5	42.5	48.0	6.5	7.0	7.5
525	44.0	52.5	58.0	7.0	7.5	8.0
625	52.5	62.5	68.0	7.5	8.0	8.5
725	59.0	72.5	78.0	8.0	8.5	9.0

快硬硫铝酸盐水泥具有快凝（一般0.5～1h即初凝，1～1.5h终凝）、早强（一般4h即具有一定的强度，12h的强度即可达到3d强度的50%～70%）、微膨胀或不收缩的特点，因此宜用于紧急抢修工程、国防工程、冬季施工工程、抗震要求较高工程和填灌构件

接头以及管道接缝等，也可以用于制作水泥制品、玻璃纤维增强水泥制品和一般建筑工程。但由于其配制的混凝土中碱度较低，使用时应注意钢筋的锈蚀问题。同时，其主要水化产物高硫型水化硫铝酸钙在150℃以上开始脱水，强度大幅度下降，其耐热性较差。另外，其水化热较大，也不宜用于大体积混凝土工程。

2.3.2 膨胀型水泥

一般水泥在硬化过程中都会产生一定的收缩，从而可能造成其制品出现裂纹而影响制品的性能和使用，甚至不适于某些工程的使用。而膨胀型水泥则在硬化过程中，不仅不收缩，而且还有不同程度的膨胀。根据在约束条件下所产生的膨胀量（自应力值）和用途不同，膨胀型水泥分为收缩补偿型膨胀水泥和自应力型膨胀水泥两大类。前者在硬化过程中的体积膨胀较小（其自应力值小于2.0MPa，一般为0.5MPa）主要起着补偿收缩、增加密实度的作用，所以称其为收缩补偿型膨胀水泥，简称膨胀水泥；后者膨胀值较大（其自应力值大于2.0MPa），能够产生可资应用的化学预应力，故称其为自应力型膨胀水泥，简称自应力水泥。

膨胀型水泥根据其基本组成，可分为硅酸盐膨胀水泥、明矾石膨胀水泥、铝酸盐膨胀水泥、铁铝酸盐膨胀水泥和硫铝酸盐膨胀水泥五种类型。而应用较多的则是其中的硅酸盐膨胀水泥和铝酸盐膨胀水泥，现将其基本情况简介如下。

1. 硅酸盐膨胀水泥和自应力水泥

硅酸盐膨胀水泥和自应力水泥是以硅酸盐水泥为主要组分，外加高铝水泥和石膏按一定比例配制而成的一种具有膨胀性的水硬性胶凝材料。这种水泥的膨胀作用，主要是由于高铝水泥中的铝酸盐矿物和石膏遇水后化合形成了具有膨胀性的钙矾石晶体。由于水泥的膨胀能力主要源自于高铝水泥和石膏，因此习惯称高铝水泥和石膏为膨胀组分。显然，水泥膨胀值的大小可通过改变膨胀组分的含量来调节。如采用85%～88%的硅酸盐水泥熟料、6%～7.5%的高铝水泥、6%～7.5%的二水石膏可制成收缩补偿型水泥，用这种水泥配制的混凝土可作屋面刚性防水层、锚固地脚螺丝或修补等用。若适当提高其膨胀组分的含量，如将高铝水泥含量提高到12%～13%，二水石膏含量提高到14%～17%，即可增加其膨胀量，配制成自应力水泥。这种自应力水泥常用于制造自应力钢筋混凝土压力管及配件等。

2. 铝酸盐膨胀水泥和自应力水泥

铝酸盐膨胀水泥是由高铝水泥熟料和二水石膏共同磨细而成的水硬性胶凝材料，其中高铝水泥熟料含量约为60%～66%，二水石膏含量为34%～40%。铝酸盐膨胀水泥及自应力水泥的膨胀作用同样是基于硬化初期，生成钙矾石使其体积膨胀。该水泥细度高（比表面积不小于$450m^2/kg$）、凝结硬化快、膨胀值高、自应力大、抗渗性高、气密性好，并且制造工艺较易控制，质量比较稳定。常用于制作大口径或较高压力的自应力水管或输气管等。

2.3.3 白色和彩色硅酸盐水泥

1. 白色硅酸盐水泥

凡以适当成分的生料烧至部分熔融、得到以硅酸钙为主要成分、氧化铁含量很少的白色硅酸盐水泥熟料,加入适量石膏共同磨细制成的水硬性胶凝材料称为白色硅酸盐水泥,简称白水泥。

白水泥与硅酸盐水泥由于氧化铁含量不同,因而具有不同的颜色,一般硅酸盐水泥由于含有较多的 Fe_2O_3 等氧化物而呈暗灰色;而白水泥则由于 Fe_2O_3 等着色氧化物很少而呈白色。为了满足白水泥的白度要求,在生产过程中应尽量降低氧化铁的含量,同时对于其他着色氧化物(如氧化锰、氧化钛、氧化铬等)的含量也要加以限制。为此,一是要求使用含着色杂质(铁、铬、锰等)极少的较纯原料,如纯净的高岭土、纯石英砂、纯石灰石或白垩等;二是在煅烧、粉磨、运输、包装过程中防止着色杂质混入;三是磨机的衬板要采用质坚的花岗岩、陶瓷或优质耐磨特殊钢等,研磨体应采用硅质卵石(白卵石)或人造瓷球等;四是煅烧时用的燃料应为无灰分的天然气或液体燃料。

根据《白色硅酸盐水泥》(GB/T2015—2005)规定,白水泥分为32.5、42.5、52.5 3个强度等级。水泥在各龄期的强度要求不低于表2.3.4中的数值。水泥中三氧化硫含量不得超过3.5%,在80μm方孔筛上的筛余不得超过10%,初凝时间不得早于45min,终凝时间不得迟于12h,安定性用沸煮法检验必须合格。

表 2.3.4　　　　　　　　白水泥各龄期强度

强度等级	抗压强度（MPa）		抗折强度（MPa）	
	3d	28d	3d	28d
32.5	12.0	32.5	3.0	5.5
42.5	17.0	42.5	3.5	6.5
52.5	22.0	52.5	4.0	7.0

白水泥还有白度要求。白水泥的白度采用GB/T5950亨特白度计算公式计算,白水泥的白度不得低于87。

2. 彩色硅酸盐水泥

彩色硅酸盐水泥简称彩色水泥,按生产方法可分为两大类:一类为由白水泥熟料、适量石膏和碱性颜料共同磨细而成。所用颜料要求不溶于水,且分散性好,耐碱性强,抗大气稳定性好,掺入水泥中不能显著降低其强度。常用的颜料有:具有不同成分和颜色的氧化铁(如铁红 Fe_2O_3、铁黑 Fe_3O_4 等)、二氧化锰(黑褐色)、氧化铬(绿色)、赭石(赭色)、群青(蓝色)等,但在制造红色、棕色或黑色水泥时,可在普通硅酸盐水泥中加入耐碱矿物颜料,而不一定用白色硅酸盐水泥。另一类是在白水泥的生料中加入少量金属氧化物直接烧成彩色水泥熟料,然后加入适量石膏磨细而成。

白色水泥和彩色水泥富有装饰性,主要用于建筑物的内外表面装修上,如做成彩色砂浆、水磨石、水刷石、斩假石、水泥拉毛等各种饰面材料而用于楼地面、内外墙、楼梯、柱及台阶等的饰面。

2.3.4　道路硅酸盐水泥

道路硅酸盐水泥,简称道路水泥,是由道路硅酸盐水泥熟料、0～10%活性混合材料和适量石膏共同磨细制成的水硬性胶凝材料。

道路硅酸盐水泥熟料以硅酸钙为主要成分，且含有较多量的铁铝酸四钙。其中，铁铝酸四钙的含量不得小于16.0%，铝酸三钙含量不得大于5.0%，游离氧化钙含量，旋窑不得大于1.0%，立窑不得大于1.8%。

按国家标准《道路硅酸盐水泥》（GB13693—2005）规定，道路硅酸盐水泥分为32.5、42.5和52.5三个强度等级，各龄期强度值不得低于表2.3.5中的数值；水泥中氧化镁含量不得超过5.0%，三氧化硫含量不得超过3.5%，安定性用沸煮法检验必须合格；初凝时间不得早于1.5h，终凝时间不得迟于10h；比表面积在300~450m²/kg；28d的干缩率不得大于0.10%；耐磨性以磨损量表示，不得大于3.0kg/m²。

表2.3.5　　　　　　　　　道路水泥各龄期强度指标

强度等级	抗压强度（MPa）		抗折强度（MPa）	
	3d	28d	3d	28d
32.5	16.0	32.5	3.5	6.5
42.5	21.0	42.5	4.0	7.0
52.5	26.0	52.5	5.0	7.5

道路硅酸盐水泥具有早期强度高、干缩率小、耐磨性好等特性，主要用于道路路面和机场地面，也可用于要求较高的工厂地面、停车场或一般土建工程。

2.3.5　中低热水泥

中热硅酸盐水泥：以适当成分的硅酸盐水泥熟料，加入适量石膏，磨细制成的具有中等水化热的水硬性胶凝材料，称为中热硅酸盐水泥，代号P·MH。

低热硅酸盐水泥：以适当成分的硅酸盐水泥熟料，加入适量石膏，磨细制成的具有低等水化热的水硬性胶凝材料，称为低热硅酸盐水泥，代号P·LH。

低热矿渣硅酸盐水泥：以适当成分的硅酸盐水泥熟料，加入矿渣、适量石膏，磨细制成的具有低水化热的水硬性胶凝材料，称为低热矿渣硅酸盐水泥，代号P·LSH。

水泥中矿渣掺量按质量百分比计为20%~60%，允许用不超过混合材料总量50%的磷渣或粉煤灰代替部分矿渣。

中低热水泥各龄期的水化热不得超过表2.3.6规定的数值。

表2.3.6　　　　　　　　　中、低热水泥各龄期水化热值　　　　　　　　　单位：kJ/kg

品　种	强度等级	水　化　热	
		3d	7d
中热水泥	42.5	251	293
低热水泥	42.5	230	260
低热矿渣水泥	32.5	197	230

国家标准规定《中热硅酸盐水泥、低热硅酸盐水泥和低热矿渣硅酸盐水泥》（GB200—2003）规定，其强度等级及各龄期强度值见表2.3.7所示；水泥中三氧化硫含

量不得超过 3.5%，比表面积不小于 250m²/kg，初凝不得早于 60min，终凝不得迟于 12h，安定性沸煮法检测需合格。

表 2.3.7　　　　　　　　　中、低热水泥各龄期强度值

品　种	强度等级	抗 压 强 度（MPa）			抗 折 强 度（MPa）		
		3d	7d	28d	3d	7d	28d
中热水泥	42.5	12.0	22.0	42.5	3.0	4.5	6.5
热水泥	42.5	—	13.0	42.5	—	3.5	6.5
低热矿渣水泥	32.5	—	12.0	32.5	—	3.0	5.5

由于中、低热水泥水化热较低，因此适用于大体积混凝土工程，如大坝、大体积建筑物和厚大的基础工程等。

2.3.6　砌筑水泥

凡由一种或一种以上的水泥混合材料，加入适量硅酸盐水泥熟料和石膏，经磨细制成的和易性较好的水硬性胶凝材料，称为砌筑水泥。

水泥中混合材料掺加量按质量百分比计应大于 50%，允许掺入适量的石灰石或窑灰。水泥中混合材料掺加量不得与矿渣硅酸盐水泥重复。

国家标准《砌筑水泥》（GB/T3183—2003）规定，砌筑水泥分为 12.5 和 22.5 两个强度等级，各龄期强度不得低于表 2.3.8 中数值。水泥中三氧化硫含量不得超过 4.0%，安定性用沸煮法检验必须合格。80μm 方孔筛筛余不得超过 10%。初凝不得早于 60min，终凝不得迟于 12h，保水率不得低于 80%。砌筑水泥由于强度较低、和易性较好，主要用于配制砌筑砂浆。

表 2.3.8　　　　　　　　砌筑水泥强度要求（GB/T3183—2003）

水泥强度等级	抗压强度（MPa）		抗折强度（MPa）	
	7d	28d	7d	28d
12.5	7.0	12.5	1.5	3.0
22.5	10.0	22.5	2.0	4.0

2.4　水泥的储运与验收

2.4.1　水泥的储运

1. 储运应注意的问题

（1）水泥在储存时应按不同品种、不同强度等级及不同出厂日期分别存放，不得混杂。散装水泥应分库存放。

（2）水泥堆放高度一般不应超过 10 袋；遵循先来的水泥先用的原则。

（3）一般储存条件下，水泥会吸收空气中的水分和二氧化碳，使颗粒表面水化甚至碳

化,丧失胶凝能力,强度降低。经 3 个月后,水泥强度约降低 10%～20%,经 6 个月后,约降低 15%～30%,1 年后,约降低 25%～40%。因此,水泥在储存时,既要防潮,也不可储存过久,存放期一般不应超过 3 个月,而且要考虑先存先用。存放期超过 6 个月的水泥,必须经过试验才能使用。

水泥在运输过程中不得受潮和混入杂物;不同品种、不同强度等级的水泥不能混装。

2. 水泥受潮程度的鉴别与处理

对于受潮水泥的鉴别、处理和使用可参照表 2.4.1 进行。

表 2.4.1　　　　　　　　　受潮水泥的鉴别、处理和使用

受潮情况	处理方法	使　用
有粉块,用手可捏成粉末	将粉块压碎	经试验后,根据实际强度使用
部分结成硬块	将硬块筛除、粉块压碎	经试验后,根据实际强度使用,对于受力小的部位,或强度要求不高的工程可用于配置砂浆
大部分结成硬块	将硬块粉碎磨细	不能作为水泥使用,可掺入新水泥中作为混合材料使用(掺量应小于 25%)

2.4.2　水泥的验收

1. 外观和数量的验收

水泥验收时应注意核对包装上所注明的工厂名称、生产许可证编号、水泥品种、代号、混合材料名称、出厂日期及包装标志等项。

另外还可以通过水泥包装袋上文字的颜色来分辨水泥的品种,见表 2.4.2。

表 2.4.2　　　　　　　　　通用水泥的外观(颜色)鉴别

水泥品种	颜色	水泥品种	颜色	水泥品种	颜色
硅酸盐水泥 普通硅酸盐水泥	红色	矿渣水泥	绿色	粉煤灰水泥 火山灰水泥 复合水泥	黑色 蓝色

通用水泥的数量验收,可以根据国家标准《通用硅酸盐水泥》(GB175—2007)规定进行,一般袋装水泥,每袋净重 50kg,且不得少于标志重量的 99%。随机抽取 20 袋,水泥总重量不得少于 1000kg。

2. 水泥的质量验收

(1) 水泥质量等级评定。

依据《通用水泥质量等级》(JC/T452—2009)的规定,通用水泥产品质量水平分为 3 个质量等级,即优等品、一等品、合格品。优等品要求产品标准必须达到国际先进水平,且水泥实物的质量水平与国外同类产品相比,达到其近 5 年内的先进水平;一等品要求水泥产品标准必须达到国际一般水平,且水泥实物的质量水平达到国际同类产品的一般水平;合格品要求按我国现行水泥产品标准组织生产,水泥实物的质量水平必须达到产品标准的要求。我国通用水泥产品标准实物质量等级要求见表 2.4.3 的要求。

表 2.4.3　　　　通用水泥实物质量等级（JC/T452—2009）

质量等级 项目		优等品		一等品		合格品
		硅酸盐水泥； 普通硅酸盐水泥	矿渣硅酸盐水泥； 火山灰质硅酸盐水泥； 粉煤灰质硅酸盐水泥； 复合硅酸盐水泥	硅酸盐水泥； 普通硅酸盐水泥	矿渣硅酸盐水泥； 火山灰质硅酸盐水泥； 粉煤灰质硅酸盐水泥； 复合硅酸盐水泥	硅酸盐水泥； 普通硅酸盐水泥； 矿渣硅酸盐水泥； 火山灰质硅酸盐水泥； 粉煤灰质硅酸盐水泥； 复合硅酸盐水泥
抗压强度 （MPa）	3d	≥24.0	≥22.0	≥20.0	≥17.0	符合通用水泥各品种的技术要求
	28d	≥48.0	≥48.0	≥46.0	≥38.0	
		≤1.1$\overline{R}$				
终凝时间（min）		≤300	≤330	≤360	≤420	
c_1 含量（%）		≤0.06				

注　1. $\overline{R}$ 为同品种同强度等级水泥 28d 抗压强度上月平均值，至少以 20 个编号平均，不足 20 个编号时，可两个月或 3 个月合并计算，对于 62.5 以上（含 62.5）水泥，28d 抗压强度不大于 1.1$\overline{R}$ 的要求不作规定。
　　2. 括号中数据为 JC/T452—2002 规定的数据。

（2）水泥质量的评定。

1）合格品。通用水泥的化学指标、凝结时间、安定性、强度均满足现行规范要求为合格。

2）不合格品。通用水泥的化学指标、凝结时间、安定性、强度任何一项不满足现行规范要求即为不合格。

工程实例与分析

【例 2.1】　解台二线船闸

工程概况：解台二线船闸位于京杭大运河江苏北段西线航道上，其主体结构为 Ⅱ 级水工建筑物，该船闸工程闸室为分离式结构，每节底板长 15m。

分析：解台二线闸首底板为整体结构，为了消除部分混凝土的内应力，采用了分块施工的技术方案，其中下闸首中底板、边底板，上闸首中底板、边底板，皆属于大体积混凝土。为有效控制温度裂缝的产生，降低工程造价，在原材料选择上，采用了强度等级为 32.5 的"巨龙牌"低热复合硅酸盐水泥；结合其他降温措施，取得了良好的技术经济效果。

【例 2.2】　沈阳青年大街

工程概况：沈阳青年大街是沈阳市重点项目——金廊工程的主线，是沈阳市地理、政治、经济、文化上的中轴线。青年大街位于沈阳市沈河区，为南北走向，全线南至沈丹高速，北至昭陵。青年大街是沈阳的景观路示范路，是沈阳南北交通重要枢纽。沈阳市青年大街人行道采用彩色透水混凝土形成特定的景观，以美化青年大街。

分析：彩色水泥，主要由水泥、沙子、氧化铁颜料、水、外加剂经搅拌而成为彩色砂浆（或叫彩色混凝土），它主要用于现场施工。在世界发达国家，彩色水泥和彩色混凝土早已代替了价格昂贵的天然石材，也代替了维护成本很高的行道砖和瓷砖，成为一种新的建筑材料。随着城市建设的发展和建筑市场多元化的需求，彩色水泥在城市道路和公路建设中占有一席之地。通过使用彩色透水混凝土人行道将沈阳市青年大街装扮得更加绚丽。

彩色水泥人行道路面具有以下几个特点：①造价低；②使用寿命长；③维护费用省；④施工方便；⑤可适合不同要求的人行道；⑥绿色环保。

思 考 与 习 题

1. 气硬性胶凝材料与水硬性胶凝材料有何区别？
2. 石膏制品有何特性？建筑石膏主要有哪些用途？
3. 石灰的消化和硬化有何特点？
4. 何谓陈伏？石灰在使用前为何要陈伏？磨细生石灰是否需要陈伏？
5. 菱苦土为何不能直接用水拌和使用？菱苦土在工程中有何用途？
6. 水玻璃有何特性和用途？
7. 硅酸盐水泥熟料的矿物成分主要有哪些？它们在水化时各有何特性？它们的水化产物是什么？
8. 影响硅酸盐水泥强度的主要因素有哪些？
9. 水泥有哪些主要技术性质？如何测试与评定？
10. 现有甲、乙两厂生产的硅酸盐熟料，其矿物组成如下：

生产厂家	熟料矿物组成（%）			
	C_3S	C_2S	C_3A	C_4AF
甲厂	55	20	10	15
乙厂	52	28	7	13

若用上述熟料分别生产硅酸盐水泥，试比较它们的水化特性有何差异？

11. 为什么生产硅酸盐水泥时掺适量石膏对水泥不起破坏作用，而硬化水泥石遇到有硫酸盐溶液的环境产生出石膏时就有破坏作用？
12. 何谓水泥混合材料？常用类型有哪些？它们掺入水泥中有何作用？
13. 常用特性水泥主要有哪些？它们各有何特性和用途？
14. 有下列混凝土构件工程，请分别选用合适的水泥，并说明其理由：
①大体积混凝土工程；②紧急抢修工程；③高炉基础；④现浇楼板、梁、柱；⑤采取蒸汽养护的预制构件；⑥有硫酸盐腐蚀的地下工程；⑦抗冻性要求较高的混凝土；⑧公路路面工程。
15. 经过测定，某普通硅酸盐水泥标准试件的抗折和抗压荷载如下表所示，试评定其强度等级。

抗折荷载（kN）		抗压荷载（kN）	
3d	28d	3d	28d
1.5	3.0	29 30	76 78
1.8	2.8	32 33	68 72
1.6	2.9	30 32	70 72

第3章 水泥混凝土

混凝土是由胶凝材料将天然的（或人工的）骨料粒子或碎片聚集在一起，形成坚硬的整体，并具有强度和其他性能的复合材料。混凝土可以从不同的角度进行分类。

混凝土按所用胶凝材料可分为：水泥混凝土、沥青混凝土、聚合物混凝土、水玻璃混凝土、石膏混凝土等多种。其中使用最多的是以水泥为胶凝材料的水泥混凝土，它是当今世界上使用最广泛、使用量最大的结构材料。

混凝土按表观密度大小（主要是骨料不同）可分为：干表观密度大于 2600kg/m³ 的重混凝土，干表观密度为 1950～2600kg/m³ 的普通混凝土，干表观密度小于 1950kg/m³ 的轻混凝土。

混凝土按施工工艺可分为：泵送混凝土、喷射混凝土、真空混凝土、造壳混凝土（裹砂混凝土）、碾压混凝土、压力灌浆混凝土、热拌混凝土等多种。

混凝土按用途可分为：防水混凝土、防射线混凝土、耐酸混凝土、装饰混凝土、耐火混凝土、补偿收缩混凝土等多种。

混凝土按掺合料可分为：粉煤灰混凝土、硅灰混凝土、磨细高炉矿渣混凝土、纤维混凝土等多种。

通常将水泥、粗细骨料、水和外加剂按一定的比例配制成的水泥混凝土，称为"普通混凝土"，并简称为"混凝土"，为本章讲述的主要内容。

混凝土是世界上用量最大的一种工程材料，应用范围遍及建筑、道路、桥梁、水利、国防工程等领域，近代混凝土基础理论和应用技术的迅速发展有力地推动了土木工程的不断创新。

混凝土之所以在土木工程中得到广泛应用，是由于它有许多独特的性能。

(1) 材料来源广泛。混凝土中占整个体积 70% 以上的砂、石料均可就地取材，其资源丰富，有效降低了制作成本。

(2) 性能可调整范围大。根据使用功能要求，改变混凝土的材料配合比例及施工工艺可在相当大的范围内对混凝土的强度、保温耐热性、耐久性及工艺性能进行调整。

(3) 在硬化前有良好的塑性。混凝土拌和物优良的可塑成型性，使混凝土可适应各种形状复杂的结构构件的施工要求。

(4) 施工工艺简易、多变。混凝土既可简单进行人工浇筑，也可根据不同的工程环境特点灵活采用泵送、喷射、水下等施工方法。

(5) 可用钢筋增强。钢筋与混凝土虽为性能迥异的两种材料，但两者却有近乎相等的线膨胀系数，从而使它们可共同工作，弥补了混凝土抗拉强度低的缺点，扩大了其应用范围。

(6) 有较高的强度和耐久性。近代高强混凝土的抗压强度可达 100MPa 以上，同时具备较高的抗渗、抗冻、抗腐蚀、抗碳化性，其耐久年限可达数百年以上。

混凝土除具有以上优点外也存在着自重大、养护周期长、导热系数较大、不耐高温、拆除废弃物再生利用性较差等缺点。随着混凝土新功能、新品种的不断开发，这些缺点正不断克服和改进。

3.1 混凝土的组成材料

混凝土的组成材料主要是水泥、水、细骨料和粗骨料，有时还常包括适量的掺合料和外加剂。

混凝土生产的基本工艺过程，包括按规定的配合比称量各组成材料，然后把组成材料混合搅拌均匀，运输到现场，进行浇筑、振捣，最后通过养护形成所需的硬化混凝土。混凝土的各组成材料在混凝土中起着不同的作用。砂、石对混凝土起骨架作用，水泥和水组成水泥浆，包裹在骨料的表面并填充在骨料的空隙中。在混凝土拌和物中，水泥浆起润滑作用，赋予混凝土拌和物流动性，便于施工；在混凝土硬化后起胶结作用，把砂、石骨料胶结成为整体，使混凝土产生强度，成为坚硬的人造石材。混凝土的组成结构见图 3.1.1。

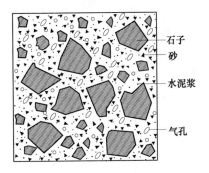

图 3.1.1 混凝土的组成结构

混凝土的质量，很大程度上取决于原材料的技术性质是否符合要求。因此，为了合理选用材料和保证混凝土质量，必须掌握原材料的技术质量要求。

3.1.1 水泥

水泥是混凝土中重要的组分，其技术性质要求详见第 2 章有关内容，这里只讨论如何选用和对于水泥的合理选用包括的两个方面。

1. 水泥品种的选择

配制混凝土时，应根据工程性质、部位、施工条件、环境状况等，按各品种水泥的特性作出合理地选择。在满足工程要求的前提下，应选用价格较低的水泥品种，以降低工程造价。

2. 水泥强度等级的选择

水泥强度等级的选择，应与混凝土的设计强度等级相适应。若用低强度等级的水泥配制高强度等级混凝土，不仅会使水泥用量过多，还会对混凝土产生不利影响。反之，用高强度等级的水泥配制低强度等级混凝土，若只考虑强度要求，会使水泥用量偏少，从而影响耐久性能；若水泥用量兼顾了耐久性等要求，又会导致超强而不经济。因此，在配制混凝土时应合理选择水泥的强度等级。根据经验，对于一般强度等级的混凝土，水泥强度等级宜为混凝土强度等级的 1.5～2.0 倍。配制强度等级较高的混凝土时，水泥强度等级可取混凝土强度等级的 0.7～1.5 倍。

3.1.2 骨料

普通混凝土所用骨料按粒径大小分为两种。粒径大于4.75mm的称为粗骨料,粒径小于4.75mm的称为细骨料。在沥青混合料中,粒径大于2.36mm的称为粗骨料,粒径小于2.36mm的称为细骨料。

1. 细骨料

普通混凝土中所用细骨料,一般是由自然风化、水流搬运和分选后堆积形成或经机械破碎、筛分制成的岩石颗粒(不包括软质岩、风化岩石的颗粒)。根据产源不同可分为天然砂和人工砂两类,天然砂包括河砂、湖砂、山砂、淡化海砂等;人工砂包括机制砂和混合砂。

砂的质量应同时满足《建筑用砂》(GB/T14684—2001)和《普通混凝土用砂、石质量及检验方法标准》(JGJ52—2006)的要求。砂按技术要求分为Ⅰ类、Ⅱ类、Ⅲ类。Ⅰ类宜用于强度等级大于C60的混凝土;Ⅱ类宜用于强度等级C30~C60及抗冻、抗渗或其他要求的混凝土;Ⅲ类宜用于强度等级小于C30的混凝土和建筑砂浆。

混凝土对砂的技术要求主要有以下几个方面。

(1) 砂中有害物质含量、坚固性。

为保证混凝土的质量,混凝土用砂不应混有草根、树叶、树枝、塑料、煤块、炉渣等杂物。但实际上砂中常含有云母、轻物质、有机物、硫化物及硫酸盐、氯化物等有害物质,这些物质对混凝土的性能产生不良影响。砂的坚固性,是指砂在自然风化和其他外界物理化学因素作用下抵抗破裂的能力。砂中的有害物质含量、坚固性指标应符合表3.1.1的规定。

表3.1.1　　　　砂中有害物质含量、坚固性指标要求

项目		指标		
		Ⅰ类	Ⅱ类	Ⅲ类
有害物质含量	云母(按质量计)(%)	<1.0	<2.0	<2.0
	轻物质(按质量计)(%)	<1.0	<1.0	<1.0
	有机物(比色法)	合格	合格	合格
	硫化物及硫酸盐(按SO_3质量计)(%)	<0.5	<0.5	<0.5
	氯化物(以氯离子质量计)(%)	<0.01	<0.02	<0.06
坚固性指标	天然砂采用硫酸钠溶液法进行试验,砂样经5次循环后的质量损失(%)	<8	<8	<10
	人工砂单级最大压碎指标(%)	<20	<25	<30

(2) 含泥量、泥块含量和石粉含量。

含泥量是指天然砂中粒径小于0.075mm的颗粒含量。泥块含量是指砂中原粒径大于1.18mm,经水浸洗、手捏后小于0.60mm的颗粒含量。石粉是指在人工砂中粒径小于0.075mm的颗粒含量,其化学成分与母岩相同的物质。亚甲蓝试验MB值是用于判定人工砂中粒径小于0.075mm的颗粒含量主要是泥土还是与母岩化学成分相同的石粉。天然砂的含泥量和泥块含量、人工砂的石粉含量和泥块含量应符合表3.1.2的要求。

表 3.1.2 砂中含泥量、石粉含量和泥块含量（按质量计）

项 目				指 标		
				Ⅰ类	Ⅱ类	Ⅲ类
天然砂的含泥量和泥块含量	含泥量（%）			<1.0	<3.0	<5.0
	泥块含量（%）			0	<1.0	<2.0
人工砂的石粉含量和泥块含量	1	亚甲蓝试验	MB值小于1.4或合格	石粉含量（%）	<3.0	<5.0	<7.0
	2			泥块含量（%）	0	<1.0	<2.0
	3		MB值不小于1.4或不合格	石粉含量（%）	<1.0	<3.0	<5.0
	4			泥块含量（%）	0	<1.0	<2.0

注 根据使用地区和用途，在试验验证的基础上，可由供需双方协商确定。

（3）粗细程度与颗粒级配。

砂的粗细程度是指不同粒径的砂粒混合在一起的总体平均的粗细程度，通常用细度模数 M_x 表示。砂的粗细程度与其总表面积有直接关系，在相同质量条件下，粒径小，总表面积就较大，粒径大，总表面积就较小。混凝土中砂的表面被水泥浆包裹，大粒径的砂所需包裹其表面的水泥浆数量就少，所以，用于混凝土的砂粒的粗细程度应尽可能选用粗些，同时也要综合考虑施工时的实际情况。

砂的颗粒级配是指不同粒径的砂粒相互之间的搭配比例。在混凝土中砂之间的空隙是由水泥浆所填充，为了节约水泥和提高混凝土强度，就应尽量减小砂粒之间的空隙。从图3.1.2可以看出，如果是相同粒径的砂，空隙就大［图 3.1.2（a）］；用两种不同粒径的砂搭配起来，空隙就减小了［图 3.1.2（b）］；用三种不同粒径的砂搭配，空隙就更小了［图 3.1.2（c）］。由此可见，只有适宜的颗粒分布，才能达到良好的级配要求。混凝土用砂应选用颗粒级配良好的砂。

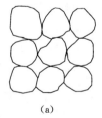 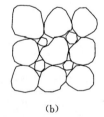 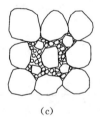

(a)　　　　　　　　(b)　　　　　　　　(c)

图 3.1.2　砂的颗粒级配

砂的粗细程度和颗粒级配用筛分法进行测定，筛分法是用一套孔径分别为 4.75mm、2.36mm、1.18mm、0.60mm、0.30mm、0.15mm 的标准方孔筛，将 500g 干砂试样由粗到细依次过筛，然后称得余留在各号筛上砂的质量（分计筛余量），并计算出各筛上的分计筛余百分率（分计筛余量占砂样总质量的百分数）及累计筛余百分率（各筛和比该筛粗的所有分计筛余百分率之和）。分计筛余百分率、累计筛余百分率的关系见表 3.1.3。

砂细度模数 M_x 的计算公式如下：

$$M_x=\frac{(A_2+A_3+A_4+A_5+A_6)-5A_1}{100-A_1} \qquad (3.1.1)$$

细度模数 M_x 越大,表示砂越粗。砂按细度模数分为粗砂、中砂、细砂。M_x 在 3.7~3.1 为粗砂,M_x 在 3.0~2.3 为中砂,M_x 在 2.2~1.6 为细砂。混凝土用砂的细度模数应控制在 1.6~3.7 之间。

表 3.1.3　　　　筛余量、分计筛余百分率、累计筛余百分率的关系

筛孔尺寸（mm）	筛余量 m_i（g）	分计筛余百分率 a_i（%）	累计筛余百分率 A_i（%）
4.75	m_1	a_1	$A_1=a_1$
2.36	m_2	a_2	$A_2=a_1+a_2$
1.18	m_3	a_3	$A_3=a_1+a_2+a_3$
0.60	m_4	a_4	$A_4=a_1+a_2+a_3+a_4$
0.30	m_5	a_5	$A_5=a_1+a_2+a_3+a_4+a_5$
0.15	m_6	a_6	$A_6=a_1+a_2+a_3+a_4+a_5+a_6$

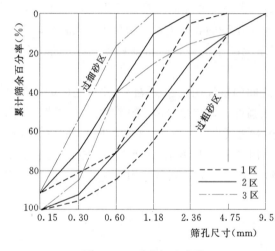

图 3.1.3　砂的级配曲线

应当注意,砂的细度模数只能反映砂的粗细程度,并不能反映砂的颗粒级配情况,细度模数相同的砂其颗粒级配不一定相同,甚至相差很大。因此,配制混凝土必须同时考虑砂的细度模数和颗粒级配。

砂的颗粒级配常以级配区和级配曲线表示。砂根据 0.60mm 方孔筛的累积筛余分成 3 个级配区,见表 3.1.4 和图 3.1.3（级配曲线）。混凝土用砂的颗粒级配,应处于表 3.1.4 或图 3.1.3 的任何一个级配区内,否则认为砂的颗粒级配不合格。

表 3.1.4　　　　　　　　砂的颗粒级配区

筛孔尺寸（mm） \ 累计筛余（%）\ 级配区	1	2	3
4.75	10~0	10~0	10~0
2.36	35~5	25~0	15~0
1.18	65~35	50~10	25~0
0.60	85~71	70~41	40~16
0.30	95~80	92~70	85~55
0.15	100~90	100~90	100~90

注　1. 砂的实际颗粒级配与表中所列数字相比,除 4.75mm 和 0.60mm 筛档外,可以略有超出,但超出总量应小于 5%。

　　2. 1 区人工砂中 0.15mm 筛孔的累计筛余可以放宽到 100%~85%,2 区人工砂中 0.15mm 筛孔的累计筛余可以放宽到 100%~80%,3 区人工砂中 0.15mm 筛孔的累计筛余可以放宽到 100%~75%。

处于 2 区级配的砂，其粗细适中，级配较好，是配制混凝土最理想的级配区，宜优先选用。当采用 1 区砂时，应提高砂率，并保持足够的水泥用量，以满足混凝土的和易性。当采用 3 区砂时，宜适当降低砂率，以保证混凝土强度。

（4）表观密度、堆积密度、空隙率、碱骨（集）料反应。

砂的表观密度、堆积密度、空隙率应符合下列规定：表观密度应大于 $2500kg/m^3$，松散堆积密度应大于 $1350kg/m^3$，空隙率应小于 47%。

碱骨料反应主要是由混凝土组成材料中水泥、外加剂及环境中的碱性氧化物（Na_2O、K_2O）与具有碱活性的骨料（含有活性 SiO_2）在潮湿环境下发生的膨胀性反应。经碱骨（集）料反应试验后，由砂制备的试件应无裂缝、酥裂、胶体外溢等现象，在规定的试样龄期的膨胀率应小于 0.10%。

2. 粗骨料

粗骨料指粒径大于 4.75mm 的岩石颗粒。混凝土常用的粗骨料有卵石和碎石两大类。卵石是由于自然风化、水流搬运和分选、堆积形成的，分为河卵石、海卵石和山卵石；碎石是由天然岩石或卵石经机械破碎、筛分而制成的。卵石多为圆形，表面光滑，与水泥的黏结较差；碎石多棱角，表面粗糙，与水泥黏结较好。当采用相同配合比时，用卵石拌制的混凝土拌和物流动性较好，但硬化后强度较低；用碎石拌制的混凝土拌和物流动性较差，硬化后强度较高。配制混凝土选用碎石还是卵石，要根据工程性质、当地材料的供应情况、成本等各方面综合考虑。

粗骨料的质量应同时满足《建筑用卵石、碎石》（GB/T14685—2001）和《普通混凝土用砂、石质量及检验方法标准》（JGJ52—2006）的要求。卵石、碎石按技术要求分为Ⅰ类、Ⅱ类、Ⅲ类。Ⅰ类宜用于强度等级大于 C60 的混凝土；Ⅱ类宜用于强度等级 C30～C60 及抗冻、抗渗或其他要求的混凝土；Ⅲ类宜用于强度等级小于 C30 的混凝土。

卵石、碎石的技术要求主要有以下几个方面。

（1）有害物质、针片状颗粒、含泥量和泥块含量、坚固性。

为保证混凝土的质量，卵石和碎石中不应混有草根、树叶、树枝、塑料、煤块、炉渣等杂物。在实际工程中，卵石和碎石中常含泥和泥块，针状（颗粒长度大于相应粒级平均粒径的 2.4 倍）和片状（厚度小于平均粒径的 0.4 倍）颗粒，以及有机物、硫化物、硫酸盐等有害物质。其中，含泥量是指卵石和碎石中粒径小于 0.075mm 的颗粒含量，泥块含量是指卵石和碎石中原粒径大于 4.75mm，经水浸洗、手捏后小于 2.36mm 的颗粒含量。泥、泥块和有害物质对混凝土的危害作用与细骨料相同。针、片状颗粒易折断，其含量多时，会降低新拌混凝土的流动性和硬化后混凝土的强度。粗骨料的坚固性是指碎石、卵石在自然风化和其他外界物理化学因素作用下抵抗破碎的能力。卵石和碎石中的有害物质、针片状颗粒、含泥量和泥块的含量、坚固性指标要求应符合表 3.1.5 的规定。

（2）强度。

为了保证混凝土的强度，粗骨料必须具有足够的强度。碎石的强度可用压碎指标和岩石抗压强度指标表示，卵石的强度可用压碎指标表示。当混凝土强度等级大于或等于 C60 时，对粗骨料强度有严格要求或对骨料质量有争议时，宜用岩石抗压强度作检验。

表 3.1.5 碎石、卵石有害物质、针片状颗粒、含泥量和泥块含量、坚固性指标要求

项目		指标		
		Ⅰ类	Ⅱ类	Ⅲ类
有害物质含量	有机物（比色法）	合格	合格	合格
	硫化物及硫酸盐（按 SO_3 质量计）（%）	<0.5	<1.0	<1.0
针片状颗粒含量	针片状颗粒含量（按质量计）（%）	<5	<15	<25
含泥量和泥块含量	含泥量（按质量计）（%）	<0.5	<1.0	<1.5
	泥块含量（按质量计）（%）	0	<0.5	<0.7
坚固性指标	采用硫酸钠溶液法进行试验，经5次循环后的质量损失（%） 碎石	<10	<20	<30
	卵石	<12	<16	<16

岩石抗压强度，是用母岩制成 50mm×50mm×50mm 的立方体，浸泡水中 48h，待吸水饱和后测定的抗压强度值。压碎指标是将一定质量气干状态下粒径为 9.5～19.0mm 的石子装入一定规格的圆筒内，在压力机上均匀加荷到 200kN 并稳荷 5s，然后卸荷后称取试样质量（m_0），再用孔径为 2.36mm 的筛筛除被压碎的碎粒，称取留在筛上的试样质量（m_1）。压碎指标的计算公式如下：

$$压碎指标 = \frac{m_0 - m_1}{m_0} \times 100\% \quad (3.1.2)$$

压碎指标越小，表明粗骨料抵抗破碎的能力越强，粗骨料的强度越高。碎石、卵石的压碎指标和岩石抗压强度要求见表 3.1.6。

表 3.1.6 碎石、卵石的强度要求

项目		指标		
		Ⅰ类	Ⅱ类	Ⅲ类
压碎指标（%）	碎石	<10	<20	<30
	卵石	<12	<16	<16
岩石抗压强度		在水饱和状态下，火成岩不小于 80MPa，变质岩不小于 60MPa，水成岩不小于 30MPa		

（3）最大粒径和颗粒级配。

1）最大粒径。

粗骨料中公称粒级的上限称为该骨料的最大粒径。当骨料粒径增大时，其总表面积减小，因此包裹它表面所需的水泥浆数量相应减少，可节约水泥，所以在条件许可的情况下，粗骨料最大粒径应尽量用得大些。

但试验研究证明，粗骨料最大粒径超过 80mm 后，随骨料粒径的增大节约水泥的效果不明显；当集料粒径大于 40mm 后，由于减少用水量获得的强度的提高被黏结面积的减少和大粒径骨料造成的不均匀性的不利影响所抵消；且给混凝土搅拌、运输、振捣等带来困难，强度也难以提高。因此要综合考虑各种因素来确定石子的最大粒径。

《混凝土结构工程施工及验收规范》（GB50204—2002）从结构和施工的角度，对粗骨

料的最大粒径做了以下规定：粗骨料的最大粒径不得超过结构截面最小尺寸的1/4，同时不得超过钢筋间最小净距的3/4；对混凝土实心板，粗骨料最大粒径不宜超过板厚的1/2，且不得超过40mm。对于泵送混凝土，为防止混凝土泵送时堵塞管道，保证泵送施工的顺利进行，《普通混凝土配合比设计规程》（JGJ55—2011）规定，泵送混凝土粗骨料最大粒径与输送管的管径之比应符合表3.1.7的规定。

表3.1.7　　　　泵送混凝土粗骨料的最大粒径与输送管的管径之比

粗骨料品种	泵送高度（m）	粗骨料的最大粒径与输送管的管径之比
碎石	<50	≤1∶3
	50~100	≤1∶4
	>100	≤1∶5
卵石	<50	≤1∶2.5
	50~100	≤1∶3
	>100	≤1∶4

2）颗粒级配。

粗骨料的级配原理与细骨料基本相同，也要求有良好的颗粒级配，以减小空隙率，节约水泥，提高混凝土的密实度和强度。

《建筑用卵石、碎石》（GB/T14685—2001）规定，卵石、碎石的颗粒级配用筛分析的方法进行测定，其测定原理和砂相同。粗骨料的级配采用孔径为2.36mm、4.75mm、9.5mm、16.0mm、19.0mm、26.5mm、31.5mm、37.5mm、53.0mm、63.0mm、75.0mm和90.0mm的标准筛共12个，可按需选用筛号进行筛分，然后计算得每个筛号的分计筛余百分率和累计筛余百分率（计算与砂相同）。粗骨料的颗粒级配分为连续粒级和单粒粒级，各粒级的累计筛余百分率应符合表3.1.8的规定。

表3.1.8　　　　　　　卵石和碎石的颗粒级配

公称粒径（mm）		累计筛余（%）／筛孔尺寸（mm）										
		2.36	4.75	9.5	16.0	19.0	26.5	31.5	37.5	53.0	63.0	75.0	90.0
连续粒级	5~10	95~100	80~100	0~15	0								
	5~16	95~100	85~100	30~60	0~10	0							
	5~20	95~100	90~100	40~80	—	0~10	0						
	5~25	95~100	90~100	—	30~70	—	0~5	0					
	5~31.5	95~100	90~100	70~90	—	15~45	—	0~5	0				
	5~40	—	95~100	70~90	—	30~65	—	—	0~5	0			
单粒粒级	5~20	—	95~100	85~100	—	0~15	0						
	16~31.5	—	95~100	—	85~100	—	—	0~10	0				
	20~40	—	—	95~100	—	80~100	—	—	0~10	0			
	31.5~63	—	—	—	95~100	—	—	75~100	45~75	—	0~10	0	
	40~80	—	—	—	—	95~100	—	—	70~100	—	30~60	0~10	0

连续粒级是石子粒级呈连续性，即颗粒由大到小，每一级石子都占一定的比例。连续级配的颗粒大小搭配连续合理（最小粒径都从4.75mm起），石子的空隙率较小，用其配制的混凝土拌和物的和易性好，不易发生离析现象，混凝土质量容易保证，目前在土木工程中应用较多。但其缺点是，当最大粒径较大（大于40mm）时，天然形成的连续级配往往与理论值有偏差，且在运输、堆放过程中易发生离析，影响到级配的均匀合理性。实际应用时，除直接采用级配理想的天然连续级配外，常采用由预先分级筛分形成的单粒粒级进行掺配组合成人工连续级配。

间断级配是石子粒级不连续，人为剔去某些中间粒级的颗粒而形成的级配方式。间断级配相邻两级粒径相差较大，较大粒径骨料之间的空隙由比它小几倍的小粒径颗粒填充，能更有效降低石子颗粒间的空隙率，使水泥达到最大程度的节约，但由于颗粒粒径相差较大，混凝土拌和物容易产生离析、分层现象，导致施工困难，单粒粒级级配需按设计进行掺配。

无论连续级配还是间断级配，其级配原则是共同的，即骨料颗粒间的空隙要尽可能小；粒径过渡范围小；骨料颗粒间紧密排列，不发生干涉。

（4）表观密度、堆积密度、空隙率、碱骨（集）料反应。

粗骨料的表观密度、堆积密度、空隙率应符合下列规定：表观密度应大于2500kg/m³，松散堆积密度大于1350kg/m³，空隙率小于47％。

经碱骨（集）料反应试验后，由碎石、卵石制备的试件应无裂缝、酥裂、胶体外溢等现象，在规定的试样龄期的膨胀率应小于0.10％。

3.1.3 混凝土用水

混凝土用水包括混凝土拌和用水和养护用水。混凝土用水按水源分为饮用水、地表水、地下水、再生水和海水等。混凝土用水的基本质量要求是：不影响混凝土的凝结和硬化；无损于混凝土的强度发展和耐久性，不加快钢筋的锈蚀；不引起预应力钢筋脆断；不污染混凝土表面等。水质应符合《混凝土用水标准》（JGJ63—2006）的规定，见表3.1.9。

表 3.1.9　　　　　　混凝土用水水质要求（JGJ63—2006）

项　　目	预应力混凝土	钢筋混凝土	素混凝土
pH 值	≥5	≥4.5	≥4.5
不溶物（mg/L）	≤2000	≤2000	≤5000
可溶物（mg/L）	≤2000	≤5000	≤10000
氯化物（按 Cl^- 计）（mg/L）	≤500	≤1000	≤3500
硫酸盐（按 SO_4^{2-} 计）（mg/L）	≤600	≤2000	≤2700
碱含量（mg/L）	≤1500	≤1500	≤1500

凡能饮用的水和清洁的天然水，都可用于混凝土拌制和养护。海水不得拌制钢筋混凝土、预应力混凝土及有饰面要求的混凝土；工业废水须经适当处理后经过检验，符合混凝土用水标准的要求才能使用；对于设计使用年限为100年的结构混凝土，氯离子含量不得超

过 500mg/L；对使用钢丝或热处理钢筋的预应力混凝土，氯离子含量不得超过 350mg/L。

3.1.4 外加剂

混凝土外加剂是指在拌制混凝土过程中掺入的用以改善混凝土性能的物质，其掺量一般不大于水泥质量的 5%。混凝土外加剂的使用是近代混凝土技术发展的重要成果，外加剂种类繁多，虽掺量很少，但对混凝土和易性、强度、耐久性、水泥的节约都有明显的改善，常称为混凝土的第五组分。特别是高效能外加剂的使用成为现代高性能混凝土的关键技术，发展和推广使用外加剂具有重要的技术和经济意义。

1. 混凝土外加剂的类型

混凝土外加剂种类繁多，按化学成分不同分为有机外加剂（多为表面活性剂）、无机外加剂（多为电解质盐类）和有机无机复合外加剂；按其主要功能一般分为以下 5 类：

（1）改善混凝土拌和物流变性能的外加剂，如各种减水剂、泵送剂、引气剂等。

（2）调节混凝土凝结时间、硬化性能的外加剂，如缓凝剂、早强剂、速凝剂等。

（3）调节混凝土气体含量的外加剂，如引气剂、加气剂、泡沫剂等。

（4）改善混凝土耐久性的外加剂，如抗冻剂、防水剂、阻锈剂等。

（5）提供混凝土特殊性能的外加剂，如引气剂、膨胀剂、着色剂、泵送剂、发泡剂等。

混凝土外加剂大部分为化工制品，还有部分为工业副产品。因其掺量小、作用大，故对掺量（占水泥质量的百分比）、掺配方法和适用范围要严格按产品说明和操作规程执行。

2. 常用的混凝土外加剂

（1）减水剂。

减水剂是指在混凝土拌和物坍落度基本相同的条件下，能减少拌和用水量的外加剂。

减水剂是一种表面活性剂，即其分子是由亲水基团和憎水基团两部分构成。当水泥加水拌和后，若无减水剂，则由于水泥颗粒之间分子凝聚力的作用，使水泥浆形成絮凝结构，将一部分拌和用水（游离水）包裹在水泥颗粒的絮凝结构内［图 3.1.4（a）］，从而降低混凝土拌和物的流动性。如在混凝土中加入适量减水剂后，则减水剂的憎水基团定向吸附于水泥颗粒表面，使水泥颗粒表面带有电性相同的电荷，产生电性斥力，在电性斥力作用下，使水泥颗粒分开［图 3.1.4（b）］，从而将絮凝结构解体释放出游离水，有效地增加了混凝土拌和物的流动性。另外，当水泥颗粒表面吸附足够的减水剂后，减水剂还能在水泥颗粒表面形成一层溶剂水膜［图 3.1.4（c）］，这层水膜是很好的润滑剂，在水泥颗粒间起到很好的润滑作用。减水剂的吸附—分散和湿润—润滑作用使混凝土拌和物在不增加用水量的情况下，增加了流动性。

常用减水剂按化学成分分类主要有木质素系、萘系、树脂系、糖蜜系等几类；按效果分普通减水剂和高效减水剂（减水率大于 10%）两类；按凝结时间可分成普通型、早强型和缓凝型 3 种；按是否引气可分为引气型和非引气型两种。

混凝土中掺入减水剂后，根据使用目的的不同，减水剂可达到以下作用效果：①在原配合比不变，即水、水灰比、强度均不变的条件下，增加混凝土拌和物的流动性；②在保持流动性及水泥用量不变的条件下，可减少拌和用水，使水灰比下降，从而提高混凝土的强度和耐久性；③在保持强度不变，即水灰比不变以及流动性不变的条件下，可减少拌和

第3章 水泥混凝土

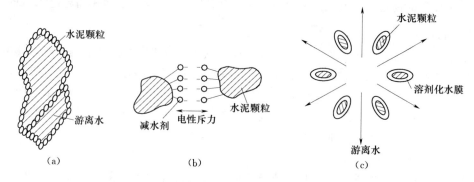

图3.1.4 水泥浆的絮凝结构和减水剂作用示意图

用水,从而使水泥用量减少,达到保证强度而节约水泥的目的。

常用减水剂的品种、适宜掺量、效果见表3.1.10。

表3.1.10 常用减水剂品种与适宜参量、效果

类别	普通减水剂		高效减水剂	
	木质素系	糖蜜系	萘系（磺酸盐系）	水溶性树脂系
主要品种	木质素磺酸钙（木钙） 木质素磺酸钠（木钠） 木质素磺酸镁（木镁）	3FG TF ST	NNO、NF、FDN、 UNF、JN、MF、 SN-2、NHJ、 SP-1、DM等	SM （三聚氰胺树脂磺酸钠）、 CRS （古玛隆树脂磺酸钠）
主要成分	木质素磺酸盐	糖渣、废蜜经石灰中和而成	芳香族磺酸盐甲醛缩合物	三聚氰胺甲醛树脂 磺化古马龙树脂
适宜掺量 [占水泥质量（%）]	0.2~0.3	0.2~0.3	0.2~1.0	0.5~2.0
减水率（%）	10左右	6~10	15~25	18~30
早强效果	—	—	明显	显著
缓凝效果（h）	1~3	3以上	—	—
引气效果（%）	1~2	—	一般为非引气或引气<2	<2

(2) 引气剂。

引气剂是一种在搅拌混凝土过程中能引入大量均匀分布、稳定而封闭的微小气泡的外加剂。能减少混凝土拌和物泌水离析、改善和易性,并能显著提高硬化混凝土抗冻耐久性的外加剂。

引气剂也是一种憎水型表面活性剂,它与减水剂类表面活性剂的最大区别在于其活性作用不是发生在液—固界面上,而是发生在液—气界面上,掺入混凝土中后,在搅拌作用下能引入大量微小气泡,吸附在骨料表面或填充于水泥硬化过程中形成的泌水通道中,这些微小气泡从混凝土搅拌一直到硬化都会稳定存在于混凝土中。在混凝土拌和物中,骨料表面的这些气泡会起到滚珠轴承的作用,减小摩擦,增大混凝土拌和物的流动性,同时气泡对水的吸附作用也使黏聚性、保水性得到改善。在硬化混凝土中,气泡填充于泌水开口

孔隙中，会阻隔外界水的渗入。而气泡的弹性，则有利于释放孔隙中水结冰引起的体积膨胀，因而大大提高混凝土的抗冻性、抗渗性等耐久性指标。

掺入引气剂形成的气泡，使混凝土的有效承载面积减少，故引气剂可使混凝土的强度受到损失；同时气泡的弹性模量较小，会使混凝土的弹性变形加大。所以引气剂的掺量必须适当。

混凝土引气剂的种类按化学组成可分为松香树脂类、烷基磺酸盐类、脂肪醇磺酸盐类、蛋白盐及石油磺酸盐等多种。其中应用较为普遍的是松香树脂类中的松香热聚物和松香皂，其掺量极微，均为 0.005%～0.015%。

引气剂是外加剂中重要的一类。长期处于潮湿严寒环境中的混凝土，应掺用引气剂或引气减水剂。引气剂的掺量根据混凝土的含气量要求并经试验确定，最小含气量与骨料的最大粒径有关，最大含气量不宜超过 7%。我国在海港、水坝、桥梁等长期处于潮湿及严寒环境中的抗海水腐蚀要求较高的混凝土工程中应用引气剂，取得了很好的效果。

由于，外加剂技术的不断发展，近年来引气剂已逐渐被引气型减水剂所代替，引气型减水剂不仅能起到引气作用，而且对强度有提高作用，还可节约水泥，因此应用范围逐渐扩大。

（3）早强剂。

早强剂，是指能加速混凝土早期强度发展的外加剂。常用早强剂的品种有氯盐类、硫酸盐类、有机胺类及以它们为基础组成的复合早强剂。为更好地发挥各种早强剂的技术特性，实践中常采用复合早强剂。早强剂或对水泥的水化产生催化作用，或与水泥成分发生反应生成固相产物从而有效提高混凝土的早期强度。

1）氯盐早强剂。

氯盐早强剂包括钙、钠、钾的氯化物，其中应用最广泛的为氯化钙。氯化钙可加速水泥的凝结硬化，能使水泥的初凝和终凝时间缩短，掺量不宜过多，否则会引起水泥速凝，不利于施工，有时也称为促凝剂。氯化钙的掺量为 0.5%～2%，它可使混凝土 3d 的强度提高 40%～70%，7d 的强度提高 25%。氯盐早强剂还可同时降低水的冰点，因此适用于混凝土的冬期施工，可作为早强促凝抗冻剂。

在混凝土中掺加氯化钙后，可增加水泥浆中的 Cl^- 离子浓度，从而对钢筋造成锈蚀，进而使混凝土发生开裂，影响混凝土的强度及耐久性，故在钢筋混凝土结构中应慎用。

2）硫酸盐早强剂。

硫酸盐早强剂包括硫酸钠、硫代硫酸钠、硫酸钙等，应用最多的硫酸钠（Na_2SO_4）。硫酸钠掺入混凝土中后，会迅速与水泥水化产生的氢氧化钙反应生成高分散性的二水石膏，它比直掺的二水石膏更易与 C_3A 迅速反应生成水化硫铝酸钙的晶体，从而加快了水化反应和凝结硬化速度，有效提高了混凝土的早期强度。

硫酸钠的适宜掺量为 0.5%～2%。可使混凝土 3d 强度提高 20%～40%。硫酸钠常与氯化钠、亚硝酸钠、三乙醇胺、重铬酸盐等制成复合早强剂，可取得更好的早强效果。硫酸钠对钢筋无锈蚀作用，可用于不允许使用氯盐早强剂的混凝土中。但硫酸钠与水泥水化产物 $Ca(OH)_2$ 反应后可生成 NaOH，与碱骨料可发生反应，故其严禁用于含有活性骨料的混凝土中。

3) 三乙醇胺复合早强剂。

三乙醇胺是一种络合剂,属非离子型的表面活性物质,为淡黄色的油状液体。三乙醇胺的早强机理是三乙醇胺能与Fe^{3+}和Al^{3+}等离子形成稳定的络离子,该络离子与水泥的水化产物作用生成溶解度很小的络盐并析出,有利于早期骨架的形成,从而使混凝土的早期强度提高。三乙醇胺属碱性,对钢筋无锈蚀作用。

三乙醇胺掺量为0.02%~0.05%,由于掺量极微,单独使用早强效果不明显,故常采用与其他外加剂组成三乙醇胺复合早强剂。三乙醇胺不但直接催化水泥的水化,而且还能在其他盐类与水泥反应中起到催化作用,它可使混凝土3d的强度提高50%,对后期强度也有一定提高,使混凝土的养护时间缩短近一半,常用于混凝土的快速低温施工。

(4) 缓凝剂。

缓凝剂是能延缓混凝土的凝结时间并对混凝土的后期强度发展无不利影响的外加剂。缓凝剂常用的品种有多羟基碳水化合物、木质素磺酸盐类、羟基羧酸及盐类、无机盐等4类。其中,我国常用的为木钙(木质素磺酸盐类)和糖蜜(多羟基碳水化合物类)。

缓凝剂因其在水泥及其水化物表面的吸附或与水泥矿物反应生成不溶层而延缓水泥的水化达到缓凝的效果。适于高温季节施工和泵送混凝土、滑模混凝土以及大体积混凝土的施工或远距离运输的商品混凝土。但缓凝剂不宜用于日最低气温在5℃以下施工的混凝土。

(5) 速凝剂。

速凝剂是使混凝土迅速凝结和硬化的外加剂。常用的速凝剂主要是无机盐类的铝氧熟料,如红星Ⅰ型(铝酸钠+碳酸钠+生石灰)、711型(铝氧熟料+无水石膏)和782型(矾泥+铝氧熟料+生石灰)。速凝剂的作用机理是:作为速凝剂主要成分的铝酸钠、碳酸钠在碱性溶液中能迅速与水泥中的石膏反应生成硫酸钠,使石膏失去其原有的缓凝作用,从而促成C_3A迅速水化,并在溶液中析出其化合物,导致水泥迅速凝结硬化。

速凝剂主要用于道路、隧道、机场的修补、抢修工程以及喷锚支护时的喷射混凝土施工。

(6) 防冻剂。

防冻剂是指在规定温度下能显著降低混凝土的冰点,使混凝土液相不冻结或仅部分冻结,以保证水泥的水化作用,并在一定时间内获得预期强度的外加剂。防冻剂常由防冻组分、早强组分、减水组分和引气组分组成,形成复合防冻剂。

防冻剂的防冻组分可改变混凝土液相浓度,降低冰点,保证了混凝土在负温下有液相存在,使水泥仍能继续水化;减水组分可减少混凝土拌和用水量,从而减少混凝土中的成冰量,并使冰晶粒度细小且均匀分散,减小对混凝土的破坏应力;引气组分引入一定量的微小封闭气泡,减缓冻胀应力;早强组分提高混凝土早期强度,增强混凝土抵抗冰冻的破坏能力,因此防冻剂的综合效果是能显著提高混凝土的抗冻性。

(7) 膨胀剂。

膨胀剂是能使混凝土产生一定体积膨胀的外加剂。工程上常用的膨胀剂有硫铝酸钙类、硫铝酸钙—氧化钙类、氧化钙类等。

硫铝酸钙类有明矾石膨胀剂、CSA膨胀剂、U形膨胀剂等。氧化钙类膨胀剂有多种制备方法,其主要成分为石灰,再加入石膏与水淬矿渣或硬脂酸或者石膏与黏土,经一定的煅烧或混磨而成。膨胀剂加入混凝土中后,膨胀剂组分参与水泥矿物的水化或与水泥水化产物反应,生成高硫型水化硫铝酸钙(钙矾石),使固相体积大为增加,从而导致体积膨胀。

膨胀剂主要用于补偿收缩混凝土、自应力混凝土和有较高抗裂防渗要求的混凝土工程,如用于屋面刚性防水、地下防水、基础后浇缝、堵漏、底座灌浆、梁柱接头等工程。

(8) 其他外加剂。

混凝土常用的其他外加剂还有泵送剂、防水剂、起泡剂(泡沫剂)、加气剂(发气剂)、阻锈剂、消泡剂、保水剂、灌浆剂、着色剂、隔离剂(脱模剂)、碱集料反应抑制剂等。

3. 外加剂使用的注意事项

外加剂掺量虽小,但可对混凝土的性质和功能产生显著影响,在具体应用时要严格按产品说明操作,稍有不慎,便会造成事故,故在使用时应注意以下事项。

(1) 对产品质量严格检验。

外加剂常为化工产品,应采用正式厂家的产品。粉状外加剂应用有塑料衬里的编织袋包装,每袋20~25kg,液体外加剂应采用塑料桶或有塑料袋内衬的金属桶。包装容器上应注明有:产品名称、型号、净重或体积(包括含量或浓度)、推荐掺量范围、毒性、腐蚀性、易燃性状况、生产厂家、生产日期、有效期及出厂编号等。

(2) 对外加剂品种的选择。

外加剂品种繁多,性能各异,有的能混用,有的严禁互相混用,如不注意可能会发生严重事故。选择外加剂应依据现场材料条件、工程特点、环境情况,根据产品说明及有关规定[如《混凝土外加剂应用技术规范》(GB50119—2003)及国家有关环境保护的规定]进行品种的选择。有条件的应在正式使用前进行试验检验。

(3) 外加剂掺量的选择。

外加剂用量微小,有的外加剂掺量才几万分之一,而且推荐的掺量往往是在某一范围内,外加剂的掺量和水泥品种、环境温湿度、搅拌条件等都有关。掺量的微小变化对混凝土的性质会产生明显影响,掺量过小,作用不显著;掺量过大,有时会物极必反起反作用,酿成事故。故在大批量使用前要通过基准混凝土(不掺加外加剂的混凝土)与试验混凝土的试验对比,取得实际性能指标的对比后,再确定应采用的掺量。

(4) 外加剂的掺入方法。

外加剂不论是粉状还是液态状,为保持作用的均匀性,一般不能采用直接倒入搅拌机的方法。合适的掺入方法应该是:可溶解的粉状外加剂或液态状外加剂,应预先配成适宜浓度的溶液,再按所需掺量加入拌和水中,与拌和水一起加入搅拌机内;不可溶解的粉状外加剂,应预先称量好,再与适量的水泥、砂拌和均匀,然后倒入搅拌机中。外加剂倒入搅拌机内,要控制好搅拌时间,以满足混合均匀、时间又在允许范围内的要求。

3.1.5 掺合料

混凝土掺合料是指在配制混凝土拌和物过程中,直接加入的具有一定活性的矿物细粉材料。

第3章 水泥混凝土

这些活性矿物掺合料绝大多数来自工业固体废渣,主要成分为 SiO_2 和 Al_2O_3,在碱性或兼有硫酸盐成分存在的液相条件下,可发生水化反应,生成具有固化特性的胶凝物质。所以,掺合料也被称为混凝土的"第二胶凝材料"或辅助胶凝材料。

掺合料用于混凝土中不仅可以取代水泥,节约成本,而且可以改善混凝土拌和物和硬化混凝土的各项性能。目前,在调配混凝土性能,配制大体积混凝土、高强混凝土和高性能混凝土等方面,掺合料已成为不可缺少的组成材料。另外,掺合料的应用,对改善环境,减少二次污染,推动可持续发展的绿色混凝土,具有十分重要的意义。

常用的混凝土掺合料有粉煤灰、矿渣微粉和硅灰等。

1. 粉煤灰

粉煤灰是在燃烧煤粉的锅炉烟气中收集到的粉末,其颗粒多为球形,表面光滑。

粉煤灰有高钙粉煤灰(CaO>10%)和低钙粉煤灰(CaO<10%)之分,高钙灰有一定的水硬性,低钙灰具有火山灰活性。我国的高钙粉煤灰较少,低钙粉煤灰来源比较广泛,是用量最大、使用范围最广的混凝土掺合料。

(1) 粉煤灰的质量要求。

粉煤灰的化学成分主要为 SiO_2 和 Al_2O_3,总含量在60%以上,它们是粉煤灰活性的来源。此外,其还含有少量的 Fe_2O_3、CaO、MgO 和 SO_3 等。

国家标准《用于水泥和混凝土的粉煤灰》(GB/T1596—2005)根据粉煤灰的技术指标不同,将用于水泥和混凝土中的粉煤灰分为3个等级,如表3.1.11所示。

表3.1.11 粉煤灰等级与质量指标(GB1596—2005)

项 目		粉煤灰等级		
		Ⅰ级	Ⅱ级	Ⅲ级
细度(45μm方孔筛筛余)(%)	F 类粉煤灰 C 类粉煤灰	≤12.0	≤25.0	≤45.0
烧失量(%)		≤5.0	≤8.0	≤15.0
需水量比(%)		≤95.0	≤105.0	≤115.0
三氧化硫(%)		≤3.0		
含水量(%)		≤1.0		
游离氧化钙(%)		F 类粉煤灰≤1.0;C 类粉煤灰≤4.0		
安定性(雷氏夹沸煮后增加距离)(mm)		C 类粉煤灰≤5.0		

注 F 类粉煤灰是指由无烟煤或烟煤煅烧收集的粉煤灰。C 类粉煤灰是指由褐煤或次烟煤煅烧收集的粉煤灰,其氧化钙含量一般大于10%。

细度是评定粉煤灰质量的重要指标,用45μm方孔筛筛余的百分率来表示。一般来说,细度越细,粉煤灰活性越好。

烧失量是指粉煤灰在950~1000℃下,灼烧15~20min至恒重时的质量损失,其大小反映未燃尽碳粒的多少。未燃尽碳粒是有害成分,其含量越小越好。

需水量比是水泥粉煤灰砂浆(水泥:粉煤灰=70:30)与纯水泥砂浆在达到相同流动度的情况下的需水量之比,是影响混凝土强度和拌和物流动性的重要参数。

Ⅰ级粉煤灰的品质最好,可以应用于各种混凝土结构、钢筋混凝土结构和跨度小于

6m 的预应力混凝土结构。Ⅱ级粉煤灰细度较粗,适用于钢筋混凝土和无筋混凝土。Ⅲ级粉煤灰为火电厂的直接排出物,含碳量较高或粗颗粒含量较多,因此只能用于 C30 以下的中、低强度的无筋混凝土。

(2) 粉煤灰的作用。

在混凝土中掺入粉煤灰,有两方面的效果:

1) 节约水泥。一般可节约水泥 10%~15%,有显著的经济效益。

2) 改善和提高混凝土的诸多技术性能。如改善混凝土拌和物的和易性、可泵性;降低大体积混凝土水化热;提高混凝土抗渗性、抗硫酸盐侵蚀性能和抑制碱骨料反应等耐久性。粉煤灰取代部分水泥后,虽然粉煤灰混凝土的早期强度有所下降,但 28d 后的长期强度可赶上,甚至超过不掺粉煤灰的混凝土。

目前,粉煤灰混凝土已被广泛应用于土木、水利建筑工程,以及预制混凝土制品和构件等方面。如大坝、道路、隧道、港湾,工业和民用建筑的梁、板、柱、地面、基础、下水道,钢筋混凝土预制桩、管等。

2. 硅灰

硅灰又称硅粉,是生产硅铁合金或硅钢等所排放的烟气中收集到的颗粒极细的烟尘,颜色呈浅灰至深灰。硅灰的颗粒是微细的玻璃球体,其粒径为 0.1~1.0μm,是水泥颗粒粒径的 1/50~1/100,比表面积为 18500~20000m^2/kg,密度为 2100~2200kg/m^3。硅灰中无定形 SiO_2 的含量在 85%~96%,具有很高的活性,硅灰使用时掺量很少,其掺量一般为水泥用量的 5%~10%。

硅灰掺入混凝土可以取得以下几个方面的效果。

(1) 改善混凝土拌和物的黏聚性和保水性。硅灰作为混凝土掺合料取代水泥,不仅节约了成本,而且能改善混凝土拌和物的黏聚性和保水性,由于硅灰具有很大的比表面积,在混凝土拌和物中的许多自由水都被硅灰粒子所约束,可以大大减少泌水量,改善混凝土拌和物的黏聚性和保水性。但另一方面又会增加混凝土的需水量、降低拌和物的流动性。因此,将其作为混凝土掺合料时,必须同时掺入高效减水剂方可保证混凝土的和易性。

(2) 提高混凝土的强度。硅灰能与部分水泥水化产物氢氧化钙反应生成水化硅酸钙,均匀分布于水泥颗粒之间,形成密实的结构,会使强度大幅度增加。

(3) 改善混凝土的孔结构,提高混凝土抗渗性、抗冻性及抗腐蚀性。硅灰的掺入会使硬化混凝土孔结构细化,超细孔隙增加。因而掺入硅灰的混凝土抗渗性明显提高,抗冻及抗硫酸盐腐蚀能力也相应提高。

(4) 抑制碱骨料反应。掺入硅灰可抑制混凝土中的碱骨料反应,因为硅灰粒子改善了水泥胶结材料的密封性,降低水分通过浆体的运动速度,使得碱骨料反应所需的水分减少;另外,掺入硅灰时所形成的低钙硅比 C—S—H 凝胶,可以增加容纳外来离子(碱分子)的能力。

目前在国内外,常利用掺入硅灰可配制出抗压强度达 100MPa 以上的超高强混凝土。

3. 沸石粉

沸石粉是天然的沸石岩经磨细而成,颜色为白色。沸石岩是一种火山灰质铝硅酸盐矿物,含有一定量活性二氧化硅和三氧化二铝,能与水泥水化析出的氢氧化钙反应生成胶凝物质。沸石粉具有很大的内表面积和开放性结构,其细度为 80μm 筛筛余小于 5%,平均粒径为 5.0~6.5μm。配制普通混凝土时,沸石粉的掺量为 10%~27%,配制高强混凝土时掺量一般为 10%~15%。

沸石粉用做混凝土掺合料可以提高混凝土强度,配制高强混凝土;也可以改善混凝土和易性及可泵性,配制流态混凝土及泵送混凝土。

4. 粒化高炉矿渣粉(简称矿渣粉)

粒化高炉矿渣粉是指将粒化高炉矿渣经干燥、磨细达到相当细度且符合相应活性指数的粉状材料。矿渣粉作为混凝土的掺合料,可等量取代水泥,而且能显著地改善混凝土的综合性能,如:改善混凝土拌和物的和易性,降低水化热,提高混凝土的抗腐蚀能力和抗渗性,增强混凝土的后期强度等。

5. 超细矿物掺合料

超细矿物掺合料是将高炉矿渣、粉煤灰或沸石粉等超细粉磨制成比表面积大于 $500m^2/kg$ 的超细微粒,用于配制高强、超高强混凝土。超细矿物掺合料是高性能混凝土不可缺少的组分,掺入混凝土后可产生化学效应和物理效应。化学效应是指它们在水泥水化硬化过程中发生化学反应,产生凝胶性;物理效应是指它们具有微观填充作用,可填充水泥颗粒间的空隙,使结构致密化。

超细矿物掺合料的品种、细度和掺量都会影响混凝土的性能。一般具有以下几方面的效果,如:改善混凝土的和易性、提高混凝土的力学性能、改善混凝土的耐久性等。利用超细矿物掺合料是当今混凝土技术发展的趋势之一。

3.2 混凝土的主要技术性质

混凝土拌和物是指由混凝土的各组成材料拌和在一起,尚未凝结硬化的混合物,又称新拌混凝土。新拌混凝土硬化后,则为硬化混凝土。混凝土的性能也相应分为新拌混凝土的性能和硬化混凝土的性能。混凝土的主要技术性质包括混凝土拌和物的和易性、硬化混凝土的强度、变形及耐久性等方面。

3.2.1 混凝土拌和物的和易性

1. 和易性的概念

新拌水泥混凝土是不同粒径的矿质集料颗粒的分散相在水泥浆体的分散介质中的一种复杂分散系,具有弹—黏—塑的性质。目前在生产实践中,对新拌混凝土的性质主要用和易性(又称工作性)来表征,是指混凝土拌和物易于施工操作(搅拌、运输、浇筑、捣实)并能获得质量均匀、成型密实的混凝土性能。这些性质在很大程度上制约着硬化后混凝土的技术性质,因此研究混凝土拌和物的施工和易性及其影响因素具有十分重要的意义。

混凝土拌和物的和易性是一项综合技术性能,包括流动性、黏聚性和保水性 3 方面含义。

(1)流动性。流动性是指混凝土拌和物在本身自重或施工机械振捣的作用下,能产生流动,并均匀密实地填满模板的性能。流动性的大小反映拌和物的稀稠,它关系着施工振

3.2 混凝土的主要技术性质

捣的难易和浇筑的质量。流动性好的混凝土操作方便，易于捣实、成型。

（2）黏聚性。黏聚性是指混凝土拌和物组成材料之间具有一定的黏聚力，在混凝土运输和振捣过程中不致产生粗集料下沉、细集料和水泥浆上浮的分层离析现象。黏聚性反映混凝土拌和物的均匀性。若混凝土拌和物黏聚性不好，混凝土中骨料与水泥浆容易分离，造成混凝土不均匀，振捣后会出现蜂窝、空洞等现象。

（3）保水性。保水性是指混凝土拌和物在施工过程中，具有一定的保水能力，不产生严重的泌水现象。保水性反映混凝土拌和物的稳定性。混凝土拌和物在施工过程中，若保水性不足，水分会逐渐析出至混凝土拌和物的表面（此现象称为泌水），同时在混凝土内部容易形成泌水通道，影响混凝土的密实性，降低混凝土的强度和耐久性。

2. 和易性的测定方法

各国混凝土工作者对混凝土拌和物的和易性测定方法进行了大量的研究，但至今仍未有一种能够全面反映混凝土拌和物和易性的测定方法。常用的方法是测定混凝土拌和物的流动性，辅以观察黏聚性和保水性并结合经验来综合评定混凝土拌和物和易性其他方面的性能。按我国现行国家标准《普通混凝土拌和物性能试验方法标准》（GB/T50080—2002）规定，可用坍落度试验和维勃稠度试验方法测定。

（1）坍落度试验。

该方法适用于骨料最大粒径不大于 40mm、坍落度不小于 10mm 的混凝土拌和物和易性测定。

我国国家标准《普通混凝土拌和物性能试验方法标准》（GB/T50080—2002）规定：坍落度试验是用标准坍落度圆锥筒测定。试验时将搅拌好的混凝土分三层装入坍落度筒中（使捣实后每层高度为筒高的 1/3 左右），每层用捣棒均匀地捣插 25 次。多余试样用镘刀刮平，垂直向上将筒提起，混凝土拌和物由于自重将会产生坍落现象，测量筒高与坍落后混凝土拌和物最高点之间的高度差，即为新拌混凝土拌和物的坍落度，以 mm 为单位，如图 3.2.1 所示。作为流动性指标，坍落度越大表示流动性越好。

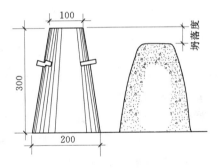

图 3.2.1 混凝土拌和物坍落度测定示意图（单位：mm）

在进行坍落度试验的同时，应观察混凝土拌和物的黏聚性、保水性，以便全面地评定混凝土拌和物的和易性。黏聚性的评定方法是：用捣棒在已坍落的混凝土锥体侧面轻轻敲打，若锥体在敲打后逐渐下沉，则表示黏聚性良好；如果锥体突然倒塌，部分崩裂或出现离析现象，则表示黏聚性不好。保水性是以混凝土拌和物中的稀浆析出的程度来评定。坍落度筒提起后，如有较多稀浆从底部析出，锥体部分混凝土拌和物因失浆而骨料外露，则表明混凝土拌和物的保水性能不好。如坍落度筒提起后无稀浆或仅有少量稀浆自底部析出，则表示此混凝土拌和物保水性良好。

混凝土拌和物根据坍落度大小可分为四级，见表 3.2.1。

（2）维勃稠度法。

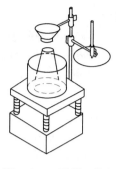

图 3.2.2 混凝土拌和物维勃稠度测定示意图

对于坍落度小于 10mm 的混凝土拌和物，用坍落度指标不能有效表示其流动性，此时应采用维勃稠度指标。常规维勃稠度试验如下。

维勃稠度仪如图 3.2.2 所示。测定方法是：在坍落度筒中按坍落度试验方法装满拌和物，提起坍落度筒，在拌和物试体顶面放一透明圆盘，开启振动台，同时用秒表计时，当振动到透明圆盘的底面被水泥浆布满的瞬间停止计时，并关闭振动台。由秒表读出时间即为该混凝土拌和物的维勃稠度值，精确至 1s。

该方法适用于骨料最大粒径不超过 40mm，维勃稠度在 5～30s 之间的混凝土拌和物的稠度测定。根据维勃稠度的大小，混凝土拌和物也分为四级，见表 3.2.1。

表 3.2.1　　　　　　　　　混凝土拌和物按流动性的分类

名 称		代 号	指 标
混凝土拌和物	塑性混凝土（坍落度≥10mm）		
	低塑性混凝土	T1	10～40mm
	塑性混凝土	T2	50～90mm
	流动性混凝土	T3	100～150mm
	大流动性混凝土	T4	≥160mm
	干硬性混凝土（坍落度＜10mm）		
	超干硬性混凝土	V0	＞31s
	特干硬性混凝土	V1	30～21s
	干硬性混凝土	V2	20～11s
	半干硬性混凝土	V3	10～5s

3. 影响混凝土拌和物和易性的因素

影响拌和物和易性的因素很多，主要有水泥浆的数量、水泥浆的稀稠（水灰比）、含砂率的大小、环境条件、原材料的种类以及外加剂等。

（1）水泥浆数量的影响。

在水泥浆稀稠不变，也即混凝土的水用量与水泥用量之比（水灰比）保持不变的条件下，单位体积混凝土内水泥浆数量越多，拌和物的流动性越大。但若水泥浆过多，骨料不能将水泥浆很好地保持在拌和物内，混凝土拌和物将会出现流浆、泌水现象，使拌和物的黏聚性及保水性变差。这不仅增加水泥用量，而且还会对混凝土强度及耐久性产生不利影响。因此，混凝土内水泥浆的含量，以使混凝土拌和物达到要求的流动性为准，不应任意加大。

（2）水灰比的影响。

水泥浆的稠度取决于水灰比，水灰比是指混凝土拌和物中用水量与水泥用量的比。在水泥用量、骨料用量均不变的情况下，水灰比越小，水泥浆越稠，混凝土拌和物的流动性就越小。当水灰比过小时，水泥浆过于干稠，混凝土拌和物的流动性过低，造成施工困难且不能保证混凝土的密实性。水灰比增大会使混凝土拌和物的流动性加大，但水灰比过大，又会造成混凝土拌和物的黏聚性和保水性不良，而产生流浆、离析现象，影响混凝土的强度和耐久性。因此，混凝土拌和物的水灰比不能过大或过小，一般应根据混凝土的强度和耐久性合理选用。

无论是水泥浆数量的多少，还是水泥浆的稀稠，实际上对混凝土拌和物流动性起决定作用的是用水量的多少。因此，影响混凝土拌和物流动性的决定性因素是单位体积用水量的多少。应用于混凝土配合比设计时，可以在单位用水量不变的情况下，变化水灰比，而得到既满足拌和物的和易性要求，又满足混凝土强度和耐久性设计的要求。

（3）砂率的影响。

砂率是指混凝土中砂的质量占砂、石总质量的百分率。砂率的变动会引起骨料的空隙率和总表面积有很大的变化，从而对混凝土拌和物的和易性产生显著影响。若砂率过小，砂浆量不足，不能在石子周围形成足够的砂浆润滑层，砂浆层不足以包裹石子表面和填满石子间的空隙，会降低混凝土拌和物的流动性；砂率过大时，石子含量相对过少，骨料的总表面积和空隙率都会增大，混凝土拌和物变得干稠，流动性显著降低；混凝土的砂率不能过小，也不能过大，宜用合理砂率。

合理砂率是指在用水量和水泥用量一定的条件下，能使混凝土拌和物获得最大的流动性且能保证良好的黏聚性和保水性的砂率（图 3.2.3）；也即在水灰比一定的条件下，能使混凝土拌合物获得所要求的流动性及良好的黏聚性和保水性，水泥用量最少的砂率（图 3.2.4）。

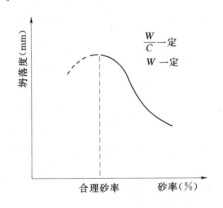
图 3.2.3 砂率与坍落度的关系

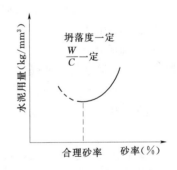
图 3.2.4 砂率与水泥用量的关系

（4）环境条件的影响。

影响混凝土拌和物和易性环境因素主要有温度、湿度、时间等。对于给定组成材料性质和配合比的混凝土拌和物，其和易性的变化主要受水泥的水化率和水分的蒸发率所支配。因此，混凝土拌和物从搅拌至捣实的这段时间里，温度的升高会加速水泥的水化及水分的蒸发损失，导致拌和物坍落度的减小。同样，风速和湿度因素也会影响拌和物水分的蒸发率，从而影响坍落度。混凝土拌和物在搅拌后，其坍落度随时间的增长而逐渐减小的现象，称为坍落度损失，主要是由于拌和物中自由水随时间而蒸发、骨料吸水和水泥早期水化而损失的结果。在不同环境条件下，要保证拌和物具有一定的和易性，必须采取相应的改善措施。如在夏季施工时，为保证混凝土具有一定的流动性应适当增加拌和物的用水量。

(5) 其他因素的影响。

除上述影响因素外,拌和物和易性还受水泥品种、掺合料品种及掺量、骨料种类及颗粒级配、混凝土外加剂以及混凝土搅拌工艺和搅拌后拌和物停置时间的长短等条件的影响。

4. 和易性的改善与调整

针对上述影响混凝土拌和物和易性的因素,在实际工程中,可采取以下措施来改善混凝土拌和物的和易性。

(1) 当混凝土拌和物的流动性小于设计要求时,应保持水灰比不变,增加水泥浆的用量。切记不能单独加水,否则会降低混凝土的强度和耐久性。

(2) 当混凝土拌和物的流动性大于设计要求时,应在保持砂率不变的前提下,增加砂、石用量。实际上是减少水泥浆数量,选择合理的浆骨比。

(3) 改善骨料的级配,即可增加混凝土拌和物的流动性,也能改善黏聚性和保水性。

(4) 在混凝土中掺加外加剂和矿物掺合料,可改善、调整混凝土拌和物的和易性,以满足施工要求。

(5) 尽可能选择合理砂率,当黏聚性不足时可适当增大砂率。

3.2.2 硬化混凝土的强度

强度是硬化混凝土最重要的性质,混凝土的其他性能与强度均有密切关系,混凝土的强度也是配合比设计、施工控制和质量检验评定的主要技术指标。混凝土的强度主要有抗压强度、抗拉强度、抗弯强度、抗折强度和抗剪强度等。其中抗压强度值最大,也是最主要的强度指标,故在结构工程中混凝土主要用于承受压力作用。

1. 混凝土抗压强度

混凝土的抗压强度与其他强度及其他性能之间有一定的相关性,因此混凝土的抗压强度是结构设计的主要参数,也是评定和控制混凝土质量的重要指标。抗压强度用单位面积上所能承受的压力来表示。根据试件形状的不同,混凝土抗压强度分为轴心抗压强度和立方体抗压强度。

(1) 混凝土立方体抗压强度、抗压强度标准值和强度等级。

1) 立方体抗压强度。

根据我国《普通混凝土力学性能试验方法标准》(GB/T50081—2002) 规定,制成边长为150mm的立方体试件,在标准条件(温度20±2℃,相对湿度90%以上)下,养护至28d龄期,按照标准试验方法测得的抗压强度值,称为混凝土立方体抗压强度,以 f_{cu} 或 $f_{cu,28}$ 表示,按式 (3.2.1) 计算。

$$f_{cu} = \frac{F}{A} \qquad (3.2.1)$$

式中 f_{cu} ——立方体抗压强度,MPa;

F ——抗压试验中的极限破坏荷载,N;

A ——试件的承载面积,mm^2。

试验时以3个试件为一组,取3个试件强度的算术平均值作为每组试件的强度代表值。当3个试件强度的最大值或最小值之一,与中间值之差超过中间值的15%时,取中间值。当 3 个试件强度中的最大值和最小值,与中间值之差均超过中间值 15% 时,该组试验应重做。用非标准尺寸试件测得的立方体抗压强度,应乘以换算系数,折算为标准试件的立方体抗压强度。混凝土强度等级小于 C60 时,200mm×200mm×200mm 试件换算系数为 1.05;100mm×100mm×100mm 试件,换算系数为 0.95。当混凝土强度等级不小于 C60 时,宜采用标准试件,使用非标准试件时,尺寸换算系数应由试验确定。

2) 立方体抗压强度标准值及强度等级。

按我国现行国家标准《混凝土强度检验评定标准》(GB50107—2010)的规定,混凝土立方体抗压强度标准值是按照标准方法制作和养护的边长为 150mm 的立方体试件,在 28d 龄期,用标准试验方法测定的抗压强度总体分布中的一个值,具有不低于 95% 保证率的抗压强度值,用 $f_{cu,k}$ 表示。

根据《混凝土结构设计规范》(GB50010—2010),混凝土强度等级按照混凝土立方体抗压强度标准值划分为 14 个强度等级,即 C15、C20、C25、C30、C35、C40、C45、C50、C55、C60、C65、C70、C75、C80。强度等级用符 C 和"立方体抗压强度标准值"两项内容来表示。例如,C30 即表示混凝土立方体抗压强度标准值 $f_{cu,k}$ 为 30MPa。

(2) 混凝土轴心抗压强度。

混凝土的强度等级是根据立方体抗压强度标准值确定的,但在实际工程中大部分钢筋混凝土结构形式为棱柱体或圆柱体,而不是立方体。为了较真实地反映实际受力状况,在钢筋混凝土结构设计中常采用棱柱体试件测得的轴心抗压强度作为设计依据。

根据《普通混凝土力学性能试验方法标准》(GB/T50081—2002)规定,轴心抗压强度是测定尺寸为 150mm×150mm×300mm 棱柱体试件的抗压强度,以 f_{cp} 表示。根据大量的试验资料统计,轴心抗压强度比同截面面积的立方体抗压强度要小。当立方体抗压强度在 10~50MPa 范围内时,混凝土轴心抗压强度(f_{cp})与立方体抗压强度(f_{cu})的比值为 0.7~0.8。考虑到结构中混凝土强度与试件强度的差异,并假定混凝土立方体抗压强度离差系数与轴心抗压强度离差系数相等,混凝土轴心抗压强度标准值常取其等于 0.67 倍的立方体抗压强度标准值。

(3) 劈裂抗拉强度。

混凝土的抗拉强度值较低,通常为抗压强度的 1/10~1/20。在普通钢筋混凝土结构设计中虽不考虑混凝土承受的拉力,但抗拉强度对混凝土的抗裂性起着重要作用,有时也用抗拉强度间接衡量混凝土与钢筋的黏结强度,或用于预测混凝土构件由于干缩或温缩受约束而引起的裂缝,是结构设计中确定混凝土抗裂能力的重要指标。

根据《普通混凝土力学性能试验方法标准》(GB/T50081—2002)规定,目前常采用劈裂抗拉试验法。劈裂抗拉强度试验采用 150mm×150mm×150mm 立方体试件,通过垫条对混凝土施加荷载,混凝土劈裂抗拉强度按式(3.2.2)计算:

$$f_{ts} = \frac{2P}{\pi A} = 0.637 \frac{P}{A} \tag{3.2.2}$$

式中 f_{ts}——劈裂抗拉强度,MPa;
P——破坏荷载,N;
A——试件劈裂面积,mm^2。

(4) 抗弯拉（折）强度。

在道路和机场工程中，混凝土路面结构主要承受荷载的弯拉作用。因此，抗折强度是混凝土路面结构设计和质量控制的主要指标，而将抗压强度作为参考强度指标。

道路水泥混凝土的抗折强度是以标准方法制成 150mm×150mm×550mm 的梁形试件，在标准条件下，经养护 28d 后，按三分点加荷方式，测定其抗折强度，以 f_{cf} 表示，按式（3.2.3）计算：

$$f_{cf} = \frac{FL}{bh^2} \tag{3.2.3}$$

式中　f_{cf}——混凝土抗折强度，MPa；
　　　F——破坏荷载，N；
　　　L——支座间距，mm（通常 $L=450$mm）；
　　　b——试件宽度，mm；
　　　h——试件高度，mm。

根据我国《公路水泥混凝土路面设计规范》（JTGD40—2002）规定，不同交通量分级的水泥混凝土计算抗折强度如表 3.2.2。道路水泥混凝土抗折强度与抗压强度的换算关系如表 3.2.3。

表 3.2.2　　　　　　　　路面水泥混凝土抗弯拉强度标准值

交 通 等 级	特重	重	中等	轻
抗折强度标准值（MPa）	5.0	5.0	4.5	4.0

表 3.2.3　　　　　　　道路水泥混凝土抗折强度与抗压强度的关系

抗折强度（MPa）	4.0	4.5	5.0	5.5
抗压强度（MPa）	25.0	30.0	35.5	40.0

2. 影响混凝土强度的主要因素

混凝土受力破坏时，破裂面可能出现在 3 个位置上，一是骨料和水泥石黏结界面破坏；二是水泥石的破坏；三是骨料自身破裂。第一种是混凝土最常见的破坏形式。所以普通水泥混凝土强度主要取决于水泥石强度及其与骨料的界面黏结强度，而水泥石强度及其与集料的界面黏结强度同混凝土的组成材料密切相关，并受到施工质量、养护条件及试验条件等因素的影响。其中混凝土组成材料的组成是混凝土强度形成的内因，主要取决于组成材料的质量及其在混凝土中的用量。

（1）水泥强度和水灰比。

水泥混凝土的强度主要取决于其内部起胶结作用的水泥石的质量，水泥石的质量则取决于水泥的强度和水灰比的大小。当试验条件相同时，在相同的水灰比下，水泥的强度越高，则水泥石的强度越高，从而使用其配制的混凝土强度也越高。

当水泥强度一定时，混凝土强度取决于其水灰比。在水泥强度相同的条件下，混凝土的强度将随水灰比的增加而降低。

试验证明，在原材料一定的条件下，混凝土强度随着水灰比增大而降低的规律呈曲线关系如图 3.2.5（a）所示；混凝土强度与灰水比（水灰比的倒数）则呈直线关系，如图 3.2.5（b）所示。需要指出的是，当水灰比过小时，水泥浆过分干稠，在一定振捣条件下，混凝土拌和物不能被振捣密实，反而导致混凝土强度降低。

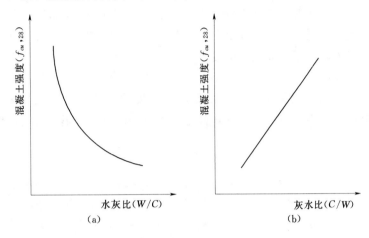

图 3.2.5　混凝土强度与水灰比及灰水比的关系

根据大量的试验资料统计结果，得出了灰水比、水泥实际强度与混凝土 28d 立方体抗压强度之间的关系式如下：

$$f_{cu}=\alpha_a f_{ce}(\frac{C}{W}-\alpha_b) \tag{3.2.4}$$

式中　f_{cu}——混凝土的立方体抗压强度，MPa；

　　　$\frac{C}{W}$——混凝土的灰水比；即 1m³ 混凝土中水泥与水用量之比，其倒数即是水灰比；

　　　f_{ce}——水泥的实际强度，MPa；

　　　α_a、α_b——与骨料种类有关的经验系数，依据《普通混凝土配合比设计规程》（JGJ 55—2011）的规定按表 3.2.4 选用。

水泥的实际强度根据水泥胶砂强度试验方法测定。当无条件时，可根据我国水泥生产标准及各地区实际情况，水泥实际强度以水泥强度等级乘以富余系数确定。

表 3.2.4　回归系数

石子品种	α_a	α_b
碎石	0.53	0.20
卵石	0.49	0.13

$$f_{ce}=\gamma_c f_{ce,k} \tag{3.2.5}$$

式中　γ_c——水泥强度等级富余系数，可按实际统计资料确定，当缺乏统计资料时可按水泥的强度等级（32.5 水泥，γ_c=1.12；42.5 水泥，γ_c=1.16；52.5 水泥，γ_c=1.10）；

　　　$f_{ce,k}$——水泥强度等级，如 42.5 级，取 42.5MPa。

混凝土强度经验公式为配合比设计和质量控制带来极大便利。如利用混凝土强度公式可以进行两个方面的估算：一是当所采用的水泥强度等级已定，欲配制某种强度的混凝土时，可以估算应采用的水灰比值；二是当已知水泥强度等级和水灰比时，可以估算混凝土28d 的立方体抗压强度。

(2) 骨料的种类及级配。

骨料本身的强度一般都比水泥石的强度高，所以不会直接影响混凝土的强度。但骨料中有害杂质过多且品质低劣时，将降低混凝土的强度。表面粗糙并富有棱角的碎石骨料，所配制混凝土的强度较卵石混凝土的强度高。但达到相同的流动性时，碎石拌制的混凝土比卵石拌制的混凝土用水量大，随着水灰比变大，强度变低。依据大量试验，当水灰比小于 0.4 时，用碎石配制的混凝土比卵石混凝土的强度约高 30% 以上，随着水灰比增大，两者差别就不显著了。当骨料级配良好，砂率适当时，砂石骨料填充密实，也使混凝土获得较高的强度。

(3) 养护条件。

为了获得质量良好的混凝土，混凝土浇筑后必须保持足够的湿度和温度，才能保证水泥的不断水化，以使混凝土的强度不断发展。混凝土的养护条件一般情况下可分为标准养护和同条件养护，标准养护主要为确定混凝土的强度等级时采用。同条件养护是为检验浇筑混凝土工程或预制构件中混凝土强度时采用。

1) 湿度。水是水泥水化反应的必要成分，如果湿度不足，水泥水化反应不能正常进行，甚至停止，将严重降低混凝土强度，而且水泥石结构疏松，形成干缩裂缝，影响混凝土的耐久性。因此，为了使混凝土正常凝结硬化，在混凝土养护期间，应创造条件维持一定的潮湿环境，从而产生更多的水化产物，使混凝土密实度增加。按《混凝土结构工程施工质量验收规范》(GB50240—2002) 规定，浇筑完毕的混凝土应采取一定的保水措施。

2) 温度。养护温度对混凝土的强度发展有很大的影响，当养护温度较高时，可以增大水泥初期的水化速度，混凝土的早期强度较高，但早期养护温度越高，混凝土后期强度增进率越小；而在相对较低的养护温度下，水泥的水化反应较为缓慢，使其水化物具有充分的扩散时间均匀地分布在水泥石中，导致混凝土后期强度提高。但如果混凝土的养护温度过低降至冰点以下时，水泥水化反应停止，致使混凝土的强度不再发展，并可能因冰冻作用使混凝土已获得的强度受到损失。

(4) 龄期。

龄期是指混凝土在正常养护下所经历的时间。随养护龄期增长，水泥水化程度提高，凝胶体增多，自由水和孔隙率减少，密实度提高，混凝土强度也随之提高。最初的 7d 内强度增长较快，而后增幅减少，28d 以后，强度增长更趋缓慢，但如果养护条件得当，可延续几年，甚至十几年之久。

在标准养护条件下，混凝土强度大致与龄期的对数成正比（龄期不少于 3d），可按下式进行计算：

$$\frac{f_n}{f_{28}} = \frac{\lg n}{\lg 28} \tag{3.2.6}$$

式中　f_n——n d 龄期混凝土的抗压强度，MPa；

　　　f_{28}——28d 龄期混凝土的抗压强度，MPa；

　　　n——养护龄期，d，$n \geqslant 3$。

当采用早强型普通硅酸盐水泥时，由 3~7d 强度推算 28d 强度会偏大。

(5) 施工条件。

主要指搅拌、运输、振捣等施工操作对混凝土强度的影响。一般而言，采用机械搅拌不仅比人工搅拌工效高，而且能搅拌得更均匀，故能提高混凝土的密实度，其强度也相应提高。尤其是对于掺有减水剂或引气剂的混凝土，机械搅拌的作用更为突出。

采用机械振捣混凝土、高频或多频振捣器来振捣混凝土，采用二次振捣工艺等，都可以使混凝土振捣得更加密实，从而可获得更高的混凝土强度。

(6) 试验条件。

混凝土的试验条件如：试件形状与尺寸、表面状态及含水率、支承条件和加载速度等，将在一定程度上影响混凝土强度测试结果。因此，试验时必须严格执行有关标准规定，熟练掌握试验操作技能。

3.2.3 混凝土的变形性能

硬化混凝土会因为各种物理、化学因素或在荷载作用下引起局部或整体的体积变化，即混凝土的变形。如果混凝土处于自由的非约束状态，那么体积变化一般不会产生不利影响。但是实际中混凝土结构受到基础及周围环境的约束时，混凝土的体积变化会在混凝土内引起拉应力，当拉应力超过混凝土自身抗拉强度时，就会引起混凝土的裂缝。

混凝土的开裂主要是由于混凝土中拉应力超过了抗拉强度，或者说是由于拉伸应变达到或超过了极限拉伸值而引起的。硬化后水泥混凝土的变形，按其产生原因可分为非荷载作用下的化学收缩、干湿变形和温度变形以及荷载作用下的弹—塑性变形和徐变。

3.2.3.1 非荷载作用下的变形

1. 化学收缩

混凝土在硬化过程中，由于水泥水化而引起的体积变化称为自生体积变形。普通水泥混凝土中，水泥水化生成物的体积较反应前物质的总体积小，这种体积收缩是由水泥水化反应所产生的固有收缩，亦称为化学减缩。混凝土的这一体积收缩变形是不能恢复的，其收缩量随着混凝土的龄期延长而增加，一般在 40d 以后逐渐趋向稳定，单化学收缩的收缩率一般很小。混凝土的化学收缩率虽然较小，在限制应力下不会对结构物产生明显的破坏作用，但其收缩过程中可在混凝土内部产生微细裂纹，会影响混凝土的受载性能和耐久性能。

2. 温度变形

混凝土的热胀冷缩变形称为温度变形，混凝土的热膨胀系数一般为 $(0.6 \sim 1.3) \times 10^{-5}/℃$。

温度变形对大体积混凝土、大面积混凝土、纵长的混凝土结构极为不利。混凝土在硬化初期，水泥水化放出较多的热量，而混凝土是热的不良导体，散热很慢，热量聚集在大体积混凝土内部，使混凝土内部温度升高，但外部混凝土温度则随气温下降，致使内外温差达 40~50℃，造成内部膨胀及外部收缩，使外部混凝土产生很大的拉应力，当混凝土所受拉应力一旦超过混凝土当时的极限抗拉强度，就使混凝土产生裂缝。因此对大体积混凝土工程，应设法降低混凝土的发热量，对纵向较长的混凝土结构及大面积的混凝土工程，应考虑混凝土温度变形所产生的危害，应每隔一段长度设置伸缩缝，同时在结构物内部配置温度钢筋。

3. 干湿变形

干湿变形主要表现为湿胀干缩，这是由混凝土内水分变化引起的。当混凝土在水中硬化时，水泥凝胶体中胶体离子表面的吸附水膜增厚，胶体离子间距离增大，使混凝土产生微小膨胀。当混凝土在干燥空气中硬化时，混凝土中水分逐渐蒸发，水泥石毛细孔和水泥凝胶体失去水分，使混凝土产生收缩。干缩后的混凝土再遇水时，大部分的干缩变形可以恢复，但仍有一部分（占30%～50%）不可恢复的。

混凝土的湿胀变形量很小，对结构一般无破坏作用。但干缩变形对混凝土危害较大，干缩能使混凝土表面产生较大的拉应力而导致开裂，降低混凝土的抗渗、抗冻、抗侵蚀等耐久性能。

可通过以下措施减少混凝土干缩，以降低干缩变形对混凝土的危害：①尽量减少水泥用量；②尽量使用大粒径的集料；③尽量降低水灰比；④加强养护。

3.2.3.2 荷载作用下的变形

1. 短期荷载作用下的变形

混凝土是一种非均质材料属于弹塑性体。在外力作用下，既产生弹性变形，又产生塑性变形。因此，混凝土的应力—应变关系是非线性的，在较高的荷载下，这种非线性特征更加明显。混凝土在一次短期加载的应力—应变曲线如图3.2.6所示。在图3.2.6中的应力—应变曲线上，若加荷至应力为σ、应变为ε的A点，然后将荷载逐渐卸去，则卸载时的应力—应变曲线如图AC所示。卸载后能恢复的应变是由混凝土的弹性性质引起的，称为弹性应变$\varepsilon_{弹}$；不能恢复的应变，则是由混凝土的塑性性质引起的，称为塑性应变$\varepsilon_{塑}$。应力越高，混凝土的塑性变形越大，应力与应变的弯曲程度越大，即应力与应变的比值越小。混凝土的塑性变形是混凝土内部微裂缝产生、增多、扩展与汇合等的结果。

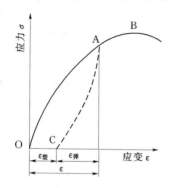

图3.2.6 混凝土受压应力—应变图

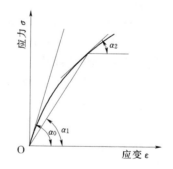

图3.2.7 α_0、α_1、α_2 示意图

混凝土的变形模量是反映应力与应变关系的物理量，混凝土应力与应变之间的关系不是直线而是曲线，因此混凝土的变形模量不是定值。混凝土的变形模量有3种表示方法，即原点弹性模量（弹性模量）$E_0=\tan\alpha_0$、割线模量$E_c=\tan\alpha_1$和切线模量$E_h=\tan\alpha_2$，α_0、α_1、α_2见图3.2.7。

在计算钢筋混凝土构件的变形、裂缝以及大体积混凝土的温度应力时，都需要知道混凝土的弹性模量。由于在混凝土的应力—应变曲线上做原点的切线难以达到准确，因此常采用一种按标准方法测得的静力受压弹性模量作为混凝土的弹性模量。《普通混凝土力学性能试验方法标准》（GB/T50081—2002）规定，采用 150mm×150mm×300mm 的棱柱体试件，用 1/3 轴心抗压强度值作为荷载控制值，循环 3 次加载、卸载后，所得的应力—应变曲线渐趋于稳定的直线，并与初始切线大致平行，这样测出的应力与应变的比值即为混凝土的弹性模量 E_c。混凝土的弹性模量 E_c 在数值上与原点弹性模量 E_0 接近。

根据试验统计分析，混凝土的强度等级越高，弹性模量也越高，两者存在一定的相关性，但一般不呈线性关系。当混凝土的强度等级由 C15 增高到 C80 时，其弹性模量大致由 2.20 万 MPa 增至 3.80 万 MPa。

2. 长期荷载作用下的变形——徐变

混凝土在长期不变荷载作用下，随时间的延长而沿受力方向增加的变形，称为混凝土的徐变。当混凝土开始加荷时产生瞬时应变，随着荷载持续作用时间的增长，就逐渐产生徐变变形。徐变变形在加载初期增长较快，以后逐渐变慢并逐渐稳定下来。卸荷后，一部分变形瞬时恢复，其值小于在加荷瞬间产生的瞬时变形。在卸荷后的一段时间内变形还会继续恢复，称为徐变恢复。最后残存的不能恢复的变形，称为残余变形。

徐变可消除钢筋混凝土内的应力集中，使应力重新分配，从而使混凝土构件中局部应力得到缓和，对大体积混凝土则能消除一部分由于温度变形所产生的破坏应力。但徐变使钢筋的预加应力受到损失（预应力减小），使构件强度降低。

3.2.4 混凝土的耐久性

混凝土的耐久性是指混凝土在使用条件下抵抗周围环境各种因素长期作用而不破坏的能力。在工程中不仅要求混凝土要具有足够的强度来安全地承受荷载，还要求混凝土要具有与使用环境相适应的耐久性来延长建筑物的使用寿命。混凝土的耐久性是一项综合技术指标，主要包括抗渗性、抗冻性、抗侵蚀性、抗碳化性、碱—骨料反应以及混凝土中的钢筋锈蚀等性能。根据混凝土所处的环境不同，耐久性应考虑的因素也不同。如承受压力水作用的混凝土，需要具有一定的抗渗能力；遭受环境水侵蚀作用的混凝土，需要具有与之相适应的抗侵蚀性等。

1. 抗渗性

抗渗性是指混凝土抵抗水、油等液体在压力作用下渗透的性能。抗渗性是混凝土耐久性的一项重要指标，它直接影响混凝土的抗冻性、抗侵蚀性等其他耐久性。因为抗渗性控制着水分渗入的速率，这些水可能含有侵蚀性的化合物，同时控制混凝土受热或受冻时水的移动。抗渗性较差的混凝土，水分容易渗入内部，当有冰冻作用或水中含侵蚀性介质时，混凝土就容易受到冰冻或侵蚀作用而破坏。

混凝土的抗渗性用抗渗等级（P）或渗透系数来表示。目前我国标准采用抗渗等级，抗渗等级是以 28d 龄期的标准试件，按标准试验方法进行试验时所能承受的最大水压力来确定。《混凝土质量控制标准》（GB50164—2011）根据混凝土试件在抗渗试验时所能承受的最大水压力，将混凝土的抗渗等级划分为 P4、P6、P8、P10、P12、大于 P12 六个等级；它们相应表示混凝土抗渗试验时一组 6 个试件中 4 个试件未出现渗水时的最大水压力。抗渗等级大于等于 P6 的混凝土称为抗渗混凝土。

混凝土的抗渗性还可用渗透系数来表示。混凝土渗透系数系数越小，抗渗性越强。

混凝土内部连通的孔隙、毛细管和混凝土浇筑成型时形成的孔洞、蜂窝等，都会引起混凝土渗水。提高混凝土的抗渗性能的措施是提高混凝土的密实度，改善孔隙结构，减少渗透通道。常用的办法有掺用引气型外加剂，减小水灰比，选用适当品种及强度等级的水泥，保证施工质量，特别是注意振捣密实、养护充分等，都对提高抗渗性能有重要作用。

2. 抗冻性

混凝土的抗冻性是指混凝土在水饱和状态下，能经受多次冻融循环作用而不破坏，同时也不严重降低强度的性能。对于严寒地区的混凝土，混凝土抗冻性不足是造成耐久性破坏的主要原因。混凝土冻融破坏的机理主要是由于毛细孔中水结冰产生膨胀应力及渗透压力，当这种应力超过混凝土局部抗拉强度时，就可能产生裂缝。在反复冻融作用下，混凝土内部的微细裂缝逐渐增多和扩大，导致混凝土产生疏松剥落，直至破坏。

混凝土的抗冻性用抗冻等级表示，混凝土的抗冻等级分为 F25、F50、F100、F150、F200、F250、F300 七个等级。其中数字表示混凝土能承受的最大冻融循环次数，如 F100 表示混凝土能够承受反复冻融循环次数不小于 100 次。抗冻等级不小于 F50 的混凝土称为抗冻混凝土。

混凝土的抗冻等级，应根据工程所处环境，按有关规范选择。严寒气候条件、冬季冻融交替次数多、处于水位变化区的外部混凝土，以及钢筋混凝土结构或薄壁结构、受动荷载的结构，均应选用较高抗冻等级的混凝土。

提高混凝土抗冻性的主要措施有：严格控制水灰比，提高混凝土密实度；掺用引气剂、减水剂或引气减水剂，改善孔隙结构；加强早期养护或掺入防冻剂，防止混凝土受冻。

3. 抗侵蚀性

混凝土抗侵蚀性是指混凝土抵抗外界侵蚀性介质破坏的能力。当混凝土所处的环境水有侵蚀性介质时，会对混凝土提出抗侵蚀性的要求。混凝土的抗侵蚀性取决于水泥品种及混凝土的密实度。水泥品种的选择可参照前面第 2 章；密实度越高、连通孔隙越少，外界的侵蚀性介质越不易侵入，混凝土的抗腐蚀性好。

混凝土的抗渗性、抗冻性和抗侵蚀性之间是相互关联的，且均与混凝土的密实程度，即孔隙总量及孔隙结构特征有关。若混凝土内部的孔隙形成相互联通的渗水通道，混凝土的抗渗性差，相应的抗冻性和抗侵蚀性将随之降低。常用的提高性能方法有：采用减水剂降低水灰比，提高混凝土密实度；掺加引气剂，在混凝土中形成均匀分布的不连通的微孔；加强养护，杜绝施工缺陷；防止由于离析、泌水而在混凝土内形成孔隙通道等。还可以采用外部保护措施，以隔离侵蚀介质不与混凝土相接触，提高混凝土的抗侵蚀性，如在混凝土表面涂抹密封材料或加做沥青、塑料等覆盖层。

4. 混凝土的碱—骨料反应

当骨料中含有活性二氧化硅（如蛋白石、凝灰岩、安山岩等）的岩石颗粒（砂或石子）时，会与水泥中的碱（K_2O 及 Na_2O）发生化学反应（即碱—硅酸反应），使混凝土发生不均匀膨胀，造成裂缝、强度和弹性模量下降等不良现象，从而威胁工程安全。

发生碱—骨料反应的必要条件是：①骨料中含有活性成分（含有 SiO_2），并超过一定数量；②混凝土中含碱量较高；③有水分存在，如果混凝土内没有水分或水分不足，反应就会停止或减小。

防止碱骨料反应的措施有：对骨料进行检测，不使用含活性 SiO_2 的骨料；选用低碱水泥，并控制混凝土总的含碱量；在混凝土中掺入活性掺合料，如粉煤灰、磨细矿渣等，可抑制碱骨料反应的发生或减小其膨胀率；在混凝土中掺入引气剂，使其中含有大量均匀分布的微小气泡，可减少其膨胀破坏作用等。

5. 混凝土的碳化

混凝土的碳化是指空气中的二氧化碳及水通过混凝土的裂隙与水泥石中的氢氧化钙反应生成碳酸钙，从而使混凝土的碱度降低的过程。

混凝土的碳化可使混凝土表面的强度适度提高，但对混凝土的有害作用却更为重要，碳化造成的碱度降低可使钢筋混凝土中的钢筋丧失碱性保护作用而发生锈蚀，锈蚀的生成物体积膨胀进一步造成混凝土的微裂。碳化还能引起混凝土的收缩，使碳化层处于受拉应力状态，导致混凝土产生微细裂缝，降低混凝土的抗拉、抗折强度。

采用硅酸盐水泥比采用掺混合材料的硅酸盐水泥的混凝土碱度要高，碳化速度慢，抗碳化能力强；低水灰比的混凝土孔隙率低，二氧化碳不易侵入，故抗碳化能力强；环境的相对湿度在 50%~75% 时碳化最快，相对湿度小于 25% 或达到饱和时，碳化会因为水分过少或水分过多堵塞了二氧化碳的通道而停止；此外，二氧化碳浓度以及养护条件也是影响混凝土碳化速度及抗碳化能力的原因。对于钢筋混凝土来说，提高其抗碳化能力的措施之一就是提高保护层的厚度。

6. 混凝土的耐磨性

受磨损、磨耗作用的表层混凝土（如受挟沙高速水流冲刷的混凝土及道路路面混凝土等），要求有较高的抗磨性。混凝土的抗磨性不仅与混凝土强度有关，而且与原材料的特性及配合比有关。选用坚硬耐磨的集料、高强度等级的硅酸盐水泥，配制成水泥浆含量较少的高强度混凝土，经振捣密实，并使表面平整光滑，混凝土将获得较高的抗磨性。对于有抗磨要求的混凝土，其强度等级应不低于 C30，或者采用真空作业，以提高其耐磨性。对于结构物可能受磨损特别严重的部位，应采用抗磨性较强的材料加以防护。

7. 提高混凝土耐久性的主要措施

混凝土的耐久性主要应根据工程特点、环境条件而定。工程上应从材料的质量、配合比设计、施工质量控制等多方面采取措施给以保证。具体可采取以下措施：

(1) 合理选择水泥品种。水泥品种的选择应与工程结构所处环境条件相适应，详见第 2 章相关内容。

(2) 控制混凝土的最大水灰比和最小水泥用量。水灰比的大小直接影响到混凝土的密实性；而保证水泥的用量，也是提高混凝土密实性的前提条件。大量实践证明，耐久性控制的两个有效指标是最大水灰比和最小水泥用量，这两项指标在国家相关规范中都有规定（详见本章 3.4 节相关内容）。

(3) 选用品质良好、级配合理的骨料。选用品质良好的骨料，是保证混凝土耐久性的重要条件。改善骨料的级配，在允许的最大粒径范围内，尽量选用较大粒径的粗骨料，可减少骨料的空隙率和总表面积，提高混凝土的密实度。另外，近年来研究成果表明，在骨料中掺加粒径在砂和水泥之间的超细矿物粉料，可有效改善混凝土的颗粒级配，提高混凝土的耐久性。

（4）改善混凝土的孔隙特征。可采取降低水灰比、掺加减水剂或引气剂等外加剂的措施，来改善混凝土的孔隙结构。这是提高混凝土抗冻性及抗渗性的有力措施。

（5）严格控制混凝土施工质量，保证混凝土的均匀、密实。

3.3 混凝土的质量控制与强度评定

3.3.1 混凝土的质量控制

1. 混凝土的质量的波动与控制

混凝土广泛应用于各种土木工程中，受力复杂且会受到各种气候环境的侵蚀。因此，对混凝土进行严格的质量控制是保证工程质量的必要手段。混凝土的生产质量由于受各种因素的作用或影响总是有所波动。引起混凝土质量波动的因素主要有原材料质量的波动，组成材料计量的误差，搅拌时间、振捣条件与时间、养护条件的波动与变化以及试验条件等的变化。

对混凝土质量进行检验与控制的目的是：研究混凝土质量（强度等）波动的规律，从而采取措施，使混凝土强度的波动值控制在预期的范围内，以便制作出既满足设计要求，又经济合理的混凝土。

混凝土的质量控制，可以分为3个阶段。

（1）初步控制。为混凝土的生产控制提供组成材料的有关参数，包括组成材料的质量检验与控制、混凝土配合比的确定等。

（2）生产控制。使生产和施工全过程的工序能正常运行，以保证生产的混凝土稳定地符合设计要求的质量。它主要包括混凝土组成材料的计量、混凝土拌和物的搅拌、运输、浇筑和养护等工序的控制。

（3）合格控制。它包括对混凝土产品的检验与验收、混凝土强度的合格评定等。

混凝土质量控制与评定的具体要求、方法与过程见《混凝土质量控制标准》（GB 50164—2011）、《混凝土结构工程施工质量验收规范》（GB50204—2002）、《混凝土及预制混凝土构件质量控制规程》（CECS40—92）、《混凝土强度检验评定标准》（GB/T 50107—2010）等标准。

2. 混凝土强度波动规律——正态分布

在混凝土生产中，每一种组成材料性能的变异、工艺过程变动及试件制作和试验操作等误差，都会使混凝土强度产生波动，这说明混凝土的强度数据具有波动性。但这种波动是具有某种规律性的，我们可以利用这种规律性，对混凝土质量进行控制和判断。多年来的实践结果证明，同一等级的混凝土，在施工条件基本一致的情况下，用以反映工程质量的混凝土试块强度值，可以看作是遵循正态分布曲线分布的。混凝土强度正态分布曲线具有以下特点（见图3.3.1）。

（1）曲线呈正态分布，在对称轴两侧曲线上各有一个拐点，拐点距对称轴等距离。

（2）曲线高峰为混凝土平均强度$\overline{f_{\alpha}}$的概率。以平均强度为对称轴，左右两边曲线是对称的。距对称轴越远，出现的概率越小，并逐渐趋近于零，亦即强度测定值比强度平均值越低或越高者，其出现的概率就越少，最后逐渐趋近于零。

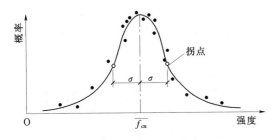
图 3.3.1　混凝土强度的正态分布曲线

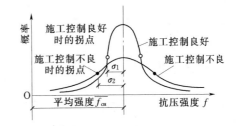
图 3.3.2　混凝土强度离散性不同的正态分布曲线

（3）曲线与横坐标之间围成的面积为概率的总和，等于 100%。

可见，若概率分布曲线形状窄而高，说明强度测定值比较集中，混凝土均匀性较好、质量波动小，施工控制水平高，这时拐点至对称轴的距离小。若曲线宽而矮，则拐点距对称轴远，说明强度离散程度大，施工控制水平低，如图 3.3.2 所示。

3. 混凝土质量评定的数理统计方法

用数理统计方法进行混凝土的强度质量评定，是通过求出正常生产控制条件下混凝土强度的平均值、标准差、变异系数和强度保证率等指标，然后进行综合评定。

（1）混凝土强度平均值 $\overline{f_{cu}}$。

对同一批混凝土，在某一统计期内连续取样制作 n 组试件（每组 3 块），测得各组试件的立方体抗压强度值分别为 $f_{cu,1}$、$f_{cu,2}$、$f_{cu,3}$、…、$f_{cu,n}$，求其算术平均值即得到混凝土强度平均值。混凝土强度平均值 $\overline{f_{cu}}$ 可用下式表示：

$$\overline{f_{cu}} = \frac{1}{n}\sum_{i=1}^{n} f_{cu,i} \tag{3.3.1}$$

式中　$\overline{f_{cu}}$——混凝土立方体抗压强度平均值，MPa；

　　　n——试验组数；

　　　$f_{cu,i}$——第 i 组试件立方体抗压强度值，MPa。

强度平均值对应于正态分布曲线中的概率密度峰值处的强度值，即曲线的对称轴所在之处。因此，强度平均值仅表示混凝土总体强度的平均值，并不反映混凝土强度的波动情况。

（2）强度标准差 σ。

强度标准差又称均方差，是混凝土强度分布曲线上拐点距对称轴之间的距离。强度标准差 σ 按下式计算：

$$\sigma = \sqrt{\frac{\sum_{i=1}^{n} f_{cu,i}^2 - n\,\overline{f_{cu}^2}}{n-1}} \tag{3.3.2}$$

式中　n——试件组数；

　　　$\overline{f_{cu}}$——n 组混凝土立方体抗压强度的平均值，MPa；

　　　$f_{cu,i}$——第 i 组试件的立方体抗压强度值，MPa；

　　　σ——混凝土强度的标准差，MPa。

强度标准差 σ 反映了混凝土强度的离散程度，即波动情况。σ 越小，强度分布曲线就越窄而高，说明混凝土强度的波动较小，混凝土的均匀性好，施工质量水平高；σ 越大，强度分布曲线就越宽而矮，说明混凝土强度的离散程度越大，混凝土质量越不稳定，施工质量水平低下。

(3) 变异系数 C_v。

又称离差系数在相同生产管理水平下，混凝土的强度标准差会随强度平均值的提高或降低而增大或减小，它反映绝对波动量的大小，有量纲。对平均强度水平不同的混凝土之间质量稳定性的比较，可考虑用相对波动的大小，即以标准差对强度平均值的比率表示，即变异系数 C_v 来表征，可按下式计算：

$$C_v = \frac{\sigma}{\overline{f_{cu}}} \tag{3.3.3}$$

变异系数 C_v 是说明混凝土质量均匀性的指标。C_v 值越小，说明该混凝土强度质量越稳定，混凝土生产的质量水平越高。

(4) 强度保证率 P。

强度保证率 $P(\%)$ 是指混凝土强度总体分布中，大于设计要求的强度等级标准值（$f_{cu,k}$）的概率 $P(\%)$，以混凝土强度正态分布曲线下的阴影部分来表示（见图 3.3.3）。强度正态分布曲线下的面积为概率的总和，等于 100%。低于设计强度等级 $f_{cu,k}$ 的强度所出现的概率为不合格率。

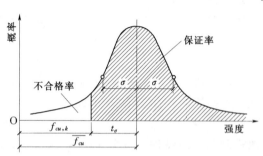

图 3.3.3 混凝土强度保证率

强度保证率 $P(\%)$ 的计算方法为：首先根据混凝土设计等级（$f_{cu,k}$）、混凝土强度平均值（$\overline{f_{cu}}$）、标准差（σ）或变异系数（C_v），计算出概率度（t），即：

$$t = \frac{\overline{f_{cu}} - f_{cu,k}}{\sigma} \tag{3.3.4}$$

或

$$t = \frac{\overline{f_{cu}} - f_{cu,k}}{C_v \overline{f_{cu}}} \tag{3.3.5}$$

则强度保证率 $P(\%)$ 就可由正态分布曲线方程积分求得，或由数理统计中的表内查到保证率 P 值，如表 3.3.1 示。

表 3.3.1　　　　　不同 t 值的保证率 P

t	0.00	0.50	0.80	0.84	1.00	1.04	1.20	1.28	1.40	1.50	1.60
$P(\%)$	50.0	69.2	78.8	80.0	84.1	85.1	88.5	90.0	91.9	93.5	94.7
t	1.645	1.70	1.75	1.81	1.88	1.96	2.00	2.05	2.33	2.50	3.00
$P(\%)$	95.0	95.5	96.0	96.5	97.0	97.5	97.7	98.0	99.0	99.4	99.87

工程中，$P(\%)$ 值可根据统计周期内，混凝土试件强度不低于要求强度等级标准值

的组数 N_0 与试件总组数 N 之比求得，即：

$$P = \frac{N_0}{N} \times 100\% \qquad (3.3.6)$$

式中　N_0——统计周期内，同期混凝土试件强度大于或等于规定强度等级标准值的组数；

　　　N——统计周期内同批混凝土试件总组数，$N \geq 25$。

根据以上数值，可根据标准差 σ 和强度不低于要求强度等级值的概率度 P，按表 3.3.2 来评定混凝土生产质量水平。

表 3.3.2　　　　　　　　　　混凝土生产质量水平

生产质量水平		优良		一般		差	
混凝土强度等级		<C20	≥C20	<C20	≥C20	<C20	≥C20
评定指标	生产场所						
混凝土强度标准差 σ （MPa）	商品混凝土厂和预制混凝土构件厂	≤3.0	≤3.5	≤4.0	≤5.0	>4.0	>5.0
	集中搅拌混凝土的施工现场	≤3.5	≤4.0	≤4.5	≤5.5	>4.5	>5.5
强度等于或大于混凝土强度等级标准值的百分率 $P(\%)$	商品混凝土厂、预制混凝土构件厂及集中搅拌混凝土的施工现场	≥95		>85		≤85	

4. 混凝土配制强度

根据上述保证率的概念可知，在施工中配制混凝土时，如果所配制的混凝土的强度平均值（$\overline{f_{cu}}$）等于设计强度（$f_{cu,k}$），则由图 3.3.3 可知，概率度 t 为 0，此时混凝土强度保证率只有 50%，即只有 50% 的混凝土强度大于或等于设计强度等级，难以保证工程质量。因此，为了保证工程混凝土具有设计所要求的 95% 强度保证率，则在进行混凝土配合比设计时，必须使混凝土的配制强度大于设计强度。混凝土的配制强度（$f_{cu,0}$）可按下列方法进行计算。

令混凝土的配制强度等于平均强度，即 $f_{cu,0} = \overline{f_{cu}}$，再以此式代入概率度（$t$）计算式，则得：

$$t = \frac{f_{cu,0} - f_{cu,k}}{\sigma} \qquad (3.3.7)$$

由此得混凝土配制强度的关系式为：

$$f_{cu,0} = f_{cu,k} + t\sigma \qquad (3.3.8)$$

根据《普通混凝土配合比设计规程》（JGJ55—2011）的规定，混凝土的强度保证率必须达到 95% 以上，对应的概率度 $t=1.645$，所以混凝土配制强度可按下式计算：

$$f_{cu,0} = f_{cu,k} + 1.645\sigma \qquad (3.3.9)$$

式中　$f_{cu,0}$——混凝土配制强度，MPa；

　　　$f_{cu,k}$——混凝土立方体抗压强度标准值（即混凝土的设计强度等级），MPa；

　　　σ——混凝土强度标准差，MPa。

3.3.2 混凝土的强度检验与评价方法

1. 混凝土的取样、试拌、养护和试验

混凝土的取样次数，每 100 盘，但不超过 100m³ 的同配合比的混凝土，取样次数不得少于 1 次；每一工作班拌制的同配合比的混凝土不足 100 盘时，其取样次数不得少于 1 次。预拌混凝土应在预制混凝土厂内按以上规定取样，混凝土运到施工现场后，还应按以上规定批样检验。每批（验收批）混凝土取样应制作的试样总组数应符合不同情况下强度评定所必需的组数，每组的 3 个试件应在同一盘混凝土内取样制作。若检验结构或构件施工阶段混凝土强度，应根据实际情况决定必需的试件组数。

混凝土试样的制作，养护和试验应符合现行国家标准《普通混凝土力学性能试验方法》的规定。

2. 混凝土的强度评价方法

混凝土强度的检验评定，应根据设计要求和抽样检验原理划分验收批次、确定验收规则。同一验收批次的混凝土应由强度等级相同、龄期相同、生产工艺条件和配合比相同的混凝土组成，进行分批验收。根据《混凝土强度检验评定标准》（GB/T50107—2010）规定，混凝土强度检验评定方法可采用统计方法和非统计方法两种评定方法。前者适用于大批量、连续生产混凝土的强度检验评定；后者适用于小批量或零星生产混凝土的强度检验评定。

（1）统计方法评定。

根据混凝土强度的稳定性，混凝土强度评定的统计方法分为两种：一种是标准差已知的统计法，另一种是标准差未知的统计法。

1）已知标准差方法。

连续生产的混凝土，当混凝土的生产条件在较长时间内能保持一致，且同一品种、同一强度等级混凝土的强度变异性保持稳定时，每批混凝土的强度标准差可根据前一时期生产累计的同类混凝土强度数据确定，则每批的强度标准差可按常数考虑。

一个检验批的样本容量应为连续的 3 组试件，其强度应同时满足下列规定：

$$m_{f_{cu}} \geqslant f_{cu,k} + 0.7\sigma_0 \tag{3.3.10}$$

$$f_{cu,\min} \geqslant f_{cu,k} - 0.7\sigma_0 \tag{3.3.11}$$

验收批混凝土立方体抗压强度的标准差应按下式计算：

$$\sigma_0 = \sqrt{\frac{\sum_{i=1}^{n} f_{cu,i}^2 - nm_{f_{cu}}^2}{n-1}} \tag{3.3.12}$$

当混凝土强度等级不高于 C20 时，其强度的最小值尚应满足下式要求：

$$f_{cu,\min} \geqslant 0.85 f_{cu,k} \tag{3.3.13}$$

当混凝土强度等级高于 C20 时，其强度的最小值尚应满足下式要求：

$$f_{cu,\min} \geqslant 0.90 f_{cu,k} \tag{3.3.14}$$

式中 $m_{f_{cu}}$——同一检验批混凝土立方体抗压强度的平均值，MPa；

$f_{cu,k}$——混凝土立方体抗压强度标准值，MPa；

σ_0——检验批混凝土立方体抗压强度的标准差，MPa；当检验批混凝土强度标准差 σ_0 计算值小于 2.5MPa 时，应取 2.5MPa；

3.3 混凝土的质量控制与强度评定

$f_{cu,i}$——前一个检验期内同一品种、同一强度等级的第 i 组混凝土试件的立方体抗压强度代表值,MPa;该检验期不应少于 60d,也不得大于 90d;

$f_{cu,min}$——同一检验批混凝土立方体抗压强度的最小值,MPa;

n——前一检验批内的样本容量,在该期间内样本容量不应少于 45。

2) 未知标准差方法。

当混凝土生产连续性差,生产条件在较长时间内不能保持一致,且同一品种混凝土强度变异性能不能保持一致,或在前一检验期内的同一品种混凝土没有足够的数据用以确定验收批混凝土立方体抗压强度的标准差时,应由不少于 10 组的样本容量组成一个验收批,其强度应同时满足下列要求:

$$m_{f_{cu}} \geqslant f_{cu,k} + \lambda_1 \cdot S_{f_{cu}} \tag{3.3.15}$$

$$f_{cu,min} \geqslant \lambda_2 f_{cu,k} \tag{3.3.16}$$

同一检验批混凝土立方体抗压强度的标准差应按下式计算:

$$S_{f_{cu}} = \sqrt{\frac{\sum_{i=1}^{n} f_{cu,i}^2 - nm_{f_{cu}}^2}{n-1}} \tag{3.3.17}$$

式中 $m_{f_{cu}}$——同一检验批混凝土立方体抗压强度的平均值,MPa;

$f_{cu,k}$——混凝土立方体抗压强度标准值,MPa;

$S_{f_{cu}}$——同一检验批混凝土样本立方体抗压强度的标准差,MPa;当检验批混凝土强度标准差 $S_{f_{cu}}$ 计算值小于 2.5MPa 时,应取 2.5MPa;

λ_1、λ_2——合格评定系数,按表 3.3.3 取用;

$f_{cu,i}$——本检验期内同一品种、同一强度等级的第 i 组混凝土试件的立方体抗压强度代表值,MPa;该检验期不应少于 60d,也不得大于 90d;

$f_{cu,min}$——同一检验批混凝土立方体抗压强度的最小值,MPa;

n——本检验期内的样本容量。

表 3.3.3　　混凝土强度的合格判定系数

试件组数	10～14	15～19	≥20
λ_1	1.15	1.05	0.95
λ_2	0.90	0.85	0.85

3. 非统计法

对零星生产的预制构件或现场搅拌批量不大的混凝土,其试件组数有限,不具备按统计方法评定混凝土强度的条件。当用于评定的样本容量不足 10 组时,应采用非统计方法评定混凝土强度,其强度应同时满足下列规定:

$$m_{f_{cu}} \geqslant \lambda_3 f_{cu,k} \tag{3.3.18}$$

$$f_{cu,min} \geqslant \lambda_4 f_{cu,k} \tag{3.3.19}$$

式中 $m_{f_{cu}}$——同一检验批混凝土立方体抗压强度的平均值,MPa;

$f_{cu,k}$——混凝土立方体抗压强度标准值,MPa;

$f_{cu,min}$——同一检验批混凝土立方体抗压强度的最小值,MPa;

λ_3、λ_4——合格评定系数,按表 3.3.4 取用。

表 3.3.4　　　　　　　混凝土强度的非统计法合格评定系数

试件组数	<C50	≥C50
λ_3	1.15	1.10
λ_4	0.95	

4. 混凝土强度合格性判断

混凝土强度应分批进行检验评定，当检验结果能满足以上评定强度的公式的规定时，则该批混凝土判为合格；当不能满足上述规定时，该批混凝土强度判为不合格。对不合格批混凝土制成的结构或构件，应进行鉴定，对不合格的结构或构件必须及时处理。

当对混凝土试件强度的代表性有怀疑时，可采用从结构或构件中钻取试件的方法或采用非破损检验方法，按有关标准对结构或构件中混凝土的强度进行推定。

结构或构件拆模、出池、出厂、吊装、预应力筋张拉或放张，以及施工期间需短暂负荷时的混凝土强度，应满足设计要求或现行国家标准的有关规定。

3.4　普通水泥混凝土的配合比设计

混凝土的配合比是指混凝土的各组成材料之间的比例关系。普通混凝土的组成材料主要包括水泥、粗骨料、细骨料和水，随着混凝土技术的发展，外加剂和掺合料的应用日益普遍，其掺量也是混凝土配合比设计时需选定的。因外加剂的型号、掺合料的品种也逐渐增加，故在目前国家标准中，外加剂和掺合料的掺量只作原则规定。

混凝土的配合比一般有两种表示方法。一是用 $1m^3$ 混凝土中水泥、水、细骨料、粗骨料的实际用量（kg），按顺序表达，如水泥 300kg、水 182kg、砂 680kg、石子 1310kg；另一种是以水泥的质量为 1，砂、石依次以相对质量比及水灰比表达，如前例可表示为 $1:2.27:4.37$，$W/C=0.61$。

混凝土配合比设计的基本要求有以下 4 方面：

(1) 满足结构设计的强度要求；

(2) 满足施工条件所需的和易性要求；

(3) 满足工程所处环境和设计规定的耐久性要求；

(4) 满足经济性的要求。

1. 混凝土配合比设计的基本资料

在进行混凝土的配合比设计前，需确定和了解的基本资料，即设计的前提条件，主要有以下几个方面：

(1) 混凝土设计强度等级和强度的标准差。

(2) 材料的基本情况：包括水泥品种、强度等级、实际强度、密度；砂的种类、表观密度、细度模数、含水率；石子种类、表观密度、含水率；是否掺外加剂，外加剂种类。

(3) 混凝土的和易性要求，如坍落度指标。

(4) 与耐久性有关的环境条件：如冻融状况、地下水情况等。

(5) 工程特点及施工工艺：如构件几何尺寸、钢筋的疏密、浇筑振捣的方法等。

3.4 普通水泥混凝土的配合比设计

2. 混凝土配合比设计基本参数的确定

混凝土的配合比设计，实际上就是单位体积混凝土拌和物中水泥、水、粗骨料（石子）、细骨料（砂）4种材料用量的确定，即：

（1）水和水泥（胶凝材料）之间的比例关系，常用水灰比（水胶比）表示。

（2）砂和石子间的比例关系，常用砂率表示。

（3）骨料与水泥浆之间的比例，采用单位用水量表示。

水灰比（水胶比）、单位用水量和砂率是混凝土配合比设计的3个重要参数，这3个参数与混凝土的各项性能之间有着密切关系。进行混凝土配合比设计就是要正确地确定这3个参数，使混凝土满足各项基本要求。

水灰比（水胶比）的确定主要取决于混凝土的强度和耐久性。从强度角度看，水灰比（水胶比）应小些，水灰比（水胶比）可根据混凝土的强度公式（3.2.4）来确定。从耐久性角度看，水灰比（水胶比）小些，水泥用量多些，混凝土的密度就高，耐久性则优良，这可通过控制最大水灰比（水胶比）和最小水泥（胶凝材料）用量来满足（表3.4.1）。

表 3.4.1 混凝土的最大水灰比（水胶比）和最小水泥（胶凝材料）用量

环境类别	条件	最大水胶比	最小胶凝材料用量（kg/m³）		
			素混凝土	钢筋混凝土	预应力混凝土
一	室内干燥环境； 无侵蚀性静水侵没环境	0.60	250	280	300
二 a	室内潮湿环境； 非严寒和非寒冷地区的露天环境； 非严寒和非寒冷地区与无侵蚀性的水或土壤直接接触的环境； 严寒和寒冷地区的冰冻线以下与无侵蚀性的水或土壤直接接触的环境	0.55	280	300	300
二 b	干湿交替环境； 水位频繁变动环境； 严寒和寒冷地区的露天环境； 严寒和寒冷地区冰冻线以上与无侵蚀性的水或土壤直接接触的环境	0.50	320		
三 a	严寒和寒冷地区冬季水位变动区环境； 受除冰盐影响环境； 海风环境	0.45	330		
三 b	盐渍土环境； 受除冰盐作用环境； 海岸环境	0.40	330		

注 1. 处于严寒和寒冷地区二b、三a类环境中的混凝土应使用引气剂，并最大水胶比可增加0.05。
2. 配制C15级及其以下等级的混凝土，最小胶凝材料用量可不受本表限制。
3. 素混凝土的水胶比的要求可适当放宽。
4. 本表混凝土材料的最大水胶比适用设计使用年限50年的混凝土结构。

砂率主要应从满足工作性和节约水泥两个方面考虑。在水灰比和水泥用量（即水泥浆量）不变的前提下，砂率应取坍落度最大，而黏聚性和保水性又好的砂率即合理砂率，这可由表3.4.2初步确定，再经试拌调整而定。在和易性满足的情况下，砂率尽可能取小值以达到节约水泥的目的。

表 3.4.2　　　　　　　　　混凝土的合理砂率　　　　　　　　　　　%

水灰比 W/C	卵石最大粒径			碎石最大粒径		
	10mm	20mm	40mm	16mm	20mm	40mm
0.40	26～32	25～31	24～30	30～35	29～34	27～32
0.50	30～35	29～34	28～33	33～38	32～37	30～35
0.60	33～38	32～37	31～36	36～41	35～40	33～38
0.70	36～41	35～40	34～39	39～44	38～43	36～41

注　1. 本表数值系采用中砂时选用的砂率,对细砂或粗砂,可相应地减小或增大砂率。
　　2. 本表适用于坍落度为 10～60mm 的混凝土,对于坍落度大于 60mm 的混凝土,可在查表的基础上,按坍落度每增大 20mm,砂率增大 1% 的幅度予以调整。
　　3. 坍落度小于 10mm 的混凝土,其砂率应经试验确定。
　　4. 当采用单粒级粗骨料配制混凝土时,砂率应适当增大。
　　5. 采用人工砂制混凝土时,砂率可适当增大。

单位用水量在水灰比(水胶比)和水泥(胶凝材料)用量不变的情况下,实际反映的是水泥浆量与骨料用量之间的比例关系。水泥浆量要满足包裹粗、细骨料表面并保持足够流动性的要求,但用水量过大,会降低混凝土的耐久性。水灰比(水胶比)在 0.40～0.80 范围内时,根据粗骨料的品种、最大粒径,单位用水量可通过表 3.4.3 和表 3.4.4 确定。

表 3.4.3　　　　　　　　干硬性混凝土的用水量　　　　　　　　单位:kg

维勃稠度(s) \ 粒径	卵石最大粒径			碎石最大粒径		
	10mm	20mm	40mm	16mm	20mm	40mm
16～20	175	160	145	180	170	155
11～15	180	165	150	185	175	160
5～10	185	170	155	190	180	165

表 3.4.4　　　　　　　　塑性混凝土的用水量　　　　　　　　单位:kg

坍落度(mm) \ 粒径	卵石最大粒径				碎石最大粒径			
	10mm	20mm	31.5mm	40mm	16mm	20mm	31.5mm	40mm
10～30	190	170	160	150	200	185	175	165
35～50	200	180	170	160	210	195	185	175
55～70	210	190	180	170	220	205	195	185
75～90	215	195	185	175	230	215	205	195

注　1. 本表用水量采用中砂时的平均取值。采用细砂时,每立方米混凝土用水量可增加 5～10kg;采用粗砂时,则可减少 5～10kg。
　　2. 掺用外加剂或掺合料时,用水量应相应调整。
　　3. 水灰比小于 0.4 或大于 0.8 的混凝土及采用特殊成型工艺的混凝土用水量应通过试验确定。

3.4 普通水泥混凝土的配合比设计

3. 混凝土配合比设计的步骤

混凝土的配合比设计是一个计算、试配、调整的复杂过程，大致可分为初步计算配合比、基准配合比、实验室配合比、施工配合比 4 个设计阶段。初步配合比主要是依据设计的基本条件，参照理论和大量试验提供的参数进行计算，得到基本满足强度和耐久性要求的配合比；基准配合比是在初步计算配合比的基础上，通过试配、检测，进行工作性的调整，对配合比进行修正；实验室配合比是通过对水灰比的微量调整，在满足设计强度的前提下，确定水泥用量最少的方案，从而进一步调整配合比；而施工配合比是考虑实际砂、石的含水对配合比的影响，对配合比最后的修正，是实际应用的配合比。总之，配合比设计的过程是一逐步满足混凝土的强度、工作性、耐久性、节约水泥等设计目标的过程。

(1) 初步计算配合比。

1) 确定混凝土的配制强度。混凝土的配制强度按式 (3.4.1) 计算。

$$f_{cu,0} = f_{cu,k} + 1.645\sigma \quad （强度等级 < C60） \tag{3.4.1}$$

式中 $f_{cu,0}$——混凝土配制强度，MPa；
$f_{cu,k}$——混凝土立方体抗压强度标准值，MPa；
σ——混凝土强度标准差，MPa。

其中混凝土强度标准差宜根据同类混凝土统计资料按式 (3.4.2) 计算。

$$\sigma = \sqrt{\frac{\sum_{i=1}^{n} f_{cu,i}^2 - n\mu_{f_{cu}}^2}{n-1}} \tag{3.4.2}$$

式中 $f_{cu,i}$——统计周期内同一品种混凝土第 i 组试件的强度，MPa；
$\mu_{f_{cu}}$——统计周期内同一品种混凝土 n 组试件强度的平均值，MPa；
n——统计周期内同一品种混凝土试件的总组数，$n \geq 30$。

并应符合以下规定：

a. 计算时，强度试件组数不应少于 30 组；

b. 当混凝土强度等级不大于 C30 级，其强度标准差计算值 $\sigma < 3.0$ MPa 时，取 $\sigma = 3.0$ MPa；

c. 当混凝土强度等级大于 C30 且小于 C60 级，其强度标准差计算值 $\sigma < 4.0$ MPa 时，取 $\sigma = 4.0$ MPa；

d. 当无统计资料计算混凝土强度标准差时，其值按现行国家标准 JGJ55—2011 规定取用，见表 3.4.5。

表 3.4.5　　　　　　　　混凝土 σ 取值

混凝土强度等级	≤C20	C25~C45	C50~C55
σ (MPa)	4.0	5.0	6.0

2) 确定水灰比（水胶比）(W/C、W/B)。水灰比（水胶比）的选择一方面要考虑混凝土强度的要求，另一方面要考虑混凝土耐久性的要求。

a. 当混凝土强度等级小于 C60 时，混凝土水灰比（水胶比）按式 (3.4.3) 计算。

第3章 水泥混凝土

$$\frac{W}{C}\left(\frac{W}{B}\right)=\frac{a_a f_{ce}}{f_{cu,0}+a_a a_b f_{ce}} \tag{3.4.3}$$

式中 a_a、a_b——回归系数；

f_{ce}——水泥28d抗压强度实测值，MPa。

a_a、a_b系数根据工程所使用的水泥、骨料通过试验由建立的水灰比（水胶比）与混凝土强度关系式确定。当不具备上述试验统计资料时，其回归系数可按表3.2.4选用。

f_{ce}如无实测值，按式（3.4.4）计算：

$$f_{ce}=r_c f_{ce,g} \tag{3.4.4}$$

式中 r_c——水泥强度等级值的富余系数，可按实际统计资料确定，缺乏统计资料时，按 JGJ 55—2011规定选用；

$f_{ce,g}$——水泥强度等级值，MPa。

b. 计算出W/C（W/B）后，查表3.4.1检查是否符合耐久性的要求。若计算所得的水灰比（水胶比）大于表中规定的最大水灰比（水胶比），则按最大水灰比（水胶比）取，以满足耐久性要求。

3) 用水量的选择（m_{w0}）。

a. 水灰比（水胶比）在0.40～0.80范围内的干硬性和塑性混凝土用水量分别按表3.4.3及表3.4.4确定。

b. 水灰比（水胶比）小于0.40的混凝土以及采用特殊成型工艺的混凝土用水量应通过试验确定。

c. 流动性和大流动性混凝土的用水量以表3.4.4中坍落度90mm的用水量为基础，按坍落度每增大20mm用水量增加5kg，计算出未掺外加剂时混凝土的用水量。

d. 掺外加剂混凝土用水量可按式（3.4.5）计算：

$$m'_{w0}=m_{w0}(1-\beta) \tag{3.4.5}$$

式中 m'_{w0}——掺外加剂混凝土每立方米的用水量，kg；

m_{w0}——未掺外加剂混凝土每立方米混凝土的用水量，kg；

β——外加剂的减水率，%。

4) 计算每立方米混凝土水泥（胶凝材料）用量（m_{c0}）。根据每立方米混凝土用水量m_{w0}及已确定出的水灰比（水胶比）$\frac{W}{C}\left(\frac{W}{B}\right)$按式（3.4.6）计算水泥（胶凝材料）用量。

$$m_{c0}=\frac{m_{w0}}{W/C(B)} \tag{3.4.6}$$

计算出水泥（胶凝材料）用量后，按表3.4.1检查是否符合耐久性的要求。水泥（胶凝材料）用量应满足表中规定的最小水泥（胶凝材料）用量要求。

5) 确定砂率（β_s）。

a. 坍落度为10～60mm的混凝土砂率可根据粗骨料品种及水灰比（水胶比）按表3.4.2选取。

b. 坍落度大于60mm的混凝土砂率，可经试验确定。也可在表3.4.2基础上，按坍落度每增大 20mm 砂率增大 1% 的幅度予以调整。

c. 坍落度小于 10mm 的混凝土，其砂率经试验确定。

6) 粗骨料（m_{g0}）及细骨料（m_{s0}）用量的计算。

粗骨料（石）和细骨料（砂）的用量，可用重量法（又称表观密度法）和体积法来计算。

a. 重量法。根据经验，如果混凝土所用原材料的情况比较稳定，所配制的每立方米混凝土重量将接近一个固定值。假定每立方米混凝土拌和物的重量为 m_{cp}，可按下列公式计算。

$$m_{c0}+m_{g0}+m_{s0}+m_{w0}=m_{cp}$$

$$\beta_s=\frac{m_{s0}}{m_{g0}+m_{s0}}\times 100\% \tag{3.4.7}$$

式中 m_{c0}——每立方米混凝土的水泥用量，kg；
  m_{g0}——每立方米混凝土的粗骨料（石）用量，kg；
  m_{s0}——每立方米混凝土的细骨料（砂）用量，kg；
  m_{w0}——每立方米混凝土的用水量，kg；
  β_s——砂率，%；
  m_{cp}——每立方米混凝土拌和物的假定重量，kg，其值可取 2350～2450kg。

b. 体积法。又称绝对体积法，该种方法是假定混凝土拌和物的体积等于各组成材料的绝对体积和拌和物中所含空气的体积之和，如取混凝土拌和物的体积为 $1m^3$，则可得以下关于 m_{s0}，m_{g0} 的二元方程组。

$$\frac{m_{c0}}{\rho_c}+\frac{m_{g0}}{\rho_g}+\frac{m_{s0}}{\rho_s}+\frac{m_{w0}}{\rho_w}+0.01\alpha=1$$

$$\beta_s=\frac{m_{s0}}{m_{g0}+m_{s0}}\times 100\% \tag{3.4.8}$$

式中 ρ_c——水泥密度，kg/m^3，可取 2900～3100kg/m^3；
  ρ_g——粗骨料（石子）的表观密度，kg/m^3；
  ρ_s——细骨料（砂）的表观密度，kg/m^3；
  ρ_w——水的密度，kg/m^3，可取 1000kg/m^3；
  α——混凝土的含气量百分数，在不使用引气型外加剂时，α 可取 1.0。

通过以上 6 个步骤便可将每立方米混凝土中水泥、水、粗骨料（石）和细骨料（砂）的用量全部求出，得到混凝土的初步计算配合比（初步满足强度和耐久性要求）为 m_{c0}：m_{w0}：m_{s0}：m_{g0}。

（2）试拌调整，得出基准配合比。

1）试拌。

混凝土试拌时所用各种原材料，应与实际工程使用的材料相同，粗、细集料的质量均以干燥状态为基准。试拌时所采用的搅拌方法，也应尽量与生产时采用方法相同。每盘混凝土的试拌数量一般应不少于表 3.4.6 中的建议值。如需进行抗折强度试验，则应根据实际需要计算用量。采用机械搅拌时,其搅拌量应不小于搅拌机额定搅拌量的1/4。

表 3.4.6　　　　　　　　　混凝土试配的最小搅拌量

集料最大粒径(mm)	拌和物数量(L)	集料最大粒径(mm)	拌和物数量(L)
31.5 及以下	20	40	25

2) 校核和易性、调整配合比。

按计算出的初步配合比进行试拌,以校核混凝土拌和物的和易性。如试拌得出的拌和物的坍落度(或维勃稠度)不能满足要求,或黏聚性和保水性能不好时,按下列原则进行调整:①当坍落度小于设计要求时,可在保持水灰比不变的情况下,增加用水量和相应的水泥用量(即增加水泥浆);②当坍落度大于设计要求时,可在保持砂率不变的情况下,增加砂、石用量(相当于减少水泥浆用量);③如出现含砂不足,黏聚性和保水性不良时可适当增大砂率,反之减小砂率。直到符合要求为止。根据调整后的材料用量计算供混凝土强度校核用的基准配合比,即水泥:水:砂:石子$=m_{ca}:m_{wa}:m_{sa}:m_{ga}$。

(3) 检验强度,确定试验室配合比。

1) 制作试件、检验强度。

为校核混凝土的强度,至少采用3个不同的配合比,其中一个为按上述方法得出的基准配合比,另外两个配合比的水灰比值,应较基准配合比分别增加及减少0.05,其用水量应该与基准配合比相同,砂率值可分别增加和减少1%。

制作检验混凝土强度的试件时,尚应检验拌和物的坍落度(或维勃稠度)、黏聚性、保水性及测定混凝土的表观密度,并以此结果表征该配合比混凝土拌和物的性能。

为检验混凝土强度,每种配合比至少制作一组(3块)试件,在标准养护28d条件下进行抗压强度测试。

2) 确定试验室配合比。

根据强度试验结果,建立灰水比与混凝土强度的关系,用作图法或内插法选定与混凝土配制强度($f_{cu,0}$)相对应的灰水比C/W,按下列步骤确定经混凝土强度检验的各组成材料用量。

a. 确定单位用水量(m_{wb}):取基准配合比中的用水量,并根据制作强度检验试件时测得的坍落度(或维勃稠度)值加以适当调整。

b. 确定单位水泥用量(m_{cb}):由单位用水量乘以由强度—灰水比关系定出的、达到试配强度所要求的灰水比计算确定。

c. 确定粗、细集料用量(m_{gb}和m_{sb}):取基准配合比中的砂、石用量,并按$f_{cu,28}$—C/W关系曲线选定的水灰比作适当调整后确定。

d. 经试配确定配合比后,按下列步骤进行校正。

按上述方法确定的各组成材料用量按下式计算混凝土的表观密度计算值$\rho_{c,c}$:

$$\rho_{c,c} = m_{cb} + m_{sb} + m_{gb} + m_{wb} \tag{3.4.9}$$

按下式计算混凝土配合比校正系数δ:

$$\delta = \frac{\rho_{c,t}}{\rho_{c,c}} \tag{3.4.10}$$

3.4 普通水泥混凝土的配合比设计

式中 $\rho_{c,t}$——混凝土表观密度实测值，kg/m³；

$\rho_{c,c}$——混凝土表观密度计算值，kg/m³。

当表观密度实测值与计算值之差的绝对值不超过计算值的 2% 时，按前述确定的配合比即为设计配合比；当两者之差超过 2% 时，应将配合比中各组成材料用量均乘以校正系数 δ，得到设计配合比。

4. 施工配合比的换算

进行混凝土配合比计算时，其计算公式和有关参数表格中的数值均系以干燥状态骨料为基准。但现场施工所用砂、石料常含有一定的水分。因此，需对配合比进行修正，设砂的含水率为 $a\%$；石子的含水率为 $b\%$，则施工配合比按下列各式计算：

$$m_c = m_{cb} \tag{3.4.11}$$

$$m_w = m_{wb} - m_{sb}a\% - m_{gb}b\% \tag{3.4.12}$$

$$m_s = m_{sb}(1+a\%) \tag{3.4.13}$$

$$m_g = m_{gb}(1+b\%) \tag{3.4.14}$$

式中 m_c、m_w、m_s、m_g——施工配合比中水泥、水、砂、石用量。

【例 3.4.1】 以抗压强度为指标的设计方法，试设计某工程预应力筋混凝土梁（环境类别为一类）用混凝土配合比。

（1）原始资料：

1）已知混凝土设计强度等级为 C25，施工要求坍落度为 30~50mm，混凝土为机械搅拌和机械振捣，根据施工单位近期同一品种混凝土强度资料，混凝土强度标准差 σ=4.5MPa。

2）采用原材料情况如下。水泥：强度等级 32.5 的复合硅酸盐水泥，实测 28d 抗压强度为 38.0MPa，密度 $\rho_c = 3.2\text{g/cm}^3$；砂：级配合格，中砂，表观密度 $\rho_s = 2.65\text{g/cm}^3$，碎石：级配合格，最大粒径为 20mm，表观密度 $\rho_g = 2.70\text{g/cm}^3$；水：自来水。

3）根据施工现场实测结果：砂含水率 5%，碎石含水率 2%。

（2）设计要求：

1）按题给资料计算出初步配合比。

2）按初步配合比在实验室进行拌和调整得出试验室配合比。

3）根据施工现场砂石材料含水率情况，确定施工配合比。

（3）设计步骤：

1）初步配合比。

a. 确定配制强度（$f_{cu,0}$）。

$$f_{cu,0} = f_{cu,k} + 1.645\sigma = 25 + 1.645 \times 4.5 = 32.4(\text{MPa})$$

b. 确定水灰比（W/C）。

$$\frac{W}{C} = \frac{\alpha_a f_{ce}}{f_{cu,0} + \alpha_a \alpha_b f_{ce}} = \frac{0.53 \times 38.0}{32.4 + 0.53 \times 0.20 \times 38.0} = 0.55$$

按耐久性校核水灰比：根据混凝土所处环境类别，查表，允许最大水灰比为 0.6，按强度计算的水灰比满足耐久性要求，采用 0.55。

c. 确定用水量（m_{w0}）。

查表，则 $1m^3$ 混凝土的用水量可选用 $m_{w0}=195kg$。

d. 确定水泥用量（m_{c0}）。

$$m_{c0}=\frac{m_{w0}}{\dfrac{W}{C}}=\frac{195}{0.55}=355(kg)$$

按耐久性校核单位水泥用量：查表 3.4.1 最小水泥用量 $280kg/m^3$，采用单位水泥用量为 $355kg/m^3$。

e. 确定砂率。

由 $W/C=0.55$，碎石，最大粒径为 20mm，查表，取合理砂率为 35%。

f. 计算砂石用量（m_{s0}，m_{g0}）。

体积法：

$$\begin{cases}\dfrac{m_{c0}}{\rho_c}+\dfrac{m_{w0}}{\rho_w}+\dfrac{m_{s0}}{\rho_s}+\dfrac{m_{g0}}{\rho_g}+0.01\alpha=1\\ \dfrac{m_{s0}}{m_{s0}+m_{g0}}=0.35\end{cases}$$

解得： $m_{s0}=633kg$，$m_{g0}=1202kg$。

按体积法计算得初步配合比：$m_{c0}:m_{s0}:m_{g0}:m_{w0}=355:633:1202:195$。

即：$1:1.78:3.39$，$W/C=0.55$。

2）调整工作性，提出基准配合比。

a. 试配，计算材料用量。

按初步计算配合比，取样 20L，各材料用量为：

水泥：$0.020\times355=7.1kg$；

水：$0.020\times195=3.9kg$；

砂：$0.020\times633=12.66kg$；

石：$0.020\times1202=24.04kg$。

b. 测试，坍落度为 10mm，应保持水灰比不变的条件下增加水泥浆量，按 5% 递增调整，两次调整测得坍落度为 40mm，符合要求。并实测混凝土的表观密度。

水泥：$m_{c0拌}=7.1\times(1+10\%)=7.81kg$；

砂：$m_{s0拌}=12.66kg$；

石：$m_{g0拌}=24.04kg$；

水：$m_{w0拌}=3.9\times(1+10\%)=4.29kg$。

c. 提出基准配合比。

基准配合比为：$m_{ca}:m_{sa}:m_{ga}=7.81:12.66:24.04=1:1.62:3.08$，$W/C=0.55$。

3）设计配合比。

a. 检验强度。

以基准配合比为基准，再配制两组混凝土，水灰比分别为 0.50 和 0.60，两组配合比中的用水量、砂、石均与基准配合比的相同。经检验，两组配合比为满足和易性需求，将上述3组配合比分别制成标准试件，养护28d，测得3组混凝土测定各自抗压强度。绘制强度与灰水比关系曲线如图3.4.1所示。

查得试配强度等级32.4MPa所对应的灰水比为1.75，$W/C=0.57$ 此时混凝土配合比可确定为：

b. 混凝土实验室配合比。

按强度验算的结果修正配合比，各种材料的用量：

水：$195\times(1+10\%)=215$kg；

水泥：$215/0.57=377$。

砂、石材料用量按体积法计算：

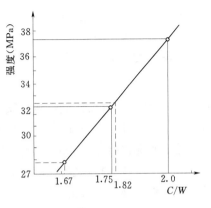

图3.4.1 强度—灰水比关系曲线

$$\begin{cases} \dfrac{377}{3200}+\dfrac{215}{1000}+\dfrac{m_{sb}}{2650}+\dfrac{m_{gb}}{2700}+0.01=1 \\ \dfrac{m_{sb}}{m_{sb}+m_{gb}}=0.35 \end{cases}$$

解得：$m_{sb}=657$kg；$m_{gb}=1248$kg。

测得拌和的表观密度为 $\rho_{c,t}=2472$kg/m³，计算表观密度 $\rho_{c,c}=377+215+657+1248=2497$kg，修正系数 $\delta=2472/2497=0.99$ 由于混凝土表观密度实测值与计算值之差的绝对值不超过计算值的2%，故不需要修正。

因此，实验室配合比为：$m_{cb}:m_{sb}:m_{gb}:m_{wb}=377:657:1248:215$。

即：$1:1.74:3.31$，$W/C=0.57$。

4）施工配合比的确定。

$m_c=m_{cb}=377$kg；

$m_s=m_{sb}(1+a\%)=657\times(1+5\%)=690$kg；

$m_g=m_{gb}(1+b\%)=1248\times(1+2\%)=1273$kg；

$m_w=m_{wb}-m_{sb}\cdot a\%-m_{gb}\cdot b\%=215-657\times5\%-1248\times2\%=157$kg。

3.5 路面水泥混凝土

路面是道路的上部结构，通常是由各种坚硬材料分层铺筑于路基之上形成的。路面不仅承受各种大自然因素的作用，还要承受交通荷载的反复作用。因此，路面应具有足够的强度、刚度，以承受车辆高密度荷载的冲击、摩擦以及温度、湿度变化引起的内应力；应具有足够的稳定性和耐久性以抵御外界冷热、干湿、冻融和荷载的长期反复作用；此外，路面还应具有足够的平整度，以使车轮与路面之间有足够的附着力和摩擦阻力，利于车辆高速、稳定行驶。

路面所用的材料主要有沥青混凝土（见第8章）和水泥混凝土。路面水泥混凝土是指满足路面摊铺工作性、抗折（弯拉）强度、表面功能、耐久性及经济性等要求的水泥混凝土材料。水泥混凝土制作的路面具有较高的抗压、抗折、抗磨损、抗冲击等力学性能,以及良好的稳定性、耐久性,并且易于铺筑与维修,因而最近十几年得到了迅速发展。水泥混凝土路面按其组成材料不同,又可分为素混凝土路面、钢筋混凝土路面、纤维混凝土路面。

3.5.1 路面水泥混凝土的技术性质

1. 路面水泥混凝土的主要技术指标

路面水泥混凝土与普通混凝土的主要不同之处在于其对抗冲击性能和耐磨损性能要求较高。其主要技术指标包括标准轴载、使用年限、动载系数、超载系数、当量回弹模量、抗折(弯拉)强度、抗折(弯拉)弹性模量等。这些技术指标是根据不同交通量确定的,如表 3.5.1 为参考指标。

表 3.5.1 不同交通量混凝土路面技术参数指标

交通量等级	标准轴载(kN)	使用年限(g)	动载系数	超载系数	当量回弹模量(MPa)	抗弯拉强度(MPa)	抗弯拉弹性模量(万 MPa)
特重	98	30	1.15	1.20	120	5.0	4.1
重	98	30	1.15	1.15	100	5.0	4.0
中等	98	30	1.20	1.10	80	4.5	3.9
轻	98	30	1.20	1.00	60	4.0	3.9

2. 强度

路面水泥混凝土强度设计有抗弯拉强度、抗弯拉弹性模量、抗弯拉疲劳强度和抗压强度 4 个强度指标。

(1) 抗弯拉强度 $f_{tm,k}$。

路面水泥混凝土的抗弯拉强度,不得低于表 3.5.1 中的规定值。当水泥混凝土路面浇筑后,如不需在 28d 后开放交通时,可采用 60d 或 90d 龄期的强度,其强度一般为 28d 龄期强度 1.05 倍和 1.10 倍。

(2) 抗弯拉弹性模量 E_0。

计算确定水泥混凝土路面板的厚度时,需要混凝土抗弯拉弹性模量 E_0 值,E_0 和 $f_{tm,k}$ 之间的关系,见表 3.5.2。

表 3.5.2 路面水泥混凝土抗弯拉弹性模量 E_0 和 $f_{tm,k}$ 之间的关系

抗弯拉强度 $f_{tm,k}$(MPa)	5.5	5.0	4.5	4.0
抗弯拉弹性模量 E_0(万 MPa)	4.3	4.1	3.9	3.6

(3) 抗弯拉疲劳强度 $f_{tm,p}$。

根据路面水泥混凝土的使用年限和设计交通量 N_e,由式(3.5.1)计算混凝土的抗弯拉疲劳强度:

$$f_{tm,p} = (0.94 - 0.771 \lg N_e) f_{tm,k} \tag{3.5.1}$$

式中　$f_{tm,p}$——水泥混凝土路面的抗弯拉疲劳强度，MPa；

　　　N_e——水泥混凝土路面的设计交通量；

　　　$f_{tm,k}$——水泥混凝土路面的抗弯拉强度，MPa。

（4）抗压强度。

为了保证路面水泥混凝土的耐久性、耐磨性、抗冻性等性能的要求，除对混凝土抗弯拉强度有规定外，其抗压强度还不得低于30MPa。

3. 和易性

为保证路面水泥混凝土的施工性质，对混凝土拌和物的和易性也有具体要求。和易性是混凝土拌和物在浇筑、振捣、成形、抹平等过程中的可操作性，它是拌和物流动性、可塑性、稳定性和易密性的综合体现。改善路面水泥混凝土拌和物和易性的常用技术措施有：在保证混凝土强度、耐久性和经济性的前提下，适当调整混合料的材料组成，或掺加适宜外加剂（减水剂等），提高振捣机械效能等。

4. 耐久性

由于路面水泥混凝土长期直接受到行驶车辆的磨损，在寒冷积雪地区又受到防滑链轮胎和带钉轮胎的冲击，同时常年经受风吹日晒、雨水冲刷、冰雪冻融及除冰盐的侵蚀。因此，要求路面水泥混凝土必须具有良好的耐久性。

提高路面水泥混凝土的耐久性，应注意以下几点：

（1）合理选择各组成材料的品种，科学地进行路面水泥混凝土的配合比设计；比如骨料的选择要符合骨料耐久性的有关规定，选择合适水泥品种，保证水泥用量等。

（2）对路面水泥混凝土特别注意其早期养护，在有条件时尽可能采用湿养护，并延长其养护时间。

（3）在保证混凝土强度、耐磨性的情况下，掺有引气剂的混凝土的抗冻性优于非引气型混凝土。

3.5.2　路面水泥混凝土的组成材料

路面水泥混凝土的组成材料与普通混凝土基本相同，即由胶凝材料、骨料、水、外加剂等组成，但鉴于路面水泥混凝土的受力及使用环境的特殊性，对原材料的性能要求与普通混凝土有一定区别。

1. 水泥

混凝土的性质很大程度上取决于水泥的质量。路面水泥混凝土所使用的水泥，应具有抗弯拉强度高、干缩性小、耐磨性强、抗冻性好等特点，要符合《道路硅酸盐水泥》（GB13693—2005）的规定。用于路面水泥混凝土的水泥中铝酸三钙的含量不宜大于5.0%，铁铝酸四钙的含量不宜低于16%，游离氧化钙含量不大于1%，初凝时间不早于1.5h，终凝时间不迟于10h，根据各交通等级路面水泥各龄期强度不低于表3.5.3的规定值。与普通硅酸盐水泥相比，用于路面水泥混凝土的水泥具有较高的C_4AF含量，并降低了C_3A的含量，以使路面水泥混凝土具有较高的早期强度、抗弯拉强度、良好的耐磨性、较长的初凝时间和较小的干缩率，以及较强的抗冲击、抗冻和抗硫酸盐侵蚀能力。

水泥品种与强度等级的选择必须综合考虑公路等级、施工工期、铺筑时间、浇筑方法

第3章 水泥混凝土

及经济性等因素。一般来说，特重、重交通路面宜采用旋窑道路硅酸盐水泥，也可采用旋窑硅酸盐水泥或普通硅酸盐水泥；中、轻交通的路面可采用矿渣硅酸盐水泥；低温天气施工或有快通要求的路段可采用R型水泥，此外宜采用普通型水泥。水泥除满足表3.5.3中强度要求外，还应通过混凝土配合比试验，根据其配制抗折（弯拉）强度、耐久性和和易性优选适宜的水泥品种、强度等级。

表3.5.3　　　　各交通等级路面水泥各龄期的抗折强度、抗压强度表

交 通 等 级	特重交通		重 交 通		中、轻交通	
龄期（d）	3	28	3	28	3	28
抗压强度（MPa）	≥25.5	≥57.5	≥22.0	≥52.5	≥16.0	≥42.5
抗折强度（MPa）	≥4.5	≥7.5	≥4.0	≥7.0	≥3.5	≥6.5

2. 细骨（集）料

配制路面水泥混凝土所用的细骨料应采用质地坚硬、耐久、洁净的天然砂、机制砂或混合砂，并符合《公路水泥混凝土路面施工技术规范》（JTC F30—2003）的规定。

路面和桥面用天然砂宜为中砂，也可使用细度模数为2.0～3.5的砂。高速公路、一级公路、二级公路及有抗（盐）冻要求的三、四级公路混凝土路面使用的砂应不低于Ⅱ级，无抗（盐）冻要求的三、四级公路混凝土路面、碾压混凝土及贫混凝土基层可采用Ⅲ级砂。特重、重交通混凝土路面宜使用河砂，砂的硅质含量不应低于25%。

配制路面水泥混凝土使用机制砂时，不宜使用抗磨性较差的泥岩、页岩、板岩等水成岩类母岩品种生产机制砂。在河砂资源紧缺的沿海地区，二级及二级以下公路混凝土路面和基层可使用淡化海砂，但淡化海砂带入每立方米混凝土中的含盐量不应大于1.0%。淡化海砂中碎贝壳等甲壳类动物残留物含量不应大于1.0%。

3. 粗骨（集）料

配制路面水泥混凝土的粗骨料应使用质地坚硬、耐久、洁净的碎石、碎卵石和卵石，并符合《公路水泥混凝土路面施工技术规范》（JTC F30—2003）的规定。高速公路、一级公路、二级公路及有抗冻（盐）要求的三、四级公路混凝土路面使用的粗骨料级别应不低于Ⅱ级，无抗（盐）冻要求的三、四级公路混凝土路面、碾压混凝土及贫混凝土基层可使用Ⅲ级粗骨料。有抗（盐）冻要求时，Ⅰ级骨料吸水率不应大于1.0%；Ⅱ级骨料吸水率不应大于2.0%。

用做路面水泥混凝土的粗骨料不得使用不分级的统料，应按最大公称粒径的不同采用2～4个粒级的骨料进行掺配。卵石最大公称粒径不宜大于19.0mm；碎卵石最大公称粒径不宜大于26.5mm；碎石最大公称粒径不应大于31.5mm。贫混凝土基层粗骨料最大公称粒径不应大于31.5mm；钢纤维混凝土与碾压混凝土粗骨料最大公称粒径不宜大于19.0mm。碎卵石或碎石中粒径小于75μm的石粉含量不宜大于1%。

4. 外加剂

在配制路面水泥混凝土时，通常加入一些外加剂以改变路面水泥混凝土的技术性质，常用的外加剂有减水剂、缓凝剂和引气剂3种。

路面水泥混凝土应根据需要选用外加剂，但所选用外加剂的质量应符合《公路水泥混

凝土路面施工技术规范》（JTC F30—2003）的规定。由于掺入外加剂会改变混凝土的和易性能，因而改变对制备工艺的要求，因此在正式应用于工程之前，须经过充分试验和实际试用。

3.5.3 路面水泥混凝土配合比设计

路面水泥混凝土配合比设计的任务主要是将组成混凝土的原材料，即粗、细骨料，水和水泥的用量，加以合理的配合，使所配制的混凝土能满足强度、耐久性以及和易性等技术要求，并尽可能节约水泥，以取得最大的经济效益。

水泥混凝土路面用混凝土配合比设计方法，按我国现行《公路水泥混凝土路面施工技术规范》（JTG F730—2003）的规定，采用抗折（弯拉）强度为设计指标。

普通路面水泥混凝土配合比设计方法如下。

1. 设计要求

路面水泥混凝土配合比设计，应满足施工工作性、抗弯拉强度、耐久性（包括耐磨性）和经济合理的要求。

2. 设计步骤

（1）计算初步配合比。

1）确定配制强度。

混凝土配制抗弯拉强度的均值按式（3.5.2）计算：

$$f_c = \frac{f_r}{1-1.04C_v} + ts \tag{3.5.2}$$

式中　f_c——混凝土配制 28d 抗弯拉强度的均值，MPa；

　　　f_r——混凝土设计抗弯拉强度标准值，MPa；

　　　s——抗弯拉强度试验样本的标准差，MPa；

　　　t——保证率系数，按表 3.5.4 确定；

　　　C_v——抗弯拉强度变异系数，应按统计数据在表 3.5.5 的规定范围内取值（在无统计数据时，抗弯拉强度变异系数应按设计取值；如果施工配制抗弯拉强度超出设计给定的抗弯拉强度变异系数上限，则必须改进机械装备和提高施工控制水平）。

表 3.5.4　　　　　　　　　　保　证　率　系　数　t

公路等级	判别概率 P	样本数 n				
		3	6	9	15	20
高速公路	0.05	1.36	0.79	0.61	0.45	0.39
一级公路	0.10	0.95	0.59	0.46	0.35	0.30
二级公路	0.15	0.72	0.46	0.37	0.28	0.24
三级和四级公路	0.20	0.56	0.37	0.29	0.22	0.19

表 3.5.5　　各级公路混凝土路面抗弯拉强度变异系数

公路技术等级	高速公路	一级公路	二级公路		三、四级公路
变异水平等级	低	低	中	中	高
变异系数允许范围	0.05～0.10		0.10～0.15		0.15～0.20

2) 计算水灰比（W/C）。

根据粗集料的类型，水灰比可分别按下列统计公式计算。

$$W/C=1.5684/(f_c+1.0097-0.3595f_s)（碎石粉）\quad(3.5.3)$$

$$W/C=1.2618/(f_c+1.5492-0.4709f_s)（砾卵石粉）\quad(3.5.4)$$

式中　f_s——水泥实测 28d 抗弯拉强度，MPa。

掺用粉煤灰时，应计入超量取代法中代替水泥的那一部分粉煤灰用量（代替砂的超量部分不计入），用水胶比 $W/(C+F)$ 代替水灰比 W/C。水灰比不得超过表 3.5.6 规定的最大水灰比。

表 3.5.6　　混凝土满足耐久性要求的最大水灰比和最小单位水泥用量

公路等级			高速公路、一级公路	二级公路	三、四级公路
最大水灰（胶）比	无抗冻性要求		0.44	0.46	0.48
	有抗冻性要求		0.42	0.44	0.46
	有抗盐冻性要求		0.40	0.42	0.44
最小单位水泥用量（不掺粉煤灰时）(kg/m³)	无抗冻性要求	42.5 级	300	300	290
		32.5 级	310	310	305
	有抗冰（盐）冻性要求	42.5 级	320	320	315
		32.5 级	330	330	325
最小单位水泥用量（掺粉煤灰时）(kg/m³)	无抗冻性要求	42.5 级	260	260	255
		32.5 级	280	270	265
	有抗冰（盐）冻性要求	42.5 级	280	270	265

3) 计算单位用水量（m_{w0}）。

混凝土拌和物每 1m³ 的用水量，按下式确定。

对于碎石混凝土：

$$m_{w0}=104.97+0.309S_L+11.27C/W+0.61\beta_s \quad(3.5.5)$$

对于卵石混凝土：

$$m_{w0}=86.89+3.70S_L+11.24C/W+1.00\beta_s \quad(3.5.6)$$

式中　m_{w0}——混凝土单位用水量（不掺外加剂和掺合料），kg/m³；

C/W——灰水比；

S_L——混凝土拌和物坍落度，mm；

β_s——砂率，%，参考表 3.5.7 选定。

3.5 路面水泥混凝土

表 3.5.7 砂的细度模数与最优砂率关系

砂细度模数		2.2～2.5	2.5～2.8	2.8～3.1	3.1～3.4	3.4～3.7
砂率 β_s（%）	碎石混凝土	30～34	32～36	34～38	36～40	38～42
	卵石混凝土	28～32	30～34	32～36	34～38	36～40

注 混凝土选用碎卵石，可在碎石与卵石之间内插取值。

掺外加剂的混凝土单位用水量：

$$m_{w,ad} = m_{w0}(1-\beta_{ad}) \tag{3.5.7}$$

式中 β_{ad}——外加剂的减水率，%。

4）计算单位水泥用量（m_{c0}）。

混凝土拌和物每 1m³ 水泥用量，按式（3.5.8）计算：

$$m_{c0} = m_{w0}/(W/C) \tag{3.5.8}$$

单位水泥用量不得小于表 3.5.6 中按耐久性要求的最小水泥用量。

5）计算砂石材料单位用量（m_{s0}，m_{g0}）。

砂石材料单位用量可按前述绝对体积法或质量法确定。按质量法计算时，混凝土单位质量可取 2400～2450kg/m³；按体积法计算时，应计入设计含气量。采用超量取代法掺用粉煤灰时，超量部分应代替砂，并折减用砂量。

经计算得到的配合比应验算单位粗骨料填充体积率，且不宜小于 70%。要求验算粗骨料填充体积率不宜小于 70% 的用意在于，振捣密实后的路面混凝土，除了表层 4mm 左右的砂浆外，其下面的混凝土应该振捣成为粗骨料的骨架密实结构，而不是粗骨料的悬浮结构。因为只有粗骨料骨架密实结构的路面混凝土才具有较高犬牙交错的粗骨料嵌锁力，从而由粗骨料提供更大的路面混凝土弯拉强度值。

本条款参照日本水泥混凝土路面施工技术规范，原要求不是不小于 70%，而是不小于 73%。由于我国建造水泥混凝土路面粗骨料品种的多样性和容重、相对密度的多变性，规定粗骨料填充体积率不宜小于 70%。实践证明：除非是相当多孔的火山凝灰岩等天然轻骨料，普通重质骨料均能满足粗骨料填充体积率不小于 70% 的要求。

(2) 试拌、调整、提出基准配合比。

1）试拌。取施工现场实际材料，配制 0.03m³ 混凝土拌和物。

2）测定工作性。测定坍落度（或维勃稠度），并观察黏聚性和保水性。

3）调整配比。如流动性不符合要求，应在水灰比不变的情况下，增减水泥浆用量；如黏聚性和保水性不符合要求，应调整砂率。

4）进行基准配合比调整后，提出一个流动性、黏聚性和保水性均符合要求的基准配合比。

(3) 强度测定、确定试验室配合比。

1）制备抗弯拉强度试件：按基准配合比，增加和减少水灰比 0.03，再计算两组配合比，用 3 组配合比制备抗弯拉强度试件。

2）抗弯拉强度测定：3 组试件在标准条件下经 28d 养护后，按标准方法测定其抗弯拉强度。

3）确定试验室配合比：根据抗弯拉强度，确定符合和易性和强度要求，并且最经济合理的实验室配合比（或称理论配合比）。

（4）换算工地配合比。

根据施工现场材料性质、砂石材料颗粒表面含水率，对理论配合比进行换算，最后得出施工配合比。

【例 3.5.1】 某高速公路拟采用水泥混凝土路面，试设计路面用混凝土初步配合比。

1. 原材料及各项指标

水泥：52.5 级普通硅酸盐水泥，密度为 $3.1g/cm^3$，实测 28d 胶砂抗折强度为 8.2MPa；

碎石：石灰石，最大粒径 40mm，级配合格，表观密度为 $2.70g/cm^3$；振实密度 $1.701g/cm^3$；

砂：中砂，表观密度为 $2.63g/cm^3$，细度模数为 2.64，其他各项指标均符合技术要求；

水：饮用水。

2. 设计要求

混凝土抗折强度等级为 5.0MPa，施工要求混凝土抗弯拉强度样本的标准差为 0.4MPa（$n=9$），混凝土拌和物坍落度为 30～50mm。

3. 初步配合比设计

（1）确定试配强度。

$$f_c = \frac{f_r}{1-1.04C_v} + ts = \frac{5}{1-1.04\times 0.075} + 0.61\times 0.4 = 5.67 \text{（MPa）}$$

（2）计算水灰比。

$$W/C = 1.5684/(f_c + 1.0097 - 0.3595f_s) = 0.42$$

查表 3.5.6 得耐久性允许最大水灰比 0.44，故取计算水灰比 0.42。

（3）计算用水量。

查表 $W/C=0.42$ 时，$\beta_s = 34\%$ 代入公式：

$$m_{w0} = 104.97 + 0.309S_L + 11.27C/W + 0.61S_p = 143 \text{（kg/m}^3\text{）}$$

（4）计算水泥用量。

$$m_{c0} = 143 \times \frac{1}{0.42} = 340 \text{（kg/m}^3\text{）}$$

查表 3.5.6 得耐久性允许最小水泥用量 $300kg/m^3$，故取 $340kg/m^3$。

（5）计算砂石用量。

$$\begin{cases} \dfrac{340}{3100} + \dfrac{143}{1000} + \dfrac{m_{s0}}{2630} + \dfrac{m_{g0}}{2700} + 0.01 = 1 \\ \dfrac{m_{s0}}{m_{s0}+m_{g0}} = 0.34 \end{cases}$$

解得： $m_{s0} = 671kg/m^3$；$m_{g0} = 1302kg/m^3$。

验算：碎石的填充体积。

$$\frac{m_{g0}}{\rho_{gh}} = \frac{1302}{1701} \times 100\% = 74.2\%$$

符合要求。

由此确定路面混凝土的"初步配合比"为：

$$m_{c0} : m_{s0} : m_{g0} : m_{w0} = 340 : 671 : 1302 : 143$$

路面混凝土的基准配合比、设计配合比设计内容与普通混凝土方法相同。（略）

工程实例与分析

【例 3.1】 混凝土强度低屋面倒塌

工程概况：某县东园乡美利小学 1988 年建砖混结构校舍，11 月中旬气温已达零下十几摄氏度，因人工搅拌振捣，故把混凝土拌得很稀，木模板缝隙又较大，漏浆严重，至 12 月 9 日，施工者准备内粉刷，拆去支柱，在屋面上用手推车推卸白灰炉渣以铺设保温层时，大梁突然断裂，屋面塌落，并砸死屋内两名取暖的女小学生。

分析：由于混凝土水灰比大，混凝土离析严重。从大梁断裂截面可见，上部只剩下砂和少量水泥，下部全为卵石，且相当多水泥浆已流走。现场用回弹仪检测，混凝土强度仅达到设计强度等级的一半。这是屋面倒塌的技术原因。

该工程为私人挂靠施工，包工者从未进行过房屋建筑，无施工经验。在冬期施工而无采取任何相应的措施，不具备施工员的素质，且工程未办理任何基建手续。校方负责人自认甲方代表，不具备现场管理资格，由包工者随心所欲施工。这是施工与管理方面的原因。

【例 3.2】 混凝土干缩缝

工程概况：某车间完工后发现顶层每个框架横梁上都出现不同程度的裂缝。裂缝均于梁的上部，长约为梁高一半，裂缝上宽下窄，最大宽为 0.5mm。经设计复查，设计计算无误；整个车间坐落于完整的砂岩地基上，没有不均匀沉降，材料全部合格，混凝土强度满足要求。经了解，在顶层施工中为赶进度，把混凝土的强度等级从 C20 提高至 C30，单位水泥用量增加了 90kg，且当时使用的砂亦恰好细度变细。

分析：从裂缝形状看，可知不属荷载裂缝，为收缩变形产生的裂缝。原因是施工中任意提高混凝土强度，加大水泥用量，且采用细度模数小的砂，这两方面都会使收缩增大，从而导致产生裂缝。

思 考 与 习 题

1. 什么是水泥混凝土？水泥混凝土有什么特点？
2. 普通水泥混凝土应具备哪些技术性质？
3. 试述新拌和混凝土工作性的含义。影响工作性的主要因素和改善措施有哪些？
4. 试述混凝土立方体抗压强度、立方体抗压强度标准值与强度等级有什么关系？
5. 土木工程用水泥混凝土的耐久性有哪些要求？碱—骨料反应对土木工程混凝土有何危害？应如何控制？

6. 影响混凝土强度的因素有哪些？采用哪些措施可以提高混凝土强度？

7. 什么是减水剂？简述减水剂的作用机理和掺入减水剂的技术经济效果。

8. 采用矿渣水泥、卵石和天然砂配制混凝土，水灰比为 0.5，制作 10cm×10cm×10cm 试件 3 块，在标准养护条件下养护 7d 后，测得破坏荷载分别为 140kN、135kN、142kN。试估算：①该混凝土 28d 的标准立方体抗压强度。②该混凝土采用的矿渣水泥的强度等级。

9. 某办公建筑现浇框架结构梁，混凝土设计强度等级 C25，施工要求坍落度 30～50mm，施工单位无历史统计资料，采用原材料为：普通水泥强度等级为 42.5，$\rho_c=3000$kg/m³；中砂 $\rho_s=2600$kg/m³，$M_x=2.6$；卵石最大粒径 20mm，$\rho_g=2650$kg/m³；自来水。试求初步配合比。

10. 试设计某高速公路路面用水泥混凝土的配合组成。

（1）设计资料。

1) 交通量属于特重级，混凝土设计抗弯拉强度 5.0MPa，施工单位混凝土抗弯拉强度样本的标准差为 0.42MPa（$n=15$ 组）。无抗冻性要求。

2) 要求施工坍落度为 10～30mm。

3) 组成材料如下：

a. 水泥：52.5 级普通硅酸盐水泥，实测水泥胶砂抗弯拉强度为 8.45MPa，密度 $\rho_c=3100$kg/m³。

b. 碎石：一级石灰石轧制的碎石，最大粒径为 31.5mm，表观密度为 $\rho_g=2720$kg/m³，振实密度为 1750kg/m³，现场含水率为 1.0%。

c. 砂：洁净的河砂，细度模数 2.62，表观密度 $\rho_s=2650$kg/m³，现场含水率为 3.5%。

d. 水：饮用水，符合混凝土拌和用水要求。

（2）设计要求。

1) 确定混凝土试配抗弯拉强度。

2) 计算初步配合比。

3) 通过试拌调整和强度检验，确定试验室配合比。

4) 根据现场骨料含水率换算为施工配合比。

11. 已知某水泥混凝土初步配合比为 1∶1.76∶3.41∶0.50，用水量 $W=180$kg/m³。

求：(1) 一次拌制 25L 水泥混凝土，每种材料各取多少千克？

(2) 配制出来水泥混凝土密度应是多少？配制强度多少？

（采用 42.5 普通水泥，碎石 $A=0.53$，$B=0.20$，$\gamma_c=1.16$）

12. 已知某水泥混凝土施工配合比 1∶2.30∶4.30∶0.54，工地上每拌和一盘混凝土需水泥 3 包，试计算每拌一盘应备各材料数量多少？

13. 已确定水灰比为 0.5，每立方米水泥混凝土用水量为 180kg，砂率为 33%，水泥混凝土密度假定为 2400kg/m³，试求该水泥混凝土的初步配合比。

第 4 章 新型混凝土

混凝土是当前用量最大、应用面最广的工程材料之一，是资源和能源消耗的大户，也是地球环境污染的主要来源。进入 21 世纪，保护环境，寻求与自然的和谐，走可持续发展之路成为全世界共同关心的课题。混凝土也必然是既要满足现代人的需求，又要考虑环保因素。因此，新型混凝土在科技的发展下，不断涌现。本章将对目前常见的新型混凝土进行讲解。

4.1 高强高性能混凝土

根据《高强混凝土结构技术规程》（CECS 104：99），将强度等级不小于 C50 的混凝土称为高强混凝土；将具有良好的施工和易性和优异耐久性，且均匀密实的混凝土称为高性能混凝土；同时具有上述各性能的混凝土称为高强高性能混凝土；而《普通混凝土配合比设计规范》（JGJ55—2011）中则将强度等级大于等于 C60 的混凝土称为高强混凝土；《混凝土结构设计规范》（GB50010—2010）则未明确区分普通混凝土或高强混凝土，只规定了钢筋混凝土结构的混凝土强度等级不应低于 C20，混凝土强度范围从 C15～C80。综合国内外对高强混凝土的研究和应用实践，以及现代混凝土技术的发展，将大于等于 C60 的混凝土称为高强混凝土是比较合理的。

高性能混凝土的认识则在不同的发展阶段产生不同的认识，其中主要有以下几点认识：

（1）初期的观点：高性能混凝土必须是高强度，或者说高强混凝土属于高性能混凝土范畴；高性能混凝土必须是流动性好的、可泵性好的混凝土，以保证施工的密实性；高性能混凝土一般要控制坍落度损失，以保证施工要求的工作度；耐久性是高性能混凝土的重要指标，但混凝土达到高强后，自然会有高的耐久性。

（2）国外的观点。

1）美国、加拿大学派认为：高性能混凝土不仅要求高强度，还应具有高耐久性，，如高体积稳定性（高弹性模量、低干缩率、低徐变和低的温度应变）、高抗渗性和高工作性。

2）日本学者认为：高性能混凝土应具有高工作性、低温升、低干缩率、高抗渗性和足够的强度，属于水胶比很低的混凝土家族。

3）第一届国际高性能混凝土研讨会将其定义为：靠传统的组分和普通的拌和、浇筑、养护方法不可能制备出的具有所要求性质和均匀性的混凝土。

（3）国内学术观点：吴中伟、廉慧珍教授在 1999 年 9 月出版的《高性能混凝土》一书中提出：高性能混凝土是一种新型高技术混凝土，是在大幅度提高普通混凝土性能的基础上采用现代混凝土技术制作的混凝土。它以耐久性作为设计的主要指标。针对不同用途要求，高性能混凝土对下列性能重点地予以保证：耐久性、工作性、适用性、强度、体积稳定性、经济性。为此高性能混凝土在配置上的特点是低水胶比，选用优质原材料，必须掺加足够数量的矿物细粉和高效减水剂。强调高性能混凝土不一定是高强混凝土。

获得高强高性能混凝土的最有效途径主要有掺外加剂和活性掺合料，并同时采用高强度等级的水泥和优质骨料。对于具有特殊要求的混凝土，还可掺用纤维材料提高抗拉、抗弯性能和冲击韧性；也可掺用聚合物等提高密实度和耐磨性。常用的外加剂有高效减水剂、高效泵送剂、高性能引气剂、防水剂和其他特种外加剂。常用的活性混合材料有Ⅰ级粉煤灰或超细粉煤灰、磨细矿粉、沸石粉、偏高岭土、硅粉等，有时也可掺适量超细磨石灰石粉或石英粉。常用的纤维材料有钢纤维、聚酯纤维和玻璃纤维等。

4.1.1 高强高性能混凝土的原材料

1. 水泥

水泥的品种通常选用硅酸盐水泥和普通水泥，也可采用矿渣水泥等。强度等级选择一般为：C50～C80 混凝土宜用强度等级 42.5；C80 以上选用更高强度的水泥。1m³ 混凝土中的水泥用量要控制在 500kg 以内，且尽可能降低水泥用量。水泥和矿物掺合料的总量不应大于 600kg/m³。

2. 掺合料

（1）硅粉。

硅粉是生产硅铁时产生的烟灰，故也称硅灰，是高强混凝土配制中应用最早、技术最成熟、应用较多的一种掺合料。硅粉中活性 SiO_2 含量达 90% 以上，比表面积达 15000m²/kg 以上，火山灰活性高，且能填充水泥的空隙，从而极大地提高混凝土密实度和强度。硅粉的适宜掺量为水泥用量的 5%～10%。

研究结果表明，硅粉对提高混凝土强度十分显著，当外掺 6～8% 的硅粉时，混凝土强度一般可提高 20% 以上，同时可提高混凝土的抗渗、抗冻、耐磨、耐碱—骨料反应等耐久性能。但硅粉对混凝土也带来不利影响，如增大混凝土的收缩值、降低混凝土的抗裂性、减小混凝土流动性、加速混凝土的坍落度损失等。

（2）磨细矿渣。

通常将矿渣磨细到比表面积 350m²/kg 以上，从而具有优异的早期强度和耐久性。掺量一般控制在 20%～50% 之间。矿粉的细度越大，其活性越高，增强作用越显著，但粉磨成本也大大增加。与硅粉相比，增强作用略逊，但其他性能优于硅粉。

（3）粉煤灰。

一般选用Ⅰ级粉煤灰，利用其内含的玻璃微珠润滑作用，降低水灰比，以及细粉末填充效应和火山灰活性效应，提高混凝土强度和改善综合性能。掺量一般控制在 20%～30% 之间。Ⅰ级粉煤灰的作用效果与磨细矿渣粉相似，且抗裂性优于磨细矿渣粉。

（4）沸石粉。

天然沸石含大量活性 SiO_2 和微孔，磨细后作为混凝土掺合料能起到微粉和火山灰活性功能，比表面积 500m²/kg 以上，能有效改善混凝土黏聚性和保水性，并增强了内养护

(降低内部水分的损失),从而提高混凝土后期强度和耐久性,掺量一般为5%~15%。

(5) 偏高岭土。

偏高岭土是由高岭土（$Al_2O_3 \cdot 2SiO_2 \cdot 2H_2O$）在700~800℃条件下脱水制得的白色粉末,平均粒径1~2μm,SiO_2和Al_2O_3含量90%以上,特别是Al_2O_3含量较高。在混凝土中的作用机理与硅粉及其他活性火山灰掺合料相似,除了微粉的填充效应和对硅酸盐水泥的加速水化作用外,主要是活性SiO_2和Al_2O_3与$Ca(OH)_2$作用生成CSH凝胶和水化铝酸钙（C_4AH_{13}、C_3AH_6）水化硫铝酸钙（C_2ASH_8）。由于其极高的火山灰活性,故有超级火山灰（Super-Pozzolan）之称。

研究结果表明,掺入偏高岭土能显著提高混凝土的早期强度和长期抗压强度、抗弯强度及劈裂抗拉强度。由于高活性偏高岭土对钾、钠和氯离子的强吸附作用和对水化产物的改善作用,能有效抑制混凝土的碱、骨料反应和提高抗硫酸盐腐蚀能力。J. Bai的研究结果表明,随着偏高岭土掺量的提高,混凝土的坍落度将有所下降,因此需要适当增加用水量或高效减水剂的用量。A. Dubey的研究结果表明,混凝土中掺入高活性偏高岭土能有效改善混凝土的冲击韧性和耐久性。

我国《高强高性能混凝土用矿物外加剂》（GB/T18736—2002）规定了用于高强高性能混凝土矿物外加剂的技术性能要求,见表4.1.1。

表4.1.1　高强高性能混凝土用矿物外加剂的技术性能要求

试验项目			指标						
			磨细矿渣			磨细粉煤灰		磨细天然沸石	硅灰
			Ⅰ	Ⅱ	Ⅲ	Ⅰ	Ⅱ	Ⅰ	Ⅱ	
化学性能	MgO（%）≤		14			—	—	—	—	—
	SO_3（%）≤		4			3		—	—	—
	烧失量（%）≤		3			5	8	—	—	6
	Cl（%）≤		0.02			0.02		0.02		0.02
	SiO_2（%）≥		—			—		—		85
	吸铵值（mmol/100g）≥		—			—		130	100	—
物理性能	比表面积（m^2/kg）≥		750	550	350	600	400	700	500	15000
	含水率（%）≤		1.0			1.0		—	—	3.0
胶砂性能	需水量比（%）≤		100			95	105	110	115	125
	活性指数	3d（%）≥	85	75	55	—	—	—	—	—
		7d（%）≥	100	85	75	80	75	—	—	—
		28d（%）≥	115	105	100	90	85	90	85	85

3. 外加剂

高效减水剂（或泵送剂）是高强高性能混凝土最常用的外加剂品种,减水率一般要求大于20%,以最大限度降低水灰比,提高强度。为改善混凝土的工作性及提供其他特殊性能,也可同时掺入引气剂、缓凝剂、防水剂、膨胀剂、防冻剂等。掺量可根据不同品种和要求依需要选用。

4. 粗细集料

细集料一般宜选用级配良好的中砂,细度模数宜大于 2.6,含泥量不应大于 1.5%,当配制 C70 以上混凝土,含泥量不应大于 1.0%。有害杂质控制在国家标准以内。

石子宜选用碎石,最大粒径一般不宜大于 25mm,强度宜大于混凝土强度的 1.20 倍。对强度等级大于 C80 的混凝土,最大粒径不宜大于 20mm。针片状颗粒含量不宜大于 5%,含泥量不应大 1.0%,对强度等级大于 C100 的混凝土,含泥量不应大于 0.5%。

高强高性能混凝土材料选用与普通混凝土区别具体见表 4.1.2。

表 4.1.2　　　　　高强高性能混凝土与普通混凝土材料选用比较

混凝土类型	水泥强度等级为混凝土的倍数	细骨料（人工砂）			粗骨料					
		含泥量	泥块含量	细度模数	含泥量	泥块含量	针片状颗粒含量	碎石坚固性	卵石压碎指标	有害物质
	倍	%			%					
常规混凝土	1.5～2.0	<3.0	<1.0	3.1～1.6	<1.0	<0.7	<25	<2	<16	<1.0
高强混凝土	0.9～1.5	<1.0	<0	≥2.7	<0.5	<0	<5	<5	<12	<0.5

5. 原材料的计量和搅拌

高强、高性能混凝土对原材料的计量要求比较高,砂石的计量要采用二次计量方法,计量误差应小于 1%,水泥、外加剂和水的计量误差应小于 0.5%。

对于高强、高性能混凝土的搅拌则要求更严,搅拌时间相对常规混凝土要长,应不小于 2min。搅拌机应使用搅拌效果好的强制式搅拌机。

4.1.2　高强高性能混凝土的配合比设计

高强高性能混凝土配合比设计理论尚不完善,一般可遵循下列原则进行。

1. 水灰比 W/C

普通混凝土配合比设计中的鲍罗米公式对 C60 以上的混凝土已不尽适用,但水灰比仍是决定混凝土强度的主要因素,目前尚无完善的公式可供选用,故配合比设计时通常根据设计强度等级、原材料和经验选定水灰比。

2. 用水量和水泥用量

普通混凝土用水量根据坍落度要求、骨料品种、最大粒径等选择。高强、高性能混凝土可参照执行,当由此确定的用水量导致水泥或胶凝材料总用量过大时,可通过调整减水剂品种或掺量来降低用水量或胶凝材料用量。也可以根据强度和耐久性要求,首先确定水泥或胶凝材料用量,再由水灰比计算用水量,当流动性不能满足设计要求时,再通过调整减水剂品种或掺量加以调整。

3. 砂率

对泵送高强混凝土,砂率的选用要考虑可泵性要求,一般为 34%～44%,在满足施工工艺和施工和易性要求时,砂率宜尽量选小些,以降低水泥用量。从原则上来说,砂率宜通过试验确定最优砂率。

4. 高效减水剂

高效减水剂的品种选择原则，除了考虑减水率大小外，尚要考虑对混凝土坍落度损失、保水性和粘聚性的影响，更要考虑对强度、耐久性和收缩的影响。

减水剂的掺量可根据减水率的要求，在允许掺量范围内通过试验确定。但一般不宜因减水的需要而超量掺用。

5. 掺合料

其掺量通常根据混凝土性能要求和掺合料品种性能，结合原有试验资料和经验选择并通过试验确定。

其他设计计算步骤与普通混凝土基本相同。

4.1.3 高强高性能混凝土的技术性质

（1）高强混凝土的早期强度高，但后期强度增长率一般不及普通混凝土。故不能用普通混凝土的龄期—强度关系式（或图表），由早期强度推算后期强度。如C60～C80混凝土，3d强度约为28d的60%～70%；7天强度约为28天的80%～90%。

（2）高强高性能混凝土由于非常致密，故抗渗、抗冻、抗碳化、抗腐蚀等耐久性指标均十分优异。因此，高强混凝土除高层建筑工程和大跨度工程外，还可以广泛用在铁路、公路、桥梁（隧道）、海港、码头工程，它耐海水侵蚀和冲刷的能力也大大高于普通混凝土，可极大地提高混凝土结构物的使用年限。

（3）由于高强高性能混凝土强度高，因此构件截面尺寸可大大减小，从而改变"肥梁胖柱"的现状，减轻建筑物自重，简化地基处理，并使高强钢筋的应用和效能得以充分利用，还可以增加建筑物的使用面积。

（4）高强混凝土的弹性模量高，徐变小，可大大提高构筑物的结构刚度。特别是对预应力混凝土结构，可大大减小预应力损失。

（5）高强混凝土的抗拉强度增长幅度往往小于抗压强度，即拉压比相对较低，且随着强度等级提高，脆性增大，韧性下降。

（6）高强混凝土的水泥用量较大，故水化热大，自收缩大，干缩也较大，较易产生裂缝。

（7）绝大部分建筑工地离混凝土搅拌站距离较远，要把混凝土从搅拌站运送到工地上需要很长时间。混凝土在运输过程中，其坍落度随时间的增加而减小，如何保证坍落度是发展和使用高强高性能混凝土的一个障碍。

4.1.4 高强高性能混凝土的应用

高强高性能混凝土作为建设部推广应用的十大新技术之一，是建设工程发展的必然趋势。发达国家早在20世纪50年代即已开始研究应用。我国约在20世纪80年代初首先在轨枕和预应力桥梁中得到应用。高层建筑中应用则始于80年代末，进入90年代以来，研究和应用增加，北京、上海、广州、深圳等许多大中城市已建起了多幢高强高性能混凝土建筑。

随着国民经济的发展，高强高性能混凝土在建筑、道路、桥梁、港口、海洋、大跨度及预应力结构、高耸建筑物等工程中的应用将越来越广泛，强度等级也将不断提高，C50～C80的混凝土将普遍得到使用，C80以上的混凝土将在一定范围内得到应用。

4.2 泵送混凝土

4.2.1 概述

1. 定义

将搅拌好的混凝土，采用混凝土输送泵沿管道输送和浇筑，称为泵送混凝土。由于施工工艺上的要求，所采用的施工设备和混凝土配合比都与普通施工方法不同。

2. 特点

采用混凝土泵输送混凝土拌和物，可一次连续完成垂直和水平输送，而且可以进行浇筑，因而生产率高，节约劳动力，特别适用于工地狭窄和有障碍的施工现场，以及大体积混凝土构筑物和高层建筑。

3. 泵送混凝土的可泵性

（1）可泵性。

泵送混凝土是拌和料在压力下沿管道内进行垂直和水平的输送，它的输送条件与传统的输送有很大的不同。因此，对拌和料性能的要求与传统的要求相比，既有相同点也有不同点。按传统方法设计的有良好工作性（流动性和黏聚性、保水性）的新拌混凝土，在泵送时却不一定有良好的可泵性，有时发生泵压陡升和阻泵现象。阻泵和堵泵会造成施工困难。这就要求混凝土学者对新拌混凝土的可泵性做出较科学又较实用的阐述，如什么叫可泵性、如何评价可泵性、泵送拌和料应具有什么样的性能、如何设计等，并找出影响可泵性的主要因素和提高可泵性的材料设计措施，从而提高配制泵送混凝土的技术水平。在泵送过程中，拌和料与管壁产生摩擦，在拌和料经过管道弯头处遇到阻力，拌和料必须克服摩擦阻力和弯头阻力方能顺利地流动。因此，简而言之，可泵性实则就是拌和料在泵压下在管道中移动摩擦阻力和弯头阻力之和的倒数。阻力越小，则可泵性越好。

（2）评价方法。

对于混凝土可泵性的评定和检验，目前还没有统一的标准。工程上，可用压力泌水试验仪结合施工经验进行控制。压力泌水试验仪是一个直径125mm的圆筒，上下装有可拆卸的顶盖和底座。上部装有活塞，用手动千斤顶驱动。底部的侧面有一泌水孔，外部接有水龙头。试验时，把体积约 $1700cm^3$ 的混凝土拌和物分两层装入圆筒，关闭水龙头，开动手动千斤顶驱动活塞，使圆筒中的混凝土拌和物受到约 3.5MPa 的压力。打开水龙头并保持压力不变，按规定的时间间隔测定流出的水量。开始 10s 流出的水量的体积以 V_{10} 表示，开始 140s 流出的水量的体积以 V_{140} 表示。则相对泌水率为：$S_{10} = V_{10}/V_{140}$。

容易泌水的混凝土，在开始 10s 内的出水速度很快，V_{10} 值很大，而 140s 以后泌出水的体积却很小。因而，S_{10} 值可以代表混凝土拌和物的保水性能，进而反映混凝土拌和物的可泵性。S_{10} 值小，表明混凝土拌和物的可泵性相对较好；反之，表明混凝土的可泵性差。

4. 坍落度损失

混凝土拌和料从加水搅拌到浇筑要经历一段时间，在这段时间内拌和料逐渐变稠，流动性（坍落度）逐渐降低，这就是所谓"坍落度损失"。如果这段时间过长，环境气温又过高，坍落度损失可能很大，则将会给泵送、振捣等施工过程带来很大困难，或者造成振捣不密实，甚至出现蜂窝状缺陷。坍落度损失的原因是：①水分蒸发；②水泥在形成混凝土的最早期开始水化，特别是 C_3A 水化形成水化硫铝酸钙需要消耗一部分水；③新形成的少量水化生成物表面吸附一些水。这几个原因都使混凝土中游离水逐渐减少，致使混凝土流动性降低。

在正常情况下，从加水搅拌开始最初 0.5h 内水化物很少，坍落度降低也只有 2~3cm，随后坍落度以一定速率降低。如果从搅拌到浇筑或泵送时间间隔不长，环境气温不高（低于 30℃），坍落度的正常损失问题还不大，只需略提高预拌混凝土的初始坍落度以补偿运输过程中的坍落度损失。如果从搅拌到浇筑的时间间隔过长，气温又过高，或者出现混凝土早期不正常的稠化凝结，则必须采取措施解决过快的坍落度损失问题。

当坍落度损失成为施工中的问题时，可采取下列措施以减缓坍落度损失：

（1）在炎热季节采取措施降低集料温度和拌和水温；在干燥条件下，采取措施防止水分过快蒸发。

（2）在混凝土设计时，考虑掺加粉煤灰等矿物掺合料。

（3）在采用高效减水剂的同时，掺加缓凝剂或引气剂或两者都掺。两者都有延缓坍落度损失的作用，缓凝剂作用比引气剂更显著。

4.2.2 原材料的选择

泵送混凝土对材料的要求较严格，对混凝土配合比要求较高，要求施工组织严密，以保证连续进行输送，避免有较长时间的间歇而造成堵塞。泵送混凝土除了根据工程设计所需的强度外，还需要根据泵送工艺所需的流动性、不离析、少泌水的要求进行配制可泵的混凝土混合料。其可泵性取决于混凝土拌和物的和易性。在实际应用中，混凝土的和易性通常根据混凝土的坍落度来判断。许多国家都对泵送混凝土的坍落度做了规定，一般认为 80~200mm 范围较合适，具体的坍落度值要根据泵送距离和气温对混凝土的要求而定。

1. 水泥

水泥品种对混凝土拌和物的可泵性也有一定的影响。根据工程情况和泵送施工工艺的要求，选用水泥时应考虑以下几项技术要求：

（1）在泵送大体积混凝土时，应选用水化热低的水泥。

（2）在各种温度、湿度的条件下，水泥早期和后期强度的发展规律。

（3）在混凝土工程的使用环境中，水泥的稳定性。

（4）水泥的储存期一般不应超过 3 个月（水泥储存 3 个月强度降低约 10%~12%，储存 6 个月强度降低约 15%~30%）。

（5）水泥的品质应符合国家标准。

2. 粗骨料

粗骨料的级配、粒径和形状，对混凝土的可泵性影响很大。泵送混凝土需要级配良好、空隙率小、而且级配连续的粗骨料。为了保证泵送的顺利进行，防止堵塞管道，需要控制粗骨料与混凝土输送管径之比，一般要求，当泵送高度在 50m 以下时，碎石的最大粒径应小于输送管最小内径的1/3，卵石的最大粒径应小于输送管最小内径的2/5；当泵送高度在50～100m时，这个比例宜为1/3～1/4；当泵送高度在100m以上时，宜为1/4～1/5。此外，粗骨料的形状对混凝土拌合物的泵送性能亦产生影响，一般表面光滑的圆形或近似圆形的粗骨料，比尖锐扁平的要好。用针片状颗粒含量多、级配不好的粗骨料拌制的泵送混凝土，输送管道转弯处的管壁往往容易磨损，针片状颗粒一旦横在输送管中，容易堵塞输送管道。因此，粗骨料中针片状颗粒含量不宜超过10%。另外，要求石子的吸水率越小越好。

3. 细骨料

细骨料对泵送混凝土拌合物的可泵性影响更大。混凝土拌合物之所以能够在输送管内顺利流动，是由于砂浆润滑管壁和粗骨料悬浮在砂浆中的缘故。因而，要求细骨料有良好的级配，细度模数在2.4～3.0的中砂。另外，要求细骨料中通过0.3mm筛孔的细颗粒不小于15%。

4. 掺合料

为了既节约水泥又能保证混凝土拌合物具有必要的可泵性，在配制泵送混凝土时，可以掺入一定数量的粉煤灰。工程实践表明，掺入粉煤灰不仅可以提高混凝土拌合物的流动性和粘聚性，而且还能降低坍落度损失和混凝土水化热，延长凝结时间，减少泌水率，增加密实度和强度，使泵送混凝土的技术性能与经济效益得到进一步发挥。

粉煤灰的质量应符合国家标准要求，磨细后的细度不小于水泥的细度，对混凝土有害的杂质、未燃炭分及可溶性盐类含量等不得大于有关规定，需水量比较小。

5. 减水剂

减水剂对于采用常规施工方法的普通混凝土来讲，主要是出于经济方面的考虑。然而，对于采用泵送工艺施工的泵送混凝土来讲，就不仅是一个经济问题，更重要的是技术方面的考虑。提高混凝土拌合物流动性的途径，一是靠加大用水量；二是靠掺加减水剂。增加用水量时，为了保证混凝土具有必要的稠度和强度指标，必须要增加水泥用量，这非但在经济上不合理，而且也会使硬化后的混凝土水化热、干缩等性能受到一定的影响，严重时会导致混凝土开裂。因此，各种高效能减水剂已经成为泵送混凝土组成材料中不可缺少的部分。只要在混凝土中加入水泥质量千分之几的高效减水剂，在达到相同坍落度的条件下，可减少10%～20%的用水量；如果不减水，可以明显提高混凝土拌合物的流动性。

自20世纪70年代以来，我国减水剂发展很快，供应的品种也很多。因此，要根据具体情况和要求，择优选用减水剂。否则，就不能达到经济上合理，技术上可行。使用的减水剂应符合有关规定和产品的技术指标。

4.2.3 泵送混凝土的配合比设计

1. 泵送混凝土配合比设计基本原则

根据泵送混凝土的工艺特点，确定泵送混凝土配合比设计基本原则如下：

（1）要保证泵送后的混凝土能满足所规定的和易性、匀质性、强度及耐久性等技术要求。

（2）根据所用材料的质量、泵的种类、输送管的直径、压送距离、气候条件、浇筑部位及浇筑方法等,经过试验确定配合比。试验包括混凝土的试配和试送。

(3) 在混凝土配合成分中,应尽量采用减水性塑化剂等化学外加剂,以降低水胶比,适当提高砂率(一般为40%~50%),改善混凝土可泵性。

2. 坍落度的取值

目前,评定混凝土的可泵性仍然以坍落度来表示,例如德国把稠度在K2~K3(相当于坍落度值50~120mm)的混凝土拌和物列为可泵送的混凝土。国内工程实践表明,对于大多数混凝土拌和物来说,如果粗骨料的粒径适宜,颗粒级配良好,配合比适当,即使坍落度值变化范围很大都可以泵送。但是,坍落度值过小的混凝土拌和物,摩擦阻力大,必然加剧输送管道和混凝土泵的磨损,影响混凝土泵的寿命。除此之外,由于流动性差,输送管道内的阻力增加了,压送效率变小,平均压送量也就降低。所以泵送混凝土的坍落度不应小于100mm为宜。但坍落度过大,泌水增加,会引起骨料沉淀,使结构物混凝土上下质量不匀,影响工程质量。具体设计时应根据混凝土原材料、混凝土运输距离、混凝土泵与混凝土输送管管径、泵送距离、气温等具体施工条件进行试配,必要时还应通过试泵送加以确定。根据上海宝钢工程混凝土施工经验,坍落度取值为100~130mm比较适宜,见表4.2.1。

表4.2.1 混凝土入泵坍落度选用表

泵送高度(m)	30以下	30~60	60~100	100以上
坍落度(mm)	100~140	140~160	160~180	180~200

3. 水灰比的选择

混凝土的水灰比,受施工工作性能的控制,比理想水灰比大。例如拌制泵送混凝土水泥用量按$280kg/m^3$来计算,则水泥水化和硬化的用水量为70kg左右。但实际用水量比这一数值大,大部分水是与水泥水化和硬化无关的,只是供混凝土的骨料和粉料吸附,以及保证混凝土的可泵性。一般来说,水灰比大,对泵送有利,但硬化后的混凝土强度低。如美国混凝土协会(ACI)提出的混凝土强度与水灰比的大致关系如表4.2.2所列的数值。

另外,水灰比还与泵送混凝土在输送管中的流动阻力有关,水灰比减小,混凝土拌和物的流动阻力就大。因此《混凝土泵送施工技术规程》(JGJ/T10—2011)规定,泵送混凝土的水灰比宜为0.40~0.60。不过对一些高强混凝土,水灰比为0.30~0.35。

表4.2.2 混凝土强度与水灰比的关系

28天抗压强度(MPa)	水灰比		28天抗压强度(MPa)	水灰比	
	非加气混凝土	加气混凝土		非加气混凝土	加气混凝土
42.0	0.42~0.45	—	28.0	0.60~0.63	0.50~0.53
35.0	0.51~0.53	0.42~0.44	21.0	0.71~0.75	0.62~0.65

4. 最小水泥用量的限值

水泥是泵送混凝土的主要组成材料之一,其用量多少直接影响到混凝土的强度、耐久性和可泵性。因此，日本建筑学会《泵送混凝土施工法规程》规定了泵送混凝土的最小水泥用量值，如表 4.2.3 所示。

表 4.2.3 泵送混凝土水泥用量的最小值

泵送条件	输送管内径尺寸（mm）			输送管水平换算距离（m）		
	100	125	150	<60	60～150	>150
水泥用量（kg/m³）	300	290	280	280	290	300

从表中数据可以看出，输送管径大小与水泥用量多少成反比，水平距离的长短与水泥用量的多少成正比。工程实践表明，水泥用量还与水泥的品种和坍落度的大小有关。因此，泵送混凝土施工配合比应根据所用的原材料具体情况，经试验或按照已有的经验确定，泵送混凝土中水泥和矿物掺合料的最小用量宜为 300kg/m³。

5. 砂率的确定

最佳砂率，即在保证混凝土强度和可泵性的情况下，水泥用量最小时的砂率。砂率对于泵送混凝土的泵送性能很重要。由于泵送混凝土输送管道有直管、弯管、锥形管和软管，混凝土拌和物通过这些管道时要发生形状改变，砂率低的混凝土和易性差，变形困难，不易通过，容易产生堵塞。因此，泵送混凝土的砂率比普通混凝土高 2%～5%，宜为 38%～45%。对于 C60 及其以上的高强混凝土，要控制砂率在 38% 以下，否则强度难以保证。

4.3 商品混凝土

商品混凝土是指以集中搅拌、远距离运输的方式向建筑工地供应一定要求的混凝土。它包括混合物搅拌、运输、泵送和浇筑等工艺过程。严格地讲商品混凝土是指混凝土的工艺和产品，而不是混凝土的品种，它应包括大流动性混凝土、流态混凝土、泵送混凝土、高强混凝土、大体积混凝土、防渗抗裂混凝土或高性能混凝土等。因此、商品混凝土是现代混凝土与现代化施工工艺的结合，它的普及程度能代表一个国家或地区的混凝土施工水平和现代化程度。集中搅拌的商品混凝土主要用于现浇混凝土工程，混凝土从搅拌、运输到浇筑需 1～2h，有时超过 2h。因此商品混凝土搅拌站合理的供应半径应在 10km 之内。随着商品混凝土的普及和发展，现浇混凝土成为今后发展方向。

4.3.1 商品混凝土的特点

（1）由于是集中搅拌，因此能严格在线控制原材料质量和配合比，保证混凝土的质量要求；

（2）要求拌和物具有好的工作性。即高流动性、坍落度损失小，不泌水不离析、可泵性好；

（3）经济性要求成本低，性价比高。

4.3.2 原材料的选择与要求

(1) 水泥的选择。

通常采用硅酸盐水泥、普硅水泥或矿渣水泥，对水泥的基本要求是：

1) 相同强度等级时，选择富余系数大的水泥，因为水泥是使混凝土获得强度的"基础"；

2) 相同强度时选择需水量小的水泥。水泥的标准稠度需水量在 21%～27%，在配制混凝土时采用需水量小的水泥可降低水泥用量；

3) 选择 C_3S 高、C_3A 低（<8%）、碱含量低（<1%），比表面适中（340～360 m^2/kg）、颗粒级配好的水泥；

4) 合理使用不同强度等级的水泥。配制 C40 以下的流态混凝土时应用 32.5MPa 掺混合材的水泥；配制 C40 以上的高性能混凝土应用 42.5MPa 硅酸盐水泥或普通硅酸盐水泥；

5) 针对不同用途的混凝土正确选择水泥品种，如要求早强或冬季施工尽量采用 R 型硅酸盐水泥，大体积混凝土采用矿渣水泥或普通硅酸盐水泥。

(2) 矿物细掺料的选择。

常用的矿物细掺料有粉煤灰、磨细矿渣、沸石粉、硅粉等。配制商品混凝土时对矿物细掺料的基本要求是：

1) 售价低、具有一定的水化活性，能替代部分水泥，在保证强度和其它性能的情况下，应多掺超细掺合料，使混凝土的成本降低；

2) 需水量比小（<100%），颗粒级配合理能提高拌合物的流动性；

3) 合理使用不同品种的超细掺合料，配制 C60 以下的流态混凝土时采用 II 级粉煤灰，C60～C80 采用 I 级粉煤灰或磨细矿渣，强度 100MPa 以上的高性能混凝土掺硅粉。

(3) 集料的选择。

粗细集料都应符合有关标准的要求。正确选择集料能确保混凝土工作性、强度和经济性。

1) 细集料。砂子的颗粒级配合理、含泥量低有利于强度和工作性的提高。人工砂和风化山砂的需水量大、颗粒形状和级配不合理使拌合物流动性下降。河砂是理想的细集料，使用时应正确选择细度模数。配制高强混凝土时应用中砂偏粗砂子，普通流态混凝土用中砂。砂子的细度模数影响混凝土的砂率和用水量，砂率高用水量大，坍落度损失快。砂率偏低容易产生泌水和离析。

2) 粗集料。石子的最大粒径和级配影响混凝土的用水量，砂率和工作性。配制高强混凝土和高性能混凝土时应采用高强度的碎石，其最大粒径应为 19mm 或 25mm，因为高强混凝土的强度几乎为石子强度的 1/2。普通流态混凝土采用最大粒径 25mm 或 31.5mm 碎石，采用泵送工艺时石子最大粒径应小于泵出口管径的 1/3，否则产生堵泵现象。目前市场连续级配的碎石较少，多数为单一粒级、这时应采用二级配石子。若采用单一粒级的石子应提高砂率。

混凝土的砂率与石子的最大粒径有关，大石子砂率小、小石子砂率大。其中就有合理配合的问题。在配制流态混凝土时，若采用较大粒径（如 31.5mm）碎石与中细砂（Mx

=2.50）配合可以降低砂率和用水量，因而降低混凝土的成本。

（4）外加剂的选择。

商品混凝土所用的外加剂应包括：引气减水剂、高效缓凝引气减水剂、缓凝减水剂、高效缓凝减水剂、泵送剂、高效泵送剂等。选择外加剂的原则：

1）根据所配制的混凝土类型选择相应的外加剂品种；

2）根据混凝土的原材料、配合比和强度等级确定对外加剂的减水率和掺量的要求；

3）根据工程类型、气候条件、运输距离、泵送高度等因素，确定对坍落度损失程度、凝结时间和早期强度的要求；

4）其他特殊要求（如抗渗性、抗冻性、抗侵蚀性、耐磨性等）。

最后，通过混凝土试配，经济性评估后才能应用外加剂。

4.3.3 混凝土配合比设计和优化

商品混凝土的工艺不同于现场搅拌的混凝土，运输距离和时间的存在必须控制坍落度损失。因此在设计混凝土配合比时应考虑如下因素：

（1）根据运距和运输时间确定初始坍落度：近距离小于10km时间为1h时，初始坍落度为18～20cm；远距距离大于10km时间为2h时，为20～22cm。

（2）控制坍落度损失，即控制入泵前的坍落度应大于15cm。因为坍落度小于15cm时可泵性差。而坍落度大于20cm时，浇筑后混凝土长时间保持大流动性状态、其稳定性差容易产生离析，凝结慢。

（3）初凝时间的控制：梁板柱浇筑时初凝时间8～12h，大体积混凝土为12～15h。

（4）商品混凝土作为一种建材产品参与市场竞争必须考虑经济性，在保证技术性能的前提下售价最低。对商品混凝土总的要求是：稳定、可靠、适用和经济。

传统的混凝土配合比设计方法（即假定容重法和绝对体积法）是以强度为基础的，即根据"水灰比定则"设计配合比。目前混凝土配合比全计算配合比设计方法是以工作性、强度和耐久性为基础，通过混凝土体积模型推导出用水量和砂率计算公式，并且将此二式与水灰比定则相结合实现水泥混凝土的组成和配合比的全计算。全计算法与传统设计方法相比较，全计算法使混凝土配合比设计由半定量走向全定量，由经验走向科学。与传统配合比设计相比，全计算法更方便快捷地得到优化的混凝土配合比。

4.4 轻混凝土

4.4.1 概述

轻混凝土是指表观密度小于1950kg/m³的混凝土。可分为轻集料混凝土、多孔混凝土和无砂大孔混凝土3类。轻混凝土的主要特点为：

（1）表观密度小。轻混凝土与普通混凝土相比，其表观密度一般可减小1/4～3/4，使上部结构的自重明显减轻，从而显著地减少地基处理费用，并且可减小柱子的截面尺寸。又由于构件自重产生的恒载减小，因此可减少梁板的钢筋用量。此外，还可降低材料运输费用，加快施工进度。

(2) 保温性能良好。材料的表观密度是决定其导热系数的最主要因素，因此轻混凝土通常具有良好的保温性能，降低建筑物使用能耗。

(3) 耐火性能良好。轻混凝土具有保温性能好、热膨胀系数小等特点，遇火强度损失小，故特别适用于耐火等级要求高的高层建筑和工业建筑。

(4) 力学性能良好。轻混凝土的弹性模量较小、受力变形较大，抗裂性较好，能有效吸收地震能，提高建筑物的抗震能力，故适用于有抗震要求的建筑。

(5) 易于加工。轻混凝土中，尤其是多孔混凝土，易于打入钉子和进行锯切加工。这对于施工中固定门窗框、安装管道和电线等带来很大方便。

轻混凝土在主体结构中的应用尚不多，主要原因是价格较高。但是，若对建筑物进行综合经济分析，则可收到显著的技术和经济效益，尤其是考虑建筑物使用阶段的节能效益，其技术经济效益更佳。

4.4.2 轻骨料混凝土

用轻粗骨料、轻细骨料（或普通砂）和水泥配制而成的混凝土，其干表观密度不大于 $1950 kg/m^3$，称为轻骨料混凝土。当粗细骨料均为轻骨料时，称为全轻混凝土；当细骨料为普通砂时，称砂轻混凝土。

1. 轻骨料的种类及技术性质

(1) 轻骨料的种类。

凡是骨料粒径为 5mm 以上，堆积密度小于 $1000kg/m^3$ 的轻质骨料，称为轻粗骨料。粒径小于 5mm，堆积密度小于 $1200kg/m^3$ 的轻质骨料，称为轻细骨料。

1) 轻骨料按来源不同分为 3 类。

①天然轻骨料。天然形成的多孔岩石，经过加工形成的轻集料，如浮石、火山渣及轻砂等；②工业废料轻骨料。以工业废料为原料，经加工制成的轻集料，如粉煤灰陶粒、膨胀矿渣、自燃煤矸石等；③人造轻骨料。以地方材料为原料，经加工而制成的轻集料，如膨胀珍珠岩、页岩陶粒、粘土陶粒等。

2) 轻集料又按其粒型分为圆球形、普通型和碎石型 3 种。

3) 轻集料的制造方法基本可以分为烧胀法和烧结法 2 种。

①烧胀法是将原料破碎、筛分后，经高温烧胀而成，如膨胀珍珠岩；或将原料加工成粒再经高温烧胀而成，如黏土陶粒、圆球型页岩陶粒。这种方法由于原料中所含水分或气体在高温下发生膨胀，形成内部具备微细气孔结构和表面由一层硬壳包裹的陶粒。②烧结法是将原料加入一定量胶结剂和水，经加工成粒，在高温下烧至部分熔融而成的多孔结构的陶粒，如粉煤灰陶粒。

(2) 轻骨料的技术性质。

轻骨料的技术性质主要有松堆密度、强度、颗粒级配和吸水率等，此外，还有耐久性、体积安定性、有害成分含量等。

1) 松堆密度。轻骨料的表现密度直接影响所配制的轻骨料混凝土的表观密度和性能，轻粗骨料按松堆密度划分为 8 个等级：$300kg/m^3$、$400kg/m^3$、$500kg/m^3$、$600kg/m^3$、$700kg/m^3$、$800kg/m^3$、$900kg/m^3$、$1000kg/m^3$。轻砂的松堆密度为 $410\sim1200kg/m^3$。表 4.4.1 轻集料密度等级。

表 4.4.1　　　　　　　　　　　　轻集料密度等级

密度等级		堆积密度范围	密度等级		堆积密度范围
粗集料	细集料	kg/m³	粗集料	细集料	kg/m³
300	—	210～300	800	800	710～800
400	—	310～400	900	900	810～900
500	500	410～500	1000	1000	910～1000
600	600	510～600	1100	—	1010～1100
700	700	610～700	1200	—	1110～1200

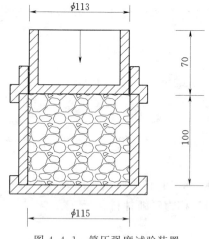

图 4.4.1　筒压强度试验装置
（单位：mm）

2）强度。轻粗骨料的强度，通常采用"筒压法"测定其筒压强度。即将粒径为 10～20mm 的烘干轻粗集料试样，装入 ϕ115mm×100mm 的带底圆筒内，上面加 ϕ113mm×70mm 的冲压模（图 4.4.1），取冲压模压入深度为 20mm 时的压力值，除以承压面积（100cm²），即为轻粗骨料的筒压强度值。由于筒压试验时，轻粗骨料在圆筒内的受力状态是点接触，应力集中，多挤压破坏，故强度只有实际强度的 1/5～1/4，筒压强度是间接反映轻骨料颗粒强度的一项指标，对相同品种的轻骨料，筒压强度与堆积密度常呈线性关系。但筒压强度不能反映轻骨料在混凝土中的真实强度，因此，技术规程中还规定采用强度标号来评定轻粗骨料的强度。

轻粗骨料的筒压强度是比较低的，但所能配制的混凝土强度比它高出好几倍的混凝土。这是因为在混凝土中，骨料被埋在砂浆内，被砂浆所包裹，骨料在硬化砂浆的约束状态下受力，再加上轻粗骨料表面一般较粗糙，与水泥浆的粘结较好，以及围绕轻粗集料周边的水泥砂浆能起拱架作用。这些原因使得在混凝土中的轻粗集料的实际承压强度要比其筒压强度高得多，而且随着水泥砂浆的强度提高而提高。然而轻集料混凝土强度最终还是受轻集料本身强度影响。也就是说，当混凝土强度提高到某一极限值后，即使再增大水泥砂浆强度，混凝土强度也只能稍有提高。这个极限值称为"合理强度值"，它主要取决于轻粗集料的强度。所以 GB2842—81 中，推荐用轻粗集料拌制混凝土，并以混凝土"合理强度值"作为轻粗集料的强度等级（表 4.4.2）。轻粗集料的强度等级和筒压强度一样，可以作为配制轻集料混凝土时合理选用轻粗集料的依据。

表 4.4.2　　　　　　　　轻粗集料的筒压强度及强度等级

密度等级	筒压强度			强度等级	
	天然碎石型	碎石型	普通和圆球型	普通型	圆球型
300	0.2	0.3	0.3	3.5	3.5
400	0.4	0.5	0.5	5.0	5.0

续表

密度等级	筒压强度			强度等级	
	天然碎石型	碎石型	普通和圆球型	普通型	圆球型
500	0.6	1.0	1.0	7.5	7.5
600	0.8	1.5	2.0	10.0	15.0
700	1.0	2.0	3.0	15.0	20.0
800	1.2	2.5	4.0	20.0	25.0
900	1.5	3.0	5.0	25.0	30.0
1000	1.8	4.0	6.5	30.0	40.0

3) 吸水率。轻骨料的吸水率与骨料种类和内部构造有关。轻骨料的吸水率一般都比普通砂石料大，因此将显著影响混凝土拌合物的和易性、水灰比和强度的发展。在设计轻骨料混凝土配合比时，必须根据轻骨料的 1h 吸水率计算附加用水量。轻骨料在水中，开始 1h 吸水较快，24h 后几乎不再吸水。因此国家标准中关于轻骨料 1h 吸水率的规定是：轻砂和天然轻粗骨料吸水率不作规定，粉煤灰陶粒的吸水率不应大于 22%，黏土陶粒和页岩陶粒不大于 10%。同时还规定其软化系数不应小于 0.8。

4) 最大粒径与颗粒级配。轻粗集料的最大粒径一般由累计筛余率小于 10% 的该号筛孔尺寸来确定。保温及结构保温轻骨料混凝土用粗骨料，其最大粒径不宜大于 30mm；在结构轻骨料混凝土中则不宜大于 20mm。

规范同时将轻粗骨料粒径划分为 5 级：5～10mm、10～15mm、15～20mm、20～25mm、25～30mm。颗粒级配应符合表 4.4.3 要求。

表 4.4.3 颗 粒 级 配

轻集料类别		公称粒级	各号筛的累积筛余（质量计）（%）									
			筛孔尺寸（mm）									
			40.0	31.5	20.0	16.0	10.0	5.0	2.50	1.25	0.63	0.315	0.16
细集料		0～5	—	—	—	—	—	0	0～10	0～35	0～10	0～10	0～10
粗集料	连续粒级	5～40	0～10	—	40～60	—	50～85	90～100	95～100				
		5～31.5	0～5	0～10	—	40～75	—	90～100	95～100				
		5～20	—	—	0～5	0～10	40～80	90～100	95～100				
		5～16	—	—	—	0～5	0～10	20～60	85～100	95～100			
		5～10	—	—	—	—	0	0～15	80～100	95～100			
	单粒级	10～16	—	—	—	0	0～15	85～100	90～100				

注 公称粒级的上限，为该粒级的最大粒径。

对轻粗骨料的级配要求，其自然级配的空隙率不应大于 50%。轻砂的细度模数不宜大于 4.0；大于 5mm 的筛余量不宜大于 10%。

2. 轻骨料混凝土的强度等级

轻骨料混凝土按干表观密度（一般为 $800\sim1950\text{kg/m}^3$），共分为12个等级。强度等级按立方体抗压强度标准值分为 CL5.0、CL7.5、CL10、CL15、CL20、CL25、CL30、CL35、CL40、CL45、CL50、CL55、CL60 等13个等级。

按用途不同，轻骨料混凝土分为3类，其相应的强度等级和表观密度要求见表4.4.4。

表 4.4.4　　　　　轻骨料混凝土按用途分类（JGJ51—2002）

类 别 名 称	混凝土强度等级的合理范围	混凝土表观密度等级的合理范围	用　　途
保温轻骨料混凝土	CL5.0	800	主要用于保温的围护结构或热工构筑物
结构保温轻骨料混凝土	CL5.0、CL7.5、CL10、CL15	800～1400	主要用于既承重又保温的围护结构
结构轻骨料混凝土	CL15、CL20、CL25、CL30、CL35、CL40、CL45、CL50、CL55、CL60	1400～1950	主要用于承重构件或构筑物

轻骨料混凝土由于其轻骨料具有颗粒表观密度小、总表面积大、易于吸水等特点，所以其拌和物适用的流动范围比较窄，过大的流动性会使轻骨料上浮、离析；过小的流动性则会使捣实困难。流动性的大小主要取决于用水量，由于轻骨料吸水率大，因而其用水量的概念与普通混凝土略有区别。加入拌和物中的水量称为总用水量，可分为两部分：一部分被骨料吸收，其数量相当于1h的吸水量，这部分水称为附加用水量；其余部分称为净用水量，使拌和物获得要求的流动性和保证水泥水化的进行。净用水量可根据混凝土的用途及要求的流动性来选择。另外，轻骨料混凝土的和易性也受砂率的影响，尤其是采用轻细骨料时，拌和物和易性随着砂率的提高而有所改善。轻骨料混凝土的砂率一般比普通混凝土的砂率略大。

对于轻骨料混凝土，由于轻骨料自身强度较低，因此其强度的决定因素除了水泥强度与水灰比（水灰比考虑净用水量）外，还取决于轻骨料的强度。与普通混凝土相比，采用轻骨料会导致混凝土强度下降，并且骨料用量越多，强度降低越大，其表观密度也越小。

轻骨料混凝土的另一特点是，由于受到轻骨料自身强度的限制，因此，每一品种轻骨料只能配制一定强度的混凝土，如要配制高于此强度的混凝土，即使降低水灰比，也不可能使混凝土强度有明显提高，或提高幅度很小。

轻骨料混凝土的变形比普通混凝土大，弹性模量较小，约为同级别普通混凝土的 $50\%\sim70\%$，制成的构件受力后挠度较大是其缺点。但因极限应变大，有利于改善构筑物的抗震性能或抵抗动荷载能力。轻骨料混凝土的收缩和徐变比普通混凝土相应地大 $20\%\sim50\%$ 和 $30\%\sim60\%$，热膨胀系数则比普通混凝土低20%左右。

3. 轻骨料混凝土的制作与使用特点

（1）轻骨料本身吸水率较天然砂、石为大，若不进行预湿，则拌合物在运输或浇注过程中的坍落度损失较大，在设计混凝土配合比时须考虑轻骨料附加水量。

（2）拌和物中粗骨料容易上浮，也不易搅拌均匀，应选用强制式搅拌机作较长时间的搅拌。轻骨料混凝土成型时振捣时间不宜过长，以免造成分层，最好采用加压振捣。

（3）轻骨料吸水能力较强，要加强浇水养护，防止早期干缩开裂。

4. 轻骨料混凝土配合比设计要点

轻骨料混凝土配合比设计的基本要求与普通混凝土相同，但应满足对混凝土表观密度的要求。

轻骨料混凝土配合比设计方法与普通混凝土基本相似，分为绝对体积法和松散体积法。砂轻混凝土宜采用绝对体积法，即按每立方米混凝土的绝对体积为各组成材料的绝对体积之和进行计算。松散体积法宜用于全轻混凝土，即以给定每立方米混凝土的粗细骨料松散总体积为基础进行计算，然后按设计要求的混凝土表观密度为依据进行校核，最后通过试拌调整得出（详见规范《轻骨料混凝土技术规程》JGJ 51—2002）。

轻骨料混凝土与普通混凝土配合比设计中的不同之处主要有2点：①用水量为净用水量与附加用水量两者之和；②砂率为砂的体积占砂石总体积之比值。

轻集料混凝土配合比设计过程与普通混凝土相似，也是先计算初步配合比，再进行试拌调整，满足和易性要求，最后校核强度及干表观密度等。与普通混凝土不同的是，在配合比设计中增加密度等级的要求，同时必须考虑轻集料的品种、性能对混凝土的影响。由于轻集料对混凝土性能影响较大，可是两者之间没有相关的强度计算公式，所以在配制轻集料混凝土时，多依靠经验及试验进行。

4.4.3 多孔混凝土

多孔混凝土是指内部均匀分布着大量微小封闭的气泡而无骨料或无粗骨料的轻质混凝土。

根据成孔方式的不同（化学反应加气法和泡沫剂机械混合法），多孔混凝土可分为加气混凝土和泡沫混凝土两大类。

按其表观密度和强度分为两类：第一类，结构用多孔混凝土，其表观密度大于500 kg/m³，标准抗压强度在3MPa以上；第二类，非承重多孔混凝土，其表观密度小于500 kg/m³，标准抗压强度低于3MPa。

多孔混凝土的孔隙率极高，达52%～85%，故轻质，其表观密度一般在300～1200kg/m³之间，导热系数低，通常为0.08～0.29W/(m·k)，因此，是一种轻质多孔材料，兼有结构、保温、隔热等功能，同时，容易切割且可钉性好。多孔材料可制作屋面板、内外墙板、砌块和保温制品，广泛用于工业与民用建筑和保温工程。

1. 加气混凝土

加气混凝土是由含钙材料（如水泥、石灰）和含硅材料（如石英砂、粉煤灰、尾矿粉、粒化高炉矿渣、页岩等）加水和适量的加气剂后，经混合搅拌、浇筑和压蒸养护（811kPa或1520kPa）而成。

加气剂多采用磨细铝粉。铝粉与氢氧化钙反应放出氢气而形成气泡，其反应式为：

$$2Al+3Ca(OH)_2+6H_2O = 3CaO·Al_2O_3·6H_2O+3H_2\uparrow$$

除铝粉外，还可以采用双氧水、碳化钙等作为加气剂。

2. 泡沫混凝土

泡沫混凝土是以机械方法将泡沫剂水溶液所制备成的泡沫，加至由含硅材料（砂、粉煤灰)、含钙材料（石灰、水泥）、水及附加剂所组成的料浆中，经混合搅拌、浇筑、养护而成的轻质多孔材料。

常用的泡沫剂有松香胶泡沫剂和水解牲血泡沫剂。松香胶泡沫剂系采用烧碱加水溶入松香粉生成松香皂，再加入少量骨胶或皮胶溶液熬制而成。使用时，用温水稀释，用力搅拌即可生成稳定的泡沫。水解牲血泡沫剂是用尚未凝结的动物血加苛性钠、硫酸亚铁和氯化铵等制成。

泡沫混凝土的生产成本虽然很低，但是它的抗裂性比加气混凝土约低50%～90%，加之料浆稳定性不够好，初凝硬化时间又较长，故其生产与应用的发展不如加气混凝土快。

4.4.4 大孔混凝土

大孔混凝土是由粒径相近的粗骨料。水泥和水配制而成的一种轻混凝土，又称无砂混凝土。表观密度为1000～1500kg/m³，抗压强度在3.5～10MPa之间。为了提高大孔混凝土的强度，有时也加入少量细骨料，这种混凝土又可称少砂混凝土。

大孔混凝土中因无细骨料，水泥浆仅将粗骨料胶结在一起，所以是一种大孔材料。它具有导热系数小、保温性好、吸湿性较小、透水性好等特点。因此，大孔混凝土可用于现浇墙板、用于制作小型空心砌块和各种板材，也可以制成滤水板等，广泛用于市政工程。

4.5 其他品种混凝土

4.5.1 粉煤灰混凝土

1. 概述

粉煤灰混凝土是指以一定量粉煤灰取代部分水泥配制而成的混凝土。

粉煤灰是燃煤锅炉烟气中收集的粉末。粉煤灰有高钙灰和低钙灰之分，由褐煤燃烧形成的粉煤灰，其氧化钙含量较高（一般大于10%），呈褐黄色，称为高钙粉煤灰，其活性较大，具有一定的水硬性；由烟煤和无烟煤燃烧形成的粉煤灰，其氧化钙含量一般低于10%，呈灰色或深灰色，称为低钙粉煤灰，一般具有火山灰活性。目前国内粉煤灰大多都是低钙粉煤灰。

用粉煤灰作掺合料生产粉煤灰混凝土，一是可节约水泥10%～15%，带来显著经济效益；二是可以改善或提高混凝土的技术性能，如改善拌和物的和易性、可泵性和抹面性；降低大体积混凝土内部水化热，减少温度应力和裂缝；提高混凝土的抗侵蚀性和抑制碱—集料反应等；三是利用粉煤灰，可以减轻粉煤灰对环境的污染，带来一定的环保效益和社会效益。

为确保混凝土的质量，《用于水泥和混凝土中的粉煤灰》（GB1596—2005）对粉煤灰的品质指标作了严格的规定，并根据细度、需水量比、烧失量、含水率和三氧化硫含量等指标，将粉煤灰分为Ⅰ级、Ⅱ级和Ⅲ级3个级别，见表4.5.1。

4.5 其他品种混凝土

表 4.5.1   粉煤灰质量指标要求

质 量 指 标	级 别		
	Ⅰ	Ⅱ	Ⅲ
细度（45μm 方孔筛筛余）（%）	≤12.0	≤25.0	≤45.0
需水量比（%）	≤95.0	≤105.0	≤115.0
烧失量（%）	≤5.0	≤8.0	≤15.0
含水量（%）	≤1.0	≤1.0	≤1.0
三氧化硫（%）	≤3.0	≤3.0	≤3.0

Ⅰ级灰的品位较高，具有一定减水作用，强度活性也较高，可用于普通钢筋混凝土、高强混凝土和后张法预应力混凝土。Ⅱ级灰一般不具有减水作用，主要用于普通钢筋混凝土。Ⅲ级灰品位较低，也较粗，活性较差，一般只能用于素混凝土和砂浆，若经专门试验也可以用于钢筋混凝土。

混凝土内掺入粉煤灰的效果，与掺入方式有关。常用掺入方式有等量取代水泥法、代砂法和超量取代水泥法。

当掺入等量粉煤灰取代水泥时，称为等量取代法。此时，由于粉煤灰活性较低，掺灰后混凝土早期强度及 28d 强度降低，但随着龄期的延长，掺粉煤灰混凝土强度可逐渐赶上基准混凝土（不掺粉煤灰时的混凝土）。这种方法，由于混凝土内水泥用量的减少，可节约水泥并减少混凝土发热量，还可改善混凝土和易性，提高混凝土抗渗性，故常用于大体积混凝土，如大型桥墩、混凝土坝等。

当掺入粉煤灰时，仍保持混凝土的水泥用量不变，则混凝土粘聚性及保水性将显著优于基准混凝土。此时，可减少混凝土中砂的用量，称为粉煤灰代砂法。此法由于粉煤灰具有火山灰活性，混凝土强度将高于基准混凝土。另外以粉煤灰代砂，可以减少粉煤灰污染，节约骨料资源。

为了保持掺粉煤灰后混凝土 28d 强度及和易性不变，常采用超量取代法。即粉煤灰的掺入量大于所取代的水泥量，多出的粉煤灰取代等体积的砂。此法可以弥补掺粉煤灰后混凝土早期强度（28d）低的缺点，所以应用较广。

混凝土中掺入粉煤灰后，虽然可以改善混凝土的某些性能（降低水化热、提高抗侵蚀性、提高密实度、改善抗渗性等），但由于粉煤灰的水化消耗了 $Ca(OH)_2$，降低混凝土的碱度，因而影响了混凝土的抗碳化性能，减弱了混凝土对钢筋锈蚀的保护作用。为了保证混凝土结构的耐久性，《粉煤灰混凝土应用技术规范》（GBJ 146—90）中规定了粉煤灰的最大掺量，见表 4.5.2。

表 4.5.2   混凝土粉煤灰中粉煤灰的最大掺量

混 凝 土 种 类	粉煤灰取代水泥的最大限量（%）			
	硅酸盐水泥	普通水泥	矿渣水泥	火山灰水泥
预应力钢筋混凝土	25	15	10	—
钢筋混凝土，高强度混凝土，高抗冻融性混凝土，蒸养混凝土	30	25	20	15

续表

混凝土种类	粉煤灰取代水泥的最大限量（%）			
	硅酸盐水泥	普通水泥	矿渣水泥	火山灰水泥
中、低强度混凝土，泵送混凝土，大体积混凝土，水下混凝土，地下混凝土，压浆混凝土	50	40	30	20
碾压混凝土	65	55	45	35

2. 粉煤灰混凝土的主要技术性质

（1）粉煤灰混凝土的施工和易性优于普通混凝土，可泵性明显改善，特别是较易振捣密实，均质性良好，因而抗渗性能较好。

（2）粉煤灰混凝土的水化热较低，较适合于大体积混凝土工程。

（3）粉煤灰混凝土的抗侵蚀性能较好。

（4）粉煤灰混凝土的碱度降低，故抗碳化性能下降，对钢筋的保护作用有所下降。

（5）粉煤灰混凝土的早期强度较低，后期强度增长较大，因此，地下结构和大体积混凝土宜采用56d、60d或90d作为设计强度等级的龄期，地上结构有条件的也可采用56d或60d龄期。对堤坝及某些大型基础混凝土结构甚至可以采用180d龄期。

3. 粉煤灰混凝土配合比设计

粉煤灰混凝土配合比的设计是以普通混凝土初步计算配合比为标准，按等和易性、等强度原则，用超量取代法、等量取代法或外掺法设计计算，再经试配调整确定。最常用的方法是超量取代法，其配合比设计的基本原理如下。

（1）先按设计要求进行普通混凝土（不掺粉煤灰的混凝土）配合比设计，并以此作为基准配合比。设此配合比为：水泥用量 C_0、用水量 W_0、砂子用量 S_0、石子用量 G_0。

（2）确定粉煤灰取代水泥百分率（β_C）。粉煤灰取代水泥率不得超过表4.5.3的限值。

表 4.5.3　　　　　　　　　　粉煤灰取代水泥百分率（β_C）

混凝土强度等级	普通水泥（%）	矿渣水泥（%）
C15 以下	15～25	10～20
C20	10～15	10
C25～C30	15～20	10～15

注　1. 用32.5水泥时取表中下限值；用42.5水泥时取表中上限值。
　　2. C20以上混凝土宜采用Ⅰ、Ⅱ级粉煤灰；C15以下的素混凝土可采用Ⅲ级粉煤灰。

（3）计算1m³粉煤灰混凝土中水泥用量（C）。

$$C = C_0(1 - \beta_C) \tag{4.5.1}$$

（4）确定粉煤灰超量系数（δ_C）。粉煤灰超量系数等于粉煤灰掺量与粉煤灰混凝土中水泥减少量的比值，即 $\delta_C = F/(C_0 - C)$，可按表4.5.4取值。

（5）计算1m³混凝土中粉煤灰掺量（F）。

$$F = \delta_C(C_0 - C) \tag{4.5.2}$$

（6）计算粉煤灰超量部分的体积 V_F，计算公式如下。

$$V_F = \frac{F}{\rho_F} - \frac{C_0 - C}{\rho_C} \tag{4.5.3}$$

式中 ρ_F——粉煤灰密度，g/cm³；

ρ_C——水泥密度，g/cm³。

表 4.5.4 粉煤灰超量系数

粉煤灰等级	超量系数 δ_C	备 注
Ⅰ	1.1～1.4	C25 以上混凝土取下限，其他强度等级的混凝土取上限
Ⅱ	1.3～1.7	
Ⅲ	1.5～2.0	

（7）以粉煤灰超量体积代替同体积的砂，则砂子用量（S）为：

$$S = S_0 - V_F \rho_S \tag{4.5.4}$$

式中 ρ_S——砂子表观密度，g/cm³。

（8）粉煤灰混凝土用水量（W）及石子用量（G）按基准混凝土配比选用，即：

$$W = W_0; \quad G = G_0$$

（9）混凝土试调整及校核强度等步骤与普通混凝土相同。

4.5.2 碾压混凝土

1. 概述

以干硬性混凝土拌和物，薄层摊铺，通过振动碾碾压密实的混凝土，称为碾压混凝土。与普通混凝土相比，它具有水泥用量少、施工速度快、工程造价低、温度控制简单、施工设备通用性强等优点。适用于道路机场、地坪及筑坝工程。如用于混凝土坝工程可通仓薄层浇筑，碾压后切割分缝，使温度控制大为简化，这种方法称为碾压混凝土筑坝技术。

碾压混凝土拌和物的和易性用 V_C 值来表示。根据振动碾的功率选择合适的 V_C 值。对于目前使用的振动碾，取 V_C 值为 8～12s 较为适宜。碾压混凝土的水泥用量少，并掺有一定量的粉煤灰。根据胶凝材料的多少，碾压混凝土可分为 3 种。

（1）固结砂石料碾压混凝土。

其特点是胶凝材料用量小于 100kg/m³（其中粉煤灰掺量也极小），仅能粘结砂石骨料，硬化后的混凝土内尚有较多孔隙，强度较低。筑坝时需用混凝土或沥青混凝土覆盖作坝面防渗。此种混凝土成本低，适合在小型水利工程和大坝围堰施工时使用。

（2）干贫型碾压混凝土。

胶凝材料为 110～130kg/m³，其中粉煤灰约占 25%～30%，水胶比 $\left(\dfrac{W}{C+F}\right)$ 可达 0.7～0.9。这种混凝土在日本应用较多。

（3）高粉煤灰掺量碾压混凝土。

胶凝材料用量为 150～250kg/m³，其中粉煤灰约占 50%～80%，水胶比约为 0.5 左右。此种混凝土胶凝材料多，其中水泥少，粉煤灰多，有利于避免拌和物分离，并使层间粘结良好，这种混凝土发热量较低，也节约水泥，在我国应用居多。

2. 碾压混凝土的原材料

碾压混凝土是由水泥、掺合料、水、砂、石子及外加剂等六种材料组成。碾压混凝土对水泥无特殊要求，只要能用于水工工程的水泥均可用于碾压混凝土工程。掺合料主要是选用火电厂粉煤灰，也可采用矿渣粉或凝灰岩；对集料要求与普通混凝土相同，为减少离析，集料最大粒径不超过80mm；外加剂主要采用减水剂和缓凝剂，特别是高温季节施工，为了满足碾压混凝土连续浇筑，确保层间有良好的粘结强度，避免产生冷缝，选择适宜的缓凝剂尤为重要。有耐久性要求的碾压混凝土，必须掺加引气剂。

3. 碾压混凝土的主要技术性质

(1) 碾压混凝土拌和物的工作性。

1) 工作性的含义。

碾压混凝土拌和物的工作性包括工作度、可塑性、易密性及稳定性几个方面。

a. 工作度是指混凝土拌和物的干硬程度。

b. 可塑性是指拌和物在外力作用下能够发生塑性流动，并充满模型的性质。

c. 易密性是指在振动碾等压实机械作用下，混凝土拌和物中的空气易于排出，使混凝土充分密实的性质。

d. 稳定性是指混凝土拌和物不易发生粗骨料分离和泌水的性质。

碾压混凝土拌和物工作度用 V_C 值表示，即在规定振动频率、振幅及压强条件下，拌和物从开始振动至表面泛浆所需时间的秒数。

2) 影响拌和物工作度的主要因素。

碾压混凝土拌和物的 V_C 值受多种因素的影响，主要有水胶比及单位用水量、粗细骨料的特性及用量、掺合料的品种及掺量、外加剂、拌和物的停置时间等。

(2) 硬化碾压混凝土的特性。

在混凝土密度达到设计要求的条件下，碾压混凝土抗压强度决定于水胶比及粉煤灰掺量。一般干贫型碾压混凝土90d龄期抗压强度可达12～15MPa。高粉煤灰掺量碾压混凝土90d龄期抗压强度可达15～25MPa。

4. 碾压混凝土的配合比设计要点

(1) 配合比设计原则。

1) 在满足施工工作条件下，尽可能增加集料用量，提高碾压混凝土的表观密度。

2) 浇筑层间应具有良好的粘结性能，已达到层缝处有足够的抗拉、抗剪强度和抗渗性能。

3) 具有适合于振动的稠度，保证碾压混凝土的密实性。对于目前使用的振动碾，取 V_C 值为10～30s为宜。

4) 具有良好的抗离析性，使其在运输、摊铺过程中不发生分离。

(2) 配合比设计。

碾压混凝土的配合比设计方法，至今尚无统一的规定。目前已有的几种方法都是以不同的假设或经验而建立的。下面仅简要介绍配合比设计步骤。

1) 收集配合比设计所需的资料。

2) 初步配合比设计。

a. 初步确定配合比参数；①单因素试验分析法；②正交试验设计法；③工程类比法。

b. 计算每 1m³ 碾压混凝土中各种材料用量；①绝对体积法或假定表观密度法，②填充包裹法。

填充包裹法假设：胶凝材料浆包裹砂粒并填充砂的空隙形成砂浆；砂浆包裹粗骨料并填充粗骨料的空隙，形成混凝土。

3）试拌调整。

4）室内配合比确定。

5）施工现场配合比换算、碾压试验及配合比调整。

碾压混凝土适用于道路、机场、地坪及大坝工程。在混凝土坝浇筑中，由于碾压混凝土的水泥用量少、发热量低，故可通仓薄层浇筑，不设横缝或设诱导缝，使温控措施大为简化。这种方法称为碾压筑坝法，具有施工机械化水平高、速度快、工期短、省水泥等特点，已在水电建设中广为采用。

4.5.3 纤维水泥混凝土

纤维水泥混凝土（简称 FRC），也称为纤维增强混凝土，它是不连续的短纤维无规则地均匀分散于水泥砂浆或水泥混凝土基材中而形成的复合材料。

由于普通水泥混凝土具有显著的脆性，尤其是高强混凝土的脆性更加突出，这会为其应用带来许多问题。如混凝土抵抗各种变形的能力很差，抵抗动荷载的能力很差，很容易由于这些弱点而产生明显的开裂甚至破坏。当在混凝土中掺加了纤维后，可以通过纤维的阻裂、增韧和增强作用而显著提高上述抵抗力，使其成为具有一定韧性的复合材料。

根据所用纤维品种的不同，土木工程中常用的纤维增强混凝土主要有以下几类：

（1）金属纤维增强混凝土。包括普通钢纤维混凝土（SFRC）、流浆浸渍钢纤维混凝土（SIFCON）。此外还有流浆浸渍钢纤维网混凝土（SIMCON）。

（2）无机非金属纤维增强混凝土。包括人造矿物纤维增强水泥基材料，如玻璃纤维增强混凝土（GFRC）、陶瓷纤维增强水泥基材料。此外还有天然矿物纤维增强水泥基材料，如石棉纤维增强水泥基材料等。

（3）有机纤维增强混凝土。包括合成有机纤维增强水泥基材料，如碳纤维增强水泥基材料（CFRC）、聚丙烯纤维增强水泥基材料、芳纶纤维增强水泥基材料、尼龙纤维增强水泥基材料、聚乙烯纤维增强水泥基材料、丙烯酸纤维增强水泥基材料等。此外，还有天然有机纤维增强水泥基材料，如木纤维增强水泥基材料、竹纤维增强水泥基材料、剑麻纤维增强水泥基材料等。

当前，在土木工程中应用较多的是钢纤维增强混凝土、玻璃纤维增强混凝土、聚丙烯纤维增强混凝土以及碳纤维增强混凝土等。

制造纤维混凝土主要使用具有一定长径比（即纤维的长度与直径的比值）的短纤维。但有时也使用长纤维（如玻璃纤维无捻粗纱、聚丙烯纤化薄膜）或纤维制品（如玻璃纤维网格布、玻璃纤维毡）。其抗拉极限强度可提高 30%～50%。

纤维在纤维混凝土中的主要作用，在于限制在外力作用下水泥基料中裂缝的扩展。在受荷（拉、弯）初期，当配料合适并掺有适宜的高效减水剂时，水泥基料与纤维共同承受外力，而前者是外力的主要承受者；当基料发生开裂后，横跨裂缝的纤维成为外力的主要承受者。

若纤维的体积掺量大于某一临界值,整个复合材料可继续承受较高的荷载并产生较大的变形,直到纤维被拉断或纤维从基料中被拔出,以致复合材料破坏。与普通混凝土相比,纤维混凝土具有较高的抗拉与抗弯极限强度,尤以韧性提高的幅度为大。

目前纤维混凝土在结构工程、支护工程、管道工程、地下结构及其他特种结构工程等领域得到了比较广泛的应用。

4.5.4 防水混凝土

防水混凝土是通过各种方法提高其抗渗性能,使抗渗等级不小于P6,以满足结构物防水要求的混凝土。提高混凝土抗渗性的途径有:采用较小的水灰比,改善骨料级配,掺入混凝土外加剂及采用特种水泥等。目前常用的防水混凝土,按其配制方法大体可分为4类。

1. 普通防水混凝土

普通防水混凝土是依据提高砂浆密实性和增加混凝土的有效阻水截面的原理,采用较小的水灰比(0.6以下),较高的水泥用量(大于 320 kg/m³)和较大砂率(0.35~0.40),适宜的灰砂比(1∶2~1∶2.5),来改善砂浆质量,减少混凝土孔隙率,改变孔隙特征,使混凝土防水。对原材料要求:水泥强度等级不低于42.5;粗骨料最大粒径不大于40mm,含泥量不大于1.0%,泥块含量不大于0.5%;细骨料含泥量不大于3.0%,泥块含量不大于1.0%。普通防水混凝土可配出P8~P25的防水混凝土,而且施工简便,造价低廉,质量可靠,适用于地上、地下防水工程。

2. 骨料级配法配制的防水混凝土

严格控制混凝土骨料级配,使砂、石骨料的级配满足混凝土最大密实性的要求。这种混凝土施工时需严格控制质量,配料要准确,搅拌要均匀,振捣要密实。

3. 掺外加剂的防水混凝土

采用掺加混凝土外加剂改善混凝土内孔隙结构的办法,提高混凝土抗渗性。常用的外加剂有:

(1)引气剂。如松香热聚物、松脂皂和氯化钙复合。可配出抗渗等级达P18~P22的防水混凝土。

(2)减水剂。在水泥用量不变的条件下,掺入各类减水剂可减小水灰比,显著提高混凝土抗渗性。

(3)氯化铁防水剂。三氯化铁与氢氧化钙起化学反应,可生成氢氧化铁,它是一种胶体物质,能堵塞混凝土内毛细通道,使混凝土抗渗性显著提高,合理使用这种防水剂,可配出抗渗等级高达P30~P40的防水混凝土。

(4)三乙醇胺、氯化钠及亚硝酸钠复合剂。三乙醇胺加速水泥水化,并产生大量氯铝酸盐等络合物及水化硫铝酸钙结晶体等产物,它们可增大混凝土密实性、隔断毛细管通道,可使混凝土抗渗标号提高3倍以上。

4. 采用特种水泥配制防水混凝土

采用无收缩不透水水泥、膨胀水泥等配制防水混凝土。由于水泥的微膨胀或在约束条件下有膨胀,可使混凝土不透水。向混凝土中掺入适量硅粉或优质粉煤灰,以提高混凝土密实性，也可配出一定抗渗等级的防水混凝土。

4.5.5 聚合物混凝土

聚合物混凝土是由有机聚合物、无机胶凝材料和骨料结合而成的一种新型混凝土。聚合物混凝土集中了有机聚合物和无机胶凝材料的优点，克服了水泥混凝土的一些缺点。聚合物混凝土一般可分为3种。

1. 聚合物水泥混凝土

聚合物水泥混凝土是由聚合物乳液（和水分散体）拌和水泥，并掺入砂或其他骨料而制成的。聚合物的硬化和水泥的水化同时进行，并且两者结合在一起形成一种复合材料。

一般认为，在聚合物水泥的硬化过程中，聚合物与水泥之间没有发生化学作用。当水泥用聚合物乳液拌合时，开始水泥从乳液中吸收水分，使乳液的稠度提高。在水泥石结构形成过程中，乳液由于脱水而逐渐凝固，水泥水化生成物由于被乳液微粒所包裹而形成聚合物与水泥石互相填充的结构。因此，提高了水泥石的抗渗性，并改善了其他性能。

配制聚合物水泥混凝土所用的矿物质胶凝材料，可用普通水泥和高铝水泥，而高铝水泥的效果比普通水泥好。因为它所引起的乳液的凝聚比较小，而且具有快硬的特性。另外，还可以用白水泥、石膏等。聚合物可用天然聚合物（如天然橡胶）和各种合成聚合物（如聚醋酸乙烯、苯乙烯、聚氯乙烯等）。

聚合物水泥混凝土主要用于铺设无缝地面，也常用于修补混凝土路面和机场跑道面层或做防水层等。

2. 聚合物浸渍混凝土

聚合物浸渍混凝土是以混凝土为基材（被浸渍的材料），而将有机单体渗入混凝土中，然后再用加热或放射线照射的方法使混凝土孔隙内的单体聚合，使混凝土与聚合物形成一个整体。

单体可用甲基丙烯酸甲酯、苯乙烯、醋酸乙烯、乙烯、丙烯腈、聚酯—苯乙烯等，最常用的是甲基丙烯酸甲酯。此外，还要加入催化剂和交联剂等。

这种混凝土的制作工艺是在混凝土制品成型、养护完毕后，先干燥至恒重，而后放在真空罐内抽真空，然后使单体浸入混凝土中，浸渍后须在80℃的湿热条件下养护或用放射线照射（γ射线、X射线和电子射线等），以使单体最后聚合。

聚合物浸渍混凝土中，聚合物填充了混凝土的内部空隙，除了全部填充水泥浆中毛细孔外，很可能也大量进入了孔隙，形成连续的空间网络相互穿插，使聚合物和混凝土形成了完整的结构。因此，这种混凝土具有高强度（抗压强度可达200MPa以上，抗拉强度可达10MPa以上），高防水性（几乎不吸水、不透水），以及抗冻性、抗冲击性、耐蚀性和耐磨性都有显著提高的特点。

聚合物浸渍混凝土适用于要求高强度、高耐久性的特殊构件，特别适用于输运液体的有筋管、无筋管、坑道等。在国外已用于耐高压的容器，如原子反应堆、液化天然气储罐等。

3. 聚合物胶结混凝土（也称树脂混凝土）

聚合物胶结混凝土是一种完全没有矿物胶凝材料而只有合成树脂为胶结材料的混凝土。所用的骨料与普通混凝土相同。这种混凝土具有高强、高耐腐蚀等优点，但目前成本较高，只能用于特殊工程（如耐腐蚀工程）。

4.5.6 生态混凝土

1. 概述

进入 21 世纪，人类社会面临前所未有的三大严重问题，即人口急剧增长、资源和能源过度消耗、环境日益恶化，严重威胁着社会经济的可持续发展和人类自身的生存。走可持续发展道路已成为全世界的共识。可持续发展的主要方面在于：在减少对环境污染的同时，通过保护和减少浪费来更有效地利用能源和材料。作为 21 世纪用量最大的土木工程材料——混凝土，与下述的资源、环境问题密切相关。

（1）混凝土的生产要消耗大量能源和资源。据统计我国每年要开采 50 亿 t 以上的矿物质材料来生产水泥和混凝土，为此将破坏自然景观，改变河床位置及形状，造成水土流失或河流改道等严重后果。另外，生产水泥和砂石的开采、破碎及运输过程也都需要耗费大量能量。

（2）生产水泥时，会排放出 CO_2 等有害物质。目前全世界每年 CO_2 的排放量大约为 100 亿 t，其中由于生产水泥而产生的 CO_2 气体约占 10%，CO_2 是产生温室效应的主要原因之一。

（3）废旧混凝土的循环利用难度大。与金属材料、高分子材料相比，混凝土解体再循环利用难度大，循环利用成本较高。

（4）传统混凝土材料的密实性使各类混凝土结构缺乏透气性和透水性，调节空气温度和湿度的能力差，产生"热岛现象"，地温升高等，使气候恶化。降雨时不透水的混凝土道路表面容易积水，雨水长期不能下渗，使地下水位下降，土壤中水分不足、缺氧，影响植物生长，造成生态系统失调。

由上可见，混凝土工业要实现健康可持续发展必须节约资源、能源、减少对环境的污染，发展生态混凝土；也就是说，不仅要提高混凝土的使用寿命，使其具有优良的环境协调性，降低对环境的负荷，还要考虑自然循环、生物保护和景观保护等生态问题。

2. 生态混凝土的概念

"生态"混凝土与"绿色"混凝土概念类似，但是"绿色"的含义可理解为：节约资源、能源；不破坏环境，更有利于环境；可持续发展，既满足当代人的需求，又不危害子孙后代，且能满足需要。而"生态"更强调的是直接"有益"于生态环境。

3. 生态混凝土的分类

生态混凝土可分为环境友好型（减轻环境负荷型）生态混凝土和生物相容型（环境协调型）生态混凝土两大类。

（1）环境友好型生态混凝土。

所谓环境友好型生态混凝土，是指在混凝土的生产、使用直至解体全过程中，能够降低环境负荷的混凝土。目前，相关的技术途径主要有以下 3 种。

1）降低混凝土生产过程中的环境负担。这种技术途径主要通过固体废弃物的再生利用来实现。

2）降低混凝土在使用过程中的环境负荷。这种途径主要通过提高混凝土的耐久性来提高建筑物的寿命。

3）通过提高性能来改善混凝土的环境影响。这种技术途径是通过改善混凝土的性能来降低其环境负担。

（2）生物相容型生态混凝土。

生物相容型生态混凝土是指能与动植物等生物和谐共存、对调解生态平衡、美化环境景观、实现人类与自然协调具有积极作用的混凝土。根据用途，这类混凝土可分为植物相容型生态混凝土、海洋生物相容型生态混凝土、淡水生物相容型生态混凝土以及净化水质型生态混凝土等。

1）植物相容型生态混凝土利用多孔混凝土空隙部位的透气透水等性能，渗透植物所需营养，生长植物根系这一特点来种植小草、低灌木等植物，用于河川护堤的绿化，美化环境。

2）海洋生物、淡水生物相容型混凝土是将多孔混凝土设置在河、湖和海滨等水域，让陆生和水生小动物附着栖息在其凹凸不平的表面或连续空隙内，通过相互作用或共生作用，形成食物链，为海洋生物和淡水生物生长提供良好条件，保护生态环境。

3）净化水质用生态混凝土是利用多孔混凝土外表面对各种微生物的吸附，通过生物层的作用产生间接净化功能，将其制成浮体结构或浮岛设置在富营养化的湖河内净化水质，使草类、藻类生长更加繁茂，通过定期采割，利用生物循环过程消耗污水的富营养成分，从而保护生态环境。

4. 研究意义及发展趋势

生态混凝土是一类特殊的混凝土，是通过材料研选、采用特殊工艺、制造出来的具有特殊结构与表面特性的混凝土，能减少环境负荷，并能与生态环境相协调，从而为环保做出贡献。生态混凝土的提出，标志着人类在处理混凝土材料与环境的关系过程中采取了更加积极、主动的态度。混凝土不仅仅是作为建筑材料，为人类构筑所需要的结构物或建筑物，而且它是与自然融合的，对自然环境和生态平衡具有积极的保护作用的材料。随着混凝土科技的发展，生态混凝土作为特种混凝土的一种必将为人类生活环境的改善和社会的可持续发展做出更大的贡献。因此研究和开发新型生态混凝土具有很大的现实意义。

混凝土材料的生态化是人类对混凝土这一传统建筑材料的迫切需求，也是未来混凝土材料可持续发展的目标。生态混凝土是传统混凝土材料走可持续发展之路，保护生态环境与可持续发展观在建筑材料方面的具体体现和必然选择。因此，生态混凝土正向着智能化、规模化、理论化、体系化和集成化方向发展。

（1）生态混凝土智能化。生态混凝土智能化集生态混凝土和智能混凝土的双重特性。

（2）生态混凝土规模化。生态混凝土规模化产生的经济化是促进生态混凝土推广的有效途径。

（3）生态混凝土理论化。生态混凝土不同于传统混凝土，传统混凝土的理论无法指导生态混凝土的研究，其理论尚待进一步研究。

（4）生态混凝土体系化。生态型混凝土是集岩石工程力学、生物学、土壤学、肥料学、硅酸盐化学、园艺学、环境生态和水土保持学等学科于一体的综合交叉学科，体系化是生态混凝土发展的必然趋势。

（5）生态混凝土的集成化。生态混凝土研究的趋势应以集成化和多元化来达到复合多功能的效果，如研制一种净水植被混凝土，集植被混凝土和净水混凝土双重功能，其目的是用净水混凝土所吸附的菌类或富营养元素来满足植被混凝土中植物的生长，而植被混凝土中所生长的植物是通过某种反应来增加净水混凝土的净水效果。

4.5.7 智能混凝土

智能化是现代社会发展的方向，交通系统要智能化，办公场所要智能化，甚至居住社区也要智能化，所有这些都要求作为各项建筑基础的混凝土也要智能化。实现混凝土智能化的基本思路，是在混凝土内加入智能成分，使之具有屏蔽电磁场、调温调湿、自动变色、损伤报警等功能。目前国内智能混凝土的研制开发主要集中在以下几个方面。

1. 电磁场屏蔽混凝土

通过掺加导电粉末和导电纤维（如碳、石墨、铝、铜等），使混凝土具有吸收和屏蔽电磁波的功能，消除或减轻各种电器、电子设备、电子设施等的电磁泄漏对人体健康的危害。

2. 交通导航混凝土

通过掺加某些材料，使混凝土具有反射电磁波的功能，用这种混凝土作为车道两侧的导航标记，将来电脑控制的汽车可自行确定行车路线和速度，实现高速公路的自动导航。

3. 损伤自诊断混凝土

将某些物质掺入到混凝土中，使其具有自动感知内部应力、应变和损伤程度的功能，混凝土本身成为传感器，实现对构件或结构变形、断裂的自动监测。

4. 调湿混凝土

通过掺加某些材料，使混凝土具有自动调湿功能。用这种混凝土修建对室内湿度有严格要求的展览馆、博物馆和美术馆等建筑物。

5. 自愈合混凝土

将某些特殊材料掺入到混凝土中，当混凝土结构在某些外力作用下出现开裂时，这些特殊材料会自动释放出类似粘结剂的物质，起到愈合损伤的功能。

工程实例与分析

【例 4.1】 双牌水电站改造

工程概况：湖南省双牌水电站坐落在湘南永州双牌县境内，是一座集发电、灌溉、航运与防洪等综合效益于一体的大型水利水电枢纽工程。1962 年底基本完成，由于运营多年，水流对溢流面冲刷较严重，使大坝溢流面出现了开裂、坑洞甚至剥落等现象，为排除隐患、险情，保证电站安全、稳定生产，2004 年底对双牌水库溢流面进行改造。

分析：目前国内外对水库大坝受水流溢流面冲刷破坏的混凝土进行修补加固的主要措施或方法通常采用环氧砂浆、硅粉砂浆、聚合物砂浆等进行表面薄层修补，而对溢流面破坏比较严重的情况下多采用钢纤维混凝土加固，采用钢纤维混凝土对水流溢流面冲刷破坏的混凝土修补比采用普通混凝土进行修补具有明显的优势：

（1）有较高的拉伸强度、弯曲强度和剪切强度。
（2）有较好的韧性及耐冲击性。
（3）有较强的约束裂纹扩展能力，变形能大。

(4) 有较好的耐磨性能及抗冻融性和耐热性。

(5) 边缘和转角部位碎裂少,不易产生爆裂。

鉴于上述特性与优势,以 SFRC 代替普通混凝土及某些脆性材料用于一些特殊工程有着明显的优越性。故溢流面工程改造采用 SFRC30 混凝土。根据钢纤维混凝土设计等级和溢流面改造工程施工要求,以及钢纤维、水泥等原材料特性,通过经验和试配获得的配合比为单方水泥用量 370kg,外掺Ⅱ级粉煤灰 15%,水胶比 0.45,砂率 45%,钢纤维体积掺量为 0.8%,萘系高效减水剂掺量 0.6%。28d 抗压强度为 45.2MPa;抗折强度 7.7MPa,较基准混凝土提高 13.3%;劈拉强度 4.67MPa,较基准混凝土提高 60.5%;抗剪强度 9.65MPa,较基准混凝土提高 66.3%。各项力学性能指标都优于基准混凝土;现场施工采用在坝顶搅拌好后通过管道滑送到溢流面,装入模板中。在工程现场,混凝土工作性能较好,能顺利到达施工点;在温度较低,河风较大的情况下,已铺装的混凝土强度发展良好,无裂缝出现,其 28d 的干缩值为 396×10^{-6},较基准混凝土减少 38%;抗冲磨性能较基准混凝土提高 20%~30%,目前该工程投入使用后效果良好。

思 考 与 习 题

1. 高强高性能混凝土具有什么特点?配制高强高性能混凝土有哪些技术要点?
2. 掌握轻混凝土的分类方法和配合比设计过程。
3. 粉煤灰混凝土适用于哪类工程建设?
4. 泵送混凝土对原材料有什么要求?
5. 什么是混凝土的可泵性?可泵性用什么指标评定?

第 5 章 建 筑 砂 浆

建筑砂浆由胶凝材料、细集料、水、适量的掺合料和外加剂按适当比例配合、拌制并经硬化而成的材料。由于没有粗骨料的掺入,也可称它为细骨料混凝土。建筑砂浆在工业和民用建筑中被广泛应用。在结构工程和装饰工程中,起到黏结、铺垫和传递应力的作用,主要用作砌筑、抹灰、灌浆和粘贴饰面的材料;在道路与桥梁工程中,建筑砂浆主要用于砌筑圬工桥涵、隧道衬砌和沿线挡土墙等的砌体;以及修饰构筑物的表面,用于天然石材、人造石材、瓷砖、锦砖等的镶贴。

按所用的胶凝材料可将建筑砂浆分为水泥砂浆、水泥混合砂浆、石灰砂浆、石膏砂浆和聚合物砂浆等;按砂浆的制备方法可分现场拌制砂浆、预拌砂浆和干粉砂浆;按砂浆用途分为砌筑砂浆、抹面砂浆、特种砂浆等。

5.1 砌筑砂浆

能将砖、石及砌块粘结成为砌体的砂浆称为砌筑砂浆,起传递荷载和协调变形的作用。如图 5.1.1 所示。

图 5.1.1 砌筑砂浆

5.1.1 砌筑砂浆的组成材料

行业标准《砌筑砂浆配合比设计规程》(JGJ98—2010)中,明确提出了砌筑砂浆的主要组成材料,主要包括:胶凝材料、细集料、拌和水、掺合料和外加剂。

1. 胶凝材料

砂浆中使用的胶凝材料有各种水泥、石灰、石膏和有机胶凝材料等,常用的是水泥和石灰。

(1) 水泥。

砌筑砂浆可采用通用水泥和砌筑水泥作胶凝材料。对于 M15 及以下强度等级的砂浆宜选用 32.5 的水泥。对于 M15 以上强度等级的砌筑砂浆宜选用强度等级为 42.5 的通用硅酸盐水泥。水泥的品种应根据砂浆的使用环境和用途选择,在配制某些专门用途的砂浆时,还可以采用某些专用水泥和特性水泥,如用于装饰砂浆的白水泥、彩色水泥等。

目前,作为节能环保等要求开发的预拌砂浆和干粉砂浆中使用的胶结料已开始向节能利废方向发展,主要开发的是以矿渣和粉煤灰等为主要原料的无熟料水泥,以及少熟料水泥进行碱激发使用的干粉料。但需要满足工程所需的技术性质。

(2) 石灰。

为节约水泥、改善砂浆的和易性,砂浆中常掺入石灰膏配制成混合砂浆,当对砂浆的要求不高时,有时也单独用石灰配制成石灰砂浆。砂浆中使用的石灰应符合技术要求。为保证砂浆的质量,应将石灰预先消化,并经"陈伏",消除过火石灰的危害。在满足工程要求的前提下,也可以使用工业废料,如电石灰膏等。

预拌砂浆和干粉砂浆改善砂浆和易性的方法与传统现场拌制砂浆有所区别,主要使用消石灰粉和粉煤灰配制而成的掺合料以及掺入一定数量的有机化学物质进行改善砂浆的可施工操作性,效果好于单纯使用石灰改善砂浆的和易性。但这些产品需要专业生产企业进行系统的试验后方能用于实际工程。

2. 细集料

砂是建筑砂浆中最为常用的细骨料,主要起骨架和填充作用,对砂浆的流动性、黏聚性和强度等技术性能影响较大。性能良好的细集料可以提高砂浆的工作性和强度,尤其对砂浆的收缩开裂,有较好的抑制作用。

由于砂浆层一般较薄,因此,对砂子粒径和含泥量均有一定的要求。用于砌筑毛石砌体的砂浆,砂子的最大粒径应小于砂浆层厚度的 1/4~1/5;用于砖砌体的砂浆,砂子的最大粒径应不大于 2.5mm;用于光滑抹面及勾缝的砂浆,应采用细砂,且最大粒径应小于 1.2mm。砂子中的含泥量对砂浆的和易性、强度、变形性和耐久性均有影响。一般情况宜选用中砂,并应符合现行行业标准《普通混凝土用砂、石质量及检验方法标准》JGJ52,且应全部通过 4.75mm 的筛孔。

砂浆用砂以河砂为主,还可根据原材料情况,采用人工砂、山砂、特细砂等,但应根据经验并经试验后,确定其技术要求。在保温砂浆、吸声砂浆和装饰砂浆中,还可采用轻砂(如膨胀珍珠岩)、白色或彩色砂等。

3. 拌和水

砂浆拌和用水的技术要求与混凝土拌和用水相同,应采用洁净、无油污和硫酸盐等杂质的可饮用水,为节约用水,经化验分析或试拌验证合格的工业废水也可以用于拌制砂浆。

4. 掺合料

为了改善砂浆的和易性和用水量,可在配制砂浆时加入一定量的无机细颗粒掺合料,如:石灰膏、电石膏、粘土膏、粉煤灰、沸石粉等。砂浆中使用的粉煤灰和沸石粉应符合国家现行标准《用于水泥和混凝土中的粉煤灰》GB/T1596 和《天然沸石粉在混凝土与砂浆中的应用技术规程》(JGJ/T112)的要求,当采用其他品种矿物掺合料时,应按相关规范或应有可靠技术依据。

5. 外加剂

为改善砂浆的和易性及其他性能,可以在砂浆中掺入适量的外加剂,如引气剂、增塑剂、减水剂、早强剂、防冻剂等。砂浆中掺用外加剂时,不但要考虑外加剂对砂浆本身性能的影响,还要根据砂浆的用途,考虑外加剂对砂浆的使用功能有哪些影响,并通过试验确定外加剂的品种和掺量,采用保水增稠材料时,应在使用前进行试验验证,并应有完整的形式检验报告。

5.1.2 砌筑砂浆的技术性质

砌筑砂浆的技术性质,主要包括新拌砂浆的和易性、硬化后砂浆的强度和黏结强度,以及砂浆的变形性和硬化砂浆的耐久性等指标。

1. 新拌砂浆的和易性

新拌砂浆的和易性是指砂浆易于施工并能保证其质量的综合性能。即砂浆在搅拌、运输、摊铺时易于流动并不易失水的性质，和易性包括流动性和保水性两个方面。

表 5.1.1　　砌筑砂浆稠度的选择

砌体种类	砂浆稠度（mm）
烧结普通砖	70～90
轻骨料混凝土小型空心砌体	
烧结多孔砖、空心砖砌体	60～80
蒸压加气混凝土砌块砌体	
混凝土砖砌体	
普通混凝土小型空心砌块	50～70
灰砂砖砌体	
石砌体	30～50

(1) 流动性。

砂浆的流动性是指砂浆在自重或外力的作用下产生流动的性能，也称稠度。砂浆稠度的大小用沉入度（mm）表示，沉入度是指标准试锥在砂浆内自由沉入 10s 时沉入的深度。沉入度越大的砂浆流动性越好。砂浆的流动性受水泥用量、胶凝材料品种与用量、混合材及外加剂掺量、砂子粗细、砂粒形状和级配以及拌合时间的影响。

砂浆稠度的选择，应根据砌体种类、施工条件和气候环境等因素进行确定。根据《砌筑砂浆配合比设计规程》（JGJ/T98—2010）规定，施工中可参考表 5.1.1 进行选择。

(2) 保水性。

砂浆的保水性是指新拌砂浆保持水分的能力。它反映了砂浆中各组分材料不易分离的性质，保水性好的砂浆在运输、存放和施工过程中，水分不易从砂浆中析出，砂浆能保持一定的稠度，使砂浆在施工中能均匀地摊铺在砌体中间，形成均匀密实的连接层。保水性不好的砂浆在砌筑时，水分容易被吸收，从而影响砂浆的正常硬化，最终降低砌体的质量。

影响砂浆保水性的主要因素有胶凝材料的种类及用量、掺合料的种类及用量、砂的质量及外加剂的品种和掺量等。在拌制砂浆时，有时为了提高砂浆的流动性、保水性，常加入一定的掺合料（石灰膏、粉煤灰、石膏等）、保水增稠剂和外加剂。外加剂不仅可以改善砂浆的流动性、保水性，而且有些外加剂能提高硬化后砂浆的黏结力和强度，改善砂浆的抗渗性和干缩等。

砂浆的保水性用保水率表示。保水率应符合《砌筑砂浆配合比设计规程》（JGJ98—2010）水泥砂浆保水率不小于 80%，水泥混合砂浆不小于 84%，预拌砌筑砂浆不小于 80%。

2. 砂浆的强度与强度等级

砂浆抗压强度是以标准立方体试件（70.7mm×70.7mm×70.7mm）成型，一组 3 块，在标准养护条件（水泥混合砂浆 20±3℃，相对湿度 60%～80%；水泥砂浆 20±2℃，相对湿度 90% 以上），测定其 28d 的抗压强度值而定的。根据砂浆的平均抗压强度，将水泥砂浆和预料砂浆分为 M30、M25、M20、M15、M10、M7.5、M5.0 等七个强度等级，水泥混合砂浆的强度等级分为 M15、M10、M7.5、M5 等四个强度等级。

影响砂浆抗压强度的因素很多，很难用简单的公式表达砂浆的抗压强度与其组成材料之间的关系。因此，在实际工程中，对于具体的组成材料，大多根据经验和通过试配，经试验确定砂浆的配合比。

(1) 不吸水基层材料。

用于不吸水底面(如密实的石材)砂浆的抗压强度,与混凝土相似,主要取决于水泥强度和水灰比。关系如式(5.1.1)。

$$f_{m,o}=A\times f_{ce}\times\left(\frac{C}{W}-B\right) \tag{5.1.1}$$

式中　$f_{m,o}$——砂浆28d抗压强度,MPa;

f_{ce}——水泥28d实测抗压强度,MPa;

A、B——与骨料种类有关的系数(可根据试验资料统计确定,若无统计资料则 $A=0.29$,$B=0.4$);

$\dfrac{C}{W}$——灰水比。

(2) 吸水基体材料。

用于吸水底面(如砖或其他多孔材料)的砂浆,即使用水量不同,但因底面吸水且砂浆具有一定的保水性,经底面吸水后,所保留在砂浆中的水分几乎是相同的,因此砂浆的抗压强度主要取决于水泥强度及水泥用量,而与砌筑前砂浆中的水灰比基本无关。其关系如式(5.1.2)。

$$f_{m,o}=A\times f_{ce}\times Q_c/1000+B \tag{5.1.2}$$

式中　Q_c——水泥用量,kg;

A、B——砂浆特征系数,$A=3.03$,$B=-15.09$。

砌筑砂浆的配合比可以根据上述两式并结合经验估算,并经试拌后检测各项性能后确定。

3. 砂浆的黏结强度

砂浆的黏结力是影响砌体结构抗剪强度、抗震性、抗裂性等的重要因素。为了提高砌体的整体性,保证砌体的强度,要求砂浆要和基体材料有足够的黏结力,随着砂浆抗压强度的提高,砂浆与基层的黏结力提高。在充分润湿、干净、粗糙的基面上的砂浆黏结力较好。

4. 砂浆的变形性

砂浆在硬化过程中、承受荷载或在温度条件变化时均容易变形,变形过大会降低砌体的整体性,引起沉降和裂缝。在拌制砂浆时,如果砂过细、胶凝材料过多及用轻骨料拌制砂浆,会引起砂浆的较大收缩变形而开裂。有时,为了减少收缩,可以在砂浆中加入适量的膨胀剂。

5. 凝结时间

砂浆凝结时间,以贯入阻力达到0.5MPa为评定依据。水泥砂浆不宜超过8h,水泥混合砂浆不宜超过10h,掺入外加剂后应满足工程设计和施工的要求。

6. 砂浆的耐久性

砂浆应具有良好的耐久性,为此,砂浆应与基底材料有良好的黏结力、较小的收缩变形。受冻融影响的砌体结构,对砂浆还有抗冻性的要求。对冻融循环次数有要求的砂浆,经冻融试验后,质量损失率不得大于5%,抗压强度损失率不得大于25%。

5.1.3 砌筑砂浆的配合比设计

1. 设计原则

对于砌筑砂浆,一般是根据结构的部位确定强度等级,查阅有关资料和表格选定配合比,如表5.1.2所示。但有时在工程量较大时,为了保证质量和降低造价,应进行配合比设计,并经试验调整确定。

表5.1.2 砌筑砂浆参考配合比(质量比)

砂浆强度等级	水泥砂浆(水泥:砂)	水泥混合砂浆	
		水泥:石灰膏:砂	水泥:粉煤灰:砂
M5.0	1:5	1:0.97:8.85	1:0.63:9.10
M7.5	1:4.4	1:0.63:7.30	1:0.45:7.25
M10	1:3.8	1:0.40:5.85	1:0.30:4.60

2. 水泥混合砂浆的配合比计算

(1)砂浆配制强度的确定。

砌筑砂浆配制强度按式(5.1.3)计算。

$$f_{m,o} = k f_2 \tag{5.1.3}$$

式中 $f_{m,o}$ ——砂浆的试配强度,精确至0.1MPa;

f_2 ——砂浆的抗压强度平均值(即砂浆设计强度等级),精确至0.1MPa;

k ——系数,按表5.1.3取值。

砂浆现场强度的标准差应通过有关资料统计得出,如无统计资料,可按表5.1.3取用。

表5.1.3 不同施工水平的砂浆强度标准差

施工水平	砂浆强度等级(MPa)							k
	M5	M7.5	M10	M15	M20	M25	M30	
优良	1.00	1.50	2.00	3.00	4.00	5.00	6.00	1.15
一般	1.25	1.88	2.50	3.75	5.00	6.25	7.50	1.20
较差	1.50	2.25	3.00	4.50	6.00	7.50	9.00	1.25

(2)计算水泥用量。

砂浆中的水泥用量按式(5.1.4)计算确定。

$$Q_C = \frac{1000(f_{m,o} - B)}{A \times f_{ce}} \tag{5.1.4}$$

式中 Q_C ——每立方米砂浆的水泥用量,精确至1kg;

f_{ce} ——水泥的实测强度,精确至0.1MPa;

A、B ——砂浆的特征系数,其中A取3.03,B取-15.09。

在无水泥的实测强度时，可按式（5.1.5）计算 f_{ce}。

$$f_{ce} = \gamma f_{ce,k} \tag{5.1.5}$$

式中 $f_{ce,k}$——水泥强度等级对应的强度值；

        γ——水泥强度等级值的富裕系数，无统计资料时可取 1.0。

（3）掺合料的确定。

为了保证砂浆有良好的和易性、黏结力和较小的变形，在配制砌筑砂浆时，一般要求水泥和掺合料总量为 350kg。

$$Q_D = Q_A - Q_C \tag{5.1.6}$$

式中 Q_D——每立方米砂浆的掺合料用量，精确至 1kg；石灰膏、黏土膏使用时的稠度为 120 ± 5mm；

        Q_A——每立方米砂浆中水泥和掺合料总量，精确至 1kg；

        Q_C——每立方米水泥用量，精确至 1kg。

当石灰膏的稠度不是 120mm 时，其用量应乘以换算系数，换算系数见表 5.1.4。

表 5.1.4   石灰膏稠度的换算系数

石灰膏的稠度（mm）	120	110	100	90	80
换算系数	1.00	0.99	0.97	0.95	0.93
石灰膏的稠度（mm）	70	60	50	40	30
换算系数	0.92	0.90	0.88	0.87	0.86

（4）确定砂用量和水用量。

砂浆中砂的用量取干燥状态（含水率小于 0.5%）下砂的堆积密度值（单位为 kg）。

用水量根据砂浆稠度的要求，在 210～310kg 选用。混合砂浆中的水用量不包括石灰膏或黏土膏中的水；当采用细砂或粗砂时，用水量分别取上限或下限；稠度小于 70mm 时用水量可小于下限；炎热或干燥季节可酌量增加用水量。

（5）配合比试配、调整与确定。

计算得到的砂浆配合比在实验室应达到和易性的要求，若没有达到要求，可以通过改变用水量或掺合料的用量达到要求。而调整强度则在和易性已达到要求的基准配合比基础上，使水泥用量增加或减少 10%，同时相应调整掺合料和水的用量，在保证和易性前提下，按现行行业标准《建筑砂浆基本性能试验方法》（JGJ/T70）成型试块，测定砂浆强度和表观密度。确定既满足和易性又满足试配强度要求且水泥用量最低的配合比。

3．水泥砂浆的配合比选用

水泥砂浆材料用量可按表 5.1.5 选用。

选定水泥砂浆配合比后，也需进行试验室试配、调整后来确定。

4．砂浆配合比表示方法

砂浆配合比表示有质量配合比和体积配合比 2 种。

表 5.1.5　　　　　　　　　　每立方米水泥砂浆材料用量　　　　　　　　　　单位：kg

强度等级	每立方米砂浆水泥用量	每立方米砂浆砂子用量	每立方米砂浆材料用水量
M5	200～230		
M7.5	230～260		
M10	260～290		
M15	290～330	1m³ 砂子的堆积密度值	270～330
M20	340～400		
M25	360～410		
M30	430～480		

注　1. M15 及 M15 以下强度等级水泥砂浆，水泥强度等级为 32.5；M15 以上强度等级水泥砂浆，水泥强度等级为 42.5。
　　2. 当采用细砂或粗砂时，用水量分别取上限或下限。
　　3. 稠度小于 70mm 时用水量可小于下限。
　　4. 施工现场炎热或干燥季节可酌量增加用水量。
　　5. 试配强度的确定与混合砂浆相同。

质量配合比表示为：

$$水泥：石灰膏：砂 = 1 : \frac{Q_D}{Q_C} : \frac{Q_S}{Q_C}$$

体积配合比表示为

$$水泥：石灰膏：砂 = 1 : \frac{V_D}{V_C} : \frac{V_S}{V_C}$$

5.1.4　砌筑砂浆的配合比设计实例

某砖墙用砌筑砂浆要求使用水泥石灰混合砂浆。砂浆强度等级为 M10，稠度 70～80mm。原材料性能如下：水泥为 32.5 级粉煤灰硅酸盐水泥，砂子为中砂，干砂的堆积密度为 1480kg/m³，砂的实际含水率为 2%；石灰膏稠度为 100mm；施工水平一般。

（1）计算配制强度：

$$f_{m,o} = kf_2 = 1.20 \times 10 = 12.0 (\text{MPa})$$

（2）计算水泥用量：

$$Q_C = \frac{1000(f_{m,o} - B)}{A \times f_{ce}} = \frac{1000 \times (12.0 + 15.09)}{3.03 \times 1.0 \times 32.5} = 275 (\text{kg})$$

（3）计算石灰膏用量：

$$Q_D = Q_A - Q_C = 350 - 275 = 75 (\text{kg})$$

石灰膏稠度 100mm 换算成 120mm，查表、计算得：75×0.97 = 73 (kg)。

（4）根据砂的堆积密度和含水率，计算用砂量：

$$Q_S = 1480 \times (1 + 0.02) = 1510 (\text{kg})$$

砂浆试配时的配合比（质量比）为

水泥∶石灰膏∶砂＝275∶73∶1510＝1∶0.27∶5.49

5.2 抹面砂浆

抹面砂浆也称为抹灰砂浆，凡粉刷于土木工程建筑物或构件表面的砂浆，统称为抹面砂浆，如图 5.2.1 所示。抹面砂浆具有保护基层、增加建筑物耐久性和美观度的功能。抹面砂浆的强度要求不高，但要求保水性好，与基底的黏结力好，容易抹成均匀平整的薄层，长期使用不会开裂或脱落。

抹面砂浆按其功能不同可分为普通抹面砂浆、防水砂浆和装饰砂浆等。

图 5.2.1 抹面砂浆

5.2.1 普通抹面砂浆

常用的普通抹面砂浆有石灰砂浆、水泥砂浆、水泥混合砂浆、麻刀石灰浆（简称麻刀灰）、纸筋石灰浆（简称纸筋灰）等。普通抹面砂浆主要功能是保护结构主体，改善结构的外观，使其平整、光洁、美观。为了便于涂抹，抹面砂浆要求比砌筑砂浆具有更好的和易性，故一般胶凝材料（包括掺合料）的用量比砌筑砂浆的要多一些，其常用配合比为水泥∶砂＝1∶(2~3)。

普通抹面砂浆与空气、底面的接触比砌筑砂浆的要多，水分容易失去，因此对其保水性的要求较高，否则影响其与底面的黏结力。抹面砂浆易于碳化，水分也易于蒸发，这对于气硬性胶凝材料更有利。但湿度较大的地方，则更适合选用水泥石灰混合砂浆。石灰砂浆硬化较慢，加入建筑石膏可以加速它的硬化，加入量越大，硬化越快。

抹面砂浆通常分两层或三层进行施工，各层抹灰作用要求不同，所以每层砂浆的稠度和品种也不相同。底层是为了增加抹灰层与基层的黏结力，砂浆的保水性要好，以防水分被基层吸收，影响砂浆的硬化强度。中层主要起找平作用，又称找平层，找平层的稠度要合适，应能很容易地抹平，有时可省去不做；面层起装饰作用，加强表面的光滑程度及质感。

水泥砂浆宜用于潮湿或强度要求较高的部位；混合砂浆多用于室内底层或中层或面层抹灰；石灰砂浆、麻刀灰、纸筋灰多用于室内中层或面层抹灰；对混凝土基面多用水泥石灰混合砂浆；对于木板条基底及面层，多用纤维材料增加其抗拉强度，以防止开裂。水泥砂浆不得涂抹在石灰砂浆面层上。

通常砖墙的底层抹灰，多用混合砂浆；有防水防潮要求时应采用水泥砂浆；对于板条隔断或板条顶棚多采用石灰砂浆或混合砂浆等；而混凝土墙、梁、柱、顶板等的底层抹灰多采用混合砂浆。在加气混凝土砌块墙体表面上作抹灰时，应采用特殊的施工方法，如在墙面上刮胶、喷水润湿或在砂浆层中夹一层钢丝网片以防开裂脱落。

普通抹面砂浆的流动性和砂子的最大粒径可以参考表 5.2.1。常用的抹面砂浆的配合比和应用范围可参考表 5.2.2。

表 5.2.1　　　　　　　　　抹面砂浆的流动性及砂子的最大粒径

抹面层	沉入度（人工抹面）(mm)	砂的最大粒径(mm)
底层	100～120	2.5
中层	70～90	2.5
面层	70～80	1.2

表 5.2.2　　　　　　　　　常用抹面砂浆的配合比和应用范围

材料	体积配合比	应用范围
石灰∶砂	1∶3	用于干燥环境中的砖石墙面打底或找平
石灰∶黏土∶砂	1∶1∶6	干燥环境墙面
石灰∶石膏∶砂	1∶0.6∶3	不潮湿的墙及天花板
石灰∶石膏∶砂	1∶2∶3	不潮湿的线脚及装饰
石灰∶水泥∶砂	1∶0.5∶4.5	勒角、女儿墙及较潮湿的部位
水泥∶砂	1∶2.5	用于潮湿的房间墙裙、地面基层
水泥∶砂	1∶1.5	地面、墙面、天棚
水泥∶砂	1∶1	混凝土地面压光
水泥∶石膏∶砂∶锯末	1∶1∶3∶5	吸声粉刷
水泥∶白石子	1∶1.5	水磨石
石灰膏∶麻刀	100∶2.5（质量比）	木板条顶棚底层
石灰膏∶纸筋	1m³ 灰膏掺 3.6kg 纸筋	较高级的墙面及顶棚
石灰膏∶纸筋	100∶3.8（质量比）	木板条顶棚面层
石灰膏∶麻刀	100∶1.3（质量比）	木板条顶棚面层

5.2.2 防水砂浆

防水砂浆是指具有显著的防水、防潮性能的砂浆。砂浆防水层属于刚性防水层，仅适用于不受振动和具有一定刚度的混凝土和砖石砌体工程。

防水砂浆主要有普通水泥防水砂浆、掺防水剂的防水砂浆、膨胀水泥和无收缩水泥防水砂浆 3 种。普通水泥防水砂浆是由水泥、细骨料、掺合料和水拌制成的砂浆；掺加防水剂的防水砂浆是在普通水泥砂浆中掺入一定量的防水剂而制得的防水砂浆，是目前应用广泛的一种防水砂浆。常用的防水剂有硅酸钠类、金属皂类、氯化物金属盐及有机硅类等；膨胀水泥和无收缩水泥防水砂浆是采用膨胀水泥和无收缩水泥制作的砂浆，利用这两种水泥制作的砂浆有微膨胀或补偿收缩性能，从而提高砂浆的密实性和抗渗性。

防水砂浆的配合比一般采用水泥∶砂＝1∶(2.5～3)，水灰比为 0.5～0.55。水泥应采用 42.5 强度等级的普通硅酸盐水泥，砂子应采用级配良好的中砂。

常用的防水剂有氯化物金属盐类防水剂、水玻璃类防水剂和金属皂类防水剂。

氯化物金属盐类防水剂主要有氯化钙、氯化铝和水按一定比例（大致为 10∶1∶11）配成的有色液体，掺加量一般为水泥质量的 3%～5%。这种防水剂掺入水泥砂浆中，能在凝结硬化过程中生成不透水的复盐，起促进结构密实作用，从而提高砂浆的抗渗性能。

一般用于地下建筑、水池等工程。

水玻璃类防水剂是以水玻璃为基料加 2 种或 4 种矾组成。如用硫酸铜（蓝矾）、钾铝矾（明矾）、重铬酸钾（红矾）和铬矾（紫矾）各取一份溶于 60 份的沸水中，降温至 50℃时投入 400 份水玻璃中搅拌均匀，制成四矾水玻璃防水剂。这种防水剂掺入水泥砂浆中，形成大量胶体填塞毛细管道和孔隙，提高砂浆的防水性。

金属皂类防水剂主要由硬脂酸、氨水、氢氧化钾（或碳酸钾）和水按一定比例混合加热皂化而成。这种防水剂主要起填充微细孔隙和堵塞毛细管作用，掺加量为水泥质量 3% 左右。

防水砂浆的防渗防水效果主要取决于施工质量。常用的施工方法有：①人工多层抹压法：将砂浆分 4～5 层抹压，每层厚度约为 5mm 左右，1、3 层可用防水水泥净浆，2、4、5 层用防水水泥砂浆。每层在初凝前都要用木抹子压实一遍，最后一层要压光，抹完后应加强养护；②喷射法：利用高压喷枪将砂浆以每秒约 100m 的高速喷至建筑物表面，砂浆被高压空气强烈压实。各种方法都是以防水抗渗为目的，减少内部连通毛细孔，提高密实度。

5.2.3 装饰砂浆

装饰砂浆是指粉刷在建筑物内外墙表面，具有美化装饰、改善功能、保护建筑物的抹面砂浆。装饰砂浆的胶凝材料主要采用石膏、石灰、白水泥、彩色水泥，或在水泥中掺加白色大理石粉，使砂浆表面色彩光鲜。装饰砂浆采用的骨料除普通河砂外，还可以使用色彩鲜艳的花岗岩、大理石等色石及细石渣，有时也采用玻璃或陶瓷碎粒。有时也可以加入少量云母碎片、玻璃碎料、长石、贝壳等使表面获得发光效果。掺颜料的砂浆在室外抹灰工程中使用，总会受到风吹、日晒、雨淋及大气中有害气体的腐蚀。因此，装饰砂浆中的颜料，应采用耐碱和耐光晒的矿物颜料。

常用装饰砂浆的工艺做法如下：

(1) 拉毛。

拉毛是用铁抹子或木蟹将罩面灰轻压后顺势拉起，形成一种凸凹质感较强的饰面层。拉毛是一种传统饰面做法，所采用的灰浆是水泥石灰砂浆或水泥纸筋灰浆。

(2) 水磨石。

水磨石是用普通硅酸水泥、白水泥、或彩色水泥加耐碱颜料拌和各种色彩的大理石石渣（约 5mm）做面层，硬化后经机械反复磨平抛光表面而成。水磨石有现浇和预制两种。多用于地面、柱面、台阶、墙裙、楼梯和水池等工程部位。

(3) 斩假石。

斩假石又称为剁假石、斧剁石，原料与水磨石相同，但石渣粒径稍小，约为 2～6mm。砂浆抹面硬化后，用斧刃将表面剁毛并露出石渣。斩假石的装饰效果与粗面花岗岩相似，主要用于室外栏杆、柱面、踏步等工程部位。

(4) 假面砖。

将硬化的普通砂浆表面用刀斧锤凿刻划出线条；或者在初凝后的普通砂浆表面用木条、钢片压划出线条；也可用涂料画出线条，将墙面装饰成仿砖砌体、仿瓷砖贴面、仿石材贴面等艺术效果。

(5) 水刷石。

水刷石是用颗粒细小（约 5mm）的石渣拌成的砂浆做面层，在水泥终凝前，喷水冲刷表面,冲洗掉石渣表面的水泥浆,使石渣表面外露。水刷石用于建筑物的外墙面,具有一定的质感,且经久耐用,不需要维护。

(6) 干黏石。

干黏石是在水泥砂浆面层的表面,黏结粒径 5mm 以下的白色或彩色石渣、小石子、彩色玻璃、陶瓷碎粒等。要求石渣黏结均匀、牢固。干黏石的装饰效果与水刷石相近,且石子表面更洁净、艳丽;避免了喷水冲洗的湿作业,施工效率高,而且节约材料和水。干黏石在预制外墙板的生产中,有较多的应用。

5.3 商品砂浆

商品砂浆也称厂制砂浆,是由专业生产厂家生产的、经干燥筛分处理的细骨料与胶凝材料、矿物外加剂、各类砂浆添加剂按一定比例混合而成的一类颗粒状或粉状混合物,它既可在工厂内加水预拌后由专用的罐车运输到施工工地使用,也可以在工厂干混后采用包装的形式运至施工工地拆包加水拌和后使用。目前砂浆的应用正朝着商品化的方向发展,我国部分大城市已开始大力推行商品砂浆,并已颁布了各自的地方标准。商品砂浆是继商品混凝土之后,在城市建设中的一个新亮点,是提高工程质量,改善城市环境的重要举措。

按照商品砂浆出厂时的供货形式可将其分为预拌砂浆和干粉砂浆两大类。预拌砂浆又称湿拌砂浆和湿砂浆,是指由水泥、砂、保水增稠材料、粉煤灰或其他矿物掺合料和外加剂、水等按一定比例在集中搅拌站(厂)经计量、拌制后,用搅拌运输车运至使用地点,放入密封容器储存,并在规定时间内需使用完毕的砂浆拌合物。干粉砂浆又称干混砂浆、干砂浆,是指由专业生产厂家生产,经干燥筛分处理的细集料与无机胶结料、保水增稠材料、矿物掺合料和添加剂按一定比例混合而成的一种颗粒状混合物,它既可由专用罐车运输至工地加水拌和使用,也可用包装形式运到工地拆包加水拌和使用。

另外,按照用途可以将商品砂浆分为砌筑用砂浆、抹灰用砂浆、粘结用砂浆等。也可分为普通商品砂浆和特种商品砂浆。按其功能的不同可将商品砂浆分为地面砂浆、保温节能砂浆、装饰砂浆、纤维防裂砂浆、防水砂浆、防腐蚀砂浆、防辐射砂浆、防静电砂浆、吸波砂浆等。

从商品砂浆发展的路线来看,普通砂浆,如用于砌筑工程的砌筑砂浆、用于抹灰工程的抹灰砂浆、用于建筑地面及屋面的面层或找平层的砂浆,因其用量大,通常走预拌砂浆的路线;而具有一系列特殊功能的砂浆,如墙地砖黏结剂、界面处理剂、填缝胶粉、饰面砂浆、防水砂浆、自流平地坪砂浆、混凝土修补砂浆、密封砂浆等,通常走干粉砂浆的路线。

5.3.1 商品砂浆的组成材料

商品砂浆的主要组成原料以胶凝材料、细集料、矿物掺合料、保水增稠剂、化学添加剂为主,还有少量的其他组分。胶凝材料分为无机胶凝材料和有机胶凝材料。保水增稠剂是指在砂浆中起保水增稠作用的外加剂。化学外加剂指符合《混凝土外加剂》(GB—8076—2008)规定的 8 种混凝土外加剂。矿物外加剂主要是矿渣粉、粉煤灰、硅粉等。其他组分主要指纤维和颜料。

商品砂浆与传统砂浆最大的区别是有机胶凝材料、保水增稠材料和化学添加剂的使用方面。而许多用于混凝土中的化学外加剂能够直接应用到干粉砂浆产品中去。

1. **胶凝材料**

商品砂浆中所使用的胶凝材料分无机和有机两大类。无机胶凝组分主要包括：水泥、石灰和石膏。有机胶凝组分主要包括：聚合物乳液和聚合物乳胶粉。

(1) 无机胶凝材料。

1) 水泥。

商品砂浆可采用普通硅酸盐水泥、铝酸盐水泥作为无机胶凝组分。在配制某些专门用途的砂浆时，还可以采用某些专用水泥和特种水泥，如用于装饰砂浆的白水泥和彩色水泥，用于粘贴砂浆的粘贴水泥，用于砂浆快硬和早强的硫铝酸盐水泥和铁铝酸水泥等。

2) 石灰。

石灰膏和消石灰粉可以单独或与水泥一起配制成石灰砂浆或混合砂浆（消石灰不得直接用于砌筑砂浆），可用于墙体砌筑或抹面工程。

3) 石膏。

石膏是一种以硫酸钙为主要成分的气硬性胶凝材料。可利用建筑石膏制备石膏抹灰砂浆和粉刷石膏等。

(2) 有机胶凝材料。

1) 聚合物乳液。

用于砂浆改性的聚合物乳液主要有聚丙烯酸酯乳液、乙酸乙烯共聚乳液、苯丙乳液丁苯乳液、氯丁乳液等。

2) 可再分散乳胶粉。

可再分散乳胶粉是指高分子聚合物乳液经喷雾干燥以及后续处理而成的，主要应用与干粉砂浆中用以增加内聚力。主要产品有：乙烯与乙酸乙烯共聚乳胶粉、乙烯与氯乙烯及月桂乙烯酯三元共聚乳胶粉、乙酸乙烯酯与乙烯及高级脂肪酸乙烯酯三元共聚乳胶粉、乙酸乙烯酯均聚乳胶粉。

2. **集料**

干混砂浆中所用的集料仅仅是一些细集料，通常为砂。用于干混砂浆中砂的最大粒径一般不大于 2.5mm。当砂浆受力时，集料常常承受较大的荷载，因此，集料的力学性能对干混砂浆的力学性能有着重要的影响。从硬化砂浆的性能考虑，集料对于砂浆的稳定体积变形和耐久性增强方面都会有所影响。

3. **保水增稠材料**

常用的保水增稠材料主要是纤维素醚、淀粉醚和稠化粉。

4. **矿物掺合料**

为了改善砂浆的和易性，可在配制砂浆时加入一定量的矿物掺合料，如：石灰膏、电石膏、粘土膏、粉煤灰、沸石粉、钢渣和磷渣等。由于各种矿物掺合料有着各自不同的特性，因而在使用时，应根据其特点采用适当的方法和技术。

5. 化学外加剂

砂浆用化学外加剂与混凝土用化学外加剂既有相似之处，又有所不同。这主要是由于砂浆与混凝土的用途不同所决定的。混凝土主要用作结构材料，而砂浆主要是饰面和粘结材料。用于商品砂浆的主要化学外加剂有：保水剂、缓凝剂、防冻剂、消泡剂、减缩剂与膨胀剂、增塑剂、防水剂等。

6. 颜料

用于干粉砂浆的颜料一般为无机粉末颜料，主要包括：氧化铁系、铬系和铅系等。其中用于干粉砂浆一般为氧化铁系。耐碱矿物颜料对水泥不会起到有害作用，常用的有氧化铁（红、黄、褐、黑色）、群青（蓝色）等多种。

5.3.2 商品砂浆的性能

商品砂浆的性能直接决定着其应用场所和工程使用效果。不同的工程应用对商品砂浆有着不同的性能要求。其性能主要包括物理力学性能和耐久性能两方面。物理力学性能决定着商品砂浆的工程施工和应用效果，而耐久性则决定着商品砂浆应用后的长期使用效果。

1. 预拌砂浆的性能要求

预拌砌筑砂浆的砌体力学性能应符合《砌体结构设计规范》（GB50003—2011）的要求，其拌和物密度不应小于 $1800kg/m^3$。

预拌砂浆性能应符合表 5.3.1 的规定。预拌砂浆稠度实测值与合同规定值之差应符合表 5.3.2 的要求。

表 5.3.1 预拌砂浆性能指标

项　　目	预拌砌筑砂浆	预拌抹灰砂浆		预拌地面砂浆	预拌防水砂浆
强度等级	M5、M7.5、M10、M15、M20、M25、M30	M5	M10、M15、M20	M15、M20、M25	M10、M15、M20
稠度（mm）	50、70、90	70、90、110		50	50、70、90
凝结时间（h）	≥（8、12、24）	≥（8、12、24）		≥（4、8）	≥（8、12、24）
保水性（%）	≥88	≥88		≥88	≥88
14d 拉伸粘结强度（MPa）		≥0.15	≥0.20		≥0.20
抗渗等级					P6、P8、P10

表 5.3.2 预拌砂浆稠度允许偏差

规定稠度（mm）	允许偏差（mm）
50、70、90	±10
110	−10～+15

2. 干粉砂浆的性能要求

干粉砌筑砂浆的砌体力学性能应符合 GB50003—2011 的要求，其拌和物密度不应小于 $1800kg/m^3$。

普通干粉砂浆性能应符合表 5.3.3 的规定。

表 5.3.3　　　　　　　　　　普通干粉砂浆性能指标

项　目	干粉砌筑砂浆	干粉抹灰砂浆		干粉地面砂浆	干粉防水砂浆
强度等级	M5、M7.5、M10、M15、M20、M25、M30	M5	M10、M15、M20	M15、M20、M25	M10、M15、M20
凝结时间（h）	4～8	4～8		4～8	4～8
保水性（%）	≥88	≥88		≥88	≥88
14d 拉伸粘结强度（MPa）		≥0.15	≥0.20		≥0.20
抗渗等级					P6、P8、P10

另外对于一些特种干粉砂浆，例如：干粉瓷砖黏结砂浆、干粉耐磨地坪砂浆、干粉防水砂浆、干粉自流平砂浆、干粉灌浆砂浆、干粉外保温砂浆和干粉无机集料保温砂浆等，都有具体的性能指标作为参考，这里不单独阐述。

5.3.3　商品砂浆工作性的要求

商品砂浆工作性是为了满足施工的需要，但不同砂浆的施工情况是不同的，它们之间有着相当大的差别。

1. 输送方式

在商品砂浆施工中，新拌砂浆的输送方式有两种：一种是桶提车运的输送方式，这种输送方式对新拌砂浆的工作性没有什么要求。另一种是泵送方式，这种输送方式对新拌砂浆的工作性要求较高。它不仅要求新拌砂浆具有较大的流动性，而且要求新拌砂浆具有一定的粘聚性，保证砂浆在输送过程中不产生离析。

2. 外力作用

外力作用是砂浆产生流动的推动力。然而，在施工过程中，不同砂浆所受到的外力作用是不同的。对于砌筑砂浆，施工时所受到的外力是上层砌体的重力和人工轻微的敲击。砌筑砂浆在施工中不需要有较大的流动性，因而通常对新拌砂浆的工作性要求较低。对于抹面砂浆，施工时所受到的外力通常是人工的抹压力。在人工抹压力的作用下，使砂浆小范围地铺摊。这种操作并不困难，因而对新拌砂浆工作性的要求也不高。地面自流平砂浆就不同了。自流平砂浆在施工过程中不施加外力，仅仅靠自重作用，而且要求有较大的流动性，使砂浆能在较大范围内铺展形成薄层。

3. 施工面方向

最常见的施工面方向是两种方向：一种是垂直方向，如墙面的抹面；另一种是水平方向，如地面。值得注意的是在施工过程中希望新拌砂浆具有较好的流动性，而施工完毕后则希望它具有较好的稳定性。但新拌砂浆在力的作用下会产生流动，这种力可以是外力，也可以由自重产生，而自重产生的作用力与高度有关。对于水平面施工，自重作用力很小，一般施工后不会产生再流动。但对于垂直面，自重则有可能较大。如外贴瓷砖等材料，则有可能产生较大的剪切力，使砂浆流动。若层厚较薄，墙面的附着力可以克服自重，保持砂浆稳定。若层厚较厚，墙面的附着力有可能不能阻止外层砂浆的流动，产生坠滴现象。特别是当外贴较重的装饰物时，容易引起装饰物下滑，影响粘贴质量。

由此可见，实际工程对商品砂浆工作性的要求是复杂的，并不是简单地要求新拌砂浆具有一定的流动性，而且要求它具有较好的稳定性。

5.4 其他种类砂浆

5.4.1 聚合物砂浆

聚合物砂浆是在水泥砂浆中加入有机聚合物粘结剂配制而成的砂浆。是具有黏结力强、干缩率小、脆性低、耐腐蚀性好的一种新型建筑材料，主要用于修补和防护工程。其中，聚合物黏结剂作为有机黏结材料与砂浆中的水泥或石膏等无机黏结材料完美地组合在一起，大大提高了砂浆与基层的黏结强度、砂浆的可变形性即柔性、砂浆的内聚强度等性能。聚合物的种类和掺量则在很大程度上决定了聚合物砂浆的性能。常用的聚合物黏结剂有氯丁胶乳液、丁苯橡胶乳液、丙烯酸树脂乳液等。

5.4.2 保温砂浆

保温砂浆又称绝热砂浆，是采用水泥、石灰、石膏等胶凝材料与膨胀珍珠岩、膨胀蛭石、陶粒、陶砂或聚苯乙烯泡沫颗粒等轻质骨料，按一定比例配制的砂浆。保温砂浆质轻，且具有良好的绝热保温性能。其导热系数为 $0.07\sim 0.10\mathrm{W}/(\mathrm{m}\cdot\mathrm{K})$，一般用于屋面隔热层、隔热墙壁、冷库以及工业窑炉、供热管道隔热层等处。如在保温砂浆中掺入憎水剂，则这种砂浆的保温隔热效果会更好。

常用的保温砂浆有水泥膨胀珍珠岩砂浆、水泥膨胀蛭石砂浆、水泥石灰膨胀蛭石砂浆等。水泥膨胀珍珠岩砂浆用强度等级 42.5 的普通水泥配制，其体积比为水泥：膨胀珍珠岩砂＝1：(12～15)，导热系数为 $0.067\sim 0.074\mathrm{W}/(\mathrm{m}\cdot\mathrm{K})$，可用于砖及混凝土内墙表面抹灰或喷涂。

5.4.3 膨胀砂浆

在水泥砂浆中加入膨胀剂或使用膨胀水泥，可配制膨胀砂浆。膨胀砂浆具有一定的膨胀特性，可补偿水泥砂浆的收缩，防止干缩开裂，用于嵌缝和堵漏等工程。膨胀砂浆还可以在修补工程和装配式大板工程中应用，依靠其膨胀作用填充缝隙，从而达到黏结密封的目的。

5.4.4 吸声砂浆

吸声砂浆是指具有吸音功能的砂浆。一般由轻质多孔细骨料制成的保温砂浆都具有吸声性能。另外，也可用水泥、石膏、砂、锯末等材料配制成吸声砂浆。如果在吸声砂浆内掺入玻璃纤维、矿物棉等松软的材料则能获得更好的吸声效果。吸声砂浆主要用于室内墙面和顶面的吸声。

5.4.5 耐腐蚀砂浆

耐腐蚀砂浆主要有水玻璃类耐酸砂浆、耐碱砂浆和耐硫磺酸砂浆等。

1. 水玻璃类耐酸砂浆

一般采用水玻璃作为胶凝材料拌制而成，常常掺入氟硅酸钠作为促凝剂，有时也可掺入花岗岩、铸石和石英岩等粉状细骨料。耐酸砂浆主要用于耐酸地面和耐酸容器的内壁防护层。

2. 耐碱砂浆

一般以普通硅酸盐水泥、砂和粉料加水拌和，再加复合酚醛树脂充分搅拌制成，有时掺加石棉绒。砂及粉料应选用耐碱性能好的石灰石、白云石等集料，常温下能抵抗330g/L以下的氢氧化钠浓度的碱类侵蚀。

3. 耐硫磺酸砂浆

以硫磺为胶结料，聚硫橡胶为增塑剂，掺加耐酸粉料和集料，经加热熬制而成。具有密实、强度高、硬化快、能耐大多数无机酸、中性盐和酸性盐的腐蚀，但不耐浓度在5%以上的硝酸、强碱和有机溶液，耐磨和耐火性均差，脆性和收缩性较大。一般多用于黏结块材，灌筑管道接口及地面、设备基础、储罐等处。

5.4.6 防辐射砂浆

防辐射砂浆是在水泥砂浆中加入重晶石粉和重晶石砂，配制具有降低和防止X射线和γ射线辐射的砂浆。其配合比约为水泥∶重晶石粉∶重晶石砂=1∶0.25∶（4～5）。配制砂浆时加入硼砂、硼酸可制成具有防中子辐射能力的砂浆。此类砂浆用于射线防护工程。

工程实例与分析

【例5.1】 砂浆质量问题

工程概况：某工地现配制M10砂浆砌筑砖墙，把水泥直接倒在砂堆上，再人工搅拌。该砌体灰缝饱满度及粘结性均差。请分析原因。

分析：① 砂浆的均匀性可能有问题。把水泥直接倒入砂堆上，采用人工搅拌的方式往往导致混合不够均匀，使强度波动大，宜加入搅拌机中搅拌。② 仅以水泥与砂配制砂浆，使用少量水泥虽可满足强度要求，但往往流动性及保水性较差，而使砌体饱满度及黏结性较差，影响砌体强度，可掺入少量石灰膏、石灰粉或微沫剂等以改善砂浆和易性。

【例5.2】 以硫铁矿渣代替建筑砂配制砂浆的质量问题

工程概况：上海市某中学教学楼为五层内廊式砖混结构，工程交工验收时质量良好。但使用半年后，发现砖砌体裂缝，墙面抹灰起壳。继续观察一年后，建筑物裂缝严重，以致成为危房不能使用。该工程砂浆采用硫铁矿渣代替建筑砂。其含硫量较高，有的高达4.6%。

分析：由于硫铁矿渣中的三氧化硫和硫酸根与水泥或石灰膏反应，生成硫铁酸钙或硫酸钙，产生体积膨胀。而其硫含量较多，在砂浆硬化后不断生成此类体积膨胀的水化产物，致使砌体产生裂缝，抹灰层起壳。需说明的是，该段时间上海的硫铁矿渣含硫较高，不仅此项工程出问题，其他许多是硫铁矿渣的工程亦出现类似的质量问题，关键是硫含量高。

思 考 与 习 题

1. 砂浆与混凝土相比在组成和用途上有何异同点？

2. 按用途不同，建筑砂浆可分为哪几类？

3. 什么是砌筑砂浆？砌筑砂浆的技术性质包含哪些？

4. 砂浆的强度和哪些因素有关？砌筑砂浆的强度公式？

5. 何为抹面砂浆？抹面砂浆有哪些种类？分别有什么用途？

6. 抹灰砂浆一般分几层涂抹？各层起什么作用？

7. 商品砂浆的种类有哪些？应用时需要注意哪些事项？

8. 要求配制 M10 的水泥混合砂浆，水泥为 42.5 级普通硅酸盐水泥，其堆积密度为 $1350kg/m^3$，现场使用含水率为 3%，堆积密度为 $1450kg/m^3$ 的中砂，问初步计算配合比与施工配合比是否一致？请说明理由？（施工水平一般，$\sigma=2.5MPa$，用水量为 $300kg/m^3$）

第6章 砌体材料

砌体材料较多的是用作墙体材料。墙体材料在建筑材料中所占的比重较大，约占房屋建筑总量的50%。21世纪之前，我国传统的墙体材料以黏土砖和石材为主，这消耗了大量的土地资源和矿山资源，严重影响了农业生产和生态环境，不利于资源节约和保护。同时黏土砖和石材存在自重大、体积小、生产效率低、单位能耗高的缺陷。因此，国家对于黏土砖等类型的传统砌体材料进行了限制，鼓励研究和开发那些具有轻质化、节能化、复合化、装饰化的新型墙体材料。

目前用于砌体的材料主要由砖、砌块、石材。

6.1 砌墙砖

砌墙砖是指以黏土、工业废料及其他地方资源为主要原料，按不同工艺制成的，在建筑上用来砌筑墙体的块状材料。砌墙砖一般指长度不超过365mm、宽度不超过240mm、高度不超过115mm的砌筑用小型块材。外形多为直角六面体，也有各种不规则的异型砖。砌墙砖按制作工艺分为烧结砖和非烧结砖（也称免烧砖）；按外观和孔洞率的大小分为实心砖和空心砖；按所用原料不同可分为黏土砖、煤矸石砖、页岩砖、粉煤灰砖和炉渣砖等。

6.1.1 烧结砖

烧结砖是以砂质黏土、页岩、煤矸石、粉煤灰等为主要原料，经焙烧等工艺制成的矩形直角六面体块材。分有普通砖（实心砖）、多孔砖和空心砖3种。

1. 烧结砖的生产工艺

烧结砖生产的工艺流程为：原料开采和处理→成型→干燥→焙烧→成品。

黏土砖的主要原料为粉质或砂质黏土，其主要化学成分为 SiO_2、Al_2O_3、Fe_2O_3 和结晶水。由于地质生成条件的不同，可能还含有少量的碱金属和碱土金属氧化物等。除黏土外，还可利用页岩、煤矸石、粉煤灰等为原料来制造烧结砖，这是因为它们的化学成分与黏土相似。但由于它们的可塑性不及黏土，所以制砖时常常需要加入一定量的黏土，以满足制坯时对可塑性的需要。

砖坯成型后，含水量较高，如若直接焙烧，会因坯体内产生的较大蒸汽压使砖坯爆裂，甚至造成砖垛倒塌等严重后果。因此，砖坯成型后需要进行干燥处理，干燥后的砖坯含水要降至6%以下。干燥有自然干燥和人工干燥两种。前者是将砖坯在阴凉处阴干后再经太阳晒干，这种方法受季节限制；后者是利用焙烧窑中的余热对砖坯进行干燥，不受季节限制。干燥中常出现的问题是干燥裂纹，在生产中应严格控制。

焙烧是烧结砖最重要的环节。焙烧时，坯体内发生了一系列的物理化学变化。当温度达 110℃ 时，坯体内的水全部被排出，温度升至 500～700℃，有机物燃尽，黏土矿物和其他化合物中的结晶水脱出。温度继续升高，黏土矿物发生分解，并在焙烧温度下重新化合生成合成矿物和易熔硅酸类新生物。原料不同，焙烧温度（最高烧结温度）有所不同，通常黏土砖为 950℃ 左右；页岩砖、粉煤灰砖为 1050℃ 左右；煤矸石砖为 1100℃ 左右。当温度升高达到某些矿物的最低共熔点时，便出现液相，该液相包裹一些不熔固体颗粒，并填充于颗粒的间隙中，在制品冷却时，这些液相凝固成玻璃相。从微观上观察烧结砖的内部结构是结晶的固体颗粒被玻璃相牢固地黏结在一起的，所以烧结砖的性质与生坯完全不同，既有耐水性，又有较高的强度和化学稳定性。

焙烧温度若控制不当，就会出现过火砖和欠火砖。过火砖的特点为色深、敲击声脆、变形大等。欠火砖的特点为色浅、敲击声哑、强度低、吸水率大、耐久性差等。因此，焙烧时要严格控制焙烧温度。为减少能耗，在坯体制作过程中，加入部分含可燃物的废料，如粉煤灰、煤矸石、煤粉等，在焙烧过程中这些可燃物可以在砖中燃烧，经此种方法烧结制成的砖叫"内燃砖"。内燃砖不仅可以节约黏土资源，而且环保利废，且燃烧均匀，表观密度小，导热系数低，强度可提高约 20% 左右。因此，内燃烧砖是烧结砖的发展方向之一。

焙烧砖坯的窑主要有轮窑、隧道窑和土窑，用轮窑或隧道窑烧砖的特点是生产量大、可以利用余热、可节省能源，烧出砖的色彩为红色，也叫红砖。土窑的特点是窑中的焙烧"气氛"可以调节，到达焙烧温度后，可以采取措施使窑内形成还原气氛，使砖中呈红色的高价 Fe_2O_3 还原成呈青色的 FeO，从而得到青砖。青砖一般较红砖致密、耐碱、耐久性好，但由于价格高，青砖多用于仿古建筑的修复。

2. 烧结普通砖

以黏土、页岩、煤矸石或粉煤灰为原料，制得的没有孔洞或孔洞率小于 15% 的烧结砖，称为烧结普通砖。其外形尺寸一般为 240mm×115mm×53mm。烧结普通砖按所采用的主要原料又分为烧结黏土砖（N）、烧结页岩砖（Y）、烧结粉煤灰砖（F）和烧结煤矸石砖（M）。其中烧结页岩砖（Y）、烧结粉煤灰砖（F）和烧结煤矸石砖（M）属于烧结非黏土砖。

(1) 烧结普通砖的技术性质。

1) 尺寸偏差。

为了保证砌筑质量，要求砖的尺寸偏差必须符合《烧结普通砖》（GB5101—2003）的规定。如表 6.1.1。

表 6.1.1　　烧结普通砖的尺寸允许偏差　　单位：mm

公称尺寸	优等品		一等品		合格品	
	样本平均偏差	样本极差	样本平均偏差	样本极差	样本平均偏差	样本极差
长 240	±2.0	≤6	±2.5	≤7	±3.0	≤8
宽 115	±1.5	≤5	±2.0	≤6	±2.5	≤7
高 53	±1.5	≤4	±1.6	≤5	±2.0	≤6

2) 外观质量。

6.1 砌墙砖

砖的外观质量包括：两条面高度差、弯曲、杂质突出高度、缺棱掉角、裂纹长度、完整面和颜色等项内容符合《烧结普通砖》(GB5101—2003) 的规定，如表 6.1.2。

表 6.1.2　　　　　　　　烧结普通砖的外观质量要求　　　　　　　　单位：mm

项　　目		优等品	一等品	合格品
两条面高度差		≤2	≤3	≤4
弯曲		≤2	≤3	≤4
杂质凸出高度		≤2	≤3	≤4
缺棱掉角的三个破坏尺寸		不同时大于 15	不同时大于 20	不同时大于 30
裂纹长度不大于	大面上宽度方向及其延伸至条面的长度	30	60	80
	大面上长度方向及其延伸至顶面的长度或条面上水平裂纹的长度	50	80	100
完整面不得少于		两条面和两顶面	一条面和一顶面	—
颜色		基本一致	—	—

3) 强度等级。

烧结普通砖根据抗压强度分为 5 个等级：MU30、MU25、MU20、MU15 和 MU10，抽取 10 块砖试样进行抗压强度试验。试验后计算出 10 块砖的抗压强度平均值，并分别按照式 (6.1.1)、式 (6.1.2)、式 (6.1.3) 计算标准差、变异系数和强度标准值。根据试验和计算结果按照表 6.1.3 确定烧结普通砖的强度等级。

表 6.1.3　　　　　　　　烧结普通砖、烧结多孔砖强度等级（MPa）

强　度　等　级	抗压强度平均值 $\overline{f}$	变异系数 $\delta \leq 0.21$ 强度标准值 f_k	变异系数 $\delta > 0.21$ 单块最小抗压强度 f_{min}
MU30	≥30.0	≥22.0	≥25.0
MU25	≥25.0	≥18.0	≥22.0
MU20	≥20.0	≥14.0	≥16.0
MU15	≥15.0	≥10.0	≥12.0
MU10	≥10.0	≥6.5	≥7.5

$$s = \sqrt{\frac{1}{9}\sum_{i=1}^{10}(f_i - \overline{f})^2} \quad (6.1.1)$$

$$\delta = \frac{s}{\overline{f}} \quad (6.1.2)$$

$$f_k = \overline{f} - 1.8s \quad (6.1.3)$$

式中　f_i——单块砖样的抗压强度测定值，MPa；

　　　$\overline{f}$——10 块砖样的抗压强度平均值，MPa；

　　　s——单块砖样的抗压强度测定值，MPa；

　　　f_k——烧结普通砖抗压强度标准值，MPa；

　　　δ——砖强度变异系数。

4）泛霜。

泛霜是指原料中的可溶性盐类（如硫酸钠等），随着砖内水分蒸发而在砖表面产生的盐析现象，一般为絮团状斑点的白色粉末，影响建筑的美观。轻微泛霜就对清水砖墙建筑外观产生较大影响，中等程度泛霜的砖用于建筑中潮湿部位时，约7～8年后因盐析结晶膨胀将使砖砌体表面产生粉化剥落，在干燥环境使用约10年以后也将开始剥落。严重泛霜对建筑结构的破坏性更大。

《烧结普通砖》(GB5101—2003)规定，优等品无泛霜现象，一等品不允许出现中等泛霜，合格品不允许出现严重泛霜。

5）石灰爆裂。

当生产砖的原料中含有石灰石时，则焙烧时石灰石会煅烧成生石灰留在砖内，这时的生石灰为过火生石灰，砖吸水后生石灰消化产生体积膨胀，导致砖发生胀裂破坏，这种现象称为石灰爆裂。石灰爆裂严重影响烧结砖的质量，并降低砌体强度。所以标准中规定优等品砖不允许出现最大破坏尺寸大于2mm的爆裂区域；一等品最大破坏尺寸大于2mm且不大于10mm的爆裂区域，每组砖样（5块）不得多于15处，不允许出现最大破坏尺寸大于10mm的爆裂区域；合格品中每组砖样2～15mm的爆裂区域不得大于15处，其中大于10mm的区域不得多于7处，且不得出现大于15mm的爆裂区。

6）抗风化性能。

烧结普通砖的抗风化性是指能抵抗干湿变形、冻融变化等气候作用的性能。它是烧结普通砖的重要耐久性之一。烧结普通砖的抗风化性通常以其抗冻性、吸水率及饱和系数等指标判别。饱和系数是指砖在常温下浸水24h后的吸水率与5h的煮沸吸水率之比。

对砖的抗风化性要求应根据各地区风化程度不同而定。严重风化区中的1～5区（包括黑龙江省、吉林省、辽宁省、内蒙古自治区和新疆维吾尔自治区）的烧结普通砖必须进行冻融试验，其他地区烧结砖的抗风化性能若能符合表6.1.4所规定要求时可以不做冻融试验，否则必须进行冻融试验。

表6.1.4　　　　　　　　烧结普通砖的抗风化性能指标

砖种类	严重风化区				非严重风化区			
	5h沸煮吸水率（%）		饱和系数		5h沸煮吸水率（%）		饱和系数	
	平均值	单块最大值	平均值	单块最大值	平均值	单块最大值	平均值	单块最大值
黏土砖	18	20	0.85	0.87	19	20	0.88	0.90
粉煤灰砖	21	23			23	25		
页岩砖	16	18	0.74	0.77	18	20	0.78	0.80
煤矸石砖								

注　粉煤灰掺入量（体积比）小于30%时，按黏土砖规定判定。

砖的冻融试验是将砖吸水饱和后置于−15℃以下的环境中冻结，再在10～20℃水中融化，按规定的方法反复15次冻融循环后，其质量损失不得超过2%，抗压强度降低值不得超过25%，即为抗冻合格。

7）质量等级。

尺寸偏差和抗风化性能合格的砖，根据外观质量、泛霜和石灰爆裂三项指标，划分为优等品（A）、一等品（B）与合格品（C）3个产品等级。

（2）结烧普通砖的产品标记。

砖的产品标记按产品名称、品种、规格、强度等级、质量等级和标准编号顺序编写。例如，规格240mm×115mm×53mm，强度等级MU15，一等品的黏土砖，标记为：烧结普通砖 N240×115×53MU15B（GB/T5101—2003）。

（3）烧结普通砖的应用。

烧结普通砖的表观密度在1600～1800kg/m³，吸水率在8%～16%，有一定的强度，并具有良好的绝热性、透气性、耐久性和热稳定性等特点，是传统的墙体材料，主要用于砌筑建筑的内外墙、柱、拱、烟囱和窑炉。优等品可用于清水墙和墙体装饰；一等品、合格品可用于混水墙，中等泛霜的砖就不能用于处于潮湿环境中的工程部位。

3．烧结多孔砖

烧结多孔砖是以粘土、页岩、煤矸石、粉煤灰为主要原料，经过焙烧而成的孔洞率大于25%，砖内孔洞内径不大于22mm，孔多而小的烧结砖。烧结多孔砖的孔洞多与承压面垂直，它的单孔尺寸小，孔洞分布合理，非孔洞部分砖体较密实，具有较高的强度，常用于建筑物承重部位。多孔砖的常用尺寸为190mm×190mm×90mm（M型）和240mm×115mm×90mm（P型）两种规格。烧结多孔砖的外形见图6.1.1。

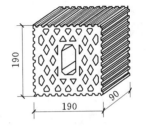

图6.1.1 烧结多孔砖

（1）强度等级与质量等级。

根据国家标准《烧结多孔砖和多孔砌块》（GB13544—2011）的规定，烧结多孔砖按10块砖样的抗压强度平均值和抗压强度标准值或单块抗压强度最小值可划分为MU30、MU25、MU20、MU15、MU10 5个强度等级，各强度等级的强度值与烧结普通砖相同，见表6.1.3。依据尺寸偏差、外观质量、孔型及孔洞排数、泛霜、石灰爆裂等指标，多孔砖划分为优等品（A）、一等品（B）与合格品（C）3个质量等级。孔形、孔洞率及孔洞排列、外观质量、尺寸偏差、泛霜、石灰爆裂的质量要求在《烧结空心砖和空心砌块》（GB13545—2003）中有明确规定。

（2）烧结多孔砖的产品标记。

烧结多孔砖的产品标记按名称、品种、规格、强度等级、标准编号顺序，如"烧结多孔砖 M290×175×90 MU25 1200 GB13544—2011"表示该砖为烧结煤矸石多孔砖，品种为M型，规格尺寸为290mm×175mm×90mm，强度等级为MU25，密度1200级的黏土烧结多孔砖，符合国标烧结多孔砖GB13544—2011的要求。

（3）烧结多孔砖的应用。

烧结多孔砖的孔洞率在25%以上，体积密度约为1400kg/m³。主要用于六层以下建筑物的承重墙体或多、高层框架结构的填充墙。由于该种砖具有一定的隔热保温性能，故又可用于部分地区建筑物的外墙砌筑。由于为多孔构造，故不宜用于基础墙、地面以下或室内防潮层以下的砌筑。原材料中如果掺入煤矸石、粉煤灰及其他工业废渣的砖，应进行放射性物质检测。

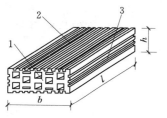

图 6.1.2 烧结空心砖的外形图
1—顶面；2—大面；3—条面；4—肋；5—凹线槽；
6—外壁；l—长度；b—宽度；h—高度

4. 烧结空心砖

烧结空心砖是以黏土、页岩、煤矸石、粉煤灰及其他废料为主原料，经过焙烧而成的一般孔洞率大于 35% 的砖。其孔尺寸大而数量少，平行于大面和条面，在与砂浆的接合面上应设有深度在 1mm 以内的凹槽线。一般用于砌筑非承重的结构。如图 6.1.2 所示。

空心砖的长度、宽度、高度有两个系列：290mm、190mm、90mm；240mm、180mm、115mm。若长度、宽度、高度有一项或一项以上分别大于 365mm、240mm 或者 115mm，则称为烧结空心砌块。砖或砌块的壁厚应大于 10mm，肋厚应大于 7mm。

（1）强度等级和密度级别。

根据国家标准《烧结空心砖和空心砌块》（GB13545—2003）的规定，烧结空心砖可划分为 MU2.5、MU3.5、MU5.0、MU7.5、MU10 5 个不同的强度等级和 800、900、1000、1100 4 个密度级别，分别见表 6.1.5、6.1.6。强度等级是根据 10 块试样砖的抗压强度的平均值与变异系数、标准值或单块最小抗压强度确定的。密度级别是依据抽取 5 块样品所测得的表观密度平均值来确定的。每个密度级别根据孔洞率与孔排数、尺寸偏差、外观质量、强度等级和抗风化性能等技术指，划分为优等品（A）、一等品（B）与合格品（C）3 个质量等级。外观质量、尺寸偏差、吸水率、抗风化性能应符合《烧结空心砖和空心砌块》（GB13545—2003）中的规定。

表 6.1.5　　　　　　　　烧结空心砖和空心砌强度等级（MPa）

强 度 等 级	抗压强度平均值 $\bar{f}$	变异系数 $\delta \leqslant 0.21$	变异系数 $\delta > 0.21$
		强度标准值 f_k	单块最小抗压强度 f_{min}
MU10.0	≥10.0	≥7.0	≥8.0
MU7.5	≥7.5	≥5.0	≥5.8
MU5.0	≥5.0	≥3.5	≥4.0
MU3.5	≥3.5	≥2.5	≥2.8
MU2.5	≥2.5	≥1.6	≥1.8

表 6.1.6　　　　　　　　烧结空心砖和空心砌块密度级别的划分

密 度 级 别	5块砖的平均密度值（kg/m³）	密 度 级 别	5块砖的平均密度值（kg/m³）
800	≤800	1000	901～1100
900	801～900	1100	1001～1100

(2) 耐久性。

烧结空心砖的耐久性常以其抗冻性、吸水率等指标来表示。一般要求应有足够的抗冻性。经规定的冻融循环试验后,对于优等品不允许出现裂纹、分层、掉皮、缺棱掉角等损坏现象;一等品与合格品只允许出现轻微的裂纹,不允许出现其他损坏现象。由于烧结空心砖耐久性的好坏与其内部结构、质量缺陷等有关,为保证耐久性,对于严重风化地区所使用的空心砖应进行冻融试验。

(3) 烧结空心砖的产品标记。

烧结空心砖和空心砌块的产品标记按产品名称、类别、规格、密度等级、强度等级、质量等级和标准编号的顺序编写。如:规格尺寸 290mm×190mm×90mm、密度等级 900、强度等级 MU10.0、优等品的粉煤灰空心砖,其标记为:烧结空心砖 F(290×190×90) 900 MU10.0 A GB13545。

(4) 烧结空心砖的应用。

烧结空心砖的孔洞率一般在 40% 以上,体积密度小、强度不高,因而不能在承重墙体结构中使用,多用于砌筑非承重墙。

6.1.2 蒸养(压)砖

蒸养(压)砖也称非烧结砖,是以石灰和含硅材料(砂子、粉煤灰、煤矸石、炉渣和页岩等)加水拌和,经压制成型、蒸汽养护或蒸压养护而成。生产这类砖可以大量利用工业废弃物,减少环境污染,不需占用农田,且可常年稳定生产。因此,这类砖将是我国墙体材料的主要发展方向之一。

根据原料的来源可以将非烧结砖分为灰砂砖、粉煤灰砖和炉渣砖等,它们均是水硬性材料,在潮湿环境中使用时,强度不会降低。

1. 蒸压灰砂砖

蒸压灰砂砖是以石灰和天然砂为主要原料,经磨细、计量配料、搅拌混合、消化、压制成型(一般温度为 175~203℃,压力为 0.8~1.6MPa 的饱和蒸汽)养护、成品包装等工序而制成的空心砖或实心砖,如图 6.1.3 所示。

(1) 蒸压灰砂砖的技术要求。

灰砂砖的规格尺寸同烧结普通砖 240mm×115mm×53mm,表观密度为 1800~1900kg/m³,导热系数为 0.61W/(m·K)。根据产品的外观与尺寸偏差、强度和抗冻性分为优等品(A)、一等品(B)和合格品(C)3 个质量等级,按抗压强度和抗折强度分为 MU25、MU20、MU15、MU10 4 个强度等级。蒸压灰砂砖的强度等级和抗冻性指标见表 6.1.7。尺寸偏差与外观质量应符合《蒸压灰砂砖》(GB11945—1999)的规定。

图 6.1.3 蒸压灰砂砖

(2) 蒸压灰砂砖的性能与应用。

灰砂砖耐热性、耐酸性差,不宜用于长期受热高于 200℃、受急冷急热交替作用或有酸性介质建筑部位;耐水性良好,但抗流水冲刷能力差,不能用于有流水冲刷的建筑部位,如落水管出水处和水龙头下面等;与砂浆黏结力差,当用于高层建筑、地震区或筒仓

表 6.1.7 　　　　　灰砂砖的强度等级和抗冻性指标（GB 11945—1999）

强度等级	强度指标				抗冻性指标	
	抗压强度（MPa）		抗折强度（MPa）		5块冻后抗压强度平均值（MPa）	单块砖干质量损失小于（%）
	平均值	单块值	平均值	单块值		
MU25	≥25.0	≥20.0	≥5.0	≥4.0	≥20.0	2.0
MU20	≥20.0	≥16.0	≥4.0	≥3.2	≥16.0	2.0
MU15	≥15.0	≥12.0	≥2.3	≥2.6	≥12.0	2.0
MU10	≥10.0	≥8.0	≥2.5	≥2.0	≥8.0	2.0

构筑物等，除应有相应结构措施外，还应有提高砖和砂浆黏结力的措施，如采用高黏度的专用砂浆，以防止渗雨、漏水和墙体开裂；砌筑灰砂砖砌体时，砖的含水率宜为8%～12%，严禁使用干砖或饱水砖，灰砂砖不宜与烧结砖或其他品种砖同层混砌。

2. 蒸压（养）粉煤灰砖

蒸压粉煤灰砖是以粉煤灰、石灰、石膏以及骨料为原料，经坯料制备、压制成型、常压或高压蒸汽养护等工艺过程制成的实心粉煤灰砖。常压蒸汽养护的粉煤灰砖称蒸养粉煤灰砖；高压蒸汽（温度在176℃，工作压力在0.8MPa以上）养护制成的称蒸压粉煤灰砖。

粉煤灰具有火山灰活性、在水热环境中、在石灰碱性激发剂和石膏的硫酸盐激发剂共同作用下，形成水化硅酸钙、水化铝酸钙等多种水化产物。蒸压养护可使砖中的活性组分水化反应充分，砖的强度高，性能趋于稳定。而蒸养粉煤灰砖的性能较差，墙体更易出现开裂等弊端。

根据《粉煤灰砖》（JC239—2001）规定，粉煤灰砖按抗压强度和抗折强度划分为MU30、MU25、MU20、MU15、MU10 5个强度等级；按尺寸偏差、外观质量、强度和干缩分为优等品（A）、一等品（B）和合格品（C）3个质量等级。优等品强度等级应不低于MU15，优等品和一等品的干缩值应不大于0.65mm/m，合格品应不大于0.75mm/m。

蒸压粉煤灰砖呈深灰色，表观密度为1400～1500kg/m³，热导系数约为0.65W/(m·K)，干燥收缩大，外观尺寸同烧结普通砖，性能上与灰砂砖相近，不得用于长期受热高于200℃、受急冷急热交替作用或有酸性介质的建筑部位；与砂浆黏结力低，使用时，应尽可能采用专用砌筑砂浆；粉煤灰砖的初始吸水能力差，后期吸水较大，施工时应提前湿水，保持砖的含水率在10%左右，以保证砌筑质量。由于粉煤灰砖出釜后收缩较大，因此，出釜1周后才能用于砌筑。

图 6.1.4 　炉渣砖

3. 炉渣砖

炉渣砖是以煤燃烧后的残渣为主要原料，配以一定数量的石灰和少量石膏，加水搅拌、经陈化、轮碾、成型和蒸汽养护制成，如图6.1.4所示。

煤渣砖的规格尺寸为240mm×115mm×53mm，呈灰黑色，表观密度为1500～

2000kg/m³，吸水率为 6%~19%，根据抗压强度和抗折强度将强度等级划分为 MU20、MU15、MU10。技术要求主要有尺寸偏差、外观质量、强度等级、抗冻性、碳化性能、放射性 6 个方面。其碳化后强度不得低于相应等级的强度的 75%。根据尺寸偏差、外观质量与强度等级分为优等品（A）、一等品（B）、合格品（C）3 个等级。其中，优等品的等级不低于 MU15，一等品的级别不低于 MU10。

炉渣砖的使用注意事项：

（1）由于蒸养炉渣砖的初期吸水速度较慢，故与砂浆的粘结性能差，在施工时应根据气候条件和砖的不同湿度及时调整砂浆的稠度。

（2）对经常受干湿交替及冻融作用的工程部位，最好使用高强度等级的炉渣砖，或采取水泥砂浆抹面等措施。

（3）煤渣砖不得用于长期受热 200℃ 以上、受极冷极热和有酸性介质侵蚀的建筑部位。

灰砂砖、粉煤灰砖及炉渣砖的规格尺寸均与普通黏土砖相同，可代替黏土砖用于一般工业与民用建筑的墙体和基础，其原材料主要是工业废渣，可节省土地资源，减少环境污染，是很有发展前途的砌体结构材料。但是这些砌墙砖收缩性很大且易开裂，由于应用历史较短，还需要进一步研究适用于这类砖的墙体结构和砌筑方法。

6.2 砌块

砌块是工程中用于砌筑墙体的尺寸较大、用以代替砖的人造块状材料，外形多为直角六面体，也有其他各种形状。砌块使用灵活，适应性强，无论在严寒地区或温带地区、地震区或非地震区、各种类型的多层或低层建筑中都能适用并满足高质量的要求，因此，砌块在世界上发展很快。目前，混凝土空心砌块已成为世界各国的主导墙体材料，在发达国家其应用比例已占墙体材料的 70%。例如：美国小型砌块年产量超过 45 亿块，约占其墙体材料的 80%；日本小型砌块年产量超过 13 亿；俄罗斯大量发展小型砌块，其产量已占黏土砖的 27% 左右。

砌块的造型、尺寸、颜色、纹理和断面可以多样化，能满足砌体建筑的需要，既可以用来作结构承重材料、特种结构材料，也可以用于墙面的装饰和功能材料。特别是高强砌块和配筋混凝土砌体已发展并用以建造高层建筑的承重结构。

6.2.1 砌块的分类

（1）按砌块空心率。可分为空心砌块和实心砌块两类。空心率小于 25% 或无孔洞的砌块为实心砌块；空心率不小于 25% 的砌块为空心砌块。

（2）按规格大小。砌块外形尺寸一般比烧结普通砖大，砌块中主规格的长度、宽度或高度有一项或一项以上应分别大于 365mm、240mm 或 115mm，但高度不大于长度或宽度的 6 倍，长度不超过高度的 3 倍。在砌块系列中主规格的高度大于 115mm 而又小于 380mm 的砌块，简称为小砌块；主规格的高度为 380~980mm 的砌块，称为中砌块；主规格的高度大于 980mm 的砌块，称为大砌块。目前，中小型砌块在建筑工程中使用较多，是我国品种和产量增长都较快的新型墙体材料。

（3）按骨料的品种。可分为普通砌块（骨料采用的是普通砂、石）和轻骨料砌块（骨料采用的是天然轻骨料、人造的轻骨料或工业废渣）。

（4）按用途。可分为承重砌块和非承重砌块。

（5）按胶凝材料的种类。可分为硅酸盐砌块、水泥混凝土砌块。前者用煤渣、粉煤灰、煤矸石等硅质材料加石灰、石膏配制成胶凝材料，如煤矸石空心砌块；后者是用水泥作胶结材料制作而成，如混凝土小型空心砌块和轻骨料混凝土小型空心砌块。

6.2.2 常用的建筑砌块

1. 普通混凝土小型空心砌块

（1）品种。按原材料分有普通混凝土砌块、工业废渣骨料混凝土砌块、天然轻骨料混凝土和人造轻骨料混凝土砌块；按性能分有承重砌块和非承重砌块。

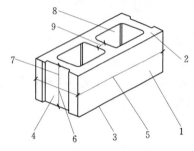

图 6.2.1 砌块各部位名称
1—条面；2—坐浆面（肋厚较小的面）；
3—铺浆面；4—顶面；5—长度；6—宽度；7—高度；8—壁；9—肋

（2）规格形状。普通混凝土小型空心砌块的主规格尺寸为 390mm×190mm×190mm，最小外壁厚度应不小于 30mm，最小肋厚度应不小于 25mm。小型砌块的空心率应不小于 25%。其他规格尺寸也可以根据供需双方协商。图 6.2.1 是砌块各部位名称。

（3）产品等级。根据《普通混凝土小型空心砌块》（GB8239—1997）的规定，砌块按尺寸允许偏差、外观质量（包括弯曲、掉角、缺棱、裂纹）分为优等品（A）、一等品（B）和合格品（C）3 个质量级；按强度等级又分为 MU3.5、MU5.0、MU7.5、MU10.0、MU15.0、MU20.0 等 6 个强度等级，见表 6.2.1。

表 6.2.1　　普通混凝土小型空心砌块强度等级（单位：MPa）

强度等级	砌块抗压强度		强度等级	砌块抗压强度	
	平均值	单块最小值		平均值	单块最小值
MU3.5	≥3.5	≥2.8	MU10.0	≥10.0	≥8.0
MU5.0	≥5.0	≥4.0	MU15.0	≥15.0	≥12.0
MU7.5	≥7.5	≥6.0	MU20.0	≥20.0	≥16.0

（4）技术性能。

1) 体积密度、吸水率和软化系数。

混凝土小型空心砌块的体积密度与密度、空心率、半封底与通孔以及砌块的壁、肋厚度有关，一般砌块的体积密度为 1300~1400kg/m³。当采用卵石骨料时，吸水率为 5%~7%，当骨料为碎石时，吸水率为 6%~8%。小型砌块的软化系数一般为 0.9 左右，属于耐水性材料。

2) 相对含水率。

砌块因失水而产生收缩会导致墙体开裂，为了控制砌块建筑的墙体开裂，国家标准 GB8239—1997 规定了砌块的相对含水率，见表 6.2.2。

表 6.2.2 相对含水率 (GB 8239—1997) %

使用地区	潮湿	中等	干燥
相对含水率	≤45	≤40	≤35

注 1. 潮湿是指年平均相对湿度大于 75% 的地区。
　　2. 中等是指年平均相对湿度 50%～75% 的地区。
　　3. 干燥是指年平均相对湿度小于 50% 的地区。

3) 抗渗性与抗冻性。

混凝土小型空心砌块在使用时除检验尺寸允许偏差、外观质量、强度、相对含水率等指标外，必要时还要根据使用条件检验其抗渗性与抗冻性。《普通混凝土小型空心砌块》(GB8239—1997) 中规定试块按规定方法测试时，抗渗性要求其水面下降高度在 3 块试件中任意一块应不大于 10mm。抗冻性要求对于非采暖地区，一般不规定；采暖地区的一般环境，抗冻等级要达到 D15；干湿交替的环境，抗冻等级要达到 D25。（非采暖地区是指最冷月份平均气温高于 -5℃ 的地区；采暖地区是指最冷月份平均气温低于或等于 -5℃ 的地区。）

4) 干缩率。

小型砌块会产生干缩，一般干缩率为 0.23%～0.4%，干缩率的大小直接影响墙体的裂缝情况，因此应尽量提高强度减少干缩。

目前，我国建筑上常选用的强度等级为 MU3.5、MU5、MU7.5、MU10 4 种。强度等级在 MU7.5 以上的砌块可用于五层砌块建筑的底层和六层砌块建筑的一、二两层；五层砌块建筑的二至五层和六层砌块建筑的四至六层都用 MU5，也用于四层砌块建筑；MU3.5 砌块，只限用于单层建筑；MU15.0、MU20.0 多用于中高层承重砌块墙体。

2. 轻骨料混凝土小型空心砌块

(1) 轻骨料混凝土小型空心砌块的优势。

目前，国内外使用轻骨料混凝土小型空心砌块非常广泛，如图 6.2.2 所示。这是因为轻骨料混凝土小型空心砌块与普通混凝土小型空心砌块相比具有许多优势：

1) 轻质。表观密度最大不超过 1400kg/m³。

2) 保温性好。轻骨料混凝土的导热系数较小，做成空心砌块因空洞使整块砌块的导热系数进一步减小，从而更有利于保温。

图 6.2.2 轻骨料混凝土小型空心砌块

3) 有利于综合治理与应用。轻骨料的种类可以是人造轻骨料如页岩陶粒、黏土陶粒、粉煤灰陶粒，也可以有如煤矸石、煤渣、钢渣等工业废料，将其利用起来，可净化环境，造福于人类。

4) 强度较高。砌块的强度可达到 10MPa，因此可作为承重材料，建造五～七层的砌块建筑。

(2) 轻骨料混凝土小型空心砌块的分类及等级。

1) 分类。轻骨料混凝土小型空心砌块按其孔的排数分为：单排孔、双排孔、三排孔和四排孔等4类。

2）等级。① 按密度等级分为：500、600、700、800、900、1000、1200、1400 八个等级；② 按其强度等级分为：1.5、2.5、3.5、5.0、7.0、10.0 6个等级；③ 按尺寸允许偏差、外观质量分为两个等级：一等品（B）和合格品（C）。

（3）技术要求。

1）砌块的主规格尺寸为 390mm×190mm×190mm，其他尺寸可由供需双方商定。

2）密度等级要求如表6.2.3。

表6.2.3 轻骨料混凝土小型空心砌块密度等级（GB/T15229—2002）   单位：kg/m³

密 度 等 级	砌块干燥表观密度的范围	密 度 等 级	砌块干燥表观密度的范围
500	≤500	900	810～900
600	510～600	1000	910～1000
700	610～700	1200	1010～1200
800	710～800	1400	1210～1400

3）强度等级要求如表6.2.4。

表6.2.4 轻骨料混凝土小型空心砌块强度等级（GB/T15229—2002）   单位：MPa

强 度 等 级	砌块抗压强度		密度等级范围
	平均值	最小值	
1.5	≥1.5	1.2	≤600
2.5	≥2.5	2.0	≤800
3.5	≥3.5	2.8	≤1200
5.0	≥5.0	4.0	
7.5	≥7.5	6.0	≤1400
10.0	≥10.0	8.0	

外观质量、吸水率、干缩率、相对含水率、抗冻性、碳化与软化系数等其他指标要求详见《轻集料混凝土小型空心砌块》（GB/T15229—2002）。

（4）轻骨料混凝土小型空心砌块的应用。

1）用作保温型墙体材料。强度等级小于MU5.0的用在框架结构中的非承重隔墙和非承重墙。

2）用作结构承重型墙体材料。强度等级为MU7.5、MU10.0的主要用于砌筑多层建筑的承重墙体。

3）应用要点：设置钢筋混凝土带，墙体与柱、墙、框架采用柔性连接；隔墙门口处理采取相应措施；砌筑前一天，注意在与其接触的部位洒水湿润。

3. 蒸压加气混凝土砌块

蒸压加气混凝土砌块是蒸压加气混凝土的制品之一。它是由钙质材料（水泥、石灰等）、硅质材料（砂、粉煤灰、工业废渣等）、发气剂（铝粉）及外加剂（气泡稳定剂、铝粉脱脂剂、调节剂等）等为原料，经配料、搅拌、浇筑、发气、切割、蒸压养护等工艺制成的多孔砌块。

加气混凝土砌块发展很快，世界上 40 多个国家都能生产加气砌块，我国加气砌块的生产和使用在 20 世纪 70 年代特别是 80 年代得到很大的发展，目前，全国有加气混凝土砌块厂 140 多家，总生产能力达 700 万 m^3，应用技术规程等方面也已经成熟。

(1) 蒸压加气混凝土砌块的技术性能。

1) 规格尺寸（mm）。

长度（L）：600。

宽度（B）：100、125、150、200、250、300 及 120、180、240。

高度（H）：200、250、300。

2) 等级。按尺寸偏差和外观质量、强度、干密度和抗冻性分为优等品（A）和合格品（B）两级。根据《蒸压加气混凝土砌块》（GB11968—2006）规定，砌块按抗压强度分为 A1.0、A2.0、A2.5、A3.5、A5.0、A7.5、A10.0 7 个等级，标记中 A 代表砌块强度等级，数字表示强度值（MPa）。具体指标如表 6.2.5、表 6.2.6。按体积密度（kg/m^3）分为 300、400、500、600、700、800 6 级，分别记为 B03、B04、B05、B06、B07、B08。

表 6.2.5　　　　　　　　　砌块的抗压强度（GB11968—2006）

强度等级	立方体抗压强度（MPa）		强度等级	立方体抗压强度（MPa）	
	平均值	单组最小值		平均值	单组最小值
A1.0	≥1.0	≥0.8	A5.0	≥5.0	≥4.0
A2.0	≥2.0	≥1.6	A7.5	≥7.5	≥6.0
A2.5	≥2.5	≥2.0	A10.0	≥10.0	≥8.0
A3.5	≥3.5	≥2.8			

表 6.2.6　　　　　　　　　砌块的强度级别（GB11968—2006）

体积密度级别		B03	B04	B05	B06	B07	B08
强度级别	优等品（A）	≤A1.0	≤A2.0	≤A3.5	≤A5.0	≤A7.5	≤A10.0
	合格品（B）			≤A2.5	≤A3.5	≤A5.0	≤A7.5

3) 干缩值、抗冻性、导热系数。砌块孔隙率较高，抗冻性较差、保温性较好；出釜时含水率较高，干缩值较大；因此《蒸压加气混凝土砌块》（GB11968—2006）还规定了干缩值、抗冻性和导热系数要满足相应指标要求。

(2) 蒸压加气混凝土砌块的特性及应用。

蒸压加气混凝土砌块表观密度小、质量轻（仅为烧结普通砖的 1/3），工程应用可使建筑物自重减轻 2/5～1/2，有利于提高建筑物的抗震性能，并降低建筑成本。多孔砌块使导热系数小（0.14～0.28W/m·K），保温性能好。砌块加工性能好（可钉、可锯、可刨、可黏结），使施工便捷。制作砌块可利用工业废料，有利于保护环境。

砌块可用于一般建筑物墙体，可作为低层建筑的承重墙和框架结构、现浇混凝土结构建筑的外墙填充、内墙隔断，也可用于抗震圈梁构造柱多层建筑的外墙或保温隔热复合墙体。加气混凝土砌块不得用于建筑基础和处于浸水、高湿和有化学侵蚀的环境中，也不能用于承重制品表面温度高于80℃的建筑部位。

4. 蒸养粉煤灰小型空心砌块

蒸养粉煤灰小型空心砌块是指以粉煤灰、水泥、石灰和石膏为胶结料，以煤渣为骨料，经加水搅拌、振动成型、蒸汽养护制成的密实或空心硅酸盐砌块，简称粉煤灰砌块。其配合比一般为：粉煤灰 31%～35%、石灰 8%～12%、石膏 1%～2%、水 31%～32%（占干状混合料的质量百分比）。

根据《粉煤灰小型空心砌块》（JC862—2000）中的规定，砌块主规格为 390mm×190mm×190mm，其他规格尺寸可以由供需双方商定。粉煤灰小型空心砌块按孔的排数分为单排孔、双排孔、三排孔、四排孔 4 类；按强度等级可分为 MU2.5、MU3.5、MU5.0、MU7.5、MU10.0、MU15.0 6 个等级；按尺寸偏差、外观质量和碳化系数可分为优等品（A）、一等品（B）、合格品（C）。

粉煤灰小型空心砌块适用于工业和民用建筑的墙体和基础，但不宜用于酸性侵蚀的、密闭性要求高的及受较大振动影响的建筑物，也不宜用于经常处于高温承重墙和经常处于潮湿环境中的承重墙。

6.3 砌筑石材

石材是古老的建筑材料之一，由于其抗压强度高、耐磨、耐久性好、美观而且便于就地取材，所以现在仍然被广泛地使用。世界上许多古老建筑，如埃及的金字塔、意大利的比萨斜塔、我国秦代所建的万里长城，河北隋代的赵州永济桥等；还有现代建筑，如北京天安门广场的人民英雄纪念碑等均由天然石材建造而成。石材的缺点是：自身质量大，脆性大，抗拉强度低，结构抗震性能差，开采加工困难。随着现代化开采与加工技术的进步，石材在现代建筑中，尤其在建筑装饰中的应用越来越广泛。

在建筑中，块状的毛石、片石、条石、块石等常用来砌筑建筑基础、桥涵、墙体、勒脚、渠道、堤岸、护坡与隧道衬砌等；石板用于内外墙的贴面和地面材料；页片状的石材可作屋面材料。纪念性的建筑雕刻和花饰均可采用各种天然石材。散状的砂、砾石、碎石等广泛用于道路工程、水利工程等，是混凝土、砂浆以及人造石材的主要原料。有些天然石材还是生产砖、瓦、石灰、水泥、陶瓷、玻璃的建筑材料的主要原材料。

6.3.1 天然砌筑石材

1. 天然岩石的分类

天然岩石按形成的地质条件不同，可分为岩浆岩、沉积岩和变质岩 3 类。

（1）岩浆岩。

岩浆岩又称火成岩，是地壳内的熔融岩浆在地下或喷出地面后冷凝而成的岩石（如图 6.3.1 所示），约占地壳总体积的 65%。根据形成条件可将岩浆岩分为：喷出岩、深成岩和火山岩 3 类。

1）喷出岩。喷出岩是岩浆喷出地表时，在压力降低和冷却较快的条件下形成的岩石。

由于大部分岩浆来不及完全结晶，因而常呈隐晶或玻璃质结构。当喷出的岩浆形成较厚的岩层时，其岩石的结构与性质类似深成岩；当形成较薄的岩层时，由于冷却速度快及气压作用而易形成多孔结构的岩石，其性质近似于火山岩。土木工程中常用的喷出岩有辉绿岩、玄武岩及安山岩等。

2) 深成岩。深成岩是岩浆在地下深处（>3000m）缓慢冷却、凝固而生成的全晶质粗粒岩石，一般为全晶质粗粒结构。其结晶完整、晶粒粗大、结构致密，具有抗压强度高、孔隙率及吸水率小、表观密度大及抗冻性好等特点。土木工程中常用的深成岩有花岗岩、正长岩、橄榄岩和闪长岩等。

3) 火山岩。火山岩是火山爆发时，岩浆被喷到空中而急速冷却后形成的岩石。火山岩多呈非结晶玻璃质结构，其内部含有大量气孔，并有较高的化学活性，常用作混凝土骨料、水泥混合料料等。土木工程中常用的火山岩有火山灰、火山凝灰岩和浮石等。

(2) 沉积岩。

沉积岩，又称为水成岩，是地表各种岩石的风化产物和一些火山喷发物，经过水流或冰川的搬运、沉积、成岩作用形成的岩石。其特征是呈层状构造，外观多层理，表观密度小，孔隙率和吸水率较大，强度较低，耐久性较差。沉积岩主要包括有石灰岩、砂岩、页岩等。

1) 石灰岩。石灰岩简称灰岩，主要化学成分为 $CaCO_3$，主要矿物成分以方解石为主，有时也含有白云石、粘土矿物和碎屑矿物，有灰、灰白、灰黑、黄、浅红、褐红等色，硬度一般不大。石灰石来源广、易劈裂、便于开采，具有一定的强度和耐久性，被广泛应用于土木工程材料中。块石可作为基础、墙身、阶石及路面等，碎石是常用混凝土的骨料。

2) 砂岩。砂岩是源区岩石经风化、剥蚀、搬运在盆地中堆积形成的岩石。绝大部分砂岩是由石英或长石组成的。砂岩按其沉积环境可划分为：石英砂岩、长石砂岩和岩屑砂岩三大类。砂岩是使用最广泛的一种建筑用石材。几百年前用砂岩装饰而成的建筑至今仍保存完好，如巴黎圣母院、罗浮宫、英伦皇宫、美国国会、哈佛大学等。最近几年砂岩作为一种天然建筑材料，被追随时尚和自然的建筑设计师所推崇，广泛地应用在商业和家庭装潢上。

3) 页岩。页岩成分复杂，具有薄页状或薄片层状的节理，主要是由黏土沉积经压力和温度形成的岩石，但其中也混杂有石英、长石的碎屑以及其他化学物质。页岩的结构比较致密的，其布氏硬度系数可以达到 4～5，有的硬质页岩的硬度更大。页岩的颗粒组成与它的自然颗粒粒级和成岩原因有关，颗粒组成变化的波动幅度较大，从而影响页岩的其他性能。土木工程中使用页岩作为烧结砖的原料，或是利用页岩陶粒做为轻集骨架料制备墙体材料。

(3) 变质岩。

变质岩是地壳中原有的岩石受构造运动、岩浆活动或地壳内热流变化等内营力影响，使其矿物成分、结构构造发生不同程度的变化而形成的新岩石。固态的岩石在地球内部的压力和温度作用下，发生物质成分的迁移和重结晶，形成新的矿物组合。如普通石灰石由于重结晶变成大理石；如片麻石是由岩浆岩经变质而形成的。

1) 大理岩。大理岩又称大理石，是由石灰岩或白云石经高温高压作用，重新结晶变质而成的。大理岩的构造多为块状构造，也有不少大理岩具有大小不等的条带、条纹、斑块或斑点等构造，它们经加工后便成为具有不同颜色和花纹图案的装饰建筑材料。土木工程中常用于建造纪念碑、铺砌地面、墙面以及雕刻栏杆等。也用作桌面、石屏或其他装饰。

2) 片麻岩。片麻岩是花岗岩变质而成，变质程度深，具有片麻状构造或条带状构造，有鳞片粒状变晶，主要由长石、石英、云母等组成，其中长石和石英含量大于50%，长石多于石英。片麻岩可用作碎石、块石及人行道石板等。

2. 天然砌筑石材的技术性质

天然砌筑石材的性质主要取决于它们的矿物组成、结构与构造的特征，同时也受到一些外界因素的影响，如自然风化或开采加工过程中造成的缺陷等。

(1) 物理性质。

1) 表观密度。

石材的表观密度与矿物组成、孔隙率有关。致密的石材，如花岗岩、大理石等，其表观密度接近于密度，约在 $2500\sim3100 kg/m^3$ 之间，而孔隙率较大的石材，如火山凝灰岩、浮石岩，表观密度较小，约在 $500\sim1700 kg/m^3$ 之间。

表观密度是石材品质评价的粗略指标。表观密度大于 $1800 kg/m^3$ 重质石材，一般用作基础、桥涵、隧道、墙、地面及装饰用材料等。表观密度小于 $1800 kg/m^3$ 称为轻质石材，一般多用作墙体材料。一般情况下，同种石材表观密度越大，抗压强度越高，吸水率越小，抗冻性与耐久性越高，导热性越高。

2) 吸水性。

岩石吸水性的大小与其孔隙率及孔隙特征有关。深成岩及许多变质岩，它们的孔隙率都很小，吸水率也较小。如花岗岩的吸水率小于0.5%；沉积岩的孔隙率及孔隙特征变化很大，吸水率波动也很大。如致密的石灰岩其吸水率可小于1%，而多孔的贝壳石灰岩的吸水率可高达15%。一般岩石吸水率低于1.5%的称为低吸水性岩石；吸水率高于3.0%的岩石称为高吸水性岩石；吸水率介于1.5%～3.0%的岩石称为中吸水性岩石。石料吸水后其强度会降低、耐水性及抗冻性变差，导热性增大。

3) 抗冻性。

石材的抗冻性与其吸水性、吸水饱和程度和冻融次数有关，吸水率越低，抗冻性越好，如坚硬致密的花岗岩、石灰岩等，抗冻性好。冻结温度越低或冷却温度越快，则冻结的破坏速度与程度越大。石材的吸水多少与其吸水饱和程度有关，饱和系数是指材料体积吸水率与开口孔隙的体积百分比。饱和系数越大，吸水越多，抗冻性越差；反之则抗冻性提高。石材浸水时间越长，吸水越多，饱和系数越大，抗冻性越差。如有些石灰石，浸水1～5天时抗冻性尚可，但浸水30天后则抗冻性能很差，基本不能承受冻融循环破坏。

影响石材抗冻性大小的实质在于石材的矿物成分、结构、构造以及其风化程度。当石材中含有较多的黑云母、黄铁矿、黏土等矿物时，抗冻性较差；风化程度大者，抗冻性低。石材的抗冻等级分为7个：5、10、15、25、50、100、200（冻融循环次数）。在不同地区和不同部位使用石材时需要注意其抗冻性的要求。

4) 耐水性。

石材的耐水性用软化系数表示,根据软化系数大小,石材的耐水性分为高、中、低三等。软化系数高于0.9的石材称为高耐水性,软化系数介于0.75与0.9之间的石材为中耐水性,软化系数介于0.6与0.75之间的石材为低耐水性。软化系数小于0.6的石材不能用于重要建筑物。经常与水接触的建筑物,石料的软化系数一般不应低于0.75~0.90。

5) 耐热性。

石材的耐热性与其化学成分及其矿物组成有关。含有石膏的石材,在100℃以上时开始破坏;含有碳酸镁的石材,温度高于725℃时会发生破坏;而含有碳酸钙的石材,则在827℃时开始破坏。由石英与其他矿物组成的结晶石材,如花岗岩等,当温度达到700℃时,由于石英受热膨胀,强度即行丧失。

6) 导热性。

石材的导热性与表观密度和结构有关。重质石材的导热系数可达2.91~3.49W/(m·K);轻质石材的导热系数则在0.23~0.7W/(m·K)之间。相同成分的石材,玻璃态比结晶态的导热系数要小。具有封闭孔隙的石材,其导热系数较小。

7) 抗风化性及风化程度。

岩石抗风化能力的强弱与其矿物组成、结构和构造状态有关。其风化程度如表6.3.1所示。岩石的风化程度用k_w表示,k_w为该岩石与新鲜岩石单轴抗压强度的比值。

表 6.3.1　　　　　　岩 石 风 化 程 度 表

风化程度	k_w值	风化程度	k_w值
新鲜(包括未风化)	0.9~1.0	半风化	0.40~0.75
		强风化	0.20~0.40
微风化	0.75~0.90	全风化	<0.20

建筑物中所用的石料要求:质地均匀,没有显著风化迹象,没有裂缝,不含易风化矿物。

(2) 力学性质。

1) 抗压强度。

天然石料的强度取决于石料的矿物组成、晶粒粗细及构造的均匀性、孔隙率大小和岩石风化程度等。石料强度一般变化都较大,具有层理构造的石料,其垂直层理方向的抗压强度较平行层理方向的高。

国家标准《砌体结构设计规范》(GB50003—2011)规定,石材的强度等级,以3块边长为70mm的立方体试件,用标准试验方法所测得极限抗压强度平均值(MPa)表示。按抗压强度值的大小,分为7个强度等级:MU100、MU80、MU60、MU50、MU40、MU30、MU20。

水利工程中,将天然石料按ϕ50mm×100mm圆柱体或50mm×50mm×100mm棱柱体试件,浸水饱和状态的极限抗压强度,划分为100、80、70、60、50、30等6个等级。并按其抗压强度分为硬质岩石、中硬岩石及软质岩石3类,如表6.3.2。水利工程中所用石料的等级一般均应大于30MPa。

表 6.3.2　　岩石软硬分类表

岩石类型	单轴饱和抗压强度（MPa）	代 表 性 岩 石
硬质岩石	>80	中细粒花岗岩、花岗片麻岩、闪长岩、辉绿岩、安山岩、流纹岩、石英岩、硅质灰岩、硅质胶结的砾岩、玄武岩
中硬岩石	30~80	厚层与中厚层石灰岩、大理岩、白云岩、砂岩、钙质岩、板岩、粗粒或斑状结构的岩浆岩
软质岩石	<30	泥质岩、互层砂质岩、泥质灰岩、部分凝灰岩、绿泥石片岩、千枚岩

2）冲击韧性。

岩石的韧性决定于其矿物组成及结构。天然石材是典型的脆性材料，抗拉强度约为抗压强度的 1/14~1/50。石英岩、硅质砂岩具有较高的脆性，而含有暗色矿物较多的辉长岩、辉绿岩等具有较高的韧性。通常晶体结构的岩石韧性高于非晶体结构的岩石。

3）耐磨性。

石材的耐磨性是指它抵抗磨损和磨耗的性能。石材的耐磨性用磨耗率来表示，该值为试样磨耗损失质量与试样磨耗之前的质量之比。

石料的耐磨性取决于其矿物组成、结构及构造。组成矿物愈硬，构造愈致密以及石材的抗压强度和抗冲击韧性越高，石材的耐磨性越好。

4）硬度。

硬度用莫氏硬度或肖氏硬度表示。石材的硬度取决于该矿物组成的硬度与构造。凡由致密、坚硬的矿物组成的石料，其硬度均较高。结晶质结构的硬度高于玻璃质结构。一般来说，石材的抗压强度越高，硬度越大，其耐磨性和抗刻划性越好，但表面加工越难。

（3）工艺性质。

建筑石材的工艺性质是指石材开采和加工过程的难易程度及可能性，包括加工性、磨光性、抗钻性等。加工性质对应用于建筑装饰工程的石材而言是非常重要的，直接影响到石材的装饰效果。

1）加工性。

建筑石材的加工性是指对岩石劈解、破碎、凿琢等加工工艺的难易程度。凡是强度、硬度、韧性较高的石材，不易加工；性脆而粗糙、有颗粒交错结构、含有层状或片状构造以及已经风化的岩石，都难以加工成规则石材。

2）磨光性。

建筑石材的磨光性是指岩石能否磨成光滑表面的性质。致密、均匀、细粒的岩石，一般都有良好的磨光性，可以磨成光滑整洁的表面；疏松多孔、有鳞片状构造的岩石，磨光性均不好。

3）抗钻性。

建筑石材的抗钻性是指岩石钻孔时的难易程度。影响石材抗钻性的因素很复杂，一般认为与岩石的强度、硬度等性质有关。

由于具体工程以及使用条件的不同，对建筑石材的性质及其所要达到的指标的要求均有所不同。对应用于基础、桥梁、隧道以及砌筑工程的石材，一般规定必须具有较高的抗压强度、抗冻性和耐水性；应用于建筑装饰工程的石材，除了要求具备一定的强度、抗冻性、耐水性之外，对于石材的密度、耐磨性等的要求也较高。

(4) 放射性。

石材的放射性来源于地壳岩石中所含的天然放射性核素。岩石中广泛存在的天然放射性核素主要有铀、钍、镭、钾等长寿命放射性同位素。这些长寿命的放射性核素放射产生的 r 射线和氡气，对室内的人体造成外照射危害和内照射危害。这些放射性核素在不同种类岩石中的平均含量有很大差异。在碳酸盐岩石中，放射性核素含量较低；在岩浆岩中，放射性核素则随岩石中 SiO_2 含量的增加而增大；此外岩石的酸性增加，放射性核素的平均值含量也有规律地增加。研究表明：大理石放射性水平较低；而一般红色品种的花岗岩放射性指标都偏高，并且颜色越红紫，放射性指标越高。因此，在选用天然石材用于室内装修时，应有放射性性检验合格证明或检测鉴定。

根据《建筑材料放射性核素限量》（GB6566—2010）规定装修材料（包括石材、建筑陶瓷、石膏制品、吊顶材料、粉刷材料及其他新型饰面材料等）按放射性水平大小划分为 A、B、C 3 类：

A 类：I_{Ra}（内照射指数）$\leqslant 1.00$；I_r（外照射指数）$\leqslant 1.30$，产销与使用范围不受限制。

B 类：$I_{Ra} \leqslant 1.30$；$I_r \leqslant 1.90$，不可用于Ⅰ类民用建筑的内饰面，但可用于Ⅰ类民用建筑的外饰面及其他建筑物的内、外饰面。其中Ⅰ类民用建筑规定为住宅、医院、幼儿园、老年公寓和学校。其他民用建筑一律划归为Ⅱ类民用建筑。

C 类：不满足 A、B 类要求而满足 $I_r \leqslant 2.80$，只可用于建筑物的外饰面及室外其他用途。$I_r > 2.80$ 的天然石材只可用于碑石、海堤、桥墩等其他用途。

(5) 化学性质。

应用于土木工程和建筑装饰工程的石材的化学性质，主要包括以下两个方面：

其一，石材自身的化学稳定性。通常情况下，可以认为石材的化学稳定性较好；但各种石材的耐酸性和耐碱性存在差别。例如大理石的主要成分是碳酸钙，易受化学介质的影响；而花岗岩的化学成分为石英、长石等硅酸盐，其化学稳定性较大理石好。

其二，石材的化学性质对集料—结合料结合效果的影响。土木工程中配制水泥混凝土、沥青混凝土的集料可由石材轧制加工而成，因而，石材的化学性质将影响集料的化学性质，进而影响集料和水泥、沥青等结合料的结合效果。例如：沥青为酸性材料，利用碱性的石灰岩制备的沥青混合料的性能比利用酸性的花岗岩、石英岩制备的沥青混合料的性能要好。

3. 常用天然砌筑石材

土木建筑工程在选用天然石材时，应根据建筑物的类型、使用要求和环境条件，再结合当地资源进行综合考虑，使所选用的石材满足适用、经济、环保和美观的要求。

土木建筑工程中常用的天然石材有毛（片）石、料石、石板、道碴、骨料等。

(1) 毛石（片石）。

毛石是由爆破直接得到的、形状不规则的石块，又称片石或块石。按其表面的平整程度又分为乱毛石和平毛石两种。

1）乱毛石。乱毛石指各个面的形状均不规则的毛石。乱毛石一般在一个方向上的尺寸达300~400mm，质量约为20~30kg，其强度不小于10MPa，软化系数不应小于0.75。

2）平毛石。平毛石是将乱毛石略经加工而成的石块，形状较整齐，但表面粗糙，其中部厚度不应小于200mm。

毛石常用于砌筑基础、勒脚、墙身、堤坝、挡土墙等；其中乱毛石也可用作混凝土的骨料。

（2）料石。

料石是指由人工或机械开采的、并略加凿琢而成的、较规则的六面体石块。按料石表面加工的平整程度可分为以下4种：

1）毛料石。毛料石表面一般不经加工或仅稍加修整，为外形大致方正的石块。其厚度不小于200mm，长度通常为厚度的1.5~3倍，叠砌面凹凸深度不应大于25mm，抗压强度不得低于30MPa。

毛料石可用于桥梁墩台的镶面工程、涵洞的拱圈与帽石、隧道衬砌的边墙，也可以作为高大的或受力较大的桥墩台的填腹材料。

2）粗料石。粗料石经过表面加工，外形较方正，截面的宽度、高度不应小于200mm，而且不小于长度的1/4，叠砌面凹凸深度不应大于20mm。

粗料石的抗压强度视其用途而定，用作桥墩破冰体镶面时，不应低于60MPa；用作桥墩分水体时，不应低于40MPa；用于其他砌体镶面时，应不低于砌体内部石料的强度。

3）半细料石。半细料石经过表面加工，外形方正，规格尺寸同粗料石，但叠砌面凹凸深度不应大于15mm。

4）细料石。细料石表面经过细加工，外形规则，规格尺寸同粗料石，其叠砌面凹凸深度不应大于10mm。制作为长方形的称作条石，长、宽、高大致相等的称为方料石，楔形的称为拱石。

常用致密的砂岩、石灰岩、花岗岩等经开采、凿制，至少应有一个面的边角整齐，以便相互合缝。料石常用于砌筑墙身、地坪、踏步、拱和纪念碑等；形状复杂的料石制品可用作柱头、柱基、窗台板、栏杆和其他装饰等。

（3）石板。

石板是指对采石场所得的荒料经人工凿开或锯解而成的板材，厚度为10~30mm，长度和宽度范围一般为300~1200mm。一般多采用花岗岩或大理石锯解而成。按板材的表面加工程度分为：

1）粗面板材。其表面平整粗糙，具有较规则的加工条纹。品种有机刨板、剁斧板、锤击板、烧毛板等。

2）细面板材。细面板材为表面平整、光滑的板材。

3）镜面板材。指表面平整，具有镜面光泽的板材，大理石板材一般均为镜面板材。

粗细板材多用于室内外墙、柱面、台阶、地面等部位。镜面板材多用于室内饰面及门面装饰、家具的台面等。大理岩的主要矿物组成是方解石或白云石，在大气中受二氧化碳、硫化物、水气等作用，易于溶蚀，失去表面光泽而风化、崩裂，故大理石板材主要用于室内装饰。

(4) 道碴材料。

道碴材料主要有碎石、砾石与砂 3 种。

1) 碎石道碴。由开采坚韧的岩浆岩或沉积岩，或是大粒径的砾石经过破碎而得到的。碎石道碴按其粒径可分为：标准道碴（20～70mm），应用于新建、大修与维修铁道线路上；中道碴（15～40mm），应用于垫砂起道。碎石道碴的石质应是坚韧、耐磨、不易风化的，所含松软颗粒、尘屑不得超过规定限值。

2) 砾石道碴。又分筛选砾石道碴与天然级配砾石道碴。

筛选砾石道碴是由粒径为 5～40mm 的天然级配的砾石，掺以规定数量的 5～40mm 的敲碎颗粒所组成。

天然级配砾石道碴是既有砾石，又有砂子的混合物。其中 3～60mm 的砾石约占混合物总量的 50%～80%，小于 3mm 的砂子约占混合物总量的 20%～50%。

砾石道碴同样应是坚韧、耐磨、不易风化的，所含松软颗粒、尘屑不得超过规定限值。

3) 砂子道碴。基本上由坚韧的石英砂所组成，其中大于 0.5mm 的颗粒应超过总质量的 50%，尘末与黏土含量均不得超过规定值。

6.3.2 人工砌筑石材

1. 人造石材的类型

人造石材是以水泥、不饱和聚酯树脂等材料作为为黏结剂，配以天然大理石或方解石、白云石、硅砂、玻璃粉等无机物粉料，以及适量的阻燃剂、颜色等，经配料混合、瓷铸、振动压缩、挤压等方法成型固化制成的。

根据人造石材使用胶结料的种类可以将其分为 4 大类。

(1) 水泥型人造石材。水泥型人造石材是以白色水泥、彩色水泥、硅酸盐水泥、铝酸盐水泥等各种水泥为胶结材料，砂、碎石粒为粗细骨料，经配制、搅拌、加压蒸养、磨光和抛光后制成的人造石材。配制过程中，混入色料，可制成彩色水泥石。水泥型石材的生产取材方便，价格低廉，但其装饰性较差。水磨石和各类花阶砖即属此类。

(2) 聚酯型人造石材。聚酯型人造石材是以不饱和聚脂树脂为胶结剂，与天然大理碎石、石英砂、方解石、石粉或其他无机填料按一定比例配合，再加入催化剂、固化剂、颜料等外加剂，经混合搅拌、固化成型、脱模烘干、表面抛光等工序加工而成。使用不饱和聚脂的产品光泽好、颜色鲜艳丰富、可加工性强、装饰效果好；这种树脂黏度低，易于成型，常温下可固化。成型方法有振动成型、压缩成型和挤压成型。聚酯型人造石材多用于室内装饰，可用于宾馆、商店、公共土木工程和制造各种卫生器具等。

(3) 复合型人造石材。复合型人造石材是由无机胶结料（水泥、石膏等）和有机胶结料（不饱和聚酯或单体）共同组合而成。其制作工艺是先用水泥、石粉等制成水泥砂浆的坯体，再将坯体浸于有机单体中，使其在一定条件下聚合而成。对板材而言，底层用性能稳定而价廉的无机材料，面层用聚酯和大理石粉制作。复合型人造石材制品的造价较低，但它受温差影响后聚酯面易产生剥落或开裂。

(4) 烧结型人造石材。烧结型人造石材是将长石、石英、辉绿石、方解石等粉料和赤铁矿粉，以及一定量的高龄土共同混合，一般配比为石粉 60%，粘土 40%，采用混浆法制备坯料，用半干压法成型，再在窑炉中以 1000℃ 左右的高温焙烧而成。烧结型人造石材的装饰性好，性能稳定，但需经高温焙烧，因而能耗大，造价高。

2. 人造石材的性能

(1) 装饰性。人造石材模仿天然花岗岩、大理石的表面纹理特点设计而成的，具有天然石材的花纹和质感，美观大方，视觉效果好，具有很好的装饰性。

(2) 物理性能。用不同的胶结料和工艺方法所制的人造石材，其物理力学性能不完全相同。

(3) 可加工性。人造石材具有良好的可加工性。可用加工天然石材的常用方法对其施加锯、切、钻孔等。易加工的特性对人造石材的安装和使用十分有利。

(4) 环保特性。人造石材本身不直接消耗原生的自然资源、不破坏自然环境，而是利用天然石材开矿时产生的大量的难以处理的废石料资源，其生产方式是环保型的。人造石材的生产过程中不需要高温聚合，不存在大量消耗燃料和废气排放的问题。

工程实例与分析

【例 6.1】 灰砂砖墙体裂缝问题

工程概况：我国西部某石油基地库房砌筑采用蒸压灰砂砖，由于工期紧，灰砂砖亦紧俏，出厂四天的灰砂砖即砌筑。8 月完工，后发现墙体有较多垂直裂缝，至 11 月底裂缝基本固定。

分析：首先是砖出厂到上墙时间太短，灰砂砖出釜后含水量随时间而减少，20 多天后才基本稳定。出釜时间太短必然导致灰砂砖干缩大。另外是气温影响。砌筑时气温很高，而几个月后气温明显下降，从而温差导致温度变形。最后是因为该灰砂砖表面光滑，砂浆与砖的粘结程度低。还需要说明的是灰砂砖砌体的抗剪强度普遍低于普通粘土砖。

【例 6.2】 蒸压加气混凝土砌块墙体裂缝

工程概况：某工程用蒸压加气混凝土砌块砌筑外墙，该蒸压加气混凝土砌块出釜一周后即砌筑，工程完工一个月后，墙体出现裂纹，试分析原因。

分析：该外墙属于框架结构的非承重墙，所用的蒸压加气混凝土砌块出釜仅一周，其收缩率仍较大，在砌筑完工干燥过程中继续产生收缩，墙体在沿着砌块与砌块交接处就会产生裂缝。

思 考 与 习 题

1. 砌墙砖分哪几类？
2. 墙用砌块与普通黏土砖相比有哪些优点？
3. 某住宅楼地下室墙体用普通黏土砖，设计强度等级为 MU10，经对现场送检试样进行检验，抗压强度测定结果如下表，试评定该砖的强度是否满足设计要求。

试件编号	1	2	3	4	5	6	7	8	9	10
抗压强度（MPa）	11.2	9.8	13.5	12.3	9.6	9.4	8.8	13.1	9.8	12.5

4. 按岩石的生成条件，岩石可分为哪几类？举例说明。
5. 石材有哪些主要的技术性质？影响石材抗压强度的主要因素有哪些？
6. 表征天然石材耐水性的指标是什么，如何区分天然石材的耐水性等级？

第7章 建 筑 钢 材

钢材是土木工程中所使用的主要的材料之一，建筑钢材在土木工程中的应用是多种多样的，可以用作主要的结构材料，也可以用作连接、维护和饰面材料。

7.1 钢的冶炼与分类

7.1.1 钢材的冶炼

钢是由生铁冶炼而成。生铁是由铁矿石、熔剂（石灰石）、燃料（焦炭）在高炉中经过还原反应和造渣反应而得到的一种铁碳合金。由于生铁中碳、磷和硫等杂质的含量较高，生铁脆、强度低、塑性和韧性差，不能用焊接、锻造、轧制等方法加工。炼钢的过程就是把熔融的生铁进行氧化，使碳量降低到预定的范围，其他杂质含量降低到允许范围。理论上凡含碳量在 2% 以下，含有害杂质较少的铁碳合金可称为钢。在炼钢的过程中，采用的炼钢方法不同，除去杂质的程度就不同，所得到的钢的质量也有所不同。目前，炼钢方法主要有转炉炼钢法、平炉炼钢法和电炉炼钢法 3 种。

（1）转炉炼钢法。转炉炼钢法以熔融的铁水为原料，不需要燃料，由转炉底部或侧面吹入高压热空气，使铁水中的杂质在空气中氧化，从而除去杂质。空气转炉炼钢法的缺点是吹炼时容易混入空气中的氮、氢等杂质，同时熔炼时间短，杂质含量不易控制，国内已不采用。采用以纯氧气代替空气吹入炉内的纯氧气顶吹转炉炼钢法，克服了空气转炉法的一些缺点，能有效地去除磷、硫等杂质，使钢的质量明显提高。

（2）平炉法炼钢。平炉法炼钢是以铁液或固体生铁、废钢铁和适量的铁矿石为原料，以煤气或重油为燃料，靠废钢铁、铁矿石中的氧或空气中的氧（或吹入的氧气），使杂质氧化而被除去。该方法冶炼时间长（4~12h）、易调整和控制成分、杂质少、质量好。但投资大、需用燃料，成本高。用平炉炼钢法可生产优质碳素钢和合金钢或有特殊要求的钢种。

（3）电炉炼钢法。电炉炼钢法是以电为能源迅速加热生铁或废钢原料。该方法熔炼温度高、温度可自由调节、消除杂质容易。因此，炼得的钢质量好，但成本最高。主要用来冶炼优质碳素钢及特殊合金钢。

在炼钢过程中，为保证杂质的氧化，须提供足够的氧，因此，在已炼成的钢液中尚留有一定量的氧，如氧的含量超出 0.05%，会严重降低钢的机械性能。为减少它的影响，在浇铸钢锭之前，要在钢液中加入脱氧剂进行脱氧，常用的脱氧剂有锰铁、硅铁和铝等，铝的脱氧效果最佳，其次是硅铁和锰铁。

7.1.2 钢材的分类

1. 按化学成分分类

（1）碳素钢。

其主要成分是铁和碳，其中含碳量小于1.35%，以及限量以内的硅、锰、磷、硫等杂质。碳素钢的性能主要取决于含碳量。含碳量增加，钢的强度、硬度升高，塑性、韧性和可焊性降低。与其他钢类相比，碳素钢使用最早，成本低，性能范围宽，用量最大。

根据含碳量不同碳素钢又分为以下3种：①低碳钢：含碳量小于0.25%；②中碳钢：含碳量0.25%~0.6%；③高碳钢：含碳量大于0.6%。

（2）合金钢

合金钢是指含有一定量的合金元素的钢。钢中除了含有铁、碳和少量硅、锰、磷、硫等杂质外，还含有一定量的硅、锰、铬、镍、钼、钨、钒、钛、铌、锆、钴、铝、铜、硼、稀土等一种或多种合金元素。其目的是获得高强度、高韧性、耐磨、耐腐蚀、耐低温、耐高温、无磁性等特殊性能。

合金钢按合金元素总含量分为3种：①低合金钢：合金元素总含量小于5%；②中合金钢：合金元素总含量5%~10%；③高合金钢：合金元素总含量大于10%。

另外，合金钢按质量分为优质合金钢、特质合金钢；按特性和用途又分为合金结构钢、不锈钢、耐酸钢、耐磨钢、耐热钢、合金工具钢、滚动轴承钢、合金弹簧钢和特殊性能钢（如软磁钢、永磁钢、无磁钢）等。

2. 按冶炼脱氧程度分类

（1）沸腾钢。脱氧不完全的钢。一般用锰铁和少量铝脱氧后，钢水中还剩余一定数量的氧化铁（FeO）的氧量，氧化铁与碳反应放出一氧化碳气体。因此，在浇铸时钢水在钢锭模内呈沸腾现象，故称为沸腾钢。这种钢材的优点是生产成本低、产量高，加工性能好。缺点是钢的杂质多，成分偏析较大，性能不均匀，钢的致密程度较差，抗蚀性、冲击韧性和可焊性差。

（2）镇静钢。镇静钢是脱氧充分的钢。镇静钢在浇铸之前不仅用弱脱氧剂锰铁而且还使用强脱氧剂硅铁和铝对钢液进行脱氧，因而钢液的含氧量很低。强脱氧剂硅和铝的加入，使得在凝固过程中，钢液中的氧优先与强脱氧元素铝和硅结合，从而抑制了碳氧之间的反应，所以镇静钢结晶时没有沸腾现象，由此而得名。在正常情况下，镇静钢中没有气泡，但有缩孔和疏松。与沸腾钢相比，这种钢氧化物系夹杂含量较低，纯净度较高。镇静钢的偏析不像沸腾钢那样严重，钢材性能也较均匀。

（3）半镇静钢。半镇静钢是脱氧程度介于沸腾钢和镇静钢之间的钢，浇注时有沸腾现象，但较沸腾钢弱。这类钢具有沸腾钢和镇静钢的某些优点，在冶炼操作上较难掌握。半镇静钢的许多性能、特点，介于镇静钢和沸腾钢之间。这种钢含碳量一般低于0.25%的低碳钢，可作为普通或优质碳素结构钢使用。

土木工程中用的钢材主要是普通碳素钢和合金钢中的普通低合金钢。

7.2 钢材的主要技术性质

钢材作为主要的受力结构材料，不仅需要具有一定的力学性能，同时还要求具有容易加工的工艺性能。其主要的力学性能有抗拉性能、冲击韧性、疲劳强度及硬度。主要的工艺性能有冷弯性能和可焊接性能。

7.2.1 力学性能

1. 抗拉性能

抗拉性能是建筑钢材最主要的技术性能，通过拉伸试验，可以测得屈服强度、抗拉强度和断后伸长率，这些是钢材的重要技术性能指标。

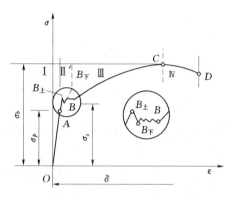

图 7.2.1 低碳钢拉伸时的应力—应变曲线

土木工程用钢材可由低碳钢的受拉的应力—应变曲线来说明。图中 OABCD 曲线上任意一点都表示在一定荷载的作用下，钢材的应力 δ 和应变 ε 的关系。由图 7.2.1 可知，低碳钢的受拉过程明显划分为 4 个阶段。

（1）弹性阶段。

应力—应变曲线在 OA 范围为一直线，随着荷载的增加，应力和应变成比例增加。A 点所对应的应力称为弹性极限；用 σ_p 表示。在这一范围内，应力与应变的比值为一常量，称为弹性模量，用 E 表示，即 $E=\sigma/\varepsilon$。弹性模量说明产生单位应变时所需的应力大小，反映了钢材的刚度，是钢材在受力条件下结构计算的重要指标之一。碳素结构钢 Q235 的弹性模量 $E=2.0\times10^5 \sim 2.1\times10^5$ MPa，弹性极限 $\sigma_p=180\sim200$ MPa。

（2）屈服阶段。

应力—应变曲线在 AB 曲线范围内，应力与应变不能成比例变化。应力超过 σ_p 后，即开始产生塑性变形。应力到达 $B_上$ 后，变形急剧增加，应力则在不大的范围内波动，直到 B 点止。$B_上$ 是上屈服强度，$B_下$ 是下屈服强度，也可称为屈服极限，当应力到达点 $B_上$ 时，钢材抵抗外力能力下降，发生"屈服"现象。$B_下$ 是屈服阶段应力波动的次低值，它表示钢材在工作状态下允许达到的应力值，即在 $B_下$ 之前，钢材不会发生较大的塑性变形。故在设计中一般以下屈服强度作为强度取值的依据，用 σ_s 表示。碳素结构钢 Q235 的 σ_s 应不小于 235MPa。

（3）强化阶段。

应力—应变曲线在 BC 范围为强化阶段，过 B 点后，抵抗塑性变形的能力又重新提高，变形发展速度比较快，随着应力的提高而增加，对应于最高点 C 的应力，称为抗拉强度或强度极限，用 σ_b 表示。碳素结构钢 Q235 的 $\sigma_b=380\sim470$ MPa。

抗拉强度不能直接利用，但屈服强度和抗拉强度的比值（即屈强比 σ_s/σ_b）却能反映钢材的利用率和安全性。σ_s/σ_b 越高，钢材的利用率高，但易发生危险的脆性断裂，安全性降低。如果屈强比太小，安全性高，但利用率低，造成钢材浪费。碳素结构钢 Q235 的屈强比在 0.58~0.63 之间。偏低时，工程中常采用冷拉的方法来提高钢材的屈强比。

（4）颈缩阶段。

CD 为颈缩阶段。过 C 点，材料抵抗变形的能力明显降低，在 CD 范围内，应变速度增加，而应力则反而下降，并在某处会发生"颈缩"现象，直至断裂。

将拉断的钢材拼合后，测出标距部分的长度，便可按下式求得断后伸长率 δ：

$$\delta = \frac{L_1 - L_0}{L_0} \times 100\% \tag{7.2.1}$$

式中　L_0——试件原始标距长度，mm；
　　　L_1——试件拉断后标距部分的长度，mm。

以 δ_5 和 δ_{10} 分别表示 $L_0 = 5d_0$ 和 $L_0 = 10d_0$ 时的断后伸长率，d_0 为试件的原直径或厚度。对于同一钢材，$\delta_5 > \delta_{10}$。

伸长率反映了钢材的塑性大小，在工程中具有重要意义。塑性大，钢质软，结构塑性变形大，影响使用。塑性小，钢质硬脆，超载后易断裂破坏。塑性良好的钢材，会使内部应力重新分布，不致由于应力集中而发生脆断。

对于含碳量及合金元素含量较高的硬钢，在外力作用下没有明显的屈服阶段，通常以 0.2% 残余变形时对应的应力值作为屈服强度，用 $\sigma_{0.2}$ 表示。

2. 冲击韧性

冲击韧性是指钢材抵抗冲击荷载而不被破坏的能力。钢材的冲击韧性是用标准试件（中部加工有 V 形或 U 形缺口），在试验机上进行冲击弯曲试验后确定，试件缺口处受冲击，以缺口处单位面积上所消耗的功作为冲击韧性指标，用冲击韧性值 α_k（J/cm²）表示。α_k 越大，表示冲断试件时消耗的功越多，钢材的冲击韧性越好。

钢材进行冲击试验，能较全面地反映出材料的品质。钢材的冲击韧性对钢的化学成分、组织状态、冶炼和轧制质量以及温度和时效等都较敏感。

3. 耐疲劳性

钢材在交变荷载反复作用下，在远低于屈服点时发生突然破坏，这种破坏叫疲劳破坏。若发生破坏的危险应力是在规定周期（交变荷载反复作用的次数）内的最大应力，则称其为疲劳极限或疲劳强度。此时规定的周期 N 称为钢材的疲劳寿命。

测定疲劳极限时，应根据结构的受力特点确定应力循环类型（拉—拉型、拉—压型等）、应力特征值 ρ（最小最大应力比）和周期基数。例如测定钢筋的疲劳极限，常用改变大小的拉应力循环来确定 ρ 值，对非预应力筋一般为 0.1～0.8；预应力筋则为 0.7～0.85；周期基数一般为 200 万或 400 万次。

试验证明，钢材的疲劳破坏，先在应力集中的地方出现疲劳裂纹，然后在交变荷载反复作用下，裂纹尖端产生应力集中，致使裂纹逐渐扩大，而产生瞬时疲劳断裂。钢材疲劳极限不仅与其化学成分、组织结构有关，而且与其截面变化、表面质量以及内应力大小等可能造成应力集中的各种因素有关。

4. 硬度

硬度是指钢材对外界物体压陷、刻划等作用的抵抗能力。硬度是衡量钢材软硬程度的一项重要的性能指标，它既可理解为是钢材抵抗弹性变形、塑性变形或破坏的能力，也可表述为钢材抵抗残余变形和反破坏的能力。硬度不是一个简单的物理概念，而是材料弹性、塑性、强度和韧性等力学性能的综合指标。

测定钢材硬度的方法有布氏法（HB）、洛氏法（HRC），较常用的是布氏法。

布氏法是在布氏硬度机上用一规定直径的硬质钢球，加以一定的压力，将其压入钢材表面，使形成压痕，将压力除以压痕面积所得应力值为该钢材的布氏硬度值，以数字表示，不带单位。数值越大，表示钢材越硬。

洛氏法是在洛氏机上根据测量的压痕深度来计算硬度值。在规定的外加载荷下，将钢球或金刚石压头垂直压入试件表面，产生压痕，测试压痕深度，利用洛氏硬度计算公式计算出洛氏硬度，用"HRC"来表示。压痕越浅，HRC值越大，材料硬度越高。

7.2.2 工艺性能

钢材不仅应具有优良的力学性能，还应具有良好的工艺性能，以满足施工工艺的要求。其中冷弯性能和焊接性能是钢材重要的工艺性能。

1. 冷弯性能

冷弯性能是指钢材在常温下能承受弯曲而不破裂的性能。钢材冷弯性能指标，用试件在常温下所承受的弯曲程度表示。冷弯试验是将钢材按规定弯曲角度与弯心直径弯曲（图7.2.2），检查受弯部位的外拱面和两侧面，不发生裂纹、起层或断裂为合格，弯曲角度越大，弯心直径对试件厚度（或直径）的比值愈小，则表示钢材冷弯性能越好。

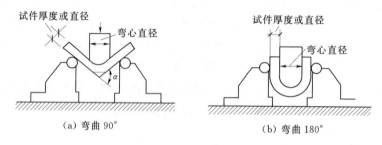

图 7.2.2 钢材冷弯示意图

钢材的冷弯性能反映钢材在常温下弯曲加工发生塑性变形时对产生裂纹抵抗能力，不仅是检验钢材的冷加工能力和显示钢材的内部缺陷状态的一项指标，并且也是考虑钢材在复杂应力状态下发展裂纹变形能力的一项指标。

一般来说，钢材的塑性愈大，其冷弯性能愈好。

2. 焊接性能

焊接性能主要指钢材的可焊性，也就是钢材之间通过焊接方法连接在一起的结合性能，是钢材固有的焊接特性。

建筑工程中，焊接是钢材的主要连接方式；在钢筋混凝土工程中，焊接广泛应用于钢筋接头、钢筋网、钢筋骨架和预埋件的焊接。因此要求钢材具有良好的可焊接性能。

钢材主要有2种焊接方法：电弧焊（钢结构焊接用）和接触对焊（钢筋联接用）。由于在焊接过程中的高温作用和焊接后急剧冷却作用，存在剧烈的膨胀和收缩，焊缝及附近的过热区将发生晶体组织及结构变化，产生局部变形及内应力，使焊件易产生变形、内应力组织的变化和局部硬脆性倾向等缺陷，降低了焊接的质量。可焊性良好的钢材，焊缝处性质应与钢材尽可能相同，焊接才能获得牢固可靠、硬脆性小的效果。

钢的化学成分、冶炼质量及冷加工等都可影响焊接性能。含碳量超过0.3%的碳素钢可焊性变差；硫、磷及气体杂质会使可焊性降低；加入过多的合金元素也将降低可焊性。

对于高碳钢及合金钢，为改善焊接质量，一般需要采用预热和焊后处理以保证质量。此外，正确的焊接工艺也是保证焊接质量的重要措施。

钢筋焊接应注意：冷拉钢筋的焊接应在冷拉之前进行；焊接部位应清除铁锈、熔渣、油污等；应尽量避免不同国家的进口钢筋之间或进口钢筋与国产钢筋之间的焊接。

7.3 钢的组织和化学成分

7.3.1 钢的组织

1. 钢材的晶体结构

(1) 钢材的晶体结构。

钢材属晶体材料，晶体结构中各个原子是以金属键方式结合的。这种结合方式是钢材具备较高强度和良好塑性的根本原因。

钢是铁碳合金，其中铁元素是最基本的成分，它在钢中起着决定性的作用。因此认识钢的本质首先要从纯铁（含碳量小于 0.04% 的铁碳合金）开始然后再研究铁和碳的相互作用。

描述原子在晶体中的空间格子称为晶格。晶格按原子排列的方式不同分为若干类型，例如，纯铁在 910℃ 以下为体心立方晶格（图 7.3.1），称为 α—铁。晶格的基本单元叫晶胞，无数晶胞排列构成了晶粒。晶粒之间的界面叫晶界，钢材是由无数晶粒紧密聚集而成的多晶体结构（图 7.3.2），各晶粒原子是规则排列的。就每个晶粒来讲，其性质是各向不同的，但由于许多晶粒是不规则聚集的，故钢材是各向同性材料。

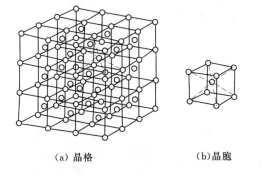
(a) 晶格　　　(b) 晶胞

图 7.3.1　体心立方晶格

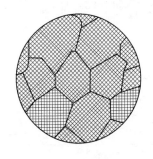

图 7.3.2　晶粒聚集示意图

(2) 钢材的力学性能与晶体结构的关系。

1) 晶格平面上的原子排列较紧密，因而结合力较强。而晶面与晶面之间，则由于原子距离较大，结合力弱。因此，晶格在外力作用下，容易沿晶面相对滑移。α—Fe 晶格中这种易滑移的面比较多，这是建筑钢材塑性变形能力较大的原因。

2) 晶格中存在许多缺陷，如点缺陷、线缺陷和面缺陷。这些缺陷的存在，使晶格受力滑移时，不是整个滑移面上全部原子一齐移动，只是缺陷处局部移动，这是钢材的实际强度远比理论强度要低的原因。

3) 晶粒越细，晶界面积越大，则强度越高，塑性、韧性也越好。

4) α—Fe 晶格中可溶入其他元素，形成固溶体，会使晶格产生畸变，因而强度提高，而塑性和韧性降低。

2. 钢材的基本组织

钢材中铁和碳原子的结合有 3 种基本形式：固溶体、化合物和机械混合物。

固溶体是以铁为溶剂、碳为溶质所形成的固体溶液，铁保持原来的晶格，碳溶解其中。化合物是 Fe、C 化合成渗碳体（Fe_3C），其晶格与原来的晶格不同。机械混合物是由上述固溶体和化合物混合而成。

钢的组织就是由以上 3 种基本形式的单一形式或多种形式的构成。其基本组织有铁素体、渗碳体和珠光体 3 种。

(1) 铁素体。是碳在 α—Fe 中的固溶体。其晶格原子间空隙较小，溶入碳少，滑移面较多，晶格畸变小，所以受力时强度低而塑性好。抗拉强度约为 250MPa，伸长率约为 50%。

(2) 渗碳体。是铁和碳组成的化合物（Fe_3C）。含碳量 6.69%，晶体结构复杂，性质硬而脆，抗拉强度很低。

(3) 珠光体。是铁素体和渗碳体的机械混合物。含碳量 0.77%，其强度较高，塑性和韧性介于铁素体和渗碳体之间。

建筑钢材的含碳量小于 0.8%，其基本组织为铁素体和珠光体。由图 7.3.3 可见，含碳量增大时，珠光体相对含量增多，铁素体则相应减少，因而强度随之提高，但塑性和韧性则相应下降。

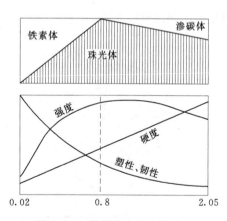

图 7.3.3 铁碳合金的含碳量与晶体组织及性能之间的关系

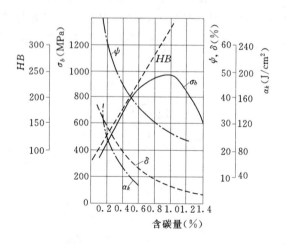

图 7.3.4 碳对钢材性能的影响
σ_b—抗拉强度；α_k—冲击韧性；δ—伸长率；ψ—断面收缩率；HB—硬度

7.3.2 钢的化学成分及其对钢性能的影响

碳素钢中除了铁和碳元素之外，还含有硅、锰、磷、硫、氮、氧、氢等元素。这些元素虽然含量少，但对钢材性能有很大影响。尤其是某些元素为有害杂质（如磷、硫等），在冶炼时，应通过控制和调节限制其含量，以保证钢的质量。

(1) 碳（C）。碳是影响钢材性能的主要元素之一，碳对钢材性能的影响如图 7.3.4：

随着含碳量的增加，其强度和硬度提高，塑性和韧性降低。当含碳量大于1％后，脆性增加，硬度增加，强度下降。含碳量大于0.3％时，钢的可焊性显著降低。此外，含碳量增加，钢的冷脆性和时效敏感性增大，耐大气锈蚀性降低。一般工程所用碳素钢均为低碳钢，即含碳量小于0.25％；工程所用低合金钢，其含碳量小于0.52％。

(2) 硅（Si）。硅是作为脱氧剂而存在于钢中，是钢中的有益元素。硅含量较低（小于1.0％）时，能提高钢材的强度，而对塑性和韧性无明显影响。

(3) 锰（Mn）。锰是炼钢时用来脱氧去硫而存在于钢中的，是钢中的有益元素。锰具有很强的脱氧去硫能力，能消除或减轻氧、硫所引起的热脆性，大大改善钢材的热加工性能，同时能提高钢材的强度和硬度。锰也是我国低合金结构钢中的主要合金元素。

(4) 磷（P）。磷是钢中很有害的元素。随着磷含量的增加，钢材的强度、屈强比、硬度均提高，而塑性和韧性显著降低。特别是温度越低，对塑性和韧性的影响越大，显著加大钢材的冷脆性。磷也使钢材的可焊性显著降低。但磷可提高钢材的耐磨性和耐蚀性，故在低合金钢中可配合其他元素作为合金元素使用。

(5) 硫（S）。硫是钢中很有害的元素。硫的存在会加大钢材的热脆性，降低钢材的各种机械性能，也使钢材的可焊性、冲击韧性、耐疲劳性和抗腐蚀性等均降低。

(6) 氧（O）。氧是钢中的有害元素。随着氧含量的增加，钢材的强度有所提高，但塑性特别是韧性显著降低，可焊性变差。氧的存在会造成钢材的热脆性。

(7) 氮（N）。氮对钢材性能的影响与碳、磷相似，随着氮含量的增加，可使钢材的强度提高，塑性特别是韧性显著降低，可焊性变差，冷脆性加剧。氮在铝、铌、钒等元素的配合下可以减少其不利影响，改善钢材性能，可作为低合金钢的合金元素使用。

(8) 钛（Ti）。钛是强脱氧剂。钛能显著提高强度，改善韧性、可焊性，但稍降低塑性。钛是常用的微量合金元素。

(9) 钒（V）。钒是弱脱氧剂。钒加入钢中可减弱碳和氮的不利影响，有效地提高强度，但有时也会增加焊接淬硬倾向。钒也是常用的微量合金元素。

(10) 镍（Ni）。镍能提高钢的强度，而又保持良好的塑性和韧性。镍对酸碱有较高的耐腐蚀能力，在高温下有防锈和耐热能力。但由于镍是较稀缺的资源，故应尽量采用其他合金元素代用镍铬钢。

(11) 铬（Cr）。在结构钢和工具钢中，铬能显著提高强度、硬度和耐磨性，但同时降低塑性和韧性。铬又能提高钢的抗氧化性和耐腐蚀性，因而是不锈钢、耐热钢的重要合金元素。

(12) 钼（Mo）。钼能使钢的晶粒细化，提高淬透性和热强性能，在高温时保持足够的强度和抗蠕变能力（长期在高温下受到应力，发生变形，称蠕变）。

(13) 钨（W）。钨熔点高，比重大，是贵重的合金元素。钨与碳形成碳化钨有很高的硬度和耐磨性。

(14) 铌（Nb）。铌能细化晶粒和降低钢的过热敏感性及回火脆性，提高强度，但塑性和韧性有所下降。在普通低合金钢中加铌，可提高抗大气腐蚀及高温下抗氢、氮、氨腐蚀能力。铌可改善焊接性能。在奥氏体不锈钢中加铌，可防止晶间腐蚀现象。

(15) 钴（Co）。钴是稀有的贵重金属，多用于特殊钢和合金中，如热强钢和磁性材料。

(16) 铜（Cu）。铜能提高强度和韧性，特别是大气腐蚀性能。缺点是在热加工时容易产生热脆，铜含量超过 0.5% 塑性显著降低。当铜含量小于 0.50% 对焊接性无影响。

(17) 铝（Al）。铝是钢中常用的脱氧剂。钢中加入少量的铝，可细化晶粒，提高冲击韧性。铝还具有抗氧化性和抗腐蚀性能，铝与铬、硅合用，可显著提高钢的高温不起皮性能和耐高温腐蚀的能力。铝的缺点是影响钢的热加工性能、焊接性能和切削加工性能。

(18) 硼（B）。钢中加入微量的硼就可改善钢的致密性和热轧性能，提高强度。

(19) 稀土。稀土元素是指元素周期表中原子序数为 57~71 的 15 个镧系元素。这些元素都是金属，但他们的氧化物很像"土"，所以习惯上称稀土。钢中加入稀土，可以改变钢中夹杂物的组成、形态、分布和性质，从而改善了钢的各种性能，如韧性、焊接性，冷加工性能。在犁铧钢中加入稀土，可提高耐磨性。

7.4 钢材的强化与加工

7.4.1 钢材的强化机理

为了提高钢材的屈服强度和其他力学性能。可采用改变微观晶体缺陷的数量和分布状态的方法，例如，引入更多位错或加入其他合金元素等，以使位错运动受到的阻力增加，具体措施有以下几种。

(1) 细晶强化。通常钢材是由许多晶粒组成的多晶体，晶粒的大小可以用单位体积内晶粒的数目来表示，数目越多，晶粒越细。实验表明，在常温下的细晶粒金属比粗晶粒金属有更高的强度、硬度、塑性和韧性。这是因为细晶粒受到外力发生塑性变形可分散在更多的晶粒内进行，塑性变形较均匀，应力集中较小；此外，晶粒越细，单位体积中的晶界越多，因而阻力越大。这种以增加单位体积中晶界面积来提高钢材屈服强度的方法，称为细晶强化。某些合金元素的加入，使钢材凝固时结晶核心增多，可达到细晶的目的。

(2) 固溶强化。在某种钢材中加入另一种物质（例如铁中加入碳）而形成固溶体。当固溶体中溶质原子和溶剂原子的直径有一定差异时，会形成众多的缺陷，从而使位错运动阻力增大，使屈服强度提高，称为固溶强化。融入固溶体中的溶质原子造成晶格畸变，晶格畸变增大了位错运动的阻力，使滑移难以进行，从而使合金固溶体的强度与硬度增加。

(3) 弥散强化。弥散强化指一种通过在均匀材料中加入硬质颗粒的一种材料的强化手段。是指用不溶于基体金属的超细第二相（强化相）强化的金属材料。为了使第二相在基体金属中分布均匀，通常用粉末冶金方法制造。第二相一般为高熔点的氧化物或碳化物、氮化物，其强化作用可保持到较高温度。在金属材料中，散入第二相质点，构成对位错运动的阻力，因而提高了屈服强度。在采用弥散强化时，散入的质点的强度越高、越细、越分散、数量越多，则位错运动阻力越大，强化作用越明显。

(4) 变形强化。当金属材料受力变形时，晶体内部的缺陷密度将明显增大，导致屈服强度提高，称为变形强化。这种强化作用只能在低于熔点温度 40% 的条件下产生，因此也叫冷加工强化。

7.4.2 钢材的冷加工强化与时效处理

将钢材于常温下进行冷拉、冷拔或冷轧使其产生塑性变形，从而提高屈服强度，降低塑性韧性，这个过程称为冷加工强化处理。

产生冷加工强化的原因是：钢材在冷加工变形时，由于晶粒间已产生滑移，晶粒发生改变，有的被拉长，有的被压扁，甚至变成纤维状。同时在滑移区域，晶粒破碎，晶格歪扭，从而对继续滑移造成阻力，要使它重新产生滑移就必须增加外力，这就意味着屈服强度有所提高，但由于减少了可以利用的滑移面，故钢的塑性降低。另外，在塑性变形中产生了内应力，钢材的弹性模量降低。

建筑工地或者预制件厂常利用冷加工强化，对钢筋或者盘条按一定要求进行冷加工处理，提高屈服点以达到节约钢材的目的。

常见的冷加工方式：冷拉、冷拔、冷轧、冷扭等。

（1）冷拉。

冷拉是将钢筋拉至应力—应变曲线的强化阶段内任一点 K 处，然后缓慢卸去荷载，当再度加载时，其屈服点将有所提高，塑性变形能力将有所降低。钢筋经冷拉后，一般屈服点可提高 20%~25%。

（2）冷拔。

冷拔加工是强力拉拔钢筋使其通过截面小于钢筋截面积的拔丝模。冷拔作用比纯拉伸的作用强烈，钢筋不仅受拉，同时还受到挤压作用。经过一次或多次冷拔后得到的冷拔低碳钢丝，其屈服点可提高 40%~60%，但其已失去软钢的塑性和韧性，具有硬钢的性能。如图 7.4.1 所示。

图 7.4.1 钢材冷拔

（3）冷轧。

冷轧是将圆钢在轧钢机上轧成断面按一定规律变化的钢筋，可提高其强度及与混凝土的粘结力。钢筋在冷轧时，纵向和横向同时产生变形，因而能较好地保持塑性及内部结构的均匀性。如图 7.4.2 所示。

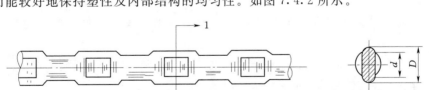

图 7.4.2 钢材冷轧

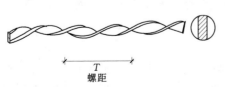

图 7.4.3 钢材冷轧扭

（4）冷轧扭。

是以热轧圆盘条为原料，经专用生产线，先冷轧扁，再冷扭转，从而形成系列螺旋状直条钢筋，具有良好的塑性和较高的抗拉强度，同时螺旋状外型大大提高了与混凝土的握裹力，改善了构件受力性能。如图 7.4.3 所示。

对钢材进行冷加工的目的，主要是提高强度，节约钢材，同时也达到调直和除锈的目的。建筑工程中大量使用的钢筋采用冷加工强化具有明显的经济效益。冷拔钢丝的屈服点可提高40%~60%。由此可适当减小钢筋混凝土结构设计截面，或减小混凝土中配筋数量，从而达到节约钢材的目的。

将冷加工处理后的钢材，在常温下存放15~20d，或加热至100~200℃后保持一定时间（2~3h），其屈服强度、抗拉强度及硬度进一步提高，同时，塑性和韧性也进一步降低的过程称为时效。前者称为自然时效，后者称为人工时效。因时效而导致钢材性能改变的程度称为时效敏感性。时效敏感性大的钢材，经时效后，其韧性、塑性改变较大。因此，承受振动、冲击荷载作用的重要结构（如吊车梁、桥梁），应选用时效敏感性小的钢材。

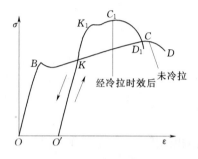

图7.4.4 钢筋冷拉处理后的应力－应变曲线

钢材经冷加工时效处理后的性能变化如图7.4.4所示，图中$OBCD$为未经冷拉加工和时效处理试件的应力－应变曲线，当试件拉伸至应力超过屈服强度的任一点K，然后卸去荷载，由于试件已产生塑性变形，故曲线沿KO'下降，大致与BO平行。若立即将试件重新拉伸，则新的屈服强度将升高至原来达到的K点，以后的应力－应变曲线与KCD重合，即应力－应变曲线为$O'KCD$。这表明钢筋经冷拉后屈服强度得到提高，塑性、韧性下降，而抗拉强度不变。如在K点卸去荷载后不立即拉伸，而将试件进行时效处理后再进行拉伸，则屈服强度将上升至K_1，继续拉伸时曲线将沿$K_1C_1D_1$发展，应力－应变曲线为$O'K_1C_1D_1$。这表明钢经冷拉和时效处理后，屈服强度进一步提高，抗拉强度也有所提高，塑性和韧性进一步降低。

钢材产生时效的主要原因是，溶于$\alpha-Fe$中的碳、氮原子，向晶格缺陷处移动和集中的速度大为加快，这将使滑移面缺陷处碳、氮原子富集，使晶格畸变加剧，造成其滑移、变形更为困难，因而强度进一步提高，塑性和韧性则进一步降低，而弹性模量则基本恢复。

一般土木工程中，应通过试验确定合理的冷拉应力和时效处理措施。强度较低的钢筋采用自然时效，强度较高的钢筋采用人工时效。

7.4.3 钢材的热处理

热处理是将金属工件放在一定的介质中加热到适宜的温度，并在此温度中保持一定时间后，又以不同速度冷却的一种工艺方法。钢材热处理有退火、正火、淬火和回火四种基本工艺。

1. 正火

将钢材或钢件加热到临界温度（钢加热或冷却时，发生相转变的温度）以上30~50℃或更高的温度，保温一定时间后在空气中冷却的热处理工艺。正火主要是提高低碳钢的力学性能，改善切削加工性，细化晶粒，消除组织缺陷，为后道热处理做好组织准备。

2. 退火

将钢材或钢件加热到临界温度，保温一段时间后，随炉缓慢冷却（或埋在砂中或石灰中冷却）至500℃以下在空气中冷却的热处理工艺。退火的目的在于降低金属材料的硬度，提高塑性，以利切削加工，减少残余应力，提高组织和成分的均匀化。

3. 淬火

把钢加热到临界温度，保温一定时间后快速冷却的热处理工艺。钢件淬火后可以提高钢件的硬度和耐磨性。

4. 回火

将经过淬火的工件重新加热到临界温度以下的保温一定时间后，在空气或水、油介质中冷却的金属热处理工艺。回火目的是消除钢件在淬火时所产生的应力，使钢在具有高的硬度和耐磨性外，并具有所需要的塑性和韧性等。一般的，回火温度越高，强度和硬度就会越低，但是塑性也越高了。

退火、正火、淬火、回火是整体热处理中的"四把火"，其中的淬火与回火关系密切，常常配合使用，缺一不可。

7.5 建筑钢材的技术标准与选用

土木工程用钢材可分为钢结构用钢材和钢筋混凝土用钢材。

7.5.1 钢结构用钢材

钢结构用钢主要包括碳素结构钢和低合金高强度结构钢。两者一般均热轧成各种不同尺寸的型钢（角钢、工字钢、槽钢等）、钢板、钢带等。

1. 碳素结构钢

碳素结构钢是碳素钢中的一类，可加工成各种型钢、钢筋和钢丝，适用于一般结构和工程。国家标准《碳素结构钢》（GB/T700—2006）具体规定了它的牌号表示方法、技术要求、试验方法、检验规则等。

(1) 牌号表示方法。

钢的牌号由代表屈服点的字母、屈服点数值、质量等级符号、脱氧程度符号等4个部分按顺序组成。其中，以"Q"代表屈服点，屈服点数值共分195MPa、215MPa、235MPa、255MPa、275MPa 5种，质量等级以硫、磷等杂质含量由多到少分别用A、B、C、D表示，脱氧程度以F表示沸腾钢、Z及TZ分别表示镇静钢与特殊镇静钢、b表示半镇静钢，Z与TZ在钢的牌号中可以省略。

例如：Q235—A·F表示屈服点为235MPa的、质量等级为A级的沸腾钢。

(2) 技术要求。

碳素结构钢的技术要求包括化学成分、力学性能、冶炼方法、交货状态及表面质量5个方面，碳素结构钢化学成分、力学性能、冷弯性能试验指标应分别符合表7.5.1、表7.5.2、表7.5.3的规定。

第7章 建筑钢材

表 7.5.1   碳素结构钢的化学成分（GB/T700—2006）

牌号	统一数字代号	等级	厚度/直径 (mm)	C	Mn	Si	S	P	脱氧方法
				化学成分（质量分数）(%)，不大于					
Q195	U11952	—	—	0.12	0.50	0.30	0.040	0.035	F、Z
Q215	U12152	A		0.15	1.20	0.35	0.050	0.045	F、Z
	U12155	B					0.045		
Q235	U12352	A		0.22	1.40	0.35	0.050	0.045	F、Z
	U12355	B		0.20[b]			0.045		
	U12358	C					0.040	0.040	Z
	U12359	D		0.17			0.035	0.035	TZ
Q275	U12752	A	—	0.24	1.5	0.35	0.050	0.045	F、Z
	U12755	B	≤40	0.21			0.045	0.045	Z
			>40						
	U12758	C		0.22			0.040	0.040	Z
	U12759	D		0.20			0.035	0.035	TZ

注 1. 表中为镇静钢、特殊镇静钢牌号的统一数字，沸腾钢牌号的统一代号如下：
    Q195F—U11950；
    Q215AF—U12150；Q215BF—U12153；
    Q235AF—U12350；Q235BF—12353；
    Q275AF—U12750。
  2. 经需方同意，Q235B 的碳含量可不大于 22%。

表 7.5.2   碳素结构钢的力学性能（GB/T700—2006）

牌号	等级	屈服点 (MPa) 钢材厚度（直径）(mm)						抗拉强度 (MPa)	伸长率 δ_5 (%) 钢材厚度（直径）(mm)					温度 (℃)	V型冲击功(纵向) (J)
		≤16 mm	>16~40mm	40~60mm	60~100mm	100~150mm	>150 mm		≤40 mm	>40~60mm	>60~100mm	>100~150mm	>150 mm		
Q195	—	≥(195)	≥(185)					315~430	≥33					—	—
Q215	A	≥215	≥205	≥195	≥185	≥175	≥165	335~450	≥31	≥30	≥29	≥27	≥26	—	
	B													+20	27
Q235	A	≥235	≥225	≥215	≥215	≥195	≥185	375~500	≥26	≥25	≥24	≥22	≥21	—	
	B													+20	27
	C													0	
	D													−20	
Q275	A	≥275	≥265	≥255	≥245	≥225	≥215	410~540	≥22	≥21	≥20	≥18	≥17	—	
	B													+20	27
	C													0	
	D													−20	

注 1. Q195 的屈服强度值仅供参考，不作交货条件。
  2. 厚度大于 100mm 的钢材，抗拉强度下限允许降低 20N/mm²。宽带钢（包括剪切钢板）抗拉强度上限不做交货条件。
  3. 厚度小于 25mm 的 Q235B 级钢材，如供方能保证冲击吸收功值合格，经需方同意，可不做检验。

表 7.5.3　　　　　碳素结构钢的冷弯试验指标（GB/T700—2006）

牌号	试样方向	冷弯试验 $B=2a$ 180°	
		钢材厚度（直径）(mm)	
		≤60	>60～100
		弯心直径 d	
Q195	纵	0	—
	横	0.5a	
Q215	纵	0.5a	1.5a
	横	a	2a
Q235	纵	a	2a
	横	1.5a	2.5a
Q275	纵	1.5a	2.5a
	横	2a	3a

注　1. B 为试样宽度；a 为钢材厚度（直径）。
　　2. 钢材厚度（或直径）大于100mm时，弯曲试验由双方协商确定。

（3）碳素钢的选用。

钢材的选用一方面要根据钢材的质量、性能及相应的标准；另一方面要根据工程使用条件对钢材性能的要求。GB/T700—2006 将碳素结构钢分为 4 个牌号。一般而言，牌号数值越大，含碳量越高，其强度、硬度也越高，但塑性、韧性降低。平炉钢和氧气转炉钢质量均较好，特殊镇静钢、镇静钢质量优于沸腾钢。碳素结构钢的质量等级主要取决于钢材内硫、磷的含量，硫、磷的含量越低，钢的质量越好，其焊接性能和低温冲击性能都能得到提高。

1）Q195 和 Q215。这两个牌号的钢材虽然强度不高，但具有较大的伸长率和韧性，冷弯性能较好，易于冷弯加工，常用作钢钉、铆钉、螺栓及铁丝等。

2）Q235。具有较高的强度和良好的塑性和加工性能，能满足一般钢结构和钢筋混凝土结构要求。可制作低碳热轧圆盘条等土木工程用钢材，应用范围广泛。其中 C、D 质量等级可作为重要焊接结构用。

3）Q275。强度更高，硬而脆。适于制作耐磨构件、机械零件和工具，也可以用于钢结构构件。

一般情况下，沸腾钢在下述情况下是限制使用的：①在直接承受动荷载的焊接结构；②非焊接结构而计算温度等于或低于 −20℃时；③受静荷载及间接动荷载作用，而计算温度不大于 −30℃时的焊接结构。

2. 低合金结构钢

低合金高强度结构钢是在碳素结构钢的基础上加入总量小于 5% 的合金元素而形成的钢种。加入合金元素的目的是提高钢材强度和改善性能。常用的合金元素有硅、锰、钛、钒、铬、镍及铜等。大多数合金元素不仅可以提高钢的强度与硬度，还能改善塑性和韧性。

（1）牌号表示方法。

根据国家标准《低合金高强度结构钢》（GB1591—2008）规定，低合金高强度结构钢共有 8 个牌号。低合金高强度结构钢的牌号是由代表屈服点的字母 Q、屈服点数值及质量等级（A、B、C、D、E 5 级）3 个部分按顺序组成。

例如，Q345A 表示屈服点为 345MPa、质量等级为 A 级的钢。

(2) 技术要求。

低合金高强度结构钢的化学成分和力学性能应满足的国家标准《低合金高强度结构钢》（GB1591—2008）规定，见表 7.5.4、表 7.5.5、表 7.5.6。

表 7.5.4　　低合金高强度结构钢的化学成分（GB1591—2008）

牌号	质量等级	化学成分[a,b]（质量分数）（%）													
		C	Si	Mn	P	S	Nb	V	Ti	Cr	Ni	Cu	N	Mo	B	ALs
Q345	A	≤0.20	≤0.50	≤1.70	0.035	0.035	≤0.07	≤0.15	≤0.20	≤0.30	≤0.50	≤0.30	≤0.012	≤0.10	—	—
	B				0.035	0.035										
	C				0.030	0.030										
	D	≤0.18			0.030	0.025										≥0.015
	E				0.025	0.020										
Q390	A	≤0.20	≤0.50	≤1.70	0.035	0.035	≤0.07	≤0.20	≤0.20	≤0.30	≤0.50	≤0.30	≤0.015	≤0.10	—	—
	B				0.035	0.035										
	C				0.030	0.030										
	D				0.030	0.025										≥0.015
	E				0.025	0.020										
Q420	A	≤0.20	≤0.50	≤1.70	0.035	0.035	≤0.07	≤0.20	≤0.20	≤0.30	≤0.80	≤0.30	≤0.015	≤0.20	—	—
	B				0.035	0.035										
	C				0.030	0.030										
	D				0.030	0.025										≥0.015
	E				0.025	0.020										
Q460	C	≤0.20	≤0.60	≤1.80	0.030	0.030	≤0.11	≤0.20	≤0.20	≤0.30	≤0.80	≤0.55	≤0.015	≤0.20	≤0.004	≥0.015
	D				0.030	0.025										
	E				0.025	0.020										
Q500	C	≤0.18	≤0.60	≤1.18	0.030	0.030	≤0.11	≤0.12	≤0.20	≤0.60	≤0.80	≤0.55	≤0.015	≤0.20	≤0.004	≥0.015
	D				0.030	0.025										
	E				0.025	0.020										
Q550	C	≤0.18	≤0.60	≤2.00	0.030	0.030	≤0.11	≤0.12	≤0.20	≤0.80	≤0.80	≤0.80	≤0.015	≤0.30	≤0.004	≥0.015
	D				0.030	0.025										
	E				0.025	0.020										
Q620	C	≤0.18	≤0.60	≤2.00	0.030	0.030	≤0.11	≤0.12	≤0.20	≤1.00	≤0.80	≤0.80	≤0.015	≤0.30	≤0.004	≥0.015
	D				0.030	0.025										
	E				0.025	0.020										
Q690	C	≤0.18	≤0.60	≤2.00	0.030	0.030	≤0.11	≤0.12	≤0.20	≤1.00	≤0.80	≤0.80	≤0.015	≤0.30	≤0.004	≥0.015
	D				0.030	0.025										
	E				0.025	0.020										

注　1. 型材及棒材 P、S 含量可提高 0.005%。其中 A 级钢上限可为 0.045%。
　　2. 当细化晶粒元素组合加入时，20（Nb+V+Ti）≤0.22%，20（Mo+Cr）≤0.30%

7.5 建筑钢材的技术标准与选用

表 7.5.5 低合金高强度结构钢的拉伸性能（GB1591—2008）

牌号	质量等级	拉伸试验[a,b,c]														
		以下公称厚度（直径、边长）下屈服强度（ReL）(MPa)							以下公称厚度（直径、边长）抗拉强度（Rm）(MPa)					断后伸长率（A）(%) 公称厚度（直径、边长）		
		≤16mm	16~40 mm	40~63 mm	63~80 mm	80~100 mm	100~150 mm	150~200 mm	200~250 mm	250~400 mm	≤40 mm	40~63 mm	63~80 mm	80~100 mm	100~150 mm	150~250 mm	250~400 mm
Q345	A	≥345	≥335	≥325	≥315	≥305	≥285	≥275	≥265	—	470~630	470~630	470~630	470~630	450~600	450~600	—
	B																
	C									≥265							450~600
	D																≥17
	E																
Q390	A	≥390	≥370	≥350	≥330	≥330	≥310	—	—	—	490~650	490~650	490~650	490~650	470~620	—	—
	B																
	C																
	D																
	E																
Q420	A	≥420	≥400	≥380	≥360	≥360	≥340	—	—	—	520~680	520~680	520~680	520~680	500~650	—	—
	B																
	C																
	D																
	E																
Q460	C	≥460	≥440	≥420	≥400	≥400	≥380	—	—	—	550~720	550~720	550~720	550~720	530~700	—	—
	D																
	E																

续表

牌号	质量等级	拉伸试验[a,b,c]																					
		以下公称厚度(直径、边长)下屈服强度 R_{eL} (MPa)									以下公称厚度(直径、边长)抗拉强度 R_m (MPa)							断后伸长率 A(%) 公称厚度(直径、边长)					
		≤16mm	16~40 mm	40~63 mm	63~80 mm	80~100 mm	100~150 mm	150~200 mm	200~250 mm	250~400 mm	≤40 mm	40~63 mm	63~80 mm	80~100 mm	100~150 mm	150~250 mm	250~400 mm	≤40 mm	40~63 mm	63~100 mm	100~150 mm	150~250 mm	250~400 mm
Q500	C	≥500	≥480	≥470	≥450	≥440	—	—	—	—	610~770	600~760	590~750	540~730	—	—	—	≥17	≥17	—	—	—	—
	D																						
	E																						
Q550	C	≥550	≥530	≥520	≥500	≥490	—	—	—	—	670~830	620~810	600~790	590~780	—	—	—	≥16	≥16	—	—	—	—
	D																						
	E																						
Q620	C	≥620	≥600	≥590	≥570	—	—	—	—	—	710~880	690~880	670~860	—	—	—	—	≥15	≥15	—	—	—	—
	D																						
	E																						
Q690	C	≥690	≥670	≥660	≥640	—	—	—	—	—	770~940	750~920	730~900	—	—	—	—	≥14	≥14	—	—	—	—
	D																						
	E																						

注:
1. 当屈服不明显时,可测量 $R_{P0.2}$ 代替下屈服强度。
2. 宽度小于 600mm 的扁平材,型材及棒材取纵向试样;宽度小于 600mm 的扁平材,拉伸试验取横向试样;断后伸长率最小值相应提高1%(绝对值)。
3. 厚度 250~400mm 的数值适用于扁平材。

7.5 建筑钢材的技术标准与选用

表 7.5.6　夏比（V 型）冲击试验的试验温度和冲击吸收能量（GB1591—2008）

牌号	质量等级	试验温度（℃）	冲击吸收能量 $(kV_2)^a$ (J) 公称厚度（直径、边长）		
			12～150mm	>150～250mm	>250～400mm
Q345	B	20	≥34	≥27	—
	C	0			
	D	−20			27
	E	−40			
Q390	B	20	≥34	—	—
	C	0			
	D	−20			
	E	−40			
Q420	B	20	≥34	—	—
	C	0			
	D	−20			
	E	−40			
Q460	C	0	≥34	—	—
	D	−20			
	E	−40			
Q500、Q550、Q620、Q690	C	0	≥55	—	—
	D	−20	≥47		
	E	−40	≥31		

注　冲击试验取纵向试样。

（3）性能和用途。

低合金高强度结构钢除强度高外，还有良好的塑性和韧性，硬度高，耐磨好，耐腐蚀性能强，耐低温性能好。一般情况下，它的含碳量不大于 0.2%，因此仍具有较好的可焊性。冶炼碳素钢的设备可用来冶炼低合金高强度结构钢，故冶炼方便，成本低。

采用低合金高强度结构钢，可以减轻结构自重，节约钢材，使用寿命增加，经久耐用，特别适合高层建筑、大柱网结构和大跨度结构。

3．型钢

钢结构构件一般直接采用各种型钢，构件之间可直接连接钢板，连接方式有铆接、螺栓连接或焊接。

（1）热轧型钢。

常用的热轧型钢有角钢、槽钢、工字钢、L 型钢和 H 型钢等。

角钢分等边角钢和不等边角钢两种。等边角钢的规格用边宽×边宽×厚度的毫米数表示，如 100×100×10 为边宽 100mm、厚度 10mm 的等边角钢。不等边角钢的规格用长边宽×短边宽×厚度的毫米数表示。如 100×80×8 为长边宽 100mm、短边宽 80mm、厚度

8mm 的不等边角钢。我国目前生产的最大等边角钢的边宽为 200mm，最大不等边角钢的两个边宽为 200mm×125mm。角钢的长度一般为 3～19m（规格小者短，大者长）。

L 型钢的外形类似于不等边角钢，其主要区别是两边的厚度不等。规格表示方法为"腹板高×面板宽×腹板厚×面板厚（单位为毫米）"，如 L250×90×9×13。其通常长度为 6～12m，共有 11 种规格。

普通工字钢，其规格用腰高度（单位为毫米）来表示，也可以"腰高度×腿宽度×腰宽度（单位为毫米）"表示，如普工 30 号，表示腰高为 300mm 的普通工字钢；20 号和 32 号以上的普通工字钢，同一号数中又分 a，b 和 a，b，c 类型。其腹板厚度和翼缘宽度均分别递增 2mm；其中 a 类腹板最薄，翼缘最窄，b 类较厚较宽，c 类最厚、最宽。工字钢翼缘的内表面均有倾斜度，翼缘外薄而内厚。我国生产的最大普通工字钢为 63 号。工字钢的通常长度为 5～19m。工字钢由于宽度方向的惯性相应回转半径比高度方向的小得多，因而在应用上有一定的局限性，一般宜用于单向受弯构件。

热轧普通槽钢以腰高度的厘米数编号，也可以"腰高度×腿宽度×腰厚度（单位为毫米）"表示。规格从 5 号～40 号有 30 种，14 号和 25 号以上的普通槽钢同一号数中，根据腹板厚度和翼宽度不同亦有 a、b、c 的分类，其腹板厚度和翼缘宽度均分别递增 2mm。槽钢翼缘内表面的斜度较共字钢为小，紧固螺栓比较容易。我国生产的最大槽钢为 40 号，长度为 5～19m（规格小者短，大者长）。槽钢主要用作承受横向弯曲的梁而后承受轴向力的杠杆。

热轧型钢分为宽翼缘 H 型钢（代号为 HK）、窄翼缘 H 钢（HZ）和 H 型钢桩〔HU〕3 类。规格以公称高度（单位为毫米）表示，其后标注 a、b、c，表示该公称高度下的相应规格，也可采用"腹板高×翼缘宽×腹板厚×翼缘厚（单位为毫米）"来表示，热轧 H 型钢的通常长度为 6～35m。H 型钢翼缘内表面没有斜度，与外表面平行。H 型钢的翼缘较宽且等厚，截面形状合理，使钢材能高效地发挥作用，其内、外表面平行，便于和其他的钢材交接。HK 型钢适用于轴心受压构件和压弯构件，HZ 型钢适用于压弯构件和梁构件。

（2）冷弯薄壁型钢。

建筑工程中使用的冷弯型钢常用厚度为 2～6mm 薄钢板或钢带（一般采用碳素结构钢或低含金结构钢）经冷弯或模压而成，故也称冷弯薄壁型钢。其表示方法与热轧型钢相同。冷弯型钢属于高效经济截面，由于壁薄、刚度好，能高效地发挥材料的作用，节约钢材，主要用于轻型钢结构。

（3）钢板、压型钢板。

建筑钢结构使用的钢板，按轧制方式可分为热轧钢板和冷轧钢板 2 类，其种类视厚度的不同，有薄板、厚板、特厚板和扁钢（带钢）之分。热轧钢板按厚度划分为厚板（厚度大于 4mm）和薄板（厚度为 0.35～4mm）两种；冷轧钢板只有薄板（厚度为 0.2～4mm）一种。建筑用钢板主要是碳素结构钢，一些重型结构、大跨度桥梁、高压容器等也采用低合金钢板。一般厚板可用于焊接结构；薄板可用作屋面或墙面等围护结构，以及涂层钢板的原材料。

钢板还可以用来弯曲为型钢，薄钢板经冷压或冷轧成波形、双曲形、V 形等形状，称为压型钢板。彩色钢板（又称为有机涂层薄钢板）、镀锌薄钢板、防腐薄钢板等都可用来制作压型钢板。压型钢板具有单位质量轻、强度高、抗震性能好、施工快、外形美观等特点，主要用于围护结构、楼板、屋面等，还可将其与保温材料等制成复合墙板，用途非常广泛。

7.5.2 钢筋混凝土用钢材

混凝土结构用钢主要有：热轧钢筋、冷轧带肋钢筋、冷轧扭钢筋、热处理钢筋和预应力混凝土用钢丝及钢绞线等。

1. 热轧钢筋

热轧钢筋根据其表面特征分为光圆钢筋和带肋（月牙肋）钢筋2类。根据《钢筋混凝土用钢 第1部分 热轧光圆钢筋》（GB1499.1—2008）、《钢筋混凝土用钢 第2部分 热轧带肋钢筋》（GB1499.2—2008）和《钢筋混凝土用余热处理钢筋》（GB 13014—1991）规定，热轧钢筋分为 HPB235（Q235）、HPB300、HRB335、HRB400、HRB500、HRBF335、HRBF400、HRBF500、RRB400（KL400）9个牌号，H，R，B 分别为热轧（Hot rolled）、带肋（Ribbed）、钢筋（Bars）3个词的英文首位字母。其中 HPB 代表热轧光圆钢筋，HRB 代表热轧带肋钢筋，HRBF 代表细晶粒热轧带肋钢筋，RRB 表示余热处理钢筋。热轧钢筋的牌号越高，则钢筋的强度越高，但韧性、塑性与可焊性降低。

热轧钢筋主要有 Q235 轧制的光圆钢筋和合金钢轧制的带肋钢筋。

（1）热轧光圆钢筋。

经热轧成型，横截面通常为圆形，表面光滑的成品钢筋。它的强度低，但具有塑性好、伸长率高、便于焊接等特点，其技术要求见表7.5.7。它的适用范围广，不仅用于中型构件的主要受力钢筋，构件的箍筋，还可用于制作冷拔低碳钢丝。

钢筋的 R_{eL}、R_m、A、A_{gt} 等力学性能特征值应符合表 7.5.7 的规定。表 7.5.7 所列各力学性能特征值，可作为交货检验的最小保证值。

表 7.5.7　　热轧光圆钢筋的技术要求（GB1499.1—2008）

牌　号	公称直径 a（mm）	屈服强度 R_{eL}（MPa）	抗拉强度 R_m（MPa）	断后伸长率 A（%）	最大力总伸长率 A_{gt}（%）	冷弯试验180° d—弯芯直径 a—钢筋公称直径
HPB235	6～11	≥235	≥370	≥23	≥10.0	$d=a$
HPB300		≥300	≥400			

注　根据供需双方协议，伸长率类型可从 A 或 A_{gt} 中选定。如伸长率类型未经协议确定，则伸长率采用 A，仲裁检验时采用 A_{gt}。

（2）热轧带肋钢筋。

钢筋混凝土用热轧带肋钢筋采用低合金钢热轧而成，横截面通常为圆形，表面带有两条纵肋和沿长度方向均匀分布的横肋。其牌号有 HRB335、HRB400、HRB500、HRBF335、HRBF400、HRBF500 6种，力学性能见表7.5.8。热轧带肋钢筋具有较高的强度、较好的塑性及可焊性，主要用于钢筋混凝土结构中的受力筋及预应力筋。

表 7.5.8　　热轧带肋钢筋的力学性能

牌号	屈服强度 R_{el} (MPa)	抗拉强度 R_m (MPa)	断后伸长率 A (%)	最大力总伸长率 A_{gt} (%)
HRB335 HRBF335	≥335	≥455	≥17	≥7.5
HRB400 HRBF400	≥400	≥540	≥16	
HRB500 HRBF500	≥500	≥630	≥15	

2. 冷拉钢筋

冷拉钢筋是用热轧钢筋加工而成。在常温下经过冷拉的钢筋可达到除锈、调直、提高强度、节约钢材的目的。热轧钢筋经过冷拉和时效处理后，其屈服点和抗拉强度增大17%～27%，材料变脆，屈服阶段变短，伸长率降低，冷拉时效后强度略有提高。为了保证冷拉钢材的质量，不使冷拉钢筋脆性过大，冷拉操作应采用双控法，即控制冷拉率和冷拉应力。如果冷拉至控制应力而未超过控制冷拉率，则合格；若达到冷拉率，未达到控制应力，则钢筋应降级使用。冷拉钢筋是钢筋加工的常用方法之一。

冷拉钢筋的技术性质应符合表 7.5.9 的要求。

表 7.5.9　　冷拉钢筋的力学性能

钢筋级别	钢筋直径 (mm)	屈服强度 (MPa)	抗拉强度 (MPa)	伸长率 σ_{10} (%)	冷弯 弯曲角度 (°)	冷弯 弯曲直径 (mm)
HPB235	≤12	≥280	≥370	≥11	180	3d
HRB335	≤25	≥450	≥510	≥10	90	3d
	28～40	≥430	≥490	≥10	90	4d
HRB400	8～40	≥500	≥570	≥8	90	5d
HRB500	10～28	≥700	≥835	≥6	90	5d

3. 冷轧带肋钢筋

冷轧带肋钢筋是热轧圆盘条经冷轧后，在其表面带有沿长度方向均匀分布的三面或二面横肋的钢筋。国家标准《冷轧带肋钢筋》（GB13788—2008）规定：冷轧带肋钢筋牌号由 CRB 和钢筋的抗拉强度最小值构成，分为 CRB550、CRB650、CRB800、CRB970 4 个牌号。其中 CRB550 钢筋的公称直径范围为 4～12mm；CRB650 及以上牌号钢筋的公称直径为 4mm、5mm、6mm。各牌号钢筋的力学性能和工艺性能表 7.5.10。

冷轧带肋钢筋强度高，塑性、焊接性好，握裹力强，广泛用于中、小预应力混凝土结构和普通钢筋混凝土结构构件中。CRB550 可作为普通混凝土结构的配筋，其他牌号则可作为预应力混凝土结构配筋。由于钢筋表面轧有肋痕，故有效地克服了冷拉、冷拔钢筋与混凝土握裹力低的缺点，同时还具有与冷拉、冷拔钢筋（丝）相接近的强度。

7.5 建筑钢材的技术标准与选用

表 7.5.10 冷轧带肋钢筋的力学性能和工艺性能

牌号	规定非比例延伸强度 $R_{p0.2}$ (MPa)	抗拉强度 R_m (MPa)	伸长率 (%)		弯曲试验 (180°)	反复弯曲次数	应力松弛初始应力应为公称抗拉强度的70% (初始应力=$0.7R_m$)
			$A_{11.3}$	A_{100}			1000h 松弛率 (%)
CRB550	≥500	≥550	≥8.0	—	$D=3d$	—	—
CRB650	≥585	≥650	—	≥4.0		≥3	≤8
CRB800	≥720	≥800	—	≥4.0		≥3	≤8
CRB970	≥875	≥970	—	≥4.0		≥3	≤8

注 表中 D 为弯心直径,d 为公称直径。

4. 预应力混凝土用热处理钢筋

预应力混凝土用热处理钢筋是用普通热轧中碳低合金钢经淬火和回火调质而成,按外形分为有纵肋和无纵肋两种（均有横肋）。通常有3个规格,即公称直径6mm（牌号$40Si_2Mn$）、8.2mm（牌号$48Si_2Mn$）和10mm（牌号$45Si_2Cr$）,热处理钢筋抗拉强度$\sigma_b \geq 1500$MPa,屈服点$\sigma_{0.2} \geq 1325$MPa,伸长率$\delta_{10} \geq 6\%$,特别适用于预应力混凝土构件的配筋。为了增加与混凝土的粘接力,钢筋表面常轧有通长的纵筋和均布的横肋。预应力混凝土用热处理钢筋的优点是：强度高,可代替高强钢丝使用；配筋根数少,节约钢材；锚固性好,不易打滑,预应力值稳定；施工简便,开盘后钢筋自然伸直,不需调直及焊接。主要用于预应力混凝土梁、板结构、钢筋混凝土轨枕和吊车梁等。

5. 冷拔低碳钢丝

冷拔低碳钢丝使用6.5～8mm的低碳钢热轧圆盘条经一次或多次冷拔制成的以盘卷供应的光面钢丝。其屈服强度可提高40%～60%。但是降低了低碳钢的塑性,变得硬脆,属硬钢类钢丝。用作预应力混凝土构件的钢丝,其力学性能应符合国标 GB50204—2002 的规定。

6. 预应力混凝土用钢丝及钢绞线

(1) 预应力混凝土用钢丝。预应力混凝土用钢丝是用优质碳素结构钢制成,抗拉强度高达1770MPa,根据《预应力混凝土用钢丝》（GB/T5223—2002）规定,按加工状态将预应力混凝土用钢丝分为冷拉钢丝（代号 WCD）和消除应力钢丝两类。消除应力钢丝按松弛性能又分为低松弛钢筋（代号 WLR）和普通松弛钢筋（代号 WNR）。钢丝按外形分为光圆钢丝（代号 P）、螺旋肋钢丝（代号 H）、刻痕钢丝（代号 I）。预应力混凝土用钢丝具有强度高、韧性好、无接头、不需冷拉、施工简便、质量稳定、安全可靠等优点。主要用于大跨度屋架及薄腹梁、大跨度吊车梁、桥梁、电杆、轨枕等。

(2) 预应力混凝土用钢绞线。预应力混凝土用钢绞线是以数根优质碳素结构钢钢丝经绞捻和消除内应力制成。根据钢丝的股数分为1×2、1×3和1×7 3类。1×7钢绞线是以一根钢丝为芯、6根钢丝围绕绞捻而成。钢绞线具有强度高、柔韧性好、无接头、质量稳定、施工简便等优点,使用时按要求的长度切割,适用于大荷载、大跨度、曲线配筋的预应力钢筋混凝土结构。

7.6 建筑钢材的腐蚀与防护

7.6.1 建筑钢材的腐蚀

钢材在使用中,经常与环境中的介质接触,由于环境介质的作用,其中的铁与介质发生化学作用或电化学作用而逐步被破坏,导致钢材腐蚀,亦可称为锈蚀。锈蚀不仅使其截面减少,降低承载力,而且由于局部腐蚀造成应力集中,易导致结构破坏。若受到冲击荷载或反复荷载的作用,将产生锈蚀疲劳使疲劳强度大大降低,甚至出现脆性断裂。尤其是钢结构,在使用期间应引起重视。

钢材受腐蚀的原因很多,主要影响因素有环境湿度、侵蚀介质性质及数量、钢材材质及表面状况等。根据其与环境介质的作用分为化学腐蚀和电化学腐蚀2类。

1. 化学腐蚀

化学腐蚀是由电解质溶液或各种干燥气体(如 O_2、CO_2、SO_2 等)所引起的一种纯化学性质的腐蚀,无电流产生。这种锈蚀多数是氧化作用,在钢材表面形成疏松的氧化铁。常温下,钢材表面可形成一薄层钝化能力很弱的氧化保护膜,其疏松、易破裂,有害介质可进一步渗入而发生反应,造成锈蚀。在干燥环境下,锈蚀进展缓慢。但在干湿交替的情况下,这种锈蚀进展加快。

2. 电化学腐蚀

电化学腐蚀也称湿腐蚀,是钢材与电解质溶液接触而产生电流,形成微电池从而引起锈蚀。例如在水溶液中的腐蚀和在大气、土壤中的腐蚀等。

钢材在潮湿的空气中,由于吸附作用,在其表面覆盖一层极薄的水膜,由于表面成分或者受力变形等的不均匀,使邻近的局部产生电极电位的差别,形成了许多微电池。在阳极区,铁被氧化成 Fe^{2+} 离子进入水膜。因为水中溶有来自空气中的氧,在阴极区氧被还原为 OH^- 离子,两者结合成为不溶于水的 $Fe(OH)_2$,并进一步氧化成为疏松易剥落的红棕色铁锈 $Fe(OH)_3$。在工业大气的条件下,钢材较容易锈蚀。

钢材在大气中的腐蚀,实际上是化学腐蚀和电化学腐蚀同时作用所致,但以电化学腐蚀为主。

7.6.2 建筑钢材的防护

钢材的腐蚀有材质的原因,也有使用环境和接触介质等原因,因此,防止腐蚀的方法也有所侧重。目前所采用的防腐蚀方法有:

(1) 耐候钢。耐腐蚀性能优于一般结构用钢的钢材称为耐候钢,一般含有磷、铜、镍、铬、钛等金属,使金属表面形成保护层,以提高耐腐蚀性。其低温冲击韧性也比一般的结构用钢好。

(2) 热浸锌。热浸锌是将除锈后的钢构件浸入 600℃ 左右高温融化的锌液中,使钢构件表面附着锌层,锌层厚度对 5mm 以下薄板不得小于 $65\mu m$,对厚板不小于 $86\mu m$。从而起到防腐蚀的目的。这种方法的优点是耐久年限长,生产工业化程度高,质量稳定,因而

7.6 建筑钢材的腐蚀与防护

被大量用于受大气腐蚀较严重且不易维修的室外钢结构中。如输电塔、通讯塔等。近年来大量出现的轻钢结构体系中的压型钢板等。也较多采用热浸锌防腐蚀。

（3）热喷铝（锌）复合涂层。这是一种与热浸锌防腐蚀效果相当的长效防腐蚀方法。具体做法是先对钢构件表面作喷砂除锈，使其表面露出金属光泽并打毛。再用乙炔－氧焰将不断送出的铝（锌）丝融化，并用压缩空气吹附到钢构件表面，以形成蜂窝状的铝（锌）喷涂层（厚度约 $80\sim100\mu m$）。最后用环氧树脂或氯丁橡胶漆等涂料填充毛细孔，以形成复合涂层。这种工艺的优点是对构件尺寸适应性强，构件形状尺寸几乎不受限制。如葛洲坝的船闸也是用这种方法施工的。另一个优点则是这种工艺的热影响是局部的，受约束的，因而不会产生热变形。与热浸锌相比，这种方法的工业化程度较低，喷砂喷铝（锌）的劳动强度大，质量也易受操作者的情绪变化影响。

（4）非金属涂层法。非金属覆盖是在钢材表面用非金属材料作为保护膜，如涂敷涂料、塑料和搪瓷等，与环境介质隔离，从而起到保护作用。

涂料通常分为底漆、中间漆和面漆。底漆要求有比较好的附着力和防锈能力，中间漆为防锈漆；面漆要求有较好的牢固度和耐候性以保护底漆不受损伤或风化。一般应为 2 道底漆（或一道底漆和一道中间漆）与两道面漆，要求高时可增加一道中间漆或面漆。使用防锈涂料时，应注意钢构件表面的防锈以及底漆、中间漆和面漆的匹配。

常用底漆有红丹底漆、环氧富锌漆、云母氧化铁底漆、铁红环氧底漆等。中间漆有红丹防锈漆、铁红防锈漆等。面漆有灰铅漆、醇酸磁漆和酚醛磁漆等。

（5）电化学保护法。对于不易涂覆保护层的钢结构，如地下管道、港口结构等，可采用电化学保护方法。按照金属电位变动的趋向，电化学保护分为阴极保护和阳极保护 2 类。

1）阴极保护：通过降低金属电位而达到保护目的的，称为阴极保护。根据保护电流的来源，阴极保护有外加电流法和牺牲阳极法。外加电流法是由外部直流电源提供保护电流，电源的负极连接保护对象，正极连接辅助阳极，通过电解质环境构成电流回路。牺牲阳极法是依靠电位负于保护对象的金属（牺牲阳极）自身消耗来提供保护电流，保护对象直接与牺牲阳极连接，在电解质环境中构成保护电流回路。阴极保护主要用于防止土壤、海水等中性介质中的金属腐蚀。

2）阳极保护：通过提高可钝化金属的电位使其进入钝态而达到保护目的的，称为阳极保护。阳极保护是利用阳极极化电流使金属处于稳定的钝态，其保护系统类似于外加电流阴极保护系统，只是极化电流的方向相反。只有具有活化—钝化转变的腐蚀体系才能采用阳极保护技术，例如浓硫酸贮罐、氨水贮槽等。

工程实例与分析

【例 7.1】 上海崇明越江通道长江大桥工程

工程概况：上海崇明越江通道长江大桥工程是交通部确定的国家重点公路建设项目，是上海到崇明越江通道南隧北桥的重要组成部分之一，连接长兴岛和崇明岛，全长 16.5km，其中越江桥梁长约 10km。主通航孔桥型采用主跨 730m 的双塔斜拉桥方案，是世界最大跨度的公路与轨道交通合建斜拉桥。

第7章 建筑钢材

防腐措施：①上海长江大桥经过严格的表面净化处理和喷砂除锈后，迅速进行电弧喷铝施工，避免了二次污染。②电弧喷涂采用的线状铝丝，表面光滑干净，无刮屑、缺口、严重扭弯和扭结，无氧化、无油脂或其他污染。材料按 GB/T3190—96 标准执行。

分析：长江大桥钢结构防腐工艺采用的电弧喷铝的防腐技术是经过几十年的不断创新，发展成为高效、节能、节材的长效防腐技术，它具有防护周期长、保护性能强、方便操作、普遍适用等特点，已经发展成为金属热喷涂技术中应用最广泛一种，日益成为国内外众多大跨度钢结构桥梁长效防腐的主流应用技术。

思 考 与 习 题

1. 脱氧程度对钢材杂质含量和品质有何影响？
2. 建筑钢材有哪几种分类方法？
3. 钢中的晶体组织（铁素体、渗碳体、珠光体）的概念及其性能特点如何？
4. 低碳钢拉伸时的应力－应变曲线分哪几个阶段？主要力学性质技术指标是什么？
5. 钢材热处理的方式有哪几种？效果如何？
6. 何谓钢材的冷加工强化与时效处理？经冷加工强化与时效处理后的钢材性能有何变化？
7. 何谓屈强比？屈强比的大小对钢材的使用有何影响？
8. 碳素结构钢与低合金结构钢的牌号如何表示？举例说明。
9. 何谓热轧钢筋？如何分类和分级？各自的性能和用途如何？
10. 钢材腐蚀的类型及常用防腐方法有哪几种？

第8章 沥青及沥青混合料

沥青是一种由许多高分子碳氢化合物及其非金属（氧、硫、氮等）衍生物所组成的在常温下呈黑色或黑褐色的固体、半固体或液体状态的复杂混合物。它能溶于苯或二硫化碳等有机溶剂中。

8.1 石油沥青与煤沥青

沥青按产源不同分为地沥青与焦油沥青两大类。地沥青有石油沥青与天然沥青；焦油沥青主要有煤沥青与页岩沥青，此外还有木沥青、泥炭沥青等。土木工程中主要使用石油沥青和煤沥青，以及以沥青为原料通过加入表面活性物质而得到的乳化沥青。

沥青按产源分类如图 8.1.1 所示。

沥青 { 地沥青 { 天然沥青—由沥青湖或含有沥青的砂岩等提炼而得
石油沥青—由石油原油蒸馏后的残留物经加工而得
焦油沥青 { 煤沥青—由煤焦油蒸馏后的残留物加工而得
页岩沥青—由页岩炼油工业的副产品

图 8.1.1 沥青类型

8.1.1 石油沥青

1. 石油沥青的分类

石油沥青可根据不同的情况进行分类，各种分类方法都有各自的特点和使用价值。

（1）按原油的成分分类。

1）石蜡基沥青。也称多蜡沥青。它是由含大量的烷烃成分的石蜡基原油提炼而得。这种沥青因原油中含有大量烷烃，沥青中含蜡量一般大于5%，有的高达10%以上。蜡在常温下往往以结晶体存在，降低了沥青的粘结性；表现为软化点高、针入度小、延度低，但抗老化性能较好，如果用丙烷脱蜡，仍然可得到延度较好的沥青。

2）环烷基沥青。也称沥青基沥青。由沥青基石油提炼而得的沥青。它含有较多的环烷烃和芳香烃，所以此种沥青的芳香性高，含蜡量一般小于2%，沥青的粘结性和塑性均较高。目前我国所产的环烷基沥青较少。

3）中间基沥青。也称混合基沥青。中间基沥青是由蜡质介于石蜡基原油和环烷基原油之间的原油提炼而得。所含烃类成分和沥青的性质一般均介于石蜡基沥青和环烷基沥青之间。

我国石油油田分布广，但国产石油多属石蜡基和中间基原油。

（2）按加工方法分类。

1）直馏沥青。也称残留沥青。用直馏的方法将石油在不同的沸点温度馏分（汽油、煤油、柴油）取出之后，最后残留的黑色液体状产品，符合沥青标准的，称为直馏沥青；不符合沥青标准的，针入度大于 300 的，含蜡量大的称为渣油。在一般情况下，低稠度原油生产的直馏沥青，其温度稳定性不足，还需要进行氧化处理才能达到粘稠石油沥青的性质指标。

2）氧化沥青。将常压或减压重油，或低稠直馏沥青在 250～300℃高温下吹入空气，经过数小时氧化可获得常温下为半固体或固体状的沥青。氧化沥青具有良好的温度稳定性。在道路工程中使用的沥青，氧化程度不能太深，有时也称为半氧化沥青。

3）溶剂沥青。这种沥青是对含蜡量较高的重油采用溶剂萃取工艺，提炼出润滑油原料后所余残渣。在溶剂萃取过程中，一些石蜡成分溶解在萃取溶剂中随之被拔出，因此，溶剂沥青中石蜡成分相对减少，其性质较石蜡基原油生产的渣油或氧化沥青有很大的改善。

4）裂化沥青。在炼油过程中，为增加出油率，对蒸馏后的重油在隔绝空气和高温下进行热裂化，使碳链较长的烃分子转化为碳链较短的汽油、煤油等。裂化后所得到的裂化残渣，称为裂化沥青。裂化沥青具有硬度大、软化点高、延度小、没有足够的黏度和温度稳定性，不能直接用于道路上。

（3）按沥青在常温下的稠度分类。

根据用途的不同，要求石油沥青具有不同的稠度，一般可以分为粘稠沥青和液体沥青两大类。黏稠沥青在常温下为半固态或固态。如按针入度分级时，针入度小于 40 为固体沥青，针入度在 40～300 之间的呈半固体，而针入度大于 300 者为粘性液体状态（单位为 0.1mm）。

（4）按用途分类。

1）道路石油沥青。主要含有直馏沥青，是石油蒸馏后的残留物或残留物氧化而得的产品。

2）建筑石油沥青。主要含氧化沥青，是原油蒸馏后的重油经氧化而得的产品。

3）普通石油沥青。主要含石蜡基沥青，它一般不能直接使用，要掺配或调和后才能使用。

液体沥青在常温下多呈黏性液体或液体状态，根据凝结速度的不同，可按标准黏度分级划分为慢凝液体沥青、中凝液体沥青和快凝液体沥青 3 种类型。在生产应用中，常在黏稠沥青中掺入一定比例的溶剂，配制的稠度很低的液体沥青，称为稀释沥青。

2. 石油沥青的化学组成和结构

（1）石油沥青的化学组分。

石油沥青是由多种碳氢化合物及其非金属（氧、硫、氮）衍生物组成的混合物，主要组分为碳（占 80%～87%）、氢（占 10%～15%），其余为氧、硫、氮（约占 3% 以下）等非金属元素，此外还含有微量金属元素。

石油沥青的化学组成非常复杂，通常难以直接确定化学成分及含量与石油沥青工程性能之间的相互关系。为反映石油沥青组成与其性能之间的关系，通常是将其化学成分和物理性质相近，且具有某些共同特征的部分，划分为一个化学成分组，并对其进行组分分析，以研究这些组分与工程性质之间的关系。

我国现行的《公路工程沥青及沥青混合料试验规程》（JTG E20—2011）中规定采用的是三组分分析法或四组分分析法。

1) 三组分分析法。

石油沥青的三组分分析法是将石油沥青分为油分、树脂和沥青质三个组分。因我国富产石蜡基中间基沥青，在油分中往往含有蜡，故在分析时还应将油蜡分离。因为这种方法兼用了选择性溶解和选择性吸附的方法，所以又称为溶解—吸附法。该方法分析流程是用正庚烷沉淀沥青质，继将溶于正庚烷中的可溶分用硅胶吸附，装于抽提仪中抽提油蜡，再用苯与乙醇的混合液抽提胶质。最后将抽出的油蜡用甲乙酮（丁酮）—苯混合液为脱蜡溶剂，在-20℃的条件下，冷冻过滤分离油分、蜡。三组分分析法对各组分进行区别的性状见表8.1.1。

表 8.1.1　　　　　　　　石油沥青三组分分析法的各组分性状

性状	外观特征	平均分子量	含量（%）	碳氢比（原子比）	物理化学特性
油分	淡黄色透明液体	200～700	45～60	0.5～0.7	溶于大部分有机溶剂，具有光学活性，常发现有荧光
树脂	红褐色粘稠半固体	800～3000	15～30	0.7～0.8	温度敏感性强，熔点低于100℃
沥青质	深褐色固体微粒	1000～5000	5～30	0.8～1.0	加热不熔化而碳化

不同组分对石油沥青性能的影响不同。油分赋予沥青流动性，其含量的多少直接影响沥青的柔软性、抗裂性及施工难度，在一定条件下油分可以转化为树脂甚至沥青质。

树脂使沥青具有良好的塑性和黏结性，树脂又分为中性树脂和酸性树脂。中性树脂使沥青具有一定的塑性、可流动性和黏结性，其含量增加，沥青的黏聚性和延伸性增加。沥青树脂中还含有少量的酸性树脂，它是沥青中活性最强的组分，能改善沥青对矿质材料的浸润性，特别是提高了与碳酸盐岩石的黏附性，增加了沥青的可乳化性。

沥青质则决定沥青的黏结力、黏度和温度稳定性，以及沥青的硬度和软化点等。沥青质含量增加时，沥青的黏度和粘结力增加，硬度和温度稳定性提高。

石油沥青三组分分析法的组分界限明确，不同组分间的相对含量可在一定程度上反映沥青的工程性能；但采用该方法分析石油沥青时分析流程复杂，所需时间长。

2) 四组分分析法。

四组分分析法是将石油沥青分离为沥青质（At）、饱和分（S）、芳香分（Ar）和胶质（R）四种组分，并分别研究不同组分的特性及其对沥青工程性质的影响。

四组分分析法是将沥青试样先用正庚烷沉淀"沥青质（At）"，再将可溶分（即软沥青质）吸附于氧化铝谱柱上，先用正庚烷冲洗，所得的组分称为"饱和分（S）"；继用甲苯冲洗，所得的组分称为"芳香分（Ar）"；最后用甲苯—乙醇、甲苯、乙醇冲洗，所得组分称为"胶质（R）"。各组分性状见表8.1.2。

表 8.1.2　　　　　　　　　石油沥青四组分分析法的各组分性状

性状 组分	外观特征	平均比重	平均分子量	主要化学结构
饱和分	无色液体	0.89	625	烷烃、环烷烃
芳香分	黄色至红色液体	0.99	730	芳香烃、含 S 衍生物
胶质	棕色黏稠液体	1.09	970	多环结构，含 S、O、N 衍生物
沥青质	深褐色至黑色固体	1.15	3400	缩合环结构，含 S、O、N 衍生物

沥青质是不溶于正庚烷而溶于苯（或甲苯）的黑色或棕色的无定形固体，除含有碳和氢外还有一些氮、硫、氧。沥青质含量对沥青的流变特性有很大影响。增加沥青质含量，便生产出较硬、针入度较小和软化点较高的沥青，黏度也较大。沥青质的存在，对沥青的黏度、黏结力、温度稳定性都有很大的影响。

胶质是深棕色固体或半固体，极性很强，是沥青质的扩散剂或胶溶剂。其溶于正庚烷，主要由碳和氢组成的，并含有少量的氧、硫和氮。胶质赋予沥青可塑性、流动性和黏结性，并能改善沥青的脆裂性和提高延度。其化学性质不稳定，易于氧化转变为沥青质。胶质对沥青质的比例在一定程度上决定了沥青的胶体结构类型。

芳香分是由沥青中最低分子量的环烷芳香化合物组成的，它是胶溶沥青质的分散介质。芳香分是呈深棕色的黏稠液体，由非极性碳链组成，其中非饱和环体系占优势，对其他高分子烃类具有很强的溶解能力。

饱和分是由直链烃和支链烃所组成的，是一种非极性稠状油类，呈稻草色或白色。其成分包括有蜡质及非蜡质的饱和物，饱和分对温度较为敏感。

芳香分和饱和分都作为油分，在沥青中起着润滑和柔软作用，使胶质—沥青质软化（塑化），使沥青胶体体系保持稳定。油分含量越多，沥青软化点越低，针入度越大，稠度越低。

在沥青四组分中，各组分相对含量的多少决定了沥青的性能。若饱和分适量，且芳香分含量较高时，沥青通常表现为较强的可塑性与稳定性；当饱和分含量较高时，沥青抵抗变形的能力就较差，虽然具有较高的可塑性，但在某些环境条件下稳定性较差；随着沥青中胶质和沥青质的增加，沥青的稳定性越来越好，但其施工时的可塑性却越来越差。

3）沥青的含蜡量。

沥青的含蜡量对沥青性能的影响，是沥青性能研究的一个重要课题。特别是我国富产石蜡基原油的情况下，更为众所关注。蜡对沥青性能的影响，现有研究认为：沥青中蜡的存在，在高温时会使沥青容易发软，导致沥青高温稳定性降低，出现车辙或流淌；相反，在低温时会使沥青变得脆硬，导致低温抗裂性降低；此外，蜡会使沥青与石料黏附性降低，在有水的条件下，会使路面石子产生剥落现象，造成路面破坏；更严重的是，含蜡沥青会使沥青路面的抗滑性降低，影响路面的行车安全。对于沥青含蜡量的限制，由于世界各国测定方法不同，所以限制值也不一致，其范围为 2%～4%。道路石油沥青技术要求规定，A 级沥青含蜡量（蒸馏法）不大于 2.2%，B 级沥青不大于 3.0%，C 级沥青不大于 4.5%。

(2) 石油沥青的胶体结构。

沥青的工程性质，不仅取决于它的化学组分，而且与其胶体结构的类型有着密切联系。石油沥青的胶体结构是影响其性能的另一重要原因。

现代胶体理论认为：大多数沥青属于胶体体系，它是以固态超细微粒的沥青质为分散相，通常是若干沥青质聚集在一起，吸附了极性较强的半固态胶质形成"胶团"。由于胶溶剂—胶质的胶溶作用，而使胶团胶溶、分散于液态的芳香分与饱和分组成的分散介质中，形成稳定的胶体。在沥青中，分子量很高的沥青质不能直接胶溶于分子量很低的芳香分和饱和分的介质中，特别是饱和分为胶凝剂，它会阻碍沥青质的胶溶。沥青之所以能形成稳定的胶体，是因为强极性的沥青质吸附了极性较强的胶质，胶质中极性最强的部分吸附在沥青质表面，然后逐步向外扩散，极性逐渐减小，芳香度也逐渐减弱，距离沥青质越远，则极性越小，直至与芳香分接近，再到几乎没有极性的饱和分。这样，在沥青胶体结构中，从沥青质到胶质，再从芳香分到饱和分，它们的极性是逐步递减的，没有明显的分界线。

1) 溶胶型结构。石油沥青的性质随各组分的数量比例的不同而变化。当油分和树脂较多时，胶团外膜较厚，胶团之间相对运动较自由，这种胶体结构的石油沥青，称为溶胶型石油沥青。其特点是流动性和塑性较好，开裂后自行愈合能力较强；而对温度的敏感性强，即对温度的稳定性较差，温度过高会流淌。

2) 凝胶型结构。当油分和树脂含量较少时，胶团外膜较薄，胶团相互靠近聚集，吸引力增大，胶团间相互移动比较困难。这种胶体结构的石油沥青称为凝胶型石油沥青。其特点是弹性和黏性较高，温度敏感性较小，开裂后自行愈合能力较差，流动性和塑性较低。在工程性能上，高温稳定性较好，但低温变形能力较差。通常，深度氧化的沥青多属于凝胶型沥青。

3) 溶—凝胶型结构。当沥青质不如凝胶型石油沥青中的多，而胶团间靠得又较近，相互间有一定的吸引力时，形成一种介于溶胶型和凝胶型二者之间的结构，称为溶—凝胶型结构。溶—凝胶型石油沥青的性质也介于溶胶型和凝胶型两者之间。其特点是高温时具有较低的感温性，低温时又具有较强的变形能力。修筑现代高等级沥青路面使用的沥青，都属于这一类胶体结构的沥青。

溶胶型、溶—凝胶型及凝胶型胶体结构的石油沥青示意图如图8.1.2所示。

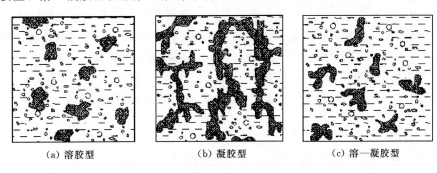

(a) 溶胶型　　　　(b) 凝胶型　　　　(c) 溶—凝胶型

图8.1.2　石油沥青胶体结构类型示意图

值得一提的是蜡对沥青胶体结构的影响。蜡组分在沥青胶体结构中，可溶于分散介质芳香分和饱和分中，在高温时，它的黏度很低，会降低分散介质的黏度，使沥青胶体结构向溶胶方向发展；在低温时，它能结晶析出，形成网络结构，使沥青胶体结构向凝胶方向发展。

表 8.1.3 沥青的针入度指数和胶体结构类型

沥青针入度指数 PI	沥青胶体结构类型
<−2	溶胶型
−2～+2	溶凝胶型
>+2	凝胶型

沥青的胶体结构与其路用性能有着密切的关系。为工程使用方便，通常采用针入度指数法划分其胶体结构类型，见表 8.1.3。

3. 石油沥青的技术性质及测试方法

(1) 防水性。

石油沥青是憎水性材料。本身构造致密，与矿物材料表面有很好的黏结力，能紧密黏附于矿物材料表面；同时它还具有一定的塑性，能适应材料或构件的变形。所以石油沥青具有良好的防水性，广泛用作土木工程的防潮、防水材料。

(2) 物理特征常数。

1) 密度。沥青密度是指在规定温度条件下，单位体积的质量，单位是 kg/m³ 或 g/cm³。我国现行试验规程（JTG E20—2011）中规定温度为 15℃。也可以用相对密度来表示。相对密度是指在规定温度下，沥青质量与同体积水质量之比。通常黏稠沥青的相对密度在 0.96～1.04 范围内波动。沥青的密度在一定程度上可反映沥青各组分的比例及其排列的紧密程度。沥青中含蜡量较高，则相对密度较小；含硫量大、沥青质含量高则相对密度较大。沥青密度是在沥青质量与体积之间相互换算以及沥青混合料配合比设计中必不可少的重要参数，也是沥青使用、贮存、运输、销售过程中不可或缺的参数。我国富产石蜡基沥青，其特征为含硫量低、含蜡量高、沥青质含量少，所以密度常在 1.00g/cm³ 以下。

2) 热胀系数。温度上升时，沥青的体积会发生膨胀。沥青在温度上升 1℃ 时的长度或体积的变化，分别称为线胀系数或体胀系数，统称热胀系数。沥青路面的开裂，与沥青混合料的热胀系数有关。沥青混合料的热胀系数，主要取决于沥青的热力学性质。特别是含蜡沥青，当温度降低时，蜡由液态转变为固态，比容突然增大，沥青的热胀系数发生突变，因而易导致路面产生开裂。

3) 介电常数。介电常数指沥青作为介质时平行板电容器的电容与真空作介质时相同平行板电容器的电容之比。沥青的介电常数与沥青使用的耐久性有关，这是早就为人们所知的。现代高速交通的发展，要求沥青路面具有高的抗滑性，根据英国道路研究所（TRRL）研究认为，沥青的介电常数与沥青路面抗滑性也有很好的相关性。

4) 溶解度。溶解度是指石油沥青在三氯乙烯、四氯化碳或苯中溶解的百分率。不溶解的物质会降低石油沥青的性能（如黏性等），因而溶解度可以表示石油沥青中有效物质含量。

(3) 黏滞性。

沥青的黏滞性是反映沥青材料内部阻碍其相对流动的一种特性，是技术性质中与沥青路面力学行为联系最密切的一种性质。在现代交通条件下，为防止路面出现车辙，沥青黏度的选择是首要考虑的参数。沥青的黏性通常用黏度表示，黏度是现代沥青等级（标号）

划分的主要依据。

1) 沥青的绝对黏度。

如果采用一种剪切变形的模型来描述沥青在沥青与矿质材料的混合料中的应用，可取一对互相平行的平面，在两平面之间分布有一沥青薄膜，薄膜与平面的吸附力远大于薄膜内部胶团之间的作用力。当下层平面固定，外力作用于顶层表面发生位移时（图8.1.3）按牛顿定律可得到式（8.1.1）。

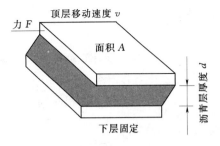

图8.1.3 沥青绝对黏度概念图

$$F = \eta A \frac{v}{d} \tag{8.1.1}$$

式中 F——移动顶层平面的力，N（即等于沥青薄膜内部胶团抵抗变形的能力）；

A——沥青薄膜层的面积，cm^2；

v——顶层位移的速度，m/s；

d——沥青薄膜的厚度，cm；

η——反映沥青黏滞性的系数，即绝对黏度，Pa·s。

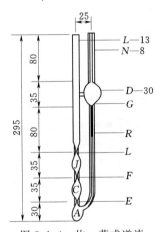

图8.1.4 坎—芬式逆流毛细管粘度计

由式（8.1.1）得知，当相邻接触面积大小和沥青薄膜厚度一定时，欲使相邻平面以速度 v 发生位移所用的外力与沥青黏度成正比。

当令，$\tau = F/A$、$\gamma = v/d$ 时，可将式（8.1.1）改写为：

$$\eta = \frac{\tau}{\gamma} \tag{8.1.2}$$

沥青绝对黏度的测定方法：我国现行试验规程《公路工程沥青及沥青混合料试验规程》（JTG E20—2011）规定，沥青运动黏度采用毛细管法；沥青动力粘度采用真空减压毛细管法。

a. 毛细管法，是测定沥青运动黏度的一种方法。该法是测定沥青试样在严格控温条件下，于规定温度（黏稠石油沥青为135℃、液体石油沥青为60℃），通过坎—芬式逆流毛细管粘度计（图8.1.4）（亦可采用其他符合规程要求的黏度计），流经规定体积所需的时间，按下式计算运动黏度：

$$V_T = ct \tag{8.1.3}$$

式中 V_T——在温度 T 测定的运动黏度，mm^2/s；

c——黏度计标定常数，mm^2/s；

t——流经时间，s。

b. 真空减压毛细管法。

是测定沥青动力黏度的一种方法。该法是沥青试样在严密控制的真空装置内，保持一定的温度（通常为60℃），通过规定型号的毛细管黏度计（通常采用的有美国沥青学会式，即 AI 式，如图8.1.5），流经规定的体积，所需要的时间（以 s 计）。按下式计算动力黏度：

$$\eta_T = kt \tag{8.1.4}$$

式中 η_T——在温度 T℃测定的动力黏度，Pa·s；

k——黏度计常数，Pa·s/s；

t——流经规定体积时间，s。

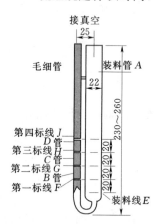

图 8.1.5 真空毛细管黏度计

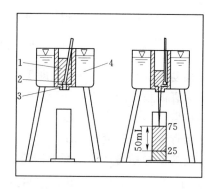

图 8.1.6 标准黏度计测定液体沥青示意图
1—沥青试样；2—活动球赛；3—流孔；4—水

2）石油沥青标准黏度计试验。

标准黏度计试验是测定液体沥青、煤沥青和乳化沥青等黏度通常采用的方法。该试验方法是将液态的沥青材料在标准黏度计中（见图 8.1.6），于规定的温度条件下（20℃、25℃、30℃或 60℃），通过规定孔径（3mm、5mm 或 10mm）的流出孔，测定流出 50mL 体积沥青所需要的时间，以 s 计，常用符号 $C_{T,d}$ 表示。T 为测试温度，d 为流孔直径。在相同温度和流孔直径的条件下，流出的时间越长，表示沥青黏度越大。

我国液体沥青是采用黏度来划分技术等级的。

3）针入度。

对于黏稠（固态、半固态）石油沥青的相对黏度是用针入度仪测定的针入度值表示（图 12.7.1）。针入度反映石油沥青抵抗剪切变形的能力，针入度值越小，表明黏度越大。针入度是在规定温度条件下，以规定重量 100g 的标准针，经历规定时间 5s 贯入试样中的深度，以 1/10mm 为一度表示，记作 $P_{T,m,t}$，其中 P 表示针入度，T 为试验温度（℃），m 为试针质量（g），t 为贯入时间（s）。常用的试验条件为：$P_{(25℃,100g,5s)}$。

实质上，针入度是测定沥青稠度的一种指标。针入度越大，表示沥青越软，稠度越小；反之，表示沥青稠度越大。一般说来，稠度越大，沥青的黏度越大。

我国现行黏稠沥青技术指标，针入度是划分石油沥青标号的主要技术指标。

（4）温度敏感性。

温度敏感性（简称感温性）是指石油沥青的黏滞性和塑性随温度升降而变化的性能。

石油沥青中含有大量高分子非晶态热塑性物质，当温度升高时，这些非晶态热塑性物质之间就会逐渐发生相对滑动，使沥青由固态或半固态逐渐软化，乃至像液体一样发生黏性流动，从而呈现所谓的"黏流态"。当温度降低时，沥青又逐渐由黏流态凝固为半固态或固态（又称"高弹态"）。随着温度的进一步降低时，低温下的沥青会变得像玻璃一样又硬又脆（亦称"玻璃态"）。这种变化的快慢反映出沥青的黏滞性和塑性随温度的升降而变化的特性，即沥青的温度敏感性。

变化程度小，则沥青温度敏感性小，反之则温度敏感性大。为保证沥青的物理力学性能在工程使用中具有良好的稳定性，通常期望它具有在温度升高时不易流淌，而温度降低时而不硬脆开裂的性能。因此，在工程中应尽可能的采用温度敏感性小的沥青。

沥青的感温性是采用"黏度"随"温度"而变化的行为（黏—温关系）来表达。常用的评价指标是软化点和针入度指数。

1) 软化点。

软化点是反映沥青达到某种物理状态时的条件温度。我国现行试验法是采用环球法测软化点。该法是将沥青试样注于内径为 19.8mm 的铜环中，环上置一直径 9.53mm，重 3.5g 的钢球，在规定的加热速度（5℃/min）下进行加热，沥青试样逐渐软化，直至在钢球荷重作用下，使沥青产生 25.4mm 垂度时的温度，称为软化点。实验示意图见图 12.8.4。

根据已有研究认为：沥青在软化点时的黏度约为 1200Pa·s，或相当于针入度值 800 (0.1mm)。据此，可以认为软化点是一种人为的"等黏温度"。由此可见，针入度是在规定温度下测定沥青的条件黏度，而软化点则是沥青达到条件黏度时的温度，所以软化点既是反映沥青材料热稳定性的一个指标，也是沥青黏度的一种量度。

2) 针入度指数。

软化点是沥青性能随着温度变化过程中重要的标志点。但它是人为确定的温度标志点，单凭软化点这一性质，来反映沥青性能随温度变化的规律并不全面。目前用来反映沥青温度敏感性的常用指标为针入度指数 PI。

针入度指数（简称 PI）是基于以下基本事实的：根据大量试验结果，沥青针入度值的对数（$\lg P$）与温度（T）具有线性关系：

$$\lg P = AT + K \tag{8.1.5}$$

式中 A——针入度—温度感应性系数，可由针入度和软化点确定，即直线的斜率；

K——回归系数，即直线的截距（常数）。

A 表征沥青针入度（$\lg P$）随温度（T）的变化率，其数值越大，表明温度变化时，沥青的针入度变化得越大，沥青的温度敏感性越大。

为了计算 A 值，可以根据已知 25℃ 时的针入度值 $P_{(25℃,100g,5s)}$ 和软化点 $T_{R\&B}$，并假设软化点时的针入度值为 800，可绘出针入度—温度感应性系数关系图，如图 8.1.7 所示，并建立针入度—温度感应性系数 A 的基本公式 (8.1.6)：

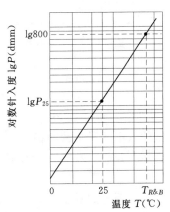

图 8.1.7 针入度—温度感应性关系图

$$A=\frac{\lg 800-\lg P_{(25℃,100g,5s)}}{T_{R\&B}-25} \tag{8.1.6}$$

式中 $P_{(25℃,100g,5s)}$——在 25℃，100g，5s 的条件下测定的针入度值，0.1mm；

$T_{R\&B}$——环球法测定的软化点，℃。

按式（8.1.6）计算得到的 A 值均为小数，为使用方便起见，改用针入度指数（PI）表示，按式（8.1.7）计算：

$$PI=\frac{30}{1+50A}-10=\frac{30}{1+50\left(\frac{\lg 800-\lg P_{(25℃,100g,5s)}}{T_{R\&B}-25}\right)}-10 \tag{8.1.7}$$

由式（8.1.7）得知，沥青的针入度指数范围是－10～20；针入度指数是根据一定温度变化范围内，沥青性能的变化来计算出的。因此，利用针入度指数来反映沥青性能随温度的变化规律更为准确；针入度指数（PI）值越大，表示沥青的温度敏感性越低。以上针入度指数的计算公式是以沥青在软化点时的针入度为 800（0.1mm）为前提的。实际上，沥青在软化点时的针入度波动于 600～1000（0.1mm）之间，特别是含蜡量高的沥青，其波动范围更宽。因此，我国现行标准中规定，针入度指数是利用 15℃、25℃ 和 30℃ 的针入度回归得到的。

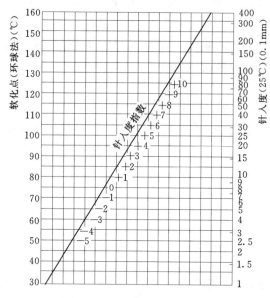

图 8.1.8 由针入度和软化点求取针入度指数 PI 的诺模图

针入度指数 PI 值可以采用公式计算，也可以采用诺模图法获得。沥青针入度指数 PI 诺模图如图 8.1.8 所示。

石油沥青温度敏感性与沥青质含量和蜡含量密切相关。沥青质增多，温度敏感性降低。工程上往往用加入滑石粉、石灰石粉或其他矿物填料的方法来减小沥青的温度敏感性。沥青含蜡量多时，其温度敏感性大。

（5）延展性。

延展性也常称为石油沥青的塑性，是指石油沥青在外力作用时产生变形而不破坏（裂缝或断开），除去外力后，则仍保持变形后形状的性质。它反映的是沥青受力时所能承受的塑性变形的能力，通常用延度表示。沥青延度采用延度仪测试，是把沥青试样制成"∞"字形标准试件（中间最小截面积 1cm²）在规定速度和规定温度下拉断时延伸的长度，以 cm 为单位表示（图 12.7.2）。延度值越大，塑性越好，沥青的柔韧性越好，沥青的抗裂性也越好。

石油沥青的延度与其组分有关。石油沥青中树脂含量较多，而其他组分含量又适当时，则沥青延展性较大。当沥青化学组分不协调，胶体结构不均匀，含蜡量增加时，都会使沥青的延度相对降低。

(6) 脆性。

沥青材料在低温下,受到瞬时荷载的作用时,常表现为脆性破坏。沥青脆性的测定极其复杂,弗拉斯脆点作为反映沥青低温脆性的指标被不少国家采用。弗拉斯脆点的试验方法是将沥青试样 0.4g 在一个标准的金属片上摊成涂薄层,将此金属片置于有冷却设备的脆点仪内,摇动脆点仪曲柄,能使涂有沥青薄层的金属片产生弯曲。随着制冷设备中制冷剂温度以 1℃/min 的速度降低,沥青薄层的温度亦随之降低,当降低至某一温度时,沥青薄层在规定弯曲条件下产生脆断时的温度即为沥青的脆点。一般认为,沥青脆点越低,低温抗裂性越好。有研究表明,许多含蜡量较高的沥青弗拉斯脆点虽低,但冬季开裂情况严重,因此实测的弗拉斯脆点不能表征含蜡量较高沥青的低温性能。

在工程实际应用中,要求沥青具有较高的软化点和较低的脆点,否则容易发生沥青材料夏季流淌或冬季变脆甚至开裂等现象。

(7) 加热稳定性。

沥青在加热或长时间加热的过程中,会发生轻质馏分挥发、氧化、裂化、聚合等一系列物理及化学变化,使沥青的化学组成及性质相应的发生变化。这种性质称为沥青加热稳定性。

为了解沥青材料在路面施工及使用过程的耐久性,规范《公路工程沥青及沥青混合料试验规程》(JTG E20—2011) 规定,要对沥青材料进行加热质量损失和加热后残渣性质的试验。对道路石油沥青采用薄膜加热试验(TFOT)或旋转薄膜烘箱试验(RTFOT)后,测定质量变化、25℃残留针入度比及 10℃或 15℃的残留延度。

1) 沥青薄膜加热试验(TFOT)。

该法是将 50g 沥青试样装入盛样皿内,使沥青成为厚约 3.2mm 的沥青薄膜。沥青薄膜在 163℃±1℃的标准薄膜加热烘箱(图 8.1.9)中加热 5h 后,取出冷却,测定其质量损失,并按规定的方法测定残留物的针入度、延度等技术指标。

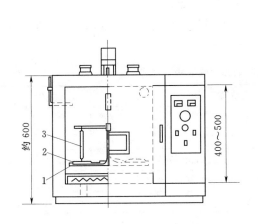

图 8.1.9 沥青薄膜加热烘箱
1—转盘;2—试样;3—温度计

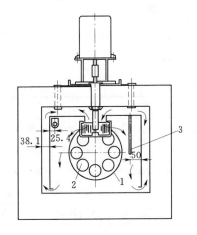

图 8.1.10 沥青旋转薄膜加热烘箱
1—垂直旋转盘;2—盛样瓶插孔;3—试验温度计

2) 旋转薄膜烘箱试验(RTFOT)。该法(图 8.1.10)是将沥青试样在垂直方向旋转,沥青膜较薄,并通过鼓入热空气,以加速老化,使试验时间缩短为75min。其试验结果精度较高。

(8) 黏附性。

黏附性是沥青材料的主要功能之一,沥青在沥青混合料中以薄膜的形式裹覆在集料颗粒表面,并将松散的矿质集料黏结为一个整体。沥青与集料的黏附性直接影响沥青路面的使用质量和耐久性,所以黏附性是评价沥青技术性能的一个重要指标。沥青裹覆集料后的抗水性(即抗剥性)不仅与沥青的性质有密切关系,而且亦与集料性质有关。

1) 黏附机理。

沥青与集料的黏附作用,是一个复杂的物理—化学过程。目前,对黏附机理有多种解释。润湿理论认为:在有水的条件下,沥青对石料的黏附性,可用沥青—水—石料三相体系来讨论。沥青—水—石体系达到平衡时,沥青欲置换水而黏附于石料的表面,主要取决于沥青与水的界面能 γ_{uu} 和沥青与水的接触角 θ。在确定的石料条件下,γ_{uu} 和 θ 均取于沥青的性质。沥青的性质中主要为沥青的稠度和沥青中极性物质的含量(如沥青酸及其酸酐等)。随着沥青稠度和沥青酸含量的增加,沥青与碱性集料接触时就会产生很强的化学吸附作用,黏附力很大,黏附牢固。而当沥青与酸性集料接触时则较难产生化学吸附,分子间的作用力只是由于范德华力的物理吸附,这比化学吸附力要小得多,因此沥青中表面活性物质(如沥青酸及其酸酐等)的存在及含量与吸附性有重要的关系。

2) 评价方法。

我国现行试验法(JTG E20—2011)规定,沥青与集料的黏附性试验,根据沥青混合料中集料的最大粒径决定,大于13.2mm者采用水煮法;小于(或等于)13.2mm者采用水浸法。水煮法是选取粒径为13.2~19mm形状接近正立方体的规则集料5个,经沥青裹覆后,在蒸馏水中沸煮3min,按沥青膜剥落面积百分率分为五个等级来评价沥青与集料的黏附性。水浸法是选取9.5~13.2mm的集料100g与5.5g的沥青在规定温度条件下拌和,配制成沥青—集料混合料,冷却后浸入80℃的蒸馏水中保持30min,然后按剥落面积百分率来评定沥青与集料的黏附性。黏附性等级共分5个等级(表8.1.4),最好为5级,最差为1级。

表8.1.4 沥青与集料的黏附性等级

试验后石料表面上沥青膜剥落情况	黏附性等级
沥青膜完全保存,剥落面积百分率接近于0	5
沥青膜少部为水所移动,厚度不均匀,剥落面积百分率小于10%	4
沥青膜局部明显为水所移动,但还基本留在石料表面上,剥落面积百分率少于30%	3
沥青膜大部分为水所移动,局部保留在石料表面上,剥落面积百分率大于30%	2
沥青膜完全为水所移动,石料基本裸露,沥青完全浮于水面上	1

(9) 大气稳定性。

大气稳定性是指石油沥青在热、阳光、氧气和潮湿等因素的长时期综合作用下抵抗老化的性能。

石油沥青在贮运、加工、使用的过程中,由于长时间暴露于空气、阳光下,受温度变化、光、氧气及潮湿等因素的综合作用，会发生一系列的蒸发、脱氧、缩合、氧化等物理与化学变化。这些变化使得沥青含氧官能团增多，小分子量的组分将被氧化、挥发或发生聚合、缩合等化学反应而变成大分子组分。其结果将是沥青组分中油分逐渐减少，沥青质和沥青碳等脆性成分增加，表现为沥青的流动性和塑性降低，针入度变小，延度降低，软化点升高，黏附性变差，容易发生脆裂。这种变化称为石油沥青的老化。石油沥青的老化是一个不可逆的过程，并决定了沥青的使用寿命。

沥青抗老化性是反映大气稳定性的主要指标，其评定方法是利用沥青试样在加热蒸发前后的"蒸发损失百分率"、"蒸发后针入度比"或"老化后延度"来评定。即先测定沥青试样的质量及针入度，然后将试样置于163℃烘箱中加热蒸发5h，待冷却后再测定其质量和针入度，计算出蒸发损失的质量占原质量的百分比即为"蒸发损失率"，蒸发后针入度与原针入度之比即为"蒸发后针入度比"，同时再测定蒸发后的延度。石油沥青经蒸发后的质量损失百分率越小，蒸发后针入度比和延度越大，表明其抗老化性能越强，大气稳定性越好。

(10) 施工安全性。

沥青材料在使用时必须加热，当加热至一定温度时，沥青材料中挥发的油分蒸汽与周围空气组成混合气体，此混合气体遇火焰则发生闪火。若继续加热，油分蒸汽的饱和度增加，由于此种蒸汽与空气组成的混合气体遇火焰极易燃烧，易发生火灾。沥青加热时与火焰接触发生闪火和燃烧的最低温度，即所谓闪点和燃点。

闪点和燃点是保证沥青加热质量和施工安全的一项重要指标。我国现行行业标准规定，对黏稠石油沥青采用克利夫兰开口杯法，简称COC法测定闪、燃点。对液体石油沥青，采用泰格式开口杯法，简称TOC法测定闪、燃点。

石油沥青燃点与闪点的区别是沥青温度达到燃点时，其混合气体与火焰接触时的持续燃烧时间可超过5s以上。通常，石油沥青的燃点比闪点高约10℃。

闪点和燃点的高低反映了沥青可能引起火灾或爆炸的安全性差别，它直接关系到石油沥青运输、储存和加热使用等方面的安全性。

(11) 含水量。

沥青几乎不溶于水，具有良好的防水性能。但沥青材料不是绝对不含水分的，水在纯沥青中的溶解度约在0.001～0.019之间。

如沥青含有水分，施工中挥发太慢，影响施工速度，所以要求沥青中含水量不宜过多。在加热过程中，如水分过多，易产生"溢锅"现象，引起火灾，使材料损失。所以在融化沥青时应加快搅拌速度，促进水分蒸发，控制加热温度。

(12) 劲度模量。

劲度模量也称刚度模量，是表征沥青黏性和弹性联合效应的指标。大多数沥青在变形时呈现黏—弹性。在低温瞬时荷载作用下，以弹性变形为主；反之，以黏性变形为主。

范·德·波尔在论述黏—弹性材料（沥青）的抗变形能力时，采用荷载作用时间 t 和温度 T 作为应力 σ 与应变 ε 之比来表示黏弹性沥青抵抗变形的性能。劲度模量 S_b（简称劲度）由式（8.1.8）表示：

$$S_b = \left(\frac{\sigma}{\varepsilon}\right)_{t,T} \tag{8.1.8}$$

第8章 沥青及沥青混合料

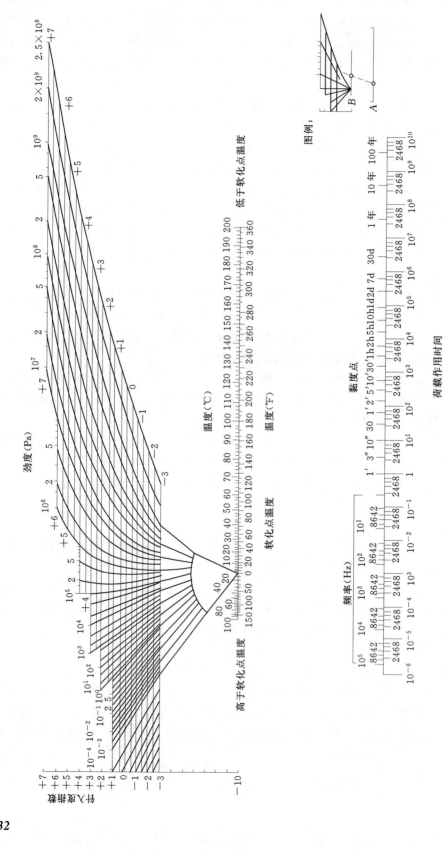

图 8.1.11 沥青劲度模量诺莫图

沥青的劲度 S_b 与温度 T、荷载作用时间 t 和沥青流变类型（针入度指数 PI）等参数有关，如式 (8.1.9)：

$$S_b = f(T, t, PI) \tag{8.1.9}$$

式中　T——欲求劲度时的路面温度与沥青软化点之差值，℃；

　　　t——荷载作用时间，s；

　　　PI——针入度指数。

按上述关系，范·德·波尔等根据荷重作用时间或频率、路面温度差、沥青的胶体结构类型等绘制成可以用于实际工程的劲度模量诺模图，如图 8.1.11。

4．石油沥青的技术要求与选用

石油沥青按用途分为建筑石油沥青、道路石油沥青和普通石油沥青。土木工程中使用的主要是建筑石油沥青和道路石油沥青。目前我国对建筑石油沥青执行《建筑石油沥青》（GB/T 494—2010），而道路石油沥青则按其性能及应用道路的等级执行《公路沥青路面施工技术规范》（JTG F40—2004）的相关规定。

（1）建筑石油沥青的技术要求与选用。

建筑石油沥青按针入度指标划分为 40 号、30 号和 10 号 3 个标号，见表 8.1.5。

表 8.1.5　　　　　　　　　　建筑石油沥青技术标准

项目	质量指标			试验方法
	10 号	30 号	40 号	
针入度（25℃，100g，5s），0.1mm	10～25	26～35	36～50	GB/T 4509
针入度（46℃，100g，5s），0.1mm	报告	报告	报告	
针入度（0℃，200g，5s），0.1mm	≥3	≥6	≥6	
延度（25℃，5cm/min，cm）	≥1.5	≥2.5	≥3.5	GB/T 4508
软化点（环球法）（℃）	≥95	≥75	≥60	GB/T 4507
溶解度（三氯乙烯）（%）	≥99.0			GB/T 11148
蒸发后质量变化（163℃，5h）（%）	≥1			GB/T 11964
蒸发后针入度比（%）	≥65			GB/T 4509
闪点（开口杯法）（℃）	≥260			GB/T 267
脆点（℃）	报告			GB/T 4510

注　1．报告应为实测值。
　　2．测定蒸发损失后样品的 25℃针入度与原 25℃针入度之比乘以 100 后，所得的百分比，称为蒸发后针入度比。

建筑石油沥青针入度较小（黏性较大），软化点较高（耐热性较好），但延伸度较小（塑性较差），主要用于屋面及地下防水、沟槽防水与防腐、管道防腐蚀等工程，还可用于制作油纸、油毡、防水涂料和沥青嵌缝油膏。在屋面防水工程中，一般同一地区的沥青屋面的表面温度比当地最高气温高出 25～30℃。为避免夏季流淌，用于屋面沥青材料的软化点应当高于本地区屋面最高温度 20℃以上。软化点偏低时，沥青在夏季高温易流淌；软化点过高时，沥青在冬季低温易开裂。因此，应根据气候条件、工程环境及技术要求选用。在地下防水工程中，沥青所经历的温度变化不大，主要应考虑沥青的耐老化性，宜选

第8章 沥青及沥青混合料

表8.1.6 道路石油沥青技术要求（JTG F40—2004）

指标	单位	等级	沥青标号						
			160号④	130号④	110号	90号	70号①	50号①	30号④
针入度(25℃,100g,5s)	0.1mm	—	140~200	120~140	100~120	80~100	60~80	40~60	20~40
适用的气候分区			注④	注④	2-1 2-2 3-2	1-1 1-2 1-3 2-2 2-3	1-3 2-2 2-3 1-4 2-2 2-3 2-4	1-4	注④
针入度指数PI①②		A				−1.5~+1.0			
		B				−1.8~+1.0			
软化点(不小于)	℃	A	38	40	43	45	46	49	55
		B	36	39	42	43	44	46	53
		C	35	37	41	42	43	45	50
60℃动力黏度③(不小于)	Pa·s	A	—	60	120	140	160	200	260
10℃延度②(不小于)	cm	A	50	50	40	45	25	15	10
		AB	30	30	30	30	20	10	8
15℃延度(不小于)	cm	C	80	80	60	100	40	80	50
蜡含量(蒸馏法)(不大于)	%	A				2.2		30	20
		B				3.0			
		C				4.5			
闪点(不小于)	℃		230		245		260		
溶解度(不小于)	%					99.5			
密度(15℃)	g/cm³					实测记录			
TFOT或RTFOT后⑤									
质量变化(不大于)	%					±0.8			
残留针入度比(不小于)	%	A	48	54	55	57	61	63	65
		B	45	50	52	54	58	60	62
		C	40	45	48	50	54	58	60
残余延度10℃(不小于)	cm	A	12	12	8	6	6	4	—
		B	10	10	8	6	4	2	—
残余延度15℃(不小于)	cm	C	40	35	30	20	15	10	—

注：
1. 用于仲裁试验求取PI值时的5个温度的针入度的相关系数不得小于0.997。
2. 经建设部门同意，表中PI值，60℃动力黏度，10℃延度可作为选择性指标，也可不作为施工质量检验标准。
3. 70号沥青可根据需要要求供应商提供针入度范围为60~70或70~80的沥青，50号沥青可根据需要要求供应商提供针入度范围为40~50或50~60的沥青。
4. 30号沥青仅适用于沥青稳定碎石基层，130号与160号除寒冷地区可直接在中低级公路上直接应用外，通常用作乳化沥青、稀释沥青、改性沥青的基质沥青。
5. 老化试验以TFOT为准，也可以RTFOT代替。

用软化点较低的沥青材料，如40号或60号、100号沥青。

(2) 道路石油沥青的技术要求与选用。

我国交通行业标准《公路沥青路面施工技术规范》（JTG F40—2004）将黏稠沥青分为160号、130号、110号、90号、70号、50号、30号等7个标号。

道路石油沥青的质量应符合表8.1.6规定的技术要求。

道路石油沥青等级划分除了根据针入度的大小划分外，还要以沥青路面使用的气候条件为依据，在同一气候分区内根据道路等级和交通特点再将沥青划分为1~3个不同的针入度等级；同时，按照技术指标将沥青分为A、B、C 3个等级，分别适用于不同范围工程，由A至C，质量级别逐渐降低。各个沥青等级的适用范围应符合《公路沥青路面施工技术规范》（JTG F40—2004）的规定，参见表8.1.7。

表8.1.7　　　　　道路石油沥青的适用范围（JTG F40—2004）

沥青等级	适　用　范　围
A级沥青	各个等级公路，适用于任何场合和层次
B级沥青	(1) 高速公路、一级公路下面层及以下层次，二级及二级以下公路的各个层次； (2) 用作改性沥青、乳化沥青、改性乳化沥青、稀释沥青的基质沥青
C级沥青	三级及三级以下公路的各个层次

气候条件是决定沥青使用性能的最关键的因素。采用工程所在地最近30年内年最热月平均最高气温的平均值，作为反映沥青路面在高温和重载条件下出现车辙等流动变形的气候因子，并作为气候分区的一级指标。按照设计高温指标，一级区划分为3个区。采用工程所在地最近30年内的极端最低气温，作为反映沥青路面由于温度收缩产生裂缝的气候因子，并作为气候分区的二级指标。按照设计低温指标，二级区划分为4个区，如表8.1.8所示。沥青路面温度分区由高温和低温组合而成，第一个数字代表高温分区，第二个数字代表低温分区，数字越小表示气候因素越严苛。如1-1夏炎热冬严寒、1-2夏炎热冬寒、1-3夏炎热冬冷、1-4夏炎热冬温、2-1夏热冬严寒等。分属不同气候分区的地域，对相同标号与等级沥青的性能指标的要求不同。

表8.1.8　　　　　　　　沥青路面使用性能气候分区

气候分区指标		气候分区			
按照高温指标	高温气候区	1	2	3	
	气候区名称	夏炎热区	夏热区	夏凉区	
	最热月平均最高气温（℃）	>30	20~30	<20	
按照低温指标	低温气候区	1	2	3	4
	气候区名称	冬严寒区	冬寒区	冬冷区	冬温区
	极端最低气温（℃）	<-37.0	-37.0~-21.5	-21.5~-9.0	>-9.0
按照设计雨量指标	雨量气候区	1	2	3	4
	气候区名称	潮湿区	湿润区	半干区	干旱区
	年降雨量（mm）	>1000	1000~500	500~250	<250

沥青路面采用的沥青标号，宜按照公路等级、气候条件、交通条件、路面类型及在结构层中的层位及受力特点、施工方法等，结合当地的使用经验，经技术论证后确定。对高速公路、一级公路，夏季温度高、高温持续时间长、重载交通、山区及丘陵区上坡路段、服务区、停车场等行车速度慢的路段，尤其是汽车荷载剪应力大的层次，宜采用稠度大、60℃动力黏度大的沥青，也可提高高温气候分区的温度水平选用沥青等级；对冬季寒冷的地区或交通量小的公路、旅游公路宜选用稠度小、低温延度大的沥青；对温度日温差、年温差大的地区宜选用针入度指数大的沥青。当高温要求与低温要求发生矛盾时应优先考虑满足高温性能的要求。

8.1.2 煤沥青

煤沥青是炼油厂或煤气厂的副产品。烟煤在干馏过程中的挥发物质，经冷却而成的黑色黏性液体称为煤焦油，煤焦油经分馏加工提取轻油、中油、重油、蒽油以后，所得残渣即为煤沥青，也称煤焦油沥青或柏油。

1. 煤沥青的基本组成

由于煤沥青是由复杂化合物组成的混合物，分离为单体组成十分困难，故目前煤沥青化学组分的研究与石油沥青方法相同，也是采用选择性溶解等方法，将煤沥青分离为游离碳、油分、软树脂和硬树脂 4 个部分。

（1）游离碳。又称自由碳，是高分子有机化合物的固态碳质微粒，不溶于有机溶剂，加热不熔，但高温分解。煤沥青的游离碳含量增加，可提高其黏度和温度稳定性。但随着游离碳含量增加，其低温脆性也增加。

（2）油分。为液态碳氢化合物。与其他组分相比为最简单结构的物质。

（3）树脂。为环心含氧的碳氢化合物。分为 2 类：硬树脂，类似石油沥青中的沥青质；软树脂，赤褐色黏塑性物，溶于氯仿，类似石油沥青中的树脂。

煤沥青和石油沥青相似，也是复杂的胶体分散系。游离碳和硬树脂组成的胶体微粒为分散相，油分为分散介质，而软树脂为保护物质，它吸附于固态分散胶粒周围，逐渐向外扩散，并溶解于油分中，使分散系形成稳定的胶体物质。

2. 煤沥青的技术要求与选用

煤沥青是将煤焦油进行蒸馏，蒸去水分和所有的轻油及部分中油、重油和蒽油后所得的残渣。根据蒸馏程度不同煤沥青分为低温沥青、中温沥青和高温沥青。建筑上所采用的煤沥青多为黏稠或半固体的低温沥青。

（1）煤沥青的技术性质。

1）黏度。表示煤沥青的稠度，煤沥青组分中油分含量减少、固态树脂及游离碳量增加时，则煤沥青的黏度增高。煤沥青的黏度测定方法与液体沥青相同，亦是用道路沥青标准黏度计测定。

2）蒸馏试验馏分含量及残渣性质。煤沥青中含有各沸点的油分，这些油分的蒸发将影响沥青的性质。因而煤沥青的起始黏滞度并不能完全表达其在使用过程中黏结性的特征。为了预估煤沥青在路面中使用过程的性质变化，在测定其起始黏滞度的同时，还必需测定煤沥青在各温度阶段所含馏分及其蒸馏后残留物的性质。

煤沥青蒸馏试验是测定试样受热时，在规定温度范围内蒸出的馏分含量，以质量百分率表示。除非特殊需要,各馏分蒸馏的标准切换温度为 170℃、270℃、300℃。

馏分含量的规定,控制了煤沥青由于蒸发而发生老化,残渣性质试验保证了煤沥青残渣具有适宜的黏结性与温度稳定性。

3) 煤沥青焦油酸含量。煤沥青的焦油酸(亦称酚)主要存在于煤沥青的中油中,故测定煤沥青中酚的含量是通过测定试样总的蒸馏馏分与碱性溶液氢氧化钠作用,使 C_6H_5OH 与氢氧化钠形成水溶性酚盐(C_6H_5ONa),根据酚钠体积求算出煤沥青中酚的含量,以体积百分率表示。

焦油酸溶解于水,易导致路面强度降低,同时它有毒。因此对其在沥青中的含量必须加以限制。

4) 含萘量。煤沥青中的萘在低温时易结晶析出,使煤沥青产生假黏度而失去塑性,同时常温下易升华,并促使"老化"加速,降低煤沥青的技术性质。此外,萘有毒,故对其含量加以限制。煤沥青的萘含量是取酚含量测定后的无酚中油,在低温下使萘结晶,然后与油分离而获得"粗萘"。萘含量即以粗萘占沥青的质量百分率表示。

5) 甲苯不溶物。煤沥青的甲苯不溶物含量,是试样在规定的甲苯溶剂中不溶物(游离碳)的含量,用质量百分率表示。

6) 含水量。与石油沥青一样,在煤沥青中含有过量的水分会使煤沥青在使用加热时发生许多困难,甚至导致材料质量的劣化和火灾。

(2) 煤沥青的技术标准。

根据煤沥青在工程中应用要求的不同,按照稠度可划分为软煤沥青(液体、半固体的)和硬煤沥青(固体的)两大类。道路工程主要应用软煤沥青。用于道路的软煤沥青又按其黏度和有关技术性质分为 9 个标号,其技术要求应符合 JTG F40—2004 中道路用煤沥青技术要求。

(3) 煤沥青在技术性质上与石油沥青的差异。

与石油沥青相比,由于两者的成分不同,煤沥青具有如下性能特点。

1) 由固态或黏稠态转变为黏流态(或液态)的温度间隔较小,夏天易软化流淌,冬季易脆裂,温度敏感性较大。

2) 含挥发性成分和化学稳定性差的成分较多,在阳光、热、氧气等长期综合作用下,煤沥青的组成变化较大,易硬脆,故大气稳定性较差。

3) 含有较多的游离碳,塑性较差,容易因变形而开裂。

4) 因含有蒽、酚等,故有毒性和臭味,防腐能力较好,适用于木材的防腐处理,施工时应注意防毒。

5) 因含表面活性物质较多,与矿物颗粒表面的黏附力较好。

煤沥青的抗腐蚀性能较好,适用于地下防水工程及防腐工程,还可以浸渍油毡。煤沥青质量比石油沥青差,多用于较次要的工程。

8.1.3 沥青的掺配

施工中,若缺乏所需牌号的沥青或采用一种沥青不能满足配制沥青所要求的软化点时,可用 2 种或 3 种沥青进行掺配。掺配时要注意遵循同源原则,即同属石油沥青或同属煤沥青(或焦油沥青)的才可掺配。不同沥青掺配比例应由试验决定,两种沥青的掺配比例也可用下式估算：

$$Q = \frac{T_2 - T}{T_2 - T_1} \times 100\% \tag{8.1.10}$$

$$Q_2 = 100\% - Q_1$$

式中 Q_1——较软沥青用量，%；
Q_2——较硬沥青用量，%；
T——掺配后的沥青软化点，℃；
T_1——较软沥青软化点，℃；
T_2——较硬沥青软化点，℃。

如用3种沥青时，可先算出两种沥青的配比，再与第三种沥青进行配比计算，然后再试配，即根据估算的掺配比例和在其邻近的比例（±5%）进行试配，测定掺配后沥青的软化点，然后绘制"掺配比—软化点"曲线，即可从曲线上确定所要求的比例。同样可采用针入度指标按上法进行估算及试配。

不同产源的沥青（如石油沥青和煤沥青），由于其化学组成、胶体结构差别较大，其掺配问题比较复杂。大量的试验研究表明，在软煤沥青中掺入20%以下的石油沥青，可提高煤沥青的大气稳定性和低温柔性；在石油沥青中掺入25%以下的软煤沥青，可提高石油沥青与矿质材料的粘结力。这样掺配所得的沥青称为混合沥青。由于混合沥青的两种原料是难溶的，掺配不当会发生结构破坏和沉淀变质现象，因此，掺配时选用的材料、掺配比例均应通过试验确定。

8.2 改性沥青

现代土木工程对石油沥青性能要求越来越高。无论是作为防水材料，还是路面胶结材料，都要求石油沥青必须具有更好的使用性能与耐久性。屋面防水工程的沥青材料不仅要求有较好的耐高温性，还要求有更好的抗老化性能与抗低温脆断能力；用作路面胶结材料的沥青不仅要求有较好的抗高温能力，还应有较高的抗变形能力、抗低温开裂能力、抗老化能力和较强的黏附性。但仅靠现有石油沥青的性质已难以满足这些要求，因此要对现有沥青的性能进行改进，才能满足现代土木工程的技术要求，这些经过性能改进的沥青称为改性沥青。

对石油沥青改性的方法通常是采用适当加工工艺，在石油沥青中掺入人工合成的有机或无机材料，使其熔融或分散于石油沥青之中，从而获得技术性能更好的石油沥青混合物，所添加的改性材料则称为改性剂。

1. 改性沥青的分类及其特性

（1）氧化沥青。

氧化改性是在250～300℃高温下，向残留沥青或渣油中吹入空气，通过氧化作用和聚合作用，使沥青分子变大，提高沥青的黏度和软化点，从而改善沥青的性能。工程中使用的道路石油沥青、建筑石油沥青均为氧化沥青。

（2）橡胶改性沥青。

橡胶是沥青的重要改性材料，它和沥青有较好的混溶性，并能使沥青具有橡胶的很多优点，如高温变形性小，低温柔性好。由于橡胶的品种不同，掺入的方法也有所不同，从而使得各种橡胶改性沥青的性能也有差异。

目前使用最普遍的是 SBS 橡胶，SBS 是丁苯橡胶的一种。将丁二烯与苯乙烯嵌段共聚，形成具有苯乙烯（S）—丁二烯（B）—苯乙烯（S）的结构，得到的一种热塑性的弹性体，简称 SBS。其在常温下具有橡胶的弹性，高温下又能像橡胶那样熔融流动，成为可塑性材料。SBS 能使沥青的性能大大改善，表现为：低温柔性改善，冷脆点降至 $-40℃$；热稳定性提高，耐热度达 $90\sim100℃$，弹性好、延伸率大，延度可达 2000%；耐候性好。SBS 改性沥青是目前最成功和用量最大的一种改性沥青，在国内外已得到普遍使用，主要用途是 SBS 改性沥青防水卷材。

其他用于沥青改性的橡胶还有氯丁橡胶、丁基橡胶、再生橡胶等。氯丁橡胶改性沥青可使其气密性、低温柔性、耐化学腐蚀性、耐光性、耐臭氧性、耐候性和耐燃烧性得到大大改善。丁基橡胶改性沥青具有优异的耐分解性，并有较好的低温抗裂性和耐热性能，多用于道路路面工程和制作密封材料、涂料等。

(3) 树脂改性沥青。

用树脂改性石油沥青，可以改进沥青的耐寒性、耐热性、黏结性和不透气性。由于石油沥青中含芳香性化合物很少，故树脂和石油沥青的相容性较差，而且可用的树脂品种也较少，常用的树脂有：古马隆树脂、聚乙烯、乙烯—醋酸乙烯共聚物（EVA）、无规聚丙烯 APP、环氧树脂（EP）、聚氨酯（PV）等。

(4) 橡胶和树脂改性沥青。

橡胶和树脂同时用于改善沥青的性质，使沥青同时具有橡胶和树脂的特性。树脂比橡胶便宜，橡胶和树脂又有较好的混溶性，故效果较好。橡胶、树脂和沥青在加热熔融状态下，沥青与高分子聚合物之间发生相互浸入和扩散，沥青分子填充在聚合物大分子的间隙内，同时聚合物分子的某些链节扩散进入沥青分子中，形成凝聚的网状混合结构，可以得到较优良的性能。配制时，采用的原材料品种、配比、制作工艺不同，可以得到很多性能各异的产品，主要有卷材、片材，密封材料，防水涂料等。

(5) 矿物填充料改性沥青

为了提高沥青的粘结能力和耐热性，降低沥青的温度敏感性，经常要加入一定数量的矿物填充料。常用的矿物填充料大多是粉状的和纤维状的，主要有滑石粉、石灰石粉、硅藻土和石棉等。矿物改性沥青的机理为：沥青中掺加矿物填充料后，由于沥青对矿物填充料有良好的润湿和吸附作用，在矿物颗粒表面形成一层稳定、牢固的沥青薄膜，带有沥青薄膜的矿物颗粒具有良好的黏性和耐热性。矿物填充料的掺入量要适当，以形成恰当的沥青薄膜层。

2. 改性沥青技术标准

我国聚合物改性沥青性能评价方法基本沿用了道路石油沥青标准体系，参考国外的有关标准，增加了一些评价聚合物性能的指标，如弹性恢复、黏韧性和离析（软化点差）等技术指标。首先根据聚合物的种类将改性沥青分为 Ⅰ、Ⅱ、Ⅲ 类，每一类又按针入度大小分为若干个标号。Ⅰ类、Ⅲ类分别分为 A、B、C 和 D4 个标号，Ⅱ类分为 A、B 和 C3 个标号，以适应不同的气候条件。同一类型，由 A 到 D 表示改性沥青针入度减小，黏度增加,即高温性能提高,但低温性能降低。改性沥青的等级划分以改性沥青的针入度为主要依据,技术要求见相关规范。

8.3 沥青防水材料

8.3.1 沥青基制品

1. 冷底子油

冷底子油是用建筑石油沥青加入汽油、煤油、苯等溶剂(稀释剂)溶合,或用软化点为50~70℃的煤沥青加入苯溶合而配成的沥青涂料。它一般在常温下用于防水工程的底层,故名冷底子油。冷底子油流动性能好,便于喷涂。施工时将冷底子油涂刷在混凝土砂浆或木材等基面后,能很快渗透进基层表面的毛细孔隙中,待溶剂挥发后,便与基层牢固结合,并使基层具有憎水性,为黏结同类防水材料创造了有利条件。若在这种冷底子油层上面涂布沥青胶粘贴卷材时,可使防水层与基层粘贴牢固。

冷底子油常用30%~40%的石油沥青和60%~70%的溶剂(汽油或煤油)混合而成,施工时随用随配。首先将沥青加热至108~200℃,脱水后冷却至130~140℃,并加入溶剂量10%的煤油,待温度降至约70℃时,再加入余下的溶剂搅拌均匀为止。储存时应采用密闭容器,以防溶剂挥发。

2. 沥青胶

沥青胶是用沥青材料加入矿质填充料均匀混合制成。填充料主要有粉状的,如滑石粉、石灰石粉、普通水泥和白云石等;还有纤维状的,如石棉粉、木屑粉等,或用两者的混合物。填充料加入量一般为10%~30%,由试验确定,可以提高沥青胶的黏结性、耐热性和大气稳定性,增加韧性,降低低温脆性,节省沥青用量;用作填料的矿粉颗粒越细,其表面积越大,改变沥青性能的作用越明显,一般粉料的细度控制在0.075mm筛上的筛余量不大于15%。沥青胶主要用于粘贴各层石油沥青油毡、涂刷面层油、嵌缝、接头、补漏以及做防水层的底层等,它与水泥砂浆或混凝土都具有良好的黏结性。

沥青胶的技术性能,要符合耐热度、柔韧度和黏结力3项要求,见表8.3.1。

表8.3.1 沥青胶的质量要求

名称指标 \ 标号	S-60	S-65	S-70	S-75	S-80	S-85
耐热度	用2mm厚的沥青玛蹄脂粘合两张沥青油纸,在不低于下列温度(℃)中,在1:1坡度上停放5h的玛蹄脂不应流淌,油纸不应滑动					
	60	65	70	75	80	85
柔韧性	涂在沥青油纸上的2mm厚的沥青玛蹄脂层,在18℃±2℃时,围绕下列直径(mm)的圆棒,用2s的时间以均衡速度弯成半周,沥青玛蹄脂不应有裂纹					
	10	15	15	20	25	30
黏结力	将两张沥青胶粘贴在一起的油纸慢慢地一次撕开,从油纸和沥青玛琋脂的黏结面的任何一面的撕开部分,应不大于粘贴面积的1/2					

沥青胶的配制和使用方法分为热用和冷用两种。热用沥青胶（热沥青玛碲脂），是将70%～90%的沥青加热至180～200℃，使其脱水后，与10%～30%干燥填料加热混合均匀后，热用施工；冷用沥青胶（冷沥青玛碲脂）是将40%～50%的沥青熔化脱水后，缓慢加入25%～30%的溶剂，再掺入10%～30%的填料，混合均匀制成，在常温下施工。冷用沥青比热用沥青胶施工方便，涂层薄，节省沥青，但耗费溶剂。

8.3.2 沥青及改性沥青防水卷材

沥青防水卷材是建筑工程中使用量较大的柔性防水材料。按照制造方法有浸渍卷材和辊压卷材之分。凡用厚纸和玻璃布、石棉布、棉麻织品等胎料浸渍石油沥青（或煤沥青）制成的卷状材料，称为浸渍卷材（有胎的）。将石棉粉、橡胶粉、石灰石粉等掺入沥青材料中，经混炼、压延制成的卷状材料称为辊压卷材（无胎的）。

1. 石油沥青防水卷材

（1）石油沥青纸胎油毡和油纸。

用低软化点沥青浸渍原纸而成的制品叫油纸；用高软化点沥青涂敷油纸的两面，再撒一层滑石粉或云母片而成的制品叫油毡。按所用沥青品种可分为石油沥青油纸、石油沥青油毡和煤沥青油毡三种，油纸和油毡的牌号依纸胎（原纸）每平方米面积质量（克）数来划分。按《石油沥青纸胎油毡、油纸》（GB 326—2007）的规定：油毡分为 200 号、350 号和 500 号 3 个牌号；按物理性能分为合格品、一等品和优等品 3 个等级。GB 326—2007 对油纸、油毡的尺寸、每卷质量、外观要求及抗拉强度、柔韧性、耐热性和不透水性等均有明确规定。

各种油纸多用作建筑防潮及包装，也可作多层防水层的下层。200 号油毡适用于简易建筑防水、临时性建筑防水、建筑防潮及包装等；350 号、500 号油毡适用于多层防水层的各层或面层等。使用时应注意：石油沥青油毡（或油纸）必须用石油沥青胶粘贴；煤沥青油毡则需要用煤沥青胶粘贴。

油纸和油毡储运时应竖直堆放，堆高不宜超过 2 层，应避免日光直射或雨水浸湿。

（2）沥青玻璃布油毡。

用石油沥青浸涂玻璃纤维织布的两面，并撒以粉状防粘材料所制成的一种沥青防水卷材称沥青玻璃布油毡。其特点是抗拉强度高于 500 号纸胎油毡，柔韧性好，耐腐蚀性强，耐久性高于普通油毡 1 倍以上。主要用于地下防水层、防腐层、屋面防水层及金属管道（热管道除外）防腐保护层等。

2. 聚合物改性沥青防水卷材

聚合物改性沥青防水卷材是以合成高分子聚合物改性沥青为涂盖层，纤维织物或纤维毡为胎体，粉状、粒状、片状或薄膜材料为覆面材料制成的防水卷材。

改性沥青防水卷材改善了普通沥青防水卷材温度稳定性差、延伸率小等缺点，具有高温不流淌、低温不脆裂、拉伸强度较高、延伸率较大等特点。我国常用的改性沥青防水卷材有弹性体改性沥青防水卷材、塑性体改性沥青防水卷材、改性沥青聚乙烯胎防水卷材、自粘橡胶沥青防水卷材、自粘聚合物改性沥青聚酯胎防水卷材等，其中弹性体或塑性体改性沥青防水卷材是推荐使用的产品。

（1）SBS 改性沥青柔性油毡。

SBS 改性沥青防水卷材属弹性体沥青防水卷材中的一种，它是以聚酯纤维无纺布为胎体，以 SBS 改性石油沥青浸渍涂盖层，以树脂薄膜为防黏隔离层或油毡表面带有砂粒的防水材料。

SBS 改性沥青柔性油毡具有良好的不透水性和低温柔性，同时还具有抗拉强度高、延伸率大、耐腐蚀性、耐热性及耐老化等优点。它的价格低，施工方便，可以冷作黏贴，也可以热熔铺贴，是一种技术经济效果较好的中档防水材料。SBS 卷材适用于工业与民用建筑的屋面及地下、卫生间等的防水、防潮，以及游泳池、隧道、蓄水池等的防水工程，尤其适用于寒冷地区和结构变形频繁的建筑物防水。标号、等级及性能按《弹性体沥青防水卷材》（JC/T 560—2001）的规定，这类卷材以 $10m^2$ 卷材的标称质量（kg）作为卷材号。玻纤毡胎基的卷材分为 25、35 和 45 三个标号；聚酯毡胎基的卷材分为 25、35、45 和 55 四个标号。按卷材的物理性能分为 3 类：合格品、一等品、优等品。一般 35 号及其以下标号产品用于多层防水；45 号及其以上标号的产品可作单层防水或多层防水的面层，并可采用热熔法施工。

（2）APP 改性沥青油毡。

APP 改性沥青防水卷材属塑性体沥青防水卷材中的一种，它是以无规聚丙烯（APP）改性石油沥青涂覆玻璃纤维无纺布，撒布滑石粉或用聚乙烯薄膜制得的防水卷材。与 SBS 改性沥青防水卷材相比，APP 改性沥青防水卷材具有更高的耐热性和耐紫外线性能，在 130℃ 高温下不流淌；但低温柔韧性较差，在低温下它容易变得硬脆，因而不适合于寒冷地区使用。APP 改性沥青防水卷材除了与 SBS 改性沥青防水卷材的适用范围基本一致外，尤其适用于高温或有强烈太阳辐射地区的建筑物防水。

（3）铝箔塑胶油毡。

铝箔塑胶油毡是以聚酯纤维无纺布为胎体，以高分子聚合物改性石油沥青浸渍涂盖层，以树脂薄膜为底面防粘隔离层，以银白色软质铝箔为表面反光保护层而加工制成的新型防水材料。

铝箔塑胶油毡对阳光的反射率高，具有一定的抗拉强度和延伸率，弹性好，低温柔性好，在 $-20\sim80℃$ 温度范围内适应性较强，并且价格较低。

（4）沥青再生胶油毡。

将废橡胶粉掺入石油沥青中，经过高温脱硫为再生胶，再掺入填料经炼胶机混炼，然后经压延而成的防水卷材称为再生胶油毡。它是一种不用原纸作基层的无胎油毡。其特点是质地均匀，延伸大，低温柔性好，耐腐蚀性强，耐水性及耐热稳定性良好。沥青再生胶油毡是一种中档的新型防水材料，主要用于屋面或地下作接缝或满堂铺设的防水层，尤其适用于水工、桥梁、地下建筑等基层沉降较大或沉降不均匀的建筑物变形缝处的防水。

3．沥青基防水涂料

沥青基防水涂料是以石油沥青或改性沥青经乳化或高温加热成黏稠状的液态材料，喷涂在建筑防水工程表面，使其表面与水隔绝，起到防水防潮的作用，是一种柔性的防水材料。防水涂料同样需要具有耐水性、耐候性、耐酸碱性、优良的延伸性能和施工可操作性。

沥青基防水涂料一般分为溶剂型涂料和水乳型涂料。溶剂型涂料由于含有甲苯等有机溶剂，易燃、有毒，而且价格较高，用量已越来越少。高聚物改性沥青防水涂料具有良好的防水抗渗能力，耐变形，有弹性，低温不开裂，高温不流淌，黏附力强，使用寿命长，已逐渐代替沥青基涂料。主要适用于Ⅱ级、Ⅲ级和Ⅳ级防水等级的建筑屋面、地面、卫生间防水、混凝土地下室防水等。目前常用的改性沥青防水涂料有再生橡胶改性沥青防水涂料、氯丁胶乳沥青防水涂料、氯丁橡胶改性沥青防水涂料、SBS改性沥青防水涂料等。

（1）再生橡胶改性沥青防水涂料。

溶剂型再生橡胶改性沥青防水涂料是以再生橡胶为改性剂，汽油为溶剂，再添加其他填料（滑石粉、碳酸钙等）经加热搅拌而成。该产品改善了沥青防水涂料的柔韧性和耐久性。原材料来源广泛，生产工艺简单，成本低。但由于以汽油为溶剂，虽然固化速度快，但生产、储存和运输时都要特别注意防火、通风及环境保护，而且需多次涂刷才能形成较厚的涂膜。溶剂型再生橡胶改性沥青防水涂料在常温和低温下都能施工，适用于建筑物的屋面、地下室、水池、冷库、涵洞、桥梁的防水和防潮。

如果用水代替汽油，就形成了水乳型再生橡胶改性沥青防水涂料。它具有水乳型防水涂料的优点，而无溶剂型防水涂料的缺点（易燃、污染环境），但固化速度稍慢，储存稳定性差一些。水乳型再生橡胶改性沥青防水涂料可在潮湿但无积水的基层上施工，适用于建筑混凝土基层、屋面及地下混凝土防潮、防水。

（2）氯丁胶乳沥青防水涂料。

氯丁胶乳沥青防水涂料是以氯丁橡胶和石油沥青为主要原料，选用阳离子乳化剂和其他助剂，经软化乳化而制备的一种水溶性防水涂料。这种涂料的特点是成膜性好，强度高，耐热性能优良，低温柔性好，延伸性能好，能充分适应基层变化。该产品耐臭氧、耐老化、耐腐蚀、不透水，是一种安全的防水涂料。适用于各种形状的屋面防水、地下室防水、补漏、防腐蚀，也可用于沼气池提高抗渗性和气密性。

（3）氯丁橡胶改性沥青防水涂料。

氯丁橡胶改性沥青防水涂料是把小片的丁基橡胶加到溶剂中搅拌成浓溶液，同时将沥青加热脱水熔化成液体状沥青，再把两种液体按比例混合搅拌均匀而成。氯丁橡胶改性沥青防水涂料具有优异的耐分解性，并具有良好的低温抗裂性和耐热性。若溶剂采用汽油（或甲苯），可制成溶剂型氯丁橡胶改性沥青防水涂料；若以水代替汽油（或甲苯），则可制成水乳型氯丁橡胶改性沥青防水涂料，成本相应降低，且不燃、不爆、无毒、操作安全。氯丁橡胶改性沥青防水涂料适用于各类建筑物的屋面、室内地面、地下室、水箱、涵洞等的防水和防潮，也可在渗漏的卷材或刚性防水层上进行防水修补施工。

（4）SBS改性沥青防水涂料。

SBS改性沥青防水涂料是以SBS（苯乙烯－丁二烯—苯乙烯）改性沥青，再加表面活性剂及少量其他树脂等制成水乳性的弹性防水涂料。SBS改性沥青防水涂料具有良好的低温柔性、抗裂性、黏结性、耐老化性和防水性，可采用冷施工，操作方便、安全可靠、无毒、不污染环境，适用于复杂基层的防水工程，如厕浴间、厨房、地下室水池等的防水、防潮。

8.4 沥青混合料

8.4.1 沥青混合料的定义和分类

1. 沥青混合料的定义

按我国现行国家标准《公路沥青路面施工技术规范》(JTG F40—2004)有关定义和分类，沥青混合料是指由矿料与沥青结合料拌和而成的混合料总称。其中沥青结合料是指在沥青混合料中起胶结作用的沥青类材料（含添加的外掺剂、改性剂等）的总称。

沥青混合料是一种黏弹塑性材料，具有一定的力学性能，铺筑路面平整无接缝，减振吸声；路面有一定的粗糙度，色黑不耀眼，行车舒适安全。此外，它还具有施工方便，能及时开放交通，便于分期修建和再生利用的优点，所以沥青混合料是现代高等级道路的主要路面材料。

2. 沥青混合料的分类

沥青混合料的分类方法取决于矿质混合料的级配、集料的最大粒径、压实空隙率和沥青品种等。

(1) 按矿质混合料的级配类型分类。

1) 连续级配沥青混合料。沥青混合料中的矿料是按连续级配原则设计的，即从大到小的各级粒径都有，且按比例相互搭配组成。

2) 间断级配沥青混合料。连续级配沥青混合料的矿料中缺少一个或几个档次粒径而形成的沥青混合料。

(2) 按矿质混合料的级配组成及空隙率大小分类。

1) 密级配沥青混合料。按连续密级配原理设计组成的各种粒径颗粒的矿料与沥青结合料拌和而成。如设计空隙率较小（对不同交通及气候情况、层位可作适当调整）的密实式沥青混凝土混合料（以 AC 表示）；设计空隙率 3%～6% 的密级配沥青稳定碎石混合料 (ATB)。按关键性筛孔通过率的不同又可分为细型、粗型密级配沥青混合料等。粗集料嵌挤作用较好的也称嵌挤密实型沥青混合料。

2) 半开级配沥青混合料。由适当比例的粗集料、细集料及少量填料（或不加填料）与沥青结合料拌和而成，经马歇尔标准击实成型试件的剩余空隙率在 6%～12% 的半开式沥青碎石混合料，也称沥青碎石混合料（以 AM 表示）。

3) 开级配沥青混合料。矿料级配主要由粗集料嵌挤而成，细集料及填料较少，经高粘度沥青结合料黏结而成的，设计孔隙率大于 18% 的混合料。典型的如排水式沥青磨耗层混合料，以 OGFC 表示；排水式沥青稳定碎石基层，以 ATPB 表示。

(3) 按照矿料的最大粒径分类。

根据《公路工程集料试验规程》(JTG E42—2005) 的定义，集料的最大粒径是指通过百分率为 100% 的最小标准筛筛孔尺寸；集料的公称最大粒径是指全部通过或允许少量不通过（一般容许筛余量不超过 10%）的最小一级标准筛筛孔尺寸，通常比最大粒径小一个粒级。例如，某种集料在 26.5mm 筛孔的通过率为 100%，在 19mm 筛孔上的筛余量小于 10%，则此集料的最大粒径为 26.5mm，而公称最大粒径为 19mm。

根据集料的公称最大粒径，沥青混合料分为特粗式、粗粒式、中粒式、细粒式和砂粒式，与之对应的集料粒径尺寸见表 8.4.1。

表 8.4.1　　　　　　　　　　　　热拌沥青混合料类型

沥青混合料类型	公称最大粒径尺寸（mm）	最大粒径尺寸（mm）	连续密级配		半开级配	开级配		间断级配
			沥青混凝土混合料	沥青稳定碎石	沥青碎石混合料	排水式沥青磨耗层	排水式沥青稳定碎石	沥青玛蹄脂碎石混合料
砂粒式	4.75	9.5	AC-5	—	AM-5	—	—	—
细粒式	9.5	13.2	AC-10	—	AM-10	OGFC-10	—	SMA-10
	13.2	16.0	AC-13	—	AM-13	OGFC-13	—	SMA-13
中粒式	16.0	19.0	AC-16	—	AM-16	OGFC-16	—	SMA-16
	19.0	26.5	AC-20	—	AM-20	—	—	SMA-20
粗粒式	26.5	31.5	AC-25	ATB-25	—	—	ATPB-30	—
	31.5	37.5		ATB-30			ATPB-20	
特粗式	37.5	53.0		ATB-40			ATPB-40	
设计空隙率（%）			3~6	3~6	6~12	>18	>18	3~4

（4）按沥青混合料的拌合及铺筑温度分类。

1）热拌热铺沥青混合料。是经人工组配的矿质混合料与黏稠沥青在专门设备中加热拌和而成，用保温运输工具运送至施工现场，并在热态下进行摊铺和压实的混合料，通称"热拌热铺沥青混合料"，简称"热拌沥青混合料"。

2）常温沥青混合料。是以乳化沥青或稀释沥青与矿料在常温状态下拌制、铺筑的混合料。

8.4.2　热拌沥青混合料

热拌沥青混合料是沥青混合料中最典型的品种，本节主要详述它的组成结构、技术性质、组成材料和设计方法。

1. 沥青混合料的组成结构

（1）沥青混合料的结构组成理论。

沥青混合料的组成结构有 2 种相互对立的理论：表面理论和胶浆理论。

1）表面理论。按传统的理解，沥青混合料是由粗集料、细集料和填料经人工组配成密实的级配矿质骨架，此矿质骨架由稠度较稀的沥青混合料分布其表面，而将它们胶结成为一个具有强度的整体。

2）胶浆理论。近代某些研究从胶浆理论出发，认为沥青混合料是一种多级空间网状结构的分散系。它是以粗集料为分散相而分散在沥青砂浆的介质中的一种粗分散系；同样，沥青砂浆是以细集料为分散相而分散在沥青胶浆介质中的一种细分散系；而胶浆又是以填料为分散相而分散在高稠度的沥青介质中的一种微分散系。

这三级分散系以沥青胶浆最为重要，它的组成结构决定沥青混合料的高温稳定性和低温变形能力。目前这一理论比较集中于研究填料（矿粉）的矿物成分、填料的级配（以

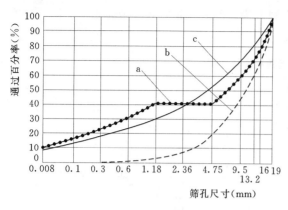

图 8.4.1 3 种类型矿质混合料级配曲线
a—连续型密级配；b—连续型开级配；c—间断型密级配

0.080mm 为最大粒径）以及沥青与填料内表面的交互作用等因素对于混合料性能的影响等。同时这一理论的研究比较强调采用高稠度的沥青和大的沥青用量，以及采用间断级配的矿质混合料。

（2）沥青混合料的结构组成形式。

沥青混合料根据其粗、细集料的比例不同，其结构组成有 3 种形式：悬浮密实结构、骨架空隙结构和骨架密实结构。

1）悬浮密实结构［图 8.4.2 (a)］。采用连续密级配的沥青混合料（见图 8.4.1 中曲线 a），由于细集料的数量较多，矿质材料由大到小形成连续型密实混合料，粗集料被细集料挤开。因此，粗集料以悬浮状态位于细集料之间。这种结构的沥青混合料的密实度较高，但各级集料均被次级集料所隔开，不能直接形成骨架，而是悬浮于次级集料和沥青胶浆之间，这种结构的特点是黏结力较高，内摩阻力较小，混合料耐久性好，但稳定性较差。

2）骨架空隙结构［图 8.4.2 (b)］。连续开级配的沥青混合料（见图 8.4.1 中曲线 b），由于细集料的数量较少，粗集料之间不仅紧密相连，而且有较多的空隙。这种结构的沥青混合料的内摩阻力起重要作用，黏结力较小。因此，沥青混合料受沥青材料的变化影响较小，稳定性较好，但耐久性较差。当沥青路面采用这种形式的沥青混合料时，沥青面层下必须做下封层。

3）骨架密实结构［图 8.4.2 (c)］。间断密级配的沥青混合料（见图 8.4.1 中曲线 c），是上面两种结构形式的有机组合。它既有一定数量的粗集料形成骨架结构，又有足够的细集料填充到粗集料之间的空隙中去，因此，这种结构的沥青混合料其特点是黏聚力与内摩阻力均较高，密实度、强度和稳定性都比较好。耐久性好，但施工和易性差。目前，这种结构形式的沥青混合料路面还用的比较少，处于研究阶段。

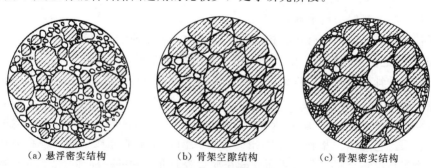

(a) 悬浮密实结构　　(b) 骨架空隙结构　　(c) 骨架密实结构

图 8.4.2 沥青混合料的典型组成结构

（3）沥青混合料的强度形成原理。

沥青混合料在路面结构中产生破坏的情况，主要是在高温时由于抗剪强度不足或塑性变形过剩而产生推挤等现象以及低温时抗拉强度不足或变形能力较差而产生裂缝现象。目前沥青混合料强度和稳定性理论,主要是要求沥青混合料在高温时必须具有一定的抗剪强度和抵抗变形的能力。

为了防止沥青路面产生高温剪切破坏,我国城市道路沥青路面设计方法中,对沥青路面抗剪强度验算,要求在沥青路面面层破裂面上可能产生的应力 τ_a 不大于沥青混合料的容许)剪应力 τ_R,即 $\tau_a \leqslant \tau_R$。而沥青混合料的容许剪应力 τ_R 取决于沥青混合料的抗剪强度 τ,即:

$$\tau_R = \frac{\tau}{k_2} \tag{8.4.1}$$

式中 k_2——系数(即沥青混合料容许应力与实际强度的比值)。

沥青混合料的抗剪强度 τ,可通过三轴试验方法应用摩尔—库仑包络线方程(图 8.4.3)按下式求得,即:

$$\tau = c + \sigma \tan\varphi \tag{8.4.2}$$

式中 τ——沥青混合料的抗剪强度,MPa;
σ——试验时的正应力,MPa;
c——沥青混合料的黏结力,MPa;
φ——沥青混合料的内摩擦角,(°)。

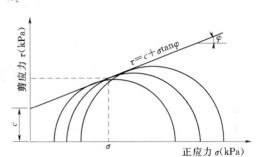

图 8.4.3 沥青混合料三轴试验确定 c,φ 值的摩尔—库仑图

由式(8.4.2)可知,沥青混合料的抗剪强度主要取决于黏结力 c 和内摩擦角 φ 两个参数即 $\tau = f(c, \varphi)$。

2. 影响沥青混合料抗剪强度的因素

沥青混凝土路面的抗剪强度,是指其对于外荷载产生的剪应力的极限抵抗能力,主要取决于黏结力和内摩擦角两个参数。其值越大,抗剪强度越大,沥青混合料的性能越稳定。沥青混合料抗剪强度主要受以下几方面因素的影响。

(1)矿料的形状和级配。

矿质骨料的尺寸大,形状近似正方体,有一定的棱角,表面粗糙则内摩擦角较大。连续型开级配的矿质混合料,粗集料的数量比较多,形成一定的骨架结构,内摩擦角也就大。粒料的级配、形状、大小和表面特征等对沥青混合料内摩擦角均会产生影响(表 8.4.2)。在保证颗粒棱角形状、表面粗糙度、良好的级配以及适当的空隙率的前提下,颗粒的粒径越大,内摩擦角越大。因此,增大集料的粒径是提高内摩擦角和抗剪强度的有效途径。

表 8.4.2　　　矿质混合料的级配对沥青混合料的黏结力和内摩擦角的影响

沥青混合料级配类型	三 轴 试 验 结 果	
	内摩擦角 φ	黏结力 c(MPa)
某粗粒式沥青混凝土	45°55′	0.076
某细粒式沥青混凝土	35°45′30″	0.197
某砂粒式沥青混凝土	33°19′30″	0.227

(2) 沥青的性质及用量。

沥青混合料经受剪切作用时，既有矿料颗粒间相互位移和错位阻力，又有颗粒表面裹覆的沥青膜间的黏滞阻力。因而，沥青混合料的抗剪强度不仅和粒料的级配有关，而且和沥青的黏结力及用量有关。沥青的黏结力既把矿料胶结成为一个整体，又有利于发挥矿料的嵌挤作用，构成沥青混合料的抗剪强度。沥青的黏度是影响黏结力的重要因素。

在沥青用量很少时，沥青不足以形成结构沥青的薄膜来黏结矿料颗粒。随着沥青用量的增加，结构沥青逐渐形成，沥青更为完满地包裹在矿料表面，使沥青与矿料间的黏附力随着沥青的用量增加而增加。当沥青用量足以形成薄膜并充分黏附矿粉颗粒表面时，沥青胶浆具有最优的粘结力。随后，如沥青用量继续增加，由于沥青用量过多，逐渐将矿料颗粒推开，在颗粒间形成未与矿粉交互作用的"自由沥青"，则沥青胶浆的黏结力随着自由沥青的增加而降低。当沥青用量增加至某一用量后，沥青混合料的黏结力主要取决于自由沥青，所以抗剪强度几乎不变。随着沥青用量的增加，沥青不仅起着黏结剂的作用，而且起着润滑剂的作用，降低了粗集料的相互密排作用，因而降低了沥青混合料的内摩擦角（图 8.4.4）。

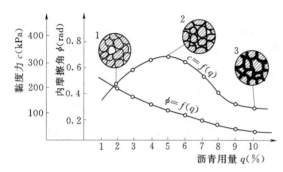

图 8.4.4 不同沥青用量时的沥青混合料结构和 c，φ 值变化示意图

1—沥青用量不足；2—沥青用量适中；3—沥青用量过多

采用沥青的黏度越大，则混合料的抗剪强度越高。改性沥青可以使矿料界面上的极性吸附和化学吸附的量增大。同时，改性剂微粒通过自身的界面层与沥青吸附膜的扩散层的交迭，增大了结构沥青的交迭面积，减少了自由沥青的比例，所以使用改性沥青可提高界面黏结力。

沥青用量不仅影响沥青混合料的黏结力，同时也影响沥青混合料的内摩擦角。通常当沥青薄膜达最佳厚度（亦即主要以结构沥青黏结）时，具有最大的黏结力；随着沥青用量的增加，沥青混合料的内摩擦角逐渐降低。

(3) 矿料表面性质的影响。

在沥青混合料中，对沥青与矿料交互作用的物理—化学过程，多年来许多研究者曾做了大量工作，但仍然认为还是一个有待深入研究的重要课题。Л. А. 列宾捷尔等研究认为：沥青与矿粉交互作用后，沥青在矿粉表面产生化学组分的重新的排列，在矿粉表面形成一层厚度为 δ_0 扩散溶剂化膜 [图 8.4.5 (a)]，在此膜之内的沥青为"结构沥青"，其黏度较高，具有较强的黏结力；此膜厚度以外的沥青为"自由沥青"，黏结力降低。如果矿粉颗粒之间接触处是由结构沥青膜所联结 [图 8.4.5 (b)]，这样促成沥青具有更高的黏度和更大的扩散溶化膜的接触面积，因而可以获得更大的黏结力。其黏结力为 $\lg \eta_a$，反之，如颗粒之间接触是自由沥青所联结 [图 8.4.5 (c)]，其黏结力为 $\lg \eta_b$，则具有较小的黏结力，即 $\lg \eta_b < \lg \eta_a$。

沥青与矿料表面的相互作用对沥青混合料的黏结力和内摩阻角有重要的影响，矿料与沥青的成分不同会产生不同的效果，石油沥青与碱性石料（如石灰石）将产生较多的结构

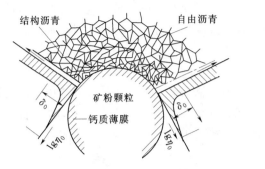
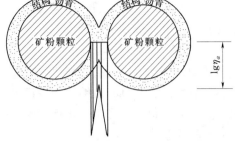

(a) 沥青与矿粉交互作用形成结构沥青　　(b) 矿粉颗粒之间为结构沥青联结

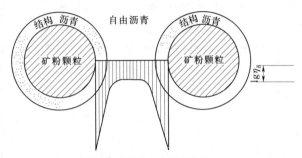

(c) 矿粉颗粒之间为自由沥青联结

图 8.4.5　沥青与矿粉交互作用的结构示意图

沥青，有较好的黏附性，而与酸性石料则产生较少的结构沥青，其黏附性较差。

(4) 矿料比面的影响。

结构沥青形成的主要原因是矿料与沥青的交互作用，引起沥青化学组分在矿料表面的重分布，所以在相同沥青用量的条件下，与沥青产生交互作用的矿料表面积越大，则形成的沥青膜越薄，结构沥青所占比例越大，沥青混合料的粘结力也越高。通常在工程应用上，以单位质量集料的总表面积来表示表面积的大小，称为"比表面积"（简称"比面"）。矿粉越细，比表面积越大，形成的沥青吸附膜越薄。在沥青混合料中矿粉用量虽只占 7% 左右，而其表面积却占矿质混合料的总表面积的 80% 以上，所以矿粉的性质和用量对沥青混合料的抗剪强度影响很大。为增加沥青与矿料物理—化学的表面作用，在沥青混合料配料时，必须含有适量的矿粉。提高矿粉细度可增加矿粉比表面积，所以对矿粉细度也有一定的要求。希望小于 0.075mm 粒径的含量不要过少，但是小于 0.005mm 部分的含量不宜过多，否则将使沥青混合料结成团块，不易施工。

(5) 温度和剪切速率的影响。

沥青混合料是一种黏弹塑性材料，其黏结力受温度和应力作用时间影响很大。随温度的升高和剪切速率的增大，沥青混合料的黏结力减小，抗剪强度降低。夏季高温天气，高速公路连续重载渠化交通或易急刹车转弯路口路段，使得沥青混合料的黏聚力变小，抗剪强度降低。要注意：这种情况是对沥青混合料剪切作用最不利的温度荷载组合方式，沥青混合料也最容易出现塑性流动变形或形成车辙。

由于沥青混合料组成结构的颗粒性及其力学特性方面所表现出的黏弹塑性性质，因此,影响沥青混合料内在参数的因素很多,如沥青的品质与用量、骨料性质与级配、压实度、温度、加载速度等。通过沥青混合料的构成及强度机理分析,有助于进行沥青路面的材料组成设计和路面结构设计。

3. 沥青混合料的技术性质

对于道路用沥青混合料,在使用过程中将承受车辆荷载反复作用,及环境因素的长期影响,沥青混合料应具有足够的高温稳定性、低温抗裂性、水稳定性、抗老化性、抗滑性等技术性能,以保证沥青路面优良的服务性能,经久耐用。

(1) 高温稳定性。

沥青混合料高温稳定性,是指沥青混合料在夏季高温(通常为60℃)条件下,经车辆荷载长期重复作用后,不产生车辙和波浪等病害的性能。

《公路沥青路面施工技术规范》(JTG F40—2004) 规定,采用马歇尔稳定度试验(包括稳定度、流值、马歇尔模数)来评价沥青混合料高温稳定性;对高速公路、一级公路、城市快速路、主干路用沥青混合料,还应通过车辙试验检验其抗车辙能力。

1) 马歇尔稳定度试验。马歇尔稳定度的试验方法自布鲁斯·马歇尔(Brue Marshall)提出,迄今已半个多世纪。经过许多研究者的改进,目前普遍测定马歇尔稳定度(MS)、流值(FL)和马歇尔模数(T)3项指标。稳定度是指标准尺寸试件在规定温度和加荷速度下,在马歇尔仪中最大的破坏荷载(kN);流值是达到最大破坏荷重时试件的垂直变形(以0.1mm计);马歇尔模数为稳定度除以流值的商,即:

$$T=\frac{MS\times 10}{FL} \tag{8.4.3}$$

式中 T——马歇尔模数,kN/mm;

MS——马歇尔稳定度,kN;

FL——流值(0.1mm)。

表8.4.3为密级配沥青混凝土混合料马歇尔试验技术标准。

表8.4.3 密级配沥青混凝土混合料马歇尔试验技术标准

(本表适用于公称最大粒径不大于26.5mm的密级配沥青混凝土混合料)

试验指标		单位	高速公路、一级公路				其他等级公路	行人道路
			夏炎热区(1-1、1-2、1-3、1-4区)		夏热区及夏凉区(2-1、2-2、2-3、2-4、3-2)			
			中轻交通	重载交通	中轻交通	重载交通		
击实次数(双面)		次	75				50	50
试件尺寸		mm	ϕ101.6mm×63.5mm					
空隙率VV	深约90mm以内	%	3~5	4~6	2~4	3~5	3~6	2~4
	深约90mm以下	%	3~6		2~4	3~6	3~6	—
稳定度MS不小于		kN	8				5	3
流值FL		mm	2~4	1.5~4	2~4.5	2~4	2~4.5	2~5

8.4 沥青混合料

续表

试验指标	单位	高速公路、一级公路				其他等级公路	行人道路
		夏炎热区（1-1、1-2、1-3、1-4区）		夏热区及夏凉区（2-1、2-2、2-3、2-4、3-2）			
		中轻交通	重载交通	中轻交通	重载交通		
矿料间隙率 VMA （%）	设计空隙率	相应于一下公称最大粒径的最小 VMA 及 VFA 技术要求					
		26.5mm	19mm	16mm	13.2mm	9.5mm	4.75mm
	2	10	11	11.5	12	13	15
	3	11	12	12.5	13	14	16
	4	12	13	13.5	14	15	17
	5	13	14	14.5	15	16	18
	6	14	15	15.5	16	17	19
沥青饱和度 VFA （%）		55~70		65~75		70~85	

注 1. 对空隙率大于5%的夏炎热区重载交通路段，施工时至少提高压实度1个百分点。
2. 当设计的空隙率不是整数时，由内插确定要求的 VMA 最小值。
3. 对改性沥青混合料，马歇尔试验的流值可适当放宽。

2) 车辙试验。车辙试验的方法，首先由英国道路研究所（TRRL）提出，后来经过了许多国家道路工作者的研究改进。目前的方法是用标准成型方法，首先制成300mm×300mm×50mm 的沥青混合料试件，在60℃的温度条件下，以一定荷载的轮子以42±1次/min 的频率在同一轨迹上作一定时间的反复行走，形成一定的车辙深度，然后计算试件变形1mm 所需试验车轮行走次数，即为动稳定度。

$$DS = \frac{(t_2 - t_1) \times 42}{d_2 - d_1} c_1 c_2 \quad (8.4.4)$$

式中 DS——沥青混合料动稳定度，次/mm；

d_1、d_2——时间 t_1、t_2 的变形量，mm；

42——每分钟行走次数，次/min；

c_1、c_2——试验机或试样修正系数。

沥青混合料的动稳定度应符合表8.4.4的要求。对于交通流量特别大，超载车辆特别多的运煤专线、厂矿道路，可以通过提高气候分区等级来提高对动稳定度的要求。对于轻型交通为主的旅游区道路，可以根据情况适当降低要求。

表8.4.4 沥青混合料车辙试验动稳定度技术要求

气候条件与技术指标	相应下列气候分区所要求的动稳定度 DS（次/mm）							
7月平均最高温度（℃）及气候分区	>30（夏炎热区）				20~30（夏热区）			<20（夏凉区）
	1-1	1-2	1-3	1-4	2-1	2-2	2-3	2-4	3-2
普通沥青混合料	≥800		≥1000		≥600		≥800		≥600
改性沥青混合料	≥2400		≥2800		≥2000		≥2400		≥1800

注 1. 如果8月平均最高气温高于7月时，应使用8月平均最高气温。
2. 在特殊情况下，如钢桥面铺装、重载车和超载车多或纵坡较大的长距离上坡路段，设计部门或工程建设单位可以提高动稳定度的要求。
3. 为满足炎热地区及重载车要求，确定的设计沥青用量小于试验的最佳沥青用量时，可适当增加碾压轮的线荷载进行试验，但必须保证施工时加强碾压达到提高的压实度要求。

（2）低温抗裂性。

从低温抗裂性能的要求出发，沥青混合料在低温时应具有良好的应力松弛性能，有较低的劲度和较大的变形适应能力，在降温收缩过程中不产生大的应力积聚，在行车荷载和其他因素的反复作用下不致产生疲劳开裂。

使用稠度较低（针入度较大）及温度敏感性较小的沥青，可提高沥青混合料的低温抗裂性能。沥青材料的老化会使沥青变脆，低温极限破坏应变变小，易产生开裂。为了提高沥青混合料的低温抗裂性能，应选用抗老化能力较强的沥青。往沥青中掺加橡胶类聚合物，对提高沥青混合料的低温抗裂性能具有较为明显的效果。

为了提高沥青路面低温抗裂性，应对沥青混合料进行低温弯曲试验，试验温度−10℃，加载速率50mm/min，沥青混合料的破坏应变应满足表8.4.5的要求。

表8.4.5　　　　沥青混合料低温弯曲试验破坏应变技术要求

气候条件与技术指标	相应于下列气候分区所要求的破坏应变（μm）							
年极端最低气温（℃）及气候分区	<−37.0（冬严寒区）		−37.0~−21.5（冬寒区）			−21.5~−9.0（冬冷区）		>−9.0（冬温区）
	1-1	2-1	1-2	2-2	3-2	1-3	2-3	1-4　2-4
普通沥青混合料	≥2600		≥2300			≥2000		
改性沥青混合料	≥3000		≥2800			≥2500		

（3）耐久性。

沥青混合料的耐久性是指其在外界各种因素（如阳光、空气、水、车辆荷载等）的长期作用下保持原有的性质而不破坏的性能。主要包括抗老化性、水稳性、抗疲劳性等。

1）抗老化性。

沥青混合料在使用过程中，受到空气中氧、水、紫外线等介质的作用，促使沥青发生诸多复杂的物理化学变化，逐渐老化或硬化，致使沥青混合料变脆易裂，从而导致沥青路面出现各种裂纹或裂缝。

沥青混合料老化取决于沥青的老化程度，与外界环境因素和压实空隙率有关。在气候温暖、日照时间较长的地区，沥青的老化速率快，而在气温较低、日照时间短的地区，沥青的老化速率相对较慢。沥青混合料的空隙率越大，环境介质对沥青的作用就越强烈，其老化程度也越高。因此从耐老化角度考虑，应增加沥青用量，降低沥青混合料的空隙率，以防止水分渗入并减少阳光对沥青材料的老化作用。

2）水稳定性。

沥青混合料的水稳定性不足表现为：由于水或水汽的作用，促使沥青从集料颗粒表面剥离，降低沥青混合料的黏结强度，松散的集料颗粒被滚动的车轮带走，在路表形成独立的大小不等的坑槽，即沥青路面的水损害，是沥青路面早起破坏的主要类型之一。其表现形式主要有网裂、唧浆、松散及坑槽。沥青混合料水稳定性差不仅导致了路表功能的降低，而且直接影响路面的耐久性和使用寿命。目前我国规范中评价沥青混合料水稳定性的方法主要有：沥青与集料的黏附性试验、浸水试验和冻融劈裂试验。

a. 沥青与集料的黏附性试验：将沥青裹覆在矿料表面，浸入水中，根据矿料表面沥青的剥落程度，判定沥青与集料的黏附性，其中水煮法和静态水浸法是目前道路工程中常用的方法。采用水煮法和静态水浸法评价沥青与集料的黏附性等级时人为因素的影响较大。此外，一些满足了黏附性等级要求的沥青混合料在使用时仍有可能发生水损害，试验结果存在着一定的局限性。

b. 浸水试验：浸水试验是根据浸水前后沥青混合料物理、力学性能的降低程度来表征其水稳定性的一类试验，常用的方法有浸水马歇尔试验、浸水车辙试验、浸水劈裂强度试验和浸水抗压强度试验等。在浸水条件下，由于沥青与集料之间黏附性的降低，最终表现为沥青混合料整体力学强度损失，以浸水前后的马歇尔稳定度、车辙深度比值、劈裂强度比值和抗压强度比值的大小评价沥青混合料的水稳定性。

c. 冻融劈裂试验：冻融劈裂试验名义上为冻融试验，但其真正含义是检验沥青混合料的水稳定性，试验结果与实际情况较为吻合，是目前使用较为广泛的试验。《公路工程沥青及沥青混合料试验规程》（JTG E20—2011）的方法，在冻融劈裂试验中，将沥青混合料试件分为两组，一组试件用于测定常规状态下的劈裂强度，另一组试件首先进行真空饱水，然后置于-18℃条件下冷冻16h，再在60℃水中浸泡24h，最后进行劈裂强度测试。冻融劈裂强度比计算公式如下：

$$TSR = \frac{\sigma_2}{\sigma_1} \times 100\% \tag{8.4.5}$$

式中　　TSR——沥青混合料试件的冻融劈裂强度比，%；
　　　　σ_1——试件在常规条件下的劈裂强度，MPa；
　　　　σ_2——试件经一次冻融循环后在规定条件下的劈裂强度，MPa。

沥青混合料水稳定性技术要求见表8.4.6。

表8.4.6　　沥青混合料水稳定性技术要求

年降雨量（mm）		>1000	1000~500	500~250	<250
		1（潮湿区）	2（湿润区）	3（半干区）	4（干旱区）
浸水马歇尔试验的残留稳定度（%）	普通沥青混合料	≥80	≥80	≥75	≥75
	改性沥青混合料	≥85	≥85	≥80	≥80
冻融劈裂试验的残留强度比（%）	普通沥青混合料	≥75	≥75	≥70	≥70
	改性沥青混合料	≥80	≥80	≥75	≥75

3）抗疲劳性。

沥青混合料的抗疲劳性能与沥青混合料中的沥青含量、沥青体积百分率关系密切。空隙率小的沥青混合料，无论是抗疲劳性能、水稳定性、抗老化性能都比较好。沥青用量不足，沥青膜变薄，沥青混合料的延伸能力降低，脆性增加，且沥青混合料的空隙率增大，都容易使沥青混合料在反复荷载作用下造成破坏。

（4）抗滑性。

沥青路面应具有足够的抗滑能力，以保证在路面潮湿时，车辆能够高速安全行使，而且在外界因素的作用下其抗滑能力不致很快降低。沥青路面的粗糙度与矿料的微表面性质、混合料的级配组成,以及沥青用量等因素有关。为保证沥青路面的粗糙度不致很快降低,最主要是选择硬质有棱角的石料。同时抗滑性对沥青用量相当敏感,当沥青用量超过最佳沥青用量0.5%时,就会导致抗滑系数的明显降低。

随着现代高速公路的发展,对沥青混合料路面的抗滑性提出更高的要求。我国现行标准对抗滑层集料提出了磨光值、道端磨耗值和冲击值等三项指标。

(5) 施工和易性。

要保证室内配料在现场施工条件下顺利的实现,沥青混合料除了应具备前述的技术要求外,还应具备适宜的施工和易性。影响沥青混合料施工和易性的因素很多,诸如当地气温、施工条件及混合料性质等。

就沥青混合料性质而言,影响沥青混合料施工和易性的主要因素是矿料级配。粗细集料的颗粒大小相距过大,缺乏中间粒径,混合料容易离析;细料太少,沥青层不易均匀地分布在粗颗粒表面;细料过多,则拌和困难。生产上对沥青混合料的和易性一般凭经验来判定。

4. 沥青混合料的组成材料

沥青混合料的组成材料包括沥青和矿料。矿料包括粗集料、细集料和填料。

(1) 沥青。

沥青是沥青混合料的主要组成材料之一。沥青在混合料压实过程中犹如润滑剂,将各种矿料组成的稳定骨架胶结在一起,经压实后形成的沥青混凝土具有一定的强度和所需的多种优良品质。沥青的质量对沥青混合料的品质有很大影响,沥青面层的低温裂缝和温度疲劳裂缝,以及在高温条件下的车辙深度、推挤、拥包等永久性变形都与沥青有很大的关系。沥青路面所用沥青等级应根据气候条件、沥青混合料类型、道路类型、交通性质、路面类型、施工方法以及当地使用经验等,经技术论证后确定。所选用的沥青质量应符合现行规范对沥青质量要求的相关规定。

(2) 粗集料。

热拌沥青混合料用的粗集料包括碎石、破碎砾石、钢渣、矿渣等。高速公路和一级公路不得使用筛选砾石和矿渣。粗集料应洁净、干燥,表面粗糙,质量应符合表8.4.7的规定。高速公路和一级公路对粗集料磨光值和集料与沥青的黏附性要符合表8.4.8要求,以确保路面不出现磨光和剥落。若黏附性不符合要求时,可对集料掺入消石灰、水泥或石灰水处理或掺加耐水耐热和长期性能好的抗剥落剂。

表8.4.7 沥青混合料用粗集料质量技术要求

指 标	单位	高速公路及一级公路		其他等级公路	试验方法
		表面层	其他层次		
石料压碎值	%	≤26	≤28	≤30	≤T0316
洛杉矶磨耗损失	%	≤28	≤30	≤35	≤T0317
表观相对密度	—	≥2.60	≥2.5	≥2.45	≥T0304
吸水率	%	≤2.0	≤3.0	≤3.0	≤T0304
坚固性	%	≤12	≤12	—	≤T0314

续表

指　标	单位	高速公路及一级公路		其他等级公路	试验方法
		表面层	其他层次		
针片状颗粒含量（混合料）	%	≤15	≤18	≤20	≤T0312
其中粒径大于 9.5mm	%	≤12	≤15	—	
其中粒径小于 9.5mm	%	≤18	≤20	—	
水洗法＜0.075mm 颗粒含量	%	≤1	≤1	≤1	≤T0310
软石含量	%	≤3	≤5	≤5	≤T0320

表 8.4.8　　　　　粗集料与沥青的黏附性、磨光值的技术要求

雨量气候区	1（潮湿区）	2（湿润区）	3（半干区）	4（干旱区）
年降雨量（mm）	＞1000	1000～500	500～250	＜250
粗集料的磨光值 PSV 高速公路、一级公路表面层	≥42	≥40	≥38	≥36
粗集料与沥青的黏附性 高速公路、一级公路表面层 高速公路、一级公路的其他层次及其他等级公路的各个层次	≥5 ≥4	≥4 ≥4	≥4 ≥3	≥3 ≥3

（3）细集料。

沥青路面的细集料包括天然砂、机制砂和石屑。它应洁净干燥、无杂质并有适当颗粒级配，并且与沥青具有良好的黏结力。对于高等级公路的面层或抗滑表层，石屑的用量不宜超过砂的用量，采用花岗岩、石英岩等酸性石料轧制的砂或石屑，因与沥青的黏结性较差，不宜用于高等级公路。细集料的质量要求见表 8.4.9。天然砂、机制砂和石屑的规格要求见表 8.4.10 和表 8.4.11。

表 8.4.9　　　　　沥青混合料用细集料质量技术要求

指　标	高速公路、一级公路城市快速路、主干路	其他公路与城市道路
视密度（g/cm³）	≥2.5	≥2.45
坚固性（＞0.3mm）（%）	≥12	—
砂当量（%）	≥60	≥50
水洗法（＜0.075mm）（%）	≥3	≥5

表 8.4.10　　　　　沥青面层的天然砂规格

分　类		粗　砂	中　砂	细　砂
	筛孔尺寸			
通过各筛孔的质量百分率（%）	9.5	100	100	100
	4.75	90～100	90～100	90～100
	2.36	65～95	75～90	85～100
	1.18	35～65	50～90	75～100
	0.6	15～30	30～60	60～84
	0.3	5～20	8～30	15～45
	0.15	0～10	0～10	0～10
	0.075	0～5	0～5	0～5
细度模数（M_X）		3.7～3.1	3.0～2.3	2.2～1.6

第8章 沥青及沥青混合料

表 8.4.11　　　　　　　　　沥青混合料用机制砂或石屑规格

规格	公称粒径 (mm)	通过百分率（方孔筛 mm）（%）							
		9.5	4.75	2.36	1.18	0.6	0.3	0.15	0.075
S15	0～5	100	90～100	60～90	40～75	20～55	7～40	2～20	0～10
S16	0～3		100	80～100	50～80	25～60	8～45	0～25	0～15

（4）矿粉。

沥青混合料的矿粉必须采用石灰岩或岩浆岩中强碱性岩石等憎水性石料经磨细得到的矿粉，原石料中的泥土杂质应除净。矿粉应干燥、洁净，质量符合表 8.4.12 要求。

表 8.4.12　　　　　沥青混合料用矿粉质量要求（JTG F40—2004）

项　目	高速公路、一级公路	其他等级公路
表观密度（t/m³）	≥2.50	≥2.45
含水率（%）	≤1	≤1
粒度范围（%） <0.6mm <0.15mm <0.075mm	100 90～100 75～100	100 90～100 70～100
外观	无团粒结块	—
亲水系数	<1	
塑性指数（%）	<4	
加热安定性	实测记录	

8.4.3　沥青混合料配合比设计

沥青混合料的配合比设计就是确定混合料各组成部分的最佳比例，其主要内容是矿质混合料级配设计和最佳沥青用量确定。包括目标配合比（实验室配合比）设计、生产配合比设计和试拌试铺配合比调整 3 个阶段。

沥青混合料的设计方法主要有马歇尔设计法、体积设计法、superpave 法等，其中马歇尔法是我国目前规范指定的设计法。

本节着重介绍国内常用的马歇尔设计法用于分析热拌沥青混合料组成设计的具体过程。

8.4.3.1　实验室配合比（目标配合比）设计

热拌沥青混合料的实验室配合比（目标配合比）设计宜按规定方法步骤进行。

1. 矿质混合料级配设计

矿质混合料级配设计的目的是选配一个具有足够密实度并且具有较大内摩阻力的矿质混合料。可以根据已有的级配理论计算出所需要的矿质混合料的级配范围。

（1）矿质混合料的级配理论。

1）最大密度曲线理论（富勒理论）。

富勒在大量试验基础上提出的一种理想曲线（图 8.4.6）。该理论认为"矿质混合料的颗粒级配曲线愈接近抛物线，则其密度愈大"。根据上述理论，当矿物混合料的级配曲线为抛物线时，最大密度理想曲线集料各级粒径 d 与通过百分率 P 可表示为式（8.4.6）：

$$P^2 = kd \tag{8.4.6}$$

式中 d——矿质混合料各级颗粒粒径，mm；

P——各级颗粒粒径集料的通过百分率，%；

k——统计参数，常数。

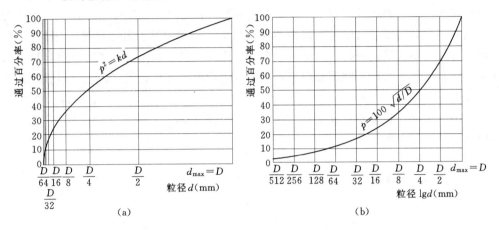

图 8.4.6 最大密度理想级配曲线

当颗粒粒径 d 的等于最大粒径 D 时，通过百分率 $P=100\%$，即 $d=D$ 时，$P=100\%$。故

$$k = 100^2 \times \frac{1}{D} \tag{8.4.7}$$

当希望能够求任一级颗粒粒径 d 的通过百分率 P 时，可将式（8.4.7）代入式（8.4.6），得：

$$P = 100 \times \sqrt{\frac{d}{D}} = 100 \times \left(\frac{d}{D}\right)^{0.5} \tag{8.4.8}$$

式中 d——矿质混合料各级颗粒粒径，mm；

D——矿质混合料的最大粒径，mm；

P——各级颗粒粒径集料的通过百分率，%。

式（8.4.9）就是最大密度理想级配曲线的级配组成计算公式。根据这个公式，可以计算出矿质混合料最大密度时各级粒径的通过量。

2）最大密度曲线 n 次幂公式。

最大密度曲线是一种理想的、密实度最大的级配曲线。在实际应用中，矿质混合料的级配曲线应该允许在一定的范围内波动，为此，泰波在式（8.4.9）的基础上进行了修正，给出级配曲线范围的计算公式（8.4.9）：

$$P = 100 \left(\frac{d}{D}\right)^n \tag{8.4.9}$$

式中　　n——级配指数。

在工程实践中，集料的最大理论密度曲线为级配指数 $n=0.45$ 的级配曲线，常用矿质混合料的级配指数一般在 $0.3\sim 0.7$ 之间。

（2）矿质混合料的组成设计方法。

1）试算法。

a. 基本原理。

设有集中矿质集料，欲配制某种一定级配要求的混合料。在决定各组成集料在混合料中的比例时，先假定混合料中某种粒径的颗粒是由某一种对该粒径占优势的集料所组成，而其他各种集料不含这种粒径。如此，根据各个主要粒径去试算各种集料在混合料中的大致比例。如果比例不合适，则稍加调整，这样逐步渐进，最终达到符合混合料级配要求的各集料配合比例。

设有 A、B、C3 种集料，欲配制成级配为 M 的矿质混合料，求出 A、B、C 集料在混合料中的比例，即为配合比。

按题意作下列 2 点假设：

设 A、B、C3 种集料在混合料 M 中的用量比例分别为 X、Y、Z，则

$$X+Y+Z=100 \tag{8.4.10}$$

又设混合料 M 中某一级粒径（i）要求的含量为 $aM(i)$，A、B、C3 种集料中该粒径的含量分别为 $a_{A(i)}$、$a_{B(i)}$、$a_{C(i)}$。则：

$$a_{A(i)}X+a_{B(i)}Y+a_{C(i)}Z=a_{M(i)} \tag{8.4.11}$$

b. 计算步骤。

a）计算 A 集料在矿质混合料中的用量比例。首先，找出 A 集料占优势含量的某一粒径，如粒径（i），而忽略 B、C 集料在此粒径的含量，即 B 集料和 C 集料该粒径的含量 $a_{B(i)}$ 和 $a_{C(i)}$ 均等于零。A 集料在混合料中的用量：

$$X=\frac{a_{M(i)}}{a_{A(i)}}\times 100 \tag{8.4.12}$$

b）计算 C 集料在矿质混合料中的用量比例。原理同前，设 C 集料的优势粒径为 j（mm），则 A 集料和 B 集料在该粒径的含量 $a_{A(j)}$ 和 $a_{B(j)}$ 均等于零。C 集料在混合料中的用量：

$$Z=\frac{a_{M(j)}}{a_{C(j)}}\times 100 \tag{8.4.13}$$

c）计算 B 集料在矿质混合料中的用量比例。由前式得出 B 集料在矿质混合料中的用量：

$$Y=100-(X+Z) \tag{8.4.14}$$

d）校核调整。按以上计算的配合比计算合成级配，如不在要求的级配范围内，应调整。重新计算和复核配合比，经几次调整，直到符合要求为止。

如经计算确不能满足级配要求时，可掺加某些单粒级集料，或调换其他原始集料。

【例题 8.4.1】 试计算细粒 AC-13 型沥青混凝土的矿质混合料配合比。

1. 已知条件

(1) 现有碎石、石屑和矿粉 3 种矿质集料，筛分试验结果列于表 8.4.13 中第 2~4 列。

(2) 规定的 AC-13 型沥青混凝土级配范围列于表 8.4.13 中第 5 列。

2. 计算要求

(1) 按试算法确定碎石、石屑和矿粉在矿质混合料中所占的比例。

(2) 校核矿质混合料合成级配计算结果是否符合规范要求的级配范围。

表 8.4.13　　　　　集料的分计筛余和矿质混合料规定的级配范围

筛孔尺寸 d_i(mm)	各档集料的筛分析试验结果			设计级配范围及中值			
	碎石分计筛余 $\alpha_{A(i)}$(%)	石屑分计筛余 $\alpha_{B(i)}$(%)	矿粉分计筛余 $\alpha_{C(i)}$(%)	通过百分率范围 $P_{(i)}$(%)	通过百分率中值 $P_{M(i)}$(%)	累计筛余百分率中值 $A_{M(i)}$(%)	分计筛余百分率中值 $\alpha_{M(i)}$(%)
(1)	(2)	(3)	(4)	(5)	(6)	(7)	(8)
13.2	0.8	—	—	95~100	97.5	2.5	2.5
9.5	43.6	—	—	70~88	79	21	18.5
4.75	49.9	—	—	48~68	58	42	21
2.36	4.4	25.0	—	36~53	44.5	55.5	13.5
1.18	1.3	22.6	—	24~41	32.5	67.5	12
0.6		15.8	—	18~30	24	76	8.5
0.3		16.1	—	17~22	19.5	80.5	4.5
0.15		8.9	4	8~16	12	88	7.5
0.075		11.1	10.7	4~8	6	94	6
<0.075		0.5	85.3	—	0	100	6

【解】：(1) 准备工作。

将矿质混合料设计范围由通过百分率转换为分计筛余百分率。首先计算表 8.4.13 中矿质混合料级配范围的通过百分率中值，然后转换为累计筛余百分率中值，再计算为各筛孔的分计筛余百分率中值，计算结果列于表 8.4.13 第 6~8 列。

(2) 计算碎石在矿质混合料中的用量 X。

分析表 8.4.13 中各档集料的筛分结果可知，碎石中占优势含量粒径为 4.75mm。故计算碎石用量时，假设混合料中 4.75mm 粒径全部由碎石提供，即 $\alpha_{A(4.75)}$ 和 $\alpha_{C(4.75)}$ 均等于 0。由式（8.4.12）可得：

$$X = \frac{\alpha_{M(4.75)}}{\alpha_{A(4.75)}} \cdot 100 = \frac{21.0}{49.9} \times 100 = 42.1$$

(3) 计算矿粉在矿质混合料中的用量 Z。

根据表 8.4.13，矿粉中小于 0.075mm 的颗粒占优势，此时假设 $\alpha_{A(<0.075)}$ 和 $\alpha_{B(<0.075)}$

均等于零,将 $\alpha_{M(<0.075)}=6\%$, $\alpha_{C(<0.075)}=85.3\%$, 代入式 (8.4.13) 可得:

$$Z=\frac{\alpha_{M(j)}}{\alpha_{C(j)}} \cdot 100=\frac{6.0}{85.3}\times 100=7.0$$

(4) 计算石屑在混合料中的用量 Y。

将已求得的 $X=42.1$,和 $Z=7$ 代入式 (8.4.14) 可得:

$$Y=100-(X+Z)=100-(42.1+7.0)=50.9$$

(5) 合成级配的计算与校核。

根据以上计算,矿质混合料中各种集料的比例为碎石:石屑:矿粉=$X:Y:Z$=42.1:50.9:7.0,依次计算各档集料占矿质混合料的百分率,见表 8.4.14 中第 2~10 列,然后计算矿质混合料的合成级配,结果列于表 8.4.14 的第 11~13 列,将矿质混合料的通过百分率(表 8.4.14 中第 13 栏)与要求级配范围相比较可知,该合成级配符合设计级配范围的要求。

表 8.4.14　　　　　　矿质混合料组成计算校核表

筛孔尺寸 d_i (mm)	碎石级配 (%)			石屑级配 (%)			矿粉级配 (%)			矿质混合料合成级配			设计级配范围 $P_{(i)}$ (%)
	碎石分计筛余 $\alpha_{A(i)}$ (%)	采用百分率 X	占混合料百分率 $\alpha_{A(i)}X$	石屑分计筛余 (%)	采用百分率 Y	占混合料百分率 $\alpha_{B(i)}X$	矿粉分计筛余 $\alpha_{C(i)}$ (%)	采用百分率 X	占混合料百分率 $\alpha_{C(i)}X$	分计筛余 $\alpha_{M(i)}$ (%)	累计筛余 $A_{M(i)}$ (%)	通过百分率 $P_{(i)}$ (%)	
(1)	(2)	(3)	(4)	(5)	(6)	(7)	(8)	(9)	(10)	(11)	(12)	(13)	(14)
13.2	0.8		0.3	—		—	—		—	0.3	0.3	99.7	95~100
9.5	43.6		18.4	—		—	—		—	18.4	18.7	81.3	70~88
4.75	49.9	×42.1	21.0	—		—	—		—	21	39.7	60.3	48~68
2.36	4.4		1.9	25.0		12.7	—		—	14.6	54.3	45.7	36~53
1.18	1.3		0.5	22.6		11.5	—		—	12.1	66.3	33.7	24~41
0.6	—		—	15.8	×50.9	8.0	—		—	8.0	74.4	25.6	18~30
0.3	—		—	16.1		8.2	—		—	8.2	82.6	17.4	17~22
0.15	—		—	8.9		4.5	4		0.3	4.8	87.4	12.6	8~16
0.075	—		—	11.1		5.6	10.7	×7.0	0.7	6.4	93.8	6.2	4~8
<0.075	—		—	0.5		0.3	85.3		6.0	6.2	100.0	0.0	—
合计	100		42.1	100		50.9	100		7.0	100			

2) 图解法。

a. 基本原理。

通常级配曲线图采用半对数坐标图绘制,所绘出的级配范围中值为一抛物线。图解法中,为使要求级配中值呈一直线,采用纵坐标的通过量(P_i)为算术坐标,而横坐标的粒径采用 $(d/D)^n$ 表示,则绘出的级配曲线中值为直线,如图 8.4.7 所示。

b. 图解法设计步骤如下。

8.4 沥青混合料

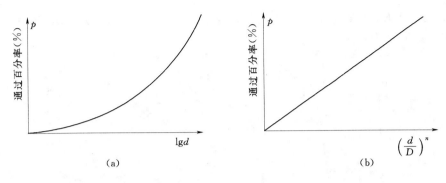

图 8.4.7 图解法级配曲线坐标图

a）绘制级配曲线坐标图。在设计说明书上按规定尺寸绘一方形图框，通常纵坐标通过量取 10cm，横坐标筛孔尺寸（或粒径）取 15cm；连接对角线 OO'（图 8.4.8）作为要求的级配曲线中值。将要求的级配中值的各筛孔通过百分率标于纵坐标上，从纵坐标引水平线与对角线相交，再从交点作竖直线与横坐标相交，其交点即为各相应筛孔尺寸的位置。

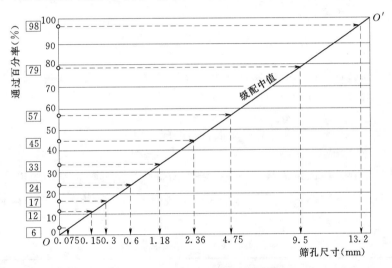

图 8.4.8 图解法用级配曲线坐标图

b）确定各种集料含量。将各种集料的通过量绘于级配曲线坐标图上。因为实际集料的相邻级配曲线并不是像计算原理所述的那样均为首尾相接。可能有下列 3 种情况（图 8.4.9）。根据各集料之间的关系，分别按下述方法确定各种集料含量。

两相邻级配曲线重叠：如集料 A 的级配曲线的下部与集料 B 的级配曲线的上部搭接时，在两级配曲线之间引一根垂直于横坐标的直线（即 $a=a'$）AA' 与对角线 OO' 交于点 M，通过 M 作一水平线与纵坐标交于 P 点。$O'P$ 即为集料 A 的含量。

两相邻级配曲线相接：如集料 B 的级配曲线末端位于集料 C 的级配曲线首端，正好在同一竖直线上时，将前一集料曲线末端与后一集料曲线首端作竖直线相联，竖直线 BB' 与对角线 OO' 相交于点 N。通过 N 作一水平线与纵坐标交于 Q 点，PQ 即为集料 B 的含量。

两相邻级配曲线相离：如集料 C 的集配曲线末端与集料 D 的级配曲线首端，在水平方向彼此离开一段距离时，作一竖直线平分相离开的距离（即 $b=b'$），竖直线 CC' 与对角

线 OO' 相交于点 R，通过 R 作一水平线与纵坐标交于 S 点，QS 即为 C 集料的含量。剩余 ST 即为集料 D 的含量。

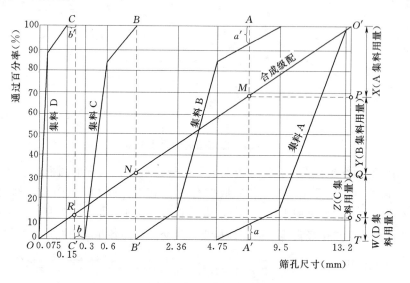

图 8.4.9 组成集料级配曲线和要求合成级配

c）校核：按图解所得的各种集料含量，校核计算所得合成级配是否符合要求，如不能符合要求（超出级配范围），应调整各集料的含量。

【例题 8.4.2】 采用图解法设计某矿质混合料的配合比。

1. 已知条件

根据设计资料，所铺筑道路为高速公路，沥青路面上面层，结构层设计厚度 4cm，选用矿质混合料的级配范围见表 8.4.15。该混合料采用 4 档集料，各档集料的筛分试验结果见表 8.4.15。

表 8.4.15　　　　　　　　　矿质集料级配与设计级配范围表

筛孔尺寸 d_i(mm)	各档集料相应各筛孔的通过百分率（%）				设计级配范围 $P_{M(i)}$（%）	设计级配范围中值 $P_{M(i)}$（%）
	集料 A	集料 B	集料 C	集料 D		
16.0	100	100	100	100	100	100
13.2	93	100	100	100	95～100	98
9.5	17	100	100	100	70～88	79
4.75	0	84	100	100	48～68	57
2.36	—	14	92	100	36～53	45
1.18	—	8	82	100	24～41	33
0.6	—	4	42	100	18～30	24
0.3	—	0	21	100	12～22	17
0.15	—	—	11	96	8～16	12
0.075	—	—	4	87	4～8	6

2. 设计要求

采用图解法进行矿质混合料配合比设计,确定各档集料的比例,校核矿质混合料的合成级配是否符合设计级配范围要求。

【解】(1) 绘制图解法用图。

计算设计级配范围中值,列入表 8.4.15 中。

绘制图解法用图 8.4.10。根据表 8.4.15 中设计级配范围中值数据,确定各筛孔尺寸在横坐标上的位置。然后将各档集料与矿粉的级配曲线绘制于图 8.4.10 中。

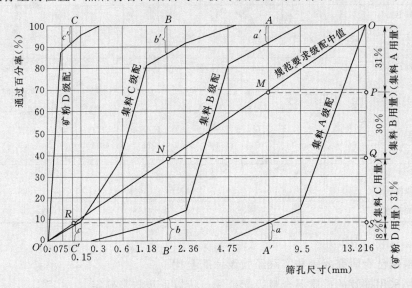

图 8.4.10 [例题 8.4.2] 图解法用图

(2) 确定各档集料用量。

在集料 A 与集料 B 级配曲线相重叠部分作一垂线 AA',使垂线截取这两条级配曲线的总坐标值相等 ($a=a'$)。垂线 AA' 与对角线 OO' 有一交点 M,过 M 引一水平线,与纵坐标交于 P 点,OP 的长度 $x=31\%$,即为集料 A 的用量。

同理,求出集料 B 的用量 $y=30\%$,集料 C 的用量 $z=31\%$,矿粉 D 的用量 $w=8\%$。

(3) 配合比校核调整。

按照集料 A:集料 B:集料 C:矿粉 D=31%:30%:31%:8%的比例,计算矿质混合料的合成级配,结果列于表 8.4.16。由表 8.4.16 可以看出,合成级配在筛孔 0.075mm 的通过百分率为 8.2%,超出了设计级配范围 (4%~8%) 的要求,需要对各集料的比例进行调整。通过试算,采用减少集料 B、增加集料 C 并减少矿粉 D 用量的方法来调整配合比。

经调整后的配合比为加料 A 的用量 $x=31\%$;集料 B 的用量 $y=26\%$;集料 C 的用量 $z=37\%$;矿粉 D 的用量 $w=6\%$。配合比调整后,矿质混合料的合成级配见表 8.4.16 中括号内的数值,可以看出,合成级配曲线完全在设计要求的级配范围之内,并且接近中值。因此,本例题配合比设计结果为:集料 A 的用量 $x=31\%$;集料 B 的

用量 $y=26\%$；集料 C 的用量 $z=37\%$；矿粉 D 的用量 $w=6\%$。

表 8.4.16　　　　　　　　矿质混合料合成级配校核用表

材料名称		下列筛孔所通过的比率（%）								
		16.0mm	13.2mm	9.5mm	4.75mm	2.36mm	1.18mm	0.6mm	0.3mm	0.15mm	0.075mm
各种矿料在混合料中的级配	集料 A31% 调整后的配合比 （31%）	31.0 (31.0)	28.8 (28.8)	5.3 (5.3)	0 (0)						
	集料 B30% 调整后的配合比 （26%）	30.0 (26.0)	30.0 (26.0)	25.2 (21.8)	4.2 (3.6)	1.4 (2.1)					
	集料 C31% 调整后的配合比 （37%）	31.0 (37.0)	31.0 (37.0)	31.0 (37.0)	31.0 (37.0)	28.5 (34.0)	25.4 (30.3)	13.0 (15.5)	6.5 (7.8)	3.4 (4.1)	1.2 (1.5)
	矿粉 D8% 调整后的配合比 （6%）	8.0 (6.0)	8.0 (6.0)	8.0 (6.0)	8.0 (6.0)	8.0 (6.0)	8.0 (6.0)	8.0 (6.0)	8.0 (6.0)	7.9 (5.8)	7.0 (5.2)
矿质混合料的合成级配		100 (100)	97.8 (97.8)	74.3 (74.3)	64.2 (64.2)	40.7 (43.6)	35.8 (38.4)	22.2 (22.6)	14.5 (13.8)	11.3 (9.9)	8.2 (6.7)
设计级配范围		100	95~100	70~88	48~68	36~53	24~41	18~30	12~22	8~16	4~8

（3）根据已有研究成果和实践经验设计配合比。

通常是采用推荐的矿质混合料级配范围。依以下步骤来确定。

1）确定沥青混合料类型。

沥青混合料类型根据道路等级、路面类型和所处的结构层位，按表 8.4.17 选定。其中密级配沥青混合料（DAC）适用于各级公路沥青面层的任何层次。一般特粗式沥青混合料适用于基层，粗粒式沥青混合料适用于下面层或基层，中粒式沥青混合料适用于中面

表 8.4.17　　　　　　　　　　沥青混合料类型

结构层次	高速公路、一级公路、城市快速路、主干路		其他等级公路		一般城市道路及其他道路工程	
	三层式沥青混凝土路面	两层式沥青混凝土路面	沥青混凝土路面	沥青碎石路面	沥青混凝土路面	沥青碎石路面
上面层	AC-13 AC-16	AC-13 AC-16	AC-13 AC-16	AC-13	AC-5 AC-10 AC-13	AM-5 AM-10
中面层	AC-20 AC-25	—	—	—	—	—
下面层	AC-25 AC-30	AC-20 AC-25	AC-20 AC-25 AC-35	AM-25 AM-30	AC-20 AC-25	AC-25 AM-30 AM-40

层和表面层,细粒式沥青混合料适用于表面层和薄层罩面。砂粒式沥青混合料适用于非机动车道路、旅游道路或行人道路。沥青玛蹄脂碎石混合料(SMA)适用于铺筑新建公路的表面层、中面层或旧路面加铺磨耗层使用。设计空隙率为 6%~12% 的半开级配沥青碎石混合料(AM)仅适用于三级及三级以下公路、乡村公路,此时表面应设置致密的上封层。设计空隙率 3%~8% 的密级配沥青稳定碎石混合料(ATB)和设计空隙率大于 18% 的排水式沥青稳定碎石混合料(ATPB)适用于基层。设计空隙率大于 18% 的开级配抗滑磨耗层沥青混合料(OGFC)适用于高速行车、多雨潮湿、不易被尘土污染、非冰冻地区铺筑排水式沥青路面磨耗层。

2)确定矿料的最大粒径。

沥青混合料的公称最大粒径(D)与路面结构层最小厚度(h)间的比例将影响路面的使用性能。研究表明:随 h/D 增大,路面耐疲劳性能提高,但车辙量增大;相反,h/D 减少,车辙量也减少,但路面耐疲劳性能降低,特别是 $h/D<2$ 时,路面的疲劳耐久性急剧下降。对上面层 $h/D=3$,中面层及下面层 $h/D=2.5\sim3$ 时,路面具有较好的耐久性和可压实性。如对于结构层厚度为 4cm 的路面上面层,应选择最大公称粒径为 13mm 的细粒式沥青混凝土;对于结构层厚度为 6cm 的路面中面层,应选择最大公称粒径为 19mm 的中粒式沥青混凝土;对于结构层厚度为 7cm 的路面下面层,应选择最大公称粒径为 26.5mm 的粗粒式沥青混凝土。只有控制了路面结构层厚度与矿料公称最大粒径之比,混合料才能拌和均匀,压实时易于达到要求的密实度和平整度,保证施工质量。

3)确定矿质混合料的级配范围。

根据已确定的沥青混合料类型,按照推荐的矿质混合料级配范围表(表 8.4.18),即可确定所需的级配范围。

4)矿质混合料配合比计算。

a. 测定组成材料的原始数据。

根据现场取样,对粗集料、细集料和矿粉进行筛分试验。按筛分结果分别绘出各组成材料的筛分曲线,同时测出各组成材料的相对密度,供计算物理常数备用。

b. 计算组成材料的配合比。

根据各组成材料的筛分试验资料,采用图解法或试算法,计算符合要求级配范围时的各组成材料用量比例。

c. 调整配合比。

5)计算得的合成级配应根据下列要求作必要的调整。

a. 通常情况下,合成级配曲线宜尽量接近推荐级配范围中限,尤其应使 0.075mm、2.36mm 及 4.75mm 筛孔的通过量尽量接近级配范围中限。

b. 根据公路等级和施工设备的控制水平、混合料类型确定设计级配范围上限和下限的差值,设计级配范围上下限差值必须小于规范级配范围的差值,通常情况下对 4.75mm 和 2.36mm 通过率的范围差值宜小于 12%。

6)确定设计级配范围时应特别重视实践经验,通过对条件大体相当工程的使用情况进行调查研究,证明选择的级配范围符合工程需要。

a. 对夏季温度较高、高温持续时间长,但冬季不太寒冷的地区,或者重载路段,应

第8章 沥青及沥青混合料

表 8.4.18 沥青混合料矿料及沥青用量范围

级配类型			通过下列筛孔（方孔筛）的质量百分率(%)													沥青用量(%)
			31.5mm	26.5mm	19.0mm	16.0mm	13.2mm	9.5mm	4.75mm	2.36mm	1.18mm	0.6mm	0.3mm	0.15mm	0.075mm	
密级配沥青混凝土	粗粒式	AC-25	100	90~100	75~90	65~83	57~76	45~65	24~52	16~42	12~33	8~24	5~17	4~13	3~7	3.0~5.0
	中粒式	AC-20		100	90~100	78~92	62~80	50~72	26~56	16~44	12~33	8~24	5~17	4~13	3~7	3.5~5.5
		AC-16			100	90~100	76~92	60~80	34~62	20~48	13~36	9~26	7~18	5~14	4~8	3.5~5.5
	细粒式	AC-13				100	90~100	68~85	38~68	24~50	15~38	10~28	7~20	5~15	4~8	4.5~6.5
		AC-10					100	90~100	45~75	30~58	20~44	13~32	9~23	6~16	4~8	5.0~7.0
	砂粒	AC-5						100	90~100	55~75	35~55	20~40	12~18	7~18	5~10	6.0~8.0
半开级配沥青碎石	中粒式	AM-20		100	90~100	60~85	50~75	40~65	15~40	5~22	2~16	1~12	0~10	0~8	0~5	3.0~4.5
		AM-16			100	90~100	60~85	45~68	18~40	6~25	3~18	1~14	0~10	0~8	0~5	3.0~4.5
	细粒式	AM-13				100	90~100	50~80	20~45	8~28	4~20	2~16	0~10	0~8	0~6	3.0~4.5
		AM-10					100	90~100	35~65	10~35	5~22	2~16	0~12	0~9	0~6	3.0~4.5
沥青玛蹄脂碎石混合料	中粒式	SMA-20		100	90~100	72~92	62~82	40~55	18~30	13~22	12~18	10~16	9~14	8~13	8~12	
		SMA-16			100	90~100	65~85	45~65	20~32	15~24	14~22	12~18	10~15	9~14	8~12	
	细粒式	SMA-13				100	90~100	50~75	20~34	15~26	14~24	12~20	10~16	9~15	8~12	
		SMA-10					100	90~100	28~60	20~32	14~26	12~22	10~18	9~16	8~13	

重点考虑抗车辙能力的需要，减小 4.75mm 及 2.36mm 的通过率，选用较高的设计空隙率。当采用密级配沥青混合料时，宜选用粗型密级配沥青混合料。

b. 对冬季温度较低、且低温持续时间长的北方地区，或者非重载路段，应在保证抗车辙能力的前提下，充分考虑提高低温抗裂性能，适当增大 4.75mm 及 2.36mm 的通过率，选用较小设计空隙率。当采用密级配沥青混合料时，宜选用细型密级配沥青混合料。

c. 对我国许多地区，夏季温度炎热、高温持续时间长，冬季又十分寒冷，年温差特别大，且属于重载路段的工程，高温要求和低温要求发生严重矛盾时，应以提高高温抗车辙能力为主，兼顾提高低温抗裂性能的需要，在减小 4.75mm 及 2.36mm 的通过率的同时，适当增加 0.075mm 通过率，使规范级配范围成型，并取中等或偏高水平的设计空隙率。

d. 在潮湿区、湿润区等雨水、冰雪融化对路面有严重威胁的地区，在考虑抗车辙能力的同时还应重视水密性的需要，防止水损害破坏，宜适当减小设计空隙率，但应保持良好的雨天抗滑性能。对干旱地区的混合料，受水的影响很小，对水密性及抗滑性能的要求可放宽。

e. 对等级较高的公路，沥青层厚度较厚时，可采用较粗的级配范围；反之，对等级较低的公路，沥青层厚度较薄时，宜采用较细的级配范围。

f. 对重点考虑高温抗车辙能力、设计空隙率较大的混合料，细集料宜采用机制砂，或较多的石屑；对更需要低温抗裂性能、较小设计空隙率的混合料，宜采用较多的天然砂作细集料。

g. 确定沥青混合料设计级配范围时应考虑不同层位的功能需要。表面层应综合考虑满足高温抗车辙能力、低温抗裂性能、抗滑的需要。对沥青层较厚的三层式面层，中面层应重点考虑高温抗车辙能力，底面层重点考虑抗疲劳开裂性能、水密性等。当沥青层较薄时，表面层以下各层都应在满足水密性能的同时，提高高温抗车辙能力，并满足抗疲劳开裂性能。

h. 对高速公路、一级公路、城市快速路、主干路等交通量大、车辆载重大的道路，宜偏向级配范围的下限（粗）；对一般道路、中小交通量和人行道路等宜偏向级配范围的上限（细）。

合成的级配曲线应接近连续或合理的间断级配，不得有过多的锯齿形交错。当经过再三调整，仍有两个以上的筛孔超过级配范围时，必须对原材料进行调整或更换原材料重新设计。

2. 确定混合料的最佳沥青用量

可以通过各种理论计算方法求出沥青混合料的最佳沥青用量。但由于实际材料性质的差异，按理论公式计算得到的最佳沥青用量仍然要通过试验修正。目前常用马歇尔法确定沥青用量。该法确定沥青最佳用量时按下列步骤进行：

(1) 制备试样。

按确定的矿质混合料配合比确定各矿料的用量。

根据以往工程的实践经验，估计适宜的沥青用量（或油石比）。

以估计沥青用量为中值，以 0.5% 间隔上下变化沥青用量制备马歇尔试件，试件数不少于 5 组。

(2) 测定物理、力学指标。

在规定试验温度和试验时间内用马歇尔仪测试试样的稳定度和流值,同时计算毛体积密度、理论密度、空隙率、饱和度和矿料间隙率。

1) 毛体积密度:沥青混合料的压实试件的密度,可以采用水中重法(测定试件的毛体积密度)、表干法、体积法或封蜡法(测定毛体积密度)等方法测定。表干法适用于测定吸水率不大于2%的各种沥青混合料试件。蜡封法适用于测定吸水率大于2%的沥青混凝土或沥青碎石混合料试件的毛体积相对密度或毛体积密度。水中重法适用于测定几乎不吸水的密实的沥青混合料试件的表观相对密度或表观密度(在美国的方法中,没有水中重法)。以表干法为例,按式(8.4.15)计算毛体积相对密度,按式(8.4.16)计算毛体积密度。

$$\gamma_f = \frac{m_a}{m_f - m_w} \quad (8.4.15)$$

$$\rho_f = \frac{m_a}{m_f - m_w} \rho_w \quad (8.4.16)$$

上二式中　γ_f——用表干法测定的试件毛体积相对密度;

ρ_f——用表干法测定的试件毛体积密度;

m_a——干燥试件的空气中质量,g;

m_w——试件的水中质量,g;

m_f——试件的表干质量,g;

ρ_w——常温水的密度,约等于1g/cm³。

2) 沥青混合料的最大理论相对密度:沥青混合料试件的理论密度,是指压实沥青混合料试件全部为矿料(包括矿料内部孔隙)和沥青所组成(空隙率为零)的最大密度。可以采用真空法测定或按式(8.4.17)、式(8.4.18)计算:

$$\gamma_t = \frac{100 + P_a}{\frac{100}{\gamma_{se}} + \frac{P_b}{\gamma_b}} \quad (8.4.17)$$

$$\gamma_t = \frac{100}{\frac{P_s}{\gamma_{se}} + \frac{P_b}{\gamma_b}} \quad (8.4.18)$$

试件的理论最大密度按式(8.4.19)计算:

$$\rho_t = \gamma_t \rho_w \quad (8.4.19)$$

以上式中　γ_t——理论最大相对密度;

P_a——油石比(沥青与矿料的质量比),%;

P_b——沥青含量(沥青质量占沥青混合料总质量的百分率),%;

P_s——沥青混合料中的矿质混合料含量;

γ_{se}——矿质混合料的有效相对密度,按式(8.4.20)计算;

γ_b——沥青的相对密度(25℃)。

$$\gamma_{se} = C\gamma_{sa} + (1-C)\gamma_{sb} \quad (8.4.20)$$

式中　C——合成矿料的沥青吸收系数,可按矿料的合成吸水率按式(8.4.21)计算;

γ_{sb}——矿质混合料的合成毛体积相对密度,按式(8.4.23)计算;

γ_{sa}——矿质混合料的合成表观相对密度,按式(8.4.24)计算;

γ_{se}——矿质混合料的有效相对密度;

$$C = 0.033w_x^2 - 0.2936w_x + 0.9339 \tag{8.4.21}$$

$$w_x = \left(\frac{1}{\gamma_{sb}} - \frac{1}{\gamma_{sa}}\right) \times 100\% \tag{8.4.22}$$

$$\gamma_{sb} = \frac{100}{\dfrac{P_1}{\gamma_1} + \dfrac{P_2}{\gamma_2} + \cdots + \dfrac{P_n}{\gamma_n}} \tag{8.4.23}$$

$$\gamma_{sa} = \frac{100}{\dfrac{P_1}{\gamma_1'} + \dfrac{P_2}{\gamma_2'} + \cdots + \dfrac{P_n}{\gamma_n'}} \tag{8.4.24}$$

以上式中 w_x——合成矿料的吸水率;

P_1、P_2、$\cdots$、P_n——各种矿料成分的配合比,其和为 100;

γ_1、γ_2、$\cdots$、γ_n——各种矿料相应的毛体积相对密度;

γ_1'、γ_2'、$\cdots$、γ_n'——各种矿料相应的表观相对密度。

3) 空隙率:压实沥青混合料试件的空隙率根据其视密度和理论密度按下式计算:

$$VV = \left(1 - \frac{\gamma_f}{\gamma_t}\right) \times 100 \tag{8.4.25}$$

式中 VV——试件空隙率,%;

其余符号意义同前。

4) 矿料间隙率:压实沥青混合料试件内矿料部分以外体积占试件总体积的百分率,称为矿料间隙率(Voids in the mineral aggregate,简称 VMA),亦即试件空隙率与沥青体积百分率之和。按下式计算:

$$VMA = \left(1 - \frac{\gamma_f}{\gamma_{sb}}P_s\right) \times 100 \tag{8.4.26}$$

式中 VMA——矿料间隙率,%。

5) 有效沥青饱和度:压实沥青混合料中,扣除被集料吸收的沥青以外的有效沥青结合料部分的体积在矿料间隙率中所占百分率,按式(8.4.27)计算:

$$VFA = \frac{VMA - VV}{VMA} \times 100 \tag{8.4.27}$$

式中 VFA——试件的有效沥青饱和度,%。

3. 测定力学指标

采用马歇尔试验方法进行配合比设计时,通过马歇尔试验测定马歇尔稳定度、流值和马歇尔模数力学指标。

4. 马歇尔试验结果分析

(1) 以沥青用量(或油石比)为横坐标,毛体积密度、稳定度、空隙率、流值、矿料间隙率、沥青饱和度为纵坐标,将试验结果绘制成沥青用量(或油石比)与物理、力学指标关系图,如图 8.4.11 所示。

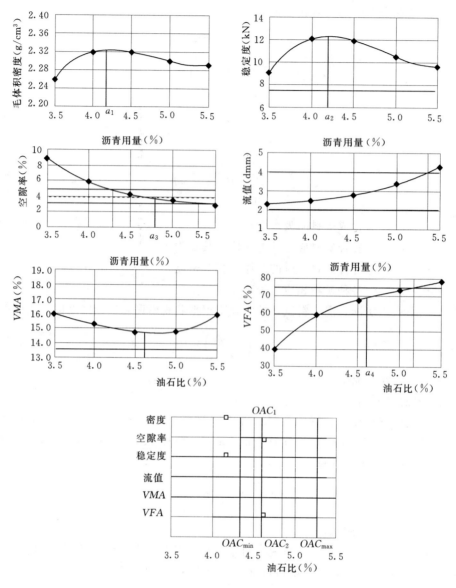

图 8.4.11 沥青用量与各项指标关系

$a_1=4.2\%$，$a_2=4.25\%$，$a_3=4.8\%$，$a_4=4.7\%$；$OAC_1=4.49\%$，$OAC_{min}=4.3\%$，$OAC_{max}=5.3\%$，$OAC_2=4.8\%$；$OAC=4.64\%$

（2）从图 8.4.11 求取相应于密度最大值、稳定度最大值、目标空隙率（或中值）、沥青饱和度范围中值的沥青用量 a_1、a_2、a_3、a_4，由下式计算它们的平均值作为最佳沥青用量的初始值 OAC_1。

$$OAC_1=\frac{(a_1+a_2+a_3+a_4)}{4} \tag{8.4.28}$$

如果选择试验的沥青用量范围未能涵盖沥青饱和度的要求范围，可按式（8.4.29）求 OAC_1。

8.4 沥青混合料

$$OAC_1 = \frac{a_1 + a_2 + a_3}{3} \tag{8.4.29}$$

（3）如果在所选择的沥青用量范围内，密度或稳定度没有出现峰值，可直接以目标空隙率所对应的沥青用量 a_3 作为 OAC_1，但 OAC_1 必须介于 $OAC_{min} \sim OAC_{max}$ 的范围内。

（4）求取各项指标均符合沥青混合料技术标准（不含 VMA）的沥青用量 $OAC_{min} \sim OAC_{max}$，其中值为 OAC_2。

$$OAC_2 = \frac{OAC_{min} + OAC_{max}}{2} \tag{8.4.30}$$

通常情况下，取 OAC_1 和 OAC_2 的平均值作为最佳沥青用量 OAC。

按最佳沥青用量初始值在图中求取相应的各项指标值，检查其是否符合规定的马歇尔设计配合比技术要求，同时检验 VMA 是否符合要求。如能符合时，由 OAC_1 和 OAC_2 以及实践经验综合确定沥青最佳用量 OAC。如不能符合，应调整级配，重新进行配合比设计，直至各项指标均能符合要求为止。但由 OAC_2 单独确定作为最佳沥青用量 OAC，且混合料空隙率接近要求范围的中值或目标空隙率时，也可使用。

（5）根据气候条件和交通特性调整最佳沥青用量。

对热区道路以及车辆渠化交通的高速公路、一级公路、山区公路的长大坡度路段，预计有可能造成较大车辙的情况时，可以在设计空隙率符合要求的范围内将 OAC 减小 0.1%～0.5% 作为设计沥青用量，以适当提高设计空隙率。但施工时应加强碾压，提高压实度标准。

对寒区道路以及一般道路，最佳沥青用量可以在 OAC 基础上增加 0.1%～0.3%，但不宜大于 OAC_2 的 0.3%。以适当减小设计空隙率，但不得降低压实要求。

（6）检验最佳沥青用量时的粉胶比和有效沥青膜厚度。

沥青混合料的粉胶比按式（8.4.31）计算，且其值宜符合 0.6～1.6 的要求。对常用的公称最大粒径为 13.2～19mm 的密级配沥青混合料，粉胶比宜控制在 0.8～1.2 的范围内。

$$FB = \frac{P_{0.075}}{P_{be}} \tag{8.4.31}$$

式中　FB——粉胶比，沥青混合料的矿料中 0.075mm 通过率与有效沥青含量的比值，无量纲；

$P_{0.075}$——沥青混合料中 0.075mm 通过率（水洗法），%；

P_{be}——沥青混合料中的有效沥青含量，%。

$$P_{be} = P_b - \frac{P_{ba}}{100} P_s \tag{8.4.32}$$

式中　P_b——沥青混合料中的沥青用量，%；

P_s——沥青混合料中的矿质混合料含量，%，$P_s = 100 - P_b$；

P_{ba}——沥青混合料中被矿料吸收的沥青结合料比例，%，按式（8.4.33）计算

$$P_{ba} = \frac{\gamma_{se} - \gamma_b}{\gamma_{se} \gamma_{sb}} \gamma_b \times 100 \tag{8.4.33}$$

式中　γ_{se}——矿质混合料的有效相对密度；

γ_{sb}——矿质混合料的合成毛体积相对密度；

γ_b——沥青的相对密度（25℃）。

按现行规范《公路沥青路面施工技术规范》(JTG F40—2004) 规定的方法估算沥青混合料的有效沥青膜厚度。

5. 水稳定性检验

按最佳沥青用量制作马歇尔试件，进行浸水马歇尔试验（或真空饱水马歇尔试验），检验其残留稳定度是否合格（技术要求见表 8.4.6）。如不符合要求，应重新进行配合比设计，或者采用掺加抗剥落剂的方法来提高水稳定性。

残留稳定度试验方法是标准试件在规定温度下浸水 48h（或经真空饱水后，再浸水 48h），测定其浸水残留稳定度，按下式计算：

$$MS_0 = \frac{MS_1}{MS} \times 100\% \quad (8.4.34)$$

式中 MS_0——试件浸水（或真空饱水）残留稳定度，kN；

MS_1——试件浸水 48h（或经真空饱水后浸水 48h）后的稳定度，kN。

6. 抗车辙能力检验

按最佳沥青用量制作车辙试验试件，在 60℃ 条件下用车辙试验机检验其动稳定度。稳定度技术要求见表 8.4.4，如不符合上述要求，应对矿料级配或沥青用量进行调整，重新进行配合比设计。

当沥青最佳用量 OAC 与两个初始值 OAC_1 和 OAC_2 相差甚大时，宜将 OAC 与 OAC_1 或 OAC_2 分别制作试件进行车辙试验。根据试验结果对 OAC 作适当调整，如不符合要求，应重新进行配合比设计。

7. 低温抗裂性能检验

对改性沥青混合料，应按最佳沥青用量 OAC 用轮辗机线型试件，在 −10℃ 条件下用 50mm/min 的加载速率进行低温弯曲试验，检验其破坏应变是否符合规范要求（表 8.4.5）。当不符合要求时，应对矿料级配或沥青用量进行调整，必要时更换改性沥青品种重新进行配合比设计。但对 SMA 混合料，开级配沥青混合料，可不进行低温弯曲试验。

8. 钢渣活性检验

对粗集料或细集料使用钢渣的沥青混合料进行马歇尔试验时，应增加 3 个试件，将试件在 60℃ 水浴中浸泡 48h，然后取出冷却至室温，观察有无裂缝或鼓包，测量试件体积，其增大量不得超过 1%。达不到要求钢渣不得使用。

经过以上配合比设计试验及配合比设计检验，各项指标均符合要求的沥青混合料可作为设计的标准混合料。当设计指标达不到要求，应调整级配重新设计。当配合比检验指标不能达到要求时，应重新进行配合比设计，必要时更换集料或采用改性沥青等措施。

8.4.3.2 生产配合比设计

目标配合比确定后，应利用实际施工的拌和机进行试拌以确定生产配合比。试验前，应先根据级配类型选择振动筛筛号，使几个热料仓的材料大致相差不多，并与冷料仓筛号大致对应。最大筛孔应保证使超粒径料排出，使最大粒径筛孔通过量符合设计范围要求。试验时，按目标配合比设计的冷料比例上料、烘干、筛分，然后在热料仓取样筛分，与目

8.4 沥青混合料

标配合比设计一样进行矿料级配计算，得出不同料仓矿粉用量比例，按此比例进行马歇尔试验。油石比可取目标配合比得出的最佳油石比及其±0.3%三档试验，并得到生产配合比的最佳油石比，供试拌试铺用。

8.4.3.3 试拌试铺配合比调整

此阶段也即生产配合比验证阶段。施工单位进行试拌试铺时，应报告监理部门和业主，工程指挥部会同设计、监理、施工人员一起进行鉴别。拌和机按照生产配合比结果进行试拌，在场人员根据试拌出的混合料对其级配和油石比发表意见。如有不同意见，应当适当调整，再进行观察，力求意见一致。然后用此混合料在试铺段上试铺，进一步观察摊铺、碾压过程和成型混合料的表面状况，判断混合料的级配和油石比。如不满意也应适当调整，重新试拌试铺，直至满意为止。同时，实验室密切配合现场施工，在拌和厂或摊铺现场采集沥青混合料试样，进行马歇尔试验、车辙试验、浸水马歇尔试验及抽提试验等，再次检验混合料实际级配和油石比及混合料的高温稳定性和水稳定性。同时按照规范规定的试铺段铺筑要求进行其他试验。当全部满足要求时，便可进入正常生产阶段。

根据标准配合比及质量管理要求中各筛孔的允许波动范围，制订工程施工用的级配控制范围，用以检验和控制沥青混合料的施工质量。

经设计确定的标准配合比在施工过程中不得随意变更。生产过程中，应加强日常跟踪检测，严格控制进场材料的质量和拌和料的配合比例，如遇进场材料变化并经检测沥青混合料的矿料级配，马歇尔技术指标不符合要求时，应及时调整配合比，使沥青混合料的质量符合要求并保持相对稳定，必要时重新进行配合比设计。

【例题 8.4.3】 某高等级公路沥青路面中面层用沥青混合料配合比设计。

1. 设计资料

设计某高速公路沥青路面中面层用沥青混合料，中面层结构设计厚度为6cm。

气候条件：7月平均最高气温32℃，年极端最低气温-6.5℃，年降雨量1500mm。

沥青结合料采用SBS改性沥青，相对密度为1.038，经检验各项技术性能均符合要求。粗集料、细集料均为石灰岩。集料分为4档，按工程粒径由大到小编号，分别为：1号料（10～25mm）、2号料（5～10mm）、3号料（3～5mm）和4号料（0～3mm）。各档集料与矿粉的主要技术指标见表8.4.19，筛分试验结果见表8.4.20。

表8.4.19　　集料和矿粉的密度和吸水率

集料编号	表观相对密度	毛体积相对密度	吸水率（%）
1号	2.754	2.725	0.40
2号	2.74	2.714	0.45
3号	2.702	2.691	0.56
4号	2.705	2.651	1.69
矿粉	2.710	—	—

表 8.4.20 各档集料和矿粉的筛分结果

集料编号	下列筛孔的通过百分率（%）										
	26.5mm	19mm	16mm	13.2mm	9.5mm	4.75mm	2.36mm	1.18mm	0.6mm	0.3mm	0.15mm	0.075mm
1号	100	83.9	40.6	8.7	0.9	0.4	0	0	0	0	0	0
2号	100	100	100	92.9	27.7	1.3	0.7	0	0	0	0	0
3号	100	100	100	100	100	82.5	1.0	0.3	0	0	0	0
4号	100	100	100	100	100	99.7	76.8	44.0	28.1	15.3	10.7	8.0
矿粉	100	100	100	100	100	100	100	100	100	100	99.8	95.7

2. 设计要求

确定沥青混合料类型，进行矿质混合料配合比设计。确定最佳沥青用量。根据高速公路用沥青混合料要求，检验沥青混合料的水稳定性和抗车辙能力。

【解】（1）确定沥青混合料的类型一级矿质混合料的级配范围。

根据设计资料，所铺筑道路为高速公路，沥青路面中面层，结构层设计厚度6cm，选用AC-20型沥青混合料，满足结构厚度不小于矿料最大公称粒径2.5~3.0倍的要求。相应的设计级配范围查表8.4.18确定。

（2）矿质混合料配合比设计。

1）拟定初试配合比。

根据设计级配范围，设计了3组初选配合比，见表8.4.21。3个试配混合料级配组成、设计级配范围上、下限见图8.4.12。

表 8.4.21 三组矿质混合料的配合比

初始混合料编号	下列集料用量（%）				矿粉（%）	合成表观相对密度 γ_{sa}	合成毛体积相对密度 γ_{sb}	有效相对密度 γ_{se}
	1号	2号	3号	4号				
1	31	25	15	25	4	2.729	2.698	2.722
2	25	23	17	32	3	2.725	2.692	2.718
3	20	20	18	39	3	2.721	2.687	2.714

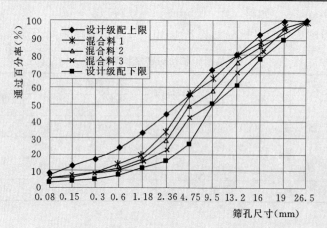

图 8.4.12 初试配合比下矿质混合料级配组成曲线

2) 矿料设计配合比的确定。

根据使用经验，初估沥青用量 4.3%，按照表 8.4.21 中混合料的初试配合比进行备料。然后在标准条件下，成型马歇尔试件，测试试件的毛体积密度。表 8.4.22 给出了试件的最大理论相对密度、毛体积相对密度、空隙率、矿料间隙率和沥青饱和度，试件的最大理论相对密度由计算法确定。根据道路等级和沥青混合料的类型，查表 8.4.3，确定沥青混合料马歇尔试件体积参数指标的技术要求，见表 8.4.22 中的最后一行。

由表 8.4.22 可见，试配混合料 2 和混合料 3 试件的空隙率与矿料间隙率偏大，且沥青饱和度偏小。混合料 1 的空隙率、矿料间隙率均接近设计要求。因此，设计配合比选择试配混合料 1，各档集料的比例为：1 号料：2 号料：3 号料：4 号料：矿粉 =31：25：15：25：4。矿料的有效相对密度 γ_{se} 为 2.722，合成毛体积相对密度 γ_{sb} 为 2.698。

表 8.4.22　　　　　　　3 种级配沥青混合料的压实试验结果汇总

混合料编号	最大理论相对密度	毛体积相对密度	空隙率 VV(%)	矿料间隙率 VMA(%)	沥青饱和度 VFA(%)
1	2.544	2.438	4.2	13.5	67.4
2	2.544	2.409	5.2	14.4	62.9
3	2.538	2.398	5.5	14.6	61.5
设计要求			4~6	≥13	65~75

(3) 最佳沥青用量的确定。

1) 试件成型。

根据初拟沥青用量的试验结果，AC-20 型沥青混合料的最佳沥青用量可能在 4.5% 左右，根据规范的要求，采用 0.5% 间隔变化，分别以沥青用量 3.5%、4.0%、4.5%、5.0%、5.5% 拌制 5 组沥青混合料。按表 8.4.3 规定，采用马歇尔击实仪每面各击实 75 次成型 5 组试件。

2) 试件物理力学指标的测定。

根据沥青混合料材料组成计算各沥青用量下试件的最大理论密度。采用表干法测定试件在空气中的质量和表干质量，计算试件的空隙率、矿料间隙率和沥青饱和度指标。在 60℃ 温度下，测定各组试件的马歇尔稳定度和流值。试件的体积参数、稳定度和流值的结果见表 8.4.23。

根据设计资料，道路所在地 7 月平均最高气温 32℃，年极端最低气温 −6.5℃，年降雨量 1500mm。查表 8.1.8，确定该沥青路面气候分区属于夏炎冬温潮湿区。由表 8.4.3 确定此沥青混合料试件体积参数指标和马歇尔试验指标的技术要求，见表 8.4.23 中的最后一行。

3) 绘制沥青混合料试件物理—力学指标与沥青用量的关系图。

表8.4.23　马歇尔试验体积参数—力学指标测定结果汇总表

试件组号	沥青用量（%）	最大理论相对密度	空气中质量（g）	水中质量（g）	表干质量（g）	毛体积相对密度	空隙率（%）	矿料间隙率（%）	沥青饱和度（%）	稳定度（kN）	流值（0.1mm）
A1	3.5	2.576	1159.3	670	1165.9	2.338	9.2	17.1	46.0	7.8	21
A2	4.0	2.556	1187.3	695.4	1192.5	2.388	6.6	15.8	58.4	8.6	25
A3	4.5	2.537	1213.9	718.5	1217.5	2.433	4.1	14.7	72.0	8.7	32
A4	5.0	2.518	1225.7	724.3	1229.5	2.426	3.6	15.3	76.3	8.1	37
A5	5.5	2.499	1250.2	735.5	1253.3	2.414	3.4	16.2	79.1	7.0	44
技术要求							3~5	≥13	65~75	≥8	15~40

根据表8.4.23中的数据，绘制沥青用量与毛体积密度、空隙率、沥青饱和度、马歇尔稳定性和流值等指标的关系曲线图，如图8.4.13所示。

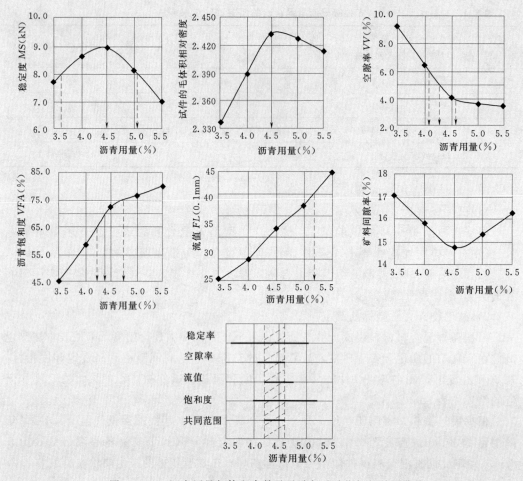

图8.4.13　沥青用量与体积参数及马歇尔试验指标的关系曲线

3) 确定最佳沥青用量初始值 OAC_1。

由图 8.4.12 得,与马歇尔稳定度最大值对应的沥青用量 $a_1=4.5\%$,对应于试件按毛体积相对密度最大值的沥青用量 $a_2=4.5\%$,对应于规定空隙率范围中值的沥青用量 $a_3=4.25\%$,对应于沥青饱和度中值的沥青用量 $a_4=4.35\%$,求取 a_1、a_2、a_3 和 a_4 的算术平均值,得最佳沥青用量初始值:

$$OAC_1=(4.5\%+4.5\%+4.25\%+4.35\%)/4≈4.4\%$$

4) 确定最佳沥青用量初始值 OAC_2。

确定各项指标均符合沥青混合料技术标准要求的沥青用量范围,见图 8.4.13 中阴影部分,其中 $OAC_{min}=4.25\%$,$OAC_{max}=4.6\%$。

$$OAC_2=(4.25\%+4.6\%)/2=4.425\%$$

5) 综合确定最佳沥青用量 OAC。

一般条件下,以 OAC_1 和 OAC_2 的平均值作为最佳沥青用量,即 $OAC=4.41\%$。

道路所在地区属于夏炎冬温潮湿区,夏季气候炎热,考虑在高速公路上渠化交通对沥青路面的作用,预计有可能出现车辙,故取最佳沥青用量 $OAC=4.4\%$。

(4) 配合比检验。

采用沥青用量 4.4% 制备沥青混合料,按照规定方法分别进行沥青混合料的冻融劈裂强度试验和车辙试验,试验结果分别列于表 8.4.24 和表 8.4.25。满足夏炎冬温潮湿区对沥青混合料水稳定性和抗车辙能力的要求。

(5) 目标配合比设计结果汇总。

将 AC-20 型混合料的目标配合比设计结果汇总于表 8.4.26。

表 8.4.24　　AC-20 型混合料冻融劈裂试验结果

试件编号	冻融后劈裂强度 σ_2(MPa)	常规劈裂强度 σ_1(MPa)	冻融劈裂强度比 $TSR(\%)$	夏炎冬温潮湿区要求值
试件 1	0.89	0.87	87.5	≥75
试件 2	0.74	0.78		
试件 3	0.76	0.97		
试件 4	0.75	0.96		

表 8.4.25　　AC-20 型混合料车辙试验结果

试件编号	45min 车辙深度 (mm)	60min 车辙深度 (mm)	动稳定度 (次/mm)	动稳定度均值 (次/mm)	夏炎冬温潮湿区要求值
试件 1	2.442	2.579	4598	4226	≥2800
试件 2	3.583	3.741	3987		
试件 3	2.441	2.595	4091		

表 8.4.26　　　　　AC-20 型混合料的目标配合比设计结果汇总

矿料配合比	集料编号	1号	2号	3号	4号	矿粉
	配合比（%）	31	25	15	25	4
最佳沥青用量（%）			4.4			
时间体积参数	空隙率（%）				4.2	
	矿料间隙率（%）				14.8	
	沥青饱和度（%）				70.2	
动稳定度（次/mm）					4226	
冻融劈裂强度比 TSR(%)					87.5	

工程实例与分析

【例 8.1】 沥青的结构与沥青路面开裂。

1. 工程概况

华北某沥青路面所采用的沥青质含量高达 33%，并有相当数量芳香度高的胶质形成的胶团。使用两年后，路面出现较多裂缝，且冬天裂缝产生越发明显。

2. 分析

该工程所用沥青属凝胶型结构，其沥青质含量高，沥青质未能被胶质很好地胶溶分散，则胶团就会连结，形成三维网状结构。此类沥青的特点是弹性和粘性较好，温度敏感性小，但流动性，塑性较差，开裂后自行愈合的能力较差，低温变形能力差。故特别易于冬天形成较多裂缝。

【例 8.2】 多针片状的粗集料对沥青混合料的影响。

1. 工程概况

我国南方某公路某段在铺沥青混合料时，粗集料针片状含量较高（约 17%）。在满足马歇尔技术指标条件下沥青用量增加约 10%。实际使用后，沥青路面的耐久性较差。

2. 分析

沥青混合料是由矿料骨架和沥青构成的空间网络结构。矿料针片状颗粒含量过高，针片状颗粒相互搭架形成空洞较多，虽可增加沥青用量略加弥补，但过分增加沥青用量不仅不经济，而且还影响了沥青混合料的强度及性能。

3. 防治措施

沥青混合料粗集料应符合洁净、干燥、无风化、无杂质、良好的颗粒形状，具有足够强度和耐磨性等 12 项技术要求。其中，矿料针片状含量需严格控制。矿料针片状含量过高主要原因是加工工艺不合理，采用颚式破碎机加工尤须注意。若针片状含量过高，应于加工厂回轧。一般来说，"瓜子片"（粒径 5~15mm）的针片状含量往往较高，在粗集料级配设计时，可在级配曲线范围内适当降低"瓜子片"的用量。

思考与习题

1. 如何改善石油沥青的稠度、黏结力、变形、耐热性等性质？并说明改善措施的原因。

2. 某工程需石油沥青 40t，要求软化点为 75℃。现有 60 号和 10 号石油沥青，测得它们的软化点分别为 49℃ 和 96℃，问这两种牌号的石油沥青如何掺配？

3. 石油沥青为什么会老化？如何延缓其老化？

4. 沥青混合料按组成结构可为哪 3 类？各种类型的沥青混合料各有什么特点？

5. 影响沥青混合料强度的因素有哪些？

6. 沥青混合料应具备的主要技术性质是什么？如何评价？

7. 马歇尔稳定度试验的指标有哪些？如何控制沥青混合料的技术性质？

8. 简述沥青混凝土混合料配合比设计步骤。

9. 3 种矿料筛分结果及混合料级配范围如表 1 所列，用矩形图解法来求沥青混合料 AC—16 型矿料的初步配合比。

表 1   3 种矿料筛分结果及混合料级配范围

材料名称	筛孔尺寸通过率（%）					
	19mm	9.5mm	2.36mm	0.6mm	0.3mm	0.074mm
碎石	100	45	20	0	—	—
石屑	100	100	30	20	10	0
矿粉	100	100	100	100	100	84
级配范围	95～100	70～80	35～50	18～30	13～21	4～9

10. 用试算法确定各种矿质集料的配合比，将设计后混合料的组成级配填入表 2 中判定是否符合级配范围要求（参见下表 2。计算结果取小数点后一位有效数字）？

表 2   设计后混合料的组成级配

原材料		筛孔尺寸							
		4.75mm	2.36mm	1.18mm	0.6mm	0.3mm	0.15mm	0.075mm	<0.075mm
各种矿料累计筛余（%）	粗砂	0	(42)	77	95	100	100	100	
	细砂			0	5	55	75	100	
	矿粉						0	20	80
设计矿质混合料级配									
标准级配范围		0～5	15～35	55～35	70～48	83～63	89～72	88～92	12～8
标准中值		2.5	25	45	41	73	80.5	90	10

第 9 章 合成高分子材料

合成高分子材料是指由人工合成的高分子化合物为基础所组成的材料。合成高分子材料有许多优良的性能，如密度小，比强度大，弹性高，电绝缘性能好，耐腐蚀，装饰性能好等。合成高分子材料在土木工程领域主要有塑料、橡胶、化学纤维、建筑胶和涂料等。

9.1 合成高分子材料基本知识

以石油、煤、天然气、水、空气及食盐等为原料，制得的低分子材料单体（如乙烯、氯乙烯、甲醛等），经合成反应即得到高分子材料。其分子量一般在 $10^4 \sim 10^7$ 之间，甚至更大。高聚物中所含链节的数目 n 称为"聚合度"，高聚物的聚合度一般为 $1 \times 10^3 \sim 1 \times 10^7$，分子量很大。

9.1.1 高分子材料的分类

从不同角度对合成高分子材料可有不同的分类方法。

1. 按性能和用途分类

根据材料的性能和用途，可将聚合物分成塑料、纤维、橡胶三大类，此外还有涂料、胶黏剂等。

（1）塑料。在一定条件下具有流动性、可塑性，并能加工成型，当恢复平常条件时（如除压和降温）则仍保持加工时形状的高分子材料称为塑料。

（2）纤维。具备或保持其本身长度大于直径 1000 倍以上而又具有一定强度的线条或丝状高分子材料称为纤维。

（3）橡胶。在室温下具有高弹性的高分子材料称为橡胶。在外力作用下，橡胶能产生很大的形变，外力除去后又能迅速恢复原状。

塑料、纤维和橡胶三大类聚合物之间并没有严格的界限。有的高分子可以作纤维，也可以作塑料，如聚氯乙烯是典型的塑料，又可做成纤维即氯纶；又如尼龙既可以用作纤维又可做工程塑料；橡胶在较低温度下也可作塑料使用。

2. 按高分子主链结构分类

（1）碳链高分子。主链上全由碳原子组成的高分子。大部分烯类和二烯类聚合物属于此类，如聚氯乙烯、聚丁二烯、聚苯乙烯等。

（2）杂链高分子。主链上除碳原子外，还有氧、氮、硫等其他元素的高分子。如聚甲醛、聚酰胺、聚酯等。

（3）元素有机高分子。大分子主链中没有碳原子，而由硅、氧、氮、铝、钛、硼等元素组成，侧基为有机基团，如甲基、乙基、乙烯基、芳基等。如有机硅树脂、有机硼聚合物、聚钛氧烷等（图9.1.1）。

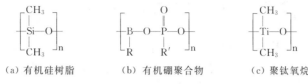

图9.1.1　元素有机高分子

（4）无机高分子。聚合物的主链及侧链均无碳原子，如聚氯化磷氰、聚氯化硅氧烷等（图9.1.2）。

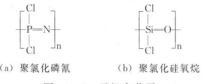

图9.1.2　无机高分子

3. 按高聚物的热行为分类

（1）热塑性高聚物。加热时可软化，冷却后又硬化成形，且材料的基本结构和性能不改变。一般烯类高聚物都属于此类。

（2）热固性高聚物。受热时发生化学变化并固化成形，成形后再受热不会软化变形。属于此类的高聚物有酚醛树脂、环氧树脂等。

正是由于高分子化合物在分子结构、凝聚态结构及分子运动形式上的复杂性、多重性，使高分子材料具有多种多样的品种和性能，用途十分广泛。

9.1.2　高分子材料的合成方法及命名

1. 高分子材料的合成方法

高分子的合成，是把低分子化合物（单体）聚合起来形成高分子化合物的过程，或是形成高聚物的过程——聚合反应。

（1）加聚反应。在光、热、压力或引发剂作用下，低分子化合物中的双键打开，并由单键连接形成大分子的反应，如乙烯生成聚乙烯。

$$nCH_2=CH_2 \longrightarrow \text{\textemdash}[CH_2-CH_2]_n\text{\textemdash}$$

乙烯　　　聚乙烯

（2）缩聚反应。缩聚反应是含有两个以上官能团的单体，通过官能团间的反应生成聚合物的反应。缩聚反应与加聚反应不同，其聚合物分子链增长过程是逐步反应，同时伴有低分子副产物如水、氨、甲醇等的生成。如甲醛和苯酚反应生成酚醛树脂和水。

甲醛　　苯酚　　　　　　酚醛树脂

加聚反应生成的共聚物和缩聚反应生成的共缩聚物统称为共聚物。

2. 高分子的命名

聚合物的命名方法很多，下面介绍几种常见的命名方法。

(1) 习惯命名。

1) 天然聚合物都有其专门的名称，如纤维素、淀粉、木质素、多糖、蛋白质等。

2) 按照原料单体的名称，在它的前面冠以"聚"字来命名。如：

单体 $CH_2{=}CH{-}CH_3$ 丙烯　　　$CH_2{=}CH{-}Cl$ 氯乙烯

聚合物 $[-CH_2-CH(CH_3)-]_n$ 聚丙烯　　　$[-CH_2-CH(Cl)-]_n$ 聚氯乙烯

部分缩聚物也可按此方法来命名。如：

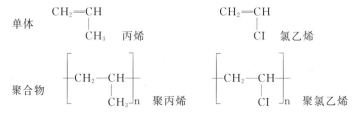

对苯二甲酸 HOOC—C₆H₄—COOH
乙二醇 HOCH₂CH₂OH
聚对苯二甲酸乙二醇酯

有些缩聚物在原料后面附以树脂来命名。如：

苯酚 + 甲醛 → 酚醛树脂

尿素 + 甲醛 → 脲醛树脂

这些产物类似天然树脂，可统称为合成树脂。"树脂"是一技术术语，指未加有助剂的聚合物粉料、粒料等物料。此法虽然简单，但也易造成混乱。

(2) 按结构来命名。

1) 聚酯。大分子主链上含有酯键 —C(=O)—O— 的一大类高聚物，例如聚对苯二甲酸乙二醇酯、醇酸树脂等。

2) 聚醚。指大分子链上含—O—醚键的一大类聚合物，例如聚甲醛、聚环氧乙烷。

3) 聚酰胺。大分子链上具有酰胺键 —C(=O)—NH— 的一大类聚合物，例如聚乙二酰乙二胺、聚癸二酰乙二胺等。

4) 其他的结构命名。

还有一些大分子主链中含有—SO₂—的聚合物，称为聚砜；大分子主链中含有—NH—CO—NH—的聚合物可以称为聚脲。

(3) 商品名称法。

大多数纤维和橡胶，常用聚合物的商品名称来命名。

如我国习惯以"纶"字作为合成纤维商品的后缀字。如锦纶（尼龙－66）、腈纶（聚丙烯腈）、氯纶（聚氯乙烯）、丙纶（聚丙烯）、涤纶（聚对苯二甲酸乙二酯）等。

9.2 建筑塑料

建筑塑料是指用于建筑工程的各种塑料及制品，即指利用高分子材料的特性，以高分子材料为主要成分，添加各种改性剂及助剂，为适合建筑工程各部位的特点和要求而生产的一类新兴的建筑材料。

9.2.1 塑料的分类

塑料的分类体系比较复杂，各种分类方法也有所交叉，按常规分类主要有以下三种：一是按使用特性分类；二是按理化特性分类；三是按加工方法分类。

1. 按使用特性分类

根据各种塑料不同的使用特性，通常将塑料分为通用塑料、工程塑料和特种塑料3种类型。

（1）通用塑料。一般是指产量大、用途广、成型性好、价格便宜的塑料，如聚乙烯、聚丙烯、酚醛等。

（2）工程塑料。工程塑料是指被用做工业零件或外壳材料的工业用塑料，是强度、耐冲击性、耐热性、硬度及抗老化性均优的塑料。如ABS、尼龙等。

（3）特种塑料。一般是指具有特种功能，可用于航空、航天等特殊应用领域的塑料，如增强塑料和泡沫塑料具有高强度、高缓冲性等特殊性能，如氟塑料和有机硅等。

2. 按理化特性分类

根据各种塑料不同的理化特性，可以把塑料分为热固性塑料和热塑料性塑料2种类型。

（1）热固性塑料。

热固性塑料是指在受热或其他条件下能固化或具有不溶（熔）特性的塑料，如酚醛塑料、环氧塑料等。

（2）热塑性塑料。

热塑性塑料是指在特定温度范围内能反复加热软化和冷却硬化的塑料，如聚乙烯、聚四氟乙烯等。

3. 按加工方法分类

根据各种塑料不同的成型方法，可以分为膜压、层压、注射、挤出、吹塑、浇铸塑料和反应注射塑料等多种类型。

9.2.2 建筑塑料的特点

建筑塑料不仅能大量替代钢材和木材，而且具有某些传统建材无法比拟的优异性能。其优点如下：

（1）密度低、比强度高。密度一般在 $0.9g/cm^3 \sim 2.2g/cm^3$ 之间，泡沫塑料的密度可以低到 $0.1g/cm^3$ 以下，由于自重轻对高层建筑有利。表9.2.1是金属与塑料强度的比较。

表 9.2.1　　　　　　　　　金属与塑料强度

材　料	密度（g/cm³）	拉伸强度（MPa）	比强度（拉伸强度/密度）
高强度合金钢	7.85	1280	163
铝合金	2.8	410～450	146～161
尼龙	1.14	441～800	387～702
酚醛木质层压板	1.4	350	250
定向聚偏二氯乙烯	1.7	700	412

（2）耐化学腐蚀性好。塑料有很好的抵抗酸、碱、盐侵蚀的能力，特别适合化学工业的建筑用材。

（3）耐水性强。高分子建材一般吸水率和透气性很低，对环境水的渗透有很好的防潮防水功用。

（4）减震、隔热和吸声功能强。高分子建材密度小，可以减少振动、降低噪音。高分子材料的导热性很低，是良好的隔热保温材料，保温隔热性能优于木质和金属制品。

（5）优良的加工性能。高分子材料成型温度、压力容易控制，适合不同规模的机械化生产。其可塑性强，可制成各种形状的产品。高分子材料生产能耗小（约钢材的1/2～1/5；铝材的1/3～1/10）、原料来源广因而材料成本低。

（6）电绝缘性好。高分子材料介电损耗小是较好的绝缘材料，广泛用于电线、电缆、控制开关、电器设备等。

（7）装饰性好。高分子材料成型加工方便、工序简单，可以通过电镀、烫金、印刷和压花等方法制备出各种质感和颜色的产品，具有灵活、丰富的装饰性。

塑料的缺点：建筑塑料的热膨胀系数大、弹性模量低、易老化、耐热性差，燃烧时会产生有毒烟雾。在选用时应扬长避短，特别要注意安全防火。

9.2.3　塑料的组成

塑料是以合成树脂为基本材料，在按一定比例加入填料、增塑剂、固化剂、着色剂及其他助剂等，经加工而成的材料。

1. 合成树脂

合成树脂是塑料组成材料中的基本组分，占40%～100%，在塑料中主要起胶结作用，它不仅能自身硬结，还能将其他材料牢固的胶结在一起。

合成树脂又分为热塑性树脂和热固性树脂。

热塑性树脂是具有受热软化、冷却硬化的性能，而且不起化学反应，无论加热和冷却重复进行多少次，均能保持这种性能。典型代表性热塑性树脂如聚烯烃、氟树脂、聚酰胺、聚酯、聚碳酸酯、聚甲醛、ABS树脂、SAN或AS树脂等。其主要缺点有强度、硬度、耐热性、尺寸精度等较低，热膨胀系数较大，力学性能受温度影响较大，蠕变、冷流、耐负荷变形较大等。

热固性树脂加热后产生化学变化，逐渐硬化成型，再受热也不软化，也不能溶解。热固性树脂其分子结构为体型，它包括大部分的缩合树脂，热固性树脂的优点是耐热性高，受压不易变形。其缺点是机械性能较差。热固性树脂有酚醛、环氧、氨基、不饱和聚酯以及硅醚树脂等。

2. 填料

填料又称填充剂。填充剂一般都是粉末状的物质，而且对聚合物都呈惰性。配制塑料时加入填充剂可以改善塑料的成型加工性能，提高制品的某些性能，赋予塑料新的性能和降低成本。常用的填料有碳酸钙、粘土、滑石粉、石棉、云母等。

3. 增塑剂

增塑剂是添加到树脂中增加塑料塑性，使之易加工，赋予制品柔软性的功能性化工产品，也是迄今为止使用量最大的助剂种类。

增塑剂是具有一定极性的有机化合物，与聚合物相混合时，升高温度，使聚合物分子热运动变得激烈，于是链间的作用力削弱，分子间距离扩大，减弱了分子间范德华力的作用，使大分子链易移动，从而降低了聚合物的熔融温度，使之易于成型加工。

4. 稳定剂

稳定剂是能够防止或抑制聚合物在成型加工和使用过程中，由于热、氧、光的作用而引起分解或变色的物质。根据发挥的作用不同可分为热稳定剂、光稳定剂、抗氧剂等3类。

5. 固化剂

固化剂也叫硬化剂或熟化剂。能在线型分子间起架桥作用从而使多个线型分子相互键合交联成网络结构的物质。促进或调节聚合物分子链间共价键或离子键形成的物质。固化剂在不同行业中有不同叫法。例如，在橡胶行业习惯称为"硫化剂"；在塑料行业称为"固化剂"、"熟化剂"、"硬化剂"；在胶黏剂或涂料行业称为"固化剂"、"硬化剂"等。固化剂按用途可有常温固化剂和加热固化剂。

6. 着色剂

塑料用着色剂就是能使塑料着色的一种助剂，主要有颜料和染料两种。颜料是一种不溶的，以不连续的细小颗粒分散于整个树脂中而使之上色的着色剂，包括有机物和无机物两类。染料则是可溶解于树脂中的着色剂，它们是有机化合物，比无机化合物鲜艳、牢固和透亮。

9.2.4 常用建筑塑料

1. 聚氯乙烯塑料（PVC）

聚氯乙烯塑料由氯乙烯单体聚合而成，属热塑性塑料。其化学稳定性好，抗老化性能好，但耐热性差，通常的使用温度为60~80℃以下。根据增塑剂的掺量不同，可制得软、硬两种聚氯乙烯塑料。

（1）软聚氯乙烯塑料。很柔软，有一定的弹性，可以做地面材料和装饰材料，也可以作为门窗框及制成止水带，用于防水工程的变形缝处。

（2）硬聚氯乙烯塑料。有较高的机械性能和良好的耐腐蚀性能、耐油性和抗老化性，易焊接，可进行粘结加工。多用做百叶窗、各种板材、楼梯扶手、波形瓦、门窗框、地板砖、给排水管。

2. 聚甲基丙烯酸甲酯（PMMA）

聚甲基丙烯酸甲酯又称有机玻璃，是透光率最高的一种塑料（可达92%），因此可代替玻璃，而且不易破碎，但其表面硬度比无机玻璃差，容易划伤。如果在树脂中加入颜料、稳定剂和填充料，可加工成各种色彩鲜艳、表面光洁的制品。

有机玻璃机械强度较高、耐腐蚀性、耐气候性、抗寒性和绝缘性均较好，成型加工方便。缺点是质脆，不耐磨、价格较贵，可用来制作室内隔墙板、天窗、装饰板及广告牌等。

3. 玻璃钢（FRP）

玻璃钢亦称作纤维强化塑料，一般指用玻璃纤维增强不饱和聚酯、环氧树脂与酚醛树脂基体，以玻璃纤维或其制品作增强材料的增强塑料。玻璃钢具有质轻，比强度高，耐高温，耐腐蚀，电绝缘性能好，回收利用少，易于加工等优点。但是玻璃钢的弹性模量低，长期耐温性差，层间剪切强度低。一般玻璃钢多用于制造各种装饰板、门窗框、通风道、落水管、浴盆及耐酸防护层等。

4. 聚苯乙烯（PS）

聚苯乙烯是指由苯乙烯单体经自由基缩聚反应合成的聚合物。聚苯乙烯具有优良的绝热、绝缘和透明性，吸水率极低，防潮和防渗透性能极佳，轻质、高硬度，但脆，低温易开裂。主要用作隔热材料，在建筑中可用来制造管道、模板、异型板材。

5. ABS塑料

ABS是丙烯腈、丁二烯和苯乙烯的三元共聚物，A代表丙烯腈，B代表丁二烯，S代表苯乙烯。ABS外观为不透明呈象牙色粒料，其制品可着成五颜六色，并具有高光泽度。ABS有优良的力学性能，其冲击强度极好，可以在极低的温度下使用；耐磨性优良，尺寸稳定性好；热变形温度为93~118℃，制品经退火处理后还可提高10℃左右；在-40℃时仍能表现出一定的韧性，可在-40~100℃的温度范围内使用；易于成型和机械加工，耐化学腐蚀，易燃、耐候性差。主要用作装饰板及室内装饰配件和日用品等，其发泡制品可代替木材制作家具。

6. 聚丙烯（PP）

聚丙烯是由丙烯聚合而制得的一种热塑性树脂。聚丙烯通常为半透明无色固体，无臭无毒。熔点高达167℃，耐热，密度0.90g/cm³，是最轻的通用塑料；耐腐蚀，抗张强度30MPa，强度、刚性和透明性都比聚乙烯好。缺点是耐低温冲击性差，较易老化，但可分别通过改性和添加抗氧剂予以克服。

聚丙烯加入混凝土或砂浆中可大大改善混凝土的阻裂抗渗性能，抗冲击及抗震能力。可以广泛的使用于地下工程防水、工业民用建筑工程的屋面、墙体、地坪、水池、地下室以及道路和桥梁工程中，是砂浆、混凝土工程抗裂、防渗、耐磨、保温的新型理想材料。

7. 酚醛树脂（PF）

酚醛树脂俗称电木胶，以这种树脂为主要原料的压塑粉称电木粉。酚醛树脂含有极性羟基，故它在熔融或溶解状态下，对纤维材料胶合能力很强。以纸、棉布、木片、玻璃布等为填料可以制成强度很高的层压塑料。由于苯酚易氧化，PF的颜色较深，因此制品大都为暗色。

酚醛塑料常用的填料有纸浆、木粉、布屑、玻纤和石棉等，填料不同，酚醛塑料性能亦不同。PF 在建筑中被大量用来生产胶合板、纸质装饰层压板等。

8. 环氧树脂（EP）

环氧树脂是由二酚基丙烷（双酚 A）及环氧氯丙烷在氢氧化钠催化作用下缩合而成。本身不会硬化，必须加入固化剂，经室温放置或加热处理后，才能成为不溶（熔）的固体。固化剂常用乙烯多胺邻苯二甲酸酐。

由于 EP 分子中含有羟基、醚键和环氧基等极性基团，因此其突出的性能是与各种材料有很强的黏结力，能够牢固地黏结钢筋、混凝土、木材、陶瓷、玻璃和塑料等。经固化的环氧树脂具有良好的机械性能、电化性能、耐化学性能。

9. 不饱和聚酯树脂（UP）

不饱和聚酯树脂是一种分子中含有不饱和双键的线型聚酯，分子质量较低，一般为粘性液体或低熔点固体。UP 的优点是工艺性能良好；具有多功能性。其缺点是固化时收缩率较大；加工时单体易挥发，劳动条件较差。

UP 主要用来生产复合材料制品和制造各种非增强的模塑制品，如卫生洁具、人造大理石、塑料涂布地板等。

10. 聚氨酯树脂（PU）

聚氨酯树脂是由含有异氰酸酯基的多异氰酸酯预聚物与含有羟基的聚醚或聚酯反应生成的一类聚合物。

PU 广泛用作硬质、半硬质、软质泡沫塑料、塑料、弹性体、人造革、涂料和胶粘剂等，其中用于隔热的泡沫塑料用量最大，其次是涂料。

9.3 建筑防水材料

防止雨水、地下水、工业和民用的给排水、腐蚀性液体以及空气中的湿气、蒸气等侵入建筑物的材料基本上都统称为防水材料。建筑物防水处理的部位主要有：屋面、墙面、地面和地下室等。屋面防水要求见表 9.3.1。

表 9.3.1　　　　　　　屋　面　防　水　等　级

防水等级	I	II	III	IV
建筑物类别	特别重要或对防水有特殊要求的建筑	重要建筑和高层建筑	一般的建筑	非永久性建筑
防水层合理使用年限	25 年	15 年	10 年	5 年
设防要求	三道或三道以上水设防	二道防水设防	一道防水设防	一道防水设防

防水材料根据材料的特性可分为柔性防水材料和刚性防水材料；按材质分可分为沥青类防水材料、改性沥青类防水材料、高分子类防水材料；按外形状可分为防水卷材、防水涂料、密封材料（密封膏或密封胶条）。

本节主要介绍高分子类防水材料。沥青类防水材料、改性沥青类防水材料见 8.3 节。

高分子防水材料是一种典型的新型建筑材料。它轻质、高强度、多功能，尤其是橡胶防水卷材已成为橡胶工业中发展速度最快的一种产品。

9.3.1 合成高分子防水卷材

合成高分子防水卷材是以合成橡胶、合成树脂或两者的共混体为基础，加入适量的助剂和填充料等，经过特定工序所制成的防水卷材。

合成高分子防水卷材具有强度高、延伸率大、弹性高、高低温特性好、防水性能优异等特点，而且彻底改变了沥青基防水卷材施工条件差、污染环境等缺点。目前多应用于高级宾馆、大厦、游泳池、厂房等要求有良好防水性的屋面、地下等防水工程。

根据主体材料的不同，高分子防水卷材分为橡胶型防水卷材、塑料型防水卷材及橡塑共混型防水卷材。

1. **三元乙丙橡胶（EPDM）防水卷材**

三元乙丙橡胶防水卷材是防水材料家族中最为成功的防水材料之一，由于其弹性、强度、耐老化、耐腐蚀、低温柔性、施工等综合性能优越，世界各国都将其视为高性能防水材料的代表，予以十分重视。

EPDM和丁基橡胶在各种橡胶材料中耐老化性能最优，日光、紫外线对其物理力学性能及外观几乎没有影响。由于没有双键，EPDM表现出非常良好的耐臭氧性，几乎不发生龟裂。EPDM比其他橡胶具有优越的热稳定性，适用温度范围广；EPDM防水卷材耐蒸汽性良好，在200℃左右，其物理性能也几乎不变；有比较强的耐溶剂性和耐酸碱性，因此，EPDM防水卷材可以广泛地用于防腐领域；EPDM密度小，作为防水卷材可以减轻屋顶结构的负荷。三元乙丙橡胶防水卷材采用单层冷粘法施工，操作工艺简便。与传统石油沥青油毡用热马蹄脂粘结法相比，减少了环境污染、加快了施工进度、改善了劳动条件。

三元乙丙橡胶（EPDM）防水卷材最适用于工业与民用建筑屋面工程的外露防水层；并适用于受振动、易变形建筑工程防水；也适用于刚性保护层或倒置式屋面以及地下室、水渠、贮水池、游泳池、隧道地铁和市政工程防水；与其他防水材料联合使用组成二道、三道或三道以上的复合防水层，常用于防水等级为Ⅰ、Ⅱ级的屋面、地下室或屋顶、楼层游泳池、喷水池的防水工程。

2. **橡胶型氯化聚乙烯防水卷材**

橡胶型氯化聚乙烯防水卷材以含氯量为30%～40%的氯化聚乙烯树脂（热塑性弹性体）为主要原料，加入适量的助剂、硫化剂等配合剂，通常还加入某种合成橡胶改性，采用橡胶加工工艺，经过塑炼、混炼、压延、硫化等工序加工制成的硫化型（橡胶型）防水卷材。

橡胶型氯化聚乙烯防水卷材具有橡胶型防水卷材的通性：强度大、伸长率高、弹性好、耐撕裂；而且其中的双键被氯化饱和，使结构稳定，耐日光、耐臭氧老化、耐酸碱、耐寒、耐暑、使用寿命长，并有自熄和难燃性，能配成各种颜色有很好的装饰性。

3. **塑料型氯化聚乙烯防水卷材**

塑料型氯化聚乙烯防水卷材是以含氯量为30%～40%的氯化聚乙烯树脂为主要原料，掺入适量的稳定剂、颜料等化学助剂和一定量的填充材料，采用塑料的加工工艺，经过捏合、塑炼、压延、卷曲、检验、分卷、包装等工序加工制成的弹塑性防水卷材。

塑料型氯化聚乙烯防水卷材耐老化性能强、使用寿命长；氯化聚乙烯分子结构呈饱和状态，使其具有良好的耐候性、耐臭氧和耐油、耐化学腐蚀及阻燃性能；具有热塑性弹性体特性，既具有合成树脂的热塑性，还具有橡胶状弹性体特性；可用热风焊施工、不污染环境。

塑料型氯化聚乙烯防水卷材适用于屋面单层外露防水；也适用于有保护层的屋面、地下室或蓄水池等工程防水。

4. 聚氯乙烯防水卷材

聚氯乙烯防水卷材以聚氯乙烯树脂为主原料，加入增塑剂、稳定剂、耐老化剂、填料，经捏合、混炼、（造粒）、压延（或挤出）、检验、卷取、包装等工序制成。

聚氯乙烯防水卷材防水效果好，抗拉强度高。聚氯乙烯防水卷材的抗拉强度是氯化聚乙烯防水卷材拉伸强度的两倍，抗裂性能高，防水、抗渗效果好，使用寿命长。断裂伸长率是纸胎油毡的 300 倍以上，对基层伸缩和开裂变形的适应性较强。聚氯乙烯防水卷材的使用温度范围在 −40～90℃ 之间，高低温性能良好。聚氯乙烯防水卷材施工操作简便，不污染环境。

9.3.2　合成高分子防水涂料

合成高分子防水涂料是以合成橡胶或合成树脂为主要成膜物质，再加入其他添加剂制成的单组分或双组分防水涂料。

1. 聚氨酯防水涂料

聚氨酯防水涂料有单组分和双组分两大类。单组分为湿固化型，有溶剂型和水性之分；双组分为反应固化型，通常甲组分为聚氨酯（异氰酸酯基化合物与多元醇或聚醚聚合而成），乙组分为固化剂（胺类或羟基化合物或煤焦油），按比例配合搅拌均匀后，甲组分和乙组分发生化学反应，由液态固化为固态，体积收缩很小，容易形成较厚的防水涂膜。

聚氨酯防水涂料具有很好的弹性、延伸性、抗拉强度、耐老化、耐腐蚀、耐高低温，粘结性好，是防水涂料中的高档产品。

聚氨酯防水涂料的施工方便，质量好，但有一定的毒性和可燃性，应有良好的通风和防火设施。

聚氨酯防水涂料最适宜在结构复杂、狭窄和易变形的部位，如厕浴间、厨房、隧道、走廊、游泳池等防水及屋面工程和地下室工程的复合防水。

2. 硅橡胶防水涂料

硅橡胶防水涂料是以硅橡胶乳液及其他乳液的复合物为主要基料与各种助剂配制而成的乳液型防水涂料。该涂料兼有涂膜防水和渗透性防水涂料两者的优良性能，具有良好的防水性、渗透性、成膜性、弹性、粘结性和耐高低温性等优点。它适应基层变形的能力强，可渗入基底，与基底牢固粘结，成膜速度快，可在潮湿基层上施工，而且无毒、无味、不燃、安全可靠、可配成各种颜色。冷施工，易修补，可涂刷、喷涂或滚涂。

硅橡胶防水涂料适用于地下工程及贮水构筑物、卫生间、屋面等防水、防渗及渗漏修补工程。

3. PVC防水涂料

PVC防水涂料亦称PVC防水冷胶料，是以多种化工原料混炼而成。它具有优良的弹性，延伸率较大，能牢固地与基层粘结成一体，其抗老化性优于热施工塑料油膏和沥青油毡。

PVC防水涂料可用于工业与民用建筑屋面、楼地面、地下工程的防水、防渗、防潮；水利工程的渡槽、储水池、蓄水屋面、水沟、天沟等的防水、防腐等；建筑物的伸缩缝、钢筋混凝土屋面板缝、水落管接口处等的嵌缝、防水、止水；粘贴耐酸瓷砖及化工车间屋面、地面的防腐蚀工程。

4. 丙烯酸弹性防水涂料

丙烯酸弹性防水涂料是以丙烯酸为主料，配以助剂、填料等优质材料复合而成的一种水乳型、不含有机溶剂、无毒、无味、无污染的单组分建筑防水涂料。

丙烯酸弹性防水涂料可用于潮湿或干燥混凝土、砖石、木材、石膏板、泡沫板等基面直接上涂刷施工；适用于新旧建筑物及构筑物的屋面、墙面、室内、卫生间等防水工程；也适用于非长期浸水环境下的地下工程、隧道、桥梁等防水工程。

5. 聚合物水泥防水涂料

聚合物水泥防水涂料也称JS复合防水涂料，由有机液体料（如聚丙烯酸酯、聚醋酸乙烯乳液及各种添加剂组成）和无机粉料（如高铝、高铁水泥、石英粉及各种添加剂组成）复合而成的双组分防水涂料，是一种既具有弹性又具有耐久性的新型环保型建筑防水涂料。涂覆后可形成高强坚韧的防水涂膜，并可以根据需要配成各种彩色涂层。

JS防水涂料广泛应用于厕浴、厨房间、建筑物外墙、坡瓦屋面、地下工程和储液池等的防水。

9.3.3 建筑防水密封材料

建筑防水密封材料也称建筑防水油膏，是指能承受建筑物接缝位移以达到气密、水密的目的，而嵌入结构接缝中的定型和非定型的材料。

建筑防水密封材料品种繁多，可分为不定型和定型密封材料两大类，前者指膏糊状材料，如PVC油膏、PVC胶泥、沥青油膏、丙烯酸、氯丁、丁基密封腻子、氯磺化聚乙烯、聚硫、硅酮、聚氨酯等，后者指根据工程要求制成的带、条、垫状的密封材料，如止水带、止水条、防水垫、遇水自膨胀橡胶等。

建筑密封材料具有良好的粘结性、抗下垂性、不渗水不透气，易于施工。还要求具有良好的弹塑性，能长期经受被粘构件的伸缩和振动，在接缝发生变化时不断裂、剥落。要有良好的耐老化性能，不受热和紫外线的影响，长期保持密封所需要的粘结性和内聚力等。

1. 橡胶沥青油膏

橡胶沥青油膏以石油沥青为基料，加入橡胶改性材料和填充料等经混合加工而成，是一种弹塑性冷施工防水嵌缝密封材料，是目前我国产量最大的品种。

橡胶沥青油膏具有防水防潮性能良好、粘结性好、延伸率高、耐高低温性能好、老化缓慢的特点。

橡胶沥青油膏适用各种混凝土屋面、墙板及地下工程的接缝密封等。

2. 聚氯乙烯胶泥

聚氯乙烯胶泥是以煤焦油为基料，聚氯乙烯为改性材料，掺入一定量的增塑剂、稳定剂和填料，在130～140℃下塑化而形成的热施工嵌缝材料，是目前屋面防水嵌缝中适用较为广泛的密封材料。

聚氯乙烯胶泥具有生产工艺简单，原材料来源广，施工方便，具有良好耐热、粘结、弹塑和防水性及较好耐寒、耐腐蚀和耐老化性等特点。

聚氯乙烯胶泥适用各种工业厂房和民用建筑的屋面防水嵌缝，以及受酸碱腐蚀的屋面防水，也可用于地下管道的密封和卫生间等。

3. 有机硅建筑密封膏

有机硅建筑密封膏是以有机硅橡胶为基料配制成的一类高弹性高档密封膏。分为双组分和单组分两种，单组分应用较多。

有机硅建筑密封膏具有优良的耐热、耐寒、耐老化及耐紫外线等耐候性能；与各种基材有良好的粘结力，并且具有良好的伸缩耐疲劳性能，防水、防潮、抗震、气密、水密性能好等特点。

有机硅建筑密封膏单组分型主要用来悬挂玻璃、铺贴瓷砖、橱窗玻璃装配等。双组分型可用于错动较大的板材的接缝及钢筋混凝土等预制构件的建筑接缝的密封。

4. 聚硫橡胶密封材料

聚硫橡胶密封材料以液态聚硫橡胶为基料、金属过氧化物为固化剂，加入增塑剂、增韧剂、填充剂及着色剂等配制而成，是目前世界应用最广、使用最成熟的一类弹性密封材料。

聚硫橡胶密封材料弹性特别高，能适应各种变形和振动，粘结强度好，抗拉强度高，延伸率大，直角撕裂强度大，并且它还具有优异的耐候性，极佳的气密性和水密性，良好的耐油、耐溶剂、耐氧化、耐湿热和耐低温性能，对各种基材均有良好的粘结性能。

聚硫橡胶密封材料适用于混凝土墙板、屋面板、楼板、地下室等部位的接缝密封及金属幕墙、金属门窗框四周、中空玻璃的防水、防尘密封等。

5. 聚氨酯弹性密封膏

聚氨酯弹性密封膏由多异氰酸酯与聚醚通过加成反应制成预聚体后，加入固化剂、助剂等在常温下交联固化而成的一类高弹性建筑密封膏。其性能比其他溶剂型和水乳型密封膏优良，可用于防水要求中等和偏高的工程。

聚氨酯弹性密封膏弹性好，弹性模量低，延伸率大，抗疲劳、抗老化、化学稳定性好，与木材、金属、玻璃、塑料有很强的粘结力，而且有优异的低温柔性。与聚硫、硅酮等弹性密封材料相比，其价格较低。

聚氨酯弹性密封膏适用于装配式建筑的屋面板、外墙板的接缝密封；混凝土建筑物的沉降缝、伸缩缝的密封；阳台、窗框、卫生间等部位接缝的防水密封；给排水管道、蓄水池、道路桥梁、机场跑道等工程的接缝密封与渗漏修补，也可用于玻璃、金属材料的嵌缝。

6. 水乳型丙烯酸密封膏

水乳型丙烯酸密封膏是以丙烯酸酯乳液为粘结剂，掺入少量表面活性剂、增塑剂、改性剂、填料、颜料经搅拌研磨而成。

水乳型丙烯酸密封膏具有良好的粘结性能、弹性和低温柔韧性能、无溶剂污染、无毒、不燃，可在潮湿的基层上施工，操作方便，具有优异的耐候性和耐紫外线老化性能。

水乳型丙烯酸密封膏适用于外墙伸缩缝、屋面板缝、石膏板缝、给排水管道与楼屋面接缝等处密封。水乳型丙烯酸酯密封膏可在潮湿的基层表面上施工，但因其耐水性不是很好，故不宜用于长期浸泡在水中的工程，如水池、坝堤等，此外其抗疲劳性也较差，所以不宜用于频繁受振动的工程，如机场跑道、桥梁等。

9.4 建筑涂料与胶粘剂

9.4.1 建筑涂料

将天然油漆用作建筑物表面装饰，在我国已有几千年的历史。但由于天然树脂和油漆的资源有限，因此建筑涂料的发展一直受到限制。自20世纪50年代以来，随着石油化工工业的发展，各种合成树脂和溶剂、助剂的相继出现，以及大规模投入生产，作为涂敷于建筑物表面的装饰材料，再也不是仅靠天然树脂和油漆了。20世纪60年代以后相继研制出以人工合成树脂和人工合成稀释剂为主，甚至以水为稀释剂的乳液型涂膜材料。油漆这一使用了几千年的词已不能代表其确切的含义，故改称为涂料。但习惯上仍将溶剂型涂料称为油漆，而把乳液型涂料称作乳胶漆。

涂敷于建筑物或建筑构件表面，并能与建筑物或建筑构件表面材料很好地粘结，形成完整保护膜的材料称为建筑涂料。建筑涂料的主要作用是装饰建筑物，保护主体建筑材料，提高其耐久性，改善居住条件或提供某些特殊功能，如防霉变、防火、防水等功能。它具有色彩丰富、质感逼真、施工方便等特点。采用建筑涂料来装饰和保护建筑物是最简便、最经济的方式。

9.4.1.1 建筑涂料的分类

我国目前建筑涂料还没有统一的分类方法，习惯上常用3种方法分类。

（1）按主要成膜物质的性质分类。

建筑涂料可分为有机、无机和有机—无机复合涂料三大类。

（2）按涂膜的厚度或质地分类。

建筑涂料可分为表面平整光滑的平面涂料和有特殊装饰质感的非平面类涂料。

（3）按照在建筑物上的使用部位分类。

建筑涂料可以分为外墙涂料、内墙涂料、地面涂料和顶棚涂料等。

9.4.1.2 建筑涂料的组成

建筑涂料按涂料中各组分所起的作用，一般可分为主要成膜物质、次要成膜物质、稀释剂和助剂4类。

1. 主要成膜物质

主要成膜物质包括胶黏剂、基料和固化剂，其作用是将涂料中的其他组分粘结成一个整体，并能牢固地附着在基层的表面，形成连续均匀的坚韧保护膜。根据建筑涂料所处的工作环境，主要成膜物质应具有较好的耐碱性、较好的耐水性、较高的化学稳定性、良好的耐候性以及能常温固化成膜等特点。同时要求材料来源广、资源丰富、价格便宜。

涂料中的主要成膜物质品种有各种合成树脂、天然树脂和植物油料。目前我国建筑涂料所用的成膜物质主要以合成树脂为主。如：聚乙烯醇系缩聚物、聚醋酸乙烯及其共聚物、丙烯酸酯及其共聚物、氯乙烯—偏氯乙烯共聚物、环氧树脂、聚氨酯树脂等。此外，还有氯化橡胶、水玻璃、硅溶胶等无机胶结材料。天然树脂有松香、虫胶、沥青等。植物油料有干性油、半干性油和不干性油。

2. 次要成膜物质

次要成膜物质是指涂料中所用的颜料和填料，它们也是构成涂膜的组成部分，其作用是使涂膜呈现颜色和遮盖力，增加涂膜硬度，防止紫外线的穿透，提高涂膜的抗老化性和耐候性。次要成膜物质不能离开主要成膜物质而单独组成涂膜。

(1) 颜料。

颜料在涂料中除赋予涂膜以色彩外，还起到使涂膜具有一定的遮盖力及提高膜层机械强度、减少膜层收缩、提高抗老化性等作用。

建筑涂料中的颜料主要用无机矿物颜料，有机染料使用较少。常用的品种见表9.4.1。

表 9.4.1　　　　　　　　　　　常用着色颜料的品种

颜色	物　质	颜色	物　质
黄	氧化铁黄 [$FeO(OH) \cdot nH_2O$]	白	二氧化钛、氧化锌、锌钡白、硅灰石粉
蓝	群青 [$Na_6Al_4Si_6S_4O_{20}$]	黑	炭黑、氧化铁黑
绿	氧化铁绿、氧化铬绿	棕	氧化铁棕

(2) 填料。

填料的主要作用在于改善涂料的涂膜性能，降低生产成本。填料主要是一些碱土金属盐、硅酸盐和镁、铝的金属盐等，如重晶石粉、碳酸钙、滑石粉、云母粉、瓷土、石英砂等，多为白色粉末状的天然材料或工业副产品。

3. 稀释剂

稀释剂又称溶剂，是一种能溶解油料、树脂，又易于挥发，能使树脂成膜的有机物质，是溶剂性涂料的一个重要组成部分。它将油料、树脂稀释，并能把颜料和填料均匀分散，调节涂料的黏度，使涂料便于涂刷、喷涂，在基体材料表面形成连续薄层。溶剂还可增加涂料的渗透力，改善涂料和基体材料的粘结能力，节约涂料用量等。

常用的稀释剂有松香水、酒精、200号溶剂汽油、苯、二甲苯和丙醇等，这些有机溶剂都容易挥发有机物质，对人体有一定影响。而乳胶性涂料，是借助具有表面活化的乳化剂，以水为稀释剂，不采用有机溶剂。

4. 辅助材料

为了改善涂料的性能，诸如涂膜的干燥时间、柔韧性、抗氧化、抗紫外线作用及耐老化性能等，通常在涂料中加入一些辅助材料。辅助材料又称助剂，它们的掺量很少，但种类很多，且作用显著，是改善涂料使用性能不可忽视的重要方面。常用的辅助材料有增塑剂、催干剂、固化剂、抗氧剂、紫外线吸收剂、防霉剂、乳化剂以及特种涂料中的阻燃剂、防虫剂、芳香剂等。

9.4.1.3 常用建筑涂料

1. 外墙涂料

主要功能是装饰和保护建筑物的外墙面，使建筑物外貌整洁美观，从而达到美化城市环境的目的。建筑外墙涂料的主要类型及品种：

（1）聚氨酯系外墙涂料。

聚氨酯系外墙涂料是以聚氨酯树脂或聚氨酯与其他树脂的复合物为主要成膜物质，加入溶剂、颜料、填料和助剂等，经研磨而成的。

聚氨酯系外墙涂料具有近似橡胶弹性的性质，对基层的裂缝有很好的适应性；具有极好的耐水、耐碱、耐酸等性能；一般为双组分或多组分涂料，施工时需按规定比例现场调配；表面光洁度好，呈瓷状质感，耐候性、耐污性好，但价格较贵。

（2）丙烯酸系外墙涂料。

丙烯酸酯外墙涂料是以热塑性丙烯酸酯合成树脂为主要成膜物质，加入溶剂、颜料、填料和助剂等，经研磨而成的一种挥发型溶剂涂料。丙烯酸系外墙涂料具有无刺激性气味，耐候性良好；耐碱性好，且对墙面有较好的渗透作用，涂膜坚韧、附着力强；使用不受限制，即使是在零度以下的严寒季节，也能干燥成膜；施工方便，可刷、可滚、可喷等特点。缺点是对基层的要求高（含水率不得大于8%），且易燃、有毒，在施工时应注意采取适当的保护措施。

丙烯酸外墙涂料适用于民用、工业、高层建筑及高级宾馆内外装饰，也适用于钢结构、木结构的装饰防护。

2. 内墙涂料

内墙涂料是指既起装饰作用，又能保护室内墙面的一类涂料。为达到良好的装饰效果，要求内墙涂料应色彩丰富，质地平滑细腻，并具有良好的透气、耐碱、耐水、耐粉化、耐污染等性能。此外，还应便于涂刷、容易维修等。内墙涂料可分为以下几种：

（1）合成树脂乳液内墙涂料（乳胶漆）。

合成树脂乳液内墙涂料是以合成树脂乳液为基料（成膜材料）的薄型内墙涂料。它以水代替了传统油漆中的溶剂，安全无毒，对环境不产生污染，保色性、透气性好，且容易施工，一般用于室内墙面装饰。目前，常用的品种有聚醋酸乙烯乳液内墙涂料、乙丙乳液内墙涂料、苯丙乳液内墙涂料等。

1）聚醋酸乙烯乳胶漆。

聚醋酸乙烯乳胶漆是在聚醋酸乙烯乳液中加入适量的颜料、填料和其他助剂后，经加工而成的一种乳液涂料。聚醋酸乙烯乳胶漆由于用水作为分散剂，所以它无毒、不燃，它的涂膜细腻平滑、色彩鲜艳、透气性好、价格较低，这种涂料的耐水性、耐碱性和耐候性比其他的共聚乳液差，比较适合内墙的装饰，不宜用作外墙的装饰。

2）乙丙乳胶漆。

乙丙乳胶漆是以乙丙共聚乳液为主要成膜物质，掺入适量的颜料、填料和辅助材料后，经过研磨或分散后配置而成的半光或有光内墙涂料。乙丙乳胶漆的耐碱性、耐水性和耐候性要优于聚醋酸乙烯乳胶漆，属中高档内外墙装饰涂料。乙丙乳胶漆的施工温度应大于 10℃，涂刷面积为 $4m^2/kg$。

3）苯丙乳胶漆。

由苯乙烯和丙烯酸酯类的单体、乳化剂等，通过乳液的聚合反应得到苯丙共聚乳液，以该乳液为主要成膜物质，加入颜料、填料和助剂等原材料制得的涂料称为苯丙乳胶漆。苯丙乳胶漆具有丙烯酸酯类的高耐光性、耐候性、漆膜不泛黄的特点，它的耐碱性、耐水性、耐擦洗性较好。苯丙乳胶漆的膜层外观细腻、色泽鲜艳、质感好，与水泥基层的附着力好，适用于内外墙面的装饰。

（2）水溶性内墙涂料。

水溶性内墙涂料是以水溶性化合物为基料，加入一定量的填料、颜料和助剂，经过研磨、分散后而制成的。这种涂料属于低档涂料，用于一般民用建筑室内墙面装饰。目前，常用的水溶性内墙涂料有 106 内墙涂料（聚乙烯醇水玻璃内墙涂料）、803 内墙涂料（聚乙烯醇缩甲醛内墙涂料）等。

1）聚乙烯醇水玻璃涂料（106 内墙涂料）。

聚乙烯醇水玻璃涂料又称 106 涂料，它是以聚乙烯醇树脂的水溶液和水玻璃为主要成膜物质，加入一定量的体质颜料和少量助剂，再经过搅拌、研磨而成。涂料中的颜料品种主要是钛白粉（TiO_2）、立德粉（$ZnS \cdot BaSO_4$）、氧化铁红（Fe_2O_3）和铬绿（Cr_2O_3）等，填料品种则有碳酸钙（$CaCO_3$）、滑石粉（$3MgO \cdot 4SiO_2 \cdot H_2O$）等。另外常在涂料中加入少量的表面活性剂、快速渗透剂等。

聚乙烯醇水玻璃涂料是使用较早的一种内墙涂料，这种涂料具有原材料资源丰富、价格低、生产工艺简单、不燃、无毒、施工方便、膜层光滑平整、装饰性好的特点，但膜层的耐擦洗性能较差、易产生起粉脱落现象。它能在稍潮湿的墙面上施工，与墙面有一定的黏结力。

2）聚乙烯醇缩甲醛涂料（803 内墙涂料）。

聚乙烯醇缩甲醛涂料是以聚乙烯醇与甲醛不完全缩合反应生成的聚乙烯醇半缩醛水溶液为胶结料，加入颜料、填料及其他助剂，经混合、搅拌、研磨、过滤等工序制成的一种涂料，俗称 803 内墙涂料。其生产工艺与聚乙烯醇水玻璃涂料相似，生产成本基本相当，耐水性、耐擦洗性略优于 106，是 106 涂料的改进产品。

聚乙烯醇缩甲醛涂料具有无毒、无味、干燥快、遮盖力强、涂层光洁，在冬季较低温度下不易冻结、涂刷方便、装饰性好、耐擦洗性好、对墙面有较好的附着力、能在稍潮湿的基层施工。

3）改性聚乙烯醇系内墙涂料。

聚乙烯醇水玻璃或聚乙烯醇缩甲醛涂料，总的来说其耐洗刷性仍然不高，难以满足内墙装饰的功能要求。改性后的聚乙烯醇系内墙涂料，其耐擦洗性可提高到 500～1000 次以上。改性的方法是提高基料的耐水性及采用活性填料提高涂膜的耐水洗性。

（3）多彩花纹内墙涂料。

多彩花纹内墙涂料又称多彩内墙涂料，它是由分散介质（水相）和分散相（涂料相）组成。多彩内墙涂料是一种水包油型的内墙涂料。

多彩内墙涂料具有涂层色泽优雅、富有立体感、装饰效果好的特点，涂膜质地较厚，弹性、整体性、耐久性好；耐油、耐水、耐腐、耐洗刷也较好。适用于建筑物内墙和顶棚的混凝土、砂浆、石膏板、木材、钢、铝等多种基面。

(4) 其他内墙涂料。

1) 溶剂型内墙涂料。

溶剂型内墙涂料与溶剂型外墙涂料基本相同。由于其透气性较差，容易结露，且有溶剂污染，故较少用于住宅内墙。但其光洁度好，易于冲洗，耐久性好，可用于厅堂、走廊等处。溶剂型内墙涂料主要品种有丙烯酸酯墙面涂料、聚氨酯系墙面涂料等。

2) 纤维涂料。

纤维涂料又称锦壁涂料，是由植物纤维配制而成的，可采用抹涂施工，形成2~3mm厚的饰面层。纤维质内墙涂料的涂层具有立体感强，质感丰富、阻燃、防霉变、吸声效果好等特性，涂层表面的耐污染性和耐水性较差。纤维质内墙涂料可用于多功能厅、歌舞厅和酒吧等场所的墙面装饰。

3) 仿瓷涂料。

仿瓷涂料又称瓷釉涂料，是以多种高分子化合物为基料，配以各种助剂、颜料和无机填料，经加工而成的一种光泽涂料。仿瓷涂料涂膜具有耐磨、耐沸水、耐化学品、耐冲击、耐老化及硬度高的特点，涂层丰满细腻坚硬、光亮，酷似陶瓷、搪瓷。可用于公共建筑内墙、厨房、卫生间和浴室等处，还可用于电器、机械及家具的外表涂饰。

4) 仿绒涂料。

仿绒涂料不含纤维，是由树脂乳液和不同色彩聚合物微粒配制的涂料。其涂层富有弹性，色彩图案丰富，有一种类似于织物的绒面效果，给人以柔和、高雅的感觉。适用于内墙装饰，也可用于室外，特别适合于局部装饰。

5) 彩砂涂料。

彩砂涂料是由合成树脂乳液、彩色石英砂、着色颜料及助剂等物质组成。该涂料无毒、不燃、附着力强，保色性及耐候性好、耐水、耐酸碱腐蚀，色彩丰富，表面有较强的立体感，适用于各种场所的室内外墙面装饰。有时在石英砂中掺加带金属光泽的某些填料，可使涂膜质感强烈，有金属光亮感。

9.4.2 胶粘剂

胶粘剂又称粘合剂、粘结剂，是一种具有优良粘合性能的物质。它能在两种物体表面之间形成薄膜，使之粘结在一起，其形态通常为液态和膏状。

1. 胶粘机理

胶粘剂所以能牢固粘结两个相同或不相同材料，是由于它们具有粘合力。粘合力大小取决于胶粘剂与被粘物之间的粘附力和胶粘剂本身的内聚力。

一般认为粘结力主要来源于以下几个方面：

(1) 机械粘结力。胶粘剂涂敷在材料的表面后，能渗入材料表面的凹陷处和表面的孔隙内，胶粘剂在固化后如同镶嵌在材料内部。正是靠这种机械锚固力将材料粘结在一起。

(2) 物理吸附力。胶粘剂分子和材料分子间存在的物理吸附力，即范德华力将材料粘结。

(3) 化学键力。某些胶粘剂分子与材料分子间能发生化学反应，即在胶粘剂与材料间存在有化学键力，是化学键力将材料粘结为一个整体。

2. 胶粘剂的组成

胶粘剂一般多为有机合成材料，通常是由粘结料、固化剂、增塑剂、稀释剂及填充剂等原料经配制而成。胶粘剂粘结性能主要取决于粘结物质的特性。

(1) 粘结料。

粘结料也称粘结物质，是胶粘剂中的主要成分，它对胶粘剂的性能，如胶结强度、耐热性、韧性、耐介质性等起重要作用。胶粘剂中的粘结物质通常是由一种或几种高聚物混合而成，主要起粘结两种物件的作用。要求有良好的粘附性与湿润性。

一般建筑工程中常用的粘结物质有热固性树脂、热塑性树脂、合成橡胶类等。

(2) 固化剂和促进剂。

固化剂是胶粘剂中最主要的配合材料，它直接或者通过催化剂与主体聚合物反应，固化结果是把固化剂分子引进树脂中，使分子间距离、形态、热稳定性、化学稳定性等都发生了明显的变化，使树脂由热塑型转变为网状结构。促进剂是一种主要的配合剂，它可以缩短固化时间、降低固化温度。常用的有胺类或酸酐类固化剂等。

(3) 增塑剂和增韧剂。

增塑剂一般为低粘度、高沸点的物质，如邻苯二甲酸二丁酯、邻苯二甲酸二辛酯、亚磷酸三苯酯等，因而能增加树脂的流动性，有利于浸润、扩散与吸附，能改善胶粘剂的弹性和耐寒性。增韧剂是一种带有能与主体聚合物起反应的官能团的化合物，在胶粘剂中成为固化体系的一部分，从而改变胶粘剂的剪切强度、剥离强度、低温性能与柔韧性。

(4) 稀释剂。

稀释剂也称溶剂，主要对胶粘剂起稀释分散、降低黏度的作用，使其便于施工，并能增加胶粘剂与被胶粘材料的浸润能力，以及延长胶粘剂的使用寿命。

常用的有机溶剂有丙酮、甲乙酮、乙酸乙酯、苯、甲苯、酒精等。

(5) 填充剂。

填充剂也称填料，一般在胶粘剂中不与其他组分发生化学反应。其作用是增加胶粘剂的稠度，降低膨胀系数，减少收缩性，提高胶结层的抗冲击韧性和机械强度。

常用的填充剂有金属及金属氧化物的粉末、玻璃、石棉纤维制品以及其他植物纤维等，如石棉粉、铝粉、磁性铁粉、石英粉、滑石粉及其他矿粉等无机材料。

3. 胶粘剂的分类

按固化条件可分为室温固化胶粘剂、低温固化胶粘剂、高温固化胶粘剂、光敏固化胶粘剂、电子束固化胶粘剂等。

按粘结料性质可将胶粘剂分为有机胶粘剂和无机胶粘剂两大类，其中有机类中又可再分为人工合成有机类和天然有机类。

按状态可以分为溶液类胶粘剂、乳液类胶粘剂、膏糊类胶粘剂、膜状类胶粘剂和固体类胶粘剂等。

按用途分为结构型胶粘剂、非结构型胶粘剂、特种胶粘剂。

4. 影响胶结强度的因素

影响胶结强度的因素有很多，最主要的有胶粘剂的选择、被粘结材料的性质、胶粘剂对被粘物表面的浸润性（或称湿润性）、粘结工艺及环境条件等。

（1）胶粘剂的选择。

选择合适的胶粘剂是影响胶结强度的关键因素。胶粘剂和待胶接的材料（即被粘物）应该是相容的。除了适合的基本强度之外，胶粘剂还必须有足够的耐久性。当胶接件接头曝露在不利的使用环境中，胶粘剂还应具有一定的承载能力。

（2）被粘物的性质。

被粘物的性质主要指被粘物的组成、结构及表面状况等。通常情况下，非极性被粘物采用极性胶粘剂，极性被粘物采用非极性胶粘剂，粘结强度都不会太高。被粘物的表面状况也直接影响粘附力，因此要求被粘物表面应清洁、干燥、无锈蚀、无漆皮、应有一定的粗糙度等；对于耐热性差或热敏被粘物，应选用室温固化的胶粘剂。

（3）胶粘剂对被粘物表面的浸润性。

胶结的首要条件是胶粘剂均匀分布在被粘物上，因此，胶粘剂完全浸润被粘物是获得理想的胶结强度的先决条件。

（4）粘结工艺。

胶粘剂工艺上要求表面清洗要干净、胶层要匀薄、晾置时间要充分，固化要完全等。

（5）环境因素和接头形式。

环境空气湿度大，胶层内的稀释剂不易挥发，容易产生气泡。空气中灰尘大、气温低时会降低胶结强度。粘结接头形式很多，接头设计的合理与否对胶结强度的影响很大，良好的胶结接头应搭接长度适当、宽度大、厚度适中，尽可能避免胶层承受弯曲和剥离作用。

5. 常用胶粘剂

（1）不饱和聚酯树脂胶粘剂。

不饱和聚酯树脂一般是由不饱和二元酸、饱和二元酸和二元醇缩聚而成的线型聚合物，在树脂分子中同时含有重复的不饱和双键和酯键。

不饱和聚酯树脂胶粘剂的接缝耐久性和环境适应性较好；工艺性能优良，可以在室温下固化，常压下成型，工艺性能灵活，特别适合大型和现场制造玻璃钢制品；固化后树脂综合性能好，力学性能指标略低于环氧树脂，但优于酚醛树脂。耐腐蚀性、电性能和阻燃性可以通过选择适当牌号的树脂来满足要求，树脂颜色浅，可以制成透明制品；品种多，适应广泛，价格较低；固化时收缩率较大，使用时须加入填料或玻璃纤维；贮存期限短，长期接触对身体健康不利。

不饱和聚酯树脂胶粘剂主要用于制造玻璃钢，也可粘接陶瓷、玻璃钢、金属、木材、人造大理石和混凝土。

（2）环氧树脂胶粘剂。

环氧树脂胶粘剂（俗称"万能胶"）品种很多，目前产量最大、使用最广的为双酚A醚型环氧树脂（国内牌号为E型），是以二酚基丙烷和环氧烷在碱性条件下缩聚而成，再加入适量的固化剂，在一定条件下，固化成网状结构的固化物并将两种被粘物体牢牢粘结为一整体。

环氧树脂胶粘剂耐酸耐碱性均好，且可在低温、常温、高温下固化，且固化时收缩小；固化后产物具有良好的耐腐蚀性、电绝缘性、耐水性、耐油性等；和其他高分子材料及填料的混溶性好，便于改性；由于含有极活泼的环氧基和多种极性基，粘结力强，在粘结混凝土方面，其性能远远超过其他胶粘剂，广泛用于混凝土结构裂缝的修补和混凝土结构的补强与加固。常用环氧树脂胶粘剂品种及特点见表 9.4.2。

表 9.4.2　　　　　　　　　常用环氧树脂胶粘剂品种及特点

型　号	名　称	特　点
AH-03	大理石粘结剂	耐水、耐候、方便
EE-1	高效耐水建筑胶	耐热、不怕潮湿
EE-2	室外用界面粘合剂	耐候、耐水、耐久
WH-1	万能胶	耐热、耐油、耐水、耐腐蚀
YJ-I～Ⅳ	建筑粘结剂	耐水、耐湿热、耐腐蚀
601	建筑装修粘结剂	粘结力强，耐湿、耐腐蚀
621F	粘结剂	无毒、无味、耐水、耐湿热
6202	建筑胶粘剂	粘结力好，耐腐蚀
4115	建筑胶粘剂	粘结力好，耐湿，耐污
	装饰美胶粘剂	初粘结强，胶膜柔韧
	地板胶粘剂	粘结力强，耐水，耐油污

（3）聚乙烯醇缩甲醛胶粘剂（107 胶）。

聚乙烯醇缩甲醛胶粘剂又称"107 胶"，是以聚乙烯醇与甲醛在酸性介质中进行缩合反应而制得的一种透明水溶液。无臭、无味、无毒，有良好的粘结性能，粘结强度可达 0.9MPa。它在常温下能长期储存，但在低温状态下易发生冻胶。

聚乙烯醇缩甲醛胶除了可用于壁纸、墙布的裱糊外，还可用作室内外墙面、地面涂料的配置材料。在普通水泥砂浆内加入 107 胶后，能增加砂浆与基层的粘结力。但聚乙烯醇缩甲醛胶粘剂耐水性及耐老化性很差。2001 年，由于 107 胶中甲醛含量严重超标，国家建设部把其列入被淘汰的建材产品的名单中，在家庭装修中禁止使用。

（4）聚醋酸乙烯酯胶粘剂（乳白胶）。

聚醋酸乙烯酯胶粘剂一般是以醋酸乙烯为主要原料，过硫酸铵为引发剂，在 80℃ 左右温度下将醋酸乙烯单体聚合而制得一种乳白色粘稠液体，是一种用途十分广泛的胶粘剂。根据要求和用途区分为强力乳白胶（RF701）、乳白胶Ⅰ型（RF601）、乳白胶Ⅱ型（RF642）等型号。

聚醋酸乙烯酯胶粘剂对各种极性材料有较高的粘附力，但耐热性、对溶剂作用的稳定性及耐水性较差，只能作为室温下使用的非结构胶，如用于粘结玻璃、陶瓷、混凝土、纤维织物、木材、塑料层压板、聚苯乙烯板、聚氯乙烯板及塑料地板。

（5）酚醛树脂胶粘剂。

酚醛树脂是酚与醛在酸/碱催化剂的存在下反应所生成的树脂。该树脂既可作胶粘剂，也可作其他材料。

酚醛树脂胶粘剂具有耐热性好，粘接强度高，耐老化性好，电绝缘性优良，价廉易用等优点。广泛用于木材加工，皮革和橡胶制品的粘接。

（6）氯丁橡胶（CR）胶粘剂。

氯丁橡胶胶粘剂简称氯丁胶，是以氯丁橡胶为基料，另加入其他树脂、增稠剂、填料等配制而成。氯丁橡胶胶粘剂有溶剂型，乳液型和无溶剂液体型，溶剂型又分为混配型和接枝型。混配型包括纯 CR 胶粘剂和含填料的 CR 胶粘剂，以及树脂改性的 CR 胶粘剂。接枝型是氯丁橡胶与甲基丙烯酸甲酯等单体溶液接枝共聚的胶粘剂。目前仍以溶剂型氯丁橡胶胶粘剂用之最多，应采取措施减少毒害污染，符合环保要求。

氯丁橡胶胶粘剂可室温冷固化，初粘力很大，强度建立迅速，粘接强度较高，综合性能优良，用途极其广泛，能够粘接橡胶、皮革、织物、造革、塑料、木材、纸品、玻璃、陶瓷、混凝土、金属等多种材料。因此，氯丁橡胶胶粘剂也有"万能胶"之称。建筑上常用于在水泥混凝土或水泥砂浆的表面上粘贴塑料或橡胶制品等。

（7）丁腈橡胶（NBR）胶粘剂。

丁腈橡胶是丁二烯和丙烯腈的共聚产物。丁腈橡胶胶黏剂耐油性好，抗剥离强度高；NBR 胶粘剂有很高的极性，对 ABS、PVC、尼龙等极性塑料有优良的黏接性能，对非极性塑料如天然橡胶，丁基橡胶等的黏着性差，但这些材料的表面经环化处理后也可用 NBR 胶黏剂黏接；耐热性好，耐腐蚀性优良，且有耐增塑剂迁移性。

丁腈橡胶胶粘剂可用于粘接金属—金属、橡胶—金属、木材—木材、皮革—皮革、橡胶—橡胶等多方面材料的粘合。更适于柔软的或热膨胀系数相差悬殊的材料之间的粘接（如粘合聚氯乙烯板材、聚氯乙烯泡沫塑料等）。

9.5 合成橡胶与合成纤维

9.5.1 合成橡胶

合成橡胶是由人工合成的具有可逆变形的高弹性聚合物，也称合成弹性体。世界上通用的七大基本胶种中，我国除异戊橡胶外均能生产。目前国内生产的主要合成橡胶产品是：丁苯橡胶（SBR）、丁二烯橡胶（BR）、氯丁橡胶（CR）、丁腈橡胶（NBR）、乙丙橡胶（EPDM）和丁基橡胶（IIR）等基本合成橡胶，以及苯乙烯类热塑性丁苯橡胶（SBCS），还生产多种合成胶乳及特种橡胶。合成橡胶一般在性能上不如天然橡胶全面，但它具有高弹性、绝缘性、气密性、耐油、耐高温或低温等性能，因而广泛应用于各种轮胎、管材、垫片、密封件、滚筒等材料的制备。

1. 丁苯橡胶（SBR）

丁苯橡胶（SBR）是最大的通用合成橡胶品种，也是最早实现工业化生产的橡胶之一。它是丁二烯与苯乙烯的无规共聚物。根据单体配比、聚合温度、乳化剂种类、转换率高低、防老剂种类和填充剂成分的不同，SBR 有 500 多种的产品，并呈现出不同的性能。例如，我国有 SBR-10，SBR-30，SBR-50 等牌号，其中，10，30，50 代表苯乙烯在单体总重量中的百分数。苯乙烯的含量越多，SBR 的耐溶性越高，弹性越低，而可塑性、耐磨性和硬度会不断提高。

SBR 的物理机械性能、加工性能及制品的使用性能接近于天然橡胶，其耐磨、耐热、耐老化及硫化速度较天然橡胶更为优良，而且可与天然橡胶及多种合成橡胶并用，除被广泛用于轮胎、胶带、胶管、电线电缆及各种橡胶制品的生产领域外，还被用于生产建筑胶、建筑密封胶、密封胶、防水卷材专用胶，以及改性沥青等工程领域。

2. 聚丁二烯橡胶（BR）

聚丁二烯橡胶是以1,3—丁二烯为单体聚合而得到的一种通用合成橡胶，在合成橡胶中，聚丁二烯橡胶的产量和消耗量仅次于丁苯橡胶，居第2位。按分子结构可分为顺式聚丁二烯和反式聚丁二烯。

BR 与天然橡胶相比，具有良好的弹性、耐磨性、耐低温性和耐老化性，但是它的可加工性不如天然橡胶，且容易产生撕裂。可以通过与其他种类橡胶的共混改善BR的这一缺陷。可用于橡胶弹簧、减震橡胶垫。

3. 氯丁橡胶（CR）

CR 又称氯丁二烯橡胶，是由2—氯—1,3—丁二烯以乳液聚合法制备而成。氯丁橡胶的品种和牌号较多，是合成橡胶中牌号最多的一个胶种。

CR 具有良好的物理机械性能，耐油，耐溶剂，耐老化，耐燃，耐日光，耐臭氧，耐酸碱。其主要缺点是耐寒性和贮存稳定性较差。根据它的特性，CR 主要用做制备电线电缆、传动带、运输带、耐油胶板、耐油胶管、密封材料等橡胶制品，在工程中主要用于桥梁承载衬垫、高层建筑承载衬垫、屋顶防水遮雨板，也可配制涂料及胶黏剂。

4. 丁腈橡胶（NBR）

丁腈橡胶是由丁二烯与丙烯腈共聚而成的，是耐油（尤其是烷烃油）、耐老化性能较好的合成橡胶。丙烯腈含量越多，耐油性越好，但耐寒性则相应下降。NBR 具有优良的耐油性，并且具有耐磨性和气密性。丁腈橡胶的缺点是不耐臭氧及芳香族、卤代烃、酮及酯类溶剂，不宜做绝缘材料。

NBR 主要用于制作耐油制品，如：耐油管、胶带、橡胶隔膜和大型油囊等，常用于制作各类耐油模压制品，如O形圈、油封、皮碗、膜片、活门、波纹管等，也用于制作胶板和耐磨零件。另外，还可以用它作为 PVC，PF 等树脂的改性剂。

5. 乙丙橡胶（EPDM）

乙丙橡胶包括以单烯烃乙烯、丙烯共聚成二元乙丙橡胶，以及以乙烯、丙烯及少量非共轭双烯为单体共聚而制得三元乙丙橡胶。二乙丙橡胶分子主链上，乙烯和丙烯单体呈无规则排列，失去了聚乙烯或聚丙烯结构的规整性，从而成为弹性体；而三元乙丙橡胶二烯烃位于侧链上，因此三元乙丙橡胶不但可以用硫黄硫化，同时还保持了二元乙丙橡胶的各种特性。在乙丙橡胶商品牌号中，二元乙丙橡胶只占总数的10%左右，三元乙丙橡胶占90%左右。

因 EPDM 分子主链为饱和结构而呈现出卓越的耐候性、耐臭氧、电绝缘性、低压缩永久变形、高强度和高伸长率等宝贵性能，其应用极为广泛，消耗量逐年增加。EPDM 主要用做汽车制造行业中的汽车密封条、散热器软管、火花塞护套、空调软管、胶垫、胶管等，以及建筑行业中的塑胶运动场、防水卷材、房屋门窗密封条、玻璃幕墙密封、卫生设备和管道密封件等。

6. 丁基橡胶（HR）

丁基橡胶是由异丁烯与少量异戊二烯共聚而成，并利用氯甲烷作稀释剂，三氯化铝作催化剂。根据产品不饱和度的等级要求，异戊二烯的用量一般为异丁烯用量的 1.5%～4.5%，转化率为 60%～90%。

丁基橡胶具有良好的化学稳定性和热稳定性，最突出的是气密性和水密性。它对空气的透过率仅为天然橡胶的 1/7，丁苯橡胶的 1/5，而对蒸汽的透过率则为天然橡胶的 1/200，丁苯橡胶的 1/140。因此主要用于制造蒸汽管、水坝底层以及垫圈等各种橡胶制品。

9.5.2 合成纤维

合成纤维是以小分子的有机化合物为原料，经加聚反应或缩聚反应合成的线型有机高分子化合物，再经纺丝成形和后处理而制得的化学纤维。与天然纤维和人造纤维相比，合成纤维的原料是由人工合成方法制得的，生产不受自然条件的限制。

世界合成纤维工业从 1938 年杜邦公司工业化生产锦纶开始已过 60 多年，其间，涤纶、腈纶、丙纶、维纶、氨纶及一些高性能合成纤维相继工业化，开创了合成纤维的新时代。

合成纤维有多种分类方法。按主链结构可以分为：碳链合成纤维和杂链合成纤维。碳链合成纤维包括聚丙烯纤维（丙纶）、聚丙烯腈纤维（腈纶）、聚乙烯醇缩甲醛纤维（维尼纶）；杂链合成纤维包括如聚酰胺纤维（锦纶）、聚对苯二甲酸乙二醇酯纤维（涤纶）等。

按其用途可以分为：民用纤维和产业纤维。民用纤维主要用于制备衣料等生活用品，要求合成纤维应具有舒适性、阻燃性、实用性、耐久性、保温性等；产业用纤维，要求其应具有耐高温、高强、高模量和节能等特性。

合成纤维品种繁多，但从性能、应用范围和技术成熟程度方面看，真正工业化的合成纤维主要是聚酰胺、聚酯和聚丙烯腈纤维 3 类。

1. 聚酰胺纤维（锦纶、尼龙、耐纶）

聚酰胺纤维是用主链上含有酰胺键的高分子聚合物纺制而成的合成纤维。包括脂肪族聚酰胺纤维、含有脂肪环的脂环族聚酰胺纤维、含芳香环的脂肪族聚酰胺纤维。聚酰胺纤维的主要品种是尼龙 66 和尼龙 6。尼龙 66 熔点 255～260℃，软化点约 220℃，尼龙 6 熔点 215～220℃，软化点约 180℃。两者的比重相同，而且其他性质也都类似，如强度高，回弹性好，耐磨性在纺织纤维中最高，耐多次变形性和耐疲劳性接近于涤纶，且高于其他化学纤维，有良好的吸湿性，可以用酸性染料和其他染料直接染色。尼龙 66 和尼龙 6 的主要缺点是耐光和耐热性能较差，初始模量较低。可以通过添加耐光剂和热稳定剂改善尼龙 66 和尼龙 6 的耐光和耐热性能。聚酰胺纤维除了可以用来制备衣物等生活用品外，还可以用来制造地毯、装饰布等家居产品，以及帘子线，传动带，软管，绳索，渔网等工业产品。

2. 聚酯纤维（涤纶，俗称的确良）

聚酯纤维由有机二元酸和二元醇缩聚而成的聚酯经纺丝所得的合成纤维，是当前合成纤维的第一大品种，目前主要品种是聚对苯二甲酸乙二醇酯纤维。中国聚酯纤维的商品名称为"涤纶"，俗称"的确良"。涤纶有优良的耐皱性、弹性和尺寸稳定性，有良好的电绝缘性能，耐日光，耐摩擦，不霉不蛀，有较好的耐化学试剂性能，能耐弱酸及弱碱。在室温下，有一定的耐稀强酸的能力，耐强碱性较差。涤纶的染色性能较差，一般须在高温或有载体存在的条件下用分散性染料染色。涤纶具有许多优良的纺织性能和使用性能，用途广泛，可以纯纺织造，也可与棉、毛、丝、麻等天然纤维和其他化学纤维混纺交织。涤纶在建筑、工程领域中可作为电绝缘材料、运输带、绳索、室内装饰物和地毯等。

3. 聚丙烯腈纤维（腈纶、奥伦、开司米纶）

聚丙烯腈纤维是由单体丙烯腈经自由基聚合反应，经过纺丝处理而成的合成纤维。聚丙烯腈纤维的强度并不高，耐磨性和抗疲劳性也较差。但其具有较强的耐候性和耐日晒性好，在室外放置18个月后还能保持原有强度的77%。另外，它对化学试剂具有良好的耐蚀性，特别是无机酸、漂白粉、过氧化氢及一般的有机试剂。

聚丙烯腈纤维广泛用来代替羊毛，或与羊毛混纺制成毛织物等，可代替部分羊毛制作毛毯和地毯等织物，还可作为室外织物，如滑雪外衣、船帆、军用帆布、帐篷等。

4. 其他纤维

（1）聚丙烯纤维。中国商品名为"丙纶"，国外称"帕纶"、"梅克丽纶"等。近年来发展速度亦很快，产量仅次于涤纶、锦纶和腈纶，是合成纤维第四大品种。

（2）聚乙烯醇纤维。中国商品名为"维纶"，国外商品名有"维尼纶"、"维纳纶"等。聚乙烯醇纤维于1950年投入工业化生产，目前世界产量在合成纤维中占第五位。

（3）聚氯乙烯纤维。中国商品名为"氯纶"，国外商品名有"天美纶"、"罗维尔"等。

（4）特种合成纤维。特种合成纤维具有独特的性能，产量较小，但起着重要的作用。特种合成纤维品种很多，按其性能可分为耐高温纤维、耐腐蚀纤维、阻燃纤维、弹性纤维、吸湿性纤维等。

合成纤维应用广泛，除作纺织工业原料外，还大量用于航空航天、交通、汽车、船舶、国防、化工及建筑工程等各部门。在建筑工程中，合成纤维织物（包括纺织品及无纺织物）可用作装饰材料、吸声材料及土工织物。常用的有聚酰胺纤维、聚酯纤维、聚氯乙烯纤维及聚丙烯和聚丙烯腈纤维等。

用合成纤维作增强组分可制成复合材料制品，用尼龙、氯纶、丙纶、涤纶及腈纶等纤维与热固性树脂结合所制成的复合材料制品，可作简易屋面板、遮阳板等；与橡胶材料结合可制成复合材料产品（如轮胎、传送带、运输带等），还可制成电绝缘材料及防护材料等。

建筑工程中，将合成纤维作为水泥混凝土及砂浆的增强或改性材料，常用的合成纤维有改性聚丙烯短纤维及碳纤维。

改性聚丙烯短纤维物理力学性能较好，成本低，大量用作水泥混凝土或砂浆的防裂材料，商品名称为"改性丙纶短纤维"。在纤维混凝土中，改性丙纶短纤维掺入量以$0.7\sim1.5kg/m^3$为宜。常规为掺量为$0.9kg/m^3$时，混凝土强度不变，弹性模量略有降低，极限拉伸和抗冲击性能可提高10%，并显著减少了混凝土干缩，混凝土早期裂缝发生概率可减少70%～75%，28d龄期裂缝发生概率可减少60%～65%，并使混凝土抗渗、抗冻性能明显提高。改性丙纶短纤维是提高水泥混凝土及砂浆抗裂性的优良材料。

碳纤维分为碳素纤维和石墨纤维两种。碳素纤维含碳量为80%～95%，石墨纤维含碳量在99%以上。碳素纤维可耐1000℃高温，石墨纤维可耐3000℃高温。它们都具有高强度、高弹性模量、高化学稳定性及良好的导电、导热性等优越性能，是配制高性能复合材料的优良增强材料。它可与金属、陶瓷、合成树脂等多种基体材料组成复合材料，用于航空航天、化工机械、耐磨机械以及军事工业等许多方面。用碳纤维配制碳纤维混凝土，具有高强度、高抗裂性、高耐磨性及高抗冲击韧性等优越性能，在机场跑道等工程中应用获得很好效果。由于碳纤维成本较高，应用上受到一定限制。

9.6 土工合成材料

土工合成材料是在土木工程方面应用的合成材料的总称。作为一种土木工程材料，它是以人工合成的聚合物（如塑料、化纤、合成橡胶等）为原料，制成各种类型的产品，置于土体内部、表面或各种土体之间，对土体起隔离、排渗、反滤和加固的作用。其基本特点包括：重量轻、强度高、抗腐蚀性优良、耐磨性好、施工简易等。其所具备的基本功能为：加固、排水、防护、分离、防渗和过滤。

随着土工合成材料的不断完善和发展，其已经成为与钢材、水泥和木材齐名的"第4种工程材料"，并广泛应用于各项工程领域。根据《土工合成材料应用技术规范》（GB 50290—98），可以将土工合成材料分为土工织物、土工膜、土工特种材料和土工复合材料等类型。

1. 土工织物

土工织物的制造过程，是首先把聚合物原料加工成丝、短纤维、纱或条带，然后再制成平面结构的土工织物。土工织物按制造方法可分为有纺（织造）土工织物和无纺（非织造）土工织物。有纺土工织物由两组平行的呈正交或斜交的经线和纬线交织而成（图9.6.1）。无纺土工织物是把纤维作定向的或随意的排列，再经过加工而成（图9.6.2）。按照联结纤维的方法不同，可分为化学（粘结剂）联结、热力联结和机械联结3种联结方式。

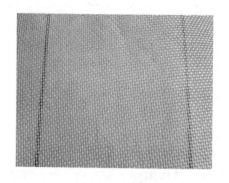
图9.6.1 有纺土工布

图9.6.2 无纺土工布

土工织物突出的优点是重量轻，整体连续性好（可做成较大面积的整体），施工方便，抗拉强度较高，耐腐蚀和抗微生物侵蚀性好。缺点是未经改性处理时，其抗紫外线能力低，如暴露在室外，受紫外线直接照射容易老化，但如不直接暴露，则抗老化及耐久性能仍较高。

2. 土工膜

土工膜一般可分为沥青和聚合物（合成高聚物）两大类。目前含沥青的土工膜主要为复合型的（含编织型或无纺型的土工织物），沥青作为浸润粘结剂。另外，聚合物土工膜可根据不同的主材料分为塑性土工膜、弹性土工膜和组合型土工膜（如图9.6.3）。

大量工程实践表明，土工膜的防透水性很好，弹性和适应变形的能力很强，能适用于不同的施工条件和工作应力，具有良好的耐老化能力，处于水下和土中的土工膜的耐久性尤为突出。

图 9.6.3　土工膜

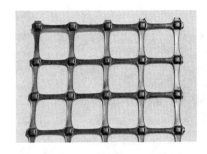
图 9.6.4　土工格栅

3. 土工格栅

土工格栅是一种主要的土工合成材料，与其他土工合成材料相比，它具有独特的性能与功效。土工格栅常用作加筋土结构的筋材或复合材料的筋材等，如图9.6.4所示。土工格栅分为玻璃纤维类和塑料类2种类型。

（1）塑料类。

塑料类土工格栅是经过拉伸形成的具有方形或矩形的聚合物网材，按其制造时拉伸方向的不同可分为单向拉伸和双向拉伸两种。它是在经挤压制出的聚合物板材（原料多为聚丙烯或高密度聚乙烯）上冲孔，然后在加热条件下施行定向拉伸。单向拉伸格栅只沿板材长度方向拉伸制成，而双向拉伸格栅则是继续将单向拉伸的格栅再在与其长度垂直的方向拉伸制成。

在制造土工格栅时，聚合物的高分子会随加热延伸过程而重新排列定向，这样就加强了分子链间的联结力，达到了提高强度的目的。如果在土工格栅中加入炭黑等抗老化材料，可使其具有较好的耐酸、耐碱、耐腐蚀和抗老化等耐久性能。

（2）玻璃纤维类。

玻璃纤维类土工格栅是以高强度玻璃纤维为材质，有时配合自粘感压胶和表面沥青浸渍处理，使格栅和沥青路面紧密结合成一体。由于土工格栅网格增加了土石料的互锁力，使得它们之间的摩擦系数显著增大，并显著增大了格栅与土体间的摩擦咬合力，因此它是一种很好的加筋材料。同时土工格栅是一种质量轻，具有一定柔性的平面网材，易于现场裁剪和连接，也可重叠搭接，施工简便，不需要特殊的施工机械和专业技术人员。

4. 土工特种材料

（1）土工膜袋。

土工膜袋是一种由双层聚合化纤织物制成的连续（或单独）袋状材料，利用高压泵把混凝土或砂浆灌入膜袋中，形成板状或其他形状结构，常用于护坡或其他地基处理工程。膜袋根据其材质和加工工艺的不同，分为机制和简易膜袋两大类。机制膜袋按其有无反滤排水点和充胀后的形状又可分为反滤排水点膜袋、无反滤排水点膜袋、无排水点混凝土膜袋、铰链块型膜。

（2）土工网。

土工网是由合成材料条带、粗股条编织或合成树脂压制而成的具有较大孔眼、刚度较大的网状土工合成材料。图9.6.5给出了三维土工网的图像。土工网主要用于软基加固垫层、坡面防护、植草以及用作制造组合土工材料的基材。

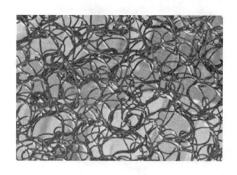

图9.6.5　三维土工网

图9.6.6　聚苯乙烯泡沫塑料板

（3）土工网垫和土工格室。

土工网垫和土工格室都是用合成材料特制的三维结构。前者多为长丝结合而成的三维透水聚合物网垫，后者是由土工织物、土工格栅或土工膜、条带聚合物构成的蜂窝状或网格状三维结构，常用作防冲蚀和保土工程，刚度大、侧限能力高的土工格室多用于地基加筋垫层、路基基床或道床中。

（4）聚苯乙烯泡沫塑料。

聚苯乙烯泡沫塑料是近年来发展起来的超轻型土工合成材料。它是在聚苯乙烯中添加发泡剂，用所规定的密度预先进行发泡，再把发泡的颗粒放在筒仓中干燥后填充到模具内加热形成的（图9.6.6）。聚苯乙烯泡沫塑料具有质量轻、耐热、抗压性能好、吸水率低、自立性好等优点，常用作铁路路基的填料。

5. 土工复合材料

土工织物、土工膜、土工格栅和某些特种土工合成材料，将其两种或两种以上的材料互相组合起来就成为土工复合材料。土工复合材料可将不同材料的性质结合起来，更好地满足具体工程的需要，能起到多种功能的作用。如复合土工膜，就是将土工膜和土工织物按一定要求制成的一种土工织物组合物。其中，土工膜主要用来防渗，土工织物起加筋、排水和增加土工膜与土面之间的摩擦力的作用。又如土工复合排水材料，它是以无纺土工织物和土工网、土工膜或不同形状的土工合成材料芯材组成的排水材料，用于软基排水固结处理、路基纵横排水、建筑地下排水管道、集水井、支挡建筑物的墙后排水、隧道排水、堤坝排水设施等。路基工程中常用的塑料排水板就是一种土工复合排水材料。

国外大量用于道路的土工复合材料是玻纤聚酯防裂布和经编复合增强防裂布。能延长道路的使用寿命，从而极大地降低修复与养护的成本。从长远经济利益来考虑，是国内应该积极开发和应用土工复合材料。

工程实例与分析

【例 9.1】 PVC 下水管破裂

工程概况：广东某企业生产硬聚氯乙烯下水管，在广东省许多建筑工程中被使用，由于其质量优良而受到广泛的好评，当该产品外销到北方时，施工队反应在冬季进行下水管安装时，经常发生水管破裂的现象。

分析：经技术专家现场分析，认为主要是由于水管的配方所致。因为该水管主要是在南方建筑工程上使用，由于南方常年的温度都比较高，该 PVC 的抗冲击强度可以满足实际使用要求，但北方的冬天，温度会下降到零下几十度，这时 PVC 材料变硬、变脆，抗冲击强度已达不到要求。北方市场的 PVC 下水管需要重新进行配方，生产厂家经改进配方，在 PVC 配方中多加抗冲击改性剂，解决了水管易破裂的问题。

【例 9.2】 大理石面板粘结力低

工程概况：某工程外墙装修采用大理石面板，需使用挂石胶粘结，该胶粘剂的粘结强度达到 20MPa，但实际测得的粘结强度远低于此值，观察大理石表面，发现不够清洁。

分析：大理石表面不够清洁，是导致粘结强度不够的主要原因。

思 考 与 习 题

1. 简述塑料的基本组成及塑料的特性？
2. 简述热塑性树脂和热固性树脂的定义及性能特点？
3. 简述聚氯乙烯塑料在性能和用途上的特点？
4. 简述玻璃钢的组成、性质与用途？
5. 简述胶粘剂的胶粘机理，环氧树脂胶粘剂的基本组成及其作用？
6. 简述三元乙丙防水卷材及聚氯乙烯防水卷材的特性？
7. 常用建筑密封材料的主要品种有哪些？简要说明各自的特性？
8. 什么是合成纤维？最主要的 3 种合成纤维是什么？
9. 土工合成材料的主要类型是什么？其主要应用领域有哪些？

第10章 木 材

木材是人类使用最早的建筑材料之一。我国在木材建筑技术和木材装饰艺术上都有很高的水平和独特的风格。如世界闻名的天坛祈年殿完全由木材构造，而全由木材构造的山西佛光寺正殿保存至今已达千年之久。

木材具有许多优良性质：比强度大，具有轻质高强的特点；弹性和塑性好，具有承受冲击和振动性能；导热性低，具有较好的隔热、保温性能；易于加工，可制成各种形状的产品；绝缘性好，无毒性；在干燥环境或长期置于水中均有很好的耐久性。因而木材历来与水泥、钢材并列为建筑中的三大材料。目前，木材用于结构相应减少，但是由于木材具有美丽的天然花纹，给人以淳朴、古雅、亲切的质感，因此木材作为装饰与装修的材料，仍有独特的功能和价值，因而被广泛应用。木材也有使其应用受到限制的缺点，如构造不均匀性，各向异性；易吸水从而导致形状、尺寸、强度等物理、力学性能变化；长期处于干湿交替环境中，其耐久性变差；易燃、易腐、天然疵病较多等。

建筑工程中所用木材主要来自某些树木的树干部分。然而，树木的生长缓慢，而木材的使用范围广、需求量大，因此对木材的节约使用与综合利用显得尤为重要。

10.1 木材的分类与构造

10.1.1 木材的分类

木材是由树木加工而成，树木种类繁多，按树种可分为针叶树木和阔叶树木两大类。

1. 针叶树

针叶树树叶如针状（如松）或鳞片状（如侧柏），习惯上也包括宫扇形叶的银杏。针叶树树干通直而高大，树杈较小分布较密，易得大材，纹理平顺，材质均匀，木质较软而易加工，故针叶材又称软木材。表面密度和胀缩变形较小，耐腐性较强。主要用作承重构件和家具用材。常用树种有红松、落叶松、云杉、冷杉、柏木等。

2. 阔叶树

阔叶树树叶多数宽大、叶脉成网状。阔叶树树干通直部分一般较短，树杈较大分布较少，相当数量阔叶材的材质较硬，较难加工，故又名硬木材。阔叶树一般较重，强度较大，胀缩、翘曲变形较大，较易开裂。建筑上常用作尺寸较小的构件。有些树种具有美丽的纹理，适于作内部装修、家具及胶合板等。阔叶树常用树种有榆树、水曲柳、柞木、桦木、山杨、青杨等。

10.1.2 木材的构造

各种树木具有不同的构造，而木材的性质和应用又与木材的构造有着密切的关系。不同树种以及生长环境不同的木材，其构造差别很大。木材的构造通常分为宏观构造和微观构造两个层次。

1. 木材的宏观构造

木材的宏观构造是指用肉眼或借助放大镜能观察到的构造特征。

木材在各个方向上的构造是不一致的，因此要了解木材构造必须从树干的 3 个切面上来进行剖析，即横切面、径切面和弦切面。木材的 3 个切面构造如图 10.1.1 所示。

(1) 横切面。与树干主轴或木纹相垂直的切面，在这个面上可观察若干以髓心为中心呈同心圆的年轮（生长轮）以及木髓线。

从横切面上可以看到树木的树皮、木质部、年轮和髓心，有的木材有放射状的髓线。

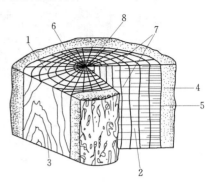

图 10.1.1　木材的 3 个切面
1—横切面；2—径切面；3—弦切面；4—树皮；5—木质部；6—年轮；7—髓线；8—髓心

1) 树皮。木质部的外表面，起保护树木的作用。厚的树皮有内、外两层，外层即为外皮（粗皮），内层为韧皮，与木质部相邻。

2) 木质部。髓心和树皮之间的部分，是工程使用的主要部分。靠近树皮的部分，木材颜色较浅，水分较多，称为边材。心材材质较硬，密度增大，渗透性降低，耐久性、耐腐性均较边材高。

3) 年轮。在木质部有深浅相间的同心圆，称为年轮，一般树木每年生长一圈。在同一年轮内，春天生长的木质，色较浅，质松软，强度低，称为春材（早材），夏秋二季生长的木质，色较深、质坚硬、强度高，称为夏材（晚材）。相同树种，年轮越密而均匀，材质越好；夏材部分越多，木材强度越高。

4) 髓心。形如管状，纵贯整个树木的干和枝的中心，是最早的木质部分，质松软、强度低、易腐朽。

5) 髓线。又称木射线，由横行薄壁细胞所组成，质软，它与周围细胞的结合力弱，它的功能为横向传递和储存养分。在横切面上，髓线以髓心为中心，呈放射状分布。木材干燥时易沿髓线开裂。阔叶树的髓线发达。

(2) 径切面。通过树轴的纵切面。年轮在这个面上呈互相平行的带状，髓线为横向的带条。

(3) 弦切面。平行于树轴的切面。年轮在这个面上成"V"字形。

2. 木材的微观构造

在显微镜下所见到的木材组织称为微观构造。在显微镜下可以观察到，木材是由无数管状细胞紧密结合而成，他们大部分为纵向排列，少数横向排列（如髓线）。如图 10.1.2、图 10.1.3 所示，每个细胞又由细胞壁和细胞腔两部分组成，细胞壁又是由细胞纤维组成，细纤维间具有极小的空隙，能吸附和渗透水分。其纵向连接较横向牢固。木材的细胞壁越厚，腔越小，木材越密实，表观密度和强度也越大，但其胀缩也大。与春材比较，夏材的细胞壁较厚，腔较小，所以夏材的构造比春材密实。

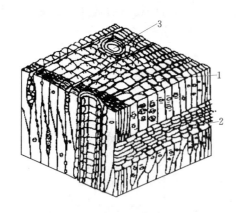

图 10.1.2 马尾松的显微构造
1—管胞；2—髓线；3—树脂道

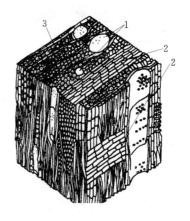

图 10.1.3 柞木的显微构造
1—导管；2—髓线；3—木纤维

木材细胞因功能不同可分为管胞、导管、木纤维、髓线等多种。针叶树的纤维结构简单而规则，主要是由管胞和髓线组成其髓线较细小，不很明显，如图 10.1.2 所示。某些树种在管胞间尚有树脂道，如松树。阔叶树的显微结构较复杂，主要由导管、木纤维及髓线等组成，其髓线很发达，粗大而明显，如图 10.1.3。导管是壁薄而腔大的细胞，大的管孔肉眼可见。所以，髓线和导管是鉴别针叶树材和阔叶树材的显著特征。

10.2 木材的主要性质

木材的性质主要有木材的化学性质、木材的物理性质和木材的力学性质。

10.2.1 木材的化学性质

木材是一种天然生长的有机材料，由高分子物质和低分子物质组成。构成木材细胞壁的主要物质是纤维素、半纤维素和木质素三种高聚物，一般总量占木材的 90% 以上。在高聚物中以纤维素和半纤维素两种多糖居多，占木材的 65%～75%。除高分子物质外，木材中还含有少量低分子物质，如抽提物、灰分等。木材的化学性质，不仅取决于其组织中各种化学成分的相对含量，而且与各组分的分布和相互间的联系相关。

1. 木材的化学组成

在木材细胞壁中，纤维素起骨架作用，半纤维素起黏结作用，木质素起硬骨作用，它们在细胞壁中纵横交错，排列和组合复杂，其分布是不均匀的。

（1）纤维素。纤维素分子式为 $(C_6H_{10}O_5)_n$，n 为聚合度。它是由许多 β-D-吡喃式葡萄糖通过 1→4 苷键连接形成的线型高聚物。

纤维素具有吸湿性，木材的吸湿性与纤维素的吸湿有密切关系。此外纤维素在受各种化学、物理、机械和光作用时，容易发生降解，会影响木材的加工和使用性能。

（2）半纤维素。半纤维素是木材细胞壁中具有支键和侧链且分子量较低的非纤维素杂高聚糖，通常含有 100～200 个糖基。

半纤维素较纤维素易于水解，可用水或碱液直接从木材或从综纤维素中提取。半纤维素具有吸湿性强、耐热性差、容易水解等特点，在外界条件的作用下易于发生变化，对木材的某些性质和加工工艺产生影响，尤其是木材半纤维素中的木聚糖类，对木材的制浆造纸过程和产品质量有重要影响。

（3）木质素。木质素是以苯基丙烷为结构单元，通过醚键和碳—碳键彼此连接成具有三度空间结构的芳香族高分子化合物。

木质素的一些物理和化学性质与木材性质和木材加工工艺有密切关系。如木质素的化学结构与木材树种分类有关，对木材颜色有重要影响；木质素的紫外光谱特性对木材表面劣化和木材保护有重要作用；木质素的高聚物对木材基木质基材料的胶合性能产生影响等。

（4）木材抽提物。木材抽提物是存在于木材组织中分子量较低的非细胞壁组成物，可用中性溶剂如醚、苯、醇、丙酮、水或水蒸气等分离出来的物质的总称。

由于木材抽提物数量较少，又称少量组分。木材抽提物包含许多种物质，主要有3类：脂肪族化合物，包括脂肪醇、脂肪酸（以其甘油酯形式存在）、糖类（包括淀粉）和果胶质等，主要存在于薄壁细胞中；萜类化合物，包括挥发油类和树脂酸类，如松脂，主要存在于树脂道中；酚类化合物，包括单宁、黄酮类化合物和木质酚类等，主要存在于树皮和心材中。提取物的组成随树种而异，因此可作为木材化学分类的依据，也可反映木材利用上的特点。它不仅影响木材的色泽、香味、抗病虫害能力，而且也影响木材机械加工和化学加工过程和产品。

2. 木材的酸碱性质

世界上绝大多数木材呈弱酸性，仅有极少数木材呈碱性。这是由于木材中含有天然的酸性成分。木材的主要成分是高分子的碳水化合物，它们是由许许多多失水糖基连接起来的高聚物。每个糖基都含有羟基，其中一部分羟基与醋酸根结合形成醋酸酯，醋酸酯水解能放出醋酸，使得木材中的水分常有酸性。木材的酸性对木材的某些性质、加工工艺和木材利用有重要影响。如木材的酸性导致寄生于木材内的真菌易于生长繁殖，使木材易受菌蚀虫蛀；木材的酸性会引起对金属的腐蚀等。

10.2.2　木材的物理性质

木材的物理性质主要有密度、含水量和胀缩性，其中含水量对木材的物理力学性质影响很大。

1. 密度与表观密度

木材的密度指单位体积木材的重量。木材的密度各树种相差不大，一般在 $1.48 \sim 1.56 \text{g/cm}^3$ 之间。

木材的表观密度则随木材孔隙率、含水量及其他一些因素的变化而不同，即便是同种木材，当含水量不同时，其表观密度差异也很大。木材试样的烘干重量与其饱和水分时的体积、烘干后的体积及炉干时的体积之比，分别称为基本密度、绝干密度及炉干密度。木材在气干后的重量与气干后的体积之比，称为木材的气干密度。木材的表观密度越大，其胀缩率也越大。

2. 含水量

木材的含水量用含水率表示，是指木材中所含水的质量占干燥木材质量的百分数。

由于纤维素、半纤维素、木质素的分子均含有羟基（—OH 基），所以木材有很强的亲水性。木材中所含的水分根据其存在形式可分为 3 类：

（1）自由水。存在于细胞腔和细胞间隙中的水分。自由水含量影响木材的表观密度、保存性、燃烧性和抗腐蚀性。

（2）吸附水。被吸附在细胞壁内细纤维间的水分，吸附水直接影响到木材的强度和胀缩变形。

（3）化合水。即木材化学组成中的结合水。它在常温下无变化，因此对木材的性能无影响。

木材干燥时，自由水先蒸发，然后吸附水蒸发；反之，干燥的木材吸水时，先吸收成为吸附水，而后才吸收成为自由水。当木材细胞腔和细胞间隙中无自由水，而细胞壁内吸附水达到饱和，此时木材的含水率称为木材的纤维饱和点。纤维饱和点随树种而异，一般在 25%～35%之间，通常取其平均值，约为 30%。

木材含水量的多少与木材的表观密度、强度、耐久性、加工性、导热性、导电性等有着一定关系。尤其是纤维饱和点，它是木材物理性质发生变化的转折点。

木材具有纤维状结构和较大的孔隙率，其内表面积极大。因此，木材易于从空气中吸收水分。潮湿的木材会向干燥的空气中蒸发水分，而干燥的木材会从潮湿的空气中吸收水分。当木材长时间处于一定温度和湿度的环境中时，木材中的含水量最终会达到相对稳定的含水率，亦即水分的蒸发和吸收趋于平衡，这时木材的含水率称为平衡含水率。平衡含水率随大气的温度和相对湿度而变化，图 10.2.1 为木材在不同温度和湿度的环境条件下，木材相应的平衡含水率。木材的平衡含水率

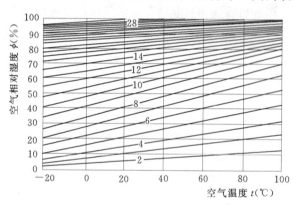

图 10.2.1　木材的平衡含水率

随其所在地区不同而异，我国北方地区为 12%左右，南方约为 18%，长江流域一般为 15%。

新伐倒的树木称为新材，其含水率常在 35%以上，风干木材的含水率为 15%～25%，室内干燥的木材含水率常为 8%～15%。木材中所含水分不同，对木材性质的影响也不同。

3. 胀缩性

木材的含水率在纤维饱和点以下，由于含水率的增加而引起尺寸和体积的膨胀称为湿胀；由于含水率的减少而引起尺寸和体积的收缩称为干缩。木材的这种湿胀和干缩性质称为胀缩性，木材具有显著的胀缩性。

木材由于构造不均匀，使各方向的变形性能也不同，在同一木材中，木材的湿胀性纵向（顺纹理）很小，横向（横纹理）很大，弦向又比径向约大一倍。木材湿胀的大小，以胀缩率表示，即木材全干尺寸和在空气中湿润至纤维饱和点的含水率时尺寸的差值与全干

尺寸的百分比。或以湿胀系数表示，即含水率每增加1%的平均湿胀率。反之，当木材中的自由水蒸发完毕后，吸着水继续散失时，木材才开始发生干缩，即当含水率低于纤维饱和点时，才发生干缩。木材干缩的大小，以干缩率表示，即含水率高于纤维饱和点的生材和干燥后木材尺寸的差值与湿材尺寸的百分比。或以干缩表示，即含水率每减少1%时的平均干缩率。木材的干缩纵向很小，横向很大（与生长轮所成的角度越小，干缩越大）。干缩的大小因树种而异，一般正常木材的纤维方向为0.1%~0.3%，径向干缩为3%~6%，弦向干缩为6%~12%，体积干缩为9%~14%，这主要是受髓线影响所致。因为木材有湿胀和干缩的缺点，使木材的尺寸和体积不能保持稳定，而随空气中的湿度和温度变化，如图10.2.2所示。

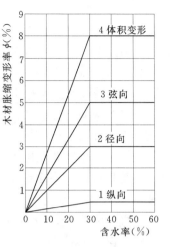

图10.2.2 含水量对松木胀缩变形的影响

木材的这种湿胀干缩性随树种而有差异，一般来讲，表观密度大的，夏材含量多，胀缩就较大。木材的湿胀干缩对木材的使用有严重影响，干缩使木结构构件连接处发生隙缝而致接合松弛，湿胀则造成凸起。为了避免这种情况，最根本的办法是预先将木材进行干燥，使木材的含水率与将做成的构件使用时所处的环境湿度相适应，亦即根据图10.2.1将木材预先干燥至平衡含水率后才加工使用。

4. 其他物理性质

木材的导热系数随其表观密度增大而增大，顺纹方向的导热系数大于横纹方向。干木材具有很高的电阻，当木材的含水量提高或温度升高时，木材电阻会降低。木材具有较好的吸声性能，故常用软木板、木丝板、穿孔板等作为吸声材料。

10.2.3 木材的力学性质

1. 木材的强度

由于木材构造的各向异性，使木材的力学性质也具有明显的方向性。木材的强度与外力性质、受力方向以及纤维排列的方向有关。在土木工程中的木材所受荷载种类主要有压力、拉力、弯曲和剪切力。当受力方向与纤维方向一致时，为顺纹方向；当受力方向与纤维方向垂直时，为横纹方向。木材强度按受力状态分为抗压、抗拉、抗弯和抗剪切4种。

（1）抗压强度。木材抗压强度可分为顺纹抗压强度和横纹抗压强度。

木材的顺纹抗压强度较高，仅次于顺纹抗拉和抗弯强度，且木材的疵病对其影响较小。顺纹受压破坏是木材细胞壁丧失稳定性的结果，并非纤维的断裂。工程中常见的柱、桩、斜撑及桁架等承重构件均是顺纹受压。木材横纹受压时，开始细胞壁弹性变形，此时变形与外力成正比。当超过比例极限时，细胞壁失去稳定，细胞腔被压扁，随即产生大量变形。所以，木材的横纹抗压强度以使用中所限制的变形量来决定，通常取其比例极限作为横纹抗压强度极限指标。木材横纹抗压强度比顺纹抗压强度低得多。通常只有其顺纹抗压强度的10%~20%。

（2）抗拉强度。木材的抗拉强度可分为顺纹抗拉强度和横纹抗拉强度两种。

木材的顺纹抗拉强度是木材各种力学强度中最高的。顺纹受拉破坏时往往不是纤维被拉断而是纤维间被撕裂。顺纹抗拉强度为顺纹抗压强度的2~3倍。但强度值波动范围大。木材的疵病如木节、斜纹、裂缝等都会使顺纹抗拉强度显著降低。同时，木材受拉杆件连接处应力复杂，这是使顺纹抗拉强度难以被充分利用的原因。木材的横纹抗拉强度很小，仅为顺纹抗拉强度的1/10~1/40，因为木材纤维之间横向连接薄弱。

（3）抗弯强度。木材受弯曲时会产生拉应力、压应力和剪切应力。

对于受弯构件，上部为顺纹抗压，下部为顺纹抗拉，而在水平面则为顺纹抗剪。木材在承受弯曲荷载时，通常在受压区首先达到强度极限，开始形成微小的不明显的皱纹，但并不立即破化，随着外力增大，皱纹慢慢地在受压区扩展，产生大量塑性变形，以后当受拉区域内许多纤维达到强度极限时，则因纤维本身及纤维间连接的断裂而最后破坏。

木材的抗弯强度很高，仅小于顺纹抗拉强度，为顺纹抗压强度的1.5~2倍。因此，在土建工程中应用很广，如用与桁架、梁、桥梁、地板等。木材的疵病和缺陷对抗弯强度影响很大，使用中应注意。

（4）抗剪强度。木材在受剪时，根据剪力的作用方向与纤维方向可分为顺纹剪切、横纹剪切和横纹切断三种，如图10.2.3所示。

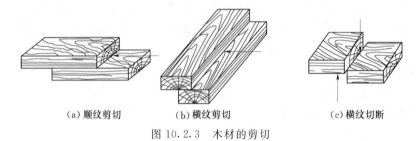

图10.2.3 木材的剪切

顺纹剪切时，剪力方向与纤维平行，绝大部分纤维本身并不破坏，而只是破坏剪切面中纤维间的连接。所以木材的顺纹抗剪强度很小，一般为同一方向抗压强度（顺纹抗压强度）的15%~30%。横纹的剪切，这种剪切是破坏剪切面中纤维的横向连接，因此木材的横纹剪切强度比顺纹剪切强度还要低。横纹切断，木材纤维被切断，因此这种强度较大，一般为顺纹剪切强度的4~5倍。

木材的各种强度差异很大，为了便于比较，现将木材各种强度间数值大小关系列于表10.2.1中。

表10.2.1　　　　　　　　　　　　木材各强度大小关系

抗 压		抗 拉		抗 弯	抗 剪	
顺纹	横纹	顺纹	横纹	—	顺纹	横纹
1	1/10~1/3	2~3	1/20~1/3	1.5~2	1/7~1/3	1/2~1

（5）影响木材强度的主要因素。

1）木材的纤维组织。木材受力时，主要靠细胞壁承受外力，细胞纤维组织越均匀密实，强度就越高。例如夏材比春材的结构密实、坚硬，当夏材的含量较高时，木材的强度较高。

2）含水量。木材的含水量是影响强度的重要因素。在纤维饱和点以下时，随含水量降低，即吸附水减少，细胞壁趋于紧密，木材强度增大，反之，强度减小。含水量在纤维饱和点以上变化时，木材强度不变，试验证明，木材含水量的变化，对木材各种强度的影响是不同的，含水量对抗弯和顺纹抗压影响较大，对顺纹抗剪影响较小，而对顺纹抗拉几乎没有影响，如图 10.2.4 所示。

为了便于比较，国家标准规定，木材强度以含水率为 12% 时的强度为标准值，木材含水率在 9%～15% 范围内的强度，可按下式换算：

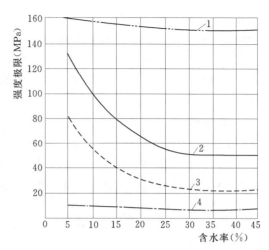

图 10.2.4　含水量对木材强度的影响
1—顺纹受拉；2—弯曲；3—顺纹受压；4—顺纹受剪

$$\sigma_{12} = \sigma_W [1 + \alpha(1-12)] \tag{10.2.1}$$

式中　σ_{12}——含水率为 12% 时的木材强度，MPa；

σ_W——含水率为 W% 时的木材强度，MPa；

W——试验时木材含水率，%；

α——校正系数，随荷载种类和力作用方式而异，见表 10.2.2。

表 10.2.2　　　　　　　　　　木材的含水率校正系数

强度类型	抗压强度		顺纹抗拉强度		抗弯强度	顺纹抗剪强度
	顺纹	横纹	阔叶树	针叶树		
校正系数	0.05	0.045	0.015	0	0.04	0.03

3）负荷时间。木材对长期荷载的抵抗能力与对短期荷载不同。木材在外力长期作用下，只有当其应力远低于强度极限的某一定范围以下时，才可避免木材因长期负荷而破坏。这是由于木材在外力作用下产生的等速蠕滑，经过长时间以后，最后达到急剧产生大量连续变形的结果。

木材在长期荷载作用下所能承受的最大应力称为木材的持久强度。木材的持久强度仅为其极限强度的 50%～60%。

一切木结构都处于某一种负荷的长期作用下，因此在设计木结构时，应考虑负荷时间对木材强度的影响，以持久强度为设计依据。

4）温度。木材的强度随环境温度升高而降低。研究表明，当温度从 25℃升高至 50℃时，木材的顺纹抗压强度会降低 20%～40%。当温度在 100℃以上时，木材中部分组成会分解、挥发，木材颜色变黑，强度明显下降。因此如果环境温度长期超过 60℃时，不宜使用木结构。

5）疵病。木材在生长、采伐、保存及加工过程中，所产生的内部和外部的缺陷，统称为疵病。木材的疵病主要有木节、斜纹、裂纹、腐朽和虫害等。一般木材或多或少都存在一些疵病，使木材的物理力学性质受到影响。

木节可分为活节、死节、松软节、腐朽节等几种，活节影响较小。木节使木材顺纹抗拉强度显著降低，对顺纹抗压影响较小。在木材受横纹抗压和剪切时，木节反而增加其强度。

当木材纤维排列与其纵轴的方向明显不一致时，木材上即出现斜纹。斜纹木材严重降低其顺纹抗拉强度，抗弯次之，对顺纹抗压影响较小。

裂纹、腐朽、虫害等疵病，会造成木材构造的不连续性或破坏其组织因此严重影响木材的力学性质，有时甚至能使木材完全失去使用价值。

2. 木材的韧性

在土木工程中木材通常表现出较高的韧性，适合于制作承受振动或冲击荷载作用的结构。但是，木材的材质或所处环境条件不同时，其韧性也会表现为较大的差别。影响韧性的因素很多，如木材的密度越大，冲击韧性越好；在负温下时，湿木材会因冰冻而变脆，其韧性也会严重降低；高温时也会使木材变脆，韧性降低。任何缺陷的存在都可能严重降低木材的冲击韧性。

3. 木材的硬度和耐磨性

木材的硬度和耐磨性主要取决于其细胞组织的紧密程度，且不同切面上的硬度和耐磨性也有较大差别。木材横截面的硬度和耐磨性都较径切面和弦切面要高。对于木髓线发达的木材，其弦切面的硬度和耐磨性均比径切面高。

10.3 木材的干燥、防腐与防火

为了保持所有的尺寸和形状，提高木材的强度和耐久性，木材在加工和使用前必须进行干燥处理和防腐处理；木材具有耐火性差的缺点，因此在使用过程中还需进行防火处理。

10.3.1 木材的干燥

木材在采伐后，使用前通常都应该干燥处理。干燥处理可防止木材受细菌等腐蚀，减少木材在使用中发生收缩裂缝，提高木材的强度和耐久性。干燥方法可分为自然干燥和人工干燥两种。

1. 自然干燥

该方法是将锯开的板材或方材按一定的方式堆积在通风良好的场所，避免阳光的直射和雨淋，利用空气对流作用，使木材中的水分自然蒸发。这种方法简单易行，不需要特殊设备，干燥后木材的质量良好。但干燥时间长，占用场地大，只能干燥到风干状态。

2. 人工干燥

该方法是将木材置于密闭的干燥室内，通入蒸汽使木材水分逐渐扩散。人工干燥速度快，效率高。但如干燥温度和湿度控制不当，会因收缩不匀而导致木材开裂和变形。

10.3.2 木材的防腐

1. 木材的腐蚀

木材是天然的有机材料,受到真菌的侵害后会改变颜色,结构逐渐变得松软、脆弱,强度和耐久性降低,这种现象称为木材的腐蚀。

木材中常见的真菌的种类极多,有霉菌、变色菌、腐朽菌三种。霉菌、变色菌不破坏木材细胞壁。所以霉菌、变色菌只使木材变色,影响外观,而不影响木材的强度。腐朽菌对木材危害严重,腐朽菌通过分泌酶来分解木材细胞壁组织中的纤维素、半纤维素和以木质素为其养料,使木材腐朽败坏。但真菌在木材中生存和繁殖必须具有以下3个条件。

(1) 水分。真菌繁殖生存时适宜的木材含水率是35%～50%,也即木材含水率在超过纤维饱和点时易产生腐朽,而对含水率在20%以下的气干木材不会发生腐朽。

(2) 温度。真菌繁殖的适宜温度为25～35℃,温度低于5℃时真菌停止繁殖,而高于60℃时,真菌则死亡。

(3) 空气。真菌繁殖和生存需要一定氧气存在,所以完全浸入水中的木材,则因缺氧而不宜腐朽。

木材除受真菌侵蚀外,还会遭受昆虫(如白蚁、天牛等)的蛀蚀,因各种昆虫危害造成的木材缺陷称为虫害。往往木材内部已被蛀蚀一空,而外表依然完整,几乎看不出破坏的痕迹,因此危害极大。白蚁喜温湿,在我国南方地区种类多、数量大。天牛则在气候干燥时猖獗,它们危害木材主要在幼虫阶段。

昆虫在树皮或木质部内生存、繁殖,使木材形成很多孔眼或沟道,甚至蛀穴。木材中被昆虫蛀蚀的孔道称为虫眼或虫孔。虫眼对材质的影响与其大小、深度和密集度有关。深的大虫眼或深而密集的小虫眼能破坏木材的完整性,降低其力学性质,也成为真菌侵入木材内部的通道。

2. 木材的防腐

根据木材产生腐朽的原因,通常防止木材腐朽的措施有以下两种。

(1) 破坏真菌生存条件。破坏真菌生存条件最常用的方法是:使木结构、木制品和储存的木材处于经常保持通风干燥的状态,并对木结构和木制品表面进行油漆处理,油漆涂层即使木材隔绝了空气,又隔绝了水分。由此可知,木材油漆首先是为了防腐,其次才是为了美观。

(2) 化学处理。将对真菌和昆虫有毒害作用的化学防腐剂注入木材,从而抑制或杀死菌类、虫类,达到防腐目的。

防腐剂种类很多,常用的有3类:

1) 水溶性防腐剂。主要有氟化钠、硼砂等,这类防腐剂主要用于室内木构件防腐。

2) 油剂防腐剂。主要有杂酚油(又称克里苏油)、杂酚油—煤焦油混合液等。这类防腐剂毒杀效力强,毒性持久,但有刺激性臭味,处理后材面呈黑色,故多用于室外、地下或水下木结构。

3) 复合防腐剂。主要品种有硼酚合剂、氟铬酚合剂、氟硼酚合剂等。这类防腐剂对菌、虫毒性大,对人、畜毒性小,药效持久,因此应用日益广泛。

木材注入防腐剂的方法有很多种,通常有表面涂刷或喷涂法、常压浸渍法、冷热槽浸

第10章　木材

透法和压力渗透法等，其中表面涂刷或喷涂法简单易行，但防腐剂不能深入木材内部，故防腐效果较差。常压浸渍法是将木材浸入防腐剂中一定时间后取出，使防腐剂渗入木材有一定深度，以提高木材的防腐能力。冷热槽浸透法是将木材先浸入热防腐剂（大于90℃）中数小时后，再迅速移入冷防腐剂中，以获得更好的防腐效果。压力渗透法是将木材放入密闭罐中，抽部分真空，再将防腐剂压入充满罐中，经一定时间后则防腐剂充满木材内部，防腐效果更好，但所需设备较多。

10.3.3　木材的防火

木材的防火就是指将木材经过具有阻燃性能的化学物质处理后，变成难燃的材料，以达到遇小火能自熄，遇大火能延缓或阻滞燃烧蔓延，从而赢得扑救时间。

1. 木材的可燃性

木材属木质纤维材料，是易燃的土木工程材料。在火的作用下，木材的外层碳化，结构疏松；内部温度升高，强度降低。当强度低于所受应力时，结构就会破坏。当木材受到高温作用时，会分解出可燃气体并放出热量，当温度达到260℃时，木材在无火源的情况下，会自行发焰燃烧，因此，在木结构设计中，将260℃定为木材的着火危险温度。

2. 木材的防火

常用的防火处理方法有两种：一是在木材表面涂刷或覆盖难燃烧材料；二是用防火剂浸渍木材。

常用的防火涂层材料：无机涂料（如硅酸盐类、石膏等）；有机涂料（如四氯苯酰醇树脂防火涂料、膨胀型丙烯酸乳胶防火涂料等）；覆盖材料可用各种金属。

浸渍用的防火剂：磷酸氨、硼酸、碳酸氨等。

防火处理能推迟或消除木材的引燃过程，降低火焰在木材上蔓延的速度，延缓火焰破坏木材的速度，从而给灭火或逃生提供时间。但应注意：防火涂料或防火浸剂中的防火组分随着时间的延长和环境因素的作用会逐渐减少或变质，从而导致其防火性能不断减弱。

10.4　木材的应用

尽管当今世界已发展生产了许多新型建筑结构材料和装饰材料，但由于木材具有其独特的优良特性，特别是木质饰面给人的特殊优美感觉，使其他装饰材料无法与之相媲美。所以，木材在建筑工程尤其是装饰领域中，始终保持着重要的地位。

10.4.1　木材的等级

常用木材按加工程度和用途不同，分为原条、原木和锯材3类，见表10.4.1。

表10.4.1　　　　　　　　　木材的分类及用途

木材种类	说明	应用
原条	除去根、梢、枝的伐倒木	用作进一步加工的原材料
原木	除去根、梢、枝和树皮并加工成一定长度和直径的木段	用作屋架、柱、桩木等，也可用于加工锯材和胶合板等

续表

木材种类		说明	应用
锯材	板材（宽度为厚度的3倍或3倍以上）	薄板：厚度12～21mm	门芯板、隔断、木装修等
		中板：厚度25～30mm	屋面板、装修、地板等
		厚板：厚度40～60mm	门窗
	方材（宽度小于厚度的3倍）	小方：截面积54cm²以下	椽条、隔断木筋等
		中方：截面积55～100cm²以下	支撑、搁栅、扶手、檩条等
		大方：截面积101～225cm²以下	屋架、椽条
		特大方：截面积226cm²以上	木或钢木屋架

承重结构用的木材，其材质按缺陷（木节、腐朽、裂纹、夹皮、虫害、弯曲和斜纹等）状况分为3个等级，各等级木材的应用范围见表10.4.2。

表10.4.2　　　　　　　　各质量等级木材的应用范围

木材等级	Ⅰ	Ⅱ	Ⅲ
应用范围	受拉或拉弯构件	受弯或压弯构件	受压构件及次要受弯构件

10.4.2　木材的综合应用

木材经加工成型和制作成构件时，会留下大量的碎块废屑，将这些下脚料进行加工处理，就可制成各种人造板材（胶合板原料除外）。常用人造板材有以下几种。

1. 胶合板

原木经蒸煮软化处理后，用旋切、刨切、弧切及锯切等方法制成的薄片状木材，称为单板，由一组单板按相邻层木纹方向互相垂直组坯经热压胶合而成的板材即为胶合板，通常其表板和内层板对称地配置在中心层或板芯的两侧。胶合板一般为3～13层，工程上常用的是三夹板和五夹板。胶合板多数为平板，也可经一次或多次弯曲处理制成曲形胶合板。

胶合板的特点是：材质均匀，强度高，无明显纤维饱和点存在，吸湿性小，不翘曲开裂，无疵病，幅面大，使用方便，装饰性好。它克服了木材的天然缺陷和局限，大大提高了木材的利用率。

胶合板广泛用作建筑室内隔墙板、护壁板、天花板、门面板以及各种家具和装饰。

2. 纤维板

纤维板是以将木材加工下来的板皮、刨花、树枝等废料，经破碎浸泡、研磨成木浆，再加入一定的胶料，经热压成型、干燥处理而成的人造板材，分硬质纤维板、半硬质纤维板和软质纤维板三种。生产纤维板可使木材的利用率达90%以上。

纤维板的特点是：材质构造均匀、各向强度一致，抗弯强度高（可达55MPa），耐磨，绝热性好，不易胀缩和翘曲变形，不腐朽，无木节、虫眼等缺陷。

表观密度大于800kg/m³的硬质纤维板，强度高，在建筑中应用广泛，它可替代木板，主要用作室内板壁、门板、地板、家具等。通常在板表面施以仿木纹理油漆处理，可获得以假乱真的效果。半硬质纤维板表观密度为400～800kg/m³，常制成带有一定孔型的盲孔板，板表面常施以白色涂料，这种板兼具吸声和装饰作用，多用作宾馆等室内顶棚材料。软质纤维板表观密度小于 $400kg/m^3$，适合作保温隔热材料。

3. 细木工板

细木工板是由上、下两面层和芯材三部分组成，上、下面层均为胶合板，芯材是由木材加工使用中剩下的短小木料经再加工成木条，最后用胶将其粘拼在面层板上并经压合而制成。这种板材一般厚为 20mm 左右，长 2000mm 左右，宽 1000mm 左右，强度较高，幅面大，表面平整，使用方便。细木工板可替代实木板应用，现普遍用作建筑室内门、隔墙、隔断、橱柜等的装修。

细木工板质量要求其芯材木条要排列紧密，无空洞，选用软木料，以便于加工。工程中使用细木工板应重视检验其有害物质甲醛含量、不符合标准规定指标者不得用于工程，以确保室内环保。

4. 复合地板

目前家居装修中广泛采用的复合地板，它是一种多层叠压木地板，板材 80% 为木质。这种地板通常是由面层、芯板和背层三部分组成，其中面层又由数层叠压而成，每层都有其不同的特色和功能。叠压面层是由经特别加工处理的木纹纸与透明的密胺树脂经高温、高压压合而成；芯板是用木纤维、木屑或其他木质粒状材料（均为木材加工下来的角料）等，再与有机物混合经加压而成的高密度板材；底层为用聚合物叠压的纸质层。复合地板规格一般为 1200mm×200mm 的条板，板厚 8～12mm，其表面光滑美观，坚实耐磨，不变形和干裂，不沾污及褪色，不需打蜡，耐久性较好，且宜清洁，铺设方便。因板材薄，故铺设在室内原有地面上时，不需对门做任何改动。复合地板适用于客厅、起居室、卧室等地面铺装。

5. 刨花板、木丝板、木屑板

刨花板、木丝板、木屑板是分别以刨花木渣、短小废料刨制的木丝、木屑等为原料，经干燥后拌入胶料，再经热压成型而制成的人造板材。所用胶料可为合成树脂，也可为水泥、菱苦土等无机胶结料。这类板材一般表观密度较小，强度较低，主要用作绝热和吸声材料，但其中热压树脂刨花板和木屑板，其表面可粘贴塑料贴面或胶合板做饰面层，这样既增加了板材的强度，又使板材具有装饰性，可用作吊顶、隔墙和家具等材料。

工程实例与分析

【例 10.1】 客厅木地板所选用的树种

工程概况：某客厅采用白松实木地板装修，使用一段时间后多处磨损。

分析：白松属于针叶树材。其木质软、硬度低、耐磨性差。虽受潮后不易变形，但用于走动的频繁的客厅则不妥，可考虑改用质量好的复合木地板，其板面坚硬耐磨，可防止高跟鞋、家具的重压、磨刮。

【例 10.2】 木地板腐蚀原因分析

工程概况：某邮电调度楼设备用房于 7 楼现浇钢筋混凝土楼板上，铺炉渣混凝土 50mm，再铺木地板。完工后设备未及时进场，门窗关闭了一年，当设备进场时，发现木板大部分腐蚀，人踩即断裂。

分析：炉渣混凝土中的水分封闭于木地板内部。慢慢浸透到未做防腐、防潮处理的木格栅和木地板中，门窗关闭使木材含水率较高，此环境条件正好适合真菌的生长，导致木材腐蚀。

思 考 与 习 题

1. 解释以下名词。
   ①自由水；②吸附水；③木材纤维饱和点；④木材平衡含水率。
2. 木材含水量的变化对木材哪些性质有影响？
3. 分析影响木材强度的因素有哪些？
4. 针对木材腐朽的原因，提出防腐措施。
5. 将纤维饱和点为 30% 的同一树种的三块试件烘干至恒重，其质量分别为 5.3g、5.4g 和 5.2g，然后将它们放在很潮湿的环境中长时间吸湿后，其质量分别为 7.0g、7.3g 和 7.5g，试问哪一块试件的体积膨胀率最大？

第11章 建筑功能材料

建筑功能材料是以材料的力学性能以外的功能为特征，它赋予建筑物防水、保温、隔热、采光、防腐等功能。随着人们生活水平的提高以及建筑物使用环境的扩展，未来的建筑物需满足越来越高的安全、舒适、美观、耐久的要求，这些建筑功能的实现就必须依赖建筑功能材料。目前常用的建筑功能材料包括绝热材料、吸声隔声材料、装饰材料等。

11.1 绝热材料

11.1.1 概述

绝热材料是指用于建筑围护或者热工设备、阻抗热流传递的材料或者材料复合体。通常绝热材料应满足以下要求：绝热材料导热系数（λ）值应不大于 $0.23\mathrm{W/(m \cdot K)}$，热阻（$R$）值应不小于 $4.35\mathrm{m^2 \cdot K/W}$，表观密度不大于 $600\mathrm{kg/m^3}$，块状材料的抗压强度不低于 $0.4\mathrm{MPa}$，构造简单，施工容易，造价低等。

绝热材料包括保温材料和隔热材料。土木工程上，常把用于控制室内热量外流的材料叫做保温材料；把防止室外热量进入室内的材料叫做隔热材料。无论保温材料和隔热材料，都要考虑如何避免热量的传递，这就要掌握热量传递的方式（有热传导、对流传热和辐射传热三种基本方式），然后采取合适隔绝热措施。

热量传递的三种方式并非单独进行，而是一种方式伴随着另一种方式同时进行，或者是三种方式同时进行的。如，高温炉膛内热量向管壁的传递，主要依靠热辐射，但对流和热传导也起一定作用；间壁式换热器中，热流体开始依靠对流和热传导将热量传至热侧壁面，随即依靠热传导传至冷侧壁面，最后依靠对流和热传导将热量传给冷流体。而在土木工程材料中，一般的传热方式为热传导，以下仅就热传导的方式进行介绍。

11.1.2 绝热材料的基本性能

1. 导热性

当材料的两个表面出现温度差时，热量自动从高温面向低温面传导，材料的这种传递热量的性质，称为导热性。影响材料导热性能的主要因素是导热系数的大小，导热系数越小，保温性能越好。因此，导热性一般用导热系数表示。

影响材料导热系数的主要因素：材料的组成与结构、表观密度和孔隙特征、湿度、温度以及热流方向等。

（1）材料的组成与结构。不同的材料其导热系数是不同的。一般说来，金属材料导热系数最大，无机非金属材料次之，有机材料导热系数最小。对于同一种材料，内部结构不同,导热系数也差别很大。一般结晶构造的导热系数为最大,微晶体结构的次之,玻璃体结构的最小。但对于多孔的绝热材料来说,由于孔隙率高,气体(空气)对导热系数的影响起着主要作用,而固体部分的结构无论是晶态或玻璃态对其影响都不大。

(2) 材料的表观密度和孔隙特征。由于材料中固体物质的导热能力比空气要大得多,故表观密度小的材料,因其孔隙率大,导热系数就小。在孔隙率相同的条件下,孔隙尺寸越大,导热系数就越大;互相连通孔隙比封闭孔隙导热性要高。对于表观密度很小的材料,特别是纤维状材料(如超细玻璃纤维),当其表观密度低于某一极限值时,导热系数反而会增大,这是由于孔隙增大且互相连通的孔隙大大增多,而使对流作用加强的结果。因此这类材料存在最佳表观密度,即在这个表观密度时导热系数最小。

(3) 湿度。当材料吸湿受潮后,其导热系数就会增大,如水结冰导热系数会进一步增大,这在多孔材料中最为明显。这是由于当材料的孔隙中有了水分(包括水蒸气)后,则孔隙中蒸汽的扩散和水分子的热传导将起主要传热作用,而水的 λ 为 $0.60 \text{W}/(\text{m} \cdot \text{K})$,比空气在标准状态下的导热系数 $0.025 \text{W}/(\text{m} \cdot \text{K})$ 大得多;如果孔隙中的水结成了冰,而冰的导热系数 $\lambda = 2.20 \text{W}/(\text{m} \cdot \text{K})$,其结果使材料的导热系数更加增大。因此,为了保证保温效果,绝热材料应尽可能选用吸水性小的原材料;同时绝热材料在使用过程中,应注意防潮、防水。

(4) 温度。材料的导热系数随温度的升高而增大,因为温度升高时,材料固体分子的热运动增强,同时材料孔隙中空气的导热和孔壁间的辐射作用也有所增加。但这种影响在 0~50℃ 范围内不太明显,只有在高温或负温下比较明显,应用时才需考虑。

(5) 热流方向。对于各向异性材料,如木材等纤维质材料,当热流平行于纤维方向时,热流受到阻力小,而热流垂直于纤维方向时,受到的阻力就大。

2. 热容量与比热

热容量是指系统在某一过程中,温度升高(或降低)1℃所吸收(或放出)的热量,也就是说热容量是指材料受热时吸收热量,冷却时放出热量的性能。系统的热容量与状态的转变过程有关。在提到系统或物质的热容量时,必须指明状态的转变过程。系统的热容量还与它所包含的物质的质量成正比,不同过程的热容量不同。

比热又称比热容量,是单位质量物质的热容量,即使单位质量物体改变单位温度时的吸收或释放的内能。比热容是表示物质热性质的物理量。物质的比热容与所进行的过程有关。在工程应用上常用的有定压比热容 C_p、定容比热容 C_v 和饱和状态比热容 3 种。定压比热容 C_p 是单位质量的物质在压力不变的条件下,温度升高或下降 1℃ 或 1K 所吸收或放出的能量。定容比热容 C_v 是单位质量的物质在容积(体积)不变的条件下,温度升高或下降 1℃ 或 1K 吸收或放出的内能。饱和状态比热容是单位质量的物质在某饱和状态时,温度升高或下降 1℃ 或 1K 所吸收或放出的热量,单位为 $\text{J}/(\text{kg} \cdot \text{K})$,常用单位为 $\text{kJ}/(\text{kg} \cdot \text{℃})$、$\text{cal}/(\text{kg} \cdot \text{℃})$、$\text{kcal}/(\text{kg} \cdot \text{℃})$ 等。

材料的导热系数和比热是设计建筑物围护结构(墙体、屋盖、地面)进行热工计算的重要参数。选用导热系数小而比热大的建筑材料,可提高围护结构的绝热性能并保持室内温度的稳定。几种典型工程材料的热工性质指标见表 1.2.2。

11.1.3 绝热材料的类型

1. 按材质类型绝热材料可分为3类

（1）无机绝热材料。一般是用矿物质原料制成，呈散粒状、纤维状或多孔状构造，可制成板、片、卷材或套管等形式的制品，包括石棉、岩棉、矿渣棉、玻璃棉、膨胀珍珠岩、膨胀蛭石、多孔混凝土等。

（2）有机绝热材料。是由有机原料制成的绝热材料，包括软木、纤维板、刨花板、聚苯乙烯泡沫塑料、脲醛泡沫塑料、聚氨酯泡沫塑料、聚氯乙烯泡塑料等。

（3）金属绝热材料。如铝箔。

2. 按绝热原理绝热材料分为多孔材料和反射材料两类

（1）多孔材料。靠热导率小的气体充满在孔隙中绝热。主要是纤维聚集组织和多孔结构材料。纤维直径越细，材料容重越小，则绝热性能越好。闭孔比开孔结构的导热性低，如闭孔结构中填充热导率值更小的其他气体时，两种结构的导热性才有较大的差异。泡沫塑料的绝热性较好，其次为矿物纤维、膨胀珍珠岩和多孔混凝土、泡沫玻璃等。

（2）反射材料。如铝箔能靠热反射大大减少辐射传热，几层铝箔或与纸组成夹有薄空气层的复合结构，还可以增大热阻值。

3. 按组织结构分类

按组织结构绝热材料分为纤维状聚集组织（无机或有机纤维及制品）、松散的粒状、片状或粉末状组织（如轻集料、浮石、硅藻土）、多孔结构（多孔混凝土、泡沫塑料等）、致密结构（铝箔）等。

绝热材料常以松散材、卷材、板材和预制块等形式用于建筑物屋面、外墙和地面等的保温及隔热。可直接砌筑（如加气混凝土）或放在屋顶及围护结构中作芯材，也可铺垫成地面保温层。纤维或粒状绝热材料既能填充于墙内，也能喷涂于墙面，兼有绝热、吸声、装饰和耐火等效果。绝热材料一方面满足了建筑空间或热工设备的热环境，另一方面也节约了能源。因此，有些国家将绝热材料看作是继煤炭、石油、天然气、核能之后的"第五大能源"。

11.1.4 几种常见的无机和有机绝热材料

1. 无机绝热材料

（1）散粒状绝热材料。主要有膨胀蛭石和膨胀珍珠岩及其制品。

1）膨胀蛭石。蛭石是一种层状结构的含镁的水铝硅酸盐次生变质矿物，通常由黑（金）云母经热液蚀变作用或风化而成，因其受热失水膨胀时呈挠曲状，形态酷似水蛭，故称蛭石。蛭石按阶段性划分为蛭石原矿和膨胀蛭石，按颜色分类可分为金黄色蛭石、银白色蛭石、乳白色蛭石。蛭石经过850～1000℃燃烧，体积急剧膨胀（可膨胀5～20倍）而成为松散颗粒，其堆积密度为80～200kg/m³，导热系数0.046～0.07W/(m·K)，具有很强的保温隔热性能。用于填充墙壁、楼板及平屋顶，保温效果佳；膨胀蛭石也可与水泥、水玻璃等胶凝材料配合，制成砖、板、管壳等用于围护结构及管道保温。可在1000～1100℃下使用。

蛭石的品位和质量等级是根据其膨胀倍数、薄片平面尺寸和杂质含量的多少划分的。

但是由于蛭石的外观和成分变化很大，很难进行确切的分级，因此主要以其体积膨胀倍数为划分等级的依据，一般划分为一级品、二级品、三级品3个等级。

2）膨胀珍珠岩。珍珠岩是一种火山喷发的酸性熔岩，经急剧冷却而成的玻璃质岩石，形成球粒状玻璃质岩石，有弧形或圆形裂纹，犹如珍珠的结构，所以被命名为珍珠岩。

珍珠岩一般为浅灰色、淡绿色和褐色，二氧化硅含量达70%，水分含量为3%～5%，当将珍珠岩加热到850～900℃时，由于玻璃质软化，其中水分蒸发，造成体积膨胀，可以达到原有体积的7～16倍，为膨胀珍珠岩。其堆积密度为40～500kg/m^3，导热系数为0.047～0.074W/(m·K)，使用温度可达800℃，最低使用温度为-200℃，是一种表观密度很小的白色颗粒物质。膨胀珍珠岩具有吸音性好、吸湿性小、抗冻性强的性能，因此被广泛用作建筑的保温、隔音材料，也可以作为农业改良土壤，增加保墒能力的材料，此外在工业的铸造、酿造、过滤、洗涤等工艺中也可以作为辅助材料应用。

(2) 纤维质绝热材料。常用的有天然纤维质材料，如石棉、矿渣棉、火山棉及玻璃棉等。

1）石棉。石棉是天然纤维状的硅质矿物的泛称，具有优良的防火、绝热、耐酸、耐碱、保温、隔音、防腐、电绝缘性和较高的抗拉强度等特点。石棉按其成分和内部结构，可分为蛇纹石石棉和角闪石石棉两大类。蛇纹石石棉分布广，占石棉总产量的95%。平常所说的石棉，即是指蛇纹石石棉，其密度为2.2～2.4g/cm^3，导热系数约为0.069W/(m·K)。通常松散的石棉很少单独使用，常制成石棉粉、石棉涂料、石棉板、石棉毡和白云石石棉制品等。

值得注意的是，极其微小的石棉纤维飞散到空中，被吸入到人体的肺部后，经过20～40年的潜伏期，很容易诱发肺癌等肺部疾病。这就是在世界各国受到不同程度关注的石棉公害问题。在欧洲，据预测到2020年因石棉公害引发的肺癌而致死的患者将达到50万人。而在日本，预测到2040年将有10万人因此死亡。

2）矿棉。矿棉是指由硅酸盐熔融物制得的蓬松状短细纤维。按所用原料可分为岩棉和矿渣棉两大类。矿棉的纤维直径应不大于9μm；渣球含量不超过10%。矿棉及其制品具有质轻、耐久、不燃、不腐、不霉、不受虫蛀等特点，是优良的保温隔热、吸声材料。

干法矿棉板和毡，可制作建筑物内、外墙的复合板以及屋顶、楼板、地面结构的保温、隔声材料。湿法、半干法刚性板可作公共与民用建筑物的天花板及墙壁等内装修吸声材料。矿棉毡、管、板可作为工业热工设备和冷藏工厂的保温隔热材料。

3）玻璃纤维。玻璃纤维是一种性能优异的无机非金属材料。成分为二氧化硅、氧化铝、氧化钙、氧化硼、氧化镁、氧化钠等。玻璃纤维按形态和长度，可分为连续纤维、定长纤维（一般长度为300～500mm，但有时也可较长）和玻璃棉；按玻璃成分，可分为无碱、耐化学、高碱、中碱、高强度、高弹性模量和抗碱玻璃纤维等。

玻璃纤维制品的导热系数主要取决于表观密度、温度和纤维的直径。导热系数随纤维直径增大而增加，并且表观密度低的玻璃纤维制品其导热系数反而略高。以玻璃纤维为主要原料的绝热制品主要有：沥青玻璃棉毡和酚醛玻璃棉板，以及各种玻璃毡、玻璃毯等，通常用于房屋建筑的墙体保温层。

(3) 多孔绝热材料。

1）轻质混凝土。以硅酸盐水泥（或硫铝酸盐水泥、氯氧镁水泥）、活性硅和钙质材料（如粉煤灰、磷石膏、硅藻土）等无机胶结料，集发泡、稳泡、激发、减水等功能为一体的阳离子表面活性剂为制泡剂，形成含有大量封闭气孔的轻质混凝土。导热系数一般为 $0.08\sim0.3W/(m\cdot K)$，热阻约为普通混凝土的 $10\sim20$ 倍。另外，轻质混凝土密度等级一般为 $300\sim1800kg/m^3$，常用泡沫混凝土的密度等级为 $300\sim1200kg/m^3$。近年来，密度为 $160kg/m^3$ 的超轻泡沫混凝土也在建筑工程中获得了应用。

2）微孔硅酸钙。微孔硅酸钙是一种新颖的绝热材料，用 65％的硅藻土、35％的石灰，加入两者总重 $5.5\sim6.5$ 倍的水，为调节性能，还可以加入占总质量 5％左右的石棉和水玻璃，经拌和、成型、蒸压处理和烘干等工艺而制成的。微孔硅酸钙材料具有表观密度小（$100\sim1000kg/m^3$），强度高（抗折强度 $0.2\sim15MPa$），导热系数低 $[0.036\sim0.224W/(m\cdot K)]$，使用温度高（$100\sim1000℃$），质量稳定等特点，以及耐水性好、防火性强、无腐蚀、经久耐用、制品可锯可刨、安装方便等优点，被广泛用作冶金、电力、化工等工业的热力管道、设备、窑炉的绝热材料，房屋建筑的内墙、外墙、屋顶的防火覆盖材料，各类舰船的舱室墙壁以及走道的防火隔热材料。

3）泡沫玻璃。泡沫玻璃也称多孔玻璃，是一种以磨细玻璃粉为主要原料，通过添加发泡剂，经熔融发泡和退火冷却加工处理后，制得的具有均匀孔隙结构的多孔轻质玻璃制品。其气孔占总体积的 80％～95％，孔径大小一般为 $0.1\sim5mm$，也有的小到几微米。具有绝热、吸声、容重轻、不燃烧、耐腐蚀、防鼠害、机械强度较高，又容易进行锯、切、磨和黏接等加工及便于施工等特点。泡沫玻璃作为绝热材料在建筑上主要用于墙体、地板、天花板及屋顶保温。也可用于寒冷地区建造低层的建筑物。

2. 有机绝热材料

（1）泡沫塑料。泡沫塑料是以各种树脂为基料，加入少量的发泡剂、催化剂、稳定剂以及其他辅助材料，经加热发泡而成的一种轻质、保温、隔热、吸声、防震材料。具有表观密度小（一般为 $20\sim80kg/m^3$），导热系数低、隔热性能好、加工使用方便等优点，因此广泛用作建筑上的绝热、隔音材料。常用的泡沫塑料有聚苯乙烯泡沫塑料、聚氨酯泡沫塑料、聚氯乙烯泡沫塑料、脲醛泡沫塑料和酚醛泡沫塑料等。

（2）硬质泡沫橡胶。硬质泡沫橡胶用化学发泡法制成。特点是导热系数小而强度大。硬质泡沫橡胶的表观密度在 $0.064\sim0.12g/cm^3$ 之间。表观密度越小，保温性能越好，但强度越低。硬质泡沫橡胶抗碱和盐的侵蚀能力较强，但强的无机酸及有机酸对它有侵蚀作用，不溶于醇等弱溶剂，但易被某些强有机溶剂软化溶解；属于热塑性材料，耐热性不好，在 65℃左右开始软化，但是有良好的低温性能，低温下强度较高且具有较好的体积稳定性，可用于冷冻库。

（3）纤维板。凡是用植物纤维、无机纤维制成的或用水泥、石膏将植物纤维凝固成的人造板统称为纤维板。其表观密度为 $210\sim1150kg/m^3$，导热系数为 $0.058\sim0.307W/(m\cdot K)$。纤维板的热传导性能与表观密度及湿度有关。表观密度增大，板的热传导性也增大，当表观密度超过 $1g/cm^3$ 时，其热传导性能几乎与木材相同。纤维板经防火处理后，具有良好的防火性能，但会影响它的物理力学性能。该板材在建筑上用途广泛，可用于墙壁、地板、屋顶等，也可用于包装箱、冷藏库等。

常用绝热材料的技术性能及用途，见表 11.1.1。

表 11.1.1　　　　　　　　　　常用绝热材料的技术性能及用途

名　称	表观密度 (kg/m³)	导热系数 [W/(m·K)]	最高使用温度（℃）	用　途
超细玻璃棉毡	30～80	0.035	300～400	墙面、屋面、冷库等
沥青玻纤制品	100～150	0.041	250～300	
矿渣棉纤维	110～130	0.044	≤600	填充材料
岩棉纤维	80～150	0.044	250～600	填充墙体、屋面、热力管道
岩棉制品	80～160	0.040～0.052	≤600	
膨胀珍珠岩	40～500	常温 0.020～0.044 高温 0.060～0.170 低温 0.020～0.038	≤800	高效能保温保冷填充材料
水泥膨胀珍珠岩制品	300～400	常温 0.050～0.081 低温 0.080～10.120	≤600	保温隔热用
水玻璃膨胀珍珠岩制品	200～300	常温 0.056～0.093	≤650	
沥青膨胀珍珠岩制品	200～500	0.093～0.120	1000～1100	用于常温与负温部分的绝热
膨胀蛭石	80～900	0.046～0.070	≤600	填充材料
水泥膨胀蛭石制品	300～550	0.076～0.105	≤650	保温隔热用
微孔硅酸钙制品	200～230	0.047～0.056	600	围护结构及管道保温
轻质钙塑板	100～150	0.047	300～400	保温隔热兼防水性能，并具有装饰性能
泡沫玻璃	150～600	0.058～0.128	300～400	砌筑墙体及冷藏库绝热
泡沫混凝土	300～500	0.082～0.186		围护结构
加气混凝土	500～700	0.093～0.164		
木丝板	300～600	0.110～0.260		顶棚、隔墙板、护墙板
软制纤维板	150～400	0.047～0.093		顶棚、隔墙板、护墙板、表面较光洁
芦苇板	250～400	0.093～0.130		顶棚、隔墙板
软木板	105～437	0.044～0.079	≤130	绝热结构
聚苯乙烯泡沫塑料	20～50	0.038～0.047	70	屋面、墙体保温隔热
硬质聚氨酯塑料泡沫	30～65	0.035～0.042	−60～120	屋面、墙体保温、冷藏库隔热
聚氯乙烯塑料泡沫	12～75	0.031～0.045	−196～70	

11.2　吸声、隔音材料

11.2.1　吸声材料

吸声材料，指具有较强的吸收声能、减低噪声性能的材料。当声音传入材料表面时，声能一部分被反射，一部分穿透材料，还有一部由于材料的振动或声音在其中传播时与周

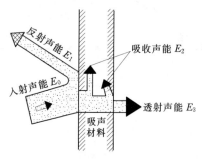

图 11.2.1　吸声材料的吸声示意图

围介质摩擦，由声能转化成热能，声能被损耗，即通常所说声音被材料吸收，图 11.2.1 给出了吸声材料的吸声示意图。

11.2.1.1　吸声材料的性能要求

1. 吸声系数

声波在传播过程中除了空气的吸声之外，当入射到材料表面时，材料吸收的声能（包括吸声声能和透射声能）与入射到材料上的总声能之比，叫吸声系数。吸声系数是评定材料吸声性能的主要指标，吸声系数越大，材料的吸声性能越好，计算式见式（11.2.1）。

$$\alpha = \frac{E_2 + E_3}{E_0} = 1 - \frac{E_1}{E_0} \tag{11.2.1}$$

式中　　α——吸声系数；

E_0——入射声能（有 $E_0 = E_1 + E_2 + E_3$）；

E_1、E_2、E_3——反射声能、吸声声能和透射声能。

如果声波入射到毫无反射的材料表面时，入射声能几乎被材料全部吸收，$\alpha = 1$，称为全吸声材料。如果声波入射到坚硬光滑的材料表面，声波几乎全部被反射，即几乎不存在吸收，$\alpha = 0$，如粉光的混凝土、大理石和花岗岩等，这类材料是近似于全反射材料。

2. 平均吸声系数

吸声系数不仅与材料的结构、性质、使用条件、声波入射的角度有关，也与声波的频率有关，同一材料对不同频率声音的吸声系数是不一样的。根据吸声系数测量规范规定的测试频率范围，即 1 倍频程是 125～4000Hz，共有 6 个频带的测试吸声系数，1/3 倍频程是 100～5000Hz，共有 18 个频带的测试吸声系数。这些吸声系数值能够比较真实地反映材料的吸声性能，而且在声学工程的设计计算中也需要这些吸声系数值。但是数据太多，不便于比较。因此，为了简化，一般把测试频率范围为 1 倍频程共有 6 个频带（即 125Hz、250Hz、500Hz、1000Hz、2000Hz、4000Hz）的测试吸声系数的平均数作为划分是否为吸声材料的指标，凡 6 个频率的平均吸声系数 $\bar{\alpha} > 0.2$ 的材料，可称为吸声材料。即 $\bar{\alpha} > 0.2$ 的材料是吸声材料，$\bar{\alpha} < 0.2$ 的材料是反射材料，$\bar{\alpha} > 0.8$ 的材料称为强吸声材料，也常称为高效吸声材料。普通砖墙、混凝土以及钢板面层、厚玻璃等硬且表面光滑的材料，其平均吸声系数仅为 0.02～0.08，一般不能作为吸声材料。当需要吸收大量声能降低室内混响及噪声时，常常需要使用高吸声系数的材料。如离心玻璃棉、岩棉等属于高吸声系数吸声材料，5cm 厚的 24kg/m³ 的离心玻璃棉的吸声系数可达到 0.95。

3. 吸声量

材料的吸声系数只能说明吸声材料的吸声性能，并不能表达使用该材料实际吸收声能的多少，吸声材料在使用过程中能够吸收的声能量称作该吸声材料的吸声量（A），又称等效吸声面积，是指与某表面或物体的声吸收能力相同而吸声系数为 1 的面积。一个表面的等效吸声面积等于它的吸声系数乘以其实际使用面积。吸声量（A）可以表征某个具体吸声构件的实际吸声效果，计算公式见式（11.2.2）。

11.2 吸声、隔音材料

$$A = \alpha S \tag{11.2.2}$$

式中　S——吸声材料的表面积，m^2；

　　　A——吸声量，m^2；

　　　α——吸声系数。

11.2.1.2　吸声材料的种类及影响因素

吸声材料按吸声的频率特性可分为低频吸声材料、中频吸声材料和高频吸声材料 3 类；按材料本身的构造可分为多孔性吸声材料和共振吸声材料 2 类。一般来说，多孔性吸声材料以吸收中、高频声能为主，而共振吸声结构则主要吸收低频声能。

1. 多孔性吸声材料

(1) 多孔性吸声材料的吸声机理和类别。

多孔吸声材料就是有很多孔的材料，其主要构造特征是材料内部有大量的、相互贯通的、向外敞开的微孔，即材料具有一定的透气性。主要吸声机理是当声波入射到多孔材料的表面时激发起微孔内部的空气振动，由于空气的粘滞性在微孔内产生相应的粘滞阻力，使振动空气的动能不断转化为热能，使得声能被衰减；另外在空气绝热压缩时，空气与孔壁之间不断发生热交换，也会使声能转化为热能，从而被衰减。

从上述的吸声机理可知，多孔性吸声材料须具备条件：①材料内部有大量微孔或间隙，孔隙应尽量细小且分布均匀；②材料内部的微孔须向外敞开即须通到材料的表面，使得声波能够从材料表面容易进入材料内部；③材料内部的微孔须相互连通，而不能是封闭。

按照材料的外观形状，多孔吸声材料可分为纤维型、泡沫型、颗粒型 3 类。①纤维型材料是由无数细小纤维状材料堆叠或压制而成。如毛毯、木丝板、甘蔗纤维板等有机纤维与玻璃棉、矿渣棉等无机纤维材料。玻璃棉与矿渣棉分别是用熔融状态的玻璃、矿渣棉和岩石吹制成细小纤维状的吸声材料。②泡沫型材料是由表面与内部都有无数微孔的高分子材料制成。如聚氨酯泡沫塑料、微孔橡胶等。③颗粒状材料主要有膨胀珍珠岩和其他微小颗粒状材料制成的吸声砖等。膨胀珍珠岩是将珍珠岩粉碎、再急剧升温焙烧所得的多孔细小粒状材料。

(2) 影响多孔性吸声材料的因素。

影响多孔性吸声材料吸声特性的因素有流阻、孔隙率和空隙特征、厚度和容重等。

1) 流阻。是指在稳定气流状态下，加在吸声材料样品两边的压力差与通过样品的气流线速度的比值。单位是 Pa·s/m。流阻低的材料，低频吸声性能较差，而高频吸声性能较好；流阻较高的材料中、低频吸声性能有所提高，但高频吸声性能将明显下降。对于一定厚度的多孔材料，应有一个合理的流阻值，流阻过高或过低都不利于吸声性能的提高。

2) 孔隙率和空隙特征。对于吸声材料来说，应有较大的孔隙率，一般应在 70% 以上，多数达 90%。孔隙越多越细，吸声效果越好。如果材料中的孔隙大部分为单独的封闭的气泡（如聚氯乙烯泡沫塑料），则因声波不能进入，从吸声机理上来讲，就不属多孔性吸声材料。当多孔材料表面涂刷油漆或材料吸湿时，则因材料的孔隙被水分或涂料所堵塞，其吸声效果亦将大大降低。

3) 厚度。在一定频率下，增加吸声材料的厚度，可提高中低频的吸声效果，但对高频的吸声性能几乎没有影响。多孔吸声材料一般有良好的高频吸声性能，不存在吸声上限频率。吸收高频声用较薄的吸声材料，但对低频声，则需较厚的吸声层。从理论上来讲，一般厚度取 1/4 波长，吸声效果最好，但不够经济。从工程实用上看，厚度取 1/10 或 1/15 波长，也能满足要求，通常多孔吸声材料厚度取 3~5cm。为提高低中频吸声性能，厚度取 5~10cm，只有在特殊情况下取 10cm 以上。图 11.2.2 给出了不同厚度材料的吸声特性。

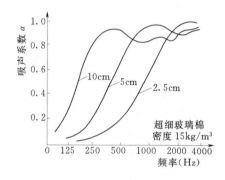

图 11.2.2 不同厚度材料的吸声特性

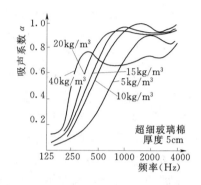

图 11.2.3 不同容重材料的吸声特性

4）容重。容重对不同的材料的吸声性能的影响不尽相同。对同一种材料，一般当厚度不变时，增大容重可以提高中低频的吸声性能，但是效果低于增加厚度。对不同的多孔性吸声材料，一般存在一个理想的容重范围，容重过低或过高都不利于提高材料的吸声性能。在常用的多孔性吸声材料中，一般超细棉的容重为 $10\sim20kg/m^3$，玻璃棉板为 $40\sim60kg/m^3$，而岩棉为 $150\sim200kg/m^3$。图 11.2.3 给出了不同容重材料的吸声特性。

5）温度和湿度。温度增加吸声峰向高频移动，降低则向低频移动。多孔材料的吸湿或吸水，不但使吸声材料变质，而且降低材料的孔隙率，使吸声性能下降。因此，可采用塑料薄膜护面，保持薄膜松弛，减少对吸声性能的影响。

此外，材料的表面处理、安装和布置方式对吸声性能也有影响。

(3) 多孔吸声材料的结构。

1) 吸声板结构。吸声板结构是由多孔吸声材料与穿孔板组成的板状吸声结构。穿孔板的穿孔率（穿孔率是指板上的穿孔面积与未穿孔面积之比）一般大于 20%，否则，由于未穿孔部分面积过大造成入射声的反射，影响吸声性能。另外，穿孔板的孔心距越远，吸收峰向低频方向移动。轻织物大多使用玻璃布和聚乙烯塑料薄膜，聚乙烯薄膜的厚度在 0.03mm 以内，否则，会降低高频吸声性能。图 11.2.4 给出了常见的吸声板结构。

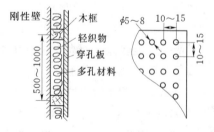

图 11.2.4 吸声板结构（单位：mm）

2) 空间吸声体。空间吸声体是由框架、护面层、吸声填料和吊件组成。框架作为支承，可以用木筋、角钢或薄壁钢等；护面层常用穿孔率大于 20%、厚度为 0.1~1.0mm 的穿孔或开缝薄铁皮、铝箔或塑料片，孔径取 4~8mm；吸声填料一般用超细玻璃棉毡、矿棉毡、沥青玻璃棉毡等多孔材料，并以玻纤布等透气性能良好、又有一定强度的材料作蒙面层；使用时，各表面均置于声场之中，有利于充分发挥材料的吸声作用，图 11.2.5 给出了空间吸声体的结构。空间吸声体具有吸声系数高、原材料易购、价廉、安装方便、维修容易和制作工艺简单等优点。空间吸声体可以靠近各个噪声源，根据声波的反射和绕射原理，它有两个或两个以上的面与声源接触，因此，平均吸声系数可达 1 以上。吸声体常用的几何形状有平面形、圆柱形、菱形、球形、圆锥形等。图 11.2.5 给出了常见的空间吸声体形状。

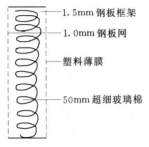

图 11.2.5　空间吸声体结构　　图 11.2.6　吸声劈尖结构

3）吸声劈尖。是一种楔子形空间吸声体，即在金属网架内填充多孔吸声材料，见图 11.2.6。具有吸声系数较高、低频特性极好的优点。当吸声劈尖的长度大约等于所需吸收的声波最低频率波长的一半时，它的吸声系数可达 0.99。劈尖的实际安装，应交错排列，应避免其方向性，提高吸声性能。

2. 共振吸声材料

共振吸声材料是指利用共振原理设计的具有吸声功能的结构材料。由于多孔性材料的低频吸声性能差，为解决中、低频吸声问题，往往采用共振吸声结构，其吸声频谱以共振频率为中心出现吸收峰，当远离共振频率时，吸声系数就很低。

共振吸声结构基本分为 3 种类型：薄板共振吸声结构、穿孔板共振吸声结构和微穿孔板吸声结构。

（1）薄板共振吸声结构。是将薄的石膏、塑料或胶合板等板材的周边固定在框架上，背后设置一定深度的空腔，这种由薄板（金属板、胶合板或塑料板等）与板后的封闭空气层构成的振动系统就称作薄板共振吸声结构，见图 11.2.7。

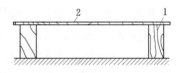

图 11.2.7　薄板共振吸声结构
1—龙骨架；2—薄板

吸声机理：当声波入射到板面上时，激发薄板产生振动，并发生变形。此时，由于板内摩擦及其与支点间的摩擦损耗，将振动能量变为热能，从而消减声能。由板状（或膜状）材料与其后设置的空气层组成的吸声结构一般用于吸收低频噪声，其共振频率（固有频率 f_0，Hz）可按式（11.2.3）近似计算。

$$f_0 = 60/\sqrt{mh} \tag{11.2.3}$$

式中　m——板（膜）的面密度，kg/m^2；

h——板（膜）后空气层厚度，m。

也就是说，选择不同的面密度和空气层厚度，可得所需的共振频率。

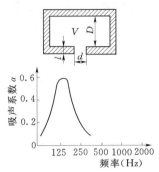

图 11.2.8 单孔共振吸声结构

(2) 穿孔板共振吸声结构。在薄板上穿小孔,并在其后设置一定深度的空腔所组成的共振吸声结构称为穿孔板共振吸声结构。按照薄板上穿孔的数目分为单孔共振吸声结构与多孔穿孔板共振吸声结构。

1) 单孔共振吸声结构或单腔共振吸声结构。是一个封闭的空腔,腔壁上开有一个小孔,腔体通过小孔与外界相通,见图 11.2.8。可用石膏浇铸,也可采用专门制成的带孔空心陶土砖或煤渣空心砖。

单孔共振吸声结构的吸声机理:可将它比拟为一个弹簧上挂有一定质量的物体所组成的简单振动系统。当外来声波传到共振器时,小孔孔颈中的气体在声波的作用下像活塞一样运动起来,部分空气分子与孔壁的摩擦使声能转变为热能而消耗;当共振器的尺寸和外来声波的波长相比显得很小时,在声波的作用下激发颈中的空气分子像活塞一样作往返运动;当共振器的固有频率与外界声波频率一致时发生共振,这时颈中空气柱振动的速度幅值达最大值,阻尼最大,消耗声能也就最多,从而得到有效的声吸收效果。

单腔共振吸声结构的特点是吸声频带较窄,即频率选择性强,因此多用在有明显音调的低频噪声的控制。若在颈口处放置一些诸如玻璃棉之类的多孔材料,或贴一层薄的纺织品(如薄布等),可以增加颈口部分的摩擦阻力,增宽其吸声频带。共振频率计算见式(11.2.4)。

$$f_0 = \frac{c}{2\pi}\sqrt{\frac{s}{vL_k}} \tag{11.2.4}$$

式中 s ——小孔颈口的截面积,cm^2;

v ——主腔体积,cm^3;

L_k ——小孔有效颈长,cm;

c ——声速,cm/s,$c = 34000 cm/s$。

由此可知,只要改变共振体的声质量(即改变小孔的尺寸)和改变声顺(即改变腔体的体积),可得到不同共振频率的共振器,而与空腔的形状无关。

2) 多孔穿孔板(或穿孔板)共振吸声结构。实际是单孔共振体的并联组合,故其吸声机理与单腔共振结构相同,但吸声效果比单孔共振吸声结构要好很多,见图 11.2.9。

吸声特性:一般穿孔板内的吸声结构以吸收低、中频噪声为主,吸声特性由穿孔孔径、穿孔率、板厚、腔深及附加多孔吸声材料的数量等许多因素确定。板的穿孔面积越大,吸收的频率越高。空腔越深或颈口有效深度越低,吸收的频率越低。工程上一般取板厚为 2~5mm,孔径为 3~6mm,穿孔率宜小于 5%,腔深以 100~250mm 为宜。尺寸超过以上范围,多有不良影响。例如,穿孔率在 20%以上时,几乎没有共振作用,穿孔板已不再是吸声结构,而成为罩面板。

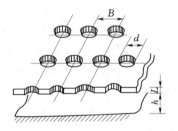

图 11.2.9 穿孔板吸声结构
B—孔距;d—孔径;
L—板厚;h—气层厚度

结构计算:设 S 为每一小孔的面积,F 为每一共振单元所占薄板的面积(cm²),h 为空气层厚度(cm),则每个共振器占有体积(cm³)$v=Fh$,p 为穿孔率(穿孔面积/全面积,%),$p=s/F$,一般共振频率 f_0 可按式(11.2.5)计算。

$$f_0 = \frac{c}{2\pi}\sqrt{\frac{s}{FhL_k}} = \frac{c}{2\pi}\sqrt{\frac{p}{hL_k}} \tag{11.2.5}$$

式中 L_k——小孔有效颈长,cm;
    f——声速,cm/s,$c=34000$cm/s。

3) 微穿孔板吸声结构。为克服穿孔板共振吸声结构吸声频带较窄的缺点,开发了微穿孔板吸声结构。它是厚度小于1mm孔径小于1mm的小孔,穿孔率为1%~4%的金属微穿孔板(常用钢板或铝板)与板后的空腔所组成的吸声结构。将这种薄板固定在壁面上,并在板后凿以适当深度的空腔,这层薄板与其后的空腔便组成了微穿孔板吸声结构。它有单层与双层之分。

吸声机理与吸声特征:微穿孔板吸声结构实质上仍属于共振吸声结构。因此,吸声机理与穿孔板吸声机理相同。利用空气在小孔中的来回摩擦消耗声能,用腔深来控制吸声峰值的共振频率,腔越深,共振频率越低。由于板薄、孔小而密,声阻比普通穿孔板大得多,因而在吸声系数和带宽方面都有很大改善。微穿孔板吸声结构的吸声系数较高,可达0.9以上;吸声频带宽,可达4~5个倍频程以上,因此属于性能优良的宽频带吸声结构。其中,双层微穿孔板远优于单层。减小微穿孔板的孔径,提高穿孔率,可增大其吸声系数、拓宽吸声频带。但孔径太小,加工困难,且易堵塞,故多选0.5~1.0mm。穿孔率则以1%~3%为好。微孔板结构吸声峰值的共振频率主要由腔深决定,如:以吸收低频声波为主空腔宜深,以吸收中、高频声波为主空腔宜浅。腔深一般取5~20cm。

微穿孔板吸声结构广泛用于多种需采用吸声措施的地方,包括一般高速气流管道中。并且,微穿孔板吸声结构耐高温、耐腐蚀、耐潮湿,不怕冲击以及可承受短暂的火焰;同时,微穿孔板结构简单、设计计算理论成熟、严谨,按照微穿孔板吸声结构的理论计算公式计算值与制成后实测值很接近。

11.2.1.3 建筑常用吸声材料及其选用

1. 建筑常用吸声材料

(1) 矿棉吸声板。是以矿棉为主要原料,加入适量的胶粘剂、防潮剂、防腐剂,经加压、烘干、饰面而成为顶棚吸声兼装饰作用的材料,具有吸声、质轻、保温、隔热、防火、防震、美观及施工方便等特点。用于音乐厅、影剧院、播音室、大会堂等,可调整室内的混响时间,消除回声,改善室内音质,提高语言的清晰度;用于宾馆、医院、会议室、商场、工厂车间及喧闹的场所,降低室内噪声,改善生活环境和劳动条件。

(2) 膨胀珍珠岩吸声制品。按所用胶粘剂可分为:水玻璃珍珠岩吸声板、水泥玻璃珍珠岩吸声板、聚合物珍珠岩吸声板及复合吸声板等,具有重量轻、吸声效果好、防火、防潮、防蛀、耐酸等优点,而且可锯割,施工方便。适用于播音室、影剧院、宾馆、录像室、医院、会议室、礼堂、餐厅及工业厂房的噪音控制等建筑结构的内墙和顶棚。

(3) 贴塑矿棉吸声板。是以半硬质矿棉板或岩面板作基材,表面覆贴加制凹凸纹的聚氯乙烯半硬质膜片而成。特点是具有优良的吸声性能、隔热、容重轻、美观大方及不燃烧。用于影剧院、会议厅、商场、酒店及电子计算机机房等。

（4）玻璃棉吸声制品。主要原料为玻璃棉，加入一些胶粘剂、防潮剂、防腐剂经热压成型加工而成。特点是质轻、吸声、保温、隔热、防火、装饰及施工方便等。用于音乐厅、播音室、会议厅、办公室、宾馆、商场等建筑物内墙及顶棚。

（5）矿物棉纤维板。呈多孔性，使制品具有良好的吸声和隔热性能。以矿物棉为吸声材料生产的空间吸声体，此吸声体系以矿物棉板为主要吸声材料，外护用玻璃纤维布或窗纱以及铝合金钻孔板复合而成。吸声体可制成不同形状、不同规格，具有很高的吸声效果。但是耐水性差，常用有机硅溶液或乳液、沥青乳液、各种高温油、石蜡等进行矿物棉的防水处理以提高耐水能力。

表 11.2.1 给出了工程中常用的吸声材料其吸声系数。

表 11.2.1　　　　　　　常用材料的吸声系数

材料	类型	厚度(cm)	各种频率（Hz）下的吸声系数						装置情况
			125	250	500	1000	2000	4000	
无机材料	吸声砖	6.5	0.05	0.07	0.10	0.12	0.16	—	贴实
	石膏板（花纹）	—	0.03	0.05	0.06	0.09	0.04	0.06	贴实
	水泥蛭石板	4.0	—	0.14	0.46	0.78	0.50	0.60	墙面粉刷
	石膏砂浆	2.2	0.24	0.12	0.09	0.30	0.32	0.83	
	水泥珍珠岩板	5	0.16	0.46	0.64	0.48	0.56	0.56	
	水泥砂浆	1.7	0.21	0.16	0.25	0.40	0.42	0.48	
	砖（清水墙面）		0.02	0.03	0.03	0.04	0.05	0.05	
纤维材料	矿棉板	3.13	0.10	0.21	0.60	0.95	0.85	0.72	贴实
	玻璃棉	5.0	0.06	0.08	0.18	0.44	0.72	0.82	贴实
	酚醛玻璃纤维板	8.0	0.25	0.55	0.80	0.92	0.98	0.95	贴实
	工业毛毡	3.0	0.10	0.28	0.55	0.60	0.60	0.56	紧靠墙面粉刷
木质材料	软木板	2.5	0.05	0.11	0.25	0.63	0.70	0.70	后留10cm空气层后留5cm空气层后留5～15cm空气层后留5cm空气层后留5cm空气层
	木丝板	3.0	0.10	0.36	0.62	0.53	0.71	0.90	
	三夹板	0.3	0.21	0.73	0.21	0.19	0.08	0.12	钉在龙骨上
	穿孔五夹板	0.5	0.01	0.25	0.55	0.30	0.16	0.19	
	木丝板	0.8	0.03	0.02	0.03	0.03	0.04	—	
	木质纤维板	1.1	0.06	0.15	0.28	0.30	0.33	0.31	
泡沫材料	泡沫玻璃	4.4	0.11	0.32	0.52	0.44	0.52	0.33	贴实
	脲醛泡沫塑料	5.0	0.22	0.29	0.40	0.68	0.95	0.94	贴实
	泡沫水泥	2.0	0.18	0.05	0.22	0.48	0.22	0.32	紧靠基层粉刷
	吸声蜂窝板	—	0.27	0.12	0.42	0.86	0.48	0.30	
	泡沫塑料	1.0	0.03	0.06	0.12	0.41	0.85	0.67	

2. 建筑常用吸声材料的选用

为了保持室内良好的音响效果，减少噪音，改善声波的传播，在音乐厅院、大会堂、播音室及工厂噪音大的车间等内部的墙面、地面、天棚等部位当选用吸声材料，选用应按照如下要求：①为了发挥吸声材料的作用，必须选择材料的气孔是开放的，互相连通的开放连通的气孔越多，吸声性能越好；②尽可能选用吸声系数较高的材料，以求得到较好的技术经济效果；③选用的吸声材料应耐虫蛀、腐朽，不易燃烧。

11.2.2 隔音材料

隔音材料是指把空气中传播的噪音隔绝、隔断、分离的一种材料、构件或结构。隔音材料与吸声材料不同，吸声材料一般为轻质、疏松、多孔性材料，对入射其上的声波具有较强的吸收和透射，使反射的声波大大减少；而隔音材料则多为沉重、密实性材料，对入射其上的声波具有较强的反射，使透射的声波大大减少，从而起到隔音作用。通常隔音性能好的材料其吸声性能就差，反之吸声性能好的材料其隔音能力较弱。但是，在实际工程中也可以采取一定的措施将两者结合起来应用，其吸声性能与隔音性能都得到提高。

材料吸音和材料隔音的区别：材料吸音侧重于声源一侧反射声能的大小，目标是反射声能要小。吸音材料对入射声能的衰减吸收，一般只有十分之几，吸音系数可用小数表示；材料隔音侧重于入射声源另一侧的透射声能的大小，目标是透射声能要小。隔音材料可使透射声能衰减到入射声能的 $10^{-3} \sim 10^{-4}$ 或更小，用分贝的计量方法表示。在工程上，吸音处理和隔音处理所解决的目标和侧重点不同，吸音处理所解决的目标是减弱声音在室内的反复反射，也即减弱室内的混响声，缩短混响声的延续时间即混响时间；在连续噪声的情况下，这种减弱表现为室内噪声级的降低，此点是对声源与吸音材料同处一个建筑空间而言。而对相邻房间传过来的声音，吸音材料也起吸收作用，从而相当于提高围护结构的隔音量。

隔音材料五花八门，日常人们比较常见的有实心砖块、钢筋混凝土墙、木板、石膏板、铁板、隔音毡、纤维板等。严格意义上说，几乎所有的材料都具有隔音作用，其区别就是不同材料间隔音量的大小不同而已。同一种材料，由于面密度（指在单位面积上物体的质量分布）不同，其隔音量存在比较大的变化。隔音量遵循质量定律原则，就是隔音材料的单位密集面密度越大，隔音量就越大，面密度与隔音量成正比关系。根据声波传播方式的不同，隔音可分为空气音隔绝（通过空气传播的声音）和固体音隔绝（通过撞击或振动传播的声音）两种。两者的隔音原理截然不同。隔音不但与材料有关，而且与建筑结构有密切的关系。

1. 空气声隔绝

一般把通过空气传播的噪声称为空气声，而利用墙、门、窗或屏障等隔离空气中传播的声音就叫做空气声隔绝。空气声隔绝可分为以下4类。

（1）单层匀质密实墙。墙体自身的隔声特性取决于其在声波激发下而产生的振动，影响这种振动的首要因素是墙体的惯性即其质量，单位面积墙体的质量越大，透射的声能愈少，墙体的隔声量就越大，这一规律被称为质量定律。要想改善单层墙的隔声性能，一是增加墙体的质量或厚度；二是材料的吻合临界频率［因声波入射角度造成的声波作用与材料中弯曲波传播速度相吻合而使隔声量降低的现象（吻合效应），发生吻合效应时的频率称为吻合临界频率］。

（2）双层匀质密实墙。采用有空气间层或填充吸声材料间层的双层墙与同样质量的单层墙相比，隔声量更大。像纤维板之类的轻质双层墙的固有频率相当高，在入射声波作用下会因共振而导致隔声能力降低，而砖砌体或混凝土双层墙的固有频率一般很低，接近人的听觉。双层墙中空气间层的厚度越大，产生的隔声量越大。一般当空气间层的厚度小于4cm时，双层墙的隔声效果几乎与同样质量的单层墙相同。另外，在声波作用下双层墙也会出现吻合效应。若两层墙体的材料相同，且厚度一样，则它们的吻合临界频率相同，在此频率附近的隔声量很低。如果两层墙体的面密度不同，不同的吻合临界频率就会使各频率下的隔声量比较均匀一致。

（3）轻质墙。根据质量定律可知，采用轻质材料的内隔墙，隔声能力较低，不能满足隔声要求。为提高其隔声效果，可采取以下措施：①在两层轻质墙体之间设厚度大于7.5cm的空气层；②在两层轻质墙的间层中填充多孔材料；③增加轻质墙的层数。

（4）门窗。是建筑物围护结构中隔声最薄弱的部分，其面密度比墙体小，周边的缝隙也是传声的途径。提高门隔声能力的关键在于对门扇及其周边缝隙的处理。隔声门应为面密度较大的复合构造，轻质的夹板门可以铺贴强吸声材料；门扇边缘可以用橡胶、泡沫塑料等的垫圈进行密封处理。

隔绝空气声，主要服从质量定律，即材料的体积密度越大，质量越大，隔声性能越好，因此应选用密实的材料作为隔声材料，如砖、混凝土、钢板等。如采用轻质材料或薄壁材料，需辅以多孔吸声材料或采用夹层结构，如夹层玻璃就是一种很好的隔声材料。

2. 撞击声隔绝

撞击声是建筑空间围蔽结构（通常是楼板）在外侧被直接撞击而激发的。楼板因受撞击而振动，并通过房屋结构的刚性连接而传播，最后振动结构向接收空间辐射声能，并形成空气声传给接受者。材料隔绝固体声的能力是用材料的撞击声压级来衡量的。测量时，将试件安装在上部声源室和下部受声室之间的洞口，声源室与受声室之间没有刚性连接，用标准打击器打击试件表面，受声室接受到的声压级减去环境常数，即得材料的撞击声压级。普通教室之间的标准化撞击声压级应小于75dB。

隔绝措施主要有：①使振动源撞击楼板引起的振动减弱，可通过振动源治理和采取隔振措施来达到，也可以在楼板上铺设弹性面层来达到；②阻隔振动在楼层结构中的传播，可在楼板面层和承重结构之间设置弹性垫层来达到；③阻隔振动结构向接受空间辐射的空气声，可在楼板下做隔音吊顶来解决。

3. 建筑隔音材料的一般规律

（1）质量定律。材料越重（面密度，或单位面积质量越大）隔音效果越好。对于单层密致匀实墙，面密度每增加一倍，隔音量在理论上增加6dB，这种规律即为质量定律。对于双层的纸面石膏板墙，质量定律发挥着重要作用，即增加板的层数或厚度都可以获得隔音量的提高。由于龙骨双层墙系统的声频振动形式非常复杂，故质量定律的体现要比单纯的单层墙复杂。

（2）共振频率。当声波的频率和墙的共振频率一致时，墙体整体产生共振，该频率的隔音量将大大下降。一般地，墙体越厚重，共振频率越低，当共振频率低于隔音评价最低参考频率100Hz时，由于人耳听觉特性对低频不敏感，对隔音量的影响大大降低。

（3）吻合效应。声波接触墙板后，墙板除了垂直方向的受迫振动以外，又会引起受迫弯曲波的传播，当这两种波的传播速度相等时，墙板振动的振幅最大，声音会大量透射，这种现象称为吻合效应。出现吻合效应的最低频率称为吻合临界频率。理论和实验均表明，轻、薄、柔的墙吻合频率高，吻合效应弱；厚、重、刚的墙吻合频率低，吻合效应强。12mm、15mm纸面石膏板的吻合频率分别为3.15kHz和2kHz左右。双层相同的板叠合的吻合频率和单层板基本等同，由于双层发生振动叠加，吻合效应更加剧烈，吻合谷会变得更深。如果使用不同厚度的板进行叠合，吻合谷将彼此错开，且每个吻合谷都较浅，对隔音性能有利。双层板的剧烈吻合效应是非常明显的，一层12mm和一层15mm板叠合的隔墙比双层15mm隔墙的面密度低，但隔音量反倒会提高，这是吻合效应被减弱的结果。吻合效应的因素比较复杂，主要与材料的面密度、弹性模量、厚度、泊松比等条件有关。

（4）声桥。板材直接固定在龙骨上时，受声一侧板的振动会通过龙骨传到另一侧板，这种像桥一样传递声能的现象被称为声桥。声桥越多、接触面积越大、刚性连接越强，声桥现象越严重，隔音效果越差。在板材和龙骨之间加弹性垫，如弹性金属条或弹性材料垫对纸面石膏板墙隔音有一定的改善量。此外，轻钢龙骨石膏板隔墙要比相同构造的木龙骨和石膏龙骨隔墙隔音效果好。

（5）板缝和孔洞。隔墙上出现缝隙和孔洞，会大大降低隔墙的隔音量。假如隔墙墙体本身的隔音量达到50dB，而墙上有万分之一的缝隙和孔洞，则综合隔音量将下降到40dB。为了防止石膏板墙和原结构之间的缝隙，通常垫入塑料弹性胶条。

11.3 装饰材料

装饰材料是铺设或涂刷在建筑物表面，以提高其使用功能和美观，保护主体结构在各种环境因素下的稳定性和耐久性的建筑材料及其制品，又称装修材料、饰面材料。主要有石、砂、砖、瓦、水泥、石膏、石棉、石灰、玻璃、马赛克、陶瓷、油漆涂料、纸、金属、塑料、木材、织物等，以及各种复合制品。

建筑装饰材料的品种繁多，分类方法很多。常见的有两种分类方法：其一，装饰材料按化学成分不同可分为金属材料、非金属材料和复合材料三大类；其二，装饰材料根据装饰部位的不同分为外墙装饰材料、内墙装饰材料、地面装饰材料和顶棚装饰材料三大类。

11.3.1 装饰材料的基本要求及功能

1. 装饰材料的基本要求

（1）颜色。颜色并非是材料本身固有的，它涉及物理学、生理学和心理学。对物理学来说，颜色是光能；对心理学来说，颜色是感受；对生理学来说，颜色是眼部神经与脑细胞感应的联系。人的心理状态会反映他对颜色的感受，一般人对不协调的颜色组合都会产生眼部强烈的反应，颜色选择恰当，颜色组合协调能创造出美好的工作、居住环境。

（2）光泽。光泽的重要性仅次于颜色。光线射于物体上，一部分光线会被反射。反射光线可分散在各个方面形成漫反射，若是集中形成平行反射光线则为镜面反射，镜面反射是光泽产生的主要因素。所以光泽是有方向性的光线反射，它对形成于物体表面上的物体形象的清晰程度，即反射光线的强弱，起着决定性作用。同一种颜色可显得鲜明亦可显得晦暗，这与表面光泽有关。

（3）透明性。材料的透明性也是与光线有关的一种性质。既能透光又能透视的物体称透明体；只能透光而不能透视的物体为半透明体；既不能透光又不能透视的物体为不透明体。

(4) 表面组织和形状尺寸。由于装饰材料所用的原材料、生产工艺及加工方法的不同，材料的表面组织有多种多样的特征：有细致或粗糙的，有坚实或疏松的，有平整或凹凸不平的等，因此不同的材料甚至同一种材料也会产生不同的质感，不同的质感会引起人们不同的感觉。

(5) 立体造型。对于预制的装饰花饰和雕塑制品，都具有一定的立体造型。

此外，装饰材料还应满足强度、耐水性、耐侵蚀性、抗火性、不易沾污、不易褪色等要求，以保证装饰材料能长期保持它的特性。

2. 装饰材料的种类及功能

(1) 外墙装饰材料。具有保护墙体和装饰功能。室外饰面除承担自身结构荷载外，还需达到遮风挡雨、保温隔热、防止噪音、保障安全、防止腐蚀、提高墙体的耐久性及使用功能等目的，但材料的选用不得随意改变原建筑墙体设计的承重结构。在装饰方面，利用材料自身的质感、肌理、形状、色彩，通过适当的施工工艺可取得较佳的墙面装饰效果。

(2) 内墙装饰。内墙装饰材料除了具有保护墙体作用外，还能创造出舒适、美观的工作环境，起到室内美化的作用，同时具有反射声波、吸声、隔音等作用。由于人对内墙面的距离较近，所以质感要细腻逼真。墙面的装饰材料大多采用天然大理石、天然花岗岩、天然木材饰面板、铝塑板、装饰织物、瓷砖等，以达到综合的装饰使用效果。

(3) 地面装饰材料。保护地面，美化地面。常用的地面装饰材料有木地板、复合地板、花岗岩、大理石、耐磨抛光地砖、防滑地砖、地毯、防静电地板等。地面材料的选用应根据室内使用功能，并结合空间的分割形状、材料色彩、质感及环境、心理感觉等因素综合考虑。

(4) 顶棚装饰材料。顶棚是内墙的一部分，色彩宜选用浅淡、柔和的色调，不宜采用浓艳的色调，还应与灯饰相协调。吊顶材料的选择应用应充分考虑照明、暖通、消防、音响等技术要求和声学上有要求。

11.3.2 建筑装饰材料的选择

建筑装饰材料的选用应从满足使用功能、装饰功能、耐久性以及经济合理性等方面考虑。

1. 满足使用功能

选择装饰材料时应考虑功能要求。如厨房的天花板和墙面所选装饰材料应耐脏、防火、易擦洗；播音室的内部装饰，所选的装饰材料具有较高的吸声效果；大型公共建筑所选的装饰材料除应满足各种使用功能外还应具有良好的防火性等。

2. 满足装饰功能

选择装饰材料时应结合建筑物的造型、功能、用途、所处的环境等因素，充分考虑建筑装饰材料的颜色、光泽、质感、不同材料的配合，最大限度地表现出建筑装饰材料的装饰效果。

3. 满足耐久性要求

建筑物外部经常受到日晒、雨淋、冰冻等侵袭，而建筑物室内又经常受清洗、摩擦等外力影响。因此，材料应具有某些物理、化学和力学方面的基本性能，如一定的强度、耐水性、耐磨性和耐腐蚀性等，以提高建筑物的耐久性，降低维修费用。

4. 经济合理性

从经济角度考虑装饰材料的选择，应有一个总体观念。不但要考虑到一次性投资，也应考虑到维修费用，在关键性问题上宁可加大投资，以延长使用年限，从而保证总体上的经济性。

11.3.3 常用建筑装饰材料

1. 装饰玻璃制品

玻璃是典型的脆性材料，在急冷急热或在冲击荷载作用下极易破碎。普通玻璃导热系数较大，绝热效果不好。但玻璃具有透明、坚硬、耐热、耐腐蚀及电学和光学方面的优良性能，能够用多种成型和加工方法制成各种形状和大小的制品，可以通过调整化学组成改变其性质，以适应不同的使用要求。建筑中使用的玻璃制品种类很多，主要有平板玻璃、饰面玻璃、安全玻璃、功能玻璃和玻璃砖等。

（1）平板玻璃。

平板玻璃是建筑玻璃中用量最大的一类，主要利用其透光透视特性，用做建筑物的门窗、橱窗及屏风等装饰，包括普通平板玻璃、浮法玻璃和磨砂玻璃等。

1）普通平板玻璃。凡用石英砂岩、硅砂、钾长石、纯碱、芒硝等原料，按一定比例配制，经高温熔融，通过垂直引上或平拉、延压等方法生产出来的无色、透明平板玻璃，统称为普通平板玻璃，又称白片玻璃或净片玻璃。其透光透视，可见光透射比大于84%，并具有一定的机械强度，但性脆、抗冲击性差；此外，还具有太阳能总透射比高、遮蔽系数大（约1.0）、紫外线透射比低等特性。普通平板玻璃的外观质量相对较差，但普通平板玻璃的价格相对较低，且可切割，因而普通平板玻璃主要用于普通建筑工程的门窗等。也可作为钢化玻璃、夹丝玻璃、中空玻璃、磨光玻璃、防火玻璃、光栅玻璃等的原片玻璃。

2）浮法玻璃。浮法玻璃即高级平板玻璃，是采用玻璃液浮在金属液上成型的"浮法"制成，所以叫浮法玻璃。其表面平滑，光学畸变小，物象质量高，其他性能与普通平板玻璃相同，但强度稍低，价格较高。浮法玻璃良好的表面平整度和光学均一性，适用于高级建筑的门窗、橱窗、指挥塔窗、夹层玻璃原片、中空玻璃原片、制镜玻璃、有机玻璃模具以及汽车、火车、船舶的风窗玻璃等。

3）磨砂玻璃。磨砂玻璃又称毛玻璃，是用普通平板玻璃、磨光玻璃、浮法玻璃经机械喷砂，手工研磨（磨砂）或氢氟酸溶蚀（化学腐蚀）等方法将表面处理成均匀毛面制成。由于毛玻璃表面粗糙，使透过光线产生漫射，造成透光不透视，使室内光线不眩目、不刺眼。一般用于建筑物的卫生间、浴室、办公室等的门窗及隔断，也可用作黑板及灯罩等。

（2）饰面玻璃。

用作建筑装饰的玻璃，统称为饰面玻璃，主要品种有彩色玻璃、花纹玻璃、磨光玻璃、釉面玻璃、镜面玻璃和水晶玻璃等。

1）彩色玻璃或颜色玻璃。是通过化学热分解法，真空溅射法，溶胶、凝胶法及涂塑法等工艺在玻璃表面形成彩色膜层的玻璃，分透明、不透明和半透明（乳浊）3种。透明彩色玻璃是在玻璃原料中加入一定量的金属氧化物作着色剂，使玻璃带有各种颜色，有离子着色、金属着色和硫硒化合物着色3种着色机理,具有很好的装饰效果;不透明彩色玻璃是在平板玻璃的表面经喷涂色釉后热处理固色而成,具有耐腐蚀、抗冲刷、易清洗等优良性能;半透明彩色玻璃又称乳浊玻璃,是在玻璃原料中加入乳浊剂,经过热处理,透光不透视,可以制成各种颜色的饰面砖或饰面板。

透明和半透明彩色玻璃常用于建筑内外墙、隔断、门窗及对光线有特殊要求的部位等;不透明彩色玻璃主要用于建筑内外墙面的装饰,可拼成不同的图案,表面光洁、明亮或漫射无光,具有独特的装饰效果。

2)花纹玻璃。花纹玻璃按加工方法可分为压花玻璃、喷花玻璃和刻花玻璃3种。

压花玻璃又称滚花玻璃,用压延法生产的平板玻璃,在玻璃硬化前经过刻有花纹的滚筒,使玻璃单面或两面压有花纹图案。由于花纹凸凹不平,使光线散射失去透视性,降低光透射比(光透射比为60%~70%),同时,其花纹图案多样,具有良好的装饰效果。

喷花玻璃则是在平板玻璃表面贴上花纹图案,抹以护面层,并经喷砂处理而成。

刻花玻璃是由平板玻璃经涂漆、雕刻、围蜡、酸蚀、研磨等工序制作而成,色彩更丰富,可实现不同风格的装饰效果。

3)磨光玻璃或镜面玻璃。是用普通平板玻璃经过机械磨光、抛光而成的透明玻璃。对玻璃表面进行磨光是为了消除玻璃表面不平而引起的筋缕或波纹缺陷,从而使透过玻璃的物象不变形。磨光玻璃具有表面平整光滑且有光泽、物象透过不变形、透光率大(≥84%)等特点。因此,主要用于大型高级建筑的门窗采光、橱窗或制镜。该种玻璃的缺点是加工费时且不经济,自出现浮法生产工艺后,它的用量已大大减少。

(3)安全玻璃。

安全玻璃是指具有良好安全性能的玻璃。主要特性是强度高,抗冲击能力好。被击碎时,碎块不会飞溅伤人,并兼有防火的功能。主要包括钢化玻璃、夹层玻璃和夹丝玻璃。

1)钢化玻璃。其生产工艺有两种:一种是将玻璃加热到接近玻璃软化温度(600~650℃)后迅速冷却的物理方法,又称淬火法;另一种是将待处理的玻璃浸入钾盐溶液中,使玻璃表面的钠离子扩散到溶液中,而溶液中的钾离子则填充进玻璃表面钠离子的位置,这种方法即化学法,又称离子交换法。钢化玻璃具有弹性好、抗冲击强度高(是普通平板玻璃的4~5倍)、抗弯强度高(是普通平板玻璃的3倍左右)、热稳定性好以及光洁、透明等特点。在遇超强冲击破坏时,碎片呈分散细小颗粒状,无尖锐棱角,从而不致伤人。钢化玻璃能以薄代厚,减轻建筑物的重量,延长玻璃的使用寿命,满足现代建筑结构轻体、高强的要求,适用于建筑门窗、幕墙、船舶车辆、仪器仪表、家具、装饰等。

2)夹层玻璃。夹层玻璃是以两片或两片以上的普通平板、磨光、浮法、钢化、吸热或其他玻璃作为原片,中间夹以透明塑料衬片,经热压粘合而成。夹层玻璃具有防弹、防震、防爆性能。适用于有特殊安全要求的门窗、隔墙、工业厂房的天窗和某些水下工程。

(4)功能玻璃。

功能玻璃是指具有吸热或反射热、吸收或反射紫外线、光控或电控变色等特性,兼备采光、调制光线、防止噪音、增加装饰效果、改善居住环境、调节热量进入或散失、节约空调能源及降低建筑物自重等多种功能的玻璃制品。多应用于高级建筑物的门窗、橱窗等的装饰,在玻璃幕墙中也多采用功能玻璃。主要品种有吸热玻璃、热反射玻璃、防紫外线玻璃、光致变色玻璃、中空玻璃等。

1) 吸热玻璃。既能吸收大量红外辐射能，又能保持良好透光率的平板玻璃。吸热玻璃除常用的茶色、灰色、蓝色外，还有绿色、古铜色、青铜色、金色、粉红色等，因而除具有良好的吸热功能外还具有良好的装饰性。它广泛应用于现代建筑物的门窗和外墙，以及用作车、船的挡风玻璃等，起到采光、隔热、防眩等作用。

2) 热反射玻璃或镀膜玻璃。具有良好的遮光性和隔热性能，分复合和普通透明两种。由于这种玻璃表面涂敷金属或金属氧化物薄膜，有的透光率是 45%～65%（对于可见光），有的甚至在 20%～80% 之间变动，透光率低，可以达到遮光及降低室内温度的目的。但这种玻璃和普通玻璃一样是透明的。

(5) 玻璃砖。

玻璃砖是块状玻璃的统称，主要包括玻璃空心砖、玻璃马赛克和泡沫玻璃砖。

2. 建筑陶瓷

凡以黏土、长石、石英为基本原料，经配料、制坯、干燥、焙烧而制得的成品，统称为陶瓷制品。用于建筑工程的陶瓷制品，则称为建筑陶瓷。建筑陶瓷具有强度高、性能稳定、耐腐蚀性好、耐磨、防水、防火、易清洗以及装饰性好等优点，主要有釉面砖、外墙面砖、地面砖、陶瓷锦砖、卫生陶瓷等。

(1) 釉面内墙砖，又称内墙砖、釉面砖、瓷砖、瓷片。它由多孔坯体和表面釉层两部分组成。表面釉层花色很多，除白色釉面砖外，还有彩色、图案、浮雕、斑点釉面砖等。釉面内墙砖色泽柔和典雅，朴实大方，主要用于厨房、卫生间、浴室、实验室、医院等室内墙面、台面等。但不宜用于室外，因其多孔坯体层和表面釉层的吸水率、膨胀率相差较大，在室外受到日晒雨淋及温度变化时，易开裂或剥落。

(2) 彩色釉面墙地砖。彩色釉面墙地砖吸水率小、强度高、耐磨、抗冻性好、化学性能稳定，主要用于外墙铺贴，有时也用于铺地。其质量标准与釉面内墙砖相比，增加了抗冻性、耐磨性和抗化学腐蚀性等指标。

(3) 陶瓷锦砖，俗称马赛克。是由各种颜色、多种几何形状的小块瓷片（长边一般不大于 50mm）铺贴在牛皮纸上形成色彩丰富、图案繁多的装饰砖，故又称纸皮砖。所形成的一张张的产品称为"联"。陶瓷锦砖质地坚实、色泽图案多样、吸水率小、耐酸、耐碱、耐磨、耐水、耐压、耐冲击、易清洗、防滑。陶瓷锦砖色泽美观稳定，可拼出风景、动物、花草及各种图案。在室内装饰中，用于浴厕、厨房、阳台、客厅、起居室等处的地面，也可用于墙面；在工业及公共建筑装饰工程中，陶瓷锦砖也被广泛用于内墙、地面和外墙。

(4) 卫生陶瓷。是由瓷土烧制的细炻质制品。常用的卫生陶瓷制品有浴盆（浴缸）、大便器、小便器、洗面器、水箱、洗涤槽等。其主要技术特点是表面光洁、吸水率小、强度较高、耐酸碱腐蚀能力强、耐冲刷和擦洗能力强。除了上述指标外，还应要求其外形和尺寸偏差、色泽均匀度、白度等外观质量，以及满足使用功能要求的技术构造指标。

(5) 琉璃制品。由难熔黏土为主要原料烧成，属精陶质制品。分为瓦类（板瓦、滴水瓦、筒瓦、沟头）、脊类和饰件类（吻、博古、兽）3 类，特点是质细致密、表面光滑、不易沾污、坚实耐久、色彩绚丽、造型古朴，富有我国传统的民族特色，主要用于具有民

第 11 章 建筑功能材料

族风格的房屋以及建筑园林中的亭、台、楼、阁。

3. 建筑涂料

建筑涂料是指涂敷于物体表面，能与物体粘结在一起，并能形成连续性涂膜，从而对物体起到装饰、保护或使物体具有某种特殊功能的材料。涂料的组成可分为基料、颜料与填料、溶剂和助剂。

（1）基料，又称主要成膜物、胶粘剂或固着剂。主要由油料或树脂组成，是涂料中的主要成膜物质，在涂料中起到成膜及粘接填料和颜料的作用，使涂料在干燥或固化后能形成连续的涂层（又称涂膜）。

（2）颜料与填料。也是构成涂膜的组成部分，又称为次要成膜物质，但它不能脱离主要成膜物而单独成膜。其主要用于着色和改善涂膜性能，增强涂膜的装饰和保护作用，也可降低涂料成本。

（3）溶剂。主要作用是使成膜基料分散而形成粘稠液体，它本身不构成涂层，但在涂料制造和施工过程中都不可缺少。

（4）助剂。是为进一步改善或增加涂料的某些性能，而加入的少量物质（如催干剂、流平剂、增塑剂等），掺量一般为百分之几至万分之几，但效果显著。助剂也属于辅助成膜物质。

涂料的品种很多，按基料类别可分为有机涂料、无机涂料和有机—无机复合涂料三大类；按在建筑物上使用部位的不同可分为外墙涂料、内墙涂料、顶棚涂料、地面涂料、屋面防水涂料等；按建筑装饰涂料的特殊功能可分为防火涂料、防水涂料、防腐涂料和保温涂料等。

4. 饰面石材

天然石材资源丰富、结构致密、强度高、耐水、耐磨、装饰性好、耐久性好，主要用于装饰等级要求高的工程中。建筑装饰用的天然石材主要有装饰板材和园林石材。

（1）装饰板材。

常用的装饰板材有大理石、花岗石和人造石。

1）大理石。又称大理岩或云石，主要矿物成分为方解石、白云石，主要化学成分为碳酸盐。当大理石长期受到雨水冲刷，特别是受酸性雨水冲刷时，可能使大理石表面的某些物质被侵蚀，因此大理石板材一般不宜用于室外装饰。大理石板材主要用于大型建筑或要求装饰等级高的建筑，如商店、宾馆、酒店、会议厅等的室内墙面、柱面、台面及地面。大理石也常加工成栏杆、浮雕等装饰部件。

2）花岗石。又称花岗岩或麻石，主要矿物组成为长石、石英和少量云母等，主要化学成分为 SiO_2（约占 65%～75%）。花岗石的优点是结构致密，抗压强度高；材质坚硬，耐磨性强、耐光照、耐冻、耐摩擦、耐久性好，外观色泽可保持百年以上；孔隙率小，吸水率极低，耐冻性强；以及化学稳定性好，抗风化能力强等。缺点是自重大、质脆、耐火性差以及某些花岗岩含有微量放射性元素（不宜用于室内）等。另外，花岗石板材色彩丰富，品格花纹均匀细致，经磨光处理后光亮如镜，质感强，有华丽高贵的装饰效果。

3）人造石。是人造大理石和人造玛瑙的总称，是以不饱和聚酯树脂为粘结剂，配以天然大理石、白云石、硅砂、玻璃粉等无机物粉料，以及适量的阻燃剂、颜料等，经配料混合、瓷铸、振动压缩、挤压等方法成型固化削成的。它在防潮、防酸、耐高温、无缝连接等方面性能较好，但是在表现效果上，花纹不如天然石材自然，在强度、耐磨性和光洁度上不如天然的花岗岩和大理石。常用人造石材一般有微晶玻璃和人造大理石两类。

（2）园林石材。

公认的四大园林名石即太湖石、英石、灵璧石及黄蜡石。其中太湖石在我国江南园林中应用最多。天然太湖石为溶蚀的石灰岩。太湖石可呈现刚、柔、玲透、浑厚、千姿百态、飞舞跌宕、形状万千。

11.4 复合材料

从广义上讲，复合材料是由两种或两种以上不同化学性质的组分组合而成的材料。不包括自然形成的具有某些复合材料形态的物质、化合物、单相合金和多相合金。

11.4.1 复合材料的结构和性能

复合材料的结构包括基体和增强相。基体通常是指连续相；增强相或增强体是指以独立的形态分布在整个连续相中的分散相，它显著增强材料的性能。多数情况下，分散相较基体硬，刚度和强度较基体大。分散相可以是纤维及其编织物，也可以是颗粒状或弥散的填料。

复合材料的界面是指位于增强相和基体相之间并使两相彼此相连的、化学成分和力学性质与相邻两相有明显区别、能够在相邻两相间起传递载荷作用的区域。

复合材料的性能一方面取决于组分材料的种类、性能、含量和分布，主要包括：增强体的性能和它的表面物理、化学状态；基体的结构和性能，另一方面取决于增强体的配置、分布和体积含量；复合材料的性能还取决于复合材料的制造工艺条件、复合方法、零件几何形状和使用环境条件。

11.4.2 复合材料的分类和特性

1. 复合材料的命名

在世界各国还没有统一的名称和命名方法，比较共同的趋势是根据增强体和基体的名称来命名，通常有以下 3 种情况：

（1）强调基体时，以基体材料的名称为主，如树脂基复合材料、金属基复合材料、陶瓷基复合材料等。

（2）强调增强体时，以增强体材料的名称为主，如玻璃纤维增强复合材料、碳纤维增强复合材料、陶瓷颗粒增强复合材料等。

（3）基体材料名称与增强体材料并用。这种命名方法常用来表示某一种具体的复合材料，习惯上把增强体材料的名称放在前面，基体材料的名称放在后面。

2. 复合材料的分类

复合材料的分类方法也很多，常见的分类方法有以下几种：

（1）按增强材料的几何形态分类。

1）纤维增强复合材料。包括连续纤维复合材料（作为分散相的长纤维的两个端点都位于复合材料的边界处）和非连续纤维复合材料（短纤维、晶须无规则地分散在基体材料中）。

2）颗粒增强复合材料。微小颗粒状增强材料分散在基体中。按照分散相的尺寸和间距又分为弥散增强（颗粒等效直径为 $0.01\sim0.1\mu m$，颗粒间距为 $0.01\sim0.03\mu m$）、粒子增强（颗粒等效直径为 $1\sim50\mu m$，颗粒间距为 $1\sim25\mu m$）及空心微珠（微球直径为 $10\sim30\mu m$，壁厚为 $1\sim4\mu m$；包括有机、无机和金属微球）。

3）薄片增强复合材料。长与宽尺寸相近的薄片。包括天然的（如云母）、人造的（如玻璃鳞片）和在复合材料工艺过程中自身生长的（如二元共晶合金 Al-Cu 中的 $CuAl_2$ 片状晶）。

4）叠层复合材料。增强相是分层铺叠的，即按照相互平行的层面配置增强相，而各层之间通过基体材料相连。

5）混杂复合材料。两种或两种以上增强体同一种基体制成的复合材料。可以看成是两种或多种单一纤维或颗粒复合材料的相互复合，即复合材料的"复合材料"。

(2) 按材料作用分类。

1）结构复合材料。主要用于制造受力构件，它基本上是由能承受载荷的增强体组元与能联接增强体成为整体承载同时又起分配与传递载荷作用的基体组元构成。结构复合材料的特点：可根据材料在使用中受力的要求进行组元选材和增强体排布设计，从而充分发挥各组元的效能。

2）功能复合材料。指具备各种特殊物理与化学性能的材料。例如：声、光、电、磁、热、耐腐蚀、零膨胀、阻尼、摩擦、屏蔽或换能等。功能复合材料中的增强体又称为功能体组元，它分布于基体组元中。功能复合材料中的基体不仅起到构成整体的作用，而且能够产生协同或加强功能的作用。

(3) 按连续相分类。

1）非金属基复合材料。复合材料基体主要是树脂（高分子聚合物）、陶瓷和碳，相应的复合材料称为树脂基、陶瓷基和碳基复合材料。树脂基复合材料的基体树脂是一种高分子聚合物，也称聚合物基复合材料，基体树脂主要有两大类：热固性树脂和热塑性树脂。陶瓷基复合材料，新一代的陶瓷基体具有密度低、耐高温、超高温下强度和模量下降小的优点，主要缺点是脆，抗断裂和抗冲击性能差。

2）金属基复合材料。金属基复合材料的基体主要是密度较低的铝合金、钛合金以及金属间化合物。增强物一般有硼纤维、碳化硅纤维、晶须或颗粒。与金属基体相比，金属基复合材料具有耐高温、高强度、高模量和低热膨胀系数的优点；与树脂基复合材料相比，它的剪切强度高、物理化学性能稳定，是理想的航天器结构材料。

3. 复合材料的特性

(1) 轻质高强，比强度和比刚度高。比强度（指强度与密度的比值）和比弹性模量是各类材料中最高的。例如，普通碳钢的密度为 $7.8g/cm^3$。玻璃纤维增强树脂基复合材料的密度为 $1.5\sim2.0g/cm^3$，只有普通碳钢的 $1/4\sim1/5$，比铝合金还要轻 $1/3$ 左右，而机械强度却能超过普通碳钢的水平。

(2) 可设计性好。可根据不同的用途，灵活地进行产品设计。对于结构件来说，可以根据受力情况合理布置增强材料,达到节约材料、减轻质量的目的。

(3) 耐腐蚀好。聚合物基复合材料具有优异的耐酸性能、耐海水性能、也能耐碱、盐和有机溶剂。因此,它是一种优良的耐腐蚀材料,用其制造的化工管道、贮罐、塔器等具有较长的使用寿命、极低的维修费用。

(4) 热性能好。玻璃纤维增强的聚合物基复合材料具有较低的导热系数,是一种优良的绝热材料。选择适当的基体材料和增强材料可以制成耐烧蚀材料和热防护材料,能有效地保护火箭、导弹和宇宙飞行器在2000℃以上承受用温、高速气流的冲刷作用。

(5) 工艺性能好。纤维增强的聚合物基复合材料具有优良的工艺性能,能满足各种类型制品的制造需要,特别适合于大型制品、形状复杂、数量少制品的制造。

11.4.3 复合材料的应用

与传统材料(如金属、木材、水泥等)相比,复合材料是一种新型材料。它具有许多优良的性能,并且其成本在逐渐地下降,成型工艺的机械化、自动化程度也在不断地提高。因此,复合材料的应用领域日益广泛。复合材料在建筑上常用作承载结构、围护结构、采光制品、门窗装饰材料、给排水工程材料、卫生洁具材料、高层楼房屋顶建筑等建筑各领域。

建筑上常用的复合材料,例如钢丝水泥夹心复合材料,表面材料为钢丝网,内芯材料为泡沫塑料;彩色钢板夹心板材,表面材料为彩色镀锌钢板,内芯材料为泡沫塑料;玻璃纤维水泥轻多孔隔墙板,耐碱玻璃纤维与水泥预制而成的非承重板材;隔墙龙骨,采用镀锌钢板、冷轧板作原料加工而成的薄壁型钢骨料等。

11.5 建筑功能材料的发展

11.5.1 绿色建筑功能材料

绿色建材,又称生态建材、环保建材和健康建材,指健康型、环保型、安全型的建筑材料,其在材料的生产、使用、废弃和再生循环过程中以与生态环境相协调,满足最少资源和能源消耗(即不用或少用天然资源和能源,大量使用工农业或城市固态废弃物),最小或无环境污染,达到使用周期后可达到最高循环再利用率要求,有利于环境护和人体健康的建筑材料。绿色建材除满足建筑材料的基本实用性外,还要能够维护人体健康、保护环境。其基本要求为:

(1) 建筑材料在生产和使用过程中资源、能源消耗低、环境污染小,如用现代先进工艺和技术生产的高质量水泥。

(2) 扩大可用原料和燃料范围,减少对优质、稀少或正在枯竭的重要原材料的依赖。

(3) 能大幅度地减少建筑能耗(包括生产和使用过程中的能耗)的建筑制品,如具有轻质、高强、防水、保温、隔热、隔声等功能的新型墙体材料。

(4) 具有更高的使用效率和优异的材料性能,从而能降低材料的消耗,如高性能水泥混凝土、轻质高强混凝土。

(5) 具有改善居室环境和保健功能的建筑材料,如抗菌、除臭、调温、调湿、屏蔽有

第11章 建筑功能材料

害射线的多功能玻璃、陶瓷、涂料。

（6）开发工业废弃物再生资源化技术，如净化污水、固化有毒有害的工业废渣的水泥材料，或经资源化和高新能化后的矿渣、粉煤灰、硅灰、沸石等水泥组分材料。

（7）建立建筑材料生命周期（LCA）的理论和方法，为生态建材的发展战略和建材工业的环境协调性的评价提供科学依据和方法。

对于绿色建筑功能材料而言，除了重视其安全性以及对人类和环境的影响外，还需特别重视进一步提高其功能性。另外，必须考虑建筑材料的4R（Re-new，Re-use，Re-cycle，Reduce）原则。在当前的科学技术和社会生产力条件下，已经可以利用各类工业废渣生产水泥、砌块、装饰砖和装饰混凝土等；利用废弃的泡沫塑料生产保温墙体材料；利用无机抗菌剂生产各种抗菌涂料和建筑陶瓷等各种新型绿色功能建筑材料。

11.5.2 健康功能材料

健康功能材料是指对人体或环境具有积极意义的某种特殊功能材料，应具有抗菌、辐射远红外线、释放负离子等功能，可以改善居室生态环境。

健康功能材料大致经历了3个发展阶段：第一阶段为抗菌自清洁材料，具有抗菌、防污染的功能。主要产品为涂料、玻璃、陶瓷材料的表面涂层。第二阶段为空气净化功能材料，通过在材料中添加具有光净化功能的纳米材料，使其具有分解空气中有害气体、净化室内空气的功能。国外研究得比较多的是光催化净化空气材料，特别是可见光下光催化净化材料，它们具有抗菌、除臭的作用。国内已将这些材料用于陶瓷和其他建材的表面涂层，现在又研制开发了稀土元素激活的抗菌除臭材料。第三阶段的功能性材料与前两代环保涂料相比，增加了一些健康功能，如具有辐射对人体健康有益的远红外线及释放空气负离子功能等。

11.5.3 舒适性建筑功能材料

舒适性功能材料指能够利用材料自身的性能自动调节室内温度和湿度来提高室内舒适度的建筑材料。

室内温度是衡量舒适程度的指标之一，调温材料是利用相变材料在相变点附近低于相变点吸热，高于相变点放热的性质，将能量储存起来，达到调温的目的。

湿度是衡量舒适程度的另一个重要指标，调湿材料的研究是舒适性功能材料研究的课题之一。在博物馆、历史资料馆、纪念馆、寺庙、图书馆、美术馆以及书库等建筑中，使用调湿材料对文物及重要资料的保护与保管可起很大的作用。

11.5.4 智能型建筑功能材料

智能型功能建筑材料是指模仿生命系统，能感知环境变化，并及时改变自身的性能参数，做出所期望的、能与变化后的环境相适应的复合材料或材料的复合。当材料的外部环境发生变化时，它可以根据外部情况的变化，自动调整，以便满足其性能要求；或者当这类材料的内部发生异常变化时，能够将材料的内部状况反映出来，以便在材料失效前采取措施，甚至材料能够在其失效初期自动进行自我调整，恢复材料的使用功能；它可对建筑结构的性能进行预先的检测和预报，不仅大大减少结构维护费用，更重要的是可避免由于结构破坏而造成的严重危害。如自动调节颜色的涂料，可根据温度的高低，自动调节自身的颜色，以便达到保温隔热的作用。又如自愈合混凝土，在混凝土中掺加内部填充了低模量粘结剂的中空玻璃纤维，当结构开裂后，玻璃纤维断裂，粘结剂释放出来，可粘结裂缝，防止结构的进一步破坏。

工程实例与分析

【例 11.1】 上海建筑科学研究院绿色建筑工程研究中心办公楼

工程概况：占地面积 $905m^2$，建筑面积 $1994m^2$。建筑总体综合能耗为同类建筑的 25%；再生能源利用率占建筑使用能耗的 20%；再生资源利用率达到 60%；室内综合环境达到健康、舒适指标。

分析：建筑采用了 4 种外墙外保温体系、3 种遮阳系统、断热铝合金双玻中空 LOW-E 窗、自然通风系统、热湿独立控制的新型空调系统、太阳能空调和地板采暖系统、太阳能光伏发电技术、雨污水回用技术、再生骨料混凝土技术、室内环境智能调控系统、绿化配置技术、景观水域生态保持和修复系统、环保型装饰装修材料等众多新技术和新产品，通过建筑一体化匹配设计和应用，形成了自然通风、超低能耗、天然采光、健康空调、再生能源、绿色建材、智能控制、资源回用、生态绿化、舒适环境等十大技术特点，是典型绿色建筑工程。

【例 11.2】 山东省莱西市综合性节能低碳样板小区

工程概况：某小区采用集中水源热泵空调、外墙保温、太阳能照明等国内最新节能技术。

分析：按照测算，该项目的节能系统将投入 1500 万元，但年可以节约能量 750 万 $kW \cdot h$，折标准煤 2680t。按照当地电价 0.5 元$/(kW \cdot h)$ 计算，只需 4 年就可以将投入到节能系统的资金收回，是典型的节能低碳工程。

思 考 与 习 题

1. 何谓绝热材料？热量传递的方式有哪几种？
2. 影响材料导热系数的主要因素是什么？
3. 按绝热原理，绝热材料分为哪两大类？
4. 何谓复合材料？复合材料的性能。
5. 何谓吸声材料？按吸声机理吸声材料分为哪几类？
6. 吸声材料的性能要求如何？对吸声材料的选用要求有哪些？
7. 影响多孔性吸声材料吸声特性的因素是什么？
8. 何谓隔音材料？建筑隔音材料的一般规律是什么？
9. 吸声和隔音材料的关系如何？
10. 何谓装饰材料？对装饰材料有哪些基本要求？在选用装饰材料时应注意些什么？
11. 建筑功能材料的发展趋势。

第12章 土木工程材料试验

工程材料质量的优劣,直接影响建筑物的质量和安全。因此,工程材料性能试验与质量试验,是从源头抓好建设工程质量管理工作,确保建设工程质量和安全的重要保证。对学校来说,加强学生试验技能的培训,掌握基本的试验方法,为毕业后从事材料质量的试验与控制工作奠定基础。

12.1 土木工程材料基本性质试验

12.1.1 密度试验

1. 仪器设备

密度试验的仪器设备包括:李氏瓶、筛子(孔径 0.2mm 或 900 孔/cm²)、量筒、烘箱、干燥器、天平(感量 0.01g)、温度计、漏斗、小勺等。

2. 试验步骤

(1) 将试样粉碎、研磨后过筛,除去筛余物,放在 105~110℃ 的烘箱中,烘至恒重,再放入干燥器中冷却至室温备用。

(2) 在李氏瓶中注入与试样不起反应的液体至突颈下部刻度线零处,记下刻度数,将李氏瓶放在盛水的容器中,在试验过程中保持水温为 20℃。

(3) 用天平称取 60~90g 试样,用小勺和漏斗小心地将试样徐徐送入李氏瓶中,要防止在李氏瓶喉部发生堵塞,直到液面上升到 20mL 刻度左右为止。再称剩余的试样质量,计算出装入瓶内的试样质量 $m(g)$。

(4) 轻轻振动李氏瓶使液体中的气泡排出,记下液面刻度,根据前后两次液面读数,算出液面上升的体积,即为瓶内试样所占的绝对体积 $V(cm^3)$。

3. 试验结果

按式 (12.1.1) 计算材料的密度 ρ(精确至 $0.01g/cm^3$)。

$$\rho = \frac{m}{V} \tag{12.1.1}$$

式中 ρ——材料的密度,g/cm^3;

m——装入瓶中试样的质量,g;

V——装入瓶中试样的绝对体积,cm^3。

密度试验用 2 个试样平行进行,以 2 次试验结果的算术平均值作为测定值,如 2 次试验结果相差超过 $0.02g/cm^3$ 时,应重新取样进行试验。

12.1.2 表观密度试验

1. 仪器设备

表观密度试验所需仪器设备包括:游标卡尺(精度 0.1mm)、天平(感量 0.1g)、烘箱、干燥器、直尺、搪瓷盘等。

2. 试验步骤与结果

（1）对几何形状规则的材料。将试件放入 105～110℃ 烘箱中烘至恒重，取出置入干燥器中冷却至室温。

用游标卡尺或直尺量出试件尺寸，并计算出体积 $V_0(\text{cm}^3)$。

当试件为正方体或平行六面体时，每边应在上、中、下三个位置分别测量，以三次所测得的算术平均值作为试件尺寸。当试件为圆柱体时，按两个互相垂直的方向测其直径，各方向上、中、下各测量 3 次，以 6 次数据的平均值作为试件直径；再在互相垂直的两直径与圆周交界的四点上量其高度，取 4 次测量的平均值作为试件高度。

用天平称出试样质量 $m(\text{g})$，按式（12.1.2）计算材料的表观密度 ρ_0（精确至 0.01g/cm³ 或 10kg/m³）。

$$\rho_0 = \frac{m}{V_0} \tag{12.1.2}$$

以 5 次试验结果的算术平均值作为测定值。

（2）对非规则几何形状的材料。如砂、石等其表观体积 V_0 可用排液法测定。材料在非烘干状态下测定其表观密度时，须注明含水情况。

12.1.3 堆积密度试验

1. 仪器设备

堆积密度试验所需仪器设备包括：标准容器、标准漏斗、天平（感量 0.1g）、烘箱、干燥器、钢尺等。

2. 试验步骤

（1）将试样放在 105～110℃ 的烘箱中，烘至恒重，再放入干燥器中冷却至室温。

（2）称标准容器的质量 $m_1(\text{kg})$。

（3）将试样经过标准漏斗徐徐地装入标准容器内，漏斗出料口距标准容器口不应超过 5cm，直至标准容器上部试样成锥体并从四周溢出。

（4）将多余的材料用钢尺沿标准容器口中心线向两个相反方向刮平，称出容器和材料的总质量 $m_2(\text{kg})$。

3. 试验结果

按式（12.1.3）计算材料的堆积密度 ρ_0'（精确至 10kg/m³）。

$$\rho_0' = \frac{m_2 - m_1}{V_0'} \tag{12.1.3}$$

式中　ρ_0'——材料的堆积密度，kg/m³；

　　　m_1——标准容器的质量，kg；

　　　m_2——标准容器和试样的总质量，kg；

　　　V_0'——标准容器的容积，m³。

以两次试验结果的算术平均值作为测定值。

12.1.4 吸水率试验

1. 仪器设备

吸水率试验所需仪器设备包括：天平（感量0.1g）、水槽、烘箱、干燥器等。

2. 试验步骤

(1) 将试样置于烘箱中，以不超过110℃的温度烘干至恒重，再放到干燥器中冷却至室温，称其质量 $m(g)$。

(2) 将试件放入水槽中，试件之间应留10～20mm的间隔，试件底部应用玻璃棒垫起，避免与槽底直接接触。

(3) 将水注入水槽中，使水面至试件高度的1/4处，2h后加水至试件高度的1/2处，隔2h再加入水至试件高度的3/4处，又隔2h加水至高出试件10～20mm，再放置24h后取出试件。这样逐次加水能使试件孔隙中的空气逐渐逸出。

(4) 取出试件后，用拧干的湿毛巾轻轻抹去试件表面的水分（不得来回擦拭），称其质量，称量后仍放回槽中浸水。

以后每隔24h用同样方法称取试样质量，直至试件浸水至恒定质量为止（24h质量相差不超过0.05g时），此时称得的试件质量为 $m_1(g)$。

3. 试验结果

按式（12.1.4）和式（12.1.5）计算材料的质量吸水率 W_m 及体积吸水率 W_V。

$$W_m = \frac{m_1 - m}{m} \times 100\% \tag{12.1.4}$$

$$W_V = \frac{V_w}{V_0} \times 100\% = \frac{m_1 - m}{V_0} \cdot \frac{1}{\rho_w} \times 100\% = W_m \rho_0 \tag{12.1.5}$$

式中 V_w——材料吸水饱和时水的体积，cm^3；

　　　V_0——干燥材料在自然状态下的体积，cm^3；

　　　ρ_w——水的密度，常温时 $\rho_w = 1g/cm^3$；

　　　ρ_0——材料的表观密度，g/cm^3。

材料的吸水率试验用3个试样平行进行，以3个试样吸水率的算术平均值作为测定值。

12.2 水泥性能试验

12.2.1 水泥密度试验

1. 试验目的、依据

水泥的密度是进行混凝土配合比设计的必要资料之一，也是水泥比表面积测定所需基本参数之一。本试验依据为《水泥密度测定方法》（GB/T208—1994）。本方法适用于测定各品种水泥的密度。

2. 主要仪器设备

(1) 天平。感量为0.01g。

(2) 密度瓶（图12.2.1）。瓶颈的刻度从0～24mL，且在0～1mL、18～24mL范围内以0.1mL为刻度，容量误差不大于0.05mL。

(3) 恒温水槽或其他保持恒温的盛水玻璃容器。恒温容器温度应能维持在±0.5℃。

(4) 温度计。测量范围为0~50℃，精度0.1℃。

(5) 烘箱。能使温度控制在105±5℃。

(6) 无水煤油。

3. 试验步骤

(1) 将无水煤油注入清洁、干燥的密度瓶内，使液面下部达到0~1mL刻度处。然后将装好的煤油密度瓶放入恒温水槽内，恒温0.5h。取出密度瓶，记录此时密度瓶液面的刻度。

(2) 水泥试样预先过0.9mm方孔筛，然后烘干1h，冷却至室温。称取水泥试样60g（精确到0.01g）。

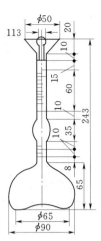

图12.2.1 密度瓶

(3) 将试样用小匙缓慢装入密度瓶中，切勿急速大量倾倒，如发生堵塞现象，可用细铁丝轻轻插捣。

(4) 盖上密度瓶塞，将密度瓶围绕直轴摇荡数次，也可用超声波振动，直至使密度瓶内液体中的气泡完全排出。然后，将它置于恒温水槽中，再恒温0.5h，记录液面刻度。

(5) 第一次和第二次读数时，恒温水槽的温度差不大于0.2℃。

4. 试验结果

按式（12.2.1）计算水泥的密度ρ。

$$\rho = \frac{m}{V} \tag{12.2.1}$$

式中 ρ——水泥的密度，g/cm^3；

m——装入密度瓶中水泥的质量，g；

V——被水泥排出的液体体积，即将第2次读数减去第1次读数，cm^3。

以2个试样试验结果的算术平均值作为测定值，计算精确至$0.01g/cm^3$，两次试验结果的差不得超过$0.02g/cm^3$。

12.2.2 水泥细度试验（筛析法）

1. 试验目的、依据

细度是水泥质量控制的指标之一。本试验依据为《水泥细度检验方法——筛析法》（GB1345—2005）。采用80μm或45μm筛作为试验用筛，试验时，80μm筛析试验称取试样25g，45μm筛析试验称取试样10g。

2. 负压筛法

(1) 主要仪器设备。

1) 负压筛析仪。由筛座（图12.2.2）、负压筛、负压源及吸尘器组成。

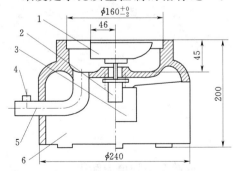

图12.2.2 负压筛析仪筛座构造（单位：mm）
1—喷气嘴；2—电机；3—控制板开口；4—负压表接口；5—负压源及收尘器接口；6—外壳

2) 天平。最大称量为100g，感量0.01g。

(2) 试验步骤及结果。

1) 筛析试验前，将负压筛放在筛座上，盖上筛盖，接通电源，检查控制系统，调节负压至 4~6kPa 范围内。

2）称取试样精确至 0.01g，置于洁净的负压筛中，盖上筛盖放在筛座上，开动筛析仪连续筛析 2min，筛析期间如有试样附着在筛盖上，可轻轻敲击，使试样落下。

3）用天平称量筛余物，精确至 0.01g。

3. 水筛法

（1）主要仪器设备（图 12.2.3）。

1）水筛。采用方孔边长为 0.08mm 的铜丝网筛布。

2）筛座。用旋转托架支撑筛布，并能带动筛子转动，转速为 50r/min。

3）喷头。直径 55mm，面上均匀分布 90 个孔，孔径 0.5~0.7mm，喷头底面和筛布之间的距离为 35~75mm。

4）天平。最大称量为 100g，感量 0.01g。

（2）试验步骤及结果。

1）称取试样精确至 0.01g，倒入筛内，立即用洁净水冲洗至大部分细粉通过筛孔，再将筛子置于筛座上，用水压为 (0.05±0.02)MPa 的喷头连续冲洗 3min。

2）筛毕取下，将剩余物冲到一边，用少量水把筛余物全部移至蒸发皿（或烘样盘），待沉淀后，将水倒出，烘至恒重，称量，精确至 0.01g。

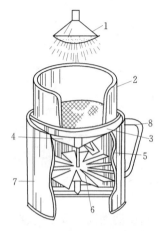

图 12.2.3 水筛法装置系统图
1—喷头；2—标准筛；3—旋转托架；4—集水斗；5—出水口；6—叶轮；7—外筒；8—把手

4. 手工筛析法

（1）主要仪器设备。

水泥标准筛，筛框高度为 50mm，筛子直径为 150mm。筛布应紧绷在筛框上，接缝必须严密，并附有筛盖。

（2）试验步骤与结果。

称取试样精确至 0.01g，倒入筛内，盖上筛盖。用一只手持筛往复摇动，另一只手轻轻拍打，拍打速度约 120 次/min，每 40 次向同一方向转动 60°，使试样均匀分散在筛网上，直至每分钟通过不超过 0.03g 时为止。筛毕，称其筛余物，精确至 0.01g。

5. 结果评定

水泥试样筛余百分数按式（12.2.2）计算。

$$F = \frac{m_s}{m_c} \tag{12.2.2}$$

式中 F——水泥试样的筛余百分数，%；
　　　m_s——水泥筛余物的质量，g；
　　　m_c——水泥试样的质量，g。

计算结果精确至 0.1%。

合格评定时，每个样品应称取两个试样分别筛析，取筛余平均值为筛析结果。若两次筛余结果绝对误差大于 0.5% 时（筛余值大于 5.0% 时可放至 1.0%）应再做一次试验，取 2 次相近结果的算数平均值，作为最终结果。

12.2.3 水泥比表面积试验（勃氏法）

1. 试验目的、依据

用来评定硅酸盐水泥、普通硅酸盐水泥的细度。本试验依据为《水泥比表面积测定方法——勃氏法》(GB/T8074—2008)。

2. 主要仪器设备

(1) Blaine 透气仪。如图 12.2.4、图 12.2.5 所示，由透气圆筒，压力计、抽气装置等 3 部分组成。

图 12.2.4　比表面积测定仪　　　图 12.2.5　Blaine 透气仪结构及主要尺寸图（单位：mm）

(2) 透气圆筒。内径为 12.70±0.05mm，由不锈钢制成。

(3) 穿孔板。由不锈钢或其他不受腐蚀的金属制成，在其面上，等距离打有 35 个直径 1mm 的小孔。

(4) 捣器。用不锈钢制成，捣器的顶部有一个支持环，当捣器放入圆筒时，支持环与圆筒上口边接触，这时捣器底面与穿孔圆板之间的距离为 15.0±0.5mm。

(5) 压力计。U 形压力计尺寸如图 12.2.5 所示，由外径为 9mm 的，具有标准厚度的玻璃管制成。压力计一个臂的顶端有一锥形磨口与透气圆筒紧密连接，在连接透气圆筒的压力计臂上刻有环形线。从压力计底部往上 280～300mm 处有一个出口管，管上装有一个阀门，连接抽气装置。

(6) 抽气装置。用小型电磁泵，也可用抽气球。

(7) 滤纸。采用符合国家标准的中速定量滤纸。

(8) 分析天平。分度值为 1mg。

(9) 计时秒表。精确读到 0.5s。

3. 试验步骤

(1) 试样准备。

1) 将 110±5℃下烘干并在干燥器中冷却到室温的标准试样，倒入 100mL 的密闭瓶内，用力摇动 2min，将结块成团的试样振碎，使试样松散。静置 2min 后，打开瓶盖，轻轻搅拌，使在松散过程中落到表面的细粉，分布到整个试样中。

2）水泥试样，应先通过 0.9mm 方孔筛，再在 110±5℃下烘干，并在干燥器中冷却至室温。

（2）测定水泥密度。

按《水泥密度测定方法》(GB/T208—1994) 测定水泥密度。

（3）漏气检查。

将透气圆筒上口用橡皮塞塞紧，接到压力计上。用抽气装置从压力计一臂中抽出部分气体，然后关闭阀门，观察是否漏气。如发现漏气，用活塞油脂加以密封。

（4）试料层体积的测定。

1）水银排代法。

将两片滤纸沿圆筒壁放入透气圆筒内，用一直径比透气圆筒略小的细长棒往下按，直到滤纸平整放在金属的穿孔板上。然后装满水银，用一小块薄玻璃板轻压水银表面，使水银面与圆筒口平齐，并须保证在玻璃板和水银表面之间没有气泡或空洞存在。从圆筒中倒出水银，称量，精确至 0.05g。重复几次测定，到数值基本不变为止。然后从圆筒中取出一片滤纸，试用约 3.3g 的水泥，按照试料层准备方法要求压实水泥层。再在圆筒上部空间注入水银，同上述方法除去气泡、压平、倒出水泥称量，重复几次，直到水银称量值相差小于 50mg 为止。

2）圆筒内试料层体积 V 按式（12.2.3）计算。精确到 0.005cm^3。

$$V=(P_1-P_2)/\rho_{水银} \tag{12.2.3}$$

式中　V——试料层体积，cm^3；

P_1——未装水泥时，充满圆筒的水银质量，g；

P_2——装水泥后，充满圆筒的水银质量，g；

$\rho_{水银}$——试验温度下水银的密度，g/cm^3（见表 12.2.1）。

表 12.2.1　　　　　在不同温度下水银密度、空气黏度 η 和 $\sqrt{\eta}$

室温 (℃)	水银密度 (g/cm³)	空气黏度 η(Pa·s)	$\sqrt{\eta}$
8	13.58	0.0001749	0.01322
10	13.57	0.0001759	0.01326
12	13.57	0.0001768	0.01330
14	13.56	0.0001778	0.01333
16	13.56	0.0001788	0.01337
18	13.55	0.0001798	0.01341
20	13.55	0.0001808	0.01345
22	13.54	0.0001818	0.01348
24	13.54	0.0001828	0.01352
26	13.53	0.0001837	0.01355
28	13.53	0.0001847	0.01359
30	13.52	0.0001857	0.01363
32	13.52	0.0001867	0.01366
34	13.51	0.0001876	0.01370

3) 试料层体积的测定，至少应进行 2 次。每次应单独压实，取 2 次数值相差不超过 0.005cm³ 的平均值，并记录测定过程中圆筒附近的温度。每隔一季度至半年应重新校正试料层体积。

(5) 确定试样量。

校正试验用的标准试样量和被测定水泥的质量，应达到在制备的试料层中的空隙率，计算式为：

$$W = \rho V(1-\varepsilon) \tag{12.2.4}$$

式中　W——需要的试样量，g；
　　　ρ——试样密度，g/cm³；
　　　V——试料层体积，cm³；
　　　ε——试料层空隙率。

注：空隙率是指试料层中孔的容积与试料层总的容积之比，P·Ⅰ、P·Ⅱ 型水泥的空隙率采用 0.500±0.005，其他水泥或粉料的空隙率选用 0.530±0.005（表 12.2.2）。如有些粉料按上式算出的试样量在圆筒的产效体积中容纳不下或经捣实后未能充满圆筒的有效体积，则允许适当地改变空隙率。

表 12.2.2　　　　　　　　　水　泥　层　空　隙　率

水泥层空隙率 ε	$\sqrt{\varepsilon^3}$	水泥层空隙率 ε	$\sqrt{\varepsilon^3}$
0.495	0.348	0.515	0.369
0.496	0.349	0.520	0.374
0.497	0.350	0.525	0.380
0.498	0.351	0.530	0.386
0.499	0.352	0.535	0.391
0.500	0.354	0.540	0.397
0.501	0.355	0.545	0.402
0.502	0.356	0.550	0.408
0.503	0.357	0.555	0.413
0.504	0.358	0.560	0.419
0.505	0.359	0.565	0.425
0.506	0.360	0.570	0.430
0.507	0.361	0.575	0.436
0.508	0.362	0.580	0.442
0.509	0.363	0.590	0.453
0.510	0.364	0.600	0.465

(6) 试料层制备。

将穿孔板放入透气圆筒的突缘上，用一根直径比圆筒略小的细棒把一片滤纸送到穿孔板上，边缘压紧。称取确定的水泥量，精确到 0.001g，倒入圆筒。轻敲圆筒的边，使水泥层表面平坦。再放入一片滤纸，用捣器均匀捣实试料直至捣器的支持环紧紧接触圆筒顶边并旋转2周，慢慢捣器。

（7）透气试验。

1）把装有试料层的透气圆筒连接到压力计上，要保证紧密连接不致漏，并不振动所制备的试料层。

2）打开微型电磁泵慢慢从压力计一臂中抽出空气，直到压力计内液面上升到扩大部下端时关闭阀门。当压力计内液体的凹液面下降到第一个刻线时开始计时，当液体的凹液面下降到第二条刻线时停止计时，记录液面从第一条刻度线到第二条刻度线所需的时间。以秒记录，并记下试验时的温度（℃）。

4. 结果计算

（1）当被测试样的密度、试料层中空隙率与标准试样相同，试验时温差不大于3℃时，可按式（12.2.5）计算：

$$S=\frac{S_s\sqrt{T}}{\sqrt{T_s}} \tag{12.2.5}$$

如试验时温差大于±3℃时，则按式（12.2.6）计算：

$$S=\frac{S_s\sqrt{T}\sqrt{\eta_s}}{\sqrt{T_s}\sqrt{\eta}} \tag{12.2.6}$$

式中 S——被测试样的比表面积，cm^2/g；

S_s——标准试样的比表面积，cm^2/g；

T——被测试样试验时，压力计中液面降落测得的时间，s（表12.2.3）；

T_s——标准试样试验时，压力计中液面降落测得的时间，s；

η——被测试样试验温度下的空气黏度，Pa·s（表12.2.4）；

η_s——标准试样试验温度下的空气黏度，Pa·s（表12.2.4）。

（2）当被测试样的试料层中空隙率与标准试样试料层中空隙率不同，试验时温差不大于±3℃时，可按式（12.2.7）计算。

$$S=\frac{S_s\sqrt{T}(1-\varepsilon_s)\sqrt{\varepsilon^3}}{\sqrt{T_s}(1-\varepsilon)\sqrt{\varepsilon_s^3}} \tag{12.2.7}$$

如试验时温差大于±3℃时，则按式（12.2.8）计算。

$$S=\frac{S_s\sqrt{T}(1-\varepsilon_s)\sqrt{\varepsilon^3}\sqrt{\eta_s}}{\sqrt{T_s}(1-\varepsilon)\sqrt{\varepsilon_s^3}\sqrt{\eta}} \tag{12.2.8}$$

式中 ε——被测试样试料层中的空隙率；

ε_s——标准试样试料层中的空隙率。

（3）当被测试样的密度和空隙率均与标准试样不同，试验时温差不大于±3℃时，可按式（12.2.9）计算。

$$S=\frac{S_s\sqrt{T}(1-\varepsilon_s)\sqrt{\varepsilon^3}\rho_s}{\sqrt{T_s}(1-\varepsilon)\sqrt{\varepsilon_s^3}\rho} \tag{12.2.9}$$

如试验时温度相差大于±3℃时，则按式（12.2.10）计算。

$$S=\frac{S_s\sqrt{T}(1-\varepsilon_s)\sqrt{\varepsilon^3}\rho_s\sqrt{\eta_s}}{\sqrt{T_s}(1-\varepsilon)\sqrt{\varepsilon_s^3}\rho\sqrt{\eta}} \tag{12.2.10}$$

式中 ρ——被测试样的密度，g/cm³；
ρ_s——标准试样的密度，g/cm³。

（4）水泥比表面积应由二次透气试验结果的平均值确定。如二次试验结果相差2%以上时，应重新试验。计算应精确至10cm²/g。

（5）以cm²/g为单位算得的比表面积值换算为m²/kg单位时，需乘以系数0.1。

表 12.2.3 　　　　　　　　压力计中液面降落测得的时间　　　　　　　　单位：s

T	$\sqrt{T}$	T	$\sqrt{T}$	T	$\sqrt{T}$	T	$\sqrt{T}$	T	$\sqrt{T}$	T	$\sqrt{T}$
26	5.10	44	6.63	62	7.87	80	8.94	98	9.90	165	12.85
27	5.20	45	6.71	63	7.94	81	9.00	99	9.95	170	13.04
28	5.29	46	6.78	64	8.00	82	9.06	100	10.00	175	13.23
29	5.39	47	6.86	65	8.06	83	9.11	102	10.10	180	13.42
30	5.48	48	6.93	66	8.12	84	9.17	104	10.20	185	13.60
31	5.57	49	7.00	67	8.19	85	9.22	106	10.30	190	13.78
32	5.66	50	7.07	68	8.25	86	9.27	108	10.39	195	13.96
33	5.74	51	7.14	69	8.31	87	9.33	110	10.49	200	14.14
34	5.83	52	7.21	70	8.37	88	9.38	115	10.72	210	14.49
35	5.92	53	7.28	71	8.43	89	9.43	120	10.95	220	14.83
36	6.00	54	7.35	72	8.49	90	9.49	125	11.18	230	15.17
37	6.08	55	7.42	73	8.54	91	9.54	130	11.40	240	15.49
38	6.16	56	7.48	74	8.60	92	9.59	135	11.62	250	15.81
39	6.24	57	7.55	75	8.66	93	9.64	140	11.83	260	16.12
40	6.32	58	7.62	76	8.72	94	9.70	145	12.04	270	16.43
41	6.40	59	7.68	77	8.77	95	9.75	150	12.25	280	16.73
42	6.48	60	7.75	78	8.83	96	9.80	155	12.45	290	17.03
43	6.56	61	7.81	79	8.89	97	9.85	160	12.65	300	17.32

12.2.4 水泥标准稠度用水量试验

1. 试验目的、依据

为测定水泥凝结时间及安定性时制备标准稠度的水泥净浆确定加水量。本试验按《水泥标准稠度用水量、凝结时间、安定性检验方法》（GB/T1346—2011）进行，标准稠度用水量有调整水量法和固定水量法两种测定方法。当发生争议时，以调整水量法为准。

2. 主要仪器设备

（1）水泥净浆搅拌机（图12.2.6），由搅拌锅、搅拌叶片组成。

（2）标准法维卡仪，如图12.2.7、图12.2.8所示，标准稠度测定用试杆由有效长度50±1mm、直径为10±0.05mm的圆柱形耐腐蚀金属制成。测定凝结时间时取下试杆，用试针代替试杆。试针为由钢制成的圆柱体，其有效长度初凝针50±1mm、终凝针30±1mm、直径为1.13±0.05mm。滑动部分的总质量为300±1g。与试杆、试针连接的滑动杆表面应光滑，能靠重力自由下落，不得有紧涩和旷动现象。

图12.2.6 水泥净浆搅拌机

图12.2.7 水泥维卡仪

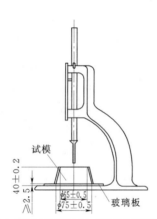

(a) 初凝时间测定用立式试模的侧视图

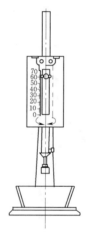

(b) 终凝时间测定用反转试模的前视图

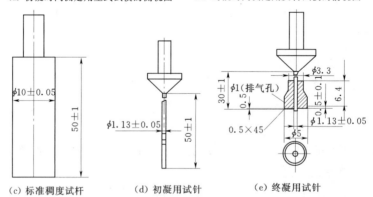

(c) 标准稠度试杆　　(d) 初凝用试针　　(e) 终凝用试针

图12.2.8 测定水泥标准稠度和凝结时间维卡仪主要部件构造图

（3）代用法维卡仪。滑动部分的总质量为（300±2）g，金属空心试锥锥底直径40mm，高50mm，装净浆用锥模上部内径60mm，锥高75mm。

（4）量水器。精度±0.5mL。

（5）天平。最大称量不小于1000g，分度值不大于1g。

(6) 水泥净浆试模。盛装水泥的试模应有耐腐蚀的、由足够硬度的金属制成，形状为截顶圆锥体，每只试模应配备一个边长或直径约 100mm，厚度 4~5mm 的平板玻璃底板或金属底板。

3. **标准法试验步骤**

(1) 首先将维卡仪调整到试杆接触玻璃板时指针对准零点。

(2) 称取水泥试样 500g，拌和水量按经验确定。

(3) 用湿布将搅拌锅和搅拌叶片擦过，将拌和水倒入搅拌锅内，然后在 5~10s 内小心将称好的 500g 水泥加入水中，防止水和水泥溅出。

(4) 拌和时，先将锅放到搅拌机的锅座上，升至搅拌位置。启动搅拌机进行搅拌，低速搅拌 120s，停 15s，同时将叶片和锅壁上的水泥浆刮入锅中，接着高速搅拌 120s 后停机。

(5) 拌和结束后，立即取适量水泥净浆一次性将其装入已置于玻璃底板上的试模中，浆体超过试模上端，用宽约 25mm 的直边刀轻轻拍打超出试模部分的浆体 5 次从排除浆体孔隙，然后在试模上表面约 $\frac{1}{3}$ 处，略倾斜于试模分别向外轻轻锯掉多余净浆，再从试模边沿抹顶部一次，使净浆表面光滑，抹平后迅速将试模和底板移到维卡仪上，并将其中心定在试杆下，降低试杆直至与水泥净浆表面接触，拧紧螺丝 1~2s 后，突然放松，使试杆垂直自由地沉入水泥净浆中，使试杆停止沉入或释放试杆 30s 时记录试杆距底板之间的距离，整个操作应在搅拌后 1.5min 内完成。

(6) 以试杆沉入净浆并距底板 6±1mm 的水泥净浆为标准稠度净浆。其拌和水量为该水泥的标准稠度用水量（P），以水泥质量的百分比计。按式（12.2.11）计算。

$$P = \frac{拌和用水量}{水泥用量} \times 100\% \tag{12.2.11}$$

4. **代用法试验步骤**

(1) 试验前必须检查测定仪的金属棒能否自由滑动，试锥降至锥顶面位置时，指针应对准标尺零点，搅拌机应运转正常。

(2) 称取水泥试样 500g，采用调整水量方法时，拌和水量按经验找水；采用固定水量方法时，拌和水量为 142.5mL，精确至 0.5mL。

(3) 拌和用具先用湿布擦抹，将拌合水倒入搅拌锅内，然后在 5~10s 内将称好的 500g 水泥试样倒入搅拌锅内的水中，防止水和水泥溅出。

(4) 拌和时，先将锅放到搅拌机锅座上，升至搅拌位置，开动机器，慢速搅拌 120s，停拌 15s，接着快速搅拌 120s 后停机。

(5) 拌和完毕，立即将净浆一次装入锥模中，用宽约 25mm 的直边刀在浆体表面轻轻插捣 5 次，再轻振 5 次。抹平后，迅速放到试锥下面的固定位置上。将试锥降至净浆表面，拧紧螺丝，指针对零，然后突然放松，让试锥垂直自由地沉入净浆中，到停止下沉时（下沉时间约为 30s），记录试锥下沉深度 S。整个操作应在搅拌后 1.5min 内完成。

(6) 用调整水量方法测定时，以试锥下沉深度 30±1mm 时的拌和水量为标准稠度用水量（%），以占水泥质量百分数计（精确至 0.1%）。

$$P = \frac{A}{500} \times 100\% \tag{12.2.12}$$

式中 A——拌和用水量，mL。

如超出范围，须另称试样，调整水量，重新试验，直至达到 30±1mm 时为止。

(7) 用固定水量法测定时，根据测得的试锥下沉深度 S（单位：mm），可按经验公式 (12.2.13) 计算标准稠度用水量。

$$P(\%)=33.4-0.185S \qquad (12.2.13)$$

当试锥下沉深度小于 13mm 时，应用调整水量方法测定。

12.2.5 水泥净浆凝结时间试验

1. 试验目的、依据

测定水泥净浆的凝结时间，以评定水泥的性能指标。本试验按《水泥标准稠度用水量、凝结时间、安定性检验方法》（GB/T1346—2011）进行。

2. 主要仪器设备

(1) 标准维卡仪。与测定标准稠度用水量时的测定仪相同，只是将试锥换成试针，装水泥净浆的锥模换成圆模。

(2) 水泥净浆搅拌机。

(3) 人工拌和圆形钵及拌和铲等。

(4) 量水器。最小刻度 0.1mL，精度 1%。

(5) 天平。最大称量不小于 1000g，分度值不大于 1g。

3. 试验步骤与结果

(1) 测定前，将圆模放在玻璃板上（在圆模内侧及玻璃板上稍稍涂上一薄层机油），在滑动杆下端安装好初凝试针并调整仪器使试针接触玻璃板时，指针对准标尺的零点。

(2) 以标准稠度用水量，用 500g 水泥拌制水泥净浆，记录开始加水的时刻为凝结时间的起始时刻。将拌制好的标准稠度净浆，一次装入圆模，振动数次后刮平，然后放入养护箱内。

(3) 初凝时间的测定。试件在养护箱养护至加水后 30min 时进行第一次测定。测定时从养护箱中取出圆模放在试针下，使试针与净浆面接触，拧紧螺丝，然后突然放松，试针自由沉入净浆，观察试针停止下沉或释放 30s 时指针的读数。当试针沉入至底板（4±1mm）时，为水泥达到初凝状态，由水泥全部加入水中至初凝状态的时间为水泥的初凝时间（min）。

在最初测定时应轻轻扶持试针的滑棒，使之徐徐下降，以防止试针撞弯。但初凝时间仍必须以自由降落的指针读数为准。

(4) 终凝时间的测定。在完成初凝时间测定后，立即将试模连同浆体以平移的方法从玻璃板上取下，翻转 180°，试模直径大端朝上，小端朝下放在玻璃板上，再放入养护箱继续养护，临近终凝时间时每隔 15min 测定一次，当试针沉入试体 0.5mm 时，即环形附近开始不能在试体上留下痕迹时，认为水泥达到终凝状态。由水泥全部加入水中至终凝状态的时间为水泥的终凝时间（min）。

(5) 测定时应注意：临近初凝时，每隔 5min 测试 1 次；临近终凝时，每隔 15min 测试 1 次。到达初凝时应立即复测一次，且两次结果必须相同。到达终凝时，需在试体另外两个不同点测试，结论相同时才能确定到达终凝状态。每次测试不得让试针落入原针孔内，且试针贯入的位置至少要距圆模内壁 10mm。每次测试完毕，须将盛有净浆的圆模放入养护箱，并将试针擦净。

初凝测试完成后，将滑动杆下端的试针更换为终凝试针继续进行终凝试验。终凝测试时，放入养护箱内养护、测试。整个测试过程中，圆模不应受振动。

（6）自加水时起，至试针沉入净浆中距底板3～5mm时所需时间为初凝时间；至试针沉入净浆中0.5mm时所需时间为终凝时间。用分（min）来表示。

12.2.6 水泥体积安定性试验

1. 试验目的、依据

检验游离CaO的危害性以评价水泥的安定性。实验依据为《水泥标准稠度用水量、凝结时间、安定性检验方法》（GB/T1346—2011）。沸煮法又可以分为标准法（雷氏法）和代用法（饼法）两种，有争议时以标准法为准。

2. 主要仪器设备

所需仪器设备包括：雷氏夹膨胀值测量仪（图12.2.9）、雷氏夹（图12.2.10）、沸煮箱（篦板与箱底受热部位的距离不得小于20mm）（图12.2.11）、水泥净浆搅拌机、标准养护箱、直尺、小刀等。

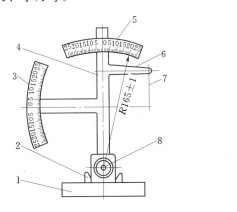

图 12.2.9 雷氏夹膨胀值测定仪

1—底座；2—模子座；3—测弹性标尺；4—立柱；5—测膨胀值标尺；
6—悬臂；7—悬丝；8—弹簧顶扭

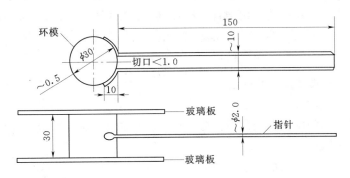

图 12.2.10 雷氏夹（单位：mm）

图 12.2.11 沸煮箱

3. 标准法（雷氏法）

(1) 每个雷氏夹配备两个边长或直径约 80mm、厚度 4～5mm 的玻璃板，一垫一盖，每组成型 2 个试件。先将雷氏夹与玻璃板表面涂上一薄层机油。

(2) 将预先准备好的雷氏夹放在已涂油的玻璃板上，并立即将已制备好的标准稠度的水泥净浆一次装满雷氏夹，装入净浆时一只手轻扶雷氏夹，另一只手用宽约 25mm 的直切刀在浆体表面轻轻插捣 3 次，并盖上涂油的玻璃板。随即将成型好的试件移至养护箱内，养护 24±2h。

(3) 除去玻璃板，取下试件，测雷氏夹指针尖端间的距离 A，精确至 0.5mm，接着将试件放在沸煮箱内水中的箅板上，指针朝上，然后在 30±5min 内加热至沸腾，并恒沸 180±5min。

(4) 煮沸结束后，立即放掉沸煮箱中的热水，打开箱盖，待箱体冷却至室温，取出雷氏夹试件，用膨胀值测定仪测量试件指针尖端的距离 C，精确至 0.5mm。

(5) 计算雷氏夹膨胀值 $C-A$。当两个试件煮后膨胀值 $C-A$ 的平均值不大于 5.0mm 时，即认为该水泥安全性合格。当两个试件的 $C-A$ 值相差超过 4.0mm 时，应用同一品种水泥重做一次试验。再如此，则认为该水泥安定性不合格。

4. 代用法（饼法）

(1) 从拌制好的标准稠度净浆中取出约 150g，分成两等份，使之呈球形，放在涂少许机油的玻璃板上，轻轻振动玻璃板并用湿布擦过的小刀由边缘向中央抹动，做成直径为 70～80mm、中心厚约 10mm、边缘渐薄、表面光滑的两个试饼，连同玻璃板放入标准养护箱内养护 24±2h。

(2) 将养护好的试饼，从玻璃板上取下并编号，先检查试饼，在无缺陷的情况下将试饼放在沸煮箱内水中的箅板上，然后在 30±5min 内加热至沸，并恒沸 180±5min。

用饼法时应注意先检查试饼是否完整，如已龟裂、翘曲，甚至崩溃等，要检查原因，确证无外因时，该试饼已属安定性不合格，不必沸煮。

(3) 煮毕，将热水放掉，打开箱盖，使箱体冷却至室温。取出试饼进行判别。

(4) 目测试饼未发现裂缝，用钢直尺检查也未发生弯曲（用钢直尺和试饼底部紧靠，以两者间不透光为不弯曲）的试饼为安定性合格；否则为不合格。当两个试饼的判断结果有矛盾时，该水泥的安定性为不合格。

12.2.7 水泥胶砂强度试验（ISO 法）

1. 试验目的、依据

试验水泥各龄期强度，以确定强度等级；或已知强度等级，检验其强度是否满足国标规定的各龄期强度数值。

本试验方法的依据是《水泥胶砂强度检检验方法（ISO 法）》(GB/T17671—1999)。

2. 主要仪器设备

(1) 行星式水泥胶砂搅拌机（图 12.2.12）。搅拌叶片既绕自身轴线作顺时针自转，又沿搅拌锅周边作逆时针公转。

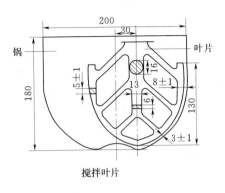

图 12.2.12　水泥胶砂搅拌机及搅拌叶片（单位：mm）

（2）胶砂振实台（图 12.2.13）。振幅为 15±0.3mm，振动频率为 60 次/60±2s。

（3）胶砂振动台。胶砂振实台的代用设备，振动台的全波振幅为 0.75±0.02mm，振动频率为 2800～3000 次/min。

图 12.2.13　水泥胶砂振实台　　图 12.2.14　三联试模

（4）胶砂试模。可装拆的三联模（图 12.2.14），模内腔尺寸为 40mm×40mm×160mm，附有下料漏斗或播料器。

（5）下料漏斗、刮平直尺。

（6）抗压试验机和抗压夹具。抗压试验机的量程为 200～300kN，示值相对误差不超过±1%；抗压夹具应符合 JC/T683－2005 要求，试件受压面积为 40mm×40mm。

（7）抗折强度试验机。一般采用双杠杆式电动抗折试验机（图 12.2.15），也可采用性能符合标准要求的专用试验机。

图 12.2.15　抗折试验机

3. 试件制备

（1）试验前，将试模擦净，模板四周与底座的接触面上应涂黄油，紧密装配，防止漏浆。内壁均匀刷一层薄机油。搅拌锅、叶片和下料漏斗等用湿布擦干净（更换水泥品种时，必须用湿布擦干净）。

(2) 试验采用的灰砂比为 1:3,水灰比为 0.5。一锅胶砂成型三条试件的材料用量:水泥:450±2g;ISO 标准砂:1350±5g;拌和水:225±1mL。

配料中规定称量用天平精度为±1g,量水器精度±1mL。

(3) 胶砂搅拌时先将水加入锅内,再加入水泥,把锅放在固定架上,上升至固定位置。立即开动机器,低速搅拌 30s 后,在第二个 30s 开始的同时均匀加入标准砂,30s 内加完,高速再拌 30s。接着停拌 90s,在刚停的 15s 内用橡皮刮具将叶片和锅壁上的胶砂刮至拌和锅中间。最后高速搅拌 60s。各个搅拌阶段,时间误差应在±1s 以内。

4. 试件成型

(1) 用振实台成型。

1) 胶砂制备后立即进行成型。把空试模和模套固定在振实台上,用勺子将搅拌好的胶砂分二层装入试模。装第一层时,每个槽内约放 300g 胶砂,用大播料器垂直架在模套顶部,沿每个模槽来回一次将料层播平,接着振实 60 次;再装入第二层胶砂,用小播料器播平,再振实 60 次。

2) 振实完毕后,移走模套,取下试模,用刮平直尺以近似 90°的角度,架在试模的一端,沿试模长度方向,以横向锯割动作慢慢向另一端移动,一次刮去高出试模多余的胶砂。最后用同一刮尺以近似水平的角度将试模表面抹平。

(2) 用振动台成型。

1) 将试模和下料漏斗卡紧在振动台的中心。胶砂制备后立即将拌好的全部胶砂均匀地装入下料漏斗内。启动振动台,胶砂通过漏斗流入试模的下料时间为 20~40s(下料时间以漏斗三格中的两格出现空洞时为准),振动 120±5s 停机。

下料时间如大于 20~40s,须调整漏斗下料口宽度或用小刀划动胶砂以加速下料。

2) 振动完毕后,自振动台取下试模,移去下料漏斗,试模表面抹平。

5. 试件养护

(1) 将成型好的试模放入标准养护箱内养护,在温度为 20±1℃、相对湿度不低于 90%的条件下养护 20~24h 之后脱模。对于龄期为 24h 的应在破型前 20min 内脱模,并用湿布覆盖至试验开始。

(2) 将试件从养护箱中取出,用防水墨汁进行编号,编号时应将每只模中 3 条试件编在两个龄期内,同时编上成型和测试日期。然后脱模,脱模时应防止损伤试件。硬化较慢的试件允许 24h 以后脱模,但须记录脱模时间。

(3) 试件脱模后立即水平或竖直放入水槽中养护。水温为 20±1℃、水平放置时刮平面朝上,试件之间应留有空隙,水面至少高出试件 5mm,并随时加水保持恒定水位。

(4) 试件龄期是从水泥加水搅拌开始时算起,至强度测定所经历的时间。不同龄期的试件,必须相应地在 24h±15min,48h±30min,72h±45min,7d±2h,28d±8h 的时间内进行强度试验。到龄期的试件应在强度试验前 15min 从水中取出,擦去试件表面沉积物,并用湿布覆盖至试验开始。

6. 强度试验

(1) 水泥抗折强度试验。

1) 将抗折试验机夹具的圆柱表面清理干净,并调整杠杆处于平衡状态。

2）用湿布擦去试件表面的水分和砂粒，将试件放入夹具内，使试件成型时的侧面与夹具的圆柱面接触。调整夹具，使杠杆在试件折断时尽可能接近平衡位置。试件在夹具中的受力状态见图 12.2.16。

3）以 50±10N/s 的速度进行加荷，直到试件折断，记录破坏荷载。

4）保持两个半截棱柱体处于潮湿状态，直至抗压试验开始。

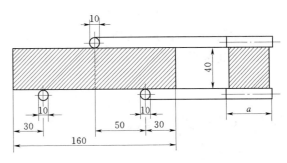

图 12.2.16　抗折强度测定加荷图（单位：mm）

5）按式（12.2.14）计算每条试件的抗折强度（精确至 0.1MPa）。

$$R_f = \frac{1.5F_f l}{b^3} \quad (12.2.14)$$

式中　F_f——折断时施加于棱柱体中部的荷载，N；

　　　l——支撑圆柱之间的距离，mm；

　　　b——棱柱体正方形截面的边长，mm。

6）取 3 条棱柱体试件抗折强度测定值的算术平均值作为试验结果（精确至 0.1MPa）。当 3 个测定值中仅有 1 个超出平均值的±10%时，应予剔除，再以其余 2 个测定值的平均数作为试验结果；如果 3 个测定值中有 2 个超出平均值的±10%时，则以剩下的一个测定值作为抗折强度结果，若三个测定值全部超过平均值的±10%时而无法计算强度时，必须重新检验。

（2）水泥抗压强度试验。

1）立即在抗折后的 6 个断块（应保持潮湿状态）的侧面上进行抗压试验。抗压试验须用抗压夹具（图 12.2.17），使试件受压面积为 40mm×40mm。试验前，应将试件受压面与抗压夹具清理干净，试件的底面应紧靠夹具上的定位销，断块露出上压板外的部分应不少于 10mm。

2）在整个加荷过程中，夹具应位于压力机承压板中心，以 2.4±0.2kN/s 的速率均匀地加荷至破坏，记录破坏荷载 P（单位：kN）。

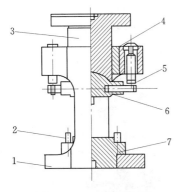

图 12.2.17　抗压夹具
1—框架；2—定位销；3—传压柱；4—衬套；5—吊簧；6—上压板；7—下压板

3）按式（12.2.15）计算每块试件的抗压强度 $f_压$（精确至 0.1MPa）。

$$R_c = \frac{F}{A} \quad (12.2.15)$$

式中　F——破坏时的最大荷载，N；

　　　A——受压面积，mm²。

4）每组试件以 6 个抗压强度测定值的算术平均值作为试验结果。如果 6 个测定值中有 1 个超出平均值的±10%，应剔除这个结果，而以剩下 5 个的平均值作为试验结果。如果 5 个测定值中再有超过它们平均数±10%的，则此组结果作废，应重做。

根据上述测得的抗折、抗压强度的试验结果，按相应的水泥标准确定其水泥强度等级。

12.3 混凝土骨料试验

12.3.1 砂的筛分试验

1. 试验目的、依据

通过试验，计算砂的细度模数以确定砂的粗细程度及评定砂的颗粒级配的优劣。本试验方法依据《建筑用砂》（GB/T14684—2001）。

2. 主要仪器设备

（1）方孔筛（图 12.3.1）。包括孔为 9.50mm，4.75mm，2.36mm，1.18mm，0.60mm，0.30mm，0.15mm 的方孔筛，以及筛底和筛盖各 1 只。

（2）天平。称量 1kg，感量 1g。

（3）摇筛机（图 12.3.2）。

（4）烘箱。能使温度控制在（105±5）℃。

（5）浅盘和硬、软毛刷等。

图 12.3.1　标准套筛

图 12.3.2　摇筛机

3. 试样制备

在缩分前，应先将试样通过 9.50mm 的筛，并算出筛余百分率。然后，将试样在潮湿状态下充分拌匀，用四分法缩分至每份不少于 550g 的试样 2 份。在（105±5）℃的温度下烘干至恒质量，冷却至室温后待用。

4. 试验步骤

（1）称取烘干试样 500g，置于 4.75mm 的筛中，将套筛装入摇筛机，摇筛 10min。

（2）取出套筛，再按筛孔大小顺序，在清洁的浅盘上逐个进行手筛，直到每分钟的筛出量不超过试样总质量的0.1%时为止。

(3) 通过的颗粒并入下一号筛,并和下一号筛中的试样一起过筛。依次顺序进行,直到各号筛全部筛完为止。

(4) 如试样含泥量超过5%,则应先用水洗,然后烘干至恒温,再进行筛分。

(5) 试样在各号筛上的筛余量,均不得超过G。否则应将该筛余试样分成2份。再次进行筛分,并以其筛余量之和作为各筛的筛余量。

$$G = \frac{A\sqrt{d}}{200} \tag{12.3.1}$$

式中　　G——在各号筛上的最大筛余量,g;
　　　　A——筛面面积,mm^2;
　　　　d——筛孔尺寸,mm。

(6) 称量各筛筛余试样的质量(精确至1g)。所有筛的分计筛余质量和底盘中剩余质量的总和,与筛分前的试样总质量相比,相差不得超过1%。

5. 结果计算

(1) 分计筛余百分率。

各号筛上的筛余量除以试样总质量的百分率(精确到0.1%)。

(2) 累计筛余百分率。

该号筛上的分计筛余百分率与大于该号筛的各号筛上的分计筛余百分率之和(精确至0.1%)。

(3) 根据式(12.3.2)计算细度模数M_x,精确至0.01。

$$M_X = \frac{(A_2 + A_3 + A_4 + A_5 + A_6) - 5A_1}{100 - A_1} \tag{12.3.2}$$

式中　　A_1,A_2,A_3,A_4,A_5,A_6——4.75mm,2.36mm,1.18mm,0.60mm,0.30mm,0.15mm各筛上的累计筛余百分率。

(4) 筛分试验应采用两个试样进行,并以其试验结果的算术平均值作为测定值。如2次试验所得的细度模数之差大于0.20,须重新进行试验。

12.3.2　砂的表现密度试验

1. 试验目的、依据

本试验测定砂的表观密度,即其单位体积(包括内部封闭孔隙与实体体积之和)的质量,以评定砂的质量。试验依据为《建筑用砂》(GB/T14684—2001)。

2. 主要仪器设备

(1) 天平。称量1kg,感量1g。

(2) 容量瓶。500mL。

(3) 干燥器、浅盘、铝制料勺、温度计等。

3. 试样制备

将缩分至660g左右的试样在温度为(105±5)℃的烘箱中烘干至恒量,并在干燥器内冷却至室温。

4. 试验步骤

(1) 称取烘干的试样 300g(m_0)，装入盛有半瓶冷开水的容量瓶中。

(2) 摇转容量瓶，使试样在水中充分搅动以排出气泡，塞紧瓶塞，静置24h左右。然后，用滴管添水，使水面与瓶颈刻度线平齐，再塞紧瓶塞，擦干瓶外水珠，称其质量(m_1)。

(3) 倒出瓶中的水和试样，将瓶的内外表面洗净，再向瓶内注入与第2步水温相差不超过2℃的冷开水至瓶颈刻度线。塞紧瓶塞，擦干瓶外水分，称其质量（m_2）。

注：在砂的表观密度试验过程中，应测量并控制水的温度。试验的各项称量可以在15～25℃的温度范围内进行，但从试样加水静置的最后2h起直到试验结束，温度相差不应超过2℃。

5. 结果计算

结果按式（12.3.3）计算，精确 0.01g/cm³

$$\rho' = \frac{m_0}{m_0 - (m_1 - m_2)} \rho_水 \tag{12.3.3}$$

式中　ρ'——砂子的表观密度，g/cm³；

　　　$\rho_水$——水的密度，1.00g/cm³。

以2次试验的算术平均值作为测定值，如2次结果之差值大于0.02g/cm³时，应重新取样进行试验。

12.3.3　砂的堆积密度与空隙率试验

1. 试验目的、依据

测定砂的堆积密度及空隙率，为计算混凝土中砂浆用量和砂浆中的水泥净浆用量提供依据。试验依据为《建筑用砂》（GB/T14684—2001）。

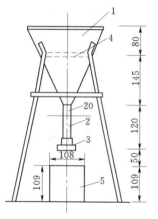

12.3.3　标准漏斗（单位：mm）
1—漏斗；2—20mm管子；3—活动门；4—筛子；5—金属量筒

2. 主要仪器设备

(1) 天平。称量 10kg，感量 1g。

(2) 容量筒。金属制，圆柱形，内径为108mm，净高为109mm，筒壁厚2mm，容积为1L。

(3) 标准漏斗。如图 12.3.3 所示。

(4) 烘箱。能使温度控制在（105±5）℃。

(5) 方孔筛。孔径为 4.75mm。

3. 试样制备

用干净盘装试样约3L，在温度为（105±5）℃的烘箱中烘干至恒质量，取出并冷却至室温，筛除大于4.75mm的颗粒，分成大致相等的2份备用。

注：试样烘干后如有结块，应在试验前先予捏碎。

4. 试验步骤

(1) 松散堆积密度。

称容量筒质量（m_1），将筒置于不受振动的桌上浅盘中。取试样一份，用漏斗或铝制料勺，将它徐徐装入容量筒，漏斗出料口或料勺距容量筒筒口不应该超过5cm，直至试样装满并超过容量筒筒口。然后，用直尺将多余的试样沿筒口中心线向两个相反方向刮平，称其质量（m_2），精确到1g。

(2) 紧密堆积密度。

取试样一份，分两层装入容量筒。装完一层后，在筒底垫放一根直径为10mm的钢筋，将筒按住，左右交替颠击各25次。然后，再装入第二层，第二层装满后用同样方法颠实（但筒底所垫钢筋的方向应与第一层放置方向垂直）。两层装完并颠实后，加料直至试样超出容量筒筒口，用直尺将多余的试样沿筒口中心线向两个相反方向刮平，称其质量（m_2），精确到1g。

5. 结果计算

(1) 堆积密度。

松散堆积密度及紧密堆积密度，按式（12.3.4）计算，精确至10kg/m³。

$$\rho'_{os} = \frac{m_2 - m_1}{V'_o} \times 1000 \tag{12.3.4}$$

式中 m_1——容量筒的质量，kg；

m_2——容量筒和砂的质量，kg；

V'_o——容量筒容积，L。

以两次试验结果的算术平均值作为测定值，精确至10kg/m³，如2次结果之差值大于20kg/m³时，应重新取样进行试验。

容量筒容积的校正方法：以温度为（20±5）℃的饮用水装满容量筒，用玻璃板沿筒口滑移，使紧贴水面，擦干筒外壁水分，称其质量，用式（12.3.5）计算筒的容积V。

$$V = m_2 - m_1 \tag{12.3.5}$$

式中 m_1——容量筒和玻璃板质量，kg；

m_2——容量筒、玻璃板和水的质量，kg。

(2) 空隙率。

空隙率按式（12.3.6）计算，精确到1%，取两次平均值。

$$P_s = \left(1 - \frac{\rho_1}{\rho_2}\right) \times 100\% \tag{12.3.6}$$

式中 ρ_1——砂的松散或紧密密度，kg/m³；

ρ_2——砂的表观密度，kg/m³。

12.3.4 砂的含泥量试验

1. 试验目的、依据

测定砂中粒径小于0.075mm的尘屑、淤泥和黏土的总含量，以评价砂的质量。试验依据为《建筑用砂》（GB/T 14684—2001）。

2. 主要仪器设备

(1) 天平。称量1kg，感量0.1g。

(2) 烘箱。能使温度控制在（105±5）℃。

(3) 筛。孔径为0.075mm及1.18mm的方孔筛各一个。

(4) 洗砂用的筒及烘干用的浅盘等。

3. 试样制备

将试样在潮湿状态下用四分法缩分至1100g,置于温度为(105±5)℃的烘箱中烘干至恒量,冷却至室温后,立即称取500g的试样两份,精确到0.1g。

4. 试验步骤

(1) 取烘干的试样一份置于容器中,并注入饮用水,使水面高出砂面约15cm,充分拌均匀后,浸泡2h。用手在水中淘洗试样,使尘屑、淤泥和黏土与砂粒分离,并使之悬浮或溶于水中。缓缓地将浑水倒入1.18mm及0.075mm的套筛(1.18mm筛放置在上面)中,滤去小于0.075mm的颗粒。试验前,筛子两面应先用水润湿。在整个试验过程中应注意避免砂粒丢失。

(2) 再次加水于筒中,重复上述过程,直至筒内洗出的水清澈为止。

(3) 用水淋洗剩余在筛上的细粒。并将0.075mm筛放在水中(使水面略高出筛中砂粒的上表面)来回摇动,以充分洗除小于0.075mm的颗粒。然后,将两只筛上剩余的颗粒和筒中已经洗净的试样一并装入浅盘,置于温度为(105±5)℃的烘箱中烘干至恒质量。取出,冷却至室温后称量试样的质量。

5. 结果计算

砂的含泥量 Q_0 按式(12.3.7)计算,精确至0.1%。

$$Q_0 = \frac{m_0 - m_1}{m_0} \times 100\% \tag{12.3.7}$$

式中 m_0——试验前的烘干试样质量,g;

m_1——试验后的烘干试样质量,g。

以两个试样试验结果的算术平均值作为测定值。两次结果的差值超过0.5%时,应重新取样进行试验。

12.3.5 碎石或卵石的颗粒级配试验

1. 试验目的、依据

试验目的:测定碎石或卵石的颗粒级配,为混凝土配合比设计提供依据。试验依据为《建筑用卵石、碎石》(GB/T14685—2001)。

2. 主要仪器设备

(1) 方孔筛。孔径为2.36mm、4.75mm、9.50mm、16.0mm、19.0mm、26.5mm、31.5mm、37.5mm、53.0mm、63.0mm、75.0mm及90.0mm筛各一只,附有筛底和筛盖。

(2) 天平。称量10kg,感量1g。

(3) 烘箱。能使温度控制在(105±5)℃。

(4) 摇筛机、搪瓷量、毛刷等。

3. 试验步骤

(1) 用四分法把试样缩分到略大于试验所用的质量,烘干或风干后备用。按标准规定称取试样。

(2) 将套筛放于摇筛机上,摇10min,取下套筛,按筛孔大小顺序再逐个手筛,直至每分钟的通过量不超过试样总量的0.1%。

(3) 每号筛上筛余层的厚度应大于试样的最大粒径值，如果超过此值，应将该号筛上的筛余分为2份，再次进行筛分。

4. 试验结果

(1) 由各筛上的筛余量除以试样总质量，计算得出该号筛的分计筛余百分率（精确至0.1%）。

(2) 每号筛计算得出的筛余百分率与大于该筛筛号各筛的分计筛余百分率相加，计算得出其累计筛余百分率（精确至1.0%）。

(3) 根据各筛的累计筛余百分率评定该试样的颗粒级配。

12.3.6 碎石或卵石的表现密度试验

1. 试验目的、依据

试验目的：测定碎石或卵石的表观密度，即其单位体积（包括内部封闭孔隙与实体积之和）的烘干量，评价其质量，并为混凝土配合比设计提供数据。试验依据为《建筑用卵石、碎石》（GB/T14685—2001）。

2. 主要仪器设备

(1) 天平。称量5kg，感量5g，其型号及尺寸应能允许在臂上悬挂盛试样的吊篮，并在水中称量。

注：也可用托盘天平改装。

(2) 吊篮。直径和高度均为150mm，由孔径为1~2mm筛网或钻有2~3mm孔洞的耐锈蚀金属板制成。

(3) 盛水容器。有溢流孔。

(4) 烘箱。能使温度控制在(105±5)℃。

(5) 方孔筛。孔径为4.75mm。

(6) 温度计。0~100℃。

(7) 带盖容器、浅盘、刷子和毛巾等。

3. 试样制备

先筛去4.75mm以下的试样颗粒，并缩分至表12.3.1所规定的质量，刷洗干净后分成2份备用。

表12.3.1　　　　　　表观密度试验所需的试样最少质量

最大粒径（mm）	9.5	16.0	19.5	31.5	37.5	63.0	75.0
试样质量不少于（kg）	2.0	2.0	2.0	3.0	4.0	6.0	6.0

4. 试验步骤

(1) 取试样1份装入吊篮，并浸入盛水的容器中，水面至少高出试样50mm。

(2) 浸水24h，移放到称量用的盛水容器中，并用上下升降吊篮的方法排除气泡。

(3) 测定水温后，用天平称出吊篮及试样在水中的质量（m_2）。测量时，盛水容器中水面的高度由容器的溢流孔控制。

(4) 提起吊篮,将试样置于浅盘中,放入烘箱中烘干至恒量。取出来放在带盖的容器中,冷却至室温后称量(m_0)。

(5) 称量吊篮在同样温度的水中的质量(m_1)。称量时,盛水容器的水面高度仍应由溢流口控制。

5. 结果计算

表观密度按式(12.3.8)计算,精确至 $0.01g/cm^3$。

$$\rho'_G = \frac{m_0}{m_0 + m_1 - m_2} - \alpha_t \qquad (12.3.8)$$

式中　m_0——试样的烘干量,g;
　　　m_1——吊篮在水中的质量,g;
　　　m_2——吊篮及试样在水中的质量,g;
　　　α_t——考虑称量时的水温对水密度影响的修正系数(见表12.3.2)。

以两次试验结果的算术平均值作为测定值,如两次结果之差值大于 $0.02g/cm^3$ 时,应重新取样进行试验。对颗粒质量不均匀的试样,如两次试验结果之差值超过规定,可取 4 次测定结果的算术平均值作为测定值。

表 12.3.2　　　　不同水温下碎石或卵石的表观密度温度修正系数

水温(℃)	15	16	17	18	19	20	21	22	23	24	25
α_t	0.002	0.003	0.003	0.004	0.004	0.005	0.005	0.006	0.006	0.007	0.008

12.3.7　碎石或卵石的堆积密度试验

1. 试验目的、依据

试验目的:测定碎石或卵石单位堆积体积的质量,为混凝土配合比设计提供数据。试验依据为《建筑用卵石、碎石》(GB/T14685—2001)。

2. 主要仪器设备

(1) 磅秤。称量 50kg 或 100kg,感量 50g。

(2) 台秤。称量 10kg,感量 10g。

(3) 容量筒。金属制,其规格见表 12.3.3。

(4) 烘箱。能使温度控制在(105±5)℃。

(5) 垫棒。直径 16mm,长 600mm 的圆钢。

表 12.3.3　　　　　　容量筒的规格要求

碎石或卵石的最大粒径(mm)	容量筒容积(L)	容量筒规格(mm)		筒壁厚度(mm)
		内径	净高	
9.5, 16, 19.5	10	208	294	2
31.5, 37.5	20	294	294	3
63, 75	30	360	294	4

注　测定最大粒径为 31.5mm,40mm,63mm,80mm 试样的紧密堆积密度时,可分别采用 10L 与 20L 容积的容量筒。

3. 试样制备

用四分法把试样缩分到略大于试验所用的质量，烘干或风干后备用。按标准规定称取试样。

4. 试验步骤

(1) 松散堆积密度。称容量筒质量（m_3），取试样 1 份置于平整干净的地板上，用平头铁锹铲起试样，使石子自由落入容量筒内。此时，从铁锹的齐口至容量筒上口的距离应保持为 50mm 左右。装满容量筒并除去凸出筒口表面的颗粒，并以合适的颗粒填入凹陷空隙，使表面稍凸起部分和凹陷部分的体积大致相等。称取试样和容量筒总质量（m_2）。

(2) 紧密堆积密度。称容量筒质量（m_3）取试样 1 份分 3 层装入容量筒。装完 1 层后，在筒底垫放 1 根直径为 16mm 的钢筋，将筒按住，左右交替颠击地面各 25 下；然后装入第 2 层，第 2 层装满后，用同样方法颠实；最后再装入第 3 层。如法颠实，待 3 层试样填完毕后，加料直到试样超出容量筒筒口，用钢尺沿筒口边缘刮下高出筒口的颗粒，用合适的颗粒填平凹处，使表面稍凸起部分和凹陷部分的体积大致相等，称取试样和容量筒总重（m_2）。

5. 结果计算

(1) 堆积密度（松散堆积密度或紧密堆积密度）按式（12.3.9）计算，精确至 10kg/m³。

$$\rho'_{OG} = \frac{m_2 - m_3}{V} \times 1000 \tag{12.3.9}$$

式中 ρ'_{OG}——碎石或卵石的松散（紧密）堆积密度，kg/m³；
m_2——容量筒与试样的质量，kg；
m_3——容量筒的总质量，kg；
V——容量筒的容积，L。

以两次试验结果的算术平均值作为测定值。

容量筒容积的校正方法：以（20±5）℃的饮用水装满容量筒，擦干筒外壁水分后称质量。用式（12.3.10）计算筒的容积 V(L)。

$$V = m_2 - m_1 \tag{12.3.10}$$

式中 m_2——容量筒质量，kg；
m_1——容量筒和水总质量，kg。

(2) 空隙率 p_G。

按式（12.3.11）计算，精确至 1%。

$$P'_G = \left(1 - \frac{\rho'_{OG}}{\rho'_G}\right) \times 100\% \tag{12.3.11}$$

式中 ρ'_G——碎石和卵石的表观密度，kg/m³。

12.3.8 压碎指标值试验

1. 试验目的、依据

本试验方法适用于建筑用碎石、卵石的压碎指标值的测定，评价石子的强度。试验依据为《建筑用卵石、碎石》(GB/T14685—2001)。

2. 主要仪器设备

(1) 压力试验机。量程300kN，示值相对误差2%。

(2) 压碎指标测定仪（图12.3.4）。

(3) 天平。称量1kg，感量1g。

(4) 天平。称量10kg，感量10g。

(5) 受压试模。

(6) 方孔筛。孔径分别为2.36mm，9.50mm，19.0mm的筛各1只。

图12.3.4 压碎指标测定仪

(7) 垫棒。直径10mm，长500mm圆钢。

3. 试验步骤

(1) 按前述规定取样，风干后筛除大于19.0mm及小于9.50mm的颗粒，并去除针、片状颗粒，分为大致相等的3份备用。

(2) 称取试样3000g，精确至1g。将试样分2层装入圆模（置于底盘上）内，每装完1层试样后，在底盘下面垫放一直径为10mm的圆钢。将筒按住，左右交替颠击地面各25次，2层颠实后，平整模内试样表面，盖上压头。

注：1) 当试样中粒径在9.50mm~19.0mm之间的颗粒不足时，允许将粒径大于19.0mm的颗粒破碎成此范围内的颗粒，用做压碎指标值试验。

2) 当圆模装不下3000g试样时，以装至距圆模上口10mm为准。

(3) 把装有试样的模子置于压力机上，开动压力试验机，按1kN/s的速度均匀加荷至200kN并持荷5s，然后卸荷。取下压头，倒出试样，过孔径为2.36mm的筛，称取筛余物。

4. 结果计算

压碎指标值按式（12.3.12）计算，精确至0.1%。

$$Q_e = \frac{m_1 - m_2}{m_1} \times 100\% \qquad (12.3.12)$$

式中 Q_e——压碎指标值，%；

m_1——试样的质量，g；

m_2——压碎试验后筛余的试样质量，g。

压碎指标值取3次试验结果的算术平均值，精确至1%。

12.4 水泥混凝土拌和物性能试验

12.4.1 试验室拌和方法

1. 试验目的、依据

(1) 通过混凝土的试拌确定配合比。

(2) 对混凝土拌合物性能进行试验。

(3) 制作混凝土的各种试件。

试验依据为《普通混凝土拌合物性能试验方法标准》（GB/T50080—2002）、《水工混凝土试验规程》（SL352—2006）。

2. 一般规定

(1) 在拌和混凝土时，拌和场所温度宜保持在 (20±5)℃，对所拌制的混凝土拌合物应避免阳光直射和风吹。

(2) 用以拌制混凝土的各种材料温度应与拌和场所温度相同，应避免阳光的直射。

(3) 所用材料应一次备齐，并翻拌均匀，水泥如有结块，需用 0.9mm 的筛将结块筛除，并仔细搅拌均匀装袋待用。

(4) 砂、石骨料均以饱和面干质量为准，若含有水分，应做饱和面干含水率试验。

(5) 材料用量以质量计，称量准确，水泥（混合料）、水和外加剂为 ±0.5%；骨料为 ±1%。

(6) 拌制混凝土所用各项用具（如搅拌机、拌和钢板和铁铲等）应预先用水湿润。

3. 主要仪器设备

(1) 搅拌机（图 12.4.1）。容积为 50～100L，转速为 18～22r/min。

(2) 台秤。称量为 100kg，感量 50g。

(3) 天平。1000g，感量 0.5g。

(4) 天平。5000g，感量 1g。

(5) 拌和钢板。尺寸不宜小于 1.5m×2.0m；厚度不小于 3mm。

图 12.4.1 混凝土搅拌机

4. 试验步骤

(1) 人工拌和。

1) 在拌和前先将钢板、铁铲等工具洗刷干净并保持湿润。

2) 将称好的砂、水泥倒在钢板上，并用铁铲翻拌至颜色均匀，再放入称好的粗骨料与之拌和，至少翻拌 3 次，然后堆成锥形。

3) 将中间扒开一凹坑，加入拌和用水（外加剂一般随水一同加入），小心拌和，至少翻拌 6 次，每翻拌 1 次后，应用铁铲在全部物面上压切 1 次，拌和时间从加水完毕时算起，在 3.5min 内完毕。

(2) 机械拌和。

1) 在机械拌和混凝土时，应在拌和混凝土前预先搅拌适量的混凝土进行挂浆（与正式配合比相同），避免在正式拌和时水泥浆的损失，挂浆所多余的混凝土倒在拌和钢板上，使钢板也粘有一层砂浆。

2) 将称好的石子、水泥、砂按顺序倒入搅拌机内先拌和几转，然后将需用的水倒入搅拌机内一起拌和 1.5～2min。

3) 将拌和好的拌合物倒在拌和钢板上，并刮出粘在搅拌机的拌合物，人工翻拌 2～3 次，使之均匀。

注：采用机械拌和时，一次拌和量不宜少于搅拌机容积 20%。

12.4.2 坍落度法测定混凝土拌合物的稠度

1. 试验目的、依据

测定混凝土拌合物坍落度与坍落扩展度，用以评定混凝土拌合物的流动性及和易性。

主要适用于骨料为最大粒径不大于40mm、坍落度不小于10mm的塑性混凝土拌合物。试验依据为《普通混凝土拌合物性能试验方法标准》（GB/T50080—2002）、《水工混凝土试验规程》（SL352—2006）。

2. 主要仪器设备

坍落度筒（图12.4.2）：由厚度为1.5mm的薄钢板制成的圆锥形筒，其内壁应光滑，无凸凹部位，底面及顶面应互相平行，并与锥体的轴线相垂直。

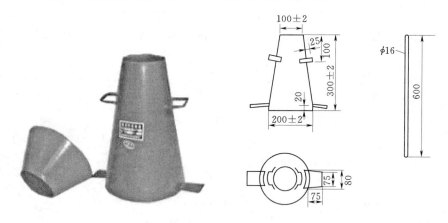

图12.4.2　坍落度筒（单位：mm）

3. 试验步骤

（1）湿润坍落度筒及其他用具，并把筒放在坚实的水平面上，然后用脚踩住两边的脚踏板，使坍落度筒在装料时保持固定的位置。

（2）把按要求取得的混凝土试样用小铲分3层均匀地装入筒内，每次所装高度大致为坍落度筒筒高的三分之一，每层用捣棒插捣25次。插捣应呈螺旋形由外向中心进行，每次插捣均应在截面上均匀分布。插捣筒边混凝土时，捣棒可以稍稍倾斜。插捣底层时，捣棒应贯穿整个深度。插捣第2层和顶层时，插捣深度应为插透本层，并且插入下面一层1～2cm的距离。浇灌顶层时，混凝土应灌满到高出坍落度筒。插捣过程中，如混凝土沉落到低于筒口，则应随时添加。顶层插捣完后，刮去多余的混凝土，用抹刀抹平。

（3）清除筒边底板上的混凝土，垂直平稳地提起坍落度筒。坍落度筒的提离过程应在5～10s内完成。

从开始装料到提起坍落度筒的整个过程应不间断地进行，并应在150s内完成。

（4）提起坍落度筒后，立即测量筒高与坍落后的混凝土拌合物最高点之间的高度差，即为该混凝土拌合物的坍落度值，示意图见12.4.3。

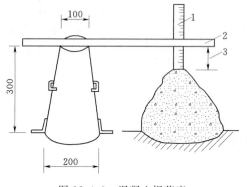

图12.4.3　混凝土坍落度测试示意图（单位：mm）

4. 结果评定

（1）坍落度筒提起后，如混凝土拌合物发生崩坍或一边剪坏现象，则应重新取样进行测定。如第二次试验仍出现上述现象，则表示该混凝土和易性不好，应记录备查。

（2）观察坍落后的混凝土试体的保水性、黏聚性。

黏聚性的检查方法是用捣棒在已坍落的混凝土锥体侧面轻轻敲打。此时，如果锥体渐渐下沉，则表示黏聚性良好，如果锥体倒塌部分崩裂或出现离析现象，则表示黏聚性不好。

保水性以混凝土拌合物中稀浆析出的过程来评定。坍落度筒提离后，如有较多的稀浆从底部析出，锥体部分的混凝土也因失浆而骨料外露，则表明此混凝土拌合物的保水性能不好。如坍落度筒提起后无稀浆或仅有少量稀浆自底部析出，则表示此混凝土拌合物保水性良好。

（3）当混凝土拌合物坍落度大于220mm时，用钢直尺测量混凝土扩展后最大直径和最小直径，在这两个直径之差小于50mm的条件下，用其算术平均值作为坍落扩展度值；否则，此次试验无效。

如果发现粗骨料在中央堆集或边缘有水泥净浆析出，表示此混凝土拌合物抗离析性不好，应予记录。

（4）混凝土拌合物坍落度和坍落扩展度值以mm为单位，结果修约至5mm。

12.4.3 维勃稠度法测定混凝土拌合物的稠度

1. 试验目的、依据

测定混凝土拌合物的维勃稠度是用以评定混凝土拌合物坍落度在10mm以内混凝土的稠度。本方法适用于骨料粒径不大于40mm，维勃稠度在5~30s之间的混凝土拌合物稠度测定。坍落度不大于50mm或干硬性混凝土和维勃稠度大于30s的特干性混凝土拌合物的稠度，可采用增实因素法来测定。

试验依据为《普通混凝土拌合物性能试验方法标准》（GB/T50080—2002）、《水工混凝土试验规程》（SL352—2006）。

2. 主要仪器设备

（1）维勃稠度仪。

1）维勃稠度仪（如图12.4.4）：维勃稠度仪的振动台，台面长380mm、宽260mm，支撑在4个减振器上。台面底部安装有频率为（50±3）Hz的振动器。

2）容器：由钢板制成，内径为（240±2）mm，筒壁厚3mm，筒底厚为7.5mm。

3）坍落度筒：其内部尺寸同坍落度试验法中的要求，但无下端的脚踏板。

4）旋转架：连接测杆及喂料斗。测杆下部安装有透明且水平的圆盘。并用测杆螺丝把测杆固定在套筒中，旋转架安装在支柱上，通过十字凹槽来固定方向。并用定位螺丝来固定其位置。就位后，测杆或喂料斗的轴线与容器的中轴重合。

5）透明圆盘：直径为（230±2）mm，厚度为（10±22）mm。荷载直接固定在圆盘上。由测杆、圆盘及荷载块组成的滑动部分总质量应为（2750±50）g。

（2）捣棒：直径16mm、长为600~650mm的钢棒，端部磨圆。

（3）小铲、秒表等。

3. 试验步骤

（1）把维勃稠度仪放置在坚实水平面上，用湿布把容器、坍落度筒、喂料斗内壁及其

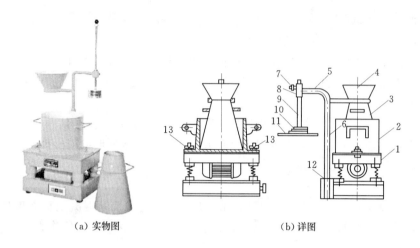

(a) 实物图　　　　　　　　　　　(b) 详图

图 12.4.4　维勃稠度仪

1—振动台；2—容器；3—坍落度筒；4—喂料斗；5—旋转架；6—定位螺丝；7—测杆螺丝；
8—套管；9—测杆；10—荷重块；11—透明圆盘；12—支柱；13—固定螺丝

他用具擦湿。

（2）将喂料斗提至坍落度筒上方扣紧，校正容器位置，使其中心与喂料斗中心重合，然后拧紧固定螺丝。

（3）把按要求取得的混凝土试样用小铲分3层，经喂料斗均匀装入筒内，装料及插捣的方法同坍落度法。

（4）把喂料斗转离，小心并垂直地提起坍落度筒。此时应注意不使混凝土试件产生横向的扭动。

（5）把透明圆盘转到混凝土圆台体顶面。放松测杆螺丝，小心地降下圆盘，使它轻轻接触到混凝土顶面。

（6）拧紧固定螺丝，并检查测杆螺丝是否已经完全放松。

（7）同时开启振动台和秒表，当振动到透明圆盘的底面被水泥浆布满的瞬间停下秒表，并关闭振动台。

（8）记下秒表上的时间，读数精确至1s。

12.4.4　拌合物表观密度试验

1. 试验目的、依据

测定混凝土拌合物捣实后的单位体积质量（即表观密度），用以核实混凝土配合比计算中的材料用量。试验依据为《普通混凝土拌合物性能试验方法标准》（GB/T50080—2002）、《水工混凝土试验规程》（SL352—2006）。

2. 主要仪器设备

（1）容量筒。金属制成的圆筒，筒底应有足够刚度，使之不易变形。对骨料最大粒径不大于40mm的拌合物，采用容积为5L容量筒，其内径与内高均为（186±2）mm，筒壁厚度为3mm；骨料最大粒径大于40mm时，容量筒内径与内高均应大于骨料最大粒径的4倍。容量筒上缘及内壁应光滑平整，顶面与底面应平行，并与圆柱体的轴线垂直。

(2) 台秤。称量 50kg，感量 50g。

(3) 振动台。

(4) 捣棒。直径 16mm，长 600mm 的钢棒，端部磨圆。

(5) 小铲、抹刀、刮尺等。

3. 试验步骤

(1) 用湿布把容量筒外壁擦干净，称出质量（m_1），精确到 50g。

(2) 混凝土的装料及捣实方法应视拌合物的稠度而定。一般来说，坍落度不大于 70mm 的混凝土用振动台振实；大于 70mm 的用捣棒捣实。

采用捣棒捣实时，应根据容量筒的大小决定分层与插捣次数。用 5L 容量筒时，每层混凝土的高度应不大于 100mm，每层插捣次数按每 10000mm^2 不少于 12 次计算。每次插捣应均衡地分布在每层截面上，由边缘向中心插捣。插捣底层时，捣棒应贯穿整个深度；插捣顶层时，捣棒应插透本层，并使之刚刚插入下面一层。每一层捣完后可把捣棒垫在筒底，将筒按住，左右交替颠击地面各 15 次，直到混凝土表面插捣孔消失并不见大气泡为止。

采用振动台振实时，应一次将混凝土拌合物灌满至稍高出容量筒口。装料时，允许用捣棒稍加插捣。振捣过程中，如混凝土高度沉落到低于筒口，则应随时添加混凝土。振动直至表面出浆为止。

(3) 用刮尺齐筒口将多余的混凝土拌合物刮去，表面发现有凹陷应予填平，将容量筒外壁仔细擦净，称出混凝土与容量筒质量（m_2），精确至 50g。

4. 结果计算

混凝土拌合物表观密度 ρ_c(kg/m^3) 按式 (12.4.1) 计算。

$$\rho_c = \frac{m_2 - m_1}{V} \times 1000 \tag{12.4.1}$$

式中　m_1——容量筒质量，kg；

　　　m_2——容量筒及试样质量，kg；

　　　V——容量筒容积，L。

试验结果精确至 10kg/m^3。

12.5　水泥混凝土物理力学性能试验

12.5.1　试件的制作及养护

1. 试验目的、依据

制作提供各种性能试验用的混凝土试件。试验依据为《普通混凝土力学性能试验方法标准》（GB/T50081—2002）。

2. 一般规定

(1) 混凝土物理力学性能试验一般以 3 个试件为一组。每一组试件所用的拌合物应从同盘或同一车混凝土中取出，在试验室用机械或人工拌制。

(2) 所有试件应在取样后立即制作，确定混凝土设计特征值、强度或进行材料性能研究时，试件的成型方法应视混凝土设备条件、现场施工方法和混凝土的稠度而定。可采用振动台、振动棒或人工插捣。

（3）棱柱体试件宜采用卧式成型。特殊方法成型的混凝土（如离心法、压浆法、真空作业法及喷射法等），其试件的制作应按相应的规定进行。

（4）混凝土骨料最大粒径与试件最小边长的关系见表 12.5.1。

表 12.5.1　　　　　　　　　　混凝土试件尺寸选用

试件横截面尺寸 (mm)	骨料最大粒径（mm）	
	劈裂抗拉强度试验	其他试验
100×100	20	31.5
150×150	40	40
200×200	—	63

（5）制作不同力学性能试验所需标准试件的规格及最少制作数量的要求见表 12.5.2。抗压强度和劈裂抗拉强度试件在特殊情况下，可采用 $\Phi150mm\times300mm$ 的圆柱体标准试件或 $\Phi100mm\times200mm$ 和 $\Phi200mm\times400mm$ 的圆柱体非标准试件。轴心抗压强度和静力弹性模量试件在特殊情况下，可采用 $\Phi150mm\times300mm$ 的圆柱体标准试件或 $\Phi100mm\times200mm$ 和 $\Phi200mm\times400mm$ 的圆柱体非标准试件。

表 12.5.2　　　　　　　　　　标准试件规格及制作数量

试验项目	试件规格 (mm)	与标准试件比值	制作试件数量组（块）	骨料最大粒径（mm）
立方体抗压强度	150×150×150	1	1（3）	40
	100×100×100	0.95	1（3）	30
	200×200×200	1.05	1（3）	60
轴心抗压强度	150×150×300	1	1（3）	40
	100×100×200	0.95	1（3）	30
	200×200×400	1.05	1（3）	60
静力弹模	150×150×300	1	1（6）	40
劈裂抗压强度	150×150×150	0.9	1（3）	40
	100×100×100	0.85	1（3）	20
抗折强度	150×150×550	1	1（3）	40
	100×100×400	0.85	1（3）	30

3. 主要仪器设备

（1）试模（图 12.5.1）。由铸铁或钢制成，应具有足够的刚度，并便于拆装。试模内表面应刨光，其不平度应不大于试件边长的 0.05%。组装后各相邻面的不垂直度应不超过±0.5。

（2）捣实设备。可选用下列 3 种之一。

1）振动台（图 12.5.2）。试验用振动台的振动频率应为（(50±3)Hz，空载时振幅约为 0.5mm。

图 12.5.1　混凝土试模

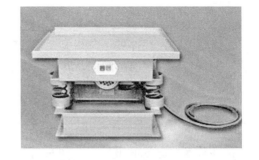
图 12.5.2　混凝土振动台

2) 振动棒。直径 30mm 高频振动器。

3) 钢制捣棒。直径 16mm，长 600mm，一端为弹头形。

(3) 混凝土标准养护室。温度应控制在 (20±2)℃，相对湿度为 95% 以上。

4. 试验步骤

(1) 制作试件前，检查试模，拧紧螺栓并清刷干净。在其内壁涂一薄层矿物油脂。

(2) 室内混凝土拌和按规范要求进行拌和。

(3) 振捣成型。

1) 采用振动台成型时应将混凝土拌合物一次装入试模，装料时应用抹刀沿试模内略加插捣，并应使混凝土拌合物稍有富余。振动时应防止试模在振动台上自由跳动。振动应持续到表面出砂浆为止，刮除多余的混凝土并用抹刀抹平。

2) 采用人工插捣时，混凝土拌合物应分 2 层装入试模，每层的装料厚度应大致相等。插捣时用捣棒按螺旋方向从边缘向中心均匀进行，插捣底层时捣棒应达到试模底面，插捣上层时，捣棒应贯穿下层深度 20~30mm。插捣时，捣棒应保持垂直，不得倾斜。插捣次数应视试件的截面而定，每层插捣次数在 $10000mm^2$ 截面积内不少于 12 次。插捣后应用橡皮锤轻轻敲击试模四周，直至插捣棒留下的空洞消失为止。

(4) 试件成型后，在混凝土临近初凝时进行抹面，要求沿模口抹平。

(5) 成型后的带模试件宜用湿布或塑料布覆盖，并在 (20±5)℃ 的室内静置 1~2d，然后编号拆模。

(6) 拆模后的试件应立即送入标准养护室养护，试件之间保持一定的距离 (10~20mm)，试件表面应潮湿，并应避免用水直接冲淋试件。或在温度为 (20±2)℃ 的不流动的 $Ca(OH)_2$ 饱和溶液中养护。

同条件养护的试件成型后应覆盖表面。试件拆模时间可与构件的实际拆模时间相同。拆模后，试件仍需保持同条件养护。

(7) 标准养护龄期为 28d，从搅拌加水开始计时。

12.5.2　立方体抗压强度试验

1. 试验目的、依据

测定混凝土立方体的抗压强度，以检验混凝土质量，确定、校核混凝土配合比，并为控制施工工程质量提供依据。试验依据为《普通混凝土力学性能试验方法标准》（GB/

T50081—2002)。

2. 主要仪器设备

(1) 压力试验机：试件破坏荷载应大于试验机全量程的20%，不大于全量程的80%。试验机上、下压板应有足够的刚度，其中的一块压板（最好是上压板）应带球形支座，使压板与试件接触均衡。

(2) 钢直尺：量程300mm，最小刻度1mm。

3. 试验步骤

(1) 试件从养护地点取出后应尽快进行试验，以免试件内部的温度、湿度发生显著变化。

(2) 试件在试压前应擦拭干净，测量尺寸并检查其外观。试件尺寸测量精确至1mm并据此计算试件的承压面积A。如实际测定尺寸之差不超过1mm，可按公称尺寸进行计算。

(3) 将试件安放在试验机压板上，试件的中心与试验机下压板中心对准，试件的承压面应与成型时的顶面垂直。开动试验机。当上压板与试件接近时，调整球座，使接触均衡。

在试验过程中应连续均匀地加荷，混凝土强度等级小于C30时，加荷速度取0.3~0.5MPa/s；混凝土强度等级不小于C30且小于C60时，加荷速度取0.5~0.8MPa/s；混凝土强度等级不小于C60时，取0.8~1.0MPa/s；当试件接近破坏而开始迅速变形时，停止调整试验机油门，直到试件破坏，然后记录破坏荷载（P）。

4. 结果计算

(1) 混凝土立方体试件抗压强度按式（12.5.1）计算。

$$f_\alpha = \frac{P}{A} \quad (12.5.1)$$

式中 f_α——混凝土立方体试件抗压强度，MPa；

　　　P——破坏荷载，N；

　　　A——试件承压面积，mm^2。

混凝土立方体试件抗压强度计算应精确至0.1MPa。

(2) 以3个试件的算术平均值作为该组试件的抗压强度值。3个测量值中的最大值或最小值中如有1个与中间值的差超过中间值的15%，则把最大值及最小值一并舍除，取中间值作为该组试件的抗压强度值；如2个测量值与中间值相差均超过15%，则此组试验结果无效。

(3) 取150mm×150mm×150mm的立方体试件的抗压强度为标准值，用其他尺寸试件测得的强度值均应乘以尺寸换算系数。

12.5.3 轴心抗压强度试验

1. 试验目的、依据

试验目的：测定混凝土棱柱体试件的轴心抗压强度，检验其是否符合结构设计要求。试验依据为《普通混凝土力学性能试验方法标准》（GB/T50081—2002）。

2. 主要仪器设备

压力试验机。当混凝土强度等级大于等于 C60 时，试件周围应设防崩裂网罩。当压力试验机上、下压板不符合规定时，压力试验机上、下压板与试件之间应各垫以符合下列要求的钢垫板。钢垫板的平面尺寸应不小于试件的承压面积，厚度应不小于 25mm。

3. 试件制备

混凝土轴心抗压强度试验应采用 150mm×150mm×300mm 的棱柱体作标准试件。如确有必要，允许采用非标准尺寸的棱柱体试件，但其高宽比应在 2～3 范围内。

表 12.5.3 轴心抗压试件允许骨料最大粒径

试件最小边长（mm）	骨料最大粒径（mm）
100	30
150	40
200	60

试件允许的骨料最大粒径应不大于表 12.5.3 的规定数值。

4. 试验步骤

（1）试件从养护地点取出后应及时进行试验，以免试件内部的温度、湿度发生显著变化。

（2）试件在试压前应用干毛巾擦拭干净，测量尺寸，并检查其外观。

试件尺寸测量精确至 1mm，并据此计算试件的承压面积 A。

（3）将试件直立放置在压力试验机的下压板上，试件的轴心应与压力机下压板中心对准。开动试验机，当上压板与试件接近时，调整球座，使接触均衡。

在试验过程中，应连续均匀地加荷。加荷速度的大小同立方体抗压强度试验相同；当试件接近破坏而开始迅速变形时，停止调整试验机油门，直到试件破坏后，然后记录破坏荷载（P）。

5. 结果计算

（1）混凝土轴心抗压强度按式（12.5.2）计算。

$$f_{cp} = \frac{P}{A} \tag{12.5.2}$$

式中　f_{cp}——混凝土轴心抗压强度，MPa；

　　　P——破坏荷载，N；

　　　A——试件承压面积，mm^2。

混凝土轴心抗压强度计算应精确至 0.1MPa。

（2）以 3 个试件的算术平均值作为该组试件的轴心抗压强度值。3 个测量值中的最大值或最小值中如有 1 个与中间值的差超过中间值的 15%，则把最大值及最小值一并舍除，取中间值作为该组试件的轴心抗压强度值；如 2 个测量值与中间值相差均超过 15%，则此组试验结果无效。

（3）采用非标准尺寸试件测得轴心抗压强度值应乘以尺寸换算系数，其值为 200mm×200mm×400mm 试件乘以 1.05；100mm×100mm×300mm 试件乘以 0.95。

当混凝土强度等级大于等于 C60 时，宜采用标准试件。使用非标准试件时，尺寸换算系数应由试验确定。

12.5.4 抗折强度试验

1. 试验目的、依据

本试验用于测定混凝土的抗折强度，检验其是否符合结构设计要求。试验依据为《普通混凝土力学性能试验方法标准》(GB/T50081—2002)。

2. 主要仪器设备

(1) 抗折试验所用的试验设备可以是抗折试验机、万能试验机或带有抗折试验架的压力试验机。所有这些试验机均应带有能使2个相等的、均匀、连续速度可控的荷载同时作用在小梁跨度三分点处的装置（图12.5.3）。

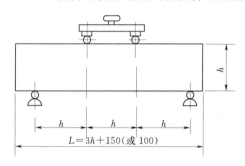

图 12.5.3 抗折试验装置（单位：mm）

(2) 钢直尺。量程300mm、最小刻度1mm。

3. 试件制备

混凝土抗折试验采用150mm×150mm×550(600)mm 棱柱体小梁作为标准试件。

如确有必要，允许采用100mm×100mm×400mm 棱柱体试件。

4. 试验步骤

(1) 试件从养护地点取出后应及时进行试验，试验前，试件应保持与原养护地点相似的干湿状态。

(2) 试件在试验前应先擦拭干净，测量尺寸并检查外观。

试件尺寸测量精确至1mm，并据此进行强度计算。

试件不得有明显缺损，在跨中三分之一梁的受拉区内，不得有表面直径超过7mm、深度超过2mm的孔洞。

(3) 按图12.5.3要求调整支承及压头的位置，其所有间距的尺寸偏差应不大于±1mm。将试件在试验机的支座上放稳对中，承压面应选择试件成型时的侧面。开动试验机，当加压头与试件快接近时，调整加压头及支座，使接触均衡。如加压头及支座均不能前后倾斜，则各接触不良之处应用胶皮等物垫平。

在试验过程中，应连续均匀地加荷。混凝土强度等级小于 C30 时，加荷速度为 0.02~0.05MPa/s；混凝土强度等级大于等于 C30 且小于 C60 时，加荷速度取 0.05~0.08MPa/s；混凝土强度等级大于等于 C60 时，取 0.08~0.10MPa/s；当试件接近破坏而开始迅速变形时，停止调整试验机油门，直到试件破坏，然后记录破坏荷载（P）。

5. 结果计算

(1) 折断面位于两个集中荷载之间时，抗折强度按式（12.5.3）计算。

$$f_t = \frac{PL}{bh^2} \tag{12.5.3}$$

式中　f_t——混凝土抗折强度，MPa；
　　　P——破坏荷载，N；
　　　L——支座间距即跨度，mm；

b——试件截面宽度，mm；

h——试件截面高度，mm。

混凝土抗折强度计算精确至 0.01MPa。

（2）以 3 个试件的算术平均值作为该组试件的抗折强度值。3 个测量值中的最大值或最小值中如有 1 个与中间值的差超过中间值的 15%，则把最大值及最小值一并舍除，取中间值作为该组试件的抗折强度值；如 2 个测量值与中间值相差均超过 15%，则此组试验结果无效。

3 个试件中如有 1 个折断面位于 2 个集中荷载之中，则该试件的试验结果予以舍弃，混凝土抗折强度按另 2 个试件的试验结果计算。如有 2 个试件的折断面均超出两集中荷载之外，则该组试验作废。

（3）采用 100mm×100mm×400mm 棱柱体非标准试件时，取得的抗折强度值应乘以尺寸换算系数 0.85。

当混凝土强度等级大于等于 C60 时，宜采用标准试件。使用非标准试件时，尺寸换算系数应由试验确定。

12.5.5 劈裂抗拉强度试验

1. 试验目的、依据

本方法适用于测定混凝土立方体试件的劈裂抗拉强度，评价混凝土质量。试验依据为《普通混凝土力学性能试验方法标准》（GB/T50081—2002）。

2. 主要仪器设备

（1）压力试验机。

（2）劈裂抗拉强度试验应采用半径为 75mm 的钢制弧形垫块，其横截面尺寸如图 12.5.4 所示，垫块的长度与试件相同。

（3）垫条为三层胶合板制成，宽度为 20mm，厚度为 3~4mm，长度不小于试件长度，垫条不得重复使用。

3. 试验步骤

（1）试件从养护地点取出后应及时进行试验，将试件表面与上下承压面擦干净。

（2）将试件放在试验机下压板的中心位置，劈裂承压面和劈裂面应与试件成型时的顶面相垂直。

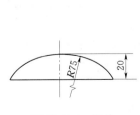

图 12.5.4 垫块

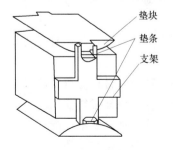

图 12.5.5 支架示意图

（3）在上、下压板与试件之间垫以圆弧形垫块及垫条 1 条，垫块与垫条应与试件上、下面的中心线对准，并与成型时的顶面垂直。宜把垫条及试件安装在定位架上使用（如图 12.5.5 所示）。

（4）开动试验机，当上压板与圆弧形垫块接近时，调整球座，使接触均衡。加荷应连续均匀，加荷速度规定同抗折强度试验相同，试件破坏后记录破坏荷载。

4. 结果计算

（1）混凝土劈裂抗拉强度应按式（12.5.4）计算。

$$f_{ts} = \frac{2f}{\pi A} = 0.637 \frac{F}{A} \tag{12.5.4}$$

式中 f_{ts}——混凝土劈裂抗拉强度，MPa；

F——试件破坏荷载，N；

A——试件劈裂面面积，mm^2。

劈裂抗拉强度计算精确到 0.01MPa。

（2）强度值的确定应符合下列规定。

1）3 个试件测量值的算术平均值作为该组试件的强度值（精确至 0.01MPa）。

2）3 个测量值中的最大值或最小值如有一个与中间值的差值超过中间值的 15%，则把最大和最小值一并舍去，取中间值作为该组试验的劈裂抗拉强度值。

3）如最大值和最小值与中间值的差超过中间值的 15%，则该组试件的试验结果无效。

4）采用 100mm×100mm×100mm 非标准试件测得的劈裂抗拉强度值，应乘以尺寸换算系数 0.85。当混凝土强度等级大于等于 C60 时，宜采用标准试件。使用非标准试件时，尺寸换算系数应由试验确定。

12.6 建筑砂浆性能试验

12.6.1 砂浆的拌和

1. 试验目的、依据

确定水泥砂浆和混合砂浆的配合比，拌制供各种性能试验用的水泥砂浆试样。试验依据为《建筑砂浆基本性能试验方法标准》（JGJ/T70—2009）。

2. 一般规定

（1）拌制水泥砂浆时，室温宜保持在（20±5）℃，并应避免使砂浆拌和物受到阳光直射和风吹。

（2）拌制砂浆用的材料应符合质量标准，在拌和前，材料的温度应保持与室温相同。

（3）水泥如有结块又必须使用时，应过 0.9mm 的方孔筛，并仔细拌和均匀。当模拟施工用砌筑砂浆时，水泥可不过筛。

（4）如砂浆是用于砌筑砌体，需筛去大于 2.5mm 的颗粒。

（5）拌制前应将搅拌机、拌和铁板、铁铲、抹刀等工具表面用水润湿。注意拌和铁板上不得有积水，试验完毕后用水清洗干净，不得留砂浆残渣等。

(6) 机械拌和时，应先拌适量砂浆，使搅拌机内壁粘附一薄层水泥砂浆，以使正式拌和时的砂浆配合比成分准确，预拌砂浆的配合比应与正式拌和砂浆配合比相同。

(7) 材料用量以质量比计，称量准确。骨料为±0.5%；水、水泥和掺和料为±0.3%。

3. 主要仪器设备

(1) 砂浆搅拌机。

(2) 铁板。约1.5m×2m，厚度约3mm。

(3) 台秤。称量50kg，感量50g。

(4) 案秤。称量10kg，感量为5g。

(5) 铁铲、抹刀等。

4. 试验步骤

(1) 人工拌和。

1) 将称好的砂子放在铁板上，加上所需的水泥，用铁铲拌和，拌和物颜色均匀为止。

2) 将混合均匀的拌和物集中成圆锥形，上面挖一坑，将称好的白灰膏（或黏土膏）倒入，再倒入适量的水将石灰膏（或黏土膏）调稀，然后与水泥和砂共同拌和，逐次加水，仔细拌和均匀。水泥砂浆每翻1次，需用铁铲将全部砂浆压切1次。

3) 拌和时间从加水完毕时算起为3~5min，应将拌和物拌和至色泽一致，观察其和易性应符合要求。

(2) 机械拌和。

1) 先按所需数量称出各种材料，再将砂、水泥装入砂浆搅拌机内。

2) 然后开动搅拌机，将水徐徐加入，将料拌和均匀。

3) 搅拌时间约为3min（从加水完毕时算起）。

4) 将砂浆拌和物倒在拌和铁板上，再用铁铲翻拌约2次，使之均匀，然后进行试验。

12.6.2 砂浆稠度试验

1. 试验目的、依据

测定砂浆流动性，以确定配合比，在施工期间控制稠度以保证施工质量。适用于稠度小于12cm的砂浆。试验依据为《建筑砂浆基本性能试验方法标准》(JGJ/T70—2009)。

2. 主要仪器设备

(1) 稠度测定仪。标准圆锥体和杆的总质量为（300±2）g。圆锥体的高度为145mm，底部直径为75mm。盛砂浆的容器为截头圆锥形，高为173mm，底部内径为148mm，上口直径为220mm（如图12.6.1）。

(2) 其他设备。钢制捣棒，直径为10mm，长350mm，一端为弹头形；秒表和铁铲等。

3. 试验步骤

将拌和均匀的砂浆一次装入容器内，至距上口1cm插捣，插捣25次，前12次需插到筒底；再将容器放在桌子上，轻轻振动5~6下，至表面平整；然后将容器置于固定在支架上的

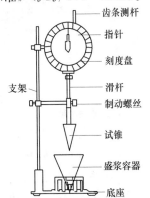

图12.6.1 稠度测定仪

圆锥体下方。放松固定螺丝，使圆锥体的尖端和砂浆表面接触，拧紧固定螺丝，读出标尺读数。然后突然松开固定螺丝，使圆锥体自由沉入砂浆中，10s后，读出下沉的距离，以cm计，即为砂浆的稠度值。

4. 结果计算

（1）取2次测定结果的算术平均值作为砂浆稠度的测定结果，计算精确到0.1cm。如2次测定值之差大于3cm，应配料重新测定。

（2）如测定的稠度值不符合要求，可酌情加水或石灰膏（或黏土膏），重新拌和再测定，直至稠度符合要求为止。但应注意，从开始拌和加水时算起，重新拌和时间不能超过30min，否则应重新配料测定。

12.6.3 砂浆的分层度试验

1. 试验目的、依据

测定砂浆在运输及停放时的保水能力，即稠度的稳定性。保水性不好的砂浆，对砌体质量及使用过程均起不良影响。试验依据为《建筑砂浆基本性能试验方法标准》（JGJ/T70—2009）。

2. 主要仪器设备

（1）砂浆分层度仪：其内径为150mm，上节高度为200mm，下节高度为100mm，下节带底，用金属板制成（图12.6.2）。连接时，上下层之间加设胶皮垫圈。其他仪器均同于砂浆稠度试验。

（2）砂浆稠度仪。

（3）抹刀，木锤等。

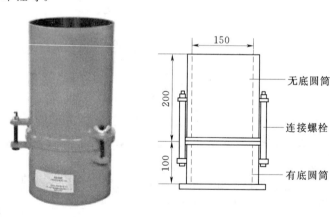

图12.6.2 砂浆分层度仪

3. 试验步骤

（1）将拌好的砂浆，一次灌入分层度筒内，待装满后，用木锤在容器周围距离大致相等的四个不同地方轻轻敲击1~2次，如砂浆沉落到低于筒口，应随时添加，然后刮起多余砂浆，并抹平。测定仪中测定其沉入度。

（2）按测定砂浆流动性的方法，测定砂浆沉入度值K_1，以mm计。

（3）静置30min后，去掉上面的20cm砂浆，剩余的10cm砂浆倒出，放在搅拌锅中拌 2min，再按测定流动性的方法测定其沉入度 K_2，以 mm 计。

4．结果计算

2 次测得的沉入度之差 K_1-K_2，即为砂浆分层度，取 2 次试验的算术平均值。

12.6.4 砂浆抗压强度试验

1．试验目的、依据

测定砂浆的实际强度，确定砂浆是否达到设计要求的强度等级。试验依据为《建筑砂浆基本性能试验方法标准》（JGJ/T70—2009）。

2．主要仪器设备

(1) 试模：每格为 70.7mm×70.7mm×70.7mm 的金属试模。

(2) 抹刀、压力机、砖、刷子等。

3．试验步骤

(1) 制作砌块、砖砂浆试块。

1) 将内壁事先涂刷薄层机油的无底试模放在预先铺有吸水性较好的湿纸的普通砖上，砖的含水率不应大于 2%。

2) 砂浆拌和后一次装满试模，用直径 10mm、长 350mm 的钢筋捣棒（其一端呈半球形）均匀插捣 25 次，然后在四侧用油漆刮刀沿试模壁捣数次，砂浆应高出试模顶面 6～8mm。

3) 当砂浆表面开始出现麻斑状态时（约 15～30min），将高出部分的砂浆沿试模顶面削平。

(2) 制作砌石砂浆试块。

1) 试件用带底试模制作。

2) 砂浆分 2 层装入试模，每层均匀插捣 12 次。然后沿模壁用抹刀插捣数次。砂浆应高出模顶面 6～8mm，1～2h 内，用刮刀刮掉多余的砂浆，并抹平表面。

(3) 试块养护。

1) 试块制作后，一般应在正常温度环境中养护 1 昼夜，当气温较低时，适当延长时间，但不应超过 2 昼夜。然后对试块进行编号并拆模。

2) 试块拆模后，应在标准养护条件或自然养护条件下继续养护至 28d，然后进行试压。

3) 标准养护：水泥混合砂浆应在温度为 (20±3)℃、相对湿度为 60%～80% 的条件下养护；水泥砂浆和微沫砂浆应在温度为 (20±3)℃、相对湿度为 90% 以上潮湿条件下养护。

4) 自然养护：水泥混合砂浆应在正常温度，相对湿度为 60%～80% 的条件下养护；水泥砂浆和微沫砂浆应在正常温度并保持表面湿润的状态下养护。

(4) 抗压试验。

1) 试压前，应将试块表面刷净擦干。

2) 必须将试块的侧面作为受压面进行抗压强度试验。

3) 试验时，加荷必须均匀，一般每秒的加荷速度为预定破坏荷载的 10%。

4. 结果计算

(1) 单个砂浆试块的抗压强度按式 (12.6.1), 计算。

$$R_d = \frac{P}{A} \times 1000 \qquad (12.6.1)$$

式中 R_d——单个砂浆试块的抗压强度,MPa;

P——破坏荷载,N;

A——试块的受压面积,mm^2。

(2) 每组试块为 6 块,取其 6 个试块试验结果的算术平均值(计算准确度为 0.1MPa)作为该组砂浆的试块抗压强度,当 6 个试件的最大值或最小值与平均值超过 20% 时,以中间 4 个试件的平均值作为该组试件的抗压强度值。

12.7 钢筋力学与机械性能试验

12.7.1 钢材的质量检验

所有成品钢材都应进行质量检验,检验内容包括查对标志、外观检查,并按有关标准规定抽取试样,进行机械性能试验。对于无出厂质量证明书或钢种钢号不明以及在加工过程中发生脆断、焊接性能不良或机械性能显著不正常的钢筋,还应进行化学成分检验或其他专项检验。

1. 检验规则

钢筋的检查和验收应按国家标准《钢产品一般交货技术要求》(GB/T17505—1998) 的规定进行检查和验收。规则如下:

(1) 热轧光圆钢筋、热轧带肋钢筋、余热处理钢筋、低碳热轧圆盘条由同一厂别、同一牌号、同一炉罐号、同一交货状态、同一进场时间为一批,每批质量不大于 60t。

公称容量不大于 30t 的炼钢炉冶炼的钢坯和连铸坯轧成的钢筋,允许同一厂别、同一牌号、同一冶炼方法、同一浇注方法的不同炉罐号组成混合批。但每批不应多于 6 个炉罐号,各炉罐号含碳量之差不得大于 0.02%,含锰量之差不得大于 0.15%。

(2) 预应力混凝土热处理钢筋由同一外形截面尺寸、同一热处理温度、同一炉罐号、同一厂别、同一进场时间为一批,每批质量不大于 60t。

公称容量不大于 30t 的炼钢炉冶炼的钢轧制的钢材,允许用同钢号组成的混合批。但每批不得多于 10 个炉号,而且各炉号钢的含碳量之差不得大于 0.02%,含锰量之差不得大于 0.15%,含硅量之差不得大于 0.20%。

(3) 冷轧带肋钢筋由同一牌号、同规格、同一级别为一批,每批质量不大于 50t。

2. 外观检查

外观检查应逐个、逐根、逐盘进行,检查内容包括查对标志、钢材的尺寸、外形、质量、表面质量等。

(1) 查对标志。

钢筋的包装、标志和质量证明书应符合《型钢验收、包装、标志和质量证明书的一般规定》(GB2101—2008) 的相应规定。

(2) 表面质量、尺寸、外形的检查。

表面质量的检查一般用肉眼配合相关的器具进行检查，检查结果应符合国家标准的相应规定。

尺寸、外形一般采用有一定精度的量具进行检验。光圆钢筋的直径以及带肋钢筋的内径的测量应精确到 0.1mm。

带肋钢筋肋高的测量采用测量同一截面两侧肋高度平均值的方法，即测取钢筋的最大外径减去该处内径，所得数值的一半为该处肋高，应精确到 1mm。

带肋钢筋横肋间距采用测量平均肋距的方法进行测量，即取钢筋一面上第 1 个与第 11 个横肋的中心距的数值除以 10，即为横肋间距，应精确到 0.1mm。

尺寸、外形的检验结果应符合相应标准中的允许偏差要求。

(3) 质量检查。

测量钢筋质量偏差时，试样数量不少于 10 根，试样总长度不小于 60m。长度应逐根测量，要精确到 10mm。试样总质量不大于 100kg 时，应精确到 0.5kg；试样总质量大于 100kg 时，应精确到 1kg。当供货方能保证钢筋质量偏差符合规定时，试样的数量和长度可不受此限制。

钢筋实际质量与理论质量的偏差（%）按式（12.7.1）计算。

$$重量偏差 = \frac{试样实际质量 - 试样总长度 \times 理论质量}{试样总长度 \times 理论质量} \times 100\% \quad (12.7.1)$$

质量偏差应符合国家标准的相应规定。

12.7.2 钢材机械性能试验方法标准及取样

1. 标准

钢材机械性能试验方法的现行国家标准是《金属材料室温拉伸试验方法》（GB/T228—2002）和《金属材料弯曲试验方法》GB/T232—2010）。

2. 取样数量

对钢材机械性能进行检验时，要从每批钢材中各取一组试件进行试验，每组试件数量见表 12.7.1。

表 12.7.1　　　　　　　　　检验批每组试件数量

钢 材 名 称	抽样数（根或盘）	试 件 数 量			
		拉伸	冷弯	常、低温冲击	反复弯曲
碳素结构钢	1	1	1	3	
低合金结构钢	1	1	1	3	
钢筋混凝土用热轧钢筋	2	2	2		1
低碳热轧圆盘条	2	1	2		
冷拉钢筋	2	2	2		
预应力混凝土用热处理钢筋	10%盘（≥25盘）	每盘1个	每盘1个		

续表

钢 材 名 称	抽样数（根或盘）	试 件 数 量			
		拉伸	冷弯	常、低温冲击	反复弯曲
预应力混凝土用钢丝	10%盘（≥15盘）	20%盘（≥30盘）			20%盘（≥30盘）
预应力混凝土用钢绞线	15%盘（≥10盘）	15%盘（≥10盘）			

注 试验结果如有一项不符合标准规定数值时，应另取2倍数量的试样重做各项试验，如仍有一项不合格，则该批判为不合格品。

3. 样坯的切取

样坯要按照国家标准《钢材力学及工艺性能试验取样规定》（GB2975—1982）的相关规定切取。

（1）样坯应在外观及尺寸合格的钢材上切取。切取样坯时，应防止因受热、加工硬化及变形而影响其力学性能及工艺性能。

（2）表12.7.1中，凡规定取2个试件的（低碳钢热轧圆盘条冷弯试件除外），均应从任意2根（或2盘）中分别切取1个拉伸试件、1个弯曲试件。

（3）低碳钢热轧圆盘条冷弯试件应取自同盘的两端。

（4）切取试件时，应在钢筋或盘条的任一端截去500mm后再切取。

（5）试件的长度：对于拉伸试件，直径小于20mm者取10倍直径加250mm；直径等于或大于20mm者，取5倍直径加250mm。对于受弯试件取5倍直径加150mm。

12.7.3 钢材的拉伸性能试验

1. 试验目的、依据

在室温下对钢材进行拉伸试验，可以测定钢材的屈服点、抗拉强度以及伸长率等重要技术性能，并以此对钢材的质量进行评定，看是否满足国家标准的规定。

试验依据为《金属材料室温拉伸试验方法》（GB/T228—2002）。

2. 主要仪器设备

（1）液压万能试验机：示值误差应小于1%。

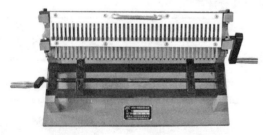

图12.7.1 钢筋打点机

（2）游标卡尺：根据试样尺寸测量精度要求，选用相应精度的任一种量具，如游标卡尺、螺旋千分尺或精度更高的测微仪，精度0.1mm。

（3）钢筋打点机（图12.7.1）。

3. 试件条件

（1）试验速度：钢筋拉伸试验加载速率见表12.7.2。

（2）试验应在室温10～35℃范围内进行，对温度要求严格的试验，试验温度应为23±5℃。

（3）夹持方法：应使用如楔形夹头、螺纹夹、套环夹头等合适的夹具持试样，夹头的夹持面与试样接触应尽可能对称均匀。

4. 试件制备

拉伸试验用钢筋试件长度：$L_0 \geqslant L_0 + 200$ mm，试件尺寸如图12.7.2，L_0尺寸见表12.7.3。如平行长度L_c比原始标距长许多，例如不经机加工的试样，可以标记一系列套叠的原始标距。有时，可以在试样表面划一条平行于试样纵轴的线，并在此线上标记原始标距。（标记不应影响试样断裂），测量标距长度L_0（精确至0.1mm）。

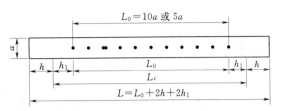

图 12.7.2 钢筋拉伸试件尺寸
a—试样原始直径；L_0—标距长度；
h_1—取（0.5～1）a；h—夹具长度

表 12.7.2　　　　圆钢规格加载速率表

直径	横截面积（mm²）	屈服前加载速率区间（kN/s）	屈服期间加载速率区间（kN/S）	平行长度加载速率（kN/s）
φ6	28.27	0.17～1.70	1.48～14.84	47.49
φ7	38.48	0.23～2.31	2.02～20.20	64.65
φ8	50.27	0.30～3.02	2.64～26.39	84.45
φ9	63.63	0.38～3.82	3.34～33.41	106.90
φ10	78.54	0.47～4.71	4.12～41.23	131.95
φ11	95.03	0.57～5.70	4.99～49.89	159.65
φ12	113.1	0.68～6.79	5.94～59.38	190.01
φ13	132.7	0.80～7.96	6.97～69.67	222.94
φ14	153.9	0.92～9.23	8.08～80.80	258.55
φ15	176.7	1.06～10.60	9.28～92.77	296.86
φ16	201.1	1.21～12.07	10.56～105.58	337.85
φ17	227	1.36～13.62	11.92～119.18	381.36
φ18	254.5	1.53～15.27	13.36～133.61	427.56
φ19	283.5	1.70～17.01	14.88～148.84	476.28
φ20	314.2	1.89～18.85	16.50～164.96	527.86
φ21	346.4	2.08～20.78	18.19～181.86	581.95
φ22	380.1	2.28～22.81	19.96～199.55	638.57
φ24	452.4	2.71～27.14	23.75～237.51	760.03
φ25	490.9	2.95～29.45	25.77～257.72	824.71
φ26	530.9	3.19～31.85	27.87～278.72	891.91
φ28	615.8	3.69～36.95	32.33～323.30	1034.54
φ30	706.9	4.24～42.41	37.11～371.12	1187.59
φ32	804.2	4.83～48.25	42.22～422.21	1351.06
φ34	907.9	5.45～54.47	47.66～476.65	1525.27

第12章　土木工程材料试验

表 12.7.3　　　　　　　　　　钢筋试件尺寸表　　　　　　　　　　单位：mm

直径	$L_0(5a)$	$L_0(10a)$	直径	$L_0(5a)$	$L_0(10a)$
$\phi 6$	30	60	$\phi 18$	90	180
$\phi 7$	35	70	$\phi 19$	95	190
$\phi 8$	40	80	$\phi 20$	100	200
$\phi 9$	45	90	$\phi 21$	105	210
$\phi 10$	50	100	$\phi 22$	110	220
$\phi 11$	55	110	$\phi 24$	120	240
$\phi 12$	60	120	$\phi 25$	125	250
$\phi 13$	65	130	$\phi 26$	130	260
$\phi 14$	70	140	$\phi 28$	140	280
$\phi 15$	75	150	$\phi 30$	150	300
$\phi 16$	80	160	$\phi 32$	160	320
$\phi 17$	85	170	$\phi 34$	170	340

5．试验步骤

(1) 根据被测钢筋的品种和直径，确定钢筋试样的原始标距 L_0。

(2) 用钢筋打点机在被测钢筋表面打刻标点。

(3) 接通试验机电源，启动试验机油泵，使油缸升起，读盘指针调零。根据钢筋直径的大小选定试验机的量程。

(4) 夹紧被测钢筋，使上下夹持点在同一直线上，保证试样轴向受力。不得将试件标距部位夹入试验机的钳口中，试样被夹持部分不小于钳口的三分之二。

(5) 启动油泵，按要求控制试验机的拉伸速度，拉伸中，测力度盘指针停止转动时的恒定荷载，或第一次回转时的最小荷载，即为所求的屈服点荷载 P_s(N)。

(6) 屈服点荷载测出后，继续对试验加荷直至拉断，读出最大荷载 P_b(N)。

(7) 卸去试样，关闭试验机油泵和电源。

(8) 试件拉断后，将其断裂部分紧密地对接在一起，并尽量使其位于一条轴线上。如断裂处形成缝隙，则此缝隙应计入该试件拉断后的标距内。断后标距 L_1 的测量。

1) 直接法。如拉断处到最邻近标距端点的距离大于 $L_0/3$ 时，直接测量标距两端点距离；

2) 移位法。如拉断处到最邻近标距端点的距离小于或等于 $L_0/3$ 时，则按以下方法测定 L_1 在长段上从拉断处 O 点取基本等于短段格数，得 B 点，接着取等于长段所余格数［偶数，图 12.7.4(a)］的一半，得 C 点；或所余格数［奇数，图 12.7.3(b)］分别加 1 或减 1 的一半，得 C 点和 C_1 点。移位后的 L_1 分别为 $l_{AB}+2l_{BC}$ 和 $l_{AB}+l_{BC}+l_{BC}$。

测量断后标距的量值其最小刻度应不大于 0.1mm。

6．结果评定

(1) 钢筋的屈服点和抗拉强度分别按式 (12.7.2) 和式 (12.7.3) 计算。

$$\sigma_s = \frac{P_s}{A} \quad (12.7.2)$$

式中 σ_s——屈服点，MPa；

P_s——屈服点荷载，N；

A——试件横截面积，mm^2。

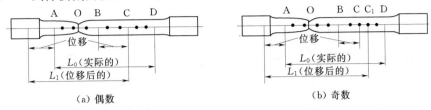

(a) 偶数　　　　　　　　　　　(b) 奇数

图 12.7.3　测量示意图

$$\sigma_b = \frac{P_b}{A} \tag{12.7.3}$$

式中 σ_b——抗拉强度，MPa；

P_b——最大荷载，N；

A——试件横截面积，mm^2。

（2）断后伸长率按式（12.7.4）计算。

$$\delta_5(或)\delta_{10} = \frac{L_1 - L_0}{L_0} \times 100\% \tag{12.7.4}$$

式中 δ_5、δ_{10}——$L_0 = 5a$ 和 $L_0 = 10a$ 时的伸长率；

L_0——原标距长度 $5a$（或 $10a$），mm；

L_1——拉断后标距端点间的长度，mm（测量精度±0.5mm）。

（3）试验出现下列情况之一者，试验结果无效。

1）试样断在机械刻划的标记上或标距之外，造成断后伸长率小于规定最小值。

2）试验记录有误或设备发生故障影响试验结果。

（4）遇有试验结果作废时，应补做同样数量试样的试验。

（5）试验后试样出现2个或2个以上的颈缩以及显示出肉眼可见的冶金缺陷（例如分层、气泡、夹渣、缩孔等），应在试验记录和报告中注明。

（6）当试验结果有一项不合格时，应另取2倍数量的试样重新做试验，如仍有不合格项目，则该批钢材应判为拉伸性能不合格。

12.7.4　钢筋弯曲（冷弯）试验

1. 试验目的、依据

检验钢筋承受规定弯曲程度的弯曲塑性变形性能，并显示其缺陷，作为评定钢筋质量的技术依据。

试验依据为《金属材料弯曲试验方法》（GB/T232—2010）。

2. 方法原理

弯曲试验是以圆形、方形、矩形或多边形横截面试样在弯曲装置上经受弯曲塑性变形，改变加力方向，直至达到弯曲的角度。

弯曲试验时，试样两臂的轴线保持在垂直于弯曲轴的平面内。如为弯曲180°角的弯曲试验，按照相关产品标准要求，将试样弯曲至两臂相距规定距离且相互平行或两臂直接接触。

3. 主要仪器设备

应在配备下列弯曲装置之一的压力或万能材料试验机上完成试验。

(1) 辊式弯曲装置，见图 12.7.4。
(2) V 形模具式弯曲装置，见图 12.7.5。
(3) 虎钳式弯曲装置，见图 12.7.6。

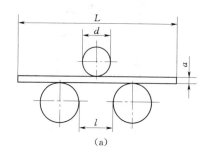
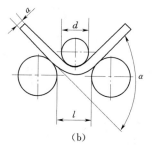

图 12.7.4　支撑辊式弯曲装置

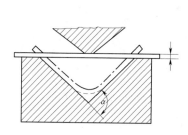
图 12.7.5　V形模具式弯曲装置

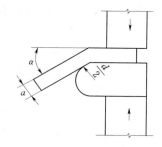
图 12.7.6　虎钳式弯曲装置

4. 试样制备

(1) 试样的弯曲外表面不得有划痕。

(2) 试样加工时，应去除剪切或火焰切割等形成的影响区域。

(3) 当钢筋直径小于 30mm 时，不需加工，直接试验。钢筋直径大于 30mm、小于 50mm 时，加工成横截面内切圆直径不小于 25mm 的圆试样。直径或多边形横截面内切圆直径大于 50mm 的产品，应将其加工成横截面内切圆直径不小于 25mm 的试样。加工时，应保留一侧的原表面；试验时，原表面应位于弯曲的外侧。

(4) 弯曲试样长度根据试样直径和弯曲装置而定。

5. 试验步骤

试验一般在 10～35℃ 的室温范围内进行，对温度要求严格的试验，试验温度应为 18～28℃。由相关产品标准规定，采用下列方法之一完成试验。

试样在图 12.7.4、图 12.7.5、图 12.7.6 所给定的条件进行弯曲，在作用力下的弯曲程度可分下列 3 种类型：

(1) 试样在力作用下弯曲至两臂相距规定距离且相互平行，如图 12.7.7。

(2) 试样在力作用下弯曲至两臂直接接触，见图 12.7.8。

(3) 弯曲试验时应缓慢平稳地施加试验力，当出现争议时，试验速率应为 (1±0.2) mm/s。

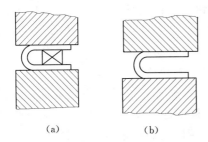

图 12.7.7　试样弯曲至两臂平行

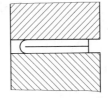

图 12.7.8　试样弯曲至两臂直接接触

6. 试验结果

(1) 弯曲后，按有关标准规定检查试样弯曲外表面，进行结果评定。相关产品标准规定的弯曲角度作为最小值，规定的弯曲半径作为最大值。

(2) 有关标准未做具体规定时，检查试样的外表面，按以下 5 种试验结果进行评定，若无裂纹、裂缝或断裂，则评定试样合格。

1) 完好：试样弯曲处的外表面金属基体上，肉眼可见因弯曲变形产生的缺陷时称为完好。

2) 微裂纹：试样弯曲的外表面金属基体上出现细小的裂纹，其长度不大于 2mm、宽度不大于 0.2mm 时，称为微裂纹。

3) 裂纹：试样弯曲外表面金属基体上出现开裂，其长度大于 2mm，而小于等于 5mm，宽度大于 0.2mm，而小于等于 0.5mm 时，称为裂纹。

4) 裂缝：试样弯曲外表面。金属基体上出现开裂，其长度大于 5mm，宽度大于 0.5mm 时，称为裂缝。

5) 断裂：试样弯曲外表面出现沿宽度贯穿的开裂，其深度超过试样厚度的 1/3 时，称为断裂。

12.8　石油沥青性能试验

12.8.1　沥青针入度的试验

1. 试验目的、依据

测定石油沥青的针入度指标，了解沥青的粘结性，并作为评定石油沥青牌号的依据。本方法依据《沥青针入度测定法》（GB/T4509—2010）测定沥青的针入度。

2. 主要仪器设备

(1) 针入度仪（图 12.8.1）。凡能保证针和针连杆在无明显摩擦下垂直运动，并能指示针贯入深度准确至 0.1mm 的仪器均可使用。针和针连杆组合件总质量为 (50±0.05) g，另附 (50

图 12.8.1　针入度仪

±0.05）g 和（100±0.05）g 砝码各一只，以供试验时适合总质量（100±0.05）g 和（200±0.05）g 的需要。仪器设有放置平底玻璃保温皿的平台，并有调节水平的装置，针连杆应与平台相垂直。仪器设有针连杆制动按钮，使针连杆可自由下落。针连杆易于装卸，以便检查其重量。仪器还设有可自由转动与调节距离的悬臂，其端部有一面小镜或聚光灯泡，借以观察针尖与试样表面接触情况。当为自动针入度仪时，基本要求与此项相同，但应附有对计时装置的校正检验方法，以经常校验。

（2）标准针。由硬化回火的不锈钢制成，洛氏硬度 HRC54～60，表面粗糙度 $R_a0.2$～$0.3\mu m$，针及针杆总质量（2.5±0.05）g，针杆上打印有号码标志，针应设有固定用装置盒，以免碰撞针尖，每根针必须附有计量部门的检验单，并定期进行检验。

（3）盛样皿。金属制，圆柱形平底。小盛样皿的内径 55mm，深 35mm（适用于针入度小于 200）；大盛样皿内径 70mm，深 45mm（适用于针入度 200～350）；对针入度大于 350 的试样需使用特殊盛样皿，其深度不小于 60mm，试样体积不少于 125mL。

（4）恒温水浴。容量不少于 10L，控制温度±0.1℃。水中应备有一带孔的隔板，位于水面下不少于 100mm，距水浴底不少于 50mm 处。

（5）平底玻璃皿。容量不少于 350mL，深度要没过最大的样品皿。内设有一不锈钢三脚支架，能使盛样皿稳定。

（6）温度计。-8℃～55℃，分度 0.1℃。

3．样品制备

（1）准备试样。

（2）将试样注入盛样皿中，试样高度应超过预计针入度值 10mm，并盖上盛样皿，以防落入灰尘。盛有试样的盛样皿在 15～30℃ 室温中冷却 1～1.5h（小盛样皿）、1.5～2h（大盛样皿）或 2～2.5h（特殊盛样皿）后，移入保持规定试验温度±0.1℃的恒温水浴中 1～1.5h（小盛样皿）、1.5～2h（大试样皿）或 2～2.5h（特殊盛样皿）。

（3）调整针入度仪使之水平。检查针连杆和导轨，以确认无水和其他外来物，无明显摩擦。用三氯乙烯或其他溶剂清洗标准针，并拭干。将标准针插入针连杆，用螺丝固紧。按试验条件，加上附加砝码。

4．试验步骤

（1）取出达到恒温的盛样皿，并移入水温控制在试验温度±0.1℃（可用恒温水浴中的水）的平底玻璃皿中的三脚支架上，试样表面以上的水层深度不少于 10mm。

（2）将盛有试样的平底玻璃皿置于针入度仪的平台上。慢慢放下针连杆，用适当位置的反光镜或灯光反射观察，使针尖恰好与试样表面接触。拉下刻度盘的拉杆，使与针连杆顶端轻轻接触，调节刻度盘或深度指示器的指针指示为零。

（3）开动秒表，在指针正指 5s 的瞬间，用手紧压按钮，使标准针自动下落贯入试样，经规定时间，停压按钮使针停止移动。

当采用自动针入度仪时，计时与标准针落下贯入试样同时开始，至 5s 时自动停止。

（4）拉下刻度盘拉杆与针连杆顶端接触，读取刻度盘指针或深度指示器的读数，精确至 0.5。

（5）同一试样平行试验至少 3 次，各测试点之间及与盛样皿边缘的距离不应少于

10mm。每次试验后,应将盛有盛样皿的平底玻璃皿放入恒温水浴,使平底玻璃皿中水温保持试验温度。每次试验应换一根干净标准针或将标准针取下,用蘸有三氯乙烯溶剂的棉花或布揩净,再用干棉花或布擦干。

(6) 测定针入度大于 200 的沥青试样时,至少用 3 支标准针,每次试验后将针留在试样中,直至 3 次平行试验完成后,才能将标准针取出。

5. 结果处理

同一试样 3 次平行试验,结果的最大值和最小值之差在下列允许偏差范围内时见下表12.8.1,计算 3 次试验结果的平均值,取至整数作为针入度试验结果,以 0.1mm 为单位。

表 12.8.1　　　　　　　　针入度测定允许最大误差表

针入度（0.1mm）	允许差值（0.1mm）	针入度（0.1mm）	允许差值（0.1mm）
0～49	2	250～350	8
50～149	4	350～500	20
150～249	6		

12.8.2　沥青延度的试验

1. 试验目的、依据

测定石油沥青的延度,了解沥青的延性,并作为评定石油沥青牌号的依据。

本方法依据《沥青延度试验方法》(GB/T4508—1998) 测定沥青的延度。试验温度与拉伸速率根据有关规定采用,通常采用的试验温度为 25℃ 或 15℃,非经注明,拉伸速度为 5±0.25cm/min。当低温时采用 110.05cm/min 拉伸速度时,应在报告中注明。

2. 主要仪器设备

(1) 延度仪。将试件浸没于水中,能保持规定的试验温度及按照规定拉伸速度拉伸试件且试验时无明显振动的延度仪均可使用,其形状及组成如图 12.8.2 所示。

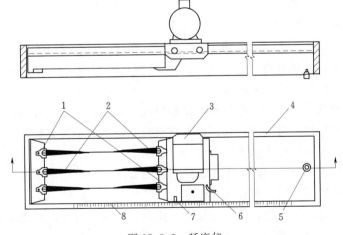

图 12.8.2　延度仪
1—试模；2—试样；3—电机；4—水槽；5—泄水孔；6—开关柄；7—指针；8—标尺

(2) 试模。黄铜制,由两个端模和两个侧模组成,其形状及尺寸如图 12.8.3。试模内侧表面粗糙度 $R_a 0.2 \mu m$,当装配完好后可浇铸成表 12.8.2 尺寸的试样。

(3) 试模底板。玻璃板或磨光的铜板、不锈钢板。

(4) 恒温水浴。容量不少于 10L，控温精度±0.1℃，水浴中设有带孔搁架，搁架距底不得少于 50mm。试件浸入水中深度不小于 100mm。

 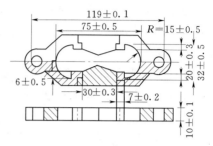

图 12.8.3 延度试模（单位：mm）

表 12.8.2 延度试样尺寸 (mm)

总 长	74.5～75.5	总 长	74.5～75.5
中间缩颈部长度	29.7～30.3	最小横断面宽	9.9～10.1
端部开始缩颈处宽度	19.7～20.3	厚度（全部）	9.9～10.1

3. 试验步骤

(1) 按本规程规定的方法准备试样，然后将试样仔细自模的一端至另一端往返数次缓缓注入模中，最后略高出试模，灌模时应注意勿使气泡进入。

(2) 试件在室温中冷却 30～40min，然后置于规定试验温度±0.1℃的恒温水浴中，保持 30min 后取出，用热刮刀刮除高出试模的沥青，使沥青面与试模面齐平。沥青的刮法应自试模的中间刮向两端，且表面应刮得平滑。将试模连同底板再浸入规定试验温度的水浴中 1～1.5h。

(3) 检查延度仪延伸速度是否符合规定要求，然后移动滑板使其指针正对标尺的零点。将延度仪注水，并保温达试验温度±0.5℃。

(4) 将保温后的试件连同底板移入延度仪的水槽中，然后将盛有试样的试模自玻璃板或不锈钢板上取下，将试模两端的孔分别套在滑板及槽端固定板的金属柱上，并取下侧模。水面距试件表面应不小于 25mm。

(5) 开动延度仪，并注意观察试样的延伸情况。此时应注意，在试验过程中，水温应始终保持在试验温度规定范围内，且仪器不得有振动，水面不得有晃动，当水槽采用循环水时，应暂时中断循环，停止水流。

在试验中，如发现沥青细丝浮于水面或沉入槽底时，则应在水中加入酒精或食盐，调整水的密度至与试样相近后，重新试验。

(6) 试件拉断时，读取指针所指标尺上的读数，以厘米表示，在正常情况下，试件延伸时应成锥尖状，拉断时实际断面接近于零。如不能得到这种结果，则应在报告中注明。

4. 结果处理

以平行测定 3 个结果的平均值，作为该沥青的延度。若 3 次测定值不在其平均值的 5% 以内，但其中两个较高值在平均值之内，则舍去最低值取两个较高值的平均值作为测定结果。

12.8 石油沥青性能试验

12.8.3 沥青软化点的测定（环球法）

1. 试验目的、依据

测定石油沥青的软化点，了解沥青的稳定性，并作为评定石油沥青牌号的依据。

本方法依据《沥青软化点测定法（环球法）》（GB/T4507—1999）测定沥青软化点。

2. 主要仪器设备

(1) 软化点试验仪。如图12.8.4所示，由下列附件组成。

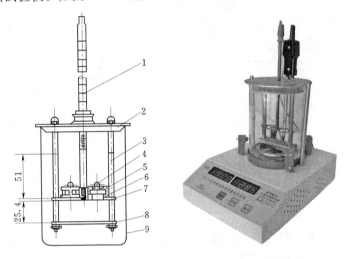

图12.8.4 软化点试验仪（单位：mm）

1—温度计；2—上盖板；3—立杆；4—钢球；5—钢球定位环；6—金属环；7—中层板；8—下底板；9—烧杯

1) 钢球。直径9.53mm，质量3.5±0.05g。

2) 试样环。黄铜或不锈钢等制成，形状尺寸如图12.8.5所示。

3) 钢球定位环。黄铜或不锈钢制成，形状尺寸如图12.8.6所示。

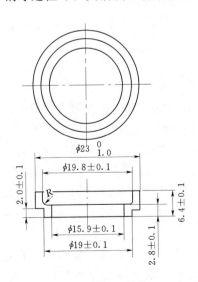

图12.8.5 试样环（单位：mm）

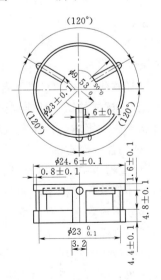

图12.8.6 钢球定位环（单位：mm）

4）金属支架。由两个主杆和三层平行的金属板组成。上层为一圆盘,直径略大于烧杯直径,中间有一圆孔,用以插放温度计。中层板形状尺寸如图12.8.7所示,板上有两个孔,备放置金属环,中间有一小孔可支持温度计的测温端部。一侧立杆距环上面51mm处刻有水高标记。环下面距下层底板为25.4mm,而下底板距烧杯底不少于12.7mm,也不得大于19mm。三层金属板和两个主杆由两螺母固定在一起。

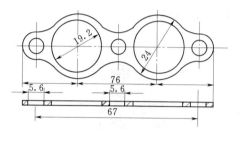

图12.8.7　中层板（单位：mm）　　　图12.8.8　环夹（单位：mm）

5）耐热玻璃烧杯。容量800～1000mL,直径不少于86mm,高不少于120mm。

6）温度计。0～80℃,分度0.5℃。

（2）环夹。由薄钢条制成,用以夹持金属环,以便刮平表面,形状、尺寸如图12.8.8所示。

（3）装有温度调节器的电炉或其他加热炉具。

（4）试样底板。金属板或玻璃板。

（5）恒温水槽和平直刮刀。

3. 试样制备

（1）将试样环置于涂有甘油滑石粉隔离剂的试样底板上。按本规程的规定方法将准备好的沥青试样徐徐注入试样环内至略高出环面为止。

如估计试样软化点高于120℃,则试样环和试样底板均应预热至80～100℃。

（2）试样在室温冷却30min后,用环夹夹着试样杯,并用热刮刀刮除环面上的试样,务使与环面齐平。

4. 试验步骤

（1）试样软化点在80℃以下者：

1）将装有试样的试样环连同试样底板置于装有5±0.5℃的保温槽冷水中至少15min；同时将金属支架、钢球、钢球定位环等亦置于相同水槽中。

2）烧杯内注入新煮沸并冷却至5℃的蒸馏水,水面略低于立杆上的深度标记。

3）从保温槽水中取出盛有试样的试样环放置在支架中层板的圆孔中,套上定位环；然后将整个环架放入烧杯中,调整水面至深度标记,并保持水温为5±0.5℃。注意,环架上任何部分不得附有气泡。将（0～80℃）的温度计由上层板中心孔垂直插入,使端部测温头底部与试样环下面齐平。

4）将盛有水和环架的烧杯移至放有石棉网的加热炉具上,然后将钢球放在定位环中间的试样中央,立即加热,使杯中水温在3min内调节至维持每分钟上升5±0.5℃。注意,在加热过程中,如温度上升速度超出此范围时,则试验应重作。

5）试样受热软化逐渐下坠，至与下层底板表面接触时，立即读取温度，至 0.5℃。

（2）试样软化点在 80℃ 以上者。

1）将装有试样的试样环连同试样底板置于装有 32±1℃ 甘油的保温槽中至少 15min；同时将金属支架、钢球、钢球定位环等亦置于甘油中。

2）在烧杯内注入预先加热至 32℃ 的甘油，其液面略低于立杆上的深度标记。

3）从保温槽中取出装有试样的试样环按上述（1）的方法进行测定，读取温度至 1℃。

5. 结果处理

同一试样平行试验两次，当两次测定值的差值符合重复性试验精度要求时，取其平均值作为软化点试验结果，准确至 0.5℃。

（1）当试样软化点小于 80℃ 时，重复性试验精度的允许差为 1℃，再现性试验精度的允许差为 4℃。

（2）当试样软化点等于或大于 80℃ 时，重复性试验精度的允许差为 2℃，再现性试验精度的允许差为 8℃。

12.9 沥青混合料试验

12.9.1 沥青混合料的制备和试件成型

1. 试验目的、依据

通过制备沥青混合料试件，为进行沥青混合料物理力学性能试验做准备。

本方法依据《公路工程沥青及沥青混合料试验规程》（JTJ052—2000）测定。

2. 主要仪器设备

（1）击实仪：由击实锤、ϕ98.5mm 平圆形压实头及带手柄的导向棒组成。用人工或机械将压实锤举起从 457.2±1.5mm 高度沿导向棒自由落下击实，标准击实锤质量 4.536±9g。

（2）标准击实台：用以固定试模，在 200mm×200mm×457mm 的硬木墩上面有一块 305mm×305mm×25mm 的钢板，木墩用 4 根型钢固定在下面的水泥混凝土板上。木墩采用青冈栎、松或其他干密度为 0.67～0.77g/cm³ 的硬木制成。人工击实或机械击实必须有此标准击实台。

自动击实仪是将标准击实锤及标准击实台安装一体，并用电力驱动使击实锤连续击实试件且可自动记数的设备，击实速度为 60±5 次/min。

（3）试验室用沥青混合料拌和机：能保证拌和温度并充分拌和均匀，可控制拌和时间，容量不少于 10L，如图 12.9.1 所示。搅拌叶自转速度 70～80r/min，公转速度 40～50r/min。

（4）脱模器：电动或手动，可无破损地推出圆柱体试件，备有要求尺寸的推出环。

（5）试模：每种至少 3 组，由高碳钢或工具钢制成，每组包括内径 101.6mm、高约 87.0mm 的圆柱形金属筒、底座（直径约 120.6mm）和套筒（内径 101.6mm，高约 69.8mm）各 1 个。

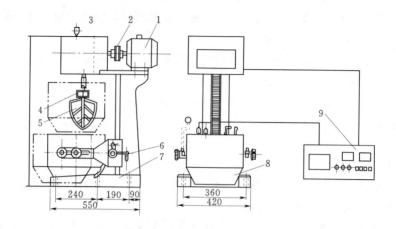

图 12.9.1 小型沥青混合料拌和机（单位：mm）
1—电机；2—联轴器；3—变速箱；4—弹簧；5—拌和叶片；
6—升降手柄；7—底座；8—加热拌和锅；9—温度时间控制仪

3. 试验步骤

（1）准备工作。

1）确定制作沥青混合料试件的拌和与压实温度。

a. 用毛细管粘度计测定沥青的运动粘度，绘制粘温曲线。当使用石油沥青时，以运动粘度为 $170\pm20\,mm^2/s$ 时的温度为拌和温度；以 $280\pm30\,mm^2/s$ 时的温度为压实温度。亦可用赛氏粘度计测定赛波特粘度，以 $85\pm10s$ 时的温度为拌和温度；以 $140\pm15s$ 时的温度为压实温度。

b. 当缺乏运动粘度测定条件时，试件的拌和与压实温度可按试表 12.9.1 选用，并根据沥青品种和标号作适当调整。针入度小、稠度大的沥青取高限，针入度大、稠度小的沥青取低限，一般取中值。

表 12.9.1　　　　　　　　沥青混合料拌和及压实温度参考表

沥青种类	拌和温度（℃）	压室温度（℃）	沥青种类	拌和温度（℃）	压室温度（℃）
石油沥青	130～160	110～130	煤沥青	90～120	80～110

2）将各种规格的矿料置 105 ± 5℃ 的烘箱中烘干至恒重（一般不少于 4～6h）。根据需要，可将粗细集料过筛后，用水冲洗再烘干备用。

3）分别测定不同粒径粗、细集料及填料（矿粉）的表观密度，并测定沥青的密度。

4）将烘干分级的粗细集料，按每个试件设计级配成分要求称其质量，在一金属盘中混合均匀，矿粉单独加热，置烘箱中预热至沥青拌和温度以上约 150℃（石油沥青通常为 163℃）备用。一般按一组试件（每组 3～6 个）备料，但进行配合比设计时宜分别备料。

5）将沥青试样，用电热套或恒温烘箱熔化加热至规定的沥青混合料拌和温度备用。

6）用沾有少许黄油的棉纱擦净试模、套筒及击实座等置 100℃ 左右烘箱中加热 1h 备用。

（2）混合料拌制。

1)将沥青混合料拌和机预热至拌和温度以上10℃左右备用。

2)将每个试件预热的粗细集料置于拌和机中,用小铲适当混合,然后再加入需要数量的已加热至拌和温度的沥青,开动拌和机一边搅拌,一边将拌和叶片插入混合料中拌和1~1.5min,然后暂停拌和,加入单独加热的矿粉,继续拌和至均匀为止,并使沥青混合料保持在要求的拌和温度范围内。标准的总拌和时间为3min。

(3)试件成型。

1)将拌好的沥青混合料,均匀称取一个试件所需的用量(约1200g)。当一次拌和几个试件时,宜将其倒入经预热的金属盘中,用小铲拌和均匀分成几份,分别取用。

2)从烘箱中取出预热的试模及套筒,用沾有少许黄油的棉纱擦拭套筒、底座及击实锤底面,将试模装在底座上,按四分法从4个方向用小铲将混合料铲入试模中,用插刀沿周边插捣15次,中间10次。插捣后将沥青混合料表面整平成凸圆弧面。

3)插入温度计,至混合料中心附近,检查混合料温度。

4)待混合料温度符合要求的压实温度后,将试模连同底座一起放在击实台上固定,再将装有击实锤及导向棒的压实头插入试模中,然后开启马达(或人工)将击实锤从457mm的高度自由落下击实规定的次数(75、50次或35次)。

5)试件击实一面后,取下套筒,将试模掉头,装上套筒,然后以同样的方式和次数击实另一面。

6)试件击实结束后,如上下面垫有圆纸,应立即用镊子取掉,用卡尺量取试件离试模上口的高度并由此计算试件高度,如高度不符合要求时,试件应作废,并按式(12.9.1)调整试件的混合料数量,使高度符合63.5±1.3mm的要求。

$$q = q_0 \frac{63.5}{h_0} \quad (12.9.1)$$

式中 q——调整后沥青混合料用量,g;

q_0——制备试件的沥青混合料实际用量,g;

h_0——制备试件的实际高度,mm。

7)卸去套筒和底座,将装有试件的试模横向放置冷却至室温后,置脱模机上脱出试件。将试件仔细置于干燥洁净的平面上,在室温下静置12h以上供试验用。

12.9.2 沥青混合料物理指标试验

1. 试验目的、依据

通过对沥青混合料物理指标的测定,为沥青混合料的配合比设计提供依据。

本方法依据《公路工程沥青及沥青混合料试验规程》(JTJ052—2000)测定。

2. 主要仪器设备

(1)浸水天平或电子秤。当最大称量在3kg以下时,分度值不大于0.1g,最大称量3kg以上时,分度值不大于0.5g,最大称量10kg以上时,分度值不大于5g,应有测量水中重的挂钩。

(2)网篮。

(3)溢流水箱。如图12.9.2所示,使用洁净水,有水位溢流装置,保持试件和网篮浸入水中后的水位一定。

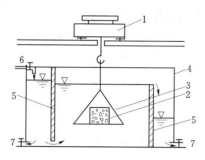

图 12.9.2 溢流水箱及下挂法水中
重称量方法示意图
1—浸水天平或电子秤;2—试件;3—网篮;
4—溢流水箱;5—水位隔板;6—注入
口;7—放水阀门

(4) 试件悬吊装置。天平下方悬吊网篮及试件的装置,吊线应采用不吸水的细尼龙线绳,并有足够的长度。对轮碾成型机成型的板块状试件可用铁丝悬挂。

3. 试验步骤

(1) 选择适宜的浸水天平,最大称量应不小于试件质量的 1.25 倍,且不大于试件质量的 5 倍。

(2) 除去试件表面的浮粒,称取干燥试件在空气中的质量 (m_a),精确至 5g。

(3) 挂上网篮浸入溢流水箱的水中,调节水位,将天平调平或复零,把试件置于网篮中(注意不要使水晃动),浸水约 1min,称取水中质量 (m_w)。

若天平读数持续变化,不能在数秒钟内达到稳定,说明试件吸水较严重,不适用于此法测定,应改用表干法或封蜡法测定。

(4) 计算物理常数。

1) 表观密度密实的沥青混合料试件表观密度,按式(12.9.2)计算,取 3 位小数。

$$\rho_s = \frac{m_a}{m_a - m_w}\rho_w \qquad (12.9.2)$$

式中 ρ_s——试件的表观密度,g/cm³;

m_a——干燥试件的空中质量,g;

m_w——试件的水中质量,g;

ρ_w——常温水的密度,$\rho_w \approx 1\text{g/cm}^3$。

2) 理论密度。

a. 当试件沥青按油石比 P_a 计时,试件的理论密度 ρ_t 按式(12.9.3)计算,取 3 位小数。

$$\rho_t = \frac{100 + P_a}{\frac{p_1}{\gamma_1} + \frac{p_2}{\gamma_2} + \cdots + \frac{p_n}{\gamma_n} + \frac{p_a}{\gamma_a}}\rho_w \qquad (12.9.3)$$

b. 当沥青按沥青含量 P_b 计时,试件的理论密度 ρ_t 按式(12.9.4)计算:

$$\rho_t = \frac{100}{\frac{p'_1}{\gamma_1} + \frac{p'_2}{\gamma_2} + \cdots + \frac{p'_n}{\gamma_n} + \frac{p'_b}{\gamma_b}}\rho_w \qquad (12.9.4)$$

上二式中 ρ_t——理论密度,g/cm³;

$p_1 \cdots p_n$——各种矿料的配合比(矿料总和为 $\sum_1^n P_i = 100$);

$p'_1 \cdots p'_n$——各种矿料的配合比(矿料与沥青之和为 $\sum_1^n P'_i + P_b = 100$);

$\gamma_1 \cdots \gamma_n$——各种矿料与水的相对密度矿料与水的相对密度通常采用表观相对密度,对吸水率大于 1.5写的粗集料可采用表观相对密度与表干相对密度的平均值;

P_a——油石比（沥青与矿料的质量比），%；

P_b——沥青含量（沥青质量占沥青混合料总质量的百分率），%；

γ_b——沥青的相对密度。

3）空隙率试件的空隙率按式（12.9.5）计算，取1位小数。

$$V_V = (1 - \rho_s/\rho_t) \times 100 \tag{12.9.5}$$

式中　V_V——试件的空隙率，%；

　　　ρ_t——按实测的沥青混合料最大密度或按式（12.9.3）或式（12.9.4）计算的理论密度，g/cm^3；

　　　ρ_s——试件的视密度，g/cm^3。

4）沥青体积百分率。试件中沥青的体积百分率按式（12.9.6）或式（12.9.7）计算，取1位小数。

$$V_A = \frac{P_b \rho_s}{\gamma_b \rho_w} \tag{12.9.6}$$

或

$$V_A = \frac{100 P_b \rho_s}{(100 + P_a) \gamma_b \rho_w} \tag{12.9.7}$$

式中　V_A——沥青混合料试件的沥青体积百分率，%。

5）矿料间隙率试件的矿料间隙率按式（12.9.8）计算，取1位小数。

$$VMA = VA + VV \tag{12.9.8}$$

式中　VMA——沥青混合料试件的矿料间隙率，%。

6）沥青饱和度试件沥青饱和度按式（12.9.9）计算，取1位小数。

$$VFA = \frac{VA}{VA + VV} \times 100 \tag{12.9.9}$$

式中　VFA——沥青混合料试件的沥青饱和度，%。

12.9.3　沥青混合料马歇尔稳定度试验

1. 试验目的、依据

本试验通过测定沥青混合料的稳定度和流值，来表征其高温时的稳定性和抗变形能力，确定沥青混合料的配合组成。

本方法依据《公路工程沥青及沥青混合料试验规程》（JTJ052—2000）测定。

2. 主要仪器设备

（1）沥青混合料马歇尔试验仪：可采用符合国家标准《沥青混合料马歇尔试验仪》（GB/T11823）技术要求的产品，也可采用带数字显示或用X－Y记录荷载～位移曲线的自动马歇尔试验仪。试验仪最大荷载不小于25kN，测定精度100N，加载速率应保持50±5mm/min，并附有测定荷载与试件变形的压力环（或传感器）、流值计（或位移计）、钢球（直径16mm）和上下压头（曲度半径为50.8mm）等组成。

（2）恒温水槽：能保持水温于测定温度±1℃的水槽，深度不少于150mm。

（3）真空饱水容器：由真空泵和真空干燥器组成。

3. 试验步骤

（1）标准马歇尔试验方法。

1)用卡尺(或试件高度测定器)测量试件直径和高度,如试件高度不符合 63.5±1.3mm 要求或两侧高度差大于 2mm 时,此试件应作废。

2)将恒温水槽(或烘箱)调节至要求的试验温度,对粘稠石油沥青混合料为 60±1℃。将试件置于已达规定温度的恒温水槽(或烘箱)中保温 30~40min。试件应垫起,离容器底部不小于 5cm。

3)将马歇尔试验仪的上下压头放入水槽(或烘箱)中达到同样温度。将上下压头从水槽(或烘箱)中取出拭干净内面。为使上下压头滑动自如,可在下压头的导棒上涂少量黄油。再将试件取出置于下压头上,盖上上压头,然后装在加载设备上。

4)将流值测定装置安装在导棒上,使导向套管轻轻地压住上压头,同时将流值计读数调零。在上压头的球座上放妥钢球,并对准荷载测定装置(应力环或传感器)的压头,然后调整应力环中百分表对准零或将荷重传感器的读数复位为零。

5)启动加载设备,使试件承受荷载,加载速度为 50±5mm/min。当试验荷载达到最大值的瞬间,取下流值计,同时读取应力环中百分表(或荷载传感器)读数和流值计的流值读数(从恒温水槽中取出试件至测出最大荷载值的时间,不应超过 30s)。

6)试验结果和计算。

a. 由荷载测定装置读取的最大值即试样的稳定度。当用应力环百分表测定时,根据应力环表测定曲线,将应力环中百分表的读数换算为荷载值,即试件的稳定度(MS),以 kN 计。

b. 由流值计及位移传感器测定装置读取的试件垂直变形,即为试件的流值(FL),以 0.1mm 计。

c. 马歇尔模数试件的马歇尔模数按式(12.9.10)计算:

$$T = \frac{MS \times 10}{FL} \quad (12.9.10)$$

式中 T——试件的马歇尔模数,kN/mm;

MS——试件的稳定度,kN;

FL——试件的流值,0.1mm。

(2)浸水马歇尔试验方法。

1)浸水马歇尔试验方法是将沥青混合料试件,在规定温度(黏稠沥青混合料为 60±1℃)的恒温水槽中保温 48h,然后测定其稳定度。其余方法与标准马歇尔试验方法相同。

2)根据试件的浸水马歇尔稳定度和标准马歇尔稳定度,可按式(12.9.11)求得试件浸水残留稳定度。

$$MS_0 = \frac{MS_1}{MS} \times 100 \quad (12.9.11)$$

式中 MS_0——试件的浸水残留稳定度,%;

MS_1——试件的浸水 48h 后的稳定度,kN;

MS——试件按标准试验方法的稳定度,kN。

(3)真空饱和马歇尔试验方法。

1)真空饱和马歇尔试验方法,是将试件先放入真空干燥器中,关闭进水胶管,开动真空泵，使干燥器的真空度达到730mmHg以上，维持15min，然后打开进水胶管，靠负压进入冷水流使试件全部浸入水中，浸水15min后恢复常压，取出试件再放入规定稳定度（粘稠沥青混合料为 $60-t-1$℃）的恒温水槽中保温48h，进行马歇尔试验，其余与标准马歇尔试验方法相同。

2）根据试件的真空饱水稳定度和标准稳定度，可按式（12.9.12）求得试件真空饱水残留稳定度。

$$MS_0' = \frac{MS_2}{MS} \times 100 \tag{12.9.12}$$

式中　MS_0'——试件的真空饱水残留稳定度，%；

　　　MS_2——试件真空饱水后浸水48h后的稳定度，kN；

　　　MS——试件按标准试验方法的稳定度，kN。

12.9.4　沥青混合料车辙试验

1. 试验目的、依据

本试验通过测定沥青混合料的高温抗车辙能力，供沥青混合料配合比设计的高温稳定性检验使用。

本方法依据《公路工程沥青及沥青混合料试验规程》（JTJ052—2000）测定。

2. 主要仪器设备

(1) 车辙试验机：构造与组成部分见构造示意图12.9.3。

1) 试件台：可牢固地安装两种宽度（300mm和150mm）的规定尺寸试件的试模。

2) 试验轮：橡胶制的实心轮胎，外径φ200mm，轮宽50mm，橡胶层厚115mm，橡胶硬度（国际标准硬度）20℃时为84±4；60℃时为78±2。试验轮行走距离为230±10mm，往返碾压速度为42±1次/min（21次往返/min）。允许采用曲柄连杆驱动试验台运动（试验台不动）的任一种方式。

3) 加载装置：使试验轮与试件的接触压强在60℃时为0.7±0.05MPa，施加的总荷载为700N左右，根据需要可以调整。

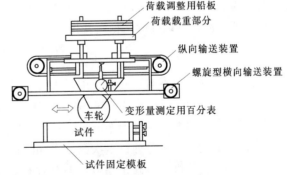

图12.9.3　车辙试验机构造示意图

4) 试模：钢板制成，由底板及侧板组成，试模内侧尺寸长为300mm，宽为300mm，厚为50mm。

5) 变形测量装置：自动试验车辙变形并记录曲线的装置，通常用LVDT，电测百分表或非接触位移计。

6) 温度试验装置：自动试验并记录试件表面及恒温室内温度的温度传感器、温度计（精度0.5℃）。

(2) 恒温室：车辙试验机安放在恒温室内，装有加热器、气流循环装置及装有自动温度控制设备，能保持恒温室温度60±1℃（试件内部温度60±0.5℃），根据需要亦可为其他需要的温度。用于保温试件并进行检验。温度应能自动连续记录。

(3) 台秤：称量15kg，分度值不大于5g。

3. 试验步骤

(1) 测定试验轮压强（应符合0.7 ± 0.05MPa），将试件装于原试模中。

(2) 将试件连同试模一起，置于达到试验温度60 ± 1℃的恒温室中，保温不少于5h，也不得多于24h。在试件的试验轮不行走的部位上，粘贴一个热电偶温度计，控制试件温度稳定在60 ± 0.5℃。

(3) 将试件连同试模里于车辙试验机的试点台上，试验轮在试件的中央部位，其行走方向须与试件碾压方向一致。开动车辙变形自动记录仪，然后启动试验机，使试验轮往返行走，时间约1h，或最大变形达到25mm为止。试验时，记录仪自动记录变形曲线及试件温度。

注：对300mm宽且试验时变形较小的试件，也可对一块试件在两侧1/3位置上进行两次试验取平均值。

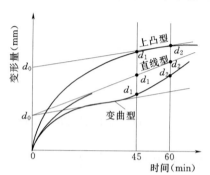

图12.9.4 车辙试验变形曲线

4. 结果计算

(1) 从车辙试验变形曲线图12.9.4上读取$45\min(t_1)$，及$60\min(t_2)$时的车辙变形d_1及d_2，精确至0.01mm。如变形过大，在未到60min变形已达25mm时，则以达到25mm(d_2)时的时间为t_2，将其前15min为t_1此时的变形量为d_1。

(2) 沥青混合料试件的动稳定度按式(12.9.13)计算：

$$DS = \frac{(t_2-t_1)\times 42}{d_2-d_1}c_1c_2 \tag{12.9.13}$$

式中 DS——沥青混合料的动稳定度，次/mm；

d_1——时间t_1（一般为45min）的变形量，mm；

d_2——时间t_2（一般为60min）的变形量，mm；

42——试验轮每分钟行走次数，次/min；

c_1——试验机类型修正系数，曲柄连杆驱动试件的变速行走方式为1.0，链驱动试验轮的等速方式为1.5；

c_2——试件系数，试验室制备的宽300mm的试件为1.0，从路面切割的宽150mm的试件为0.8。

重复性试验动稳定度变异系数的允许值为20%。

参 考 文 献

[1] 苏达根．土木工程材料．北京：高等教育出版社，2008．
[2] 柯国军．土木工程材料．北京：北京大学出版社，2006．
[3] 张正雄，姚佳良主编．土木工程材料．北京：人民交通出版社，2008．
[4] 赵方冉．土木工程材料．上海：同济大学出版社，2004．
[5] 余丽武．土木工程材料．南京：东南大学出版社，2011．
[6] 邢振贤．土木工程材料．北京：中国建材出版社，2011．
[7] 王秀花．建筑材料，北京：机械工业出版社，2009．
[8] 朋改非．土木工程材料．武汉：华中科技大学出版社，2008．
[9] 宋少民，孙凌．土木工程材料．武汉：武汉理工大学出版社，2006．
[10] 王春阳，斐锐．土木工程材料．北京：北京大学出版社，2009．
[11] 夏燕．土木工程材料．武汉：武汉大学出版社，2009．
[12] 周士琼．土木工程材料．北京：中国铁道出版社，2004．
[13] 薄遵彦．建筑材料．北京：中国环境科学出版社，1997．
[14] 沈铮，肖力光，赵壮．新型墙体材料发展现状［J］．吉林建筑工程学院学报，2010，27（3）：36 - 39．
[15] 李国忠．新型墙体材料应用现状与发展趋势［J］．21世纪建筑材料，2009，（1）：31 - 33．
[16] 马维华．浅谈我国新型墙体材料［J］．内蒙古科技与经济，2009，（2）：90 - 92．
[17] 陈雅福．土木工程材料，广州：华南理工大学出版社，2001．
[18] 阎西康，赵方冉，伉景富．土木工程材料．天津：天津大学出版社，2004．
[19] 湖南大学等四院校．土木工程材料，北京：中国建筑工业出版社，2002．
[20] 陈志源，李启令．土木工程材料．武汉：武汉理工大学出版社，2003．
[21] 杨静．建筑材料．北京：中国水利水电出版社，2004．
[22] 彭小芹．土木工程材料．重庆：重庆大学出版社，2002．
[23] 严家仅．道路建筑材料．北京：人民交通出版社，2004．
[24] 邢振贤，霍洪媛，盖占方．建筑材料．北京：中国物资出版社，1999．
[25] 高琼英．建筑材料．武汉：武汉理工大学出版社，2006．
[26] 苏达根．土木工程材料．北京：高等教育出版社，2003．
[27] 严捍东．新型建筑材料教程．北京：中国建筑工业出版社，2005．
[28] GB/T700—2006．碳素结构钢．北京：中国标准出版社，2006．
[29] GB1591—2008．低合金高强度结构钢．北京：中国标准出版社，2008．
[30] GB1499.1—2008．钢筋混凝土用钢 第1部分 热轧光圆钢筋．北京：中国标准出版社，2008．
[31] GB1499.2—2008．钢筋混凝土用钢 第2部分 热轧带肋钢筋．北京：中国标准出版社，2006．
[32] GB13788—2008．冷轧带肋钢筋．北京：中国标准出版社，2008．
[33] 王宝民．潘宝峰著．道路建筑材料．北京：中国建材工业出版社，2010．
[34] 张爱琴，朱霞．土木工程材料．北京：人民交通出版社，2008．
[35] JTG F30—2003．公路水泥混凝土路面施工技术规范．北京：人民交通出版社，2003．
[36] JTG F40—2004．公路沥青路面施工技术规范．北京：人民交通出版社，2003．
[37] JTJ052—2000．公路工程沥青及沥青混合料试验规程．北京：人民交通出版社，2000．

参考文献

[38] JTG D40—2002．公路水泥混凝土路面设计规范．北京：人民交通出版社，2003．
[39] JTG D50—2006．公路沥青路面设计规范．北京：人民交通出版社，2006．
[40] 李立寒，张南鹭．道路建筑材料．北京：人民交通出版社，2004．
[41] 魏鸿汉．建筑材料（第二版）．北京：中国建筑工业出版社，2007．
[42] 牛季收．土木工程材料．郑州：黄河水利出版社，2010．
[43] 蔡丽朋．建筑材料（第二版）．北京：化学工业出版社，2010．
[44] 陈宝璠编著．土木工程材料．北京：中国建材工业出版社，2008．
[45] 焦宝祥．土木工程材料．北京：高等教育出版社，2009．
[46] 徐友辉．建筑材料教与学．成都：西南交通大学出版社，2007．
[47] 阎培渝，杨静编著．建筑材料．北京：中国水利水电出版社，2008．
[48] 施惠生．材料概论．上海：同济大学出版社，2009．
[49] 李亚杰，方坤河主编．建筑材料（第 6 版）．北京：中国水利水电出版社，2009．
[50] 符芳．土木工程材料［M］．南京：东南大学出版社，2006．
[51] 张正雄，姚佳良主编．土木工程材料［M］．北京：人民交通出版社，2008．
[52] 黄政宇，吴慧敏主编．土木工程材料［M］．北京：中国建筑工业出版社，2005．
[53] 师昌绪，李恒德，周廉主编．材料科学与工程手册［M］．化学工业出版社，2004．
[54] 李全林．新能源与可再生能源［M］．东南大学出版社，2008．
[55] 梁松，程从密，王绍怀主编．土木工程材料［M］．华南理工大学出版社，2007．
[56] 吴芳．新编土木工程材料教程．北京：中国建筑工业出版社，2007．
[57] 林克辉．新型建筑材料及应用［M］．华南理工大学出版社，2006．
[58] 周新祥．噪声控制技术及其新进展［M］．冶金工业出版社，2007．
[59] 钱晓良，刘石明．环境材料［M］．华中理工大学，2006．
[60] 张粉芹，赵志曼．建筑装饰材料［M］．重庆大学出版社，2007．
[61] 沈春林．商品砂浆，北京：中国标准出版社，2007．
[62] 王培铭．商品砂浆，北京：化学工业出版社，2008．